TOME 2

L'enseignement des

MATHÉMATIQUES

L'élève au centre de son apprentissage

D0913414

TOME 2

L'enseignement des
MATHÉMATIQUES
L'élève au centre de son apprentissage

Deuxième année du deuxième cycle
et troisième cycle du primaire

De la quatrième
à la sixième année

John A. Van de Walle
LouAnn H. Lovin

Adaptation française
Corneille Kazadi

Avec la collaboration de
Michelle Poirier-Patry

ÉDITIONS DU RENOUVEAU PÉDAGOGIQUE INC.

1611, BOUL. CRÉMAZIE EST, 10e ÉTAGE, MONTRÉAL (QUÉBEC) H2M 2P2
TÉLÉPHONE : 514 334-2690   TÉLÉCOPIEUR : 514 334-4720
pearsonerpi.com

Direction, développement de produits : Pierre Desautels
Supervision éditoriale : Bérengère Roudil
Traduction : Pierrette Mayer et Miville Boudreault
Révision linguistique : Jean-Pierre Regnault
Correction des épreuves : Marie-Claude Rochon
Index : Monique Dumont

Direction artistique : Hélène Cousineau
Supervision de la production : Muriel Normand
Conception et réalisation de la couverture : Martin Tremblay
Infographie : Infoscan Collette, Québec

Pour la protection des forêts,
cet ouvrage a été imprimé sur
du papier recyclé

- contenant 100 % de fibres
  postconsommation ;
- certifié Éco-Logo ;
- traité selon un procédé sans chlore ;
- certifié FSC ;
- fabriqué à partir d'énergie biogaz.

BIO GAZ
ÉNERGIE

RECYCLÉ
Papier fait à partir
de matériaux recyclés
FSC
www.fsc.org   FSC® C103567

*Veuillez noter que, dans cet ouvrage, le terme « enseignante » a valeur de générique
et s'applique aux professionnels des deux sexes.*

Cet ouvrage est une adaptation française de la première édition de *Teaching Student-Centered Mathematics : Grades 3-5*, de John A. Van de Walle et LouAnn H. Lovin, publiée par Pearson Education.

Dépôt légal : 2008
Bibliothèque et Archives nationales du Québec
Bibliothèque et Archives Canada
Imprimé au Canada

7890   IG   18 17 16 15
20440   ABCD   ENV94

ISBN 978-2-7613-2342-0

AVANT-PROPOS DES AUTEURS

Un jour, un enseignant non seulement m'a révélé la beauté des mathématiques, mais m'a laissé la découvrir par moi-même. Cet homme ne m'a rien donné et, pourtant, il m'a tout appris.

Cochran (1991, p. 213-214)

Les mathématiques sont logiques! Au primaire, l'enseignement des mathématiques devrait reposer sur cette idée fondamentale. C'est à travers chacun des gestes posés par l'enseignante qu'un enfant en viendra lui aussi à croire en cette vérité simple et, plus encore, en sa capacité de comprendre les mathématiques. Aider les enfants en ce sens devrait être l'objectif de toute enseignante.

Le titre de ce livre, *L'enseignement des mathématiques: L'élève au centre de son apprentissage*, reflète notre conviction que les élèves sont tout à fait capables d'assimiler les mathématiques. Pour ce faire, il est nécessaire d'offrir aux élèves un environnement dans lequel ils ont l'occasion de résoudre des problèmes et de travailler ensemble pour appliquer leurs propres idées. L'enseignement doit être axé sur des activités reliées à la matière à apprendre. C'est ainsi, en effet, que les élèves peuvent établir une interaction dynamique avec les concepts mathématiques et utiliser *leurs* idées et *leurs* stratégies pour surmonter les difficultés. En étant centré sur l'élève, l'enseignement favorise l'intégration des mathématiques et des concepts de la discipline et contribue à faire des mathématiques une matière que les élèves comprennent et aiment.

Les objectifs de ce livre

Pour beaucoup d'enseignantes, il est parfois difficile et insécurisant d'accepter l'idée que les élèves doivent surmonter eux-mêmes les difficultés auxquelles ils se heurtent. «Dans quel but et dans quelle mesure les élèves devraient-ils être laissés à eux-mêmes sans qu'on

leur enseigne des solutions? Quelles activités peut-on leur proposer? Où puis-je trouver l'information qui me permettra d'enseigner de cette façon?» Ces questions, et plusieurs autres, nous ont guidés dans la formulation des trois objectifs de ce livre:

1. Aider les enseignantes à comprendre la signification de l'enseignement centré sur l'élève et sur la résolution de problèmes. C'est le fil conducteur de ce manuel. Nous avons également voulu aider les enseignantes à comprendre en quoi cette méthode est actuellement la plus appropriée pour que les élèves comprennent les mathématiques.

2. Offrir un ouvrage de référence pour l'ensemble de la matière enseignée de la quatrième à la sixième année, ainsi que les données les plus récentes sur les mécanismes d'apprentissage des mathématiques. Nous avons voulu présenter cette information d'une manière intelligible et utile, tout en l'intégrant aux stratégies pédagogiques.

3. Proposer des activités simples orientées vers la résolution de problèmes et la matière à apprendre.

Ces objectifs sont aussi ceux du livre *Elementary and Middle School Mathematics: Teaching Developmentally (EMSM)*. Au fil des ans, ce livre destiné principalement à la formation des maîtres est devenu une ressource très appréciée des enseignantes. Il n'en fallait pas plus pour qu'il serve de base à la publication d'une série d'ouvrages.

Ma première décision fut d'inviter la Dʳᵉ LouAnn Lovin à m'aider à adapter *EMSM*. Ensemble, nous avons décidé d'en faire la pierre d'assise de cette série dans laquelle chaque tome couvre environ trois années. À plusieurs reprises, nous avons repris intégralement des éléments d'*EMSM*. Ceux et celles qui connaissent ce livre verront ces chevauchements, puisque nous avons puisé abondamment dans le matériel d'*EMSM*, à la fois pour le texte principal et pour les activités. Cependant, nous avons rapidement découvert que pour que ces manuels soient utiles aux enseignantes de chaque niveau il fallait combler certains vides, restructurer la matière et resserrer le vocabulaire. Nous avons donc créé de nouvelles activités, détaillé le contenu et, dans certains cas, ajouté de nouveaux chapitres. Contrairement à *EMSM*, ce livre est conçu spécialement pour l'enseignante en classe, de la quatrième à la sixième année. Nous espérons qu'il répondra à vos attentes et qu'il vous permettra d'atteindre vos objectifs.

Ce que vous trouverez dans ce livre

Nous considérons ce livre comme une ressource primordiale pour les enseignantes. Il ne s'agit pas simplement d'un recueil d'exercices, même s'il contient plus de 150 activités intéressantes et utiles. Il ne s'agit pas d'un livre centré sur le contenu, même s'il propose un regard en profondeur sur les mathématiques et les mécanismes d'apprentissage des élèves. Il ne s'agit pas non plus d'un livre basé sur une approche constructiviste de l'enseignement, même s'il s'appuie clairement sur une approche constructiviste de l'apprentissage chez les enfants. Nous avons plutôt tenté de faire une synthèse de tous ces aspects de l'enseignement centré sur l'élève et sur la résolution de problèmes, et d'intégrer ces différents éléments d'une manière qui, nous l'espérons, vous aidera dans vos interventions pédagogiques.

Les fondements de l'enseignement centré sur l'élève

Le chapitre 1 est le seul chapitre «général» de ce livre. Il décrit les quatre principes fondamentaux d'un enseignement efficace des mathématiques: connaître les mécanismes d'apprentissage des enfants; présenter l'enseignement des mathématiques à travers la résolution de problèmes; proposer des leçons mettant l'accent sur l'enseignement centré sur l'élève; concevoir des stratégies d'évaluation dans un environnement axé sur l'élève. Nous sommes profondément convaincus qu'il s'agit du plus important des chapitres de ce livre. Les onze chapitres suivants développent ces grands principes. Nous vous encourageons donc à lire ce premier chapitre avec attention.

Les idées à retenir

La plupart des livres consacrés à l'enseignement centré sur l'élève suggèrent aux enseignantes de structurer leur enseignement autour de grands thèmes plutôt que de l'articuler autour de concepts ou d'habiletés individuelles. Au début de chacun des chapitres 2 à 12, vous trouverez une liste d'idées clés reliées à la matière du chapitre. Les enseignantes trouvent cette liste utile, car elle met l'accent sur les grands objectifs du chapitre et, ce faisant, favorise la cohérence de la pédagogie et de l'évaluation.

Les activités

Les chapitres 2 à 12 comportent plusieurs activités qu'il est possible d'adapter aux leçons enseignées en classe. Dans la plupart des cas, ces activités sont numérotées et titrées. Mais vous trouverez aussi beaucoup d'idées supplémentaires directement dans le texte ou dans les figures. Chacune des activités est basée sur la résolution de problèmes, comme nous l'expliquons dans le chapitre 1.

Vous devriez considérer que ces activités sont indissociables du texte qui les accompagne. Elles constituent des exemples destinés à approfondir la matière présentée et montrent comment aider les élèves à apprendre. Par conséquent, nous espérons que vous ne verrez pas simplement ces activités comme des suggestions pédagogiques, sans lire attentivement au préalable le texte dans lequel elles sont enchâssées.

Vous trouverez, dans les pages suivantes, un tableau qui dresse la liste de toutes les activités numérotées et titrées et qui décrit brièvement l'objectif mathématique que vise chacune d'elles. Il se peut que cette liste n'inclue pas un sujet que vous enseignez. Ainsi, le calcul avec les nombres entiers pourrait ne pas figurer dans cette liste, même si le chapitre 4 tout entier est consacré à cette partie importante du programme. C'est que le format de l'activité enchâssée ne s'y prêtait pas. Ne perdez pas de vue que, même si ce tome aborde tous les grands thèmes mathématiques de la quatrième à la sixième année, il ne s'agit pas d'un livre d'activités dans le sens traditionnel du terme.

À propos de l'évaluation

Nous croyons que, dans un contexte d'enseignement centré sur l'élève, l'évaluation doit être intégrée à la pédagogie et non pas constituer une interruption ou un test en fin de chapitre. L'enseignement centré sur l'élève exige une écoute active du raisonnement des élèves (notamment à travers ce qu'ils écrivent et ce qu'ils font) qui vous aidera à préparer la leçon du lendemain, à aider les élèves dans leur cheminement et à communiquer avec leurs parents. Pour vous guider dans votre écoute, vous trouverez des conseils pour l'évaluation tout au long des chapitres 2 à 12.

Les pauses

La réflexion est la clé d'un apprentissage efficace, non seulement pour les élèves, mais également pour tous les apprenants. À divers endroits de ce livre, vous apercevrez le mot «Pause». Il signale des rubriques qui vous invitent à vous arrêter dans votre lecture et à réfléchir à certains aspects du texte que vous venez de lire. Si ces titres ne signalent pas nécessairement une idée importante, nous avons essayé de les placer à des endroits où il semblait naturel et judicieux de ralentir le rythme et de réfléchir.

Les modèles de leçons

Dans ce livre, nous présentons les activités sous une forme abrégée, afin de ne pas interrompre le fil de la lecture et des idées. Nous laissons donc à votre discrétion les détails concernant les préparatifs d'une activité, car chaque classe est unique. Concevoir une bonne leçon centrée sur l'élève et sur la résolution de problèmes demande réflexion, peu importe l'origine de l'idée. En guise d'exemple, dans chaque chapitre, nous avons choisi une activité que nous approfondissons, conformément à la structure décrite dans le chapitre 1. Le modèle de leçon contient divers éléments, comme les objectifs mathématiques, les préparatifs, les attentes envers les élèves et l'évaluation. Il est évident que vous devrez adapter chaque leçon si vous voulez qu'elle réponde aux besoins particuliers de vos élèves. Ces exemples montrent les nombreuses décisions à prendre dans la planification d'une leçon. Vous trouverez ces modèles de leçons à la fin des chapitres 2 à 12.

L'annexe sur les Standards du NCTM

Les *Principles and Standards for School Mathematics* (2000) ont servi de guide pour la réforme de l'enseignement des mathématiques, et ce livre s'inspire de ce document. L'annexe A est une traduction de l'annexe des *Standards* regroupant les normes et les objectifs pour les niveaux suivants : préscolaire à deuxième année, troisième à cinquième année, sixième à huitième année[1] et neuvième à douzième année[2].

Les feuilles reproductibles

À divers endroits du livre, vous trouverez des renvois aux feuilles reproductibles. Ce matériel accompagne les activités. L'annexe B présente ces feuilles en version miniature afin que vous puissiez voir à quoi elles ressemblent. Vous pouvez les demander en écrivant à l'adresse suivante : information@pearsonerpi.com. Vous obtiendrez alors les feuilles en format PDF. Vous n'aurez qu'à les imprimer à votre guise afin de les utiliser en classe.

Remerciements

Cette série de livres se voulait au départ un projet relativement modeste : adapter *Elementary and Middle School Mathematics* pour répondre aux besoins des enseignantes des niveaux préscolaire à huitième année. La tâche ne fut pas aussi simple que celle envisagée initialement. J'aimerais remercier plusieurs personnes qui m'ont aidé à faire de ce livre une réalité.

Deux personnes chez Allyn & Bacon ont été véritablement indispensables, Traci Mueller et Sonny Regalman. Traci m'a prodigué ses encouragements du début à la fin, a répondu à mes questions et m'a aidé à prendre bon nombre de décisions importantes. Quant à Sonny, il s'est révélé un maître du détail et une source précieuse de conseils. Son travail soigné et ses encouragements constants ont été pour moi un filet de sécurité. Tout au long de la préparation de ces livres et d'*EMSM*, nous sommes devenus des amis professionnels. Travailler avec ces personnes ainsi qu'avec les autres membres du personnel d'Allyn & Bacon a été un véritable plaisir.

---

1. Note de l'éditeur : sixième année et premier cycle du secondaire au Québec.
2. Note de l'éditeur : deuxième cycle du secondaire au Québec.

Je voudrais également profiter de l'occasion pour remercier tout particulièrement ma coauteure, la D^{re} LouAnn Lovin. En plus de participer à la préparation du manuscrit, LouAnn a apporté à ce projet un point de vue différent sur les enjeux associés aux mathématiques et sur la meilleure façon d'aider les élèves à apprendre. Sans sa collaboration, cette collection n'existerait probablement pas. Plus important encore, ses efforts ont permis de faire de meilleurs livres. Merci, LouAnn.

J'adresse un merci particulier à toutes les enseignantes des États-Unis et du Canada qui m'ont encouragé et qui ont exprimé leur appréciation d'*EMSM*. Nous espérons que ce livre vous sera encore plus utile dans votre travail avec les élèves. N'oubliez pas de croire en eux. Chaque jour, donnez-leur l'occasion de penser aux mathématiques et de les comprendre.

John Van de Walle

À PROPOS DES AUTEURS

JOHN A. VAN DE WALLE, professeur émérite de l'Université Virginia Commonwealth, a travaillé pendant trente ans au sein de cette université. Puis il a poursuivi son travail auprès des enseignantes du primaire et du début du secondaire à titre de consultant pour l'enseignement des mathématiques. Il a enseigné les mathématiques aux enfants de tous les niveaux, du préscolaire au début du secondaire. Il est le coauteur d'une série de livres sur les mathématiques au primaire (avec Scott Foresman) et l'auteur d'*Elementary and Middle School Mathematics: Teaching Developmentally*, un ouvrage de référence important qui a servi de base à cette série.

LOUANN H. LOVIN, ancienne enseignante, travaille présentement à la formation des maîtres en mathématiques, à l'Université James-Madison où elle enseigne aux futures enseignantes du primaire et du début du secondaire les méthodes et la matière liées à l'enseignement des mathématiques. Elle participe également à la formation continue des enseignantes de la quatrième année au début du secondaire. Elle a collaboré activement à la rédaction des programmes du NCTM et elle est présidente de la Valley of Virginia Council of Teachers of Mathematics (V²CTM). Elle s'intéresse particulièrement au domaine des connaissances, c'est-à-dire à l'exploration des connaissances requises pour l'enseignement efficace des mathématiques.

AVANT-PROPOS À L'ADAPTATION FRANÇAISE

Les trois tomes de *L'enseignement des mathématiques : L'élève au centre de son apprentissage*, de John A. Van de Walle et LouAnn H. Lovin, apportent une contribution remarquable à l'enseignement des mathématiques.

Adoptant une approche à la fois socioconstructiviste et didactique, les auteurs mettent l'accent sur l'enseignement au moyen de problèmes, la résolution de problèmes et les stratégies de résolution. Tout au long des trois ouvrages, ils manifestent le souci à la fois de la maîtrise des contenus mathématiques par les élèves et du développement des compétences liées à leur enseignement.

Pour les activités, afin de favoriser la compréhension de tous, les niveaux suivent les désignations de «préscolaire», «première année» jusqu'à la «sixième année». Cependant, rappelons qu'au Québec l'enseignement primaire se découpe maintenant en trois cycles de deux ans : le premier cycle (première et deuxième année), le deuxième cycle (troisième et quatrième année) et le troisième cycle (cinquième et sixième année). Puis, c'est le premier cycle du secondaire. Hors Québec, ce qu'on appelle l'élémentaire est également organisé en cycles généralement : le cycle primaire (première à troisième année), le cycle moyen (quatrième à sixième année) et le cycle intermédiaire (septième et huitième année).

Les ouvrages de la série mettent en exergue le rôle du personnel enseignant dans l'apprentissage des élèves et fournissent tous les éléments nécessaires à l'organisation de l'enseignement : feuilles reproductibles sur Internet, modèles de leçons à la fin des chapitres, modes d'évaluation et rubriques sur les technologies de l'information et de la communication (TIC). Ils offrent également des outils mathématiques et didactiques intéressants pour la planification des leçons. Gardant comme fil conducteur la construction du savoir mathématique, ils vont à l'essentiel, de manière simple et limpide, mais riche.

Très attendue depuis la publication de l'édition originale anglaise, cette édition française de la série devient une ressource indispensable pour les francophones. Elle respecte les attentes et contenus des programmes de mathématiques et facilite la compréhension des concepts de base et leur enseignement.

Les trois tomes de *L'enseignement des mathématiques: L'élève au centre de son apprentissage* répondent parfaitement aux besoins du personnel enseignant du primaire et du début du secondaire, en poste ou en formation dans les cours de didactique des mathématiques, ainsi qu'aux besoins des spécialistes de la didactique des mathématiques et des conseillères et conseillers de mathématiques dans les commissions scolaires (Québec) ou les conseils ou districts scolaires (hors Québec).

CORNEILLE KAZADI, PH. D.
Didacticien des mathématiques
Professeur, Université du Québec à Trois-Rivières
Adaptateur scientifique

MICHELLE POIRIER-PATRY
Agente de l'éducation, ministère de l'Éducation de l'Ontario
Consultante

AVERTISSEMENT

Les versions originales des livres de Van de Walle ont été conçues pour le personnel enseignant américain. Les systèmes scolaires et les programmes des provinces canadiennes étant différents de ceux des États américains, nous avons essayé d'adapter le texte dans la mesure du possible en indiquant les niveaux auxquels les concepts sont enseignés au Canada.

Par ailleurs, les ouvrages ont été traduits et adaptés pour le personnel enseignant du Québec et hors Québec. Ainsi, les termes utilisés pour désigner tant les niveaux scolaires que les concepts mathématiques et les outils pédagogiques ont été choisis de manière à favoriser la compréhension du lectorat le plus large possible.

Concernant la désignation des niveaux scolaires, nous avons privilégié des termes généraux et courants, compte tenu des différences existant entre les systèmes scolaires des diverses provinces. Ainsi, « préscolaire » désigne la ou les années précédant la première année. Pour la même raison, nous n'employons pas les nouvelles terminologies en cycles, mais optons plutôt pour la désignation également courante et comprise par tous en années, de la première à la sixième année. Nous avons limité l'emploi du terme « primaire », qui diffère selon les provinces. Quand nous l'utilisons, c'est pour désigner l'ensemble des niveaux allant du préscolaire à la sixième année, c'est-à-dire qu'il équivaut au terme « élémentaire » hors Québec. Après la sixième année, c'est le secondaire au Québec. Pour faciliter la lecture, nous faisons référence dans le texte, de manière générale, au début du secondaire et à la fin du secondaire. Le tableau ci-dessous sur les systèmes scolaires permet de mieux se repérer et d'établir les équivalences, si nécessaire.

Tableau des niveaux scolaires

Âge	4-5	6	7	8	9	10	11	12	13	14	15	16
Québec	Pré-maternelle et maternelle	1re	2e	3e	4e	5e	6e	1re	2e	3e	4e	5e
		1er cycle		2e cycle		3e cycle		1er cycle		2e cycle		
		Primaire						Secondaire				
Hors Québec	Maternelle et/ou Jardin d'enfants	1re	2e	3e	4e	5e	6e	7e	8e	9e	10e	11e	12e
		Cycle primaire			Cycle moyen			Cycle intermédiaire				
		Élémentaire							Secondaire			

Concernant les termes désignant les outils pédagogiques et les concepts mathématiques, pour permettre une meilleure compréhension de tout le lectorat, quand il existe une grande différence de terminologie, nous indiquons dans chaque chapitre, à côté de la première occurrence de l'expression retenue, une expression équivalente employée dans l'une ou l'autre province selon le cas. Dans un but pratique, de manière à permettre une vérification rapide des expressions équivalentes, nous présentons ci-dessous un petit lexique.

Lexique

Ajustement	Compensation (chap. 4)
Ajuster	Compenser (chap. 4)
Barre (matériel de base dix)	Languette (chap. 1, 2, 4)
Boîte de dix	Cadre à dix cases (chap. 2, 3, 4)
Concept de mesure (exploration de la division)	Concept de groupement (chap. 6)
Diagramme à barres	Diagramme à bandes (chap. 11)
Diagramme linéaire	Ligne de dénombrement (chap. 11)
Figures	Formes géométriques (chap. 8)
Graphique linéaire	Diagramme à ligne brisée (chap. 11)
Grappe de problèmes	Série d'opérations apparentées (chap. 4)
Modèle de l'aire	Modèle de la disposition rectangulaire ouverte, vide (chap. 4)
Plaquette (matériel de base dix)	Planchette (chap. 1, 2)
Quasi-division	Fait voisin relatif à la division (chap. 3)
Quasi-double	Double plus un (chap. 3)
Régularité	Suite (chap. 10)
Régularité croissante	Suite à motif croissant (chap. 10)
Régularité répétitive	Suite à motif répété (chap. 10)
Stratégie inventée	Stratégie personnelle (chap. 4)
Structure en mosaïque géométrique	Dallage (chap. 8)
Symétrie axiale	Symétrie de réflexion (chap. 8)
Tableau des cent premiers nombres	Grille de nombres (chap. 2, 4)
Tables d'addition	Faits numériques de base relatifs à l'addition (chap. 3, 4)
Tables de division	Faits numériques de base relatifs à la division (chap. 3, 4)
Tables de multiplication	Faits numériques de base relatifs à la multiplication (chap. 1, 3, 4)
Tables de soustraction	Faits numériques de basé relatifs à la soustraction (chap. 3, 4)
Tracé en arborescence	Diagramme en tiges et en feuilles (chap. 11)

SOMMAIRE

TABLE DES MATIÈRES

Chapitre 3
LA MAÎTRISE DES TABLES
77

Chapitre 4
LES STRATÉGIES DE CALCUL DES NOMBRES ENTIERS 105

Chapitre 5
L'ÉLABORATION DES CONCEPTS SUR LES FRACTIONS 137

Chapitre 8
LA PENSÉE ET LES CONCEPTS EN GÉOMÉTRIE   214

Chapitre 9
LA CONSTRUCTION DES CONCEPTS DE MESURE   268

Chapitre 11
AIDER LES ÉLÈVES À ANALYSER ET À INTERPRÉTER DES DONNÉES   340

Chapitre 12
L'EXPLORATION DES CONCEPTS DE PROBABILITÉS   362

TABLEAU RÉCAPITULATIF DES ACTIVITÉS

Le tableau ci-dessous contient une liste de toutes les activités portant un titre et un numéro qui se trouvent dans cet ouvrage. Il vous permet de localiser rapidement chaque activité et d'en connaître le principal objectif mathématique, présenté sous une forme succincte. Nous espérons que cela vous sera utile.

Ce manuel n'est pas un recueil d'activités; c'est un livre sur l'enseignement des mathématiques dans lequel de nombreuses activités pratiques et efficaces servent à illustrer le propos. Chaque activité fait partie du texte dans lequel elle est enchâssée. Il est donc essentiel de lire tout le texte qui l'accompagne pour bien situer l'activité proposée dans son contexte. Il ne s'agit pas de simples suggestions pédagogiques.

En plus des activités numérotées, vous trouverez dans cet ouvrage un grand nombre d'idées qui vous permettront de centrer votre enseignement sur la résolution de problèmes. Ces idées sont incorporées dans le texte et les figures, et ne sont pas accompagnées d'activités numérotées. Nous savons que les activités énumérées dans le tableau vous seront utiles, mais nous sommes convaincus que chaque chapitre a bien d'autres choses à offrir.

Chapitre 2

Le sens du nombre et des opérations

	Activité	Objectif mathématique	Page
2.1	Expliquer la boîte de dix	Construire les points d'ancrage 5 et 10	40
2.2	Reconnaître promptement des boîtes de dix	S'entraîner à utiliser les points d'ancrage 5 et 10 pour les nombres de 1 à 10	41
2.3	Construire par parties	Élaborer des concepts relatifs aux relations entre les parties et le tout pour les nombres de 1 à 12	42
2.4	Qui suis-je?	Élaborer la grandeur relative des nombres de 1 à 100	45
2.5	Qui peuvent-ils bien être?	Élaborer la grandeur relative des nombres de 1 à 100	45
2.6	Est-il proche, éloigné ou situé entre les deux?	Explorer les différences relatives entre des nombres	45

Chapitre 3

La maîtrise des tables

Chapitre 4

Les stratégies de calcul des nombres entiers

Chapitre 5

L'élaboration des concepts sur les fractions

Chapitre 8

La pensée et les concepts en géométrie

Chapitre 9

La construction des concepts de mesure

Chapitre 10

Le raisonnement algébrique

Chapitre 11

Aider les élèves à analyser et à interpréter des données

Chapitre 12
L'exploration des concepts de probabilités

	Activité	Objectif mathématique	Page
12.1	Additionner, puis faire le compte	Explorer les concepts d'événements presque impossibles, probables et presque certains	363
12.2	Concevoir un sac de jetons	Explorer la probabilité d'un événement dans le contexte d'une expérience à une étape	365
12.3	Vérifier la conception des sacs de jetons	Explorer la probabilité d'un événement dans le contexte d'une expérience à une étape	366
12.4	Créer un jeu	Explorer le concept d'espace d'échantillon et la probabilité d'un événement dans le contexte d'une expérience à une étape	368
12.5	Enlever douze jetons	Explorer la probabilité d'un événement dans le contexte d'une expérience à deux étapes	370
12.6	Pareil, pas pareil	Construire le concept d'espace d'échantillon dans le contexte d'une expérience à deux étapes	371
12.7	Vérifier une théorie	Explorer les résultats d'un petit nombre d'essais en comparaison des résultats d'un grand nombre d'essais, dans le contexte d'une expérience aléatoire	375
12.8	Estimer une probabilité expérimentale	Construire le concept selon lequel on peut évaluer approximativement une probabilité en faisant un grand nombre d'essais	377

LES FONDEMENTS D'UN ENSEIGNEMENT CENTRÉ SUR L'ÉLÈVE

Le caractère essentiel des mathématiques pourrait s'exprimer par cette simple formule : *les mathématiques, c'est logique !* Chaque élève en vient par lui-même à cette conclusion. Plus important encore, il découvre qu'il est capable de comprendre les mathématiques.

Les élèves doivent acquérir eux-mêmes cette compréhension, qui se développera avec la pratique et augmentera d'autant leur confiance. Un enseignement efficace implique que l'on prenne en compte le niveau qui est le leur, de manière à ce qu'ils puissent bâtir ou assimiler de nouvelles notions qui leur permettront de comprendre les mathématiques.

Cette approche repose conjointement sur une bonne connaissance de la façon dont les élèves apprennent, une démarche pédagogique axée sur la résolution de problèmes, une solide planification et une évaluation quotidienne de l'apprentissage. Les quatre prochaines sections de ce chapitre vous fourniront des informations sur les quatre composantes fondamentales que sont : l'apprentissage constructiviste des élèves, l'enseignement fondé sur les problèmes, la planification des leçons et l'évaluation intégrée aux apprentissages et basée sur le niveau réel de l'élève.

Les autres chapitres de ce livre vous aideront à appliquer ces concepts de base au contenu de votre enseignement.

COMMENT LES ENFANTS APPRENNENT ET COMPRENNENT LES MATHÉMATIQUES

En règle générale, *les enfants construisent leurs propres connaissances.* C'est le principe sur lequel repose la théorie de l'apprentissage appelée *constructivisme.* En fait, depuis toujours, chaque individu, enfant ou adulte, construit ou donne un sens à ses perceptions et à ses pensées. Pendant que vous lisez ces mots, vous leur donnez un sens. Vous construisez des idées.

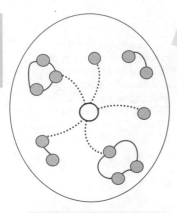

FIGURE 1.1 ▲

Nous utilisons des idées que nous avons déjà (points gris) pour construire une nouvelle idée (point blanc), tissant ainsi un réseau de liens (ou de concepts) entre elles. Plus les idées sont utilisées, plus ces liens deviennent nombreux, et meilleure est notre compréhension.

La construction des idées

Fabriquer un objet dans le monde concret demande des outils, des matériaux et de l'effort. Il en est de même de la construction des idées. Les outils que nous utilisons pour édifier notre compréhension sont nos notions préalables ou antérieures, c'est-à-dire les connaissances que nous possédons déjà. Nos matériaux sont ce que nous voyons, entendons ou touchons, c'est-à-dire les éléments de notre environnement physique. Parfois, ces matériaux seront nos idées et nos pensées, soit les idées que nous avons déjà et les pensées qui serviront à modifier certaines d'entre elles. Enfin, l'effort à fournir est une pensée active et réfléchie. Il ne peut y avoir d'apprentissage efficace sans que notre esprit soit engagé dans une démarche de réflexion.

Pour comprendre ce que signifie la construction d'une idée, examinons la figure 1.1. Supposons qu'elle représente une infime partie des connaissances d'un élève relativement à un ensemble de notions interreliées. Les points gris sont les connaissances que l'élève possède déjà. Les lignes pleines qui joignent certains d'entre eux représentent des liens entre ces connaissances. Chaque idée ou élément de connaissance que possède une personne est lié d'une manière ou d'une autre à un autre élément. Aucune idée n'existe isolément.

Supposons maintenant que cette personne essaie de comprendre, d'apprendre ou de donner corps à une nouvelle idée – représentée par le point blanc dans la figure 1.1. Les outils disponibles pour construire cette idée sont précisément les idées connexes que cette personne possède déjà. Au fur et à mesure que les idées antérieures communiquent un sens à une nouvelle idée, de nouveaux liens se forment – les lignes pointillées dans la figure 1.1 – entre la nouvelle idée et les anciennes. Plus les idées antérieures contribuent à donner un sens à la nouvelle idée, et plus il se forme de liens, ce qui entraîne une meilleure compréhension de la nouvelle idée.

La compréhension

On peut affirmer que nous connaissons une chose ou que nous ne la connaissons pas. Autrement dit, la connaissance *existe* ou *n'existe pas*. La *compréhension* peut donc se définir comme la mesure de la qualité et de la quantité des liens qu'entretient une idée avec les idées antérieures. La compréhension n'est jamais une proposition absolue. Elle varie en fonction de l'existence d'idées appropriées et de la création de nouveaux liens (Backhouse, Haggarty, Pirie et Stratton, 1992; Davis, 1986; Hiebert et Carpenter, 1992; Janvier, 1987; Schroeder et Lester, 1989). Par exemple, la majorité des élèves de quatrième et de cinquième année ont acquis des connaissances sur les fractions. Tous, ou presque, lisent correctement la fraction $\frac{6}{8}$ et disent que 6 et 8 correspondent respectivement au numérateur et au dénominateur. Certains peuvent expliquer ce qu'indiquent les nombres 6 et 8 au sujet de la fraction, et d'autres pas. Plusieurs élèves savent que $\frac{6}{8}$ est plus grand que $\frac{1}{2}$. D'autres considèrent que c'est une «grosse» fraction parce que le numérateur et le dénominateur sont passablement grands, comparativement à ceux des fractions comme $\frac{1}{2}$ ou $\frac{1}{3}$. La plupart des élèves de cinquième année comprennent que $\frac{6}{8}$ et $\frac{3}{4}$ sont des fractions équivalentes. Cependant, tous les élèves ne donnent pas la même signification à l'expression «être équivalent à». Certains savent qu'en simplifiant $\frac{6}{8}$, on obtient $\frac{3}{4}$, sans nécessairement comprendre que $\frac{3}{4}$ et $\frac{6}{8}$ sont des fractions équivalentes. D'autres pensent qu'en simplifiant $\frac{6}{8}$, on obtient un nombre plus petit. Ceux qui ont une meilleure compréhension sont capables d'expliquer pourquoi $\frac{6}{8}$ et $\frac{3}{4}$ représentent la même quantité en se servant de divers modèles. Il vous vient certainement à l'esprit d'autres idées, exactes ou erronées, que les élèves associent souvent à leur propre concept de fraction. En fait, chaque élève arrive avec son bagage personnel d'idées (son propre «ensemble de points») liées aux fractions et sa compréhension personnelle des fractions.

Une autre façon d'envisager la compréhension d'un individu est de la représenter au sein d'un *continuum* (figure 1.2). L'une des extrémités montre un ensemble très riche

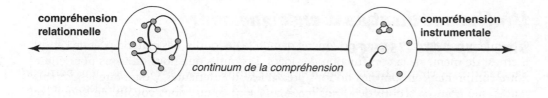

compréhension relationnelle

continuum de la compréhension

compréhension instrumentale

FIGURE 1.2 ◄

La compréhension est la mesure de la qualité et de la quantité des liens entre une nouvelle idée et des idées antérieures. Plus les liens sont nombreux dans un réseau d'idées et meilleure est la compréhension.

de liens unissant l'idée comprise à des idées préexistantes et formant un réseau significatif de concepts et de procédures. Hiebert et Carpenter (1992) parlent de «toiles» d'idées liées entre elles. Notre objectif est que chaque enfant comprenne les nouvelles notions mathématiques et les intègre dans la mesure du possible à une riche toile d'idées mathématiques connexes.

À l'autre extrémité du continuum, les notions sont complètement isolées ou presque. Ce sont les idées apprises par cœur. Ces idées éparpillées et mal comprises s'oublient facilement et sont peu utiles pour en construire de nouvelles.

Pour illustrer cette affirmation, prenons le concept de «division» tel que le construit un élève de quatrième année. Il est fort probablement relié d'une manière ou d'une autre à la multiplication, et l'élève sait probablement qu'il doit utiliser la multiplication pour vérifier le résultat d'une division. Ce lien entre division et multiplication peut être conceptuel et riche de sens, ou représenter seulement un fait dont il se souvient parce que l'enseignante lui a dit d'employer la multiplication pour vérifier le résultat d'une division. Dans une relation conceptuelle, $42 \div 6$ fournit ce qui manque dans chacune des équations suivantes: $\square \times 6 = 42$ (combien de 6 faut-il pour faire 42?) et $6 \times \square = 42$ (6 ensembles de combien d'objets font 42?). Les mêmes idées peuvent servir à relier la division à l'addition et (ou) à la soustraction. Autrement dit, la division $42 \div 6$ indique combien de 6 il faut additionner pour obtenir 42 ou, de façon analogue, combien on peut soustraire de 6 de 42. Il est aussi possible de relier ces idées indépendantes de tout contexte à des situations de la vie réelle, comme celles dont il est souvent question dans les problèmes en contexte tels que celui-ci: Si un ballon coûte 0,19 $, combien Samuel peut-il en acheter avec 2,50 $? Étant donné que la multiplication peut prendre d'autres formes, il en est de même pour la division. Par exemple, si la crèmerie offre 42 sortes de coupes glacées comportant 6 garnitures différentes, combien de saveurs différentes de glace utilise-t-elle? On peut également répondre à cette question en divisant 42 par 6. Il est aussi possible d'établir un lien entre la division et les fractions. La fraction $\frac{42}{6}$ est simplement une autre forme d'expression de $42 \div 6$. Au fur et à mesure qu'il approfondit sa compréhension des fractions, l'élève peut aussi établir des relations avec la division.

Dans le domaine du calcul, on peut établir d'autres relations, par exemple entre l'algorithme traditionnel «diviser, multiplier, soustraire, abaisser» et les concepts sur la multiplication et la valeur de position. L'algorithme appliqué à $367 \div 8$ vise à répondre à la question: 8 ensembles de quelle grandeur sont proches de 367? Mais d'autres méthodes font appel à des concepts différents. Voici un exemple de procédé non systématique permettant de diviser 367 par 8: 10 huit font 80; puisque 4×80 est égal à 320, alors 40 huit font 320; il reste donc 47 huit; 6 huit font 48, mais on a 1 unité en trop; il faut donc prendre 5 huit, et il reste 7 unités; cela fait donc en tout 40 et 5, soit 45, et il reste 7. Dans ce cas, les relations avec la valeur de position et d'autres techniques de calcul sont évidentes.

Nous ne pouvons évidemment pas «voir» un élève en train de comprendre. Nous pouvons seulement déduire en quoi consiste cette compréhension. Si on propose des problèmes aux élèves sans leur donner de directives quant à la manière de les résoudre, on suppose qu'ils utiliseront les concepts qu'ils maîtrisent, quels qu'ils soient. Quant aux règles de calcul traditionnelles, il y a toujours un risque que les élèves les appliquent correctement, sans comprendre pourquoi elles donnent de bons résultats, ou en ne comprenant que très partiellement. Les conclusions qu'on tire au sujet de la compréhension des élèves risquent alors d'être erronées.

L'influence du style d'enseignement sur l'apprentissage

Selon la théorie constructiviste, nous n'enseignerons rien aux élèves si nous nous bornons à présenter des concepts préétablis. Nous devons plutôt les aider à construire leurs propres concepts en utilisant ceux qu'ils maîtrisent déjà. Pour autant, cela ne signifie pas de les laisser à eux-mêmes et d'attendre passivement qu'ils découvrent spontanément de nouvelles notions mathématiques. Au contraire, notre approche pédagogique en classe joue un rôle déterminant dans ce qui est appris et dans le degré de compréhension. Voici trois facteurs qui influent sur l'apprentissage:

- La pensée réflexive de l'élève.
- Les interactions sociales avec les autres élèves.
- L'utilisation de modèles ou d'outils pour l'apprentissage (matériel de manipulation, symboles, outils informatiques, dessins, et même langage oral).

L'apprentissage des élèves et la qualité de leur apprentissage dépendent de chacun de ces facteurs, sur lesquels l'enseignante exerce une grande influence.

La pensée réflexive

 Faites une pause pour essayer de trouver une bonne définition de la pensée réflexive. Que signifie pour vous cette expression?

Quelle que soit la définition que vous donniez à la pensée réflexive, celle-ci comporte assurément une forme ou une autre d'activité mentale. C'est un effort actif, non une activité passive. Il est possible de considérer cette pensée comme un effort pour imaginer ou créer des liens entre des idées. Vous pouvez utiliser les mots *réfléchir* et *considérer*. Cette tentative de définition de la pensée réflexive est presque en soi une démarche de pensée réflexive.

Si nous supposons que la théorie constructiviste est valide, nous voulons que les élèves réfléchissent sur les notions qu'ils doivent apprendre. Pour intégrer la nouvelle idée que vous êtes en train d'enseigner à une toile déjà nourrie d'idées liées entre elles, les élèves doivent faire un effort mental. Ils doivent reconnaître les notions pertinentes qu'ils possèdent, ce qui les conduira à en développer une nouvelle. Si nous nous reportons aux points de la figure 1.1, nous cherchons à activer chaque point gris que maîtrise l'élève en rapport avec le nouveau point blanc à apprendre. Plus il utilise de points gris pertinents – plus il y a de pensée réflexive –, et plus il construira de nouvelles idées et mieux il les comprendra.

Il ne suffit malheureusement pas de brandir une grande pancarte sur laquelle vous avez écrit PENSEZ pour que les élèves adoptent une nouvelle manière de se servir de leur tête. Le défi consiste à les éveiller mentalement. Comme nous le verrons plus loin dans ce chapitre et tout au long de cet ouvrage, la clé pour susciter la réflexion est de proposer des problèmes qui amèneront les élèves à puiser à même leurs idées pour trouver des solutions et, chemin faisant, produire de nouvelles idées. Nous favoriserons également deux autres activités connexes: mettre par écrit les solutions aux problèmes, et en discuter avec les autres élèves. Ce sont là deux pratiques qui encouragent la pensée réflexive et que vous devriez intégrer dans la plupart de vos leçons.

Les élèves apprennent les uns des autres

Il y a renforcement de la pensée réflexive et, par conséquent, de l'apprentissage lorsque l'élève travaille avec des pairs sur les mêmes idées. Étant donné que les élèves sont regroupés dans une classe, une atmosphère d'émulation propice à l'interaction et à la réflexion peut offrir d'excellentes occasions d'apprentissage.

Vous pourriez avoir comme objectif de transformer votre classe en une «communauté d'apprenants» en mathématiques. En d'autres termes, vous pourriez créer un environnement au sein duquel chaque élève interagit avec les autres et avec son enseignante. Dans un tel environnement, les élèves partagent leurs idées et leurs résultats, et s'entendent sur les idées communes à tous. Lorsqu'une enrichissante interaction de la sorte s'instaure en classe, elle augmente nettement les chances que prenne forme une pensée réflexive productive sur les idées mathématiques pertinentes.

Interactions entre élèves

Piaget nous a permis de comprendre l'activité cognitive de l'enfant et la façon dont il utilise les idées de manière réflexive pour construire de nouvelles connaissances et une nouvelle compréhension. Pour sa part, Vygotsky s'est intéressé à l'interaction sociale comme élément central de l'acquisition des connaissances. Pour lui, il importe de distinguer les idées émises dans la classe et dans les livres, ainsi que celles qui sont entretenues par les enseignantes et les autres figures d'autorité (intervenants ou conseillers pédagogiques), d'une part, et celles que l'enfant construit, d'autre part. Vygotsky qualifie de *concepts scientifiques* les idées correctement formulées qui sont extérieures à l'enfant, et *concepts spontanés* celles qu'il élabore (de la façon décrite par Piaget).

Selon Vygotsky, ces deux concepts fonctionnent en sens opposé, comme le montre la figure 1.3. Les concepts scientifiques agissent vers le bas à partir d'une autorité extérieure. C'est pourquoi ils imposent leur logique à l'enfant. Les concepts spontanés émergent vers le haut en tant que produit de l'activité réflexive. Dans la *zone de développement proximal* de Vygotsky, l'enfant est en mesure d'effectuer un travail important avec les concepts scientifiques venus de l'extérieur. Sa compréhension conceptuelle est suffisamment avancée pour recevoir les idées qui proviennent «d'en haut».

Il n'est pas nécessaire de choisir entre le constructivisme social plus favorable aux idées de Vygotsky et le constructivisme cognitif basé sur les théories de Piaget (Cobb, 1996). Dans une communauté d'apprenants en mathématiques, l'apprentissage se trouve renforcé par la pensée réflexive que favorise l'interaction sociale. Parallèlement, la valeur de l'interaction pour chaque élève est largement déterminée par les idées qu'il apporte lui-même à la discussion. C'est au moment où celle-ci se déroule à l'intérieur de sa zone de développement proximal que l'apprentissage social est le plus efficace. Les discussions en classe axées sur les idées et les solutions aux problèmes sont absolument «fondamentales pour l'apprentissage des enfants» (Wood et Turner-Vorbeck, 2001, p. 186).

Communautés d'apprenants en mathématiques

Dans l'exceptionnel ouvrage *Making Sense* (Hiebert et collab., 1997), les auteurs présentent quatre caractéristiques de leur conception d'un apprentissage productif des mathématiques en classe, dans lequel les élèves peuvent apprendre les uns des autres ainsi qu'à partir de leur propre activité de réflexion.

1. Les idées sont importantes, quelle que soit leur origine. Les élèves peuvent avoir leurs propres idées et les partager avec les autres. En même temps, ils doivent admettre qu'ils peuvent aussi apprendre grâce aux idées formulées par les autres. L'apprentissage des mathématiques consiste à comprendre les idées de la communauté mathématique.

2. Les élèves doivent partager leurs idées avec leurs pairs. Par conséquent, chacun d'eux doit respecter les idées de ses camarades de classe, les évaluer et essayer de les comprendre. Le respect des idées proposées par d'autres est essentiel pour qu'une réelle discussion puisse avoir lieu.

3. Un climat de confiance doit s'établir, ce qui sous-entend que l'erreur est admise. Les élèves doivent admettre que les erreurs sont une occasion d'apprendre à mesure

Concepts scientifiques
(extérieurs à l'élève)

Zone de développement proximal

Concepts spontanés
(élaborés de l'intérieur)

FIGURE 1.3 ▲

La zone de développement proximal de Vygotsky est l'endroit où se rencontrent les nouvelles idées venues de l'extérieur et celles que possède déjà l'élève.

qu'ils découvrent et s'expliquent. Tous les élèves doivent sentir que leurs idées seront traitées avec le même respect, qu'ils aient raison ou tort. Sans cette confiance, beaucoup d'idées ne seraient jamais exprimées.

4. Les élèves doivent réaliser que les mathématiques sont logiques. Conformément à cet énoncé simple, l'exactitude ou la validité des résultats résident dans les mathématiques elles-mêmes. Aussi, l'enseignante ou toute autre figure d'autorité (intervenant ou conseiller pédagogique) n'a pas à émettre de jugement sur les réponses des élèves. En fait, lorsque les enseignantes répondent systématiquement : «Oui, c'est la bonne réponse» ou «Non, c'est une mauvaise réponse», les élèves ne cherchent plus à comprendre les idées qui circulent dans la classe ; la discussion et l'apprentissage en sortent appauvris.

Les classes qui présentent de telles caractéristiques ne sont pas le fruit du hasard. La création d'un tel climat repose sur l'enseignante, qui doit d'ailleurs agir en deux temps. Elle commence par tenir une discussion qui porte exclusivement sur les règles à suivre pour toutes les discussions en classe. Ensuite, elle peut modeler le genre de questions et d'interactions qu'elle souhaiterait obtenir de ses élèves.

Les outils d'apprentissage

En tant qu'enseignante, vous savez que l'approche recommandée pour l'enseignement des mathématiques fait appel à du matériel de manipulation. Ce matériel peut et doit jouer un rôle prépondérant dans votre classe. Exploité correctement, il peut se révéler un facteur très positif dans l'apprentissage de vos élèves. Cependant, il ne s'agit pas d'outils miracles comme certaines enseignantes ont tendance à le croire. Il est important de savoir ce que le matériel de manipulation permet d'accomplir ou non pour aider les élèves à construire des concepts.

Les modèles ne sont pas synonymes de concepts

La *connaissance conceptuelle des mathématiques* consiste en relations logiques construites de manière interne et présentes dans l'esprit en tant qu'éléments d'un réseau d'idées. C'est le type de connaissance que Piaget appelait *connaissance logicomathématique* (Kamii, 1985, 1989 ; Labinowicz, 1985). De par sa nature même, la connaissance conceptuelle est une connaissance qui est comprise (Hiebert et Carpenter, 1992). Les concepts tels que trois quarts, rectangle, dizaines, centaines et milliers, produit et pourcentage sont tous des exemples de relations ou de concepts mathématiques.

La figure 1.4 montre les trois configurations de cubes souvent utilisées pour représenter les unités, les dizaines et les centaines. En troisième année, la plupart des élèves ont vu des images de ces cubes ou se sont déjà servis de ces objets. La plupart des élèves de troisième année sont capables d'associer une barre (ou une languette) à une «dizaine» et une plaquette (ou une planchette) à une «centaine». Ont-ils pour autant construit le concept de dizaine et de centaine ? Tout ce que nous pouvons affirmer, c'est qu'ils ont appris les noms usuels qui leur sont généralement attribués. Le concept mathématique de dizaine veut qu'*une dizaine soit l'équivalent de dix unités*. Une dizaine n'est pas une «barre». Le concept est la relation entre la barre et le petit cube. Ce n'est ni la barre, ni un ensemble de dix bâtonnets, ni tout autre modèle, qui représenterait une dizaine. Cette relation appelée «dizaine» doit être créée par les élèves dans leur propre esprit. Les cubes peuvent les aider à voir les relations et à en parler, mais ce sont seulement des cubes qu'ils voient, et non des concepts.

FIGURE 1.4 ▼

Il ne faut pas confondre les objets et leurs noms avec les relations qui existent entre ces objets.

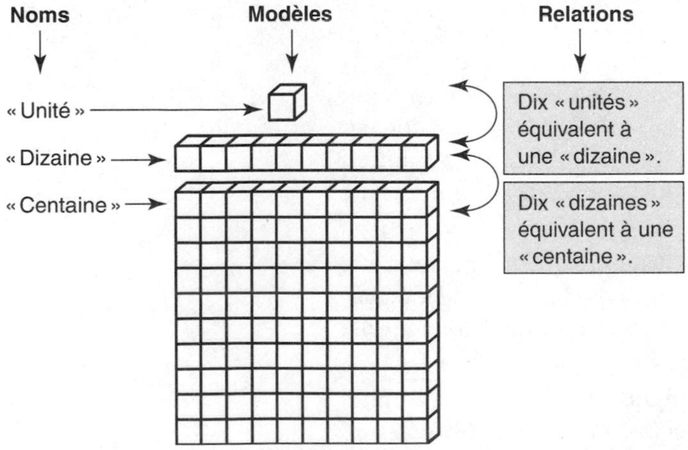

Noms — Modèles — Relations

«Unité»

«Dizaine»

«Centaine»

Dix «unités» équivalent à une «dizaine».

Dix «dizaines» équivalent à une «centaine».

En quatrième et en cinquième année, pour représenter les nombres décimaux, on emploie souvent du matériel de base dix que les élèves utilisaient au début du primaire dans les activités sur les nombres entiers. Les élèves doivent alors appliquer le principe selon lequel n'importe quel cube peut représenter les unités. Un ensemble de 3 plaquettes, 7 barres et 4 petits cubes représente 374. Cependant, le même ensemble peut aussi représenter 3,74 si on suppose qu'une plaquette correspond à l'unité, ou encore 37,4 si les barres correspondent aux unités. Les élèves qui se sont contentés d'associer un nom à chaque type d'éléments, sans construire la relation « de 10 à 1 » entre les différentes formes, auront beaucoup de difficulté à comprendre de telles représentations décimales. Du point de vue d'un adulte, qui a déjà assimilé les relations décimales, le matériel de base dix semble constituer un très bon modèle. Cependant, le fait que les élèves éprouvent de la difficulté à passer aux nombres décimaux indique que les concepts ne résident pas dans ce matériel, mais dans les relations qu'on lui prête.

Cette compréhension nous permet de définir ainsi ce qu'est un modèle : le *modèle* d'un concept mathématique correspond à tout objet, image ou dessin qui représente ce concept et auquel on peut associer les relations qui lui sont propres. En ce sens, tout ensemble d'objets peut constituer un modèle des concepts « dizaine » et « centaine » à condition de pouvoir associer aux objets les relations « de 10 à 1 » et « de 100 à 1 ». Par exemple, il existe un ensemble de matériel de base dix appelé Digie Blocks™, qui ne ressemble en rien aux cubes classiques en bois. Dans cet ensemble, dix des petits éléments s'insèrent dans un contenant de forme identique à celle des petits éléments, tout en étant dix fois plus gros : on a donc une relation « de 10 à 1 ». Il est aussi possible d'utiliser pour les nombres décimaux les modèles dont il vient d'être question, de même que tout autre modèle des nombres entiers.

Il est erroné d'affirmer qu'un modèle « illustre » un concept. Illustrer, c'est montrer. Cela signifierait que, en regardant le modèle, on verrait un exemple du concept. En fait, vous ne voyez que l'objet physique ; seul votre esprit peut associer la relation mathématique à l'objet (Thompson, 1994). Pour une personne qui ne connaît pas cette relation, rien ne relie le modèle au concept. Lorsqu'on regarde une bicyclette, ce que l'on voit est un exemple du concept matériel de bicyclette, mais il n'existe rien de tel pour les concepts mathématiques. Les concepts mathématiques sont des relations construites dans notre esprit.

Modèles et autres outils d'apprentissage

Pour Hiebert et ses coauteurs (1997), le concept de modèle devrait être étendu pour qu'il puisse inclure le langage oral, les symboles écrits pour les mathématiques ou tout autre outil susceptible d'aider les élèves à réfléchir sur les mathématiques. Bien sûr, les calculatrices peuvent et doivent être comprises dans une définition plus large des outils mathématiques. Par exemple, la fonction *facteur constant automatique* peut aider les élèves à construire l'idée que le nombre décimal 0,01 est une quantité relativement petite. En enfonçant les touches $\boxed{+}\ \boxed{1}\ \boxed{=}\ \boxed{=}$, ils peuvent rapidement faire de la calculatrice une machine à calculer jusqu'à 100. Cependant, s'ils remplacent la constante par 0,01, c'est-à-dire s'ils appuient sur les touches $\boxed{.}\ \boxed{0}\ \boxed{1}\ \boxed{+}\ \boxed{.}\ \boxed{0}\ \boxed{1}\ \boxed{=}\ \boxed{=}$, alors en appuyant 100 fois sur la touche $\boxed{=}$, la calculatrice comptera seulement jusqu'à 1, et il faudra appuyer 10 000 fois pour qu'elle compte jusqu'à 100.

La fonction *facteur constant automatique* de la calculatrice est aussi utile pour illustrer la multiplication en tant qu'addition itérée, répétée. En appuyant sur les touches $\boxed{6}\ \boxed{7}\ \boxed{+}\ \boxed{=}\ \boxed{=}\ \boxed{=}\ \boxed{=}$, on additionne 4 termes égaux à 67. On obtient le même résultat en appuyant sur $\boxed{4}\ \boxed{\times}\ \boxed{6}\ \boxed{7}$.

Même si les élèves ne voient aucun concept en examinant des modèles mathématiques ou en se servant du matériel de manipulation, ces outils peuvent les aider à apprendre d'importantes notions mathématiques de diverses façons :

- Il est possible de mettre à l'épreuve les notions que les élèves sont en train d'acquérir afin de vérifier si elles donnent le résultat voulu lorsqu'on les applique à un modèle que l'enseignante ou un autre élève suggère pour les représenter.

- Il est souvent plus facile pour les élèves d'aborder un problème ou une tâche à accomplir à l'aide d'un modèle ou d'un outil approprié.

- Les outils sont particulièrement utiles pour communiquer des idées qui seraient autrement difficiles à exprimer, oralement ou par écrit.

- Des dessins simples de jetons, de cubes de base dix, des droites numériques ou des pièces fractionnaires permettent aux élèves de consigner leurs idées par écrit.

Lorsque les élèves prennent un outil pour représenter une idée, leur travail ou leur activité réflexive peut les aider à conférer dans leur esprit une signification à cet outil. Au fur et à mesure que ces significations s'intègrent, elles augmentent l'utilité de l'outil comme moyen d'apprentissage. En d'autres termes, les élèves doivent donner des significations *aux* outils, et ces significations peuvent être créées *avec* des outils.

Connaissance des procédures en tant qu'outils

La *connaissance procédurale des mathématiques* est une connaissance des règles et des procédures utilisées pour accomplir des opérations mathématiques routinières, ainsi que des symboles employés en mathématiques. Cette connaissance procédurale joue un rôle primordial à la fois dans l'apprentissage et dans la pratique des mathématiques. Par exemple, les procédures algorithmiques facilitent l'exécution des opérations routinières, ce qui permet aux élèves de se concentrer sur des opérations plus importantes. La symbolisation est un mécanisme efficace pour communiquer des idées mathématiques et prendre des notes rapides lorsque les élèves font des mathématiques. Toutefois, même l'utilisation habile d'une procédure ne permet pas d'acquérir la connaissance conceptuelle associée à cette procédure (Hiebert, 1990). En demandant aux élèves d'effectuer 15 produits où le multiplicateur est un nombre de deux chiffres, on n'aide pas les élèves à comprendre pourquoi il faut écrire un 0 dans la position des unités avant de multiplier par le chiffre des dizaines. Cela ne contribue pas non plus à faire comprendre pourquoi il faut additionner une retenue après avoir multiplié, et non avant. En fait, les élèves qui maîtrisent une procédure en particulier sont peu disposés à lui associer après coup une signification. D'une manière générale, les règles procédurales ne devraient jamais être apprises en l'absence d'un concept, ce qui, malheureusement, est encore trop souvent le cas.

L'utilisation de modèles en classe

En même temps qu'ils construisent les concepts mathématiques, les élèves apprennent progressivement à les formuler et à raffiner cette formulation. Pendant qu'ils réfléchissent activement sur leurs propres idées, ils les testent à l'aide des divers moyens que nous leur offrons. C'est ici que les discussions avec les élèves, de même que l'environnement mathématique, prennent toute leur valeur. Présenter de manière détaillée une idée, défendre un point de vue, écouter les autres, décrire et expliquer sont autant de méthodes mentales actives favorisant la confrontation d'une idée émergente avec la réalité extérieure. Tout au long de ce processus d'expérimentation, l'idée en gestation évolue, se précise et s'intègre davantage aux idées préalables. Dès que l'idée est conforme à la réalité extérieure, il est fort probable que l'élève a construit un concept valide.

Dans l'ensemble, les modèles et les outils mathématiques jouent un rôle similaire ; autrement dit, ils servent de banc d'essai aux idées émergentes. Ces outils sont donc en quelque sorte des « jouets pour penser », des « jouets pour expérimenter » et des « jouets pour s'exprimer ». Il est difficile pour les élèves (de tout âge) de présenter et de vérifier des relations abstraites en utilisant seulement des mots. Les modèles leur fournissent de la matière à réflexion, à exploration, à raisonnement et à expression.

L'introduction de modèles et leur utilisation

Nous ne pouvons nous limiter à fournir aux élèves un ensemble de réglettes Cuisenaire ou des « pointes de tarte » et nous attendre à ce qu'ils comprennent les idées mathématiques susceptibles d'être représentées par ce matériel. Dès qu'un nouveau modèle ou une nouvelle utilisation d'un modèle déjà familier sont introduits en classe, il est habituellement conseillé d'en expliquer la marche à suivre et, au besoin, de faire une activité simple pour l'illustrer.

Supposons que vous abordiez des concepts sur les fractions avec vos élèves de quatrième ou de cinquième année. Vous déciderez sans doute d'employer des « pointes de tarte » et vous leur demanderez de nommer la fraction que représente chaque pointe d'une grandeur donnée. Quelques jours plus tard, vous utiliserez peut-être un géoplan et vous demanderez à vos élèves de nommer la partie fractionnaire correspondant à une région donnée. Pour présenter l'idée de partie fractionnaire d'un ensemble, vous distribuerez des jetons de deux couleurs différentes. Lors de la première activité avec ce modèle, vous soumettrez aux élèves des problèmes semblables à celui-ci : Si 12 jetons forment un tout, combien de jetons font $\frac{2}{3}$? Combien de jetons font $1\frac{1}{4}$? Un autre jour, vous expliquerez aux élèves comment se servir des réglettes Cuisenaire pour représenter des fractions. Pour différentes couleurs de réglettes représentant le tout, ils devront déterminer quelles réglettes correspondent à des parties fractionnaires données et expliquer leur raisonnement. En faisant quelques activités avec ces divers modèles en guise d'introduction, vous vérifierez si les élèves comprennent comment employer chaque modèle pour représenter des fractions. Plus tard, lorsque vous commencerez à additionner des fractions avec des dénominateurs différents, vous pourrez proposer aux élèves des problèmes comme $\frac{3}{4} + \frac{2}{3}$ et leur suggérer d'employer le modèle de leur choix pour trouver la réponse. Ils devraient se sentir libres d'utiliser n'importe quel modèle, voire de travailler sans aucun modèle. La seule chose qui compte, c'est qu'ils soient capables d'expliquer les résultats qu'ils obtiennent.

Dans plusieurs cas, l'élève devrait avoir le choix de se servir ou non d'un modèle pour réaliser une tâche. Lorsqu'il est question de fractions, il est indispensable d'utiliser un modèle pour effectuer certaines tâches intéressantes, mais non pour d'autres qu'il est préférable de réaliser sans modèle. Par exemple, il est impossible de réaliser la tâche suivante sans réglettes Cuisenaire : *Si la réglette vert foncé représente $\frac{2}{3}$ du tout, quelle réglette correspond au tout?* Par contre, il est généralement préférable d'interdire l'emploi d'un modèle pour effectuer les tâches de comparaison. Si on demande : *Qu'est-ce qui est le plus grand, $\frac{3}{4}$ ou $\frac{2}{3}$?*, l'utilisation d'un modèle peut permettre aux élèves de répondre à la question sans avoir à réfléchir.

Bien que le libre choix des modèles doive plutôt être la norme, vous aurez souvent l'occasion de demander aux élèves d'utiliser un modèle pour présenter leur raisonnement. Cela vous aidera à évaluer s'ils comprennent les idées et les modèles utilisés en classe.

Voici quelques règles simples à suivre pour l'utilisation de modèles :

- Montrez les nouveaux modèles en expliquant comment ils peuvent représenter les idées pour lesquelles ils ont été conçus.
- Permettez aux élèves (dans la plupart des cas) de choisir librement, parmi les modèles disponibles, celui qu'ils veulent utiliser pour résoudre un problème.
- Encouragez l'utilisation d'un modèle lorsque vous jugez qu'il aidera un élève qui a des difficultés.

Lesh, Post et Behr (1987) ont proposé cinq moyens de représenter des concepts, dont les modèles à manipuler et les images (figure 1.5). Leurs recherches ont démontré que les élèves qui réussissent tant bien que mal à faire le transfert entre les différentes représentations d'un concept sont les mêmes qui ont de la difficulté à résoudre des problèmes et à comprendre les calculs. À l'inverse, lorsque les élèves arrivent à passer d'une représentation à une autre, il y a de grandes chances qu'un concept se forme correctement dans leur esprit et s'intègre dans une toile d'idées déjà existantes.

Les activités de transfert peuvent servir à la fois de leçons et de moyens diagnostiques. Par exemple, si vous donnez à des élèves une grille de 10 rangées et 10 colonnes comportant 75 carrés ombrés, vous pourriez leur demander d'écrire le pourcentage correspondant à la partie ombrée de la grille (symboles), de situer le même pourcentage sur la droite numérique (un modèle différent) et de décrire une situation de la vie courante où on emploierait le pourcentage de façon pertinente (monde réel). On peut aussi demander aux élèves d'écrire le pourcentage sous forme fractionnaire et décimale (conversion d'une expression symbolique en une autre).

Pensez aux transferts lorsque vous voulez avoir une brève entrevue avec un élève pour déterminer ce qu'il pense. Les différents moyens qu'il emploie pour représenter des idées et ses explications sur les similitudes entre ces représentations vous donnent souvent des renseignements précieux sur les conceptions erronées qu'il peut entretenir et sur les types d'activités susceptibles de lui venir en aide.

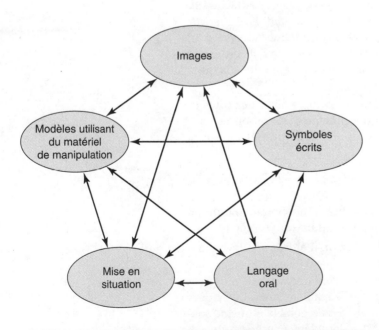

FIGURE 1.5 ▲

Cinq différentes représentations d'idées mathématiques. Les transferts entre deux représentations et à l'intérieur de chacune d'elles peuvent favoriser l'acquisition de nouveaux concepts.

L'utilisation incorrecte des modèles

L'erreur la plus courante commise par les enseignantes quant au matériel de manipulation consiste à structurer les leçons de telle sorte que les élèves suivent à la lettre les consignes sur la façon d'utiliser un modèle, généralement dans le but d'obtenir une réponse. Bien sûr, il est tentant de présenter le matériel en expliquant aux élèves comment l'utiliser. Mais ceux-ci adopteront aveuglément les consignes de l'enseignante et peuvent même donner faussement l'impression de les avoir comprises. Une marche à suivre apprise par cœur ne sera jamais autre chose… qu'une marche à suivre apprise par cœur (Ball, 1992 ; Clements et Battista, 1990).

Par ailleurs, un excès de consignes risque d'amener les élèves à croire qu'un modèle n'est qu'une machine à donner des réponses, et non un outil pour penser. Si l'obtention de la bonne réponse, et non la résolution d'un problème, devient l'objectif principal d'une leçon, les élèves auront tendance à choisir la méthode la plus facile pour parvenir à ce résultat. De la troisième à la sixième année, les fractions sont un concept qui donne fréquemment lieu à un emploi inapproprié de modèles. Dans le cas de la tâche de comparaison décrite plus haut (*Qu'est-ce qui est le plus grand, $\frac{3}{4}$ ou $\frac{2}{3}$?*), un élève qui se sert du modèle des pointes de tarte ou de bâtonnets de couleur peut simplement représenter chaque fraction et comparer les modèles du point de vue de leur grandeur. Cela ne l'aidera pas à acquérir le sens des fractions, car il n'a pas à réfléchir à la grandeur des fractions ; il lui suffit de comparer les modèles.

L'ENSEIGNEMENT FONDÉ SUR LES PROBLÈMES

La compréhension devrait être l'objectif de notre enseignement des mathématiques. Cet objectif tiré des *Principles and Standards for School Mathematics* (2000) du National Council of Teachers of Mathematics (NCTM) est difficilement contestable. Pendant plusieurs années, et encore aujourd'hui, la didactique, l'approche procédurale descendante, les consignes du type «faites-comme-je-vous-dis», ont été la norme dans le paradigme béhavioriste. Les résultats n'ont guère été concluants, sauf pour les élèves les plus doués et pour ceux qui étaient capables de bien mémoriser les règles. Il doit exister une meilleure approche pédagogique.

Le principe le plus valable pour l'amélioration de l'enseignement des mathématiques est de *permettre aux mathématiques d'être problématiques pour les élèves* (Hiebert et collab., 1996). Ceux-ci doivent résoudre des problèmes, non pour mettre en pratique les notions mathématiques qu'ils maîtrisent déjà, mais pour en apprendre de nouvelles. Lorsqu'ils doivent résoudre des problèmes judicieusement choisis et se concentrer sur les méthodes de solution, il en résulte une nouvelle compréhension des concepts mathématiques intégrés dans la tâche. Ils sont nécessairement, et de manière optimale, engagés dans une pensée réflexive sur les concepts en cause lorsqu'ils cherchent activement des liens ou qu'ils analysent des régularités. C'est aussi ce qui se passe quand ils trouvent quelles méthodes fonctionnent ou pas, justifient leurs résultats ou évaluent les idées des autres et s'interrogent à propos de ces idées. Les «points» correspondants dans leur structure cognitive se mettent en action pour donner une signification aux nouveaux concepts. *La résolution de problèmes est le meilleur moyen d'enseigner la plupart, sinon la totalité, des principales procédures et des principaux concepts mathématiques.*

Les tâches basées sur des problèmes

Un *problème* est défini comme toute tâche ou activité pour laquelle les élèves ne disposent d'aucune règle ou méthode prescrite ou mémorisée et ignorent l'existence d'une méthode correcte de solution (Hiebert et collab., 1997).

Un problème destiné à l'apprentissage des mathématiques présente les caractéristiques suivantes :

- *Le problème doit correspondre au niveau des élèves.* La création ou le choix d'une tâche doit tenir compte du niveau de compréhension réel des élèves. Ceux-ci devraient posséder le bagage suffisant pour résoudre le problème tout en le trouvant stimulant et intéressant. Autrement dit, le problème doit se situer dans leur zone de développement proximal.

- *La problématique et le défi à relever doivent avoir un lien avec les idées mathématiques que les élèves ont à apprendre.* Pour résoudre un problème ou faire une activité, les élèves doivent d'abord en comprendre le côté mathématique, de manière à développer leur compréhension des idées qui s'y rattachent. Bien qu'il soit acceptable et même souhaitable d'avoir le choix des contextes pour rendre les problèmes intéressants, ces aspects ne doivent pas avoir préséance sur les notions de mathématiques à apprendre.

- *L'énoncé du problème doit demander de justifier et d'expliquer les réponses, ainsi que les méthodes utilisées.* Les élèves doivent comprendre qu'il leur revient de déterminer si les réponses sont correctes et de dire pourquoi. Ils doivent également considérer le fait que l'explication de leurs méthodes pour aboutir à la solution fait partie du processus normal de résolution de problèmes.

Il est important de comprendre que l'enseignement des mathématiques passe par la résolution de problèmes. Les activités ou les tâches qui y sont liées sont les véhicules qui permettront de mettre en œuvre votre programme. L'apprentissage des élèves est précisément un objectif du processus de résolution de problèmes.

L'enseignement qui comporte des activités faisant appel à la résolution de problèmes est centré sur l'élève, et non sur l'enseignante. Il commence et se poursuit avec les idées des élèves : leurs «points gris», leur compréhension. C'est un processus qui exige de faire confiance aux élèves et de se convaincre qu'ils sont tous en mesure d'acquérir des idées significatives sur les mathématiques.

L'apprentissage par résolution de problèmes : une approche centrée sur l'élève

Voyons ce qui se passe au cours du premier semestre dans une classe fictive de quatrième année. L'enseignante a déjà révisé les opérations d'addition et de soustraction et elle a abordé les concepts et les faits numériques de base de la multiplication. La majorité des élèves ont assimilé certains de ces faits numériques, et quelques-uns les connaissent tous. Pour présenter ces notions, l'enseignante a utilisé l'aire d'un rectangle pour montrer le lien qu'il est possible d'établir entre l'addition itérée et une disposition rectangulaire de carrés, une grille.

Grâce aux expériences décrites ci-dessus et à celles qu'ils ont faites en troisième année, la majorité des élèves ont assimilé ces notions. Ils ont élaboré un ensemble d'idées sur les dizaines et les unités (au cours d'activités sur l'addition et la soustraction), ils comprennent la signification de la multiplication et sa relation avec l'addition, ils connaissent diverses méthodes numériques qui leur permettent d'assimiler les faits numériques de base de la multiplication. Enfin, ils commencent à établir des liens entre la multiplication, d'une part, et les quadrillages et le concept d'aire, d'autre part. Ce sont leurs «points gris», c'est-à-dire les idées liées à la multiplication et à la valeur de position dont ils disposent pour construire des méthodes de calcul de produits. Chaque élève possède un ensemble unique d'idées interreliées de diverses façons. Certaines notions sont bien comprises, d'autres non ; certains concepts sont bien formés, d'autres sont émergents. Par ailleurs, un certain nombre d'élèves ont encore grandement besoin de modèles, alors que d'autres, beaucoup moins.

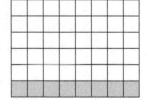

Au début du cours, l'enseignante propose aux élèves une tâche qui devrait les préparer à la partie principale de la leçon. À l'aide du rétroprojecteur, elle leur montre un rectangle subdivisé en 6 rangées de 8 carrés chacune, et dont la dernière rangée est ombrée. Les élèves se disent rapidement d'accord sur le fait qu'additionner 6 huit permettra de savoir combien il y a de carrés dans le rectangle. L'enseignante leur demande : «Supposons que nous ne nous rappelons pas que 6 ensembles de huit font 48. Pouvons-nous diviser le rectangle en deux parties, afin d'utiliser des faits numériques de base de la multiplication dont nous nous souvenons puis de calculer le total dans notre tête?» Elle laisse quelques minutes aux élèves pour trouver au moins un moyen de diviser le rectangle, faire part de leurs idées à leur partenaire, puis se préparer à expliquer leur méthode à la classe. Ils proposent quatre méthodes :

- *Séparer la dernière rangée. Dans la partie du haut, on a 5 fois 8, ou 40; 40 plus les 8 carrés de la partie du bas font 48.*

- On divise le rectangle en deux parties égales, de haut en bas. Le nombre de carrés de chaque partie est 6 × 4; 24 plus 24 font 48. (L'enseignante demande aux élèves comment ils ont additionné les deux 24. Ils disent avoir calculé le double de 25, puis avoir enlevé 2. Un autre élève suggère d'additionner 20 et 20, puis 4 et 4.)

- On peut aussi diviser le rectangle en deux parties égales dans l'autre sens, ce qui donne 3 × 8 = 24, puis on prend le double.

- Si on enlève deux colonnes de 6, ça fait 12. En prenant le double, on a quatre colonnes, ou 24. Et le double de 24 est 48.

L'enseignante distribue du papier centimétré, puis elle dessine au tableau un grand rectangle dont elle indique les dimensions, soit 24 et 8. «Je veux que vous dessiniez sur le papier quadrillé un rectangle de 24 sur 8. Vous devez déterminer combien il y a de carrés dans le rectangle. Mais comme ce serait trop ennuyeux de dénombrer les carrés, vous diviserez le rectangle en deux ou plusieurs parties, un peu comme nous l'avons fait plus tôt avec le rectangle de 6 sur 8. Vous vous servirez de ces parties pour calculer le total. Essayez de trouver des façons de diviser le rectangle qui rendent les calculs très faciles.» Comme d'habitude, l'enseignante rappelle aux élèves qu'ils doivent être prêts à utiliser des mots et des nombres, voire des dessins, pour expliquer leur raisonnement.

Les élèves travaillent en équipes de deux pendant environ 15 minutes, puis l'enseignante donne la parole à plusieurs élèves en leur demandant d'expliquer ce qu'ils s'apprêtent à effectuer. Elle fait également des suggestions aux quelques élèves qui ne savent pas encore comment procéder. Elle lance bientôt une discussion en demandant à tout le monde de mettre les idées et les réponses en commun. Elle note le tout au tableau en même temps qu'elle pose des questions pour clarifier les idées d'un élève au profit de l'ensemble de la classe. Elle ne fait aucun commentaire évaluatif, même si ce que dit l'élève est erroné. Bien qu'il s'agisse d'une classe fictive, les solutions présentées ci-après ne sont pas inhabituelles pour une classe de ce niveau.

PAUSE Avant de poursuivre votre lecture, essayez de trouver le plus grand nombre possible de manières de résoudre le problème 24 × 8 sans utiliser l'algorithme traditionnel. Faites un croquis illustrant chaque méthode.

Équipe 1 : Nous savons que 8 fois 8 font 64. Nous avons donc construit trois carrés avec les 24 colonnes. Nous avons additionné 64 + 64 + 64. (Il y a une brève discussion portant sur le fait d'additionner mentalement les 64.)

Équipe 2 : Nous avons utilisé des dizaines. Nous avons construit deux sections de 10, et il restait 4 colonnes. Dix fois 8 font 80. Ça fait donc 160 pour les deux grosses sections, et la dernière section est 8 × 4. Nous avons additionné 160 et 32 dans notre tête.

Équipe 3 : Notre méthode ressemble à celle de l'autre équipe, mais nous avons simplement utilisé 20 fois 8. Comme 2 fois 8 font 16, en ajoutant un zéro, on a 160. Puis on additionne 32 à la fin.

Équipe 4 : Nous n'avons pas vraiment divisé le rectangle. Nous avons plutôt ajouté une colonne à la fin, ce qui fait un rectangle de 25 sur 8. Nous savons que 4 rangées de 25, c'est comme un dollar, ou 100. Ça fait donc 200 carrés en tout. Mais ensuite, nous avons dû enlever 8 pour la colonne que nous avions ajoutée.

La figure 1.6 illustre trois des méthodes permettant de résoudre le problème. Vous avez peut-être pensé à d'autres façons de procéder.

L'objectif est de commencer à élaborer des méthodes de calcul pour la multiplication de nombres à deux chiffres. Les élèves doivent utiliser leurs propres

8 × 8 = 64. On additionne 64 + 64 + 64.

10 × 8 font 80 et 80 + 80 + 32 = 192.

25 × 4 font 100. Le double est 200. On enlève 8.

FIGURE 1.6 ▲

Le fait de diviser un rectangle en plusieurs parties peut faciliter le calcul de l'aire.

méthodes et pouvoir les adapter en fonction des nombres donnés. Ce sont les «points blancs» sur lesquels la classe va travailler au cours des prochaines périodes. Si vous permettez aux élèves de résoudre le problème à leur façon, chacun d'eux doit essentiellement faire appel à son propre «ensemble de points» pour donner un sens à la méthode de résolution.

 PAUSE **Quelles idées avez-vous apprises parmi celles qui sont présentées dans l'exemple ? Essayez d'utiliser certaines de ces idées nouvelles pour calculer le produit 38 × 6. Ces nombres vous aideront peut-être à penser à une méthode qui a été laissée de côté lors de la réalisation de la tâche décrite ci-dessus.**

Pendant des périodes de discussion en classe comme celle-ci, les idées continuent de mûrir. Certains élèves entendent et comprennent une idée ingénieuse qu'ils auraient pu utiliser, mais à laquelle ils n'avaient pas pensé. D'autres se mettent à formuler de nouvelles idées pendant qu'ils entendent (habituellement après plusieurs leçons) leurs camarades expliquer certaines stratégies. Ce sont des idées qu'ils n'auraient peut-être pas pu utiliser auparavant. D'autres élèves enfin écoutent d'excellentes idées émises par leurs pairs, mais sans les comprendre. Ceux-là ne sont probablement pas prêts ou ne maîtrisent pas encore les concepts préalables à la construction de nouvelles idées. Par exemple, dans la présente leçon, des élèves pourraient avoir dénombré tous les carrés un à un ou les avoir comptés en formant des ensembles de 10. Durant les cours suivants, des occasions semblables surviendront, qui permettront aux élèves de progresser à leur propre rythme en s'appuyant sur leur propre compréhension.

Dans des classes comme celle que nous venons de décrire, les enseignantes partent *de ce que les élèves savent déjà*, avec *leurs* idées. Les élèves n'ont ainsi d'autres choix que d'utiliser leurs propres notions.

La démonstration pratique : une approche centrée sur l'enseignante

Dans une optique inverse de l'approche centrée sur l'élève, examinons maintenant à quoi pourrait ressembler une leçon aux objectifs similaires, mais qui utiliserait une approche centrée sur l'enseignante.

Dans la présente leçon, les élèves utilisent aussi du papier centimétré. Ils dessinent d'abord le rectangle de 24 × 8 sur leur feuille. L'enseignante dessine un rectangle identique au tableau, puis elle écrit le problème de multiplication à côté.

Elle demande aux élèves de compter 20 carrés et de tirer une droite verticale dans le rectangle, exactement comme elle le fait elle-même au tableau. Elle pose ensuite une série de questions, tout en donnant aux élèves des directives correspondant aux étapes de l'algorithme traditionnel. Chaque élève note au fur et à mesure ces étapes sur sa feuille.

- *Que font 8 × 4 ?* (L'enseignante montre du doigt la petite section du rectangle.)
- *Nous notons 32 dans notre problème.* (L'enseignante montre comment écrire 2 sous la ligne dans la donnée du problème et «retenir» le 3. Elle écrit aussi «32» dans la petite section du rectangle.)
- *Que font 8 × 2 ?* (L'enseignante attire l'attention des élèves sur la partie du rectangle qui est de 8 sur 20.) *Ici, nous multiplions en réalité par 20, ou 2 dizaines. Huit fois 2 dizaines font 16 dizaines.* (L'enseignante écrit «16 dizaines» dans la grande section du rectangle.)
- *Nous avons déjà 3 autres dizaines. Combien font 16 et 3 ?*
- *Nous écrivons 19 sous la ligne. La réponse finale est 192.*

Une fois cette étape achevée, l'enseignante donne cinq problèmes de multiplication semblables aux élèves. Chaque fois, ils doivent dessiner un petit rectangle sur leur feuille et montrer comment il faut le diviser en dizaines et en unités. Ils notent ensuite les deux produits dans le rectangle et complètent le calcul à côté. L'enseignante circule dans la classe et aide les élèves qui ont de la difficulté en leur montrant comment effectuer chaque étape et noter les résultats.

 PAUSE | **Qu'avez-vous aimé dans cette leçon ? Quelque chose vous a-t-il déplu ? En quoi est-elle différente de la précédente ? Sur quelles idées les élèves se concentreront-ils ?**

Dans cette leçon, l'enseignante et les élèves appliquent de façon conceptuelle le modèle de l'aire sur du papier quadrillé. Ils divisent le rectangle en parties associées aux deux chiffres formant le nombre 24, et notent chaque produit partiel dans la section correspondante.

Les exercices d'assimilation renforcent la relation établie avec le rectangle. Après plusieurs leçons semblables, la plupart des élèves auront appris à multiplier un nombre à deux chiffres. C'est un exemple typique de ce que l'on considère souvent comme une très bonne leçon.

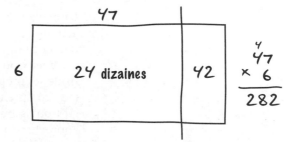

Mais examinons cette leçon de plus près. L'enseignante indique aux élèves comment diviser le rectangle. Elle ne leur présente qu'une façon de faire et très peu de raisons de procéder ainsi. Elle ne cherche pas à interroger les élèves sur ce qu'ils s'apprêtent à faire. Elle peut seulement savoir qui a été capable de suivre ses directives et qui n'y est pas arrivé. Elle suppose que ceux qui réussissent à résoudre les problèmes ont compris. Toutefois, bien des élèves (notamment parmi ceux qui réussissent à faire les problèmes) ne comprennent pas ce qu'ils font, ce qui renforce leur opinion que les mathématiques sont un ensemble de règles à mémoriser. Pour résoudre le problème, chaque élève applique la méthode qui a un sens pour l'enseignante, et non celle qui a du sens pour lui. Les élèves n'ont donc pas l'occasion de se rendre compte que leurs propres idées sont importantes ou qu'il existe plusieurs façons efficaces de résoudre le problème. Cette approche ne permet pas à l'élève qui en a besoin de continuer à élaborer des concepts sur la multiplication. Elle ne permet pas non plus à celui qui serait capable de découvrir facilement une ou plusieurs façons de résoudre le problème mentalement, car on ne lui demande pas de le faire. Les élèves auront plutôt tendance à appliquer la même méthode laborieuse pour calculer le produit 4 × 51, alors qu'ils devraient certainement effectuer cette multiplication au moyen d'opérations mentales correspondant à leur niveau. On connaît bien les erreurs que font généralement les élèves lorsqu'ils appliquent l'algorithme de multiplication. Par exemple, plusieurs additionnent la retenue avant de multiplier ; d'autres ne font aucune retenue. Si on leur donne le problème 6 × 47, ils écriront comme réponse 2 442.

La valeur de l'enseignement fondé sur les problèmes

Il est évident qu'un enseignement fondé sur des problèmes rencontre divers écueils. Chaque jour, il est nécessaire de concevoir ou de choisir soigneusement les tâches pour tenir compte à la fois du degré de compréhension actuel des élèves et des exigences du programme. La planification ne peut guère dépasser quelques jours. Si vous utilisez un manuel traditionnel, vous devrez apporter plusieurs modifications à ce qui y est préconisé, mais il y a d'excellentes raisons pour faire un tel effort.

- *La résolution de problèmes focalise l'attention des élèves sur les idées et la compréhension.* Lorsqu'ils résolvent des problèmes, les élèves doivent nécessairement réfléchir sur les idées mathématiques inhérentes aux problèmes. Ce faisant, ils ont plus de chances d'intégrer les idées émergentes aux idées existantes, ce qui améliore la compréhension. Dans le cas contraire, l'habileté dont vous ferez preuve pour expliquer les idées et donner les consignes ne vous sera d'aucun secours. Les élèves s'intéresseront uniquement aux consignes, non aux idées.

- *La résolution de problèmes convainc les élèves qu'ils sont capables de faire des mathématiques et que les mathématiques sont logiques.* Chaque fois que vous proposez un exercice se présentant sous forme de problème et que vous demandez une solution, vous dites aux élèves : « Je crois que vous en êtes capables. » Chaque fois que la classe résout un problème et que les élèves améliorent leur compréhension, leur confiance et leur estime de soi s'en trouvent renforcées.

- *La résolution de problèmes permet une évaluation continue.* Pendant que les élèves discutent de leurs idées, font des dessins, utilisent du matériel de manipulation, défendent leurs solutions ou évaluent celles des autres, écrivent des rapports ou des explications, ils vous apportent continuellement un grand nombre de renseignements intéressants. Vous pouvez utiliser cette information pour planifier la leçon suivante, aider individuellement les élèves qui en ont besoin, évaluer leurs progrès et informer les parents.

- *La résolution de problèmes est un excellent moyen de travailler sur les compétences.* Les activités utiles basées sur la résolution de problèmes comportent un éventail de moyens pour en arriver à la solution – des plus simples ou peu efficaces aux plus ingénieux ou pertinents. Chaque élève doit comprendre la tâche à accomplir à partir de ses propres idées. De plus, les élèves approfondissent leurs idées et améliorent leur compréhension lorsqu'ils écoutent leurs camarades qui expliquent les stratégies qu'ils ont utilisées pour trouver la solution et lorsqu'ils y réfléchissent. Une approche centrée sur l'enseignante ne tient pas compte de la diversité, et se fait donc au détriment de la plupart des élèves.

- *La résolution de problèmes capte l'attention des élèves et réduit les occasions de resserrer la discipline ou de faire de la gestion de classe.* Pour la plupart des élèves, l'utilisation de moyens qu'ils sont à même de comprendre afin de résoudre un problème représente une expérience intrinsèquement gratifiante. De ce fait, ils ont moins d'occasions d'être indisciplinés. Apprendre réellement quelque chose est stimulant, alors qu'appliquer des consignes est ennuyeux.

- *La résolution de problèmes développe la « capacité mathématique ».* Les élèves qui résolvent des problèmes répondront aux cinq normes décrites dans le document *Principles and Standards for School Mathematics* du NCTM (2000) : la résolution de problèmes, le raisonnement, la communication, les liens et la représentation. Ce sont là les processus qu'on utilise pour faire des mathématiques.

- *C'est amusant!* Après avoir expérimenté ce type d'approche, très peu d'enseignantes reviennent à la méthode magistrale. L'enthousiasme des élèves qui développent une compréhension à travers leurs propres raisonnements constitue une récompense pour les efforts fournis. Pour eux, c'est aussi une façon divertissante d'apprendre.

L'enseignement fondé sur les problèmes : une approche en trois parties

L'enseignement fondé sur les problèmes comporte trois grandes étapes : *avant*, *pendant* et *après* (figure 1.7).

En répartissant le temps entre chacune des étapes *avant*, *pendant* et *après*, il devient facile de consacrer une période entière à un problème en apparence plutôt simple. Il est possible d'appliquer la même structure en trois parties à de petites tâches, ce qui donnera des micro-leçons de 10 à 20 minutes. Une activité mathématique mentale est un bon exemple de micro-leçon.

La partie avant

Cette étape comporte trois préalables qui relèvent de votre responsabilité : préparer les élèves mentalement pour la tâche à accomplir, s'assurer que cette tâche est comprise, et vérifier si vos attentes ont été clairement établies – sans vous satisfaire d'une réponse laconique.

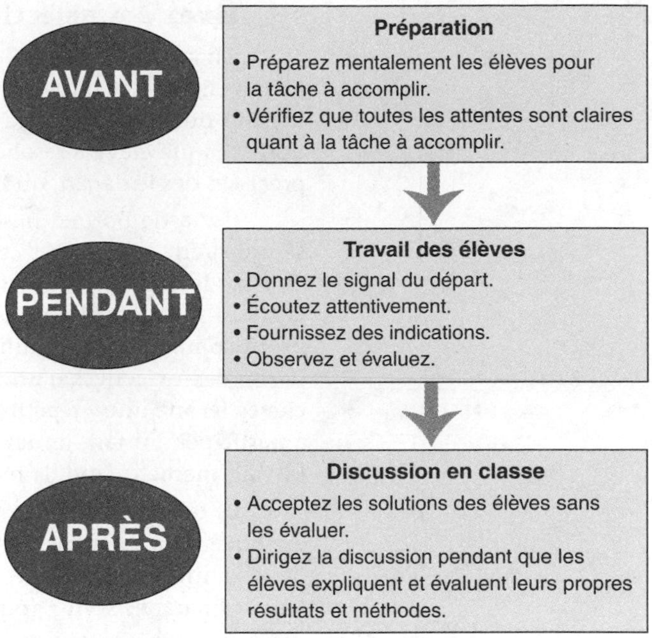

Préparez les élèves mentalement

Veillez à «activer» les idées de vos élèves relativement au programme de mathématiques prévu pour la journée. Voici quelques stratégies que vous pourriez mettre à profit :

■ Commencez la leçon par une version simplifiée de la tâche que vous avez l'intention de proposer. Diviser un rectangle de 6 × 8 est un bon exemple de préparation à l'activité avec un rectangle de 24 × 8. Si vous souhaitez que les élèves explorent les relations entre l'aire et le périmètre à l'aide de papier quadrillé, vous pourriez leur demander de tracer un rectangle de périmètre donné, par exemple 12. En mettant en commun leurs exemples, ils se rendront compte que plusieurs rectangles peuvent avoir un périmètre identique, ce qui les préparera à la tâche à effectuer.

AVANT	**Préparation** • Préparez mentalement les élèves pour la tâche à accomplir. • Vérifiez que toutes les attentes sont claires quant à la tâche à accomplir.
PENDANT	**Travail des élèves** • Donnez le signal du départ. • Écoutez attentivement. • Fournissez des indications. • Observez et évaluez.
APRÈS	**Discussion en classe** • Acceptez les solutions des élèves sans les évaluer. • Dirigez la discussion pendant que les élèves expliquent et évaluent leurs propres résultats et méthodes.

FIGURE 1.7 ▲

L'enseignement axé sur la résolution de problèmes suggère une structure simple en trois parties pour chaque leçon.

■ Vous pouvez aussi commencer la leçon en présentant la tâche à effectuer, puis en faisant une séance de remue-méninges sur les stratégies de solutions. Par exemple, si la tâche commande de faire une collecte de données, vous pourriez demander aux élèves d'utiliser les techniques de représentation graphique qu'ils viennent d'apprendre, et discuter brièvement avec eux de ce que chaque technique peut nous apprendre au sujet des données. Quelles informations fournit un diagramme circulaire? Un diagramme à barres ou à bandes? Les séances de remue-méninges donnent de meilleurs résultats lorsque la tâche comporte plusieurs solutions possibles auxquelles les élèves ne penseraient pas nécessairement sans indices préalables.

■ Pour les tâches nécessitant des calculs simples, vous pouvez demander aux élèves d'estimer l'ordre de grandeur de la réponse (Le nombre est-il supérieur à 30? inférieur à 100?). Vous pourriez même leur demander la réponse, car plusieurs d'entre eux seront capables de l'obtenir en calculant mentalement, sans que vous ne «mâchiez» le travail des autres élèves. (N'oubliez pas que chacun devra expliquer le raisonnement qu'il aura utilisé pour obtenir la réponse.)

Il est utile pour tous d'entendre les idées exprimées au cours des discussions préparatoires, avant d'être laissés complètement à eux-mêmes.

Assurez-vous que la tâche est comprise

Vous devez toujours vous assurer que les élèves comprennent le problème à résoudre ou la tâche à accomplir avant de commencer à travailler. N'oubliez pas que leur perspective est différente de la vôtre.

Discutez brièvement des informations fournies dans l'énoncé du problème et aidez les élèves à clarifier la question posée. Revoyez le vocabulaire sur lequel ils pourraient buter. En leur demandant de reformuler le problème dans leurs propres mots, vous les obligerez à réfléchir plus à fond.

Fixez des objectifs

Chaque tâche devrait exiger des élèves plus qu'une simple réponse. Au minimum, ils devraient être prêts à expliquer leur raisonnement à l'ensemble de la classe. Dans la mesure du possible, le travail devrait comporter une démonstration écrite de la façon dont chaque élève a résolu le problème. Quelles qu'elles soient, les attentes doivent être précisées dès le départ, qu'il s'agisse de travaux écrits ou d'une préparation à la discussion.

Il y a de bonnes raisons d'exiger des élèves plus que des réponses. Des élèves qui se préparent à expliquer et à défendre leurs réponses consacreront plus de temps à réfléchir sur la validité de leurs résultats, et les réviseront souvent avant de les présenter aux autres. Ils porteront un plus grand intérêt à l'égard des discussions en classe, car ils voudront comparer leurs solutions avec celles de leurs camarades. Lorsqu'une explication fait partie des exigences d'une tâche, surtout s'il s'agit d'un texte écrit ou d'un dessin, les élèves feront une «répétition» en prévision de la discussion en classe et se prépareront à participer. En fait, ils devraient toujours s'attendre à devoir présenter leurs idées et leur travail, même quand ils n'ont pas réussi à résoudre le problème.

Le fait de demander aux élèves d'utiliser des mots, des images et des nombres pour expliquer leur raisonnement revient également à insister sur l'importance de la démarche de résolution de problèmes. Les élèves doivent savoir que leur raisonnement et celui de leurs camarades sont à tout le moins aussi importants que leurs réponses.

Une fois que les élèves auront pris l'habitude de s'exprimer par écrit, vous jugerez peut-être judicieux de leur dire «Explique-moi pourquoi tu penses que ta réponse est exacte» plutôt que «Montre-moi comment tu as obtenu ta réponse». Si vous utilisez la seconde consigne, il est possible que les élèves se contentent de noter les différentes étapes de leur travail. («J'ai d'abord..., puis j'ai...») Vous devez amener vos élèves à se concentrer sur la justification et le raisonnement, et non leur demander de noter simplement ce qu'ils ont fait, surtout s'ils sont capables d'appliquer un algorithme traditionnel.

La figure 1.8 illustre le travail de trois élèves de quatrième année qui n'ont pas appris l'algorithme de multiplication traditionnel. L'enseignante avait incité ses élèves à utiliser la méthode de leur choix. Les trois ont très bien expliqué leur démarche, même en peu de mots. Charles utilise le terme «séparation» comme synonyme de *décomposition,* une méthode que l'enseignante a déjà employée. Plusieurs élèves ont donné un nom à leur méthode, mais celui-ci n'est pas toujours approprié. Il est à noter que, du point de vue conceptuel, la méthode de Nicolas ressemble fortement à l'algorithme traditionnel des quatre produits partiels. Dans la même classe, plusieurs élèves ont employé une technique d'addition semblable à la méthode de Bruno. Dans les cas illustrés, on perçoit *ce que* les élèves ont fait, mais ces derniers ont encore besoin d'aide pour expliquer pourquoi ils ont procédé ainsi.

Dans la figure 1.9, Christine, une élève de troisième année, explique clairement sa démarche, d'une façon qui correspond à l'énoncé du problème. Sa réponse constitue un bon exemple pour la classe parce qu'elle établit un lien entre son travail et ce qu'elle a fait avec le dessin.

Pour certaines tâches, vous pouvez renoncer au travail écrit. Le cas échéant, vous pouvez le remplacer par une approche «réflexion en équipes de deux», dans laquelle les élèves doivent réfléchir à leurs idées avant de les mettre en commun. Ils devront ensuite défendre leurs idées devant un camarade, ce qui les prépare à une présentation au reste de la classe.

La partie pendant

Durant cette étape, il faut avant tout laisser faire les élèves. Donnez-leur la possibilité de travailler sans consignes – autrement dit, d'utiliser *leurs* idées, et non simplement de suivre vos directives. Votre deuxième tâche consistera à *écouter*. Découvrez les réflexions des différents élèves ou groupes d'élèves, les idées qu'ils utilisent et la façon dont ils abordent les problèmes.

Il y avait 35 traîneaux à chiens. Chaque traîneau était tiré par 12 chiens. Combien y avait-il de chiens en tout?

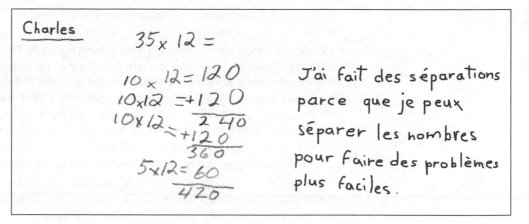

Charles

$35 \times 12 =$

$10 \times 12 = 120$
$10 \times 12 = +120$
$\overline{240}$
$10 \times 12 = +120$
$\overline{360}$
$5 \times 12 = 60$
$\overline{420}$

J'ai fait des séparations parce que je peux séparer les nombres pour faire des problèmes plus faciles.

Bruno

6
  35
+ 35
+ 35
+ 35
+ 35
+ 35
+ 35
+ 35
+ 35
+ 35
+ 35
+ 35
420

On peut écrire 35 12 fois, puis on additionne tout. Ça fait 420. Donc $35 \times 12 = 420$.

Nicolas

$\begin{array}{cc} 30 & 30 \\ \times 10 & \times 2 \\ \hline 300 + & 60 = 360 \end{array}$

$\begin{array}{cc} 5 & 5 \\ \times 10 & \times 2 \\ \hline 50 + & 10 = 60 \end{array}$

$360 + 60 = 420$

FIGURE 1.8 ▲

Trois élèves de quatrième année ont résolu un problème de multiplication en employant une méthode qu'ils ont inventée. Leurs explications sont succinctes, mais elles illustrent bien ce qu'ils ont fait.

Vous devez manifester de la confiance et du respect envers les capacités de vos élèves. Mettez-les au travail en étant convaincue qu'ils vont trouver la solution. Ils doivent être persuadés que l'enseignante ne privilégie aucune méthode pour résoudre le problème. S'ils soupçonnent le contraire, rien ne les motivera pour prendre des risques avec leurs propres idées et méthodes.

Offrez des suggestions et non des solutions

La question de savoir quel degré d'aide apporter aux élèves restera toujours délicate. Devrions-nous les laisser se tromper? Corriger les erreurs que nous détectons? N'oubliez pas que, dès que les élèves sentent que vous favorisez une méthode pour résoudre un problème, ils abandonneront immédiatement leurs propres méthodes, car ils seront convaincus que la vôtre est supérieure.

Avant de céder à la tentation d'offrir de l'aide ou une suggestion, essayez d'abord de découvrir ce que l'élève ou le groupe pense, et d'offrir des suggestions en utilisant les idées qui circulent déjà parmi eux. « Si tu penses qu'une

Chaque jour, Jacques note à quelle page il est rendu lorsqu'il cesse de lire son livre. Hier, il s'est arrêté à la page 12. Aujourd'hui, il s'est arrêté à la page 26. Combien de pages Jacques a-t-il lues aujourd'hui?

26
−12
14

OOOOOOOOOOOO
OOOOOOOOOOOOOO

J'ai fait 12 cercles pour les pages. Puis j'ai compté plus de pages jusqu'à ce que j'arrive à 26.

FIGURE 1.9 ▲

Le travail de cette élève de troisième année indique clairement le lien qu'elle a établi entre ce qu'elle a fait (dessiner et calculer) et la situation décrite dans l'énoncé.

fraction équivalente peut être utile, alors emploies-en une. Essaye! Tu verras ce que ça donne.» Notez qu'une telle formulation ne suggère aucunement que l'élève a raison ou tort; elle souligne simplement qu'il doit aller plus loin au lieu d'attendre un verdict de votre part.

Vous pourriez suggérer aux élèves d'utiliser un matériel de manipulation particulier ou de faire un dessin si cela semble approprié. Par exemple, si des élèves n'arrivent pas à décider comment résoudre un problème de soustraction de nombres décimaux, suggérez-leur d'utiliser un modèle en base dix pour représenter chaque nombre.

Encouragez les élèves à tester leurs idées

Les élèves chercheront votre approbation sur leurs résultats ou leurs idées. Évitez systématiquement d'être une source de «vérité» et de dire ce qui est correct ou ce qui ne l'est pas. Lorsqu'ils vous demandent si un résultat ou une méthode sont corrects, retournez la question en demandant à votre tour: «Comment pourriez-vous le déterminer?» ou «Selon vous, ce résultat serait-il le bon?» ou «Je vois ce que vous avez fait. Comment pourrions-nous le vérifier?» Même dans les cas où les élèves ne sollicitent pas votre opinion, posez la question: «Comment pourrions-nous dire si cela est correct?» Rappelez à la classe que les réponses sans justification sont inacceptables.

Faites de l'écoute active

Cette leçon vous offre une ou deux occasions (les autres surviendront lors de la période de discussion) de découvrir ce que vos élèves savent, à quoi ils pensent et comment ils abordent la tâche assignée. Vous pouvez vous asseoir avec un groupe et les écouter pendant un moment, ou encore demander aux élèves de vous expliquer leur démarche ou prendre des notes. Si vous souhaitez obtenir plus d'informations, dites par exemple à un élève: «Explique-moi ce que tu fais» ou «Je vois que tu as tracé une droite numérique. Peux-tu m'expliquer comment tu t'en sers?» Montrez-leur que vous vous intéressez réellement à ce qu'ils font ou pensent. Le moment n'est *pas* approprié pour en faire une évaluation ni pour leur indiquer comment résoudre le problème.

La partie après

Prévoyez suffisamment de temps pour cette partie de la leçon et veillez à ne pas l'écourter. Il n'est pas nécessaire d'attendre que chaque élève ait trouvé la solution. C'est souvent à cet instant que l'apprentissage est le plus profitable. Il n'est pas déraisonnable de prévoir 20 minutes ou davantage pour une bonne discussion de classe et une mise en commun des idées. Ce n'est pas le moment de vérifier les réponses; il s'agit de partager des idées. Avec le temps, vous transformerez votre classe en une «communauté d'apprenants» qui comprennent ensemble les mathématiques. Vous devez préciser vos attentes aux élèves quant à cette partie de la leçon et à la façon d'interagir avec leurs pairs de manière polie, attentive et critique.

Faites participer la classe entière à la discussion

Vous pouvez énumérer simplement les réponses de tous les groupes et les écrire au tableau sans faire de commentaires. Vous pouvez ensuite demander à un ou deux élèves d'expliquer leurs solutions ou leurs méthodes.

Lorsque les réponses sont différentes, la classe entière devrait participer à la discussion pour déterminer si toutes sont correctes. Donnez d'abord la possibilité à leurs auteurs de les défendre, puis lancez une discussion avec tous les élèves. «Qui a quelque chose à dire à ce sujet? Georges, j'ai remarqué que ta réponse différait de celle de Sylvie. Que penses-tu de son explication?»

Une de vos tâches consiste à vous assurer que tous les élèves participent, écoutent et comprennent ce qui se dit pendant la discussion. Encouragez les élèves à poser des questions. «Pierre, as-tu compris comment ils ont fait? Veux-tu poser une question à Marie?»

Vous pourriez aussi lancer la discussion en interrogeant d'abord les élèves timides ou qui ont de la difficulté à bien s'exprimer. Rowan et Bourne (1994) ont noté que les idées les plus évidentes sont habituellement exprimées au début d'une discussion. Lorsqu'on leur demande de participer dès le début et qu'on leur donne suffisamment de temps pour formuler leur pensée, les élèves réservés participent plus facilement et se sentent valorisés.

Prenez l'habitude de demander aux élèves d'expliquer leurs réponses. Très rapidement, les élèves n'interpréteront plus une demande d'explication comme le signe d'une mauvaise réponse, comme beaucoup le croient au départ. Bon nombre de réponses incorrectes résultent de petites erreurs à l'intérieur d'un raisonnement par ailleurs excellent. De même, beaucoup de bonnes réponses ne reflètent pas le raisonnement perspicace que vous pourriez supposer. Il est fort probable qu'un élève qui explique une réponse incorrecte constatera son erreur et la corrigera pendant l'explication. Essayez de soutenir le raisonnement exposé sans évaluer la réponse. «Quelqu'un a-t-il une idée différente ou souhaite-t-il commenter ce que Daniel vient de dire?» Tous les élèves devraient entendre les mêmes réactions de la part de l'enseignante, à la place des commentaires approbatifs que seuls les élèves dits «doués» étaient habitués d'entendre.

Utilisez les compliments avec prudence

Écoutez attentivement toutes les idées, les bonnes comme les moins bonnes. Si vous complimentez un élève pour une solution correcte ou si vous manifestez de l'enthousiasme à l'égard d'une idée intéressante, vous suggérez que cet élève a fait quelque chose d'inhabituel ou d'inattendu. L'effet produit chez ceux qui ne reçoivent pas de compliment peut être négatif.

Au lieu d'utiliser un compliment qui sous-entend un jugement, Schwartz (1996) suggère de faire des commentaires qui dénotent un intérêt et constituent un prolongement: «Je me demande ce qui serait arrivé si tu avais essayé...» ou «S'il te plaît, dis-moi comment tu en es arrivé là.» De telles phrases témoignent un intérêt envers le raisonnement de l'élève et le valorisent. Elles peuvent et doivent être utilisées indépendamment de la validité de la réponse.

Les interrogations des enseignantes à propos de l'enseignement fondé sur les problèmes

Pour beaucoup d'enseignantes, un enseignement fondé sur les problèmes est une idée nouvelle. Même pour celles qui utilisent cette approche depuis un certain temps, des obstacles et des doutes demeurent. Voici quelques questions fréquemment soulevées par les enseignantes, suivies de nos réponses.

PAUSE Après avoir lu chacune de ces questions, prenez le temps de réfléchir à la réponse que vous y feriez. Comparez ensuite vos idées avec les idées suggérées.

Devrais-je leur dire quelque chose? Et que puis-je leur dire?

Dans l'enseignement fondé sur la résolution de problèmes, un des cas de conscience les plus épineux est celui-ci: que dire ou ne pas dire? En dire trop peu laisse les élèves dans le vague, et la classe gaspille un temps précieux. Une bonne approche consistera donc à partager toutes les informations pertinentes avec les élèves pourvu que la tâche à accomplir reste un défi pour eux (Hiebert et collab., 1997). Autrement dit, «l'information peut et doit être communiquée tant et aussi longtemps qu'elle ne résout pas le problème [et] qu'elle n'élimine pas la nécessité pour les élèves de réfléchir à la situation et d'élaborer des méthodes de solution à leur portée» (p. 36).

Selon Hiebert et ses collaborateurs (1997), trois types spécifiques d'informations peuvent et doivent être partagées:

1. *Les conventions mathématiques.* Les élèves doivent connaître les conventions symboliques et terminologiques qui sont importantes en mathématiques. Par exemple, le fait de mettre une virgule décimale à la droite des unités, puis d'écrire les chiffres représentant les dixièmes, les centièmes, etc., est une convention. Le fait que le nombre au-dessus de la barre de fraction porte le nom de numérateur et qu'il indique le nombre de parties fractionnaires en cause est aussi une convention. Toutes les définitions et les appellations sont des conventions.

2. *La clarification des méthodes utilisées par les élèves.* Vous pouvez aider les élèves à clarifier ou à interpréter leurs idées et, éventuellement, à dégager les idées apparentées. La discussion ou la clarification des méthodes employées par les élèves porte l'attention sur les idées que vous cherchez à leur faire apprendre. Vous devez faire en sorte que l'attention accordée aux idées d'un élève ne se fasse pas au détriment des autres ni ne suggère qu'une méthode est préférable à une autre.

3. *Les méthodes de rechange.* En prenant des précautions, vous pouvez proposer aux élèves une méthode ou une approche de rechange. Il faut être très prudent, en effet, pour ne pas donner l'impression aux élèves que leurs idées sont moins valables. Ceux-ci ne doivent pas non plus se sentir obligés de remplacer leur approche par votre suggestion. Vous pouvez utiliser une formule comme: «Une fois, j'ai vu des élèves d'une autre classe résoudre le même problème de cette façon. (Présentez la méthode.) Qu'en pensez-vous?»

De quelle façon vais-je pouvoir enseigner toutes les habiletés de base ?

On a tendance à croire que la maîtrise des habiletés est incompatible avec une approche basée sur les problèmes, ou qu'elle doit nécessairement passer par des exercices. Or, les faits indiquent clairement le contraire.

D'une part, aux États-Unis, les approches axées sur les exercices ont toujours donné des résultats peu convaincants (Battista, 1999; Kamii et Dominick, 1998; O'Brien, 1999). Il se peut que les exercices s'avèrent profitables à court terme ou permettent l'acquisition d'habiletés de faible niveau, mais les programmes d'évaluation exigent davantage.

D'autre part, les recherches montrent que les élèves qui suivent un programme constructiviste centré sur la résolution de problèmes obtiennent d'aussi bons résultats que ceux qui suivent un programme traditionnel centré sur les habiletés de base évaluées avec des tests standardisés (Campbell, 1995; Carpenter, Franke, Jacobs, Fennema et Empson, 1998; Hiebert et Wearne, 1996; Silver et Stein, 1996). Dans le cas des premiers, tout déficit dans l'acquisition des habiletés est plus que compensé par des gains importants sur le plan des concepts et de la résolution de problèmes.

Finalement, il est possible d'enseigner efficacement les habiletés traditionnelles, comme la maîtrise des éléments de base et le calcul, en faisant appel à l'approche centrée sur la résolution de problèmes (Campbell, Rowan et Suarez, 1998; Huinker, 1998).

Pourquoi un élève peut-il « dire » et « expliquer », et pas l'enseignante ?

Il y a trois réponses à cette question. Premièrement, les élèves interrogeront leurs pairs s'ils leur fournissent une explication qui leur semble illogique, tandis que les explications de l'enseignante sont presque toujours acceptées sans être remises en question, et ce, même si elles ne sont pas comprises. Deuxièmement, lorsque les élèves doivent donner des explications, ils en retirent un sentiment de fierté et acquièrent de la confiance, car *eux* aussi peuvent résoudre des problèmes et comprendre les mathématiques. Troisièmement, l'obligation d'expliquer pousse les élèves à clarifier leur pensée.

Cette approche exige plus de temps. Aurai-je le temps de couvrir toute la matière ?

Première suggestion : l'enseignante devrait avoir pour objectif d'exposer les « grandes idées », c'est-à-dire les principaux concepts du module ou du chapitre. Vous aborderez l'une après l'autre la plupart des habiletés ou des idées de votre liste d'objectifs. Si vous vous concentrez de façon exclusive sur chaque élément de la liste, vous risquez de compromettre l'acquisition des idées principales et des liens – l'essence même de la compréhension. Deuxièmement, avec une approche plus traditionnelle, vous consacrerez trop de temps à répéter les explications parce que les élèves n'ont pas retenu les idées. Les heures passées à construire un réseau significatif d'idées chez les élèves réduisent considérablement la nécessité de répéter les explications, ce qui se traduira à plus long terme par des économies de temps. Vous devez croire que le temps investi dans l'acquisition de concepts vous reviendra par la suite sous la forme de temps disponible.

Dois-je toujours utiliser l'approche fondée sur les problèmes ?

Oui ! Toute tentative pour combiner les méthodes axées sur la résolution de problèmes avec un enseignement magistral traditionnel amènera des difficultés. Voici ce qu'en pensent Mokros, Russell et Economopoulos (1995) :

> Dans les classes où les deux approches sont utilisées pour enseigner une habileté, les élèves ne savent pas quand ils doivent utiliser leurs propres stratégies pour résoudre un problème, ou, au contraire, quand ils doivent utiliser l'approche officiellement sanctionnée. Ils en retiennent que :
>
> - Leur propre approche de résolution de problèmes n'est qu'une simple « exploration » et qu'ils apprendront plus tard la « bonne façon ».
> - Leur propre approche n'est pas aussi bonne que celle de l'enseignante.
> - L'enseignante ne croit pas vraiment – même si elle le dit – qu'il existe plusieurs bonnes stratégies pour résoudre des problèmes comme 34 × 68. (p. 79)

Y a-t-il de la place pour les exercices et la pratique ?

Oui ! Toutefois, c'est une grave erreur de croire que les exercices sont une méthode d'acquisition des idées. Ils sont conseillés lorsque : a) les concepts voulus ont été suffisamment développés ; b) les élèves ont déjà acquis (mais non maîtrisé) des méthodes flexibles et utiles ; c) la vitesse et la précision sont requises. Observez des élèves en train de faire des exercices en comptant sur leurs doigts ou en utilisant toute autre méthode inefficace. Tout ce qu'ils peuvent espérer améliorer est leur habileté à compter rapidement. Ils n'apprennent rien d'autre.

Si vous prenez le temps de bien penser aux trois critères qui font opter pour les exercices, vous en donnerez probablement moins à l'avenir.

Mon manuel est basé sur une approche traditionnelle. Comment puis-je l'utiliser ?

Les manuels traditionnels sont conçus dans une optique centrée sur l'enseignante, à l'inverse de l'approche dont il est question ici. Ce qui ne veut pas dire qu'ils doivent être mis de côté. Leur contenu et leurs idées sur le plan pédagogique sont les fruits de longues réflexions. Votre manuel peut encore servir de ressource principale si vous prenez soin d'orienter les modules et les leçons vers une approche axée sur la résolution de problèmes.

Adoptez une *perspective d'ensemble*. Rejetez la croyance selon laquelle chaque leçon et chaque point du module requièrent votre attention. Passez en revue un chapitre ou un module du début à la fin et dégagez-en deux ou trois *idées principales*, c'est-à-dire les éléments mathématiques fondamentaux abordés dans le chapitre. (Dans ce manuel, les idées principales sont présentées au début de chacun des chapitres. Elles peuvent servir d'outils de référence.) Ignorez temporairement les idées secondaires qui accaparent souvent une leçon entière.

Tout en conservant les principales idées du module à l'esprit, vous pouvez ensuite faire deux choses: 1) adapter les leçons les plus pertinentes ou les plus importantes du chapitre dans une perspective de résolution de problèmes; 2) créer ou trouver des tâches dans le guide d'enseignement ou auprès d'autres ressources qui portent sur les *idées principales*. Cette combinaison vous fournira presque à coup sûr une réserve suffisante de tâches.

Que faire lorsqu'une tâche ne donne pas les résultats escomptés ou que les élèves ne la comprennent pas ?

Il peut arriver que les élèves ne parviennent pas à résoudre un problème pendant un cours, mais cela ne se produira pas aussi souvent que vous pourriez le craindre. Le cas échéant, ne cédez pas à la tentation de leur «montrer comment». Mettez cette tâche de côté momentanément. Essayez de découvrir ce qui n'a pas fonctionné. Les élèves maîtrisaient-ils les idées dont ils avaient besoin? Comment ont-ils abordé cette tâche? À l'occasion, vous devrez proposer à la classe un problème du même type, mais plus simple, en guise de préparation au problème plus difficile. Lorsque vous constatez qu'une tâche n'aboutit nulle part, soyez à l'écoute de vos élèves, et vous saurez quelle direction prendre la fois suivante. Ne perdez pas de temps à espérer qu'un miracle se produise.

LA PLANIFICATION DE L'ENSEIGNEMENT FONDÉ SUR LES PROBLÈMES

Dans l'enseignement axé sur les problèmes, la planification des leçons demande plus de temps que lorsqu'il s'agit simplement de suivre les pages d'un manuel traditionnel. Chaque groupe d'élèves est différent, et chaque journée commence à partir de ce qui a été accompli la veille. Le choix des tâches à effectuer doit être refait quotidiennement afin de correspondre aux besoins de vos élèves.

La planification des leçons basées sur la résolution de problèmes

Le plan présenté à la figure 1.10 montre les étapes de planification d'une leçon. Les quatre premières étapes sont celles qui demandent le plus de réflexion et sont les plus cruciales. Les quatre suivantes découleront des décisions initiales et assureront une leçon qui se déroulera en souplesse. Ainsi, vous pouvez concevoir un plan de leçon concis et facile à suivre.

Étape 1: Déterminer les idées mathématiques à couvrir. Articulez clairement les notions que vos élèves doivent apprendre. Pensez en termes de concepts mathématiques, et non d'habiletés. Faites une description des idées mathématiques, et non du comportement de l'élève.

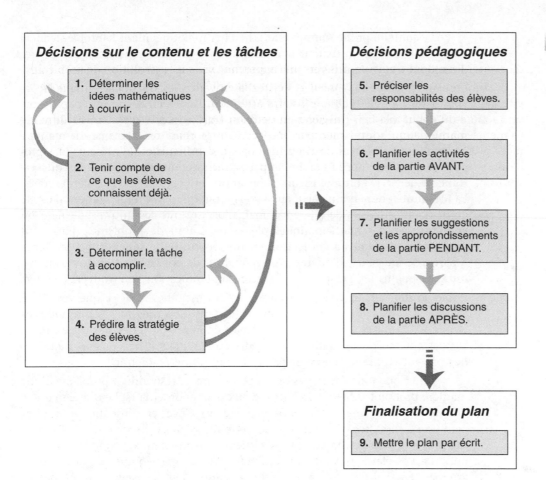

FIGURE 1.10 ◄

Les étapes de planification pour préparer une leçon basée sur la résolution de problèmes.

Décisions sur le contenu et les tâches

1. Déterminer les idées mathématiques à couvrir.

2. Tenir compte de ce que les élèves connaissent déjà.

3. Déterminer la tâche à accomplir.

4. Prédire la stratégie des élèves.

Décisions pédagogiques

5. Préciser les responsabilités des élèves.

6. Planifier les activités de la partie AVANT.

7. Planifier les suggestions et les approfondissements de la partie PENDANT.

8. Planifier les discussions de la partie APRÈS.

Finalisation du plan

9. Mettre le plan par écrit.

Qu'arrive-t-il si l'objectif est l'acquisition d'une habileté ? Souvent, les objectifs sont exprimés de manière formelle, par exemple : « L'élève sera en mesure de... » Par exemple, si vous souhaitez que les élèves assimilent les tables de multiplication, évitez de leur proposer des exercices sur ces tables. Demandez-leur plutôt de décomposer des nombres et utilisez des problèmes en contexte qui exigent l'emploi de stratégies. Au lieu de soumettre aux élèves une page de calculs qu'ils résoudront en suivant des procédures, demandez-leur de créer leur propre méthode pour multiplier des nombres à deux chiffres. Pour chaque habileté, il y a des concepts et des relations sous-jacentes. Déterminez ces concepts à cette étape de votre planification. Les tâches les plus efficaces permettront d'aborder les habiletés par l'intermédiaire des concepts.

Étape 2 : Tenir compte de ce que les élèves connaissent déjà. Qu'est-ce que vos élèves savent ou comprennent sur le sujet à étudier ? Sont-ils prêts à entreprendre cette partie des mathématiques, ou bien y a-t-il des connaissances préalables encore non acquises ?

Assurez-vous que les idées mathématiques déterminées à l'étape 1 comportent quelque chose de nouveau ou à tout le moins de légèrement différent pour vos élèves. Parallèlement, vérifiez que vos objectifs ne sont pas hors de leur portée. Pour un réel apprentissage, il doit y avoir un défi, des idées nouvelles, même si cela se résume à une idée ancienne présentée différemment ou avec une autre méthode. Au besoin, vous pouvez maintenant revenir à l'étape 1 et apporter des ajustements à vos objectifs.

Étape 3 : Déterminer la tâche à accomplir. Évitez de compliquer les choses. Pour être efficace, une tâche n'a pas besoin d'être complexe. Souvent, un problème simple suffit, du moment que la recherche de la solution guide les élèves dans la direction voulue. Ne vous sentez pas obligée de fouiller dans des livres pour trouver des tâches plus originales ou plus élaborées.

Le contenu prime tout le reste. Chercher frénétiquement le problème idéal dans les livres peut justement se révéler une perte de temps, parce qu'il est très difficile de trouver une tâche qui corresponde exactement aux besoins. En outre, les enseignantes découvrent souvent que la tâche qui leur semblait appropriée en théorie ne couvre pas la matière voulue.

Les tâches qui conviennent peuvent souvent venir directement de votre manuel. Vous pouvez modifier une leçon comportant des consignes de manière à permettre aux élèves de travailler sur l'idée principale. Le présent livre propose un grand nombre de tâches et peut constituer une ressource pour vous. De son côté, le NCTM offre plusieurs publications qui regorgent d'excellentes idées. La littérature pour enfants peut aussi vous servir de source d'inspiration. Il existe de très bons ouvrages de référence, mais n'utilisez que ceux qui privilégient un apprentissage des mathématiques par la résolution de problèmes. Plus vous consacrerez de temps à confectionner un répertoire de suggestions de tâches à partir de journaux, d'ouvrages de référence, de conférences et de ressources internes, et plus cette étape importante de la planification s'en trouvera facilitée.

*Étape 4: **Prédire la stratégie des élèves.*** Vous avez fait des hypothèses sur ce que vos élèves savent, et vous avez sélectionné une tâche. Utilisez à présent ces informations et pensez à tout ce qu'ils sont susceptibles de faire pour effectuer cet exercice. Si vous vous surprenez à dire : « Eh bien, j'espère qu'ils vont… », alors ne terminez pas votre phrase. N'espérez pas, mais faites une prédiction !

Est-ce que tous vos élèves ont la possibilité de résoudre ce problème d'une manière profitable ? Même si chacun d'eux peut aborder la tâche d'une manière différente, portez une attention particulière aux élèves en difficulté. Vous aurez peut-être à modifier cette tâche pour certains. (Voir la discussion sur la diversité plus loin dans ce chapitre.) C'est également le moment approprié pour déterminer si vos élèves travailleront individuellement, par équipes de deux ou en groupe. Le travail en groupe peut être bénéfique pour les élèves qui ont besoin d'une aide supplémentaire.

Si vos prédictions vous conduisent à remettre en question la tâche initialement prévue, il est alors temps de la réviser. Celle-ci doit probablement être modifiée, ou bien est-elle tout bonnement trop facile ou trop difficile.

Ces quatre premières décisions formeront le cœur de votre leçon. Les quatre décisions suivantes vous indiqueront comment exécuter votre plan en classe.

*Étape 5: **Préciser les responsabilités des élèves.*** Vous voulez toujours obtenir davantage que des réponses. Pour chaque tâche ou presque, vous voulez que les élèves soient capables de dire :

- ce qu'ils ont fait pour trouver la réponse ;
- pourquoi ils l'ont fait de cette façon ;
- pourquoi ils pensent que leur solution est correcte.

De quelle façon souhaitez-vous que les élèves présentent ces informations ? S'ils répondent par écrit, le feront-ils individuellement ou prépareront-ils une présentation de groupe ? Écriront-ils dans leur journal, sur une feuille qu'ils vous remettront, sur une feuille que vous aurez préparée et qui inclura l'énoncé du problème, ou peut-être sur du papier grand format qui sera utilisable pour un exposé devant toute la classe ?

Vous pouvez plus simplement inviter vos élèves à faire un rapport ou à discuter de leurs idées sans rien avoir consigné par écrit. Cependant, même si cette option peut occasionnellement se révéler adéquate, elle ne devrait pas être utilisée exagérément. À cause de son efficacité à susciter la réflexion, il est important de faire une place au travail écrit. S'ils n'ont pas noté leurs idées, les élèves seront probablement moins bien préparés pour la discussion. La rédaction sert en quelque sorte de « répétition » avant la discussion.

*Étape 6 : Planifier les activités de la partie **avant** de la leçon.* À l'occasion, vous pouvez commencer la leçon en annonçant la tâche et en précisant les responsabilités des élèves. Néanmoins, dans plusieurs cas, vous utiliserez d'abord une tâche apparentée ou des exercices préparatoires comme mise en train pour les élèves. Après avoir présenté la tâche, les laisserez-vous travailler à leur guise, ou leur demanderez-vous de faire préalablement une séance de remue-méninges afin de trouver des solutions ou d'estimer les réponses ? (Voir la présentation sur la « partie *avant* », p. 17-18.)

Déterminez maintenant comment vous allez présenter la tâche. Vous pouvez notamment la présenter par écrit sur une feuille de papier de format régulier ou grand format, vous servir d'extraits tirés des textes des élèves, ou encore utiliser le rétroprojecteur ou le tableau.

*Étape 7 : Planifier les suggestions et les approfondissements de la partie **pendant** de la leçon.* Réexaminez votre planification, en particulier en matière de conseils ou d'assistance à fournir aux élèves qui risquent d'éprouver des difficultés à effectuer la tâche. Pendant cette leçon, désirez-vous évaluer ou observer plus particulièrement certains groupes ou certains élèves ? Faites une note pour ne pas l'oublier. Pensez à l'enrichissement ou aux défis que vous pourriez offrir aux élèves qui termineront rapidement.

Estimez le temps à accorder pour accomplir la tâche. Il est utile de le dire à l'avance aux élèves. Certaines enseignantes utilisent une minuterie que toute la classe peut voir. Faites preuve de souplesse, mais ne rognez pas le temps de la période de discussion.

*Étape 8 : Planifier les discussions de la partie **après** de la leçon.* Comment lancerez-vous la discussion ? Vous pouvez énumérer les différentes réponses des élèves ou des groupes sans faire de commentaires, puis donner la parole aux uns et aux autres afin qu'ils expliquent leurs solutions et justifient leurs réponses. Vous pouvez également demander à chaque équipe ou à chaque élève de donner des explications détaillées avant de rassembler toutes les réponses. Il est également possible d'écrire les explications des élèves au tableau, ou de leur demander de le faire eux-mêmes et d'utiliser un moyen quelconque de présenter leurs résultats.

Prévoyez un laps de temps suffisant pour votre discussion. Une séance de 15 à 20 minutes convient généralement très bien.

Étape 9 : Mettre le plan par écrit. Une fois que vous en aurez terminé avec ces étapes, votre plan consistera simplement à énumérer les décisions importantes que vous aurez prises. La liste suivante en est un exemple :

- la matière à couvrir ou les objectifs ;
- la tâche et les attentes ;
- les activités *avant* ;
- les conseils et l'enrichissement proposés aux élèves plus avancés lors de la partie *pendant* ;
- le format de la discussion de la partie *après* ;
- les notes d'évaluation (les éléments à évaluer, les élèves à observer).

Notez qu'à la fin de chaque chapitre de cet ouvrage, vous trouverez un plan de leçon complet présentant la structure que nous venons de décrire. Chaque plan sera bâti à partir d'une activité sélectionnée dans le chapitre que nous avons enrichie.

Les variantes de la leçon en trois parties

Certes, toutes les leçons ne sont pas articulées autour d'une tâche assignée à la classe entière, mais vous pouvez adapter le principe des tâches et des discussions à la plupart des leçons basées sur la résolution de problèmes.

Les micro-leçons

De nombreuses tâches n'exigent pas une période complète. Dans plusieurs cas, le format en trois parties ne demande pas plus de 10 minutes, ce qui vous permettra de planifier deux ou trois cycles en une seule leçon. Voici quelques exemples de ces tâches :

- « Formulez deux questions auxquelles vous pouvez répondre à l'aide de l'information fournie par vos diagrammes. »
- Soumettez aux élèves un problème en contexte simple que vous avez structuré de manière à suggérer diverses stratégies relatives aux faits numériques de base. Par exemple : « *La mère de Marie-Sarah a acheté 8 cartons de boissons gazeuses pour le pique-nique. Chaque carton contient 6 canettes. Combien de canettes a-t-elle achetées en tout ?* » (Stratégies possibles : prendre le double de 4 six OU 5 huit et 8 de plus). Dites : « Résolvez ce problème dans votre tête. Discutez avec votre partenaire de la méthode que vous avez utilisée ; ensuite, nous verrons quelles idées vous avez eues. »

Ces tâches donnent de bons résultats et ne prennent qu'une partie de la période, incluant le temps de discussion. Une stratégie « réflexion en équipe de deux » est utile pour ces petites tâches.

Les activités avec l'ordinateur et les jeux

Dans une classe où l'enseignement est centré sur la résolution de problèmes, rien ne justifie de renoncer aux nombreuses activités interactives avec l'ordinateur (mini-applications) qui mettent l'accent sur un domaine conceptuel particulier du programme. Il n'y a pas non plus de raison de considérer que les jeux et les activités conçues pour les postes de travail sont nécessairement inappropriés.

Dans le cas d'une leçon adaptée à l'ordinateur, à un jeu ou à une activité conçue pour les postes de travail, la partie à réaliser *avant* la leçon proprement dite s'adresse généralement à toute la classe, puisque vous expliquez l'activité ou démontrez brièvement le fonctionnement de la mini-application.

Même si un jeu ou toute autre activité reproductible peut en apparence différer d'un problème, il en constituera pourtant un à certaines conditions. Pour déterminer si tel est le cas, répondez à la question suivante : l'activité conduit-elle les élèves à réfléchir sur de nouvelles relations mathématiques ou sur des relations en développement ? Si l'activité les invite uniquement à répéter une marche à suivre sans avoir à composer avec une idée émergente, il ne s'agit pas d'un apprentissage par résolution de problèmes. Par exemple, vous pouvez utiliser à plusieurs reprises la majorité des activités à faire avec l'ordinateur accompagnant la version électronique des *NCTM Standards* ou en visitant le site Web *NCTM Illuminations*. Veillez cependant à inciter les élèves qui n'ont pas encore assimilé les concepts sous-jacents à conserver une approche centrée sur les problèmes. Lorsque vous choisissez des jeux, essayez de retenir ceux qui poussent les élèves à réfléchir plutôt que ceux qui offrent simplement des exercices répétitifs.

Le temps consacré aux jeux et aux activités à l'ordinateur s'apparente à la partie *pendant* d'une leçon. La partie *après*, c'est-à-dire la discussion avec les élèves qui viennent de terminer une tâche, est tout aussi importante dans le cas des tâches à l'ordinateur et des jeux. En général, vous pouvez attendre que tous aient joué avec le même jeu ou effectué la même activité pour animer une discussion avec la classe. Les tâches à accomplir avec l'ordinateur devraient toujours porter sur un problème qui se prête aussi bien à la discussion que n'importe quel autre problème. Quand les élèves jouent avec des jeux, interrogez-les sur les méthodes qui leur ont été utiles ou les idées qu'ils ont découvertes.

Les tâches à faire avec l'ordinateur devraient comprendre une forme ou l'autre de rapport écrit, comme avec les autres tâches. Les élèves qui se servent de l'ordinateur pour résoudre un problème peuvent écrire ce qu'ils ont fait et expliquer ce qu'ils ont appris.

Ceux qui jouent à un jeu peuvent l'enregistrer ou prendre des notes, et montrer ensuite comment ils s'y sont pris – c'est-à-dire de quel raisonnement ou de quelles stratégies ils se sont servis.

La diversité en classe

Un des principaux défis qui se posent aux enseignantes d'aujourd'hui est d'intéresser tous les élèves, dans des classes de plus en plus hétérogènes. Toutes les enseignantes se heurtent à cette difficulté, car chaque classe accueille des élèves dont les habiletés sont très variables et les origines extrêmement variées.

Il est intéressant de constater que l'approche fondée sur les problèmes peut se révéler le meilleur moyen de rejoindre tous ces élèves provenant de multiples horizons. Avec ce type d'approche, ils appréhendent les mathématiques à leur façon, se servant de leurs propres habiletés et de leurs idées personnelles pour résoudre les problèmes. Le degré de raffinement des méthodes utilisées dépendra de l'éventail d'idées qui circule dans la classe. À l'opposé, dans le cas d'une leçon dirigée traditionnelle, on suppose que tous les élèves acquerront la même compréhension et utiliseront une approche et des idées identiques. Ceux qui ne disposent pas des outils nécessaires pour comprendre les concepts et le raisonnement présentés par l'enseignante devront s'appliquer à suivre les règles ou les directives sans poser de questions. Bien entendu, une telle approche débouchera sur des difficultés sans fin, ralentira le déroulement du programme et exigera de faire de l'enseignement correctif.

En plus de l'approche fondée sur les problèmes, il existe plusieurs moyens pour répondre aux besoins des classes très hétérogènes. Vous pourriez notamment:

- Prévoir des problèmes avec des points d'entrée multiples.
- Prévoir des tâches différenciées.
- Former des groupes hétérogènes.

Prévoir des points d'entrée multiples

L'étape 4 des consignes de planification vous suggère d'anticiper la façon dont tous les élèves de la classe pourraient aborder la tâche que vous avez retenue. Il existe une panoplie de stratégies pour accomplir bon nombre de tâches. C'est particulièrement vrai pour les opérations de calcul faites en classe, qui encouragent et valorisent les méthodes inventées par les élèves. Dans la plupart des tâches, vous pouvez faire varier le point d'entrée en utilisant ou non du matériel de manipulation. Vous pouvez demander à une partie des élèves d'imaginer des procédures ou d'utiliser des stratégies qui font moins appel au matériel de manipulation ou aux dessins. Lorsque vous planifiez une tâche, pensez à la méthode de solution la plus simple possible et demandez-vous si cette méthode offrira un point d'entrée à vos élèves en difficulté? Quant à vos élèves plus avancés, vérifiez s'il existe une méthode plus ingénieuse ou une activité d'enrichissement qui leur permettra de relever un défi.

Prévoir des tâches différenciées

Il s'agit ici de prévoir plusieurs versions d'une même tâche – certaines moins difficiles, d'autres davantage.

Dans de nombreux problèmes comportant des calculs, vous pouvez souvent insérer divers ensembles de nombres. Dans le problème qui suit, les élèves ont la possibilité de choisir le premier, le deuxième ou le troisième nombre mis entre parenthèses. Ces choix permettent de créer des problèmes de plus en plus difficiles, une idée que les élèves retiennent rapidement.

Michelle a un nouvel emploi après les heures de classe. Elle gagne {5,50$, 5,15 $, 5,59 $} pour chaque heure de travail. La semaine dernière, elle a travaillé {6, 9, 7} heures. Combien d'argent a-t-elle gagné?

Les élèves ont tendance à choisir les nombres qui représentent le plus grand défi, tout en n'étant pas trop difficiles. Examinons les produits qui interviennent dans les trois problèmes de l'exemple ci-dessus: 5,50 × 6; 5,15 × 9; 5,59 × 7. Tous les élèves tirent profit des échanges comme s'ils avaient accompli une même tâche, ce qu'ils ont d'ailleurs l'impression d'avoir fait. Le plus important, c'est qu'en choisissant les nombres avec soin, vous ferez en sorte que les stratégies qu'ils découvriront pour résoudre un problème les aideront probablement à résoudre les autres. Dans l'exemple présenté ci-dessus, les problèmes les plus faciles peuvent servir à inventer une méthode d'arrondissement pour résoudre 5,59 × 7. Les élèves qui choisissent les tâches les plus simples ne sont pas nécessairement prêts à faire cela, mais ils peuvent entrevoir comment des calculs faciles aident à effectuer des opérations plus difficiles.

Voici un autre exemple comportant trois tâches connexes portant sur l'aire et le périmètre. Toutes les tâches se rapportent aux mêmes concepts généraux, mais elles présentent des degrés de difficulté différents.

- Un côté du rectangle mesure 6 cm. L'aire est de 48 centimètres carrés. Quelle est la longueur de l'autre côté? Faites un dessin et expliquez votre réponse à l'aide de mots et de nombres.
- Sur du papier centimétré, dessinez deux rectangles différents ayant chacun un périmètre de 24 cm. Quelle est l'aire de chaque rectangle?
- Trouvez au moins trois rectangles dont l'aire est de 36 centimètres carrés. Que pouvez-vous découvrir au sujet du périmètre de ces rectangles? Y a-t-il un modèle?

Cette seconde série de problèmes est également présentée en ordre de difficulté croissante. Les élèves peuvent choisir de résoudre l'un ou l'autre. S'ils réussissent à terminer une tâche, ils peuvent essayer de résoudre un autre problème un peu plus difficile.

Former des groupes hétérogènes

Chaque groupe doit être diversifié. Évitez de regrouper les élèves en fonction de leurs habiletés, car cela n'apportera rien. Cette façon de procéder pourrait même représenter une expérience humiliante pour les élèves exclus du groupe d'élite. En outre, les élèves du groupe moins avancé ne profiteraient pas du raisonnement et du langage du groupe plus avancé, tandis que les élèves plus forts ne seraient plus en contact avec les approches non conventionnelles, mais néanmoins intéressantes, des élèves plus faibles.

Il ne faut pas oublier non plus que le fait d'avoir deux groupes ou davantage vous oblige à réduire le temps à consacrer à chaque groupe. Par conséquent, il est beaucoup plus utile de mettre à profit la diversité de votre classe en formant des équipes de deux ou des groupes coopératifs qui soient hétérogènes. Essayez de placer un élève qui a besoin d'aide avec un élève plus avancé et disposé à aider, en veillant à ce que leurs personnalités soient compatibles. Ils découvriront que chacun a quelque chose à apporter à l'autre. Cela ne signifie pas pour autant que chaque groupe coopératif doive comporter systématiquement différentes habiletés. Certaines enseignantes préfèrent varier cette approche en formant des groupes parfois plus homogènes et parfois plus hétérogènes.

L'ÉVALUATION ET L'ENSEIGNEMENT BASÉ SUR LES PROBLÈMES

Avec l'enseignement axé sur les problèmes, les enseignantes se posent souvent cette question: «Comment évaluer?» Cette interrogation sous-tend une prise de conscience et une acceptation du fait que l'évaluation traditionnelle centrée sur les habiletés ne permet pas de déterminer adéquatement ce que les élèves savent. Autant les *Assessment Standards for School Mathematics* (1995) que les *Principles and Standards for School Mathematics* (2000) préconisent d'abolir la frontière entre l'évaluation et l'enseignement. L'approche fondée sur les problèmes va aussi dans ce sens. Évaluation et enseignement vont de pair. L'approche traditionnelle, qui consiste à évaluer les habiletés en fin de chapitre, peut se révéler valable, mais elle ne représente pas l'outil approprié. L'évaluation peut et doit être quotidienne et être intégrée à l'enseignement. Si, pour vous, l'évaluation se limite aux contrôles et aux examens, vous ignorez l'apport qu'elle peut constituer dans la progression des élèves et l'enrichissement de l'enseignement. «L'évaluation doit examiner ce que les élèves *savent*, et non ce qu'ils *ne savent pas*.» (NCTM, 1989.)

Les tâches destinées à l'évaluation

Une tâche destinée à l'évaluation est une tâche ou un problème qui permet aux élèves de montrer ce qu'ils savent. Cette tâche doit être considérée, aussi bien par vous que par vos élèves, comme faisant partie intégrante du processus d'apprentissage.

Si vous adoptez un enseignement basé sur l'apprentissage par résolution de problèmes, mais que vos évaluations recourent principalement à la remémoration et aux questions fermées, vous adressez un message ambigu à vos élèves. La remémoration et l'évaluation des habiletés leur indiquent alors que seule la réponse est importante. Rapidement, ils en viendront à se montrer récalcitrants pour résoudre des problèmes ou participer à des discussions en classe, mais ils insisteront auprès de vous pour savoir «comment trouver la bonne réponse».

Les tâches relatives à l'évaluation

Rappelez-vous qu'un problème est une tâche ou une activité pour laquelle les élèves ne disposent d'aucune règle prescrite ou mémorisée, ni d'une méthode de résolution spécifique réputée correcte. La même définition devrait s'appliquer aux tâches d'évaluation. Peut-être avez-vous entendu parler des *tâches d'évaluation de la performance* ou des *autres méthodes d'évaluation*. Ces expressions se rapportent souvent à des démarches qui, à certains égards, sont différentes de celles qu'on emploie en pédagogie. Pourtant, ce ne devrait pas être le cas. Une tâche destinée à l'évaluation devrait être une tâche d'évaluation de la performance, comme le sont les tâches liées à l'apprentissage par résolution de problèmes.

PAUSE — **Pensez-vous que vous pourriez ou que vous devriez utiliser des tâches relatives à l'apprentissage par résolution de problèmes semblables à celles décrites plus haut pour évaluer vos élèves? À votre avis, quels sont les avantages et les inconvénients d'une telle approche?**

Les tâches appropriées – à des fins d'enseignement ou d'évaluation, ou les deux – devraient permettre à chaque élève, quel que soit le niveau de ses compétences en mathématiques, de montrer ses connaissances, ses habiletés ou sa compréhension. Les élèves moins avancés devraient être encouragés à utiliser leurs meilleures idées pour travailler sur un problème, même s'il s'agit d'habiletés ou de stratégies différentes de celles des autres élèves. L'utilisation, à des fins d'évaluation, de tâches axées sur un problème vous permettra d'obtenir une vision d'ensemble des notions et des habiletés que les élèves possèdent, c'est-à-dire de découvrir ce qu'ils *savent* (par exemple, «il comprend les fractions simples; il a des difficultés avec les nombres fractionnaires; il ne fait pas d'approximation des résultats»), plutôt que ce qu'ils *ne savent pas* (par exemple, «il est incapable d'additionner des nombres fractionnaires»).

Dans cette perspective, les tâches axées sur un problème permettent d'examiner le raisonnement et les méthodes que les élèves utilisent pour les accomplir. Isolément, le pourcentage de bonnes réponses donne une image très partielle des connaissances d'un élève. Cependant, vous pouvez et vous devez mettre à jour quotidiennement les données sur le potentiel de vos élèves en relevant de toutes les manières possibles les méthodes qu'ils utilisent pour mener à bien les tâches que vous leur assignez.

La collecte des données d'évaluation

Dans certains cas, la valeur réelle d'une tâche ou de ce qu'on peut apprendre sur les élèves ressortira surtout au cours de la discussion prévue dans la partie *après* de votre leçon. À d'autres occasions, les travaux écrits réalisés par les élèves fourniront les meilleurs indices d'évaluation. Pour recevoir constamment des données valides, il est important que vos élèves apprennent à inclure des explications dans leurs réponses et aussi à écouter et à évaluer les explications de leurs pairs.

La quantité d'informations que fournissent les élèves, à la fois par leurs travaux écrits et par leurs discussions, est considérable. Vous devrez trouver des moyens de les conserver de manière à avoir les données sous la main quand vous en aurez besoin. Votre souvenir de ce qui s'est produit aujourd'hui peut suffire à planifier la leçon de demain. Toutefois, pour la notation et pour les rencontres avec les parents, vous aurez besoin d'un dossier. Voici quelques suggestions à ce sujet:

- Prenez l'habitude de consigner les données recueillies grâce à l'observation. Plusieurs options s'offrent à vous. Par exemple, vous pouvez faire une liste de contrôle avec des espaces prévus pour les commentaires. Vous pouvez aussi écrire des notes circonstancielles sur des feuillets adhésifs et les collectionner dans un classeur.

- Concentrez-vous sur les idées principales plutôt que sur les habiletés secondaires. Par exemple, il est plus pertinent de dire «Commence à percevoir des relations entre les faits numériques de la multiplication» que «Connaît les faits numériques les plus simples de la multiplication, mais non ceux qui présentent plus de difficulté».

- Il est inutile d'évaluer les élèves pour chaque tâche. En vous intéressant surtout aux notions principales, vous ne vous sentirez pas non plus dans l'obligation d'évaluer systématiquement chaque élève. Choisissez régulièrement un petit nombre d'élèves qui feront l'objet de votre attention pendant une leçon. Accumulez des données sur une notion importante durant environ une semaine.

- Conservez les travaux qui sont très représentatifs du raisonnement de chaque élève, ou faites-en des copies. À l'occasion, prévenez les élèves que vous allez garder leurs travaux écrits rangés dans leurs chemises. Toutefois, il se peut que certains d'entre eux obtiennent de meilleurs résultats le lendemain, ou encore, que leur raisonnement de la veille ait été mieux structuré. Recourez aux travaux écrits pour montrer ce que les élèves savent.

- Utilisez les tests d'habiletés traditionnels que vous jugez essentiels – mais ne le faites qu'occasionnellement.

Les échelles de notation et leur utilisation

Les tâches d'évaluation pertinentes fournissent une quantité colossale d'informations, de sorte qu'il est impossible de les évaluer en comptant simplement les bonnes réponses. Nous devons trouver des moyens de gérer cette information et d'en tirer profit. L'*échelle de notation chiffrée et commentée* est un outil efficace pour y parvenir.

Une *échelle de notation chiffrée et commentée* est une échelle comprenant de trois à six points qui est utilisée pour évaluer une performance, et non pour compter le nombre d'éléments corrects ou incorrects. L'évaluation s'effectue par l'examen de l'ensemble de la performance sur une seule tâche, par opposition à l'examen du nombre d'éléments corrects.

Les échelles de notation simples

L'échelle de notation chiffrée et commentée qui suit, en quatre points, a été élaborée par le New Standards Project et est utilisée par de nombreuses enseignantes et écoles.

4 Excellent: Accomplissement complet

3 Compétent: Accomplissement substantiel

2 Marginal: Accomplissement partiel

1 Non satisfaisant: Accomplissement minime

Cette échelle de notation permet à l'enseignante d'évaluer des performances à l'aide d'une méthode à deux classifications (figure 1.11). Les catégories générales de la première classification (*J'ai compris* et *Pas encore*) sont relativement faciles à utiliser. L'échelle permet

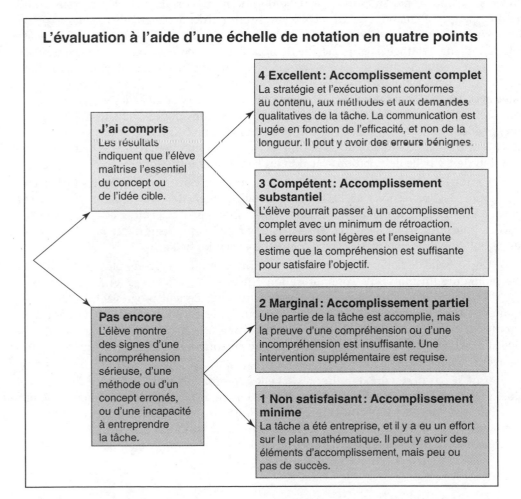

L'évaluation à l'aide d'une échelle de notation en quatre points

J'ai compris
Les résultats indiquent que l'élève maîtrise l'essentiel du concept ou de l'idée cible.

Pas encore
L'élève montre des signes d'une incompréhension sérieuse, d'une méthode ou d'un concept erronés, ou d'une incapacité à entreprendre la tâche.

4 Excellent: Accomplissement complet
La stratégie et l'exécution sont conformes au contenu, aux méthodes et aux demandes qualitatives de la tâche. La communication est jugée en fonction de l'efficacité, et non de la longueur. Il peut y avoir des erreurs bénignes.

3 Compétent: Accomplissement substantiel
L'élève pourrait passer à un accomplissement complet avec un minimum de rétroaction. Les erreurs sont légères et l'enseignante estime que la compréhension est suffisante pour satisfaire l'objectif.

2 Marginal: Accomplissement partiel
Une partie de la tâche est accomplie, mais la preuve d'une compréhension ou d'une incompréhension est insuffisante. Une intervention supplémentaire est requise.

1 Non satisfaisant: Accomplissement minime
La tâche a été entreprise, et il y a eu un effort sur le plan mathématique. Il peut y avoir des éléments d'accomplissement, mais peu ou pas de succès.

FIGURE 1.11 ◄

Avec une échelle de notation en quatre points, les performances sont d'abord classifiées en deux catégories. Chaque performance est ensuite évaluée de nouveau, et un point de l'échelle lui est attribué.

aussi de séparer chaque catégorie en deux niveaux comme le montre la figure. Certaines enseignantes accordent une note de 4+ pour souligner une performance vraiment exceptionnelle. Une note de 0 peut être accordée si l'élève n'a pas répondu ou si ses réponses sont hors sujet.

L'avantage de l'échelle de notation en quatre points est la relative facilité de la double catégorisation. La plus importante des deux catégories est la première, qui regroupe les élèves qui, en gros, ont compris l'idée et ceux qui ont besoin de reprendre certaines activités ou de revenir sur différentes consignes. Elle permet en effet de déterminer le rythme à donner aux leçons et de repérer les élèves qui ont besoin de consignes additionnelles.

Certaines enseignantes préfèrent l'échelle de notation en trois points, dont voici un exemple :

3 Au-delà des attentes : Utilise des méthodes exemplaires, fait preuve de créativité, va au-delà des exigences du problème.

2 Conforme aux attentes : Termine la tâche, avec au plus quelques erreurs sans gravité, utilise les méthodes prévues.

1 En deçà des attentes : Commet des erreurs ou des omissions importantes, utilise des méthodes inadéquates.

Le modèle d'échelle de notation que vous utiliserez importe moins que le fait de disposer de moyens pour communiquer efficacement avec les élèves et les parents, et conserver plus facilement les données relatives à l'évaluation.

La participation des élèves aux échelles de notation

En début d'année, présentez votre échelle de notation générale aux élèves. Vous vous rendrez peut-être compte que vos élèves réagissent particulièrement bien à des expressions comme «Bravo!», «C'est tout à fait ça!», «Il manque un petit quelque chose» et «Besoin d'aide!». Affichez votre échelle de notation bien en évidence dans la classe. De nombreuses enseignantes se servent de la même échelle de notation pour toutes les matières. Si vous ne passez pas toute la journée avec les mêmes élèves, discutez de ce sujet avec les autres enseignantes du même niveau. Cela peut aider les élèves si toutes les enseignantes emploient toujours les mêmes expressions pour l'évaluation. Dites-leur que, pendant qu'ils feront les activités et résoudront les problèmes en classe, vous examinerez leur travail, écouterez leurs explications et, à l'occasion, ferez des commentaires en fonction de l'échelle de notation – et non en leur accordant une note.

Prenez l'habitude de discuter de la façon dont les élèves ont réalisé les tâches en employant des expressions de l'échelle de notation générale. Vous pourrez inviter les élèves à utiliser cette dernière pour évaluer leur propre travail et justifier cette évaluation. Et vous pourrez discuter avec eux, en classe, de l'activité qui vient d'être faite, ou préciser ce qui constitue une performance bonne ou exceptionnelle.

Une échelle de notation commentée et chiffrée signifie beaucoup plus qu'une note ; elle représente un moyen de communication efficace avec vos élèves (et leurs parents). Elle devrait permettre aux élèves de prendre conscience de leur progression et les commentaires les encourageront à redoubler d'ardeur. Si leur performance est en deçà des attentes, ils ne devraient pas conclure à l'échec, mais à la nécessité de travailler davantage sur certaines idées. Il vous incombe de faire en sorte qu'ils saisissent cette occasion et profitent de votre aide.

Il n'est pas nécessaire d'utiliser les échelles de notation pour toutes les tâches, pas plus qu'il n'est nécessaire d'en réserver exclusivement aux évaluations auxquelles vous accordez une note. Si vous utilisez l'échelle de notation en quatre points décrite précédemment, vous pouvez le faire de manière informelle avec vos élèves, en disant par exemple : «Marguerite, ce travail a reçu seulement un 2. Je sais que tu peux faire mieux.»

Vous pouvez aussi employer l'échelle de notation pour noter vos observations. Si vous décrivez une tâche placée en tête de liste, il sera plus facile et plus rapide d'apposer un 2, un 3 ou un 4 à côté d'un nom que d'y écrire un commentaire détaillé.

Les entrevues diagnostiques

Une entrevue est simplement une rencontre individuelle avec un élève qui vous renseigne sur ce qu'il pense relativement à un sujet en particulier, sur les méthodes de résolution de problèmes qu'il utilise, ou sur les attitudes et les croyances qu'il manifeste. Une entrevue peut ne durer que 5 ou 10 minutes. Beaucoup d'enseignantes invoquent des contraintes de temps pour ne pas tenir d'entrevues. C'est regrettable, car elles fournissent des informations qu'il est impossible d'obtenir autrement. Vous pouvez donner une entrevue à quelques élèves à la fois et il n'est pas nécessaire d'en faire systématiquement avec chaque élève de votre classe. Vous pouvez aussi rencontrer un seul élève pendant que les autres font une activité.

On décide de rencontrer un élève soit pour lui fournir les informations dont il a besoin, soit pour savoir comment il construit des concepts ou utilise des procédures. Dans presque tous les cas, l'enseignement correctif donnera de meilleurs résultats si vous savez *pourquoi* un élève éprouve des difficultés, avant d'essayer de régler le problème.

En outre, les entrevues fournissent une information qui vous aidera à planifier votre enseignement ou à évaluer son efficacité. Par exemple, ces rencontres vous permettront de distinguer les élèves qui ont une bonne compréhension des fractions équivalentes de ceux qui réussissent les exercices parce qu'ils suivent des procédures apprises par cœur.

La planification d'une entrevue

Il n'y a pas de méthode magique pour planifier ou structurer une entrevue. En fait, l'ingrédient clé est la souplesse. Vous devez cependant disposer d'un plan d'ensemble avant de commencer, et préparer les questions importantes ainsi que le matériel. Commencez l'entrevue avec des questions faciles ou qui tournent autour de ce que l'élève est probablement capable de faire, habituellement un exercice procédural. Par exemple, pour la numération ou le calcul, commencez avec une activité réalisable avec du papier et un crayon, comme un calcul ou bien l'écriture de nombres et la comparaison de numéraux. Une fois la tâche d'introduction terminée, demandez à l'élève d'expliquer ce qu'il vient de faire, avec des questions du genre: «Comment pourrais-tu l'expliquer à un élève de deuxième année (ou à ta petite sœur)?» ou «Qu'est-ce que cela représente?» (pointez du doigt quelque chose sur la feuille) ou «Explique-moi pourquoi tu fais cela de cette façon?» À cette étape, vous pourrez proposer une tâche similaire, mais avec des caractéristiques différentes; par exemple, après avoir demandé à l'élève de faire la soustraction 372 – 54, donnez-lui 403 – 37. Dans le deuxième problème, il y a un zéro à la place des dizaines, une source possible de difficulté.

L'étape suivante de l'entrevue pourrait comporter des modèles ou des dessins dont l'élève peut se servir pour montrer ce qu'il a compris des tâches procédurales précédentes. Il est possible d'explorer l'écriture des nombres décimaux ou les calculs sur ces nombres à l'aide de matériel de base dix ou de grilles 10 × 10. Il existe quantité de modèles des fractions, et il peut être utile de vérifier si certains ont plus de sens que d'autres pour les élèves. N'intervenez pas et n'enseignez rien durant une entrevue. Même si la tentation de le faire est souvent irrésistible, contentez-vous d'observer et d'écouter. Explorez ensuite les liens entre ce qui a été effectué avec les modèles, et ce qui avait été fait avec du papier et un crayon. Beaucoup d'élèves referont une même tâche et obtiendront deux réponses différentes. Le remarquent-ils? Comment expliquent-ils cet écart? L'élève fait-il un lien entre les résultats obtenus avec les modèles et ce qu'il a écrit ou expliqué précédemment?

Vous pouvez aussi commencer une entrevue différemment, par exemple en demandant à l'élève d'estimer mentalement la réponse à un calcul ou à un problème en contexte, ou de prédire la solution à un problème donné. L'objectif n'est pas d'enseigner à la faveur de l'entrevue, mais de découvrir où en est l'élève sur le plan des concepts et des procédures à un moment précis.

Des suggestions pour des entrevues efficaces

Les suggestions qui suivent sont une adaptation des travaux de Labinowicz (1985, 1987), de Liedtke (1988) et de Scheer (1980).

■ *Soyez ouverte et neutre pendant que vous écoutez l'élève.* Les sourires, les froncements de sourcils et autres expressions du langage corporel peuvent laisser croire à l'élève que sa réponse est bonne, ou mauvaise. Utilisez des réactions neutres comme « hmm, hmm » ou « Je vois », ou même un hochement de tête silencieux.

■ *Évitez de diriger l'élève.* Ne faites pas de commentaires et ne posez pas de questions comme : « En es-tu certain ? » ou « Regardons de plus près ce que tu viens de faire », ou encore « Attends, est-ce bien ce que tu veux dire ? » Ces interventions indiqueraient aux élèves qu'ils ont fait des erreurs, ce qui les inciterait à modifier leurs réponses. Vous ne sauriez plus alors ce qu'ils pensent et comprennent réellement. Ne tombez pas non plus dans le piège de poser une série de questions faciles qui guident l'élève vers la bonne réponse : c'est une autre forme de direction, et ce n'est plus alors une entrevue, mais de l'enseignement.

■ *Restez silencieuse.* Donnez suffisamment de temps à l'élève avant de poser chaque question. Une fois que l'élève a répondu, attendez encore ! Ce second délai est encore plus important. En effet, ce silence permet à l'élève de préciser sa pensée initiale et lui donne l'occasion de vous fournir plus d'informations. Attendez, même lorsque la réponse est bonne. Ce répit vous laissera aussi le temps de penser à la direction que vous souhaitez voir prendre à l'entrevue – et il ne sera jamais aussi long que vous l'imaginez.

■ *N'interrompez pas l'élève.* Laissez ses pensées circuler librement. Encouragez-le à utiliser ses propres mots et ses façons d'exprimer les choses par écrit. L'interrompre avec une question ou corriger une expression pourrait perturber le fil de sa pensée.

■ *Utilisez le mode impératif plutôt qu'interrogatif.* Dites : « Montre-moi », « Dis-moi » ou « Essaie », plutôt que : « Peux-tu le faire ? » ou « Pourrais-tu le faire ? » En réponse à une question, l'élève peut se contenter de dire non, ce qui ne vous donnerait aucune information.

■ *Évitez de répondre à une demande de confirmation.* Après une réponse ou une action, les élèves demandent souvent : « C'est correct ? » Il est facile de répondre à une telle question par une formule neutre comme « Ce n'est pas mal » ou « Tu t'en tires bien », et ce, que la réponse soit bonne ou mauvaise.

L'entrevue n'est pas une chose facile et de nombreuses enseignantes n'aiment pas prendre le temps d'en faire. Pourtant, les inconvénients d'une entrevue sont si minimes et les avantages de l'écoute, autant pour vous que pour vos élèves, sont si grands que vous ne voudrez plus vous en passer.

La notation

- *Mythe* : Une note est la moyenne d'une série de résultats obtenus lors de contrôles et d'examens. L'exactitude de la note repose principalement sur la précision de la technique de calcul utilisée pour accorder la note finale.

- *Réalité* : Une note est une statistique qui sert à communiquer à d'autres personnes le degré d'accomplissement atteint par un élève dans un domaine d'étude en particulier. L'exactitude ou la validité de la note dépendra de l'information utilisée dans sa préparation, du jugement professionnel de l'enseignante et de la correspondance entre les évaluations et les objectifs réels du cours.

Un mythe à abattre

La plupart des enseignantes expérimentées vous diront qu'elles en savent beaucoup sur leurs élèves quant à l'étendue de leurs connaissances, à leurs réactions aux différentes situations, à leurs attitudes et à leurs croyances, ainsi que sur leurs différents degrés d'accomplissement. Malheureusement, au moment de la notation, elles mettent de côté ces riches sources d'informations pour tenir compte uniquement des résultats des évaluations sommatives et des moyennes rigides qui ne révèlent qu'une partie du portrait global.

Le mythe d'une notation basée uniquement sur des statistiques est si profondément enraciné à tous les niveaux dans les milieux de l'éducation qu'il vous sera peut-être difficile d'y renoncer. Il est toutefois injuste pour les élèves, pour les parents et pour vous, en tant qu'enseignante, d'ignorer toutes les informations que vous pourriez obtenir presque quotidiennement avec l'approche basée sur les problèmes. Or, ces informations sont bien préférables aux quelques chiffres obtenus lors d'évaluations qui se concentrent le plus souvent sur des habiletés de faible niveau.

La notation : les enjeux

L'utilisation efficace des données d'évaluation recueillies à partir des problèmes, des tâches et des autres méthodes appropriées d'attribution des notes conduit inévitablement à prendre des décisions difficiles. Les unes sont d'ordre philosophique, d'autres requièrent des ententes avec l'école ou la commission ou le conseil scolaire, et toutes exigent que nous nous interrogions sur les valeurs et les objectifs que nous souhaitons transmettre aux élèves et aux parents.

L'utilisation des échelles de notation chiffrées et commentées pour obtenir une rétroaction et encourager la poursuite de l'excellence doit également être liée à la notation traditionnelle. Toutefois, «convertir trois sur quatre en 80% ou trois sur quatre en la lettre C peut contredire l'objectif visé par une évaluation d'une nature différente et l'utilisation d'échelles de notation» (Kulm, 1994, p. 99). Selon Kulm, traduire directement les évaluations des échelles de notation chiffrées et commentées en notes attire l'attention uniquement sur ces dernières, ce qui occulte l'objectif d'une bonne activité d'évaluation, c'est-à-dire la recherche de l'excellence dans la performance. Lorsqu'une copie d'examen revient avec des notes en deçà des attentes, l'objectif est d'aider les élèves à savoir ce qu'ils doivent faire pour obtenir de meilleurs résultats. (Cet objectif doit être présenté explicitement aux élèves et aux parents.) Dès le départ, cette rétroaction doit déboucher sur des possibilités d'amélioration. Tous les élèves savent qu'accorder une note de 59% ou un D- indique une mauvaise performance. Par exemple, l'élève qui améliore sa capacité à justifier ses réponses et ses solutions devrait-il être pénalisé par une moyenne qui inclut une performance plus faible enregistrée plus tôt lors de la période d'évaluation?

En résumé, la notation traditionnelle doit être basée sur les tâches et les autres activités auxquelles vous avez associé des évaluations selon une échelle de notation; sinon, les élèves comprendront rapidement que ces dernières n'ont aucune importance. Parallèlement, elles ne doivent pas être seulement une addition de chiffres et une moyenne. La note qui sera portée à la fin de l'unité ou du chapitre devrait refléter la situation de l'élève par rapport à vos objectifs pour ce module.

L'ensemble de vos objectifs devraient se traduire dans les notes que vous accordez. Les habiletés procédurales restent importantes, mais elles devraient être mises en perspective avec les autres objectifs de votre système de valeurs. Si vous ne devez accorder qu'une seule note pour les mathématiques, les différents facteurs n'auront probablement pas la même valeur et le même poids dans la détermination de la note. Il n'existe aucune réponse simple sur la façon d'équilibrer tous ces objectifs: les concepts, les habiletés, la résolution de problèmes, la communication, etc. Néanmoins, vous devriez examiner ces questions au début de l'exercice de notation, et non la veille du jour où vous devez attribuer les notes.

Un système de présentation multidimensionnel est un atout. Si vous pouvez attribuer plusieurs notes plutôt qu'une seule, le rapport que vous transmettrez aux parents s'en trouvera enrichi. Si le bulletin de l'école ne permet pas de notes multiples, vous pouvez rédiger une annexe qui fera état des évaluations pour différents objectifs. Il est également utile de disposer d'un espace réservé aux commentaires. Cette annexe peut être présentée aux élèves régulièrement au cours de la période d'évaluation, et peut facilement accompagner un bulletin.

AU TRAVAIL

Dans ce chapitre, nous avons brièvement abordé les idées fondamentales sur la façon dont les élèves apprennent, sur l'enseignement par la résolution de problèmes, sur la planification des leçons et sur l'évaluation. L'adaptation de ces idées et de ces méthodes peut demander un certain temps. Certaines choses seront plus faciles à assimiler que d'autres. Renoncer à des méthodes familières peut être une source d'inconfort. Il est également difficile de laisser les élèves se buter à des difficultés – autant que de les prévoir. La plupart des personnes s'engagent dans l'enseignement précisément pour aider les élèves à apprendre. Ne pas leur montrer la solution lorsqu'ils éprouvent des difficultés semble presque contre nature.

Il est irréaliste de penser que la simple lecture de ce chapitre fera de vous une adepte convaincue de l'enseignement fondé sur les problèmes. Toutefois, si vous gardez une ouverture d'esprit face à cette approche et que vous essayez d'appliquer votre compréhension sur la manière d'apprendre des élèves à votre enseignement quotidien, les accomplissements, l'enthousiasme et la compréhension des élèves vous récompenseront. Tout cela n'arrivera pas du jour au lendemain. Mais c'est à présent le moment de commencer. Alors, au travail!

Tout comme la pensée réflexive est un ingrédient clé dans l'apprentissage de l'élève, elle est un outil nécessaire pour vous améliorer en tant qu'enseignante. Ne vous laissez pas décourager par les leçons qui ne donnent pas les résultats escomptés. Demandez-vous plutôt ce qui s'est produit et pourquoi. Comment auriez-vous pu modifier la leçon pour la rendre plus efficace? Comment appliquerez-vous ce que vous avez appris d'une leçon sur la suivante?

L'apprentissage social est également un outil important pour les enseignantes. Proposez à vos collègues d'essayer avec vous ces nouvelles idées. Discutez de manière informelle de ce qui constitue une bonne leçon et de ce qui fait obstacle. Utilisez le guide de planification présenté dans ce chapitre pour bâtir ensemble des leçons. Ne tentez pas de planifier conjointement toutes les leçons; contentez-vous d'en planifier simplement une toutes les deux ou trois semaines. Profitez-en alors pour enseigner une même leçon avec vos collègues, et comparez ensuite vos notes. Faites des ajustements en fonction de vos expériences. Conservez ces leçons «spéciales» pour les utiliser l'année suivante.

En plus de se mettre au travail et de mettre en pratique ces idées, l'élément le plus important est de *faire confiance aux élèves*! Vos élèves sont capables de penser et de comprendre les mathématiques. *Tous vos élèves.* Certains peuvent apprendre plus lentement que d'autres ou inventer des stratégies inusitées qui ne vous étaient jamais venues à l'esprit, mais tous peuvent penser et tous peuvent apprendre. En permettant aux élèves d'aborder quotidiennement les mathématiques par l'intermédiaire de la résolution de problèmes, nous leur prouvons que nous croyons en leur capacité à faire des mathématiques. Donnez-leur donc une chance de vous étonner.

LE SENS DU NOMBRE ET DES OPÉRATIONS

Chapitre

2

Le nombre est un concept complexe et possède de multiples facettes. L'expression *sens du nombre* reflète une profonde compréhension du nombre fondée sur l'établissement de relations, qui fait intervenir plusieurs notions, ainsi que diverses relations et habiletés. Howden définit le *sens du nombre* comme une « bonne intuition des nombres et des relations entre eux [qui] s'élabore graduellement grâce à l'exploration des nombres, à leur visualisation dans divers contextes, et à l'établissement entre eux de liens que n'entravent pas les algorithmes traditionnels » (Howden, 1989, p. 11).

Entre le préscolaire et la deuxième année, les élèves devraient avoir élaboré une « bonne intuition » des nombres de 1 à 20. Toutefois, une pensée intuitive et souple à propos des nombres, autrement dit le sens du nombre, ne s'arrête pas à ces petits nombres entiers. Il continuera de se développer tout au long de leurs études, avec la découverte d'autres types de nombres, tels les fractions, les décimales, les pourcentages, ou les entiers négatifs. Le sens du nombre suppose donc une pensée flexible au regard de tous les types de nombres. Le présent chapitre met l'accent sur le sens du nombre relativement aux grands nombres entiers ; le chapitre 5 est centré sur le sens des fractions, tandis que le chapitre 7 traite des concepts de nombre décimal et de pourcentage.

On peut difficilement séparer le sens du nombre du sens des opérations, c'est-à-dire d'une compréhension exhaustive et flexible des opérations. Entre la troisième et la sixième année, les élèves devraient acquérir le sens de la multiplication et de la division. Ils devraient se concentrer en particulier sur la signification de ces deux opérations et des relations existant entre elles. Ils devraient également approfondir les relations entre la multiplication et la division, d'une part, et l'addition et la soustraction, d'autre part.

Idées à retenir

1 Diverses relations numériques relient les nombres entre eux. Par exemple, le nombre 67 est plus grand que 50 ; c'est 3 de moins que 70, et il se compose de 60 et 7, de même que de 50 et 17. Chacune de ces formes du nombre 67 est utile dans différentes situations, depuis l'approximation jusqu'au calcul, en passant par la comparaison.

2 La structure relative à la valeur de position des nombres « vraiment grands » est identique à celle des petits nombres avec lesquels les élèves ont travaillé au début du primaire. Mais il est difficile de conceptualiser des quantités comme 1 000 en raison de leur grandeur. Il est plus facile de comprendre les nombres « vraiment grands » en les replaçant dans le contexte familier de la vie quotidienne. Par exemple, le nombre de spectateurs que peut accueillir l'aréna local est un concept évocateur d'une grande quantité pour ceux qui se sont déjà trouvés au milieu de cette foule.

3 La multiplication est liée à l'addition ; elle fait intervenir le dénombrement de groupes d'une même grandeur et la détermination du nombre total d'objets. On peut concevoir la division comme un partage en parts égales ou comme une soustraction itérée (répétée). Il existe également un lien entre la multiplication et la division. En effet, la division permet de nommer un facteur manquant en fonction du facteur connu et du produit.

4 Il est possible de faire appel à plusieurs caractéristiques pour décrire les nombres entiers, comme pair et impair, premier et composé, carré et cube, etc. La compréhension de ces différentes propriétés permet une plus grande flexibilité lorsqu'on travaille avec les nombres.

La construction de relations entre les nombres

Une fois que les élèves peuvent compter efficacement, il faut mettre l'accent sur les relations entre les nombres. En insistant sur cet aspect, ils ne pourront se contenter de compter; ils construiront plutôt un sens du nombre, c'est-à-dire un concept flexible du nombre qui n'est pas entièrement lié au dénombrement. La figure 2.1 illustre deux types de liens entre les petits nombres que les élèves ont élaborés en première et en deuxième année et qu'ils devront généraliser aux nombres à deux chiffres et plus.

Points d'ancrage 5 et 10

5 et 3 de plus   2 de moins que 10

Les parties et le tout

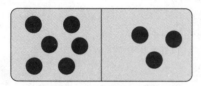

« Six et trois font neuf. »

FIGURE 2.1 ▲

Deux relations à établir entre des petits nombres.

FR 1, 2

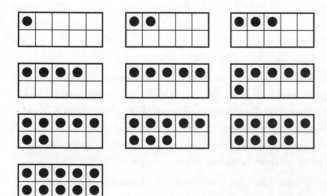

FIGURE 2.2 ▲

Boîtes de dix.

Les points d'ancrage 5 et 10

Nous voulons aider les élèves à établir des relations entre un nombre donné et d'autres nombres, en particulier 5 et 10. Ces relations se révèlent très utiles pour réfléchir à diverses décompositions de nombres. Par exemple, dans chacune des décompositions suivantes, voyez quel rôle peut jouer le fait de savoir que 8 est « cinq et trois de plus » et « deux de moins que dix » : 5 + 3, 8 + 6, 8 − 2, 8 − 3, 8 − 4, 13 − 8. (Il vaut la peine de s'arrêter pour examiner le rôle de 5 et de 10 dans chacun de ces exemples.) On pourra utiliser plus tard des relations semblables pour développer les habiletés de calcul mental avec des nombres plus grands, comme dans 68 + 7.

Le modèle le plus courant pour travailler cette relation, et peut-être le plus important, est la boîte de dix (ou le cadre à dix cases), qui est simplement un tableau formé de deux rangées de cinq cases sur lequel on place des jetons ou des points afin d'illustrer des nombres (figure 2.2). On peut également tracer des boîtes de dix sur une pleine feuille de papier de bricolage (ou utiliser la feuille reproductible). Il n'est pas nécessaire de complexifier la confection, et chaque élève peut avoir sa boîte.

Vous pouvez faire l'activité suivante pour présenter la boîte de dix à vos élèves. Donnez à chacun environ 20 jetons qu'ils pourront insérer dans les cases de la boîte, et réalisez l'activité.

Activité 2.1

Expliquer la boîte de dix

Expliquez d'abord à vos élèves qu'on ne peut placer qu'un seul jeton par case dans la boîte de dix et qu'il n'est pas permis de placer d'autres jetons sur la base de la boîte. Demandez aux élèves de configurer 8 sur leur boîte. « Que pouvez-vous dire au sujet de huit en regardant la boîte? » Après avoir écouté les commentaires de plusieurs élèves, refaites l'exercice pour d'autres nombres compris entre 0 et 10. Les élèves peuvent répartir les jetons dans la boîte de dix comme ils le veulent. Les observations varieront grandement d'un élève à l'autre. Par exemple, dans le cas de 8 jetons, un élève qui en a placé 5 dans la rangée du haut et 3 dans la rangée du bas pourrait dire : « C'est cinq et trois » ou « C'est six et deux » ou « C'est deux de moins que dix » (figure 2.3). Il n'y a pas de mauvaise réponse. Dans le cas des nombres inférieurs à 5, insistez sur le nombre de jetons qu'il faut ajouter pour en avoir 5 ; pour les nombres supérieurs à 5, mettez l'accent sur le nombre de jetons à ajouter pour en obtenir 10 ou sur le nombre de jetons à ajouter aux 5 déjà présents dans la boîte pour atteindre le nombre cible.

Après cette présentation de la boîte de dix, intégrez rapidement la règle suivante pour la représentation des nombres : *Commencez toujours par remplir la rangée du haut en commençant à gauche, c'est-à-dire dans le même sens que vous lisez. Lorsque la rangée du haut est pleine, vous pouvez placer des jetons dans la rangée du bas, en commençant également à gauche.* On obtient ainsi un mode « normalisé » de représentation des nombres avec la boîte de dix, comme l'illustre la figure 2.2. Grâce à la boîte de dix, les élèves visualisent plus facilement les relations entre les nombres. Par exemple, ils peuvent voir ce qui manque à un nombre pour faire 10 ou réfléchir à la façon de décomposer un nombre en plusieurs parties. Rappelons encore une fois que les élèves ne peuvent élaborer des méthodes de calcul efficaces avec les grands nombres tant qu'ils ne maîtrisent pas les relations de ce type.

L'observation éclair de boîtes de dix est une variante importante des activités avec la boîte de dix. Découpez des cartes de la grandeur d'une petite fiche dans du carton pour affiches, puis représentez une boîte de dix sur chacune d'elles et dessinez des points dans la boîte. Un ensemble de 20 cartes comprend une carte 0, une carte 10 et deux cartes pour chacun des nombres de 1 à 9. Cet ensemble permet de réaliser des exercices simples qui améliorent la capacité à utiliser les points d'ancrage 5 et 10.

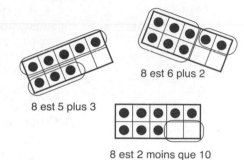

8 est 5 plus 3

8 est 6 plus 2

8 est 2 moins que 10

FIGURE 2.3 ▲

La boîte de dix est axée sur les points d'ancrage 5 (chaque rangée) et 10 (la boîte au complet). Les élèves placent les jetons à raison d'un par case, puis expliquent comment ils voient leur nombre dans la boîte.

Activité 2.2

Reconnaître promptement des boîtes de dix

Montrez rapidement des cartes de boîtes de dix à la classe ou à des petits groupes, et observez avec quelle rapidité les élèves peuvent dire combien de points figurent sur chaque carte. Cette activité s'effectue à un rythme vif et demande seulement quelques minutes ; elle se pratique n'importe quand, et elle est amusante si vous incitez les élèves à réagir promptement.

Voici quelques variantes importantes des questions à poser pour l'observation éclair des boîtes de dix :

- Donner le nombre de cases libres sur la carte plutôt que le nombre de points.
- Répondre « un de plus » (ou « deux de plus », ou « un de moins » ou « deux de moins ») que le nombre de points.
- Énoncer la « relation à 10 » : par exemple, « six et quatre font dix ».

Les tâches à réaliser avec la boîte de dix sont étonnamment difficiles pour les élèves. Ils doivent réfléchir aux 2 rangées de 5 et aux compartiments vides, se demander dans quelle mesure un nombre donné est « moins » ou « plus » que 5, et ce qui lui manque pour faire 10. Les premières discussions sur la façon dont un nombre est représenté dans la boîte de dix sont des exemples d'activités de clôture brèves au cours desquelles les élèves apprennent aussi les uns des autres. L'intérêt de ces activités avec la boîte de dix ne se limite pas aux classes du préscolaire à la deuxième année. Elles se révèlent également très utiles pour les élèves plus âgés qui doivent encore établir des relations à propos des repères 5 et 10.

Les relations des parties entre elles et au tout

PAUSE

Avant de poursuivre votre lecture, rassemblez quelques jetons ou des pièces de monnaie. Placez, en les dénombrant, un ensemble de 8 jetons devant vous, comme si vous étiez un élève de première ou de deuxième année.

N'importe quel élève ayant appris à dénombrer de façon significative peut dénombrer 8 objets comme vous venez de le faire. Ce que montre cette expérience, c'est ce à quoi elle ne vous a *pas* obligée à penser. Rien, dans l'action de dénombrer un ensemble de 8 objets, n'amène un élève à centrer son attention sur le fait que cet ensemble peut se composer de deux parties. Par exemple, divisez les jetons que vous avez dénombrés en deux piles, et réfléchissez à la décomposition. Il peut s'agir de 2 et 6, 7 et 1, ou 4 et 4. Modifiez les deux piles et prononcez à voix basse la nouvelle décomposition. Le fait d'examiner une quantité en centrant son attention sur ses parties joue un rôle important dans la construction du sens du nombre. Lauren Resnick (1983), une auteure réputée pour ses recherches sur les concepts de nombre chez l'enfant, affirme ce qui suit :

> Sur le plan conceptuel, la réalisation probablement la plus importante au cours des premières années scolaires est l'interprétation des nombres en fonction des relations entre les parties et le tout. L'application d'un schème des parties et du tout vis-à-vis de la quantité permet aux élèves de penser aux nombres comme des composés d'autres nombres. Cet enrichissement de la compréhension du nombre rend possibles des formes de résolution et d'interprétation de problèmes mathématiques inaccessibles aux enfants plus jeunes. (p. 114)

Si vos élèves ne se représentent pas encore les nombres en fonction des relations entre les parties et le tout, il est très important de leur fournir l'occasion d'acquérir cette habileté. Avant d'explorer les nombres à plusieurs chiffres, examinez l'activité suivante. La composante de conceptualisation qu'elle comporte la rend un peu plus intéressante pour les élèves entre la troisième et la sixième année.

Activité 2.3

Construire par parties

Donnez aux élèves un type de matériel, tels des cubes emboîtables de multiples façons, des pièces de mosaïques géométriques, des cure-dents ou des carrés de papier de couleur. La tâche consiste à voir combien de décompositions différentes comportant deux parties l'on peut construire pour un nombre donné. (Vous pouvez aussi autoriser des décompositions de plus de deux parties.) Pour chaque combinaison, les élèves créent une forme à l'aide du nombre donné d'éléments. Ensuite, ils essaient de découvrir deux parties dans chaque forme et de les décrire. Ils peuvent étaler chaque décomposition sur une petite base formée par exemple d'un quart de feuille de papier de bricolage. Ce qui suit constitue seulement quelques suggestions, chacune étant illustrée à la figure 2.4.

- Créer des configurations de cubes en bois.
- Construire des motifs avec des pièces de mosaïques géométriques. Il est préférable d'utiliser seulement des pièces d'une ou de deux formes à la fois.
- Construire des motifs avec des cure-dents plats. Les élèves peuvent enduire ces bâtonnets de colle blanche et les disposer sur de petits carrés de papier de couleur afin de conserver leur travail dans un classeur.
- Créer des motifs avec des carrés ou des triangles adjacents. Il est possible de découper une grande quantité de petits carrés ou de triangles dans du papier à bricolage, ou encore de coller ces pièces sur un support.

Pour chaque construction, demandez aux élèves d'écrire une équation comportant une addition correspondant à la façon dont ils voient les parties du motif qu'ils ont créé.

Le fait d'écrire les combinaisons incite les élèves à réfléchir à la relation entre les parties et le tout et contribue à mettre en évidence le lien probant entre les concepts sur les parties et le tout, d'une part, et les concepts sur l'addition, d'autre part.

Il est à la fois amusant et utile d'inviter les élèves à observer les différentes constructions et les diverses combinaisons de nombres qu'ils ont créées. Examinez la figure 2.4 et essayez de deviner comment ils ont perçu leurs constructions pour obtenir les combinaisons écrites sous chacune.

La généralisation des relations numériques aux grands nombres

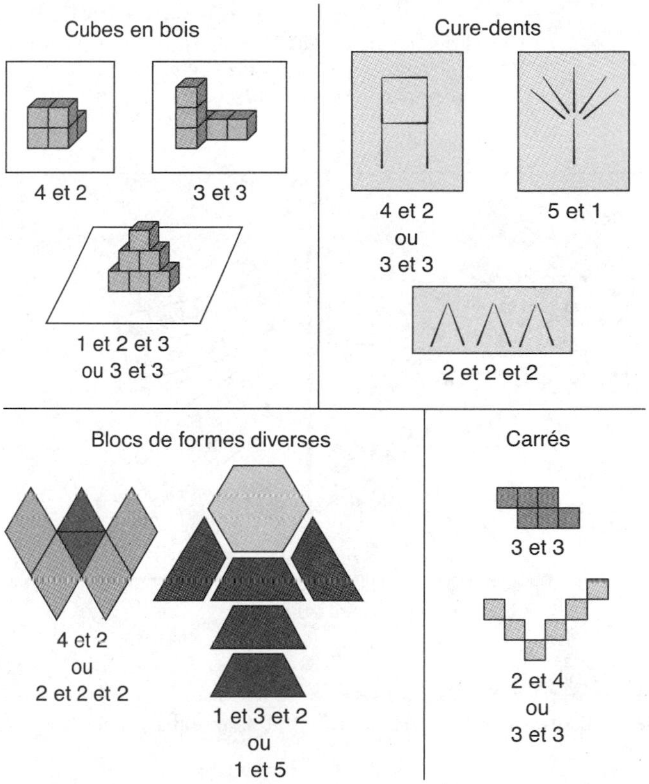

Pour généraliser les relations numériques aux nombres de 1 à 100, les enseignantes peuvent s'appuyer sur les relations déjà établies entre les petits nombres. Les petites boîtes de dix représentées sur les feuilles reproductibles constituent un matériel utile pour une telle généralisation. Chaque élève devrait disposer d'un ensemble de 10 dizaines et d'une série de boîtes représentant chacune un des nombres de 1 à 9, de même qu'une boîte de cinq supplémentaire.

La figure 2.5 (p. 44) illustre les trois idées décrites ci-dessous à l'aide de petites boîtes de dix. La première concerne les relations « un de plus que » et « un de moins que ». Comprendre que 1 de plus que 6 fait 7 permet d'établir l'analogie avec « dix de plus » et de découvrir que 60 et 10 de plus font 70 (c'est-à-dire 1 dizaine de plus). La deuxième idée se rapporte aux stratégies liées aux tables, ou aux faits numériques de base. Si un élève a appris que, pour additionner un nombre à 8 ou à 9, il peut commencer par additionner ce qu'il faut pour faire 10, puis ajouter la quantité restante, il est relativement simple de généraliser cette méthode à des nombres de deux chiffres semblables (figure 2.5b). Enfin, la troisième idée sur les petits nombres, qui est la plus importante, concerne la possibilité de les décomposer en parties. Même si les manuels traditionnels n'en parlent pas, il est très utile de comprendre qu'il est possible de décomposer de grands nombres lorsqu'on cherche à acquérir de la flexibilité dans ce domaine. Les élèves peuvent d'abord chercher des façons de décomposer un multiple de 10, tel 80. Une fois qu'ils savent comment le faire pour les dizaines, ils peuvent chercher des façons de décomposer 80 si l'une des parties doit contenir un 5, comme 25 ou 35.

Reconnaître et créer des représentations équivalentes d'un nombre donné constitue la composante du sens du nombre la plus utile quand vient le moment de faire des approximations, des comparaisons ou des calculs. Cette habileté accroît la flexibilité dont les élèves font preuve en travaillant avec les nombres parce qu'ils peuvent alors élaborer facilement des représentations équivalentes qui leur simplifient la tâche. Demandez-leur de trouver le maximum de façons de représenter un nombre donné. Prenons le nombre 67, par exemple. On peut dire que 67, c'est 65 et 2 de plus, mais aussi 3 de moins que 70, ou encore qu'il se compose de 60 et 7, de 50 et 17 ou de 40 et 27. Chacune de ces représentations de 67 peut s'avérer utile dans diverses situations. Supposons que vous demandiez à vos élèves

FIGURE 2.4 ▼

Constructions associées à 6.

Cubes en bois
4 et 2
3 et 3
1 et 2 et 3 ou 3 et 3

Cure-dents
4 et 2 ou 3 et 3
5 et 1
2 et 2 et 2

Blocs de formes diverses
4 et 2 ou 2 et 2 et 2
1 et 3 et 2 ou 1 et 5

Carrés
3 et 3
2 et 4 ou 3 et 3

FR 3, 4

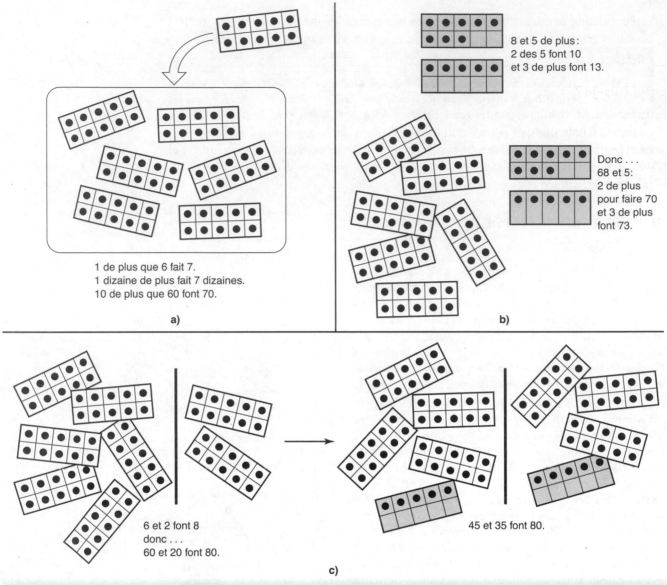

8 et 5 de plus :
2 des 5 font 10
et 3 de plus font 13.

Donc . . .
68 et 5 :
2 de plus
pour faire 70
et 3 de plus
font 73.

1 de plus que 6 fait 7.
1 dizaine de plus fait 7 dizaines.
10 de plus que 60 font 70.

a)

b)

6 et 2 font 8
donc . . .
60 et 20 font 80.

45 et 35 font 80.

c)

FIGURE 2.5 ▲

Généralisation des premières relations établies entre les nombres à des activités de calcul mental.

d'additionner 67 et 56. S'ils réalisent que 67, c'est 50 et 17, ils peuvent additionner 50 et 50 (tiré de 56), qui font 100, puis 17 et 6, ce qui donne 23. En combinant 100 et 23, ils obtiennent 123. Une fois qu'ils maîtrisent ce type de pensée flexible, les élèves peuvent additionner des nombres comme 67 et 56 mentalement, beaucoup plus rapidement que s'ils effectuaient un calcul sur papier.

Nous reviendrons sur le calcul mental au chapitre 4. Pour le moment, il est important de retenir que les relations entre les nombres jouent un rôle considérable dans la capacité des élèves à acquérir des méthodes flexibles. En fin de compte, cette habileté leur fournit des moyens plus puissants et plus efficaces pour travailler avec les nombres.

La grandeur relative

Le sens du nombre suppose également d'être capable de percevoir la taille des nombres. L'expression *grandeur relative* désigne la relation existant entre deux nombres quant à leur taille respective : *beaucoup plus grand, beaucoup plus petit, proche, presque égal*. Voici quelques brèves activités à faire à l'aide d'une droite numérique tracée au tableau. L'activité ci-dessous permet aux élèves de saisir les relations entre les nombres.

Activité 2.4

Qui suis-je?

Tracez une droite numérique sur laquelle vous indiquerez 0 et 100 à l'une et l'autre extrémité. Choisissez arbitrairement un point et marquez-le d'un point d'interrogation. Ce point correspond à votre nombre secret. (Évaluez sa position le plus précisément possible.) Demandez aux élèves de deviner votre nombre secret. Chaque fois que l'un d'eux propose un nombre, écrivez la marque correspondante sur la droite.

Continuez de marquer les points correspondant aux différentes réponses des élèves jusqu'à ce que l'un d'eux découvre votre nombre secret. Une variante de cette activité consiste à choisir d'autres nombres que 0 et 100 pour les extrémités. Essayez par exemple 0 et 1 000, 200 et 300, ou 500 et 800.

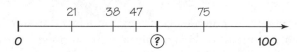

Activité 2.5

Qui peuvent-ils bien être?

Identifiez deux points de la droite numérique (ne correspondant pas nécessairement aux extrémités).

Choisissez d'autres points et marquez-les au moyen de lettres, puis demandez aux élèves de déterminer à quels nombres correspondent ces points et de justifier leur réponse. Dans l'exemple illustré ci-dessous, B et C sont plus petits que 100, mais probablement plus grands que 60, et E correspondrait à 180 environ. Vous pouvez aussi demander aux élèves où se situe approximativement 75 ou 400, et leur poser des questions comme: «Quelle est approximativement la distance entre A et D? Pourquoi pensez-vous que D est plus grand que 100?»

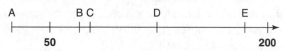

La prochaine activité porte en partie sur les mêmes notions, mais sans utiliser de droite numérique.

Activité 2.6

Est-il proche, éloigné ou situé entre les deux?

Écrivez trois nombres quelconques au tableau. Si vous le jugez approprié, choisissez de grands nombres.

Posez des questions semblables à celles qui suivent, relativement aux nombres écrits au tableau, et demandez aux élèves de justifier toutes les réponses.

• Quels sont les deux nombres les plus proches? Pourquoi?
• Quel nombre est le plus près de 300? De 250?

MODÈLE DE LEÇON

(pages 74–76)

Vous trouverez à la fin de ce chapitre le plan d'une leçon complète basée sur l'activité «Est-il proche, éloigné ou situé entre les deux?».

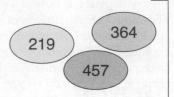

- Nommez un nombre situé entre 457 et 364.
- Nommez un multiple de 25 situé entre 219 et 264.
- Pour chacun de ces trois nombres, nommez-en un plus grand.
- Quelle est environ la distance entre 219 et 500 ? Entre 219 et 5 000 ?
- Si ces nombres sont de « grands nombres », pouvez-vous nommer des petits nombres ? Des nombres à peu près égaux ? Des nombres à côté desquels ceux-ci paraîtraient petits ?

L'établissement de liens avec des faits du monde réel

Incitez les élèves à observer les nombres dans le monde qui les entoure. Il n'est pas nécessaire d'effectuer des activités prévues au programme pour introduire en classe des nombres liés au réel.

Il est facile de trouver des nombres dans l'environnement scolaire. Les élèves peuvent s'intéresser au nombre d'enfants de chaque niveau, lire ou noter les nombres inscrits sur les autobus scolaires, additionner les minutes consacrées aux mathématiques dans toute l'école chaque jour, puis chaque semaine. Ils peuvent également calculer le nombre de berlingots de lait et de lait au chocolat vendus à la cafétéria en une journée, le nombre d'heures (ou de minutes !) de présence à l'école depuis le début de l'année scolaire. Il y a aussi diverses mesures, les nombres dont ils parlent à la maison ou à l'occasion d'une sortie éducative, etc.

Avec tous ces nombres, il est possible de construire des diagrammes intéressants, de rédiger des histoires, de créer des problèmes ou d'organiser des concours.

Il est possible de prolonger l'intérêt vis-à-vis des nombres au-delà de la salle de classe et de l'école. Vous pouvez mesurer toutes sortes de choses avec vos élèves, et vous devriez le faire. Avec ces mesures, faites-leur construire des diagrammes, tirer des conclusions et établir des comparaisons. Voici quelques exemples de nombres auxquels s'intéresse un élève typique de cinquième année. Un enfant de cet âge peut dire quelle est l'envergure de ses bras, indiquer sa taille, son poids ou son âge en nombre de mois. Il peut aussi dire combien il a de grands-parents ou de frères et sœurs. Il peut enfin préciser la distance qu'il parcourt pour aller de chez lui jusqu'à l'école, son record personnel au saut en longueur sans élan, le nombre d'animaux de compagnie qu'il possède ou encore le nombre d'heures qu'il passe à regarder la télévision chaque semaine. Comment déterminer la moyenne de ces nombres et celle d'autres nombres susceptibles d'intéresser aussi les élèves de votre classe ? L'élève typique existe-t-il vraiment ?

L'activité suivante vise elle aussi à aider les élèves à établir des liens entre les nombres et des événements de la vie de tous les jours.

Activité 2.7

Est-ce vraisemblable ?

Choisissez un nombre et une unité, par exemple 5 mètres. Posez-leur ensuite des questions sur ce qui leur paraît vraisemblable. La taille de leur enseignante peut-elle être de 5 mètres ? Une salle de séjour peut-elle mesurer 5 mètres de largeur ? Un homme peut-il faire un saut de 5 mètres de haut ? L'école peut-elle avoir 5 mètres de hauteur ? Trois enfants se tenant par la main peuvent-ils étendre leurs bras sur une largeur de 5 mètres ? Choisissez n'importe quel nombre, grand ou petit, de même qu'une unité avec laquelle les élèves ont eu l'occasion de se familiariser. Rédigez ensuite une série de questions semblables aux exemples ci-dessus.

Une fois que vos élèves se seront familiarisés avec l'activité 2.7, demandez-leur de choisir eux-mêmes un nombre et une unité concrète (10 enfants, 20 bananes, etc.) et observez les questions qu'ils sont capables de formuler. Si une divergence d'opinions survient, profitez-en pour examiner la question et trouvez la réponse. Résistez à la tentation de leur faire part de vos connaissances d'adulte. Dites plutôt : « Bien ! Comment pouvons-nous savoir si tout cela a du sens ou non ? Que pourrions-nous faire pour le vérifier ? » Les élèves n'ont pas de difficulté à émettre leurs propres questions et à explorer les nombres dans leurs domaines préférés.

Vous avez carte blanche pour choisir la façon dont vous ferez se rencontrer les nombres et le monde réel dans votre classe. Mais ne mésestimez pas l'importance d'établir des liens entre le monde réel et l'environnement scolaire.

L'évaluation approximative et l'arrondissement

Dans notre système numérique, certains nombres sont « beaux ». Ces « beaux nombres » sont des nombres auxquels il est facile de réfléchir et qui se prêtent bien au calcul. Il n'est pas facile de dire pourquoi un nombre est « beau », mais il est sûrement plus commode d'employer des nombres comme 100, 500 ou 750 que des nombres comme 94, 517 ou 762. Les multiples de 100 sont « vraiment bien », mais les multiples de 10 ne sont pas mal non plus. Les multiples de 25 (comme 50, 75, 425, 675, etc.) sont « chouettes » parce qu'il est facile de les combiner pour faire 100 ou 50, ce qui permet de les situer mentalement sans difficulté entre deux multiples de 100. Il est un peu plus simple de travailler avec les multiples de 5 qu'avec des nombres quelconques.

La pensée flexible sur les nombres et plusieurs habiletés en matière d'évaluation dépendent notamment de la capacité à substituer un « beau nombre » à un nombre quelconque. De telles substitutions facilitent le calcul mental, la comparaison entre un nombre et un point de référence familier ou simplement la mémorisation de ce nombre.

Autrefois, on enseignait aux élèves des procédures pour arrondir les nombres à la dizaine ou à la centaine la plus proche. Malheureusement, on mettait l'accent sur l'application correcte des procédures. (Si le chiffre suivant est 5 ou supérieur à 5, on ajoute 1 au dernier chiffre que l'on garde ; autrement, le dernier chiffre conservé reste inchangé.) On prêtait moins d'attention aux contextes illustrant les raisons pour lesquelles il est parfois nécessaire d'arrondir un nombre.

Arrondir un nombre consiste simplement à lui substituer un « beau nombre » qui lui est proche de manière à faciliter les calculs. Le nombre proche peut être n'importe quel « beau nombre » : ce n'est pas nécessairement un multiple de 10 ou de 100, comme dans la méthode traditionnelle. Cette substitution sert uniquement à faciliter le calcul ou l'évaluation approximative, ou encore à simplifier suffisamment les nombres introduits dans une histoire, un tableau ou une conversation. Vous pouvez dire : « Hier soir, il m'a fallu 57 minutes pour faire mes devoirs » ou « Hier soir, il m'a fallu près d'une heure pour faire mes devoirs ». La première phrase est plus précise ; dans la seconde, on a arrondi la durée pour alléger l'échange de propos.

L'emploi d'une droite numérique au-dessus de laquelle vous aurez surligné les « beaux nombres » aidera probablement les élèves à choisir un « beau nombre » proche du nombre considéré. Vous pouvez représenter une droite sans repères numériques, comme celle de la figure 2.6. Construisez-la avec trois bandes de carton que vous collerez l'une à la suite de l'autre. Marquez les nombres sur le tableau noir, au-dessus de la droite numérique. Pour les extrémités, prenez par exemple 0 et 100, 100 et 200, …, ou 900 et 1 000, et placez aussi les multiples de 25, de 10 et de 5. Écrivez au-dessus de la droite numérique le nombre que vous voulez arrondir. Demandez aux élèves de trouver les « beaux nombres » situés à proximité.

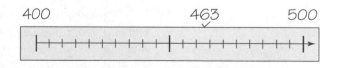

FIGURE 2.6 ▲

On peut écrire n'importe quel nombre de différentes façons pour aider les élèves à identifier les nombres voisins et les « beaux nombres ».

Les nombres supérieurs à 1 000

Les élèves ont parfois de la difficulté à généraliser la compréhension conceptuelle des nombres supérieurs à 1 000 par suite du manque de modèles concrets pour les milliers. Pour les aider à acquérir un sens plus élaboré de ces grands nombres, incitez-les à généraliser les modèles du système à valeur de position et encouragez-les à partir de repères familiers de leur petit monde.

L'extension du système à valeur de position

Vous devriez généraliser soigneusement deux principes importants couramment appliqués aux nombres à trois chiffres. Le premier est le regroupement en dizaines. Autrement dit, dans n'importe quelle position, 10 constitue une chose unique (un groupe) dans la position suivante, et vice-versa. Quant au second principe, il indique que les modèles oraux et écrits des nombres à trois chiffres se répètent de façon astucieuse pour chaque ensemble de trois chiffres situé à gauche. Pour les élèves, il n'est pas si facile que cela de comprendre ces deux principes connexes, contrairement à ce que pensent les adultes. Comme il est difficile de concevoir et de représenter des modèles des grands nombres, les manuels traitent de ces principes en employant surtout des symboles. Mais cela n'est pas suffisant!

Activité 2.8

Qu'est-ce qui vient ensuite?

Tenez une discussion sur « Qu'est-ce qui vient ensuite? » en vous servant de bandes et de carrés en base dix. Utilisez un carré d'un centimètre (1 cm) de côté pour représenter l'unité; une bande de 10 cm × 1 cm pour la dizaine et un carré de 10 cm × 10 cm pour la centaine. Et après? Dix centaines font un millier. Demandez-leur s'ils peuvent imaginer un moyen de représenter ce grand nombre. Ils peuvent le faire en construisant une bande composée de 10 carrés symbolisant chacun une centaine. Prenez 10 de ces carrés et collez-les avec du ruban adhésif. Après quoi, reposez la question « Qu'est-ce qui vient ensuite? » (Rappelez-leur que « dix font un », même si vous l'avez déjà dit.) Dix bandes représentant chacune un millier forment un carré d'un mètre de côté. Une fois que la classe a établi la forme de l'élément associé à un millier, la tâche centrée sur un problème est: « Qu'est-ce qui vient ensuite? » Formez de petites équipes et demandez-leur d'établir les dimensions de l'élément associé à 10 000.

Si vos élèves manifestent de l'intérêt pour les formes les plus grosses qu'ils ont construites dans l'activité précédente, demandez-leur de les mesurer sur du papier. En collant bout à bout 10 carrés représentant chacun 10 000 (c'est-à-dire 100 000), vous obtiendrez une très longue bande. Dessinez cette bande sur une grande feuille de papier kraft et tracez les 10 carrés qui la composent. Vous devrez vous installer dans le corridor pour faire ce travail.

Laissez votre classe décider jusqu'où vous prolongerez cette série composée de petits carrés, d'une bande, de grands carrés, d'une bande formée de grands carrés, etc. Vous pouvez faire comprendre de façon théâtrale le principe selon lequel 10 dans une position équivaut à 1 dans la position suivante. Par exemple, allez avec vos élèves dans la cour de l'école pour tracer avec de la craie le carré de 10 m × 10 m qui poursuivra la série entamée dans la classe. La bande suivante mesure 100 m × 10 m. Vous pouvez la mesurer dans une grande aire de jeu en demandant à des élèves de se tenir aux endroits correspondant aux coins. Si vous vous rendez jusque-là, vos élèves en tireront plusieurs bénéfices. Ils réaliseront notamment de quelle façon la quantité augmente à la suite de chacune des opérations successives, tout en prenant conscience de la progression associée à « dix font un ». La bande de 100 m × 10 m est le modèle pour 10 millions, et le carré de 10 m de côté, pour 1 million. La différence entre

1 million et 10 millions est frappante. Même le concept de 1 million de minuscules carrés de 1 cm de côté est théâtral.

Tous les ensembles d'éléments tridimensionnels de bois ou de plastique en base dix (matériel de base dix) comprennent un modèle pour les milliers, soit un gros cube de 10 cm de côté. Ce type de matériel est dispendieux, mais vous devriez disposer d'au moins un gros cube représentant les milliers pour les démonstrations et les discussions.

Essayez de mener la discussion «Qu'est-ce qui vient ensuite?» en vous servant de matériel de base dix. Les trois premières formes sont distinctes; il s'agit *de petits cubes (unités)*, *de barres ou languettes (dizaines)* et *de plaquettes ou planchettes (centaines)*. Qu'est-ce qui vient ensuite? En empilant 10 plaquettes, vous obtiendrez un gros cube, donc un objet ayant la même forme que le petit cube, mais 1 000 fois plus gros. Et après? (Voir la figure 2.7.) Dix *cubes* placés côte à côte font une autre *barre*. Et encore après? Dix grandes *barres* juxtaposées font une grande plaquette. Les trois premières formes se sont maintenant reproduites! Dix grandes plaquettes donneront un cube encore plus volumineux, et le triplet de formes se répète.

Chaque cube porte un nom particulier. Le premier cube désigne l'*unité*, le suivant le *millier*, le suivant le *million*, puis le *milliard*, etc. Chaque barre se compose de 10 cubes; elle correspond donc à 10 unités, 10 milliers et 10 millions. De même, chaque plaquette est formée de 100 cubes.

Pour lire un nombre, commencez par marquer les groupes de trois chiffres en commençant à droite. Lisez ensuite les triplets en vous arrêtant après chacun pour nommer l'unité (ou la forme cubique) qui lui est associée (figure 2.8). Ignorez les zéros précédant chaque triplet. Quand les élèves apprennent à lire des nombres comme 059 (cinquante-neuf) ou 009 (neuf), ils sont généralement capables de lire n'importe quel nombre. Procédez avec le même schème pour écrire un nombre. Si les élèves apprennent d'abord à s'en servir oralement, ce système est très facile.

Il est important que les élèves réalisent que le système possède une structure logique, c'est-à-dire qu'il n'est pas totalement arbitraire, de sorte qu'on peut le comprendre.

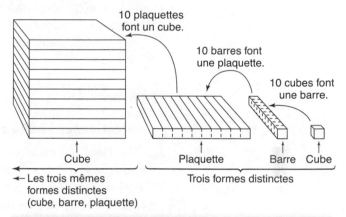

FIGURE 2.7 ▲

Les formes se répètent pour chaque déplacement de trois positions. Chaque cube représente un 1, chaque barre un 10, et chaque plaquette un 100.

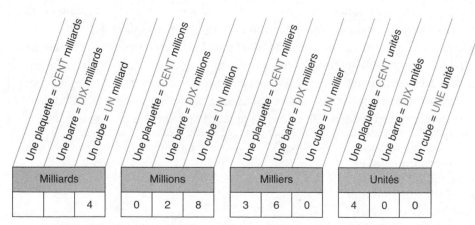

«Quatre milliards, vingt-huit millions, trois cent soixante mille, quatre cents».

FIGURE 2.8 ◄

Système de triplets servant à nommer les grands nombres.

La conceptualisation des grands nombres

Les notions que nous venons de présenter aident à réfléchir aux quantités réelles associées à de très grands nombres, mais cela ne suffit pas. Par exemple, la construction de la série « plaquette, barre, plaquette, barre, etc. » permet de se faire une idée des quantités 1 000 et 100 000, mais il est difficile pour tout le monde de convertir un grand nombre de petits carrés en quantités d'autres objets, en distances ou en durées.

 PAUSE Qu'avez-vous à l'esprit lorsque vous pensez à 1 000 ou à 100 000 ? Pouvez-vous vraiment vous figurer ce que représente le concept de 1 million ?

Créer des repères pour des grands nombres particuliers

Les activités qui suivent proposent une traduction littérale ou imaginative des nombres comme 1 000, 10 000, voire 1 million, en des objets ou des bricoles qu'il est facile ou amusant d'évoquer. Les quantités intéressantes deviennent pour les grands nombres des repères ou des points de référence dont on se souvient. Tout cela contribue à donner un sens aux nombres qui émaillent la vie quotidienne.

Activité 2.9

Collectionner 10 000 objets

Collections. À l'occasion d'un projet de classe ou de toutes les classes d'un même niveau, commencez à collectionner un type d'objets donné en vous fixant comme objectif d'en réunir 1 000 ou 10 000. Il peut s'agir de boutons, de noix, de bouts de crayons, de couvercles de pots, de brochures inutiles ou périmées, d'étiquettes de boîtes de soupe ou de dessus de boîtes de céréales. Avant de décider de rassembler 100 000 objets, voire 1 million, pensez-y bien. Il a fallu à une enseignante presque dix ans pour amasser 1 million de capsules de bouteilles. C'est suffisant pour remplir un petit camion à benne !

Activité 2.10

Illustrer le nombre 10 000

Illustrations. Il est parfois plus facile de créer de grandes quantités de toutes pièces que d'essayer de réunir des objets. Par exemple, vous pouvez demander aux élèves de dessiner 100, 200 ou même 500 points sur une feuille de papier et de poursuivre ce travail chaque semaine. Vous pouvez aussi leur faire découper des feuilles de journal en petits morceaux, disons de la taille d'un billet de banque, et de les empiler afin de voir à quoi ressemble une grande quantité. Un autre projet pourrait consister à construire petit à petit une chaîne avec des maillons en papier, que les élèves pourraient accrocher dans le corridor après avoir écrit des nombres particuliers sur des maillons. Expliquez à toute l'école l'objectif de l'activité.

Activité 2.11

Quelle est la longueur ? Quelle est la distance ?

Distances réelles et inventées. Quelle est la longueur correspondant à 1 million de pas de bébé ? Pour parler de distance, vous pouvez vous servir de repères comme des cure-dents, des billets de banque, des barres de friandises, des piles de cubes ou de briques, ou toutes sortes d'objets placés bout à bout. Vous pouvez également proposer aux élèves de former une chaîne vivante, soit en se tenant par la main, soit en s'allongeant sur le sol, la tête de l'un contre les pieds de l'autre. Il est aussi possible d'utiliser de vraies mesures, par exemple, des millimètres, des centimètres ou des mètres.

Activité 2.12

Mesurer le temps

Durée. Quelle durée correspond à 1 000 secondes ? À 1 million de secondes ? À 1 milliard ? Combien de temps faut-il pour compter jusqu'à 10 000 ou jusqu'à 1 million ? (Pour uniformiser la durée, utilisez une calculatrice en appuyant simplement sur la touche =.) Combien de temps faut-il pour exécuter une tâche comme boutonner un bouton 1 000 fois ?

Évaluation approximative de grandes quantités

Les activités 2.9 à 2.12 portent sur un nombre particulier. Inversement, vous pouvez choisir une grande quantité et chercher diverses façons de la mesurer, de la dénombrer ou de l'évaluer approximativement.

Activité 2.13

Imaginer des quantités vraiment grandes

Demandez à vos élèves :

Combien de barres de friandises faudrait-il pour recouvrir le plancher de votre chambre ?

Combien de pas une fourmi devrait-elle effectuer pour faire le tour de l'école ?

Combien de grains de riz faudrait-il pour remplir une tasse ou un récipient de 4 litres ?

Combien de pièces de 25 cents faudrait-il empiler pour former une seule pile allant du plancher au plafond ?

Combien de pièces de 1 cent pourrait-on aligner côte à côte pour faire le tour d'un pâté de maisons ?

Combien de feuilles de bloc-notes faudrait-il pour recouvrir le plancher du gymnase ?

Combien de secondes se sont écoulées depuis votre naissance ?

Il n'est pas nécessaire de consacrer beaucoup de temps en classe aux projets sur les grands nombres. Vous pouvez les planifier de sorte qu'ils se déroulent sur plusieurs semaines, sous forme de travaux individuels à faire à la maison, d'activités de groupe ou, mieux encore, de concours d'évaluation approximative engageant toute l'école.

Les liens avec la littérature

De nombreux livres proposent de merveilleuses explorations des grandes quantités, de même que des façons de les combiner ou de les décomposer. *A Million Fish... More or Less* de McKissak (1992) en est un exemple.

Cette aventure imaginaire est farcie d'exagérations : par exemple, une dinde pèse 250 kg et le gagnant d'une compétition de saut à la corde (la corde étant un serpent) a exécuté 5 553 bonds. « De telles choses peuvent-elles vraiment exister ? Combien de temps faudrait-il pour sauter 5 553 fois ? Hugh peut-il vraiment mettre 1 million de poissons dans son chariot ? Comment écrit-on 1 demi-million en chiffres ? » Rusty Bresser (1995) suggère d'excellentes façons d'utiliser cette histoire pour explorer les grands nombres et la façon de les écrire. Établir des liens entre les grands nombres et des choses, des idées ou des événements tirés de la vie de tous les jours est justement ce qu'il faut faire pour qu'une leçon sur la valeur de position, destinée aux élèves les plus âgés, renforce également le sens du nombre.

D'autres livres explorent les très grands nombres dans un contexte intéressant, parmi lesquels deux ouvrages de David Schwartz, *Mille milliers de millions* (Circonflexe, Paris, 1990) et *If You Made a Million* (1989). Citons également *Des chats par milliers* de Wanda Gág (Circonflexe, Paris, 1992), un classique qui mérite encore qu'on prenne le temps de l'examiner. Ces livres stimuleront l'imagination des élèves et les entraîneront sur la piste de fascinantes explorations des grands nombres. Si on les guide un peu, ils en profiteront pour explorer des concepts sur la valeur de position.

Les activités incitant à une pensée flexible sur les nombres entiers

Un certain nombre de concepts présentés dans la dernière section font intervenir la compréhension de la valeur de position. De la troisième à la sixième année, la meilleure façon de généraliser ces concepts appris dans les classes précédentes consiste à les intégrer à diverses activités. Autrement dit, au lieu d'y consacrer toute une leçon, créez plutôt des exercices faisant appel à la valeur de position et à des modèles permettant de représenter ce concept. L'objectif est de promouvoir ce qu'on appelle parfois la « pensée structurée en base dix », c'est-à-dire la flexibilité lors de l'utilisation de la structure des dizaines et des centaines dans le système de numération. Nous vous présentons encore d'autres idées dans la présente section.

Le tableau des cent premiers nombres

Le tableau des cent premiers nombres ou la grille de nombres (voir les feuilles reproductibles) contribue largement à l'élaboration d'une pensée structurée en base dix. On ne devrait pas délaisser ce tableau à la fin de la troisième année, comme on le fait souvent. Lorsque les élèves explorent des stratégies inventives d'addition et de soustraction, ce tableau peut constituer un modèle fort utile. Quand ils ont des rangées de 10 chiffres sous les yeux, les élèves pensent à employer des multiples de 10. Supposons que vous leur demandiez de calculer 47 + 25, ils peuvent repérer le nombre 47 dans le tableau et constater qu'en comptant 3 de plus ils atteignent 50. Il leur est alors facile d'ajouter 22. Ils peuvent aussi localiser 47 et descendre de deux rangées, ce qui revient à ajouter 20, puis compter encore 2 de plus. Ce qui importe, ce n'est pas la méthode qu'ils emploient, mais le fait qu'en utilisant ce tableau, ils pensent à se servir des multiples de 10.

FR 6

Au début du primaire, les élèves cherchent des configurations particulières dans le tableau des cent premiers nombres, principalement dans les rangées et les colonnes. Ce tableau s'avère particulièrement utile pour compter par bonds. On observe alors des configurations à la fois dans les nombres et la façon dont ils sont disposés dans le tableau. Par exemple, si on compte par 3, on découvre des configurations suivant la diagonale. Vous aimerez peut-être déterminer dans quelle mesure vos élèves ont eu l'occasion de se familiariser avec les configurations visibles dans le tableau des cent premiers nombres. Le chapitre 10 contient d'autres activités portant sur l'utilisation de ce tableau et permettant de trouver encore d'autres configurations.

La prochaine activité rend encore plus évidentes les relations numériques dans le tableau des cent premiers nombres, car elle permet d'établir un lien entre ce tableau et des représentations à l'aide de modèles en base dix.

Activité 2.14

Découvrir des configurations dans le tableau des cent premiers nombres

Il existe plusieurs variantes de la présente activité que vous pouvez réaliser avec toute la classe ou après avoir formé des équipes de deux. Dans le second cas, les élèves explorent une idée et écrivent ce qu'ils ont découvert. Employez n'importe quel modèle concret de nombres à deux chiffres avec lequel ils se sont familiarisés. Les petites boîtes de dix sont un bon choix.

- Donnez aux élèves un ou plusieurs nombres à représenter à l'aide des modèles, puis demandez-leur de les repérer dans le tableau des cent premiers nombres. Employez des groupes de deux ou trois nombres se trouvant soit dans une même rangée, soit dans une même colonne.
- Dites aux élèves de représenter tous les nombres d'une même rangée ou d'une même colonne. Demandez-leur ensuite en quoi ces nombres se ressemblent, ce qui les distingue et ce qu'ils observent à la fin de la rangée.
- Montrez un nombre sur le tableau des cent premiers nombres. Quel changement permettrait d'obtenir chacun de ses voisins (c'est-à-dire les nombres à gauche, à droite, au-dessus et en dessous)?

On construit de plus en plus fréquemment un tableau qui contient les 200 premiers nombres. Il est peut-être plus utile d'étendre le tableau des cent premiers nombres jusqu'à 1 000, même en deuxième ou troisième année.

Activité 2.15

Construire un tableau des mille premiers nombres

Distribuez aux élèves plusieurs copies de la grille vierge du tableau des cent premiers nombres (voir les feuilles reproductibles). Formez des équipes de trois ou quatre élèves et demandez à chaque équipe de créer un tableau des nombres de 1 à 1 000. Pour ce faire, ils doivent juxtaposer 10 grilles l'une à la suite de l'autre avec du ruban adhésif de manière à obtenir une longue bande. Les élèves décident eux-mêmes comment se partager le travail, chacun s'occupant d'une partie différente du tableau.

FR 5

Le tableau des mille premiers nombres devrait faire l'objet d'une discussion avec toute la classe. Examinez alors de quelle manière les nombres changent lorsqu'on compte d'une centaine à la suivante, observez les diverses configurations, etc. En fait, vous pouvez adapter au tableau des mille premiers nombres toutes les activités réalisées avec le tableau des cent premiers nombres. Vous déciderez peut-être de construire une grille vierge du tableau des mille premiers nombres (où les groupes de 100 cases sont clairement marqués). Servez-vous des tableaux des élèves pour tenir d'autres discussions.

Travailler avec les dizaines et les centaines

Pour réaliser la prochaine activité, qui combine le symbolisme et les représentations en base dix, les élèves doivent maîtriser plusieurs habiletés associées aux stratégies inventives d'addition et de soustraction. Lorsque vous leur demanderez de faire cette activité ou celles de la section suivante, n'oubliez pas que l'objectif est de développer leur sens du nombre et de les préparer à employer des méthodes de calcul flexibles, et non d'apprendre à effectuer des tâches.

Activité 2.16

Ajouter ou retirer des nombres, des carrés, des bâtons et des points

En vous inspirant de la figure 2.9, préparez une feuille de travail ou un transparent pour rétroprojecteur. Écrivez un nombre et dessinez les éléments de représentation correspondants en base dix au moyen de petits carrés, de bâtons et de points afin d'obtenir des configurations simples. Demandez aux élèves d'écrire le total, qu'ils doivent calculer mentalement.

La figure 2.10 illustre une version de la même activité, mais faisant appel à une soustraction. Comme on l'indique, la quantité à retirer est représentée soit par un nombre, soit par des carrés, des points et des bâtons. Essayez les deux méthodes.

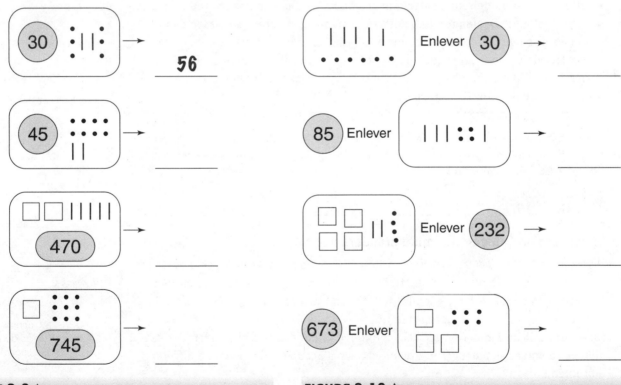

FIGURE 2.9 ▲

Dénombrement ou addition selon une méthode flexible faisant appel soit à des modèles, soit à des nombres.

FIGURE 2.10 ▲

Dénombrement à rebours ou soustraction utilisant simultanément des modèles et des nombres.

Réfléchir à des parties de nombres

Un autre centre d'intérêt important consiste à réfléchir à un nombre décomposé en deux parties, particulièrement à la partie manquante. Les prochaines activités portent sur ces aspects.

Lors de calculs, il est souvent utile de reconnaître qu'un nombre se compose d'un « beau nombre » et d'une autre quantité. On travaille d'abord sur le « beau nombre » (un multiple de 50 ou de 100, par exemple), puis on s'occupe de la composante restante, plus petite.

Activité 2.17

Répondre 50 et un peu plus

Dites un nombre compris entre 50 et 100. Les élèves répondent : « 50 et ____ ». Si le nombre est 63, la réponse devrait être « 50 et 13 ». Faites aussi l'activité avec des nombres qui se terminent par 50, par exemple « 450 et un peu plus ».

On décompose fréquemment les « beaux nombres » lors de calculs. Les deux prochaines activités sont extrêmement utiles pour acquérir une forme de pensée permettant d'apprendre à soustraire en s'appuyant sur la stratégie de dénombrement à partir d'un nombre donné. Présentez ces activités à toute la classe en vous servant d'un rétroprojecteur. Invitez les élèves à expliquer leurs raisonnements.

Activité 2.18

Découvrir l'autre partie de 100

Les élèves travaillent en équipes de deux avec un ensemble de petites boîtes de dix. Un élève représente un nombre à deux chiffres, puis les deux équipiers tentent de déterminer mentalement ce qu'il faut combiner à la quantité représentée avec les boîtes de dix pour arriver à 100. Ils écrivent leurs solutions sur une feuille, puis les vérifient en représentant la quantité ajoutée avec les boîtes de dix pour s'assurer qu'ils arrivent bien à 100. Chaque équipier choisit le nombre initial à tour de rôle. La figure 2.11 illustre trois raisonnements que les élèves peuvent tenir pour arriver à la bonne réponse.

La capacité de déterminer « l'autre partie de 100 » est à ce point utile pour inventer des stratégies que les élèves devraient acquérir une grande habileté dans ce domaine.

Quand les élèves savent à la perfection déterminer les parties de 100, vous pouvez modifier l'activité en choisissant un nombre différent de 100 comme quantité totale. Commencez par d'autres multiples de 10, comme 70 ou 80, puis prenez n'importe quel nombre inférieur à 100.

PAUSE

> Prenez par exemple 83 comme quantité totale. Dessinez quatre petites boîtes de dix représentant le nombre 36. En examinant les boîtes, demandez-vous ce qu'il faut ajouter à 36 pour faire 83. Quel a été votre raisonnement ?

En fait, pour déterminer la seconde partie de 83, vous avez soustrait 36 de 83. Vous n'avez fait ni emprunt ni regroupement. Vous avez probablement calculé mentalement.

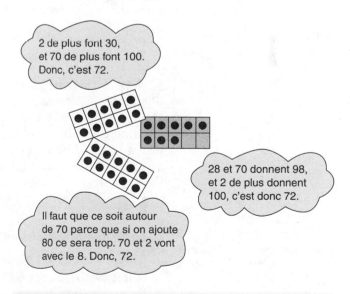

2 de plus font 30, et 70 de plus font 100. Donc, c'est 72.

28 et 70 donnent 98, et 2 de plus donnent 100, c'est donc 72.

Il faut que ce soit autour de 70 parce que si on ajoute 80 ce sera trop. 70 et 2 vont avec le 8. Donc, 72.

FIGURE 2.11 ▲

L'emploi de petites boîtes de dix facilite la réflexion sur « l'autre partie de 100 ».

Avec de la pratique, vous arriverez à faire le calcul sans l'aide de boîtes de dix (tout comme les élèves dès la troisième année). Nous aborderons de nouveau ce sujet au chapitre 4.

Les nombres compatibles pour l'addition et la soustraction sont ceux qui se combinent facilement pour donner un « beau nombre ». Les nombres qui donnent des dizaines ou des centaines sont les exemples les plus courants. Les sommes compatibles comprennent aussi les nombres finissant par 5, 25, 50 ou 75 puisqu'il est également facile d'effectuer des opérations avec ces nombres. Ce que vous devez apprendre aux élèves, c'est l'habitude de chercher des dispositions pratiques, puis de les reconnaître lorsqu'ils ont à calculer.

Activité 2.19

Rechercher des paires compatibles

La recherche de paires compatibles se prête à une activité que les élèves feront sur une feuille de travail, ou encore que vous réaliserez avec toute la classe en utilisant un rétroprojecteur. Indiquez la tâche à faire sur un transparent ou copiez-la sur une page. La figure 2.12 illustre cinq possibilités de degrés de difficulté variables. Les élèves nomment ou relient les paires compatibles à mesure qu'ils les découvrent.

Voici deux activités supplémentaires qui combinent quelques-unes des idées que nous venons d'explorer.

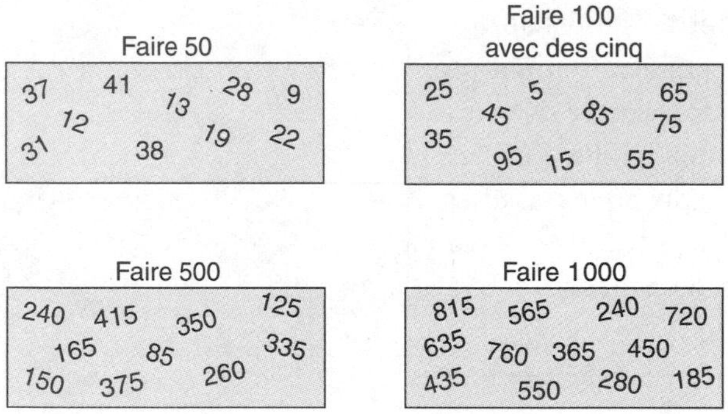

FIGURE 2.12 ▲

Recherche de paires compatibles.

Activité 2.20

Faire un calcul difficile avec la calculatrice

Demandez aux élèves d'appuyer sur n'importe quelle touche numérique (1 7, par exemple) sur leur calculatrice, puis de faire + 8. Ensuite, dites-leur de donner la somme avant de presser la touche =. Après quoi, ils continuent à additionner 8 mentalement en essayant de dire la somme attendue avant de presser la touche =. Le but de cette activité est d'observer jusqu'où ils peuvent calculer avant de commettre une erreur.

Dans l'activité « Faire un calcul difficile avec la calculatrice », vous pouvez choisir n'importe quel nombre comme terme constant, y compris un nombre à deux ou trois chiffres. Essayez 20 ou 25 ; essayez 40, puis 48. Quand un élève a additionné 8 ou 10 fois le terme constant, vous pouvez augmenter le degré de difficulté en lui demandant de dénombrer à rebours, en enfonçant la touche − puis le terme constant et =, =... Discutez avec vos élèves des modèles discernables.

Activité 2.21

Faire des additions et des soustractions avec des petites boîtes de dix

Formez des équipes de deux élèves et distribuez-leur des cartes portant de petites boîtes de dix. Chaque élève se sert de ses cartes pour représenter un nombre. Lorsque les deux partenaires ont terminé, ils placent les cartes de manière à pouvoir les voir tous les deux. Ensuite, c'est à qui nommera la somme le premier. Dans la variante sur la soustraction, l'un des équipiers représente un nombre supérieur à 50, tandis que l'autre écrit sur une feuille un nombre inférieur à 50. Ils doivent soustraire le nombre écrit du nombre représenté avec les boîtes de dix. À la fin de l'activité, demandez aux équipes de mettre en commun leurs stratégies afin de voir à quel point ils peuvent être rapides.

Bien que les activités suggérées dans la présente section soient conçues pour être réalisées individuellement ou en équipes de deux, il est bon de les faire à l'occasion avec toute la classe afin de discuter des méthodes employées.

Ces activités permettent-elles de construire des concepts sur la valeur de position, le sens du nombre ou des stratégies inventives de calcul? Dans les trois cas, la réponse est oui. À partir de la troisième année, il n'y a pas vraiment de raison de dissocier l'élaboration de la valeur de position dans les nombres entiers et le calcul sur des nombres entiers.

L'élaboration du sens des opérations de multiplication et de division

La présente section porte sur diverses façons d'aider les élèves à élaborer le *sens des opérations* de multiplication et de division, c'est-à-dire à établir des liens entre les diverses significations de la multiplication et de la division, de même qu'entre ces significations et l'addition et la soustraction. C'est en établissant de tels liens qu'ils pourront faire preuve d'efficacité lorsqu'ils devront utiliser ces opérations dans des situations de la vie quotidienne.

L'emploi de problèmes en contexte

Une méthode importante pour donner un sens aux opérations est de demander aux élèves de résoudre des problèmes en contexte. Cependant, il ne suffit pas de leur donner n'importe quel problème. Examinez ceux qui suivent.

> **Émile a acheté 12 paquets de cartes à jouer contenant 15 cartes chacun. Combien de cartes Émile a-t-il achetées?**
>
> **Hier, en planifiant le Festival d'automne de l'école, nous nous sommes rendu compte qu'il faudrait 7 mètres de papier pour recouvrir le tableau d'affichage installé dans le hall d'entrée. Il y a 25 autres tableaux similaires dans les corridors et les classes. Combien de mètres carrés de papier seront-ils nécessaires pour recouvrir tous les tableaux d'affichage de l'école?**

Le premier problème ressemble à ceux qu'on trouve généralement dans les manuels, et il n'est pas très utile. Le second est tiré d'une expérience réalisée en classe et s'appuie sur le travail déjà fait. Fosnot et Dolk (2001) soulignent que, lors de la résolution de problèmes en contexte, les élèves cherchent à obtenir la bonne réponse, en procédant probablement comme le veut l'enseignante. «Par contre, les problèmes en contexte sont reliés autant que possible au vécu des élèves, plutôt qu'aux "mathématiques scolaires". Ils sont conçus pour devancer et favoriser l'élaboration par les élèves de modèles mathématiques du monde réel.» (p. 24) Les problèmes en contexte sont tirés d'expériences faites récemment dans la classe, comme le problème des tableaux d'affichage. Ils peuvent aussi découler d'une sortie éducative, d'une discussion tenue dans un cours d'arts ou de sciences humaines, ou encore provenir de la littérature pour enfants. Les élèves sont davantage portés à adopter une approche spontanée et signifiante lorsqu'ils résolvent des problèmes concrets parce que ceux-ci ont un sens pour eux.

Mais à quoi ressemble donc une bonne leçon centrée sur des problèmes en contexte dans les classes comprises entre la troisième et la sixième année? On a tendance à demander aux élèves de résoudre plusieurs problèmes au cours d'une même période d'apprentissage, et la leçon met l'accent sur l'obtention des bonnes réponses. Si on insiste plutôt sur le sens, la résolution de plusieurs problèmes durant une seule période n'est pas nécessairement la meilleure approche. Vous trouverez la solution naturellement si vous envisagez que les élèves ne se contentent pas de résoudre des problèmes, mais qu'ils emploient des mots, des dessins et des nombres pour préciser leur démarche et démontrer l'exactitude de leur résultat. Vous devriez leur permettre d'utiliser n'importe quel matériel concret qui leur semble utile ou les laisser dessiner des croquis. Tout ce qu'ils écrivent sur leur feuille devrait expliquer leur démarche et leur résultat assez clairement pour qu'une autre personne comprenne (allouez au moins une demi-page par problème). Une leçon complète porte souvent sur un ou deux problèmes et comprend une discussion sur ceux-ci.

À propos de l'évaluation

Les techniques employées par les élèves pour résoudre des problèmes vous fournissent des informations importantes sur leur acquisition du sens du nombre et sur les stratégies qu'ils utilisent pour répondre à des questions sur les tables ou pour effectuer des calculs avec des nombres à plusieurs chiffres. Il est donc essentiel que vous n'examiniez pas seulement les réponses qu'ils obtiennent. Vos observations peuvent vous procurer des indices qui vous aideront à choisir les nombres à utiliser dans les problèmes au cours suivant. C'est aussi en vous appuyant sur ces observations que vous préparerez les activités de soutien dont certains élèves ont besoin pour améliorer leur sens du nombre ou des opérations. Par ailleurs, vous pouvez conserver dans un classeur une partie du travail des élèves et l'utiliser lors de rencontres avec les parents pour leur montrer le travail et les progrès de leur enfant.

Par exemple, si un élève qui essaie de calculer 7 fois 26 le fait en additionnant 26 sept fois, vous en déduirez qu'il faudrait peut-être mettre l'accent sur l'idée de décomposition des nombres en facteurs pratiques, c'est-à-dire sur les relations des parties entre elles et au tout. En fait, il s'agit de chercher des nombres avec lesquels il est plus facile de travailler. Ainsi, il est plus commode de compter avec 25 qu'avec 26, surtout si vous vous servez du modèle des vingt-cinq cents : 4 vingt-cinq cents font un dollar (ou 100 cents), 8 vingt-cinq cents font deux dollars (ou 200 cents). Comme vous avez seulement besoin de 7 vingt-cinq, ça fait 175. Pour tenir compte du 1, restant de 26, on additionne ensuite 175 et 7. Si vous avez travaillé sur les repères 5 et 10, vous pouvez observer comment vos élèves les emploient pour additionner 175 et 7. Comptent-ils à partir de 175 ou décomposent-ils 7 en 5 et 2 pour effectuer l'addition plus rapidement?

Vous pouvez également soumettre aux élèves des problèmes faisant intervenir des concepts sur les nombres ou les opérations que vous n'avez pas encore explorés avec eux. Leur façon de résoudre ces problèmes vous fournira des indices sur le point de départ que vous devriez adopter pour cette partie du programme sur les nombres.

Il s'agit d'utiliser les problèmes en contexte pour évaluer plus que la simple habileté à résoudre ce type de problèmes. Les habiletés liées aux nombres et aux opérations sont souvent beaucoup plus manifestes lorsque les élèves travaillent à résoudre des problèmes en contexte au lieu d'effectuer les exercices se trouvant à la fin d'un chapitre sur les nombres.

Les structures de problèmes portant sur la multiplication et sur la division

Deux types de structures multiplicatives font intervenir des groupes de même taille. Ils sont décrits dans la figure 2.13 : ce sont les groupes égaux *(addition itérée, taux)* et la *comparaison multiplicative*. On peut représenter les problèmes qui correspondent à ces structures au moyen d'ensembles de jetons, d'une droite numérique ou d'un tableau. En outre, ces deux types de structures regroupent un grand pourcentage des problèmes multiplicatifs rencontrés dans la vie quotidienne. (Le terme *multiplicatif* qualifie tous les problèmes qui comportent une structure appartenant à la multiplication ou à la division.)

Ces structures de problèmes ne sont pas destinées aux élèves; elles sont conçues pour vous aider, en tant qu'enseignante, à formuler des tâches sur la multiplication et la division.

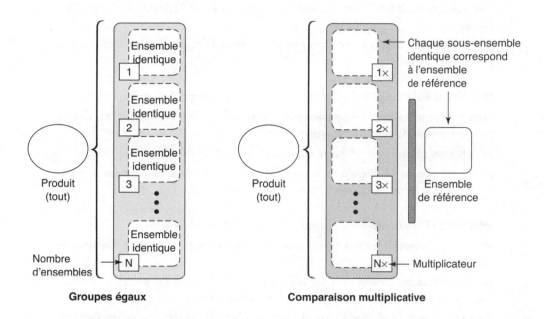

Groupes égaux   **Comparaison multiplicative**

FIGURE 2.13 ◄

Deux des quatre structures de base des problèmes en contexte avec la multiplication et la division. Chaque structure comporte trois nombres. N'importe lequel des trois nombres peut être l'inconnu dans un problème donné.

Exemples de problèmes pour chaque structure

Dans un problème multiplicatif, un nombre, ou *facteur*, indique combien il y a d'ensembles, de groupes ou de parties de même taille, tandis que l'autre précise la taille de chaque ensemble ou partie. On appelait traditionnellement ces deux facteurs respectifs le *multiplicateur* (nombre de parties) et le *multiplicande* (taille de chaque partie). Ces termes n'étant pas très utiles pour les élèves, nous ne les utiliserons pas, à moins que la clarté du texte ne le requière. Le troisième nombre intervenant dans chaque problème de l'une ou l'autre structure est le *tout*, ou le *produit*, et il est égal au total donné par l'opération de toutes les parties. La formulation en fonction des parties et du tout aide à établir des liens entre la multiplication et l'addition.

Problèmes avec des ensembles égaux

Si l'on connaît le nombre d'ensembles et la taille de ceux-ci, on se trouve devant un problème de multiplication. Si la taille ou bien le nombre des ensembles est inconnu, c'est une division qu'il faudra effectuer. Cependant, ces deux cas ne sont pas identiques. Quand les problèmes ne mentionnent pas la taille des ensembles, on les qualifie de problèmes de *partage égal* ou de *partition*. Le tout est réparti ou distribué en un nombre donné d'ensembles afin de déterminer la taille de chacun. Si c'est le nombre d'ensembles qui est inconnu, mais que la taille des ensembles identiques est connue, on dit qu'il s'agit d'un problème de *mesure*, qu'on appelle parfois aussi problème de *soustraction itérée*. L'« unité de mesure » du tout est l'ensemble d'une taille donnée. On utilise ces termes dans les exemples qui suivent. Reportez-vous à la structure illustrée à la figure 2.13 pour déterminer quelles quantités sont données et lesquelles sont inconnues.

Il existe également une différence subtile entre un problème qu'on peut considérer comme une *addition itérée* (Si 3 enfants ont chacun 4 pommes, combien y a-t-il de pommes en tout ?) et celui qu'on peut considérer comme un problème de *taux* (S'il y a 4 pommes par enfant, combien 3 enfants auront-ils de pommes ensemble ?). Nous présentons ci-après deux exemples de problèmes de taux pour chaque catégorie.

ENSEMBLES ÉGAUX : *produit* inconnu (Multiplication)

Marc a 4 sacs de pommes. Il y a 6 pommes dans chaque sac. Combien de pommes Marc a-t-il en tout ?

Si des pommes coûtent 7 cents chacune, combien Jules a-t-il dû payer pour 5 pommes ? (*taux*)

Pierre a marché 3 heures à une vitesse de 4 kilomètres à l'heure. Quelle distance a-t-il parcourue ? (*taux*)

ENSEMBLES ÉGAUX : *taille des ensembles* inconnue (Partage, division)

Marc a 24 pommes. Il désire les partager équitablement entre ses 4 amis. Combien de pommes chacun de ses amis recevra-t-il ?

Jules a payé 35 cents pour 5 pommes. Combien lui a coûté chaque pomme ? (*taux*)

Pierre a parcouru 12 kilomètres à pied en 3 heures. Combien de kilomètres a-t-il parcourus par heure ? (À quelle vitesse a-t-il marché ?) (*taux*)

ENSEMBLES ÉGAUX : *nombre d'ensembles* inconnu (Mesure, division)

Marc a 24 pommes. Il les met dans des sacs contenant chacun 6 pommes. Combien de sacs Marc a-t-il utilisés ?

Jules a acheté des pommes à 7 cents chacune. Le coût total des pommes s'élève à 35 cents. Combien de pommes Jules a-t-il achetées ? (*taux*)

Pierre a parcouru 12 kilomètres à pied à une vitesse de 4 kilomètres à l'heure. Combien de temps lui a-t-il fallu pour parcourir ces 12 kilomètres ? (*taux*)

Problèmes de comparaison multiplicative

Dans les problèmes de comparaison multiplicative, il y a vraiment deux ensembles distincts, comme dans les cas de comparaison associés à l'addition et à la soustraction. L'un des ensembles est formé de plusieurs copies de l'autre ensemble. Nous donnons ci-dessous deux exemples pour chaque possibilité. Dans le premier, la comparaison est une quantité ou une différence de deux quantités. Dans les situations multiplicatives, la comparaison repose sur le fait que l'un des ensembles est un multiple donné de l'autre ensemble.

COMPARAISON : *produit* inconnu (Multiplication)

Jules a cueilli 6 pommes. Marc a cueilli 4 fois plus de pommes que Jules. Combien de pommes Marc a-t-il cueillies ?

Ce mois-ci, Marc a économisé 5 fois plus d'argent qu'il ne l'avait fait le mois dernier. Le mois dernier, il avait économisé 7 $. Combien a-t-il économisé ce mois-ci ?

COMPARAISON : *taille de l'ensemble* inconnu (Division)

Marc a cueilli 24 pommes. Il a cueilli 4 fois plus de pommes que Jules. Combien de pommes Jules a-t-il cueillies ?

Ce mois-ci, Marc a économisé 5 fois plus d'argent qu'il ne l'avait fait le mois dernier. S'il a économisé 35 $ ce mois-ci, combien avait-il économisé le mois dernier ?

COMPARAISON : *multiplicateur* inconnu (Mesure, division)

Marc a cueilli 24 pommes et Jules en a cueilli seulement 6. Combien de fois plus de pommes Marc a-t-il cueillies par rapport à Jules ?

Ce mois-ci, Marc a économisé 35 $. Le mois dernier, il avait économisé 7 $. Combien de fois plus d'argent a-t-il économisé ce mois-ci par rapport au mois dernier ?

PAUSE

Voilà beaucoup d'informations à assimiler, si l'on ne s'arrête pas pour réfléchir. Prenez un ensemble d'au moins 35 jetons, que vous utiliserez pour résoudre chacun des problèmes présentés ci-dessus. Dans le cas des problèmes portant sur des ensembles égaux, faites le premier de chaque série, ou les « problèmes de Marc ». Associez chaque nombre à une composante du modèle de structure illustré à la figure 2.13. En quoi ces problèmes se ressemblent-ils, en particulier les deux problèmes de division ? Refaites le même exercice pour les « problèmes de Jules », puis pour les « problèmes de Pierre ». Voyez-vous en quoi les problèmes de chaque groupe se ressemblent, et les relations qui existent entre les problèmes des différents groupes ?

Lorsque vous avez l'impression d'avoir bien saisi les problèmes des ensembles égaux, refaites le même exercice avec les problèmes de comparaison multiplicative. Dans ce cas également, commencez par le premier problème de chacune des catégories, puis faites le second problème de chaque catégorie. Posez-vous les mêmes questions que précédemment.

L'enseignement de la multiplication et de la division

La majorité des programmes traditionnels stipulent que la multiplication et la division doivent être enseignées séparément, la première précédant la seconde. Il est néanmoins important d'associer la multiplication et la division peu de temps après avoir abordé la première de ces opérations, afin d'aider les élèves à saisir les liens qui existent entre elles. Dans la plupart des programmes, ces thèmes occupent une place importante en troisième année, et on continuera de les élaborer de la quatrième jusqu'à la sixième année.

L'une des principales difficultés conceptuelles qu'on éprouve en travaillant avec les structures multiplicatives est de percevoir un groupe de choses comme une entité unique tout en comprenant que le groupe contient un nombre donné d'objets. Les élèves peuvent résoudre le problème *Combien y a-t-il de pommes dans 4 paniers qui contiennent chacun 8 pommes ?* en construisant 4 ensembles de 8 jetons, puis en dénombrant tous les jetons. Pour que les élèves puissent aborder ce problème d'un point de vue multiplicatif en considérant *4 ensembles de 8*, ils doivent être capables de concevoir chaque ensemble de 8 comme une entité unique dans un dénombrement. Les expériences dans lesquelles il faut construire des ensembles et les dénombrer sont extrêmement utiles, surtout si elles sont rattachées à des situations concrètes.

Notation de la multiplication et de la division

Par convention, 4×8 désigne 4 ensembles de 8 et non 8 ensembles de 4. Il n'y a aucune raison de faire preuve de rigidité sur ce point. L'important, c'est que les élèves soient capables de vous dire ce que représente chaque facteur dans *leur* égalité. Si l'on écrit les nombres à la verticale, c'est généralement le facteur du bas qui désigne le nombre d'ensembles. Mais cette distinction n'est pas non plus primordiale.

On représente la division de 24 par 6 de trois façons différentes: $24 \div 6$, $6\overline{)24}$ et $\frac{24}{6}$. La forme $6\overline{)24}$ utilisée pour le calcul n'existerait probablement pas si ce n'était de l'agorithme employé dans les habituels exercices papier-crayon. Les élèves ont tendance à lire cette notation «six divisé par vingt-quatre» en suivant l'ordre des nombres de gauche à droite, mais cette erreur ne correspond généralement pas à ce qu'ils conçoivent mentalement.

La formulation malheureuse «six est compris dans vingt-quatre» ne fait qu'accroître la difficulté de la notation de la division. Cette expression n'exprime pas grand-chose au sujet de la division, surtout dans le contexte d'un partage égal ou d'une partition. La formulation «est compris dans» fait simplement partie du langage des adultes, et on ne la voit plus dans les manuels depuis de nombreuses années. Si vous avez tendance à l'employer, il est probablement temps de faire un effort pour la mettre de côté.

Choix des données numériques pour les problèmes

Quand on choisit des nombres pour les problèmes en contexte ou les activités de multiplication, on a tendance à penser que les grands nombres constituent une difficulté pour les élèves ou que 3×4 est d'une certaine façon plus facile à comprendre que 4×17. Du point de vue conceptuel, la compréhension des produits et des quotients n'a rien à voir avec la taille des nombres, du moment que ceux-ci sont connus des élèves. Il n'y a aucun avantage à restreindre les premières explorations de la multiplication à des petits nombres. Dès le début de la troisième année, les élèves sont capables de travailler avec de grands nombres en utilisant l'une ou l'autre des méthodes de dénombrement qu'ils ont acquises. Un problème en contexte où intervient 14×8 ne présente pas trop de difficultés pour les élèves de troisième année, même s'ils n'ont pas encore appris de techniques de calcul. Si on leur présente des défis de ce type, les élèves inventeront probablement des méthodes pour pouvoir calculer.

Partage égal

$11 \div 4 = 2\frac{3}{4}$
$2\frac{3}{4}$ dans chacun des quatre ensembles
(chaque reste est divisé en quarts)

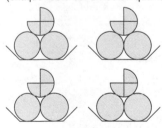

Mesure

$11 \div 4 = 2\frac{3}{4}$
$2\frac{3}{4}$ ensembles de 4
(deux ensembles complets et $\frac{3}{4}$ d'un ensemble)

FIGURE 2.14 ▲

Le reste exprimé sous forme de fraction.

Le reste

La plupart du temps, le résultat de la division n'est pas un nombre entier. Par exemple, les problèmes où le diviseur est 6 «arrivent juste» seulement 1 fois sur 6. Si l'on ne donne pas de contexte, il n'y a que deux façons de traiter le *reste*: ou bien on le considère comme une quantité résiduelle, ou bien on le partage en fractions. Dans la figure 2.14, le problème $11 \div 4$ est représenté de manière à illustrer les fractions.

Si le contexte est une situation de la vie courante, le *reste* est parfois traité de trois autres façons dans les réponses:

- On néglige le reste, de sorte que la réponse est un nombre entier plus petit que le quotient.

- Le reste peut «faire augmenter» la réponse au nombre entier immédiatement supérieur au quotient.

- On arrondit la réponse au nombre entier le plus proche, de manière à obtenir un résultat approximatif.

Les cinq possibilités exposées sont illustrées dans les problèmes qui suivent.

> **Vous avez 30 bonbons à partager équitablement entre 7 enfants. Combien de bonbons chaque enfant recevra-t-il ?**
>
> *Réponse :* **4 bonbons, et il restera 2 bonbons. (*Le reste est mis de côté.*)**
>
> **Quatre verres peuvent contenir chacun 8 centilitres (80 millilitres) de liquide. Si un pichet contient 46 centilitres (460 millilitres) de liquide, combien de verres pourra-t-on remplir ?**
>
> *Réponse :* **5 verres et $\frac{6}{8}$. (*Le reste est exprimé sous forme de fraction.*)**
>
> **Une corde mesure 25 mètres de longueur. Combien de cordes de 7 mètres de longueur peut-on faire avec cette grande corde ?**
>
> *Réponse :* **3 cordes de 7 mètres de longueur. (*On néglige le reste.*)**
>
> **Un traversier peut transporter 8 automobiles. Combien de voyages devra-t-il faire pour transporter 25 automobiles de l'autre côté de la rivière ?**
>
> *Réponse :* **4 voyages. (*On a pris le nombre entier immédiatement supérieur.*)**
>
> **Six enfants veulent se partager un sac de 50 caramels. Environ combien de caramels chaque enfant recevra-t-il ?**
>
> *Réponse :* **Environ 8 caramels. (*On a arrondi et le résultat est approximatif.*)**

Les élèves ne devraient pas penser au reste seulement sous la forme «R3» ou «ce qui n'entre pas dans le partage». Vous devriez traiter le reste en tenant compte du contexte.

PAUSE

Lorsque vous créez des problèmes, choisissez différents contextes. Prenez entre autres des quantités continues, par exemple la longueur, la durée et le volume. Essayez d'inventer des problèmes d'ensembles égaux et de comparaison appartenant à chacune des subdivisions et dans lesquels le reste est traité comme une fraction, ou encore arrondi à l'entier le plus proche ou au plus grand entier inférieur.

L'emploi de problèmes centrés sur un modèle

Au début, les élèves seront capables d'utiliser les mêmes modèles, c'est-à-dire des ensembles et des droites numériques, pour les quatre opérations. La disposition rectangulaire est un modèle dont on ne se sert généralement pas pour l'addition, mais qui est extrêmement important et d'usage courant pour la multiplication et la division. Une *disposition rectangulaire* est un arrangement de choses selon des lignes et des colonnes, par exemple un rectangle qui serait formé de carrés ou de cubes.

Si l'on veut que les élèves saisissent bien le lien entre l'addition et la multiplication, lors des premières activités de multiplication, on devrait leur demander d'écrire également une phrase qui correspond au même modèle pour l'addition. La figure 2.15 (p. 64) illustre différents modèles. Il est à noter qu'on n'y donne pas les produits, mais uniquement des «noms» numériques sous forme d'additions et de multiplications. C'est là une autre façon d'éviter le dénombrement fastidieux de grands ensembles. Une approche similaire consistera à écrire une phrase qui exprime à la fois les deux concepts, comme $9 + 9 + 9 + 9 = 4 \times 9$.

FIGURE 2.15 ▶

Modèles pour la
multiplication
d'ensembles égaux.

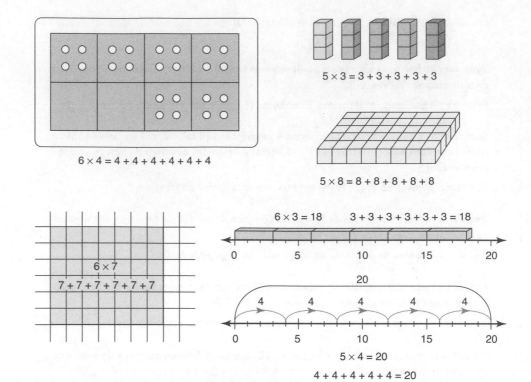

$$5 \times 3 = 3 + 3 + 3 + 3 + 3$$

$$6 \times 4 = 4 + 4 + 4 + 4 + 4 + 4$$

$$5 \times 8 = 8 + 8 + 8 + 8 + 8$$

$$6 \times 3 = 18 \qquad 3 + 3 + 3 + 3 + 3 + 3 = 18$$

$$6 \times 7$$
$$7 + 7 + 7 + 7 + 7 + 7$$

$$20$$
$$4 \quad 4 \quad 4 \quad 4 \quad 4$$

$$5 \times 4 = 20$$
$$4 + 4 + 4 + 4 + 4 = 20$$

Les activités de multiplication et de division

Les élèves peuvent tirer profit de quelques activités où interviennent des modèles, mais où l'on ne donne pas de contexte. L'objectif des exercices de ce type est de les amener à centrer leur attention sur le sens de l'opération et sa notation. Les activités 2.22 et 2.23 incitent à adopter un point de vue approprié pour la résolution de problèmes. Le langage que vous emploierez dépendra de celui que vous avez déjà utilisé avec vos élèves.

Activité 2.22

Rechercher des facteurs

Donnez d'abord aux élèves un nombre ayant plusieurs facteurs : par exemple, 12, 18, 24, 30 ou 36. Demandez-leur ensuite d'exprimer ce nombre sous forme de produit des facteurs. S'ils utilisent des jetons, ils tenteront de trouver un moyen de séparer ceux-ci en ensembles égaux ; s'ils utilisent des dispositions rectangulaires de plaquettes carrées ou de cubes ou s'ils dessinent simplement des grilles sur du papier quadrillé, ils essayeront de construire des rectangles contenant le nombre donné de carrés. Faites-leur écrire à la fois une égalité qui comporte une addition et une égalité qui renferme une multi-plication pour chaque configuration d'ensembles ou rectangle approprié.

Assurez-vous d'attirer l'attention des élèves sur les dimensions des rectangles (longueur et largeur). Vous souhaitez qu'ils comprennent que les facteurs de l'expression multiplicative qu'ils viennent d'écrire indiquent le nombre de rangées et de colonnes (les dimensions) dans le rectangle formé du nombre donné de carrés. La classe voudra sans doute décider s'il faut dénombrer un rectangle de 3 sur 8 différemment d'un rectangle de 8 sur 3. Laissez les élèves décider, mais profitez de l'occasion pour discuter du fait que 3 rangées de 8 et 8 rangées de 3 reviennent au même. Il est à noter que si les élèves construisent des ensembles plutôt que des grilles, ils auront l'impression que 3 ensembles de 8 sont très différents de 8 ensembles de 3.

La prochaine activité est une suite logique de «Rechercher des facteurs», car les élèves doivent trouver des régularités dans les facteurs qu'ils découvrent : par exemple, le nombre ou le type de facteurs, la forme de la grille construite, etc. Cet exercice suggère d'inclure des nombres n'ayant que quelques facteurs, au lieu de toujours donner aux élèves des nombres qui en ont plusieurs, afin de faire ressortir davantage les différences entre les nombres.

Activité 2.23

Découvrir des régularités dans les facteurs

Expliquez aux élèves que leur tâche consistera à chercher des expressions multiplicatives de plusieurs nombres (par exemple 1 à 16 ou 10 à 25) et à construire la disposition rectangulaire correspondante. Ils devront notamment trouver *toutes* les expressions multiplicatives de chaque nombre et construire les dispositions rectangulaires correspondantes. Fournissez-leur des carreaux algébriques qu'ils pourront utiliser pour explorer les différentes dispositions rectangulaires possibles. Demandez-leur de tracer les rectangles sur du papier quadrillé (voir les feuilles reproductibles) et d'écrire le nombre de carrés dans chaque rectangle, de même que la phrase mathématique associée à celui-ci. Suggérez-leur de regrouper toutes les dispositions rectangulaires possédant le même nombre de carrés, car cela leur sera utile pour comparer celles qui correspondent à des nombres différents. Après avoir trouvé les expressions multiplicatives et construit les dispositions rectangulaires, ils devront chercher des régularités dans les facteurs et les dispositions rectangulaires. Par exemple, pour quels nombres la quantité de dispositions rectangulaires, et par conséquent la quantité de facteurs, est-elle la plus petite? Quels nombres ont un facteur 2? À quels nombres est associée une disposition carrée? Que peut-on dire au sujet des facteurs des nombres pairs? Les nombres pairs ont-ils toujours 2 facteurs pairs? Qu'en est-il des nombres impairs? Incitez les élèves à se demander pourquoi on observe différentes régularités.

FR 8, 9

Vous pouvez aussi inclure des concepts de division dans les activités 2.22 et 2.23. Une fois que les élèves ont appris que 3 et 6 sont des facteurs de 18, ils peuvent écrire les égalités $18 \div 3 = 6$ et $18 \div 6 = 3$ tout aussi bien que $3 \times 6 = 18$ et $6 + 6 + 6 = 18$ (en supposant qu'ils aient construit des modèles pour 3 ensembles de 6). La variante suivante de ces activités est centrée sur la division. C'est une excellente idée de l'élargir en demandant aux élèves d'inventer leurs propres problèmes en contexte. Exigez qu'ils expliquent pourquoi leurs problèmes correspondent à ce qu'ils ont fait avec les jetons.

Activité 2.24

Apprendre à diviser

Donnez aux élèves un nombre suffisant de jetons et indiquez-leur un moyen de les séparer en petits groupes. De petits gobelets de carton font très bien l'affaire. Les élèves devront dénombrer un nombre quelconque de jetons qui représentera le tout ou l'ensemble complet. Ils noteront ce nombre de la façon suivante : «Je commence avec 31.» Désignez-leur ensuite soit le nombre d'ensembles égaux, soit la taille des ensembles qu'ils doivent construire, par exemple : «Séparez vos jetons en quatre ensembles égaux» ou «Faites le plus grand nombre possible d'ensembles de quatre jetons ». Puis demandez-leur d'écrire l'égalité comportant une multiplication qui correspond à ce qu'illustrent leurs jetons, et d'écrire en dessous l'égalité équivalente comportant une division.

Assurez-vous d'introduire les deux types d'exercices. Autrement dit, l'un doit porter sur un nombre donné d'ensembles égaux, et l'autre, sur la taille des ensembles. Discutez avec la classe des différences entre les deux types d'exercices, en faisant remarquer qu'ils sont tous deux liés à la multiplication et s'expriment sous la forme d'une égalité comportant une division. Vous pouvez profiter de l'occasion pour montrer aux élèves les deux façons d'écrire cette sorte d'égalités. Refaites plusieurs fois l'activité 2.24. Prenez d'abord comme nombre entier initial un multiple du diviseur (de manière à ce que le reste soit nul), mais incluez rapidement des cas où le reste est non nul. (Notons qu'à proprement parler il n'est pas exact d'écrire 31 ÷ 4 = 7 R3, mais au début cette formulation est peut-être la plus appropriée.)

Vous pouvez modifier l'activité en changeant de modèle. Demandez aux élèves de construire des tableaux au moyen de planchettes ou de cubes, ou simplement de dessiner des tableaux sur du papier quadrillé. Présentez le travail à faire en précisant le nombre de carrés que doit compter le tableau. Vous pourrez ensuite indiquer le nombre de rangées qu'il faut tracer (partage égal) ou la longueur que doit avoir chaque rangée (mesure). Comment les élèves pourront-ils représenter les réponses qui comportent une fraction en dessinant un tableau sur du papier quadrillé ?

Activité 2.25

Trouver des produits sans employer la touche ⊠

L'utilisation de la calculatrice est un bon moyen d'établir des liens entre la multiplication et l'addition. Vous pouvez demander aux élèves de trouver différents produits à l'aide de la calculatrice sans employer la touche ⊠. Par exemple, ils peuvent chercher 6 × 4 en enfonçant les touches ⊞ ④ ⩵ ⩵ ⩵ ⩵ ⩵ ⩵. (Le fait d'enfoncer itérativement la touche ⩵ ajoute chaque fois 4 au nombre affiché. En fait, le nombre initial est 0, auquel on ajoute 4 à 6 reprises.) Dites aux élèves de représenter le résultat obtenu à l'aide d'ensembles de jetons. On peut d'ailleurs employer la même méthode pour déterminer des produits comme 23 × 459 (en enfonçant les touches ⊞ ④ ⑤ ⑨, puis 23 fois la touche ⩵). Les élèves voudront comparer le résultat à celui qu'ils obtiennent en utilisant la touche ⊠.

Il est bon de faire suivre l'activité « Trouver des produits sans employer la touche ⊠ » de l'activité « Diviser sans l'aide de la touche ÷ ».

Activité 2.26

Diviser sans l'aide de la touche ÷

Séparez la classe en équipes auxquelles vous demanderez de trouver des méthodes permettant d'utiliser la calculatrice pour résoudre des exercices de division sans employer la touche de division. Vous pouvez leur soumettre des problèmes qui ne comportent pas de contexte, par exemple : « Trouvez au moins deux méthodes pour résoudre 61 ÷ 14 sans utiliser la touche de division. » Dans le cas d'un problème en contexte, il se peut qu'une méthode convienne mieux que l'autre. Vous pouvez avoir une bonne discussion avec vos élèves au sujet des solutions différentes qui donnent une même réponse. Les deux solutions sont-elles exactes ? Pourquoi ?

 PAUSE

Il n'y a aucune raison de montrer aux élèves, à quelque moment que ce soit, comment faire l'activité 2.26. Néanmoins, ce ne serait pas une mauvaise idée de trouver vous-même trois façons différentes de résoudre 61 ÷ 14 à l'aide d'une calculatrice sans employer la touche de division. Nous vous donnons un indice dans la note en bas de page[1].

À propos de l'évaluation

Pour vérifier efficacement si vos élèves ont compris les opérations, demandez-leur de résoudre plusieurs problèmes en contexte où interviennent différentes opérations. Il n'est pas nécessaire de leur présenter tous ces problèmes le même jour. Soumettez-leur deux ou trois problèmes par jour pendant une semaine. Si votre objectif est de savoir s'ils comprennent les opérations, vous pouvez les dispenser d'effectuer les calculs : dites-leur d'indiquer chaque fois quelle opération ils appliqueraient et à quels nombres. Pour éviter qu'ils ne se contentent de deviner, demandez-leur de faire un dessin qui explique pourquoi ils ont choisi telle opération.

Les propriétés utiles de la multiplication et de la division

La multiplication et la division possèdent des propriétés qui méritent d'être exposées. Il faut mettre l'accent sur les idées et non sur la terminologie ou les définitions.

Commutativité de la multiplication

Il n'est pas évident que 3×8 est identique à 8×3 et que, en général, l'ordre des nombres n'a pas d'importance dans une multiplication (propriété de *commutativité*). On ne voit pas nécessairement tout de suite la représentation de 3 ensembles de 8 objets comme 8 piles de 3 objets. Ou encore, 8 bonds de 3 arrivent à 24, mais il n'est pas évident que 3 bonds de 8 se terminent au même point.

La disposition rectangulaire illustre par contre très bien la commutativité, comme l'indique la figure 2.16. Les élèves devraient construire des dispositions rectangulaires ou dessiner des grilles, et les utiliser afin de montrer pourquoi chaque disposition représente deux multiplications différentes dont le produit est le même.

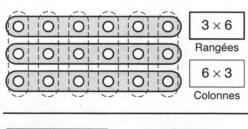

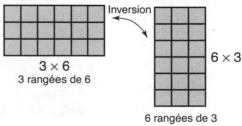

FIGURE 2.16 ▲

Deux façons d'utiliser une disposition rectangulaire pour illustrer la commutativité de la multiplication.

---

1. Note des auteurs : Il existe deux approches centrées sur la mesure, ou deux façons de déterminer combien il y a de « 14 » dans 61. La troisième méthode est essentiellement liée au partage égal et consiste à déterminer « 14 fois quel nombre est proche de 61 ».

Rôle de 0 et de 1 dans la multiplication

Les facteurs 0 et, dans une moindre mesure, 1 posent des difficultés à bien des élèves. Dans une leçon sur les facteurs 0 et 1 trouvée dans un manuel de troisième année (Charles et collab., 1998), on demande aux élèves d'utiliser une calculatrice pour examiner un large éventail de produits dont l'un des facteurs est 0 ou 1 (par exemple, 423×0, 0×28, $1\,536 \times 1$) et d'y chercher des régularités. La régularité suggère des règles pour les facteurs 0 et 1, mais ne donne aucune explication. Dans la même leçon, l'énoncé d'un problème en contexte demande aux élèves de dire combien de grammes de gras renferment 7 portions de céleri, étant donné qu'une portion en contient 0 g. Cette approche est bien supérieure à l'énoncé d'une règle arbitraire, puisqu'elle incite les élèves à réfléchir. Créez des problèmes en contexte intéressants où 0 et 1 interviennent et discutez des résultats. Les problèmes où 0 est le premier facteur paraissent vraiment étranges. On constate que, sur une droite numérique, 5 sauts de longueur 0 (ou 5×0) se terminent à 0. Que donnerait 0 saut de longueur 5 ? Il est aussi amusant de tenter de représenter 6×0 ou 0×8 à l'aide d'une disposition rectangulaire. (Essayez vous-même !) Il vaut également la peine de travailler avec ce genre de modèle dans le cas du facteur 1.

Distributivité de la multiplication

La propriété de *distributivité* est très utile pour établir des liens entre les tables de multiplication, ou faits numériques de base relatifs à la multiplication, et elle joue un rôle dans l'apprentissage du calcul sur des nombres à deux chiffres. La figure 2.17 illustre l'emploi de la disposition rectangulaire comme modèle pour représenter la décomposition d'un produit en deux parties.

L'activité suivante vise à aider les élèves à découvrir comment décomposer des facteurs ou, autrement dit, à apprendre ce qu'est la distributivité.

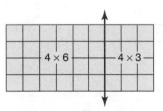

$4 \times 9 = (4 \times 6) + (4 \times 3)$

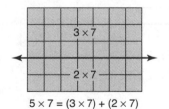

$5 \times 7 = (3 \times 7) + (2 \times 7)$

FIGURE 2.17 ▲

Modèles de la propriété de distributivité.

| **Activité 2.27** |

Découper un rectangle

Donnez à chaque élève plusieurs feuilles de papier quadrillé (voir la feuille reproductible 8). Formez des équipes de deux et assignez à chacune d'elles un nombre présenté sous la forme d'une multiplication, par exemple 6×8. (Vous pouvez aussi donner le même à toutes les équipes.) La tâche consiste à déterminer toutes les façons de découper un rectangle de papier en deux parties. Pour chaque découpage, les élèves devront écrire une phrase mathématique (une égalité). S'ils découpent une rangée de 8 cases, ils devront écrire : $6 \times 8 = 5 \times 8 + 1 \times 8$. Ils peuvent aussi écrire chaque expression numérique dans la grille comme on l'a fait à la figure 2.17.

Pourquoi ne diviserait-on pas par 0 ?

Généralement, on se contente de dire aux élèves qu'ils ne doivent pas diviser par 0. Pour ne pas avoir à énoncer une règle arbitraire, soumettez-leur des problèmes faisant intervenir le 0 et qui pourront leur servir de modèle : « Prenez trente jetons. Combien d'ensembles de zéro jetons pouvez-vous créer ? » ou bien « Disposez douze cubes en zéro groupes égaux. Combien y a-t-il de cubes dans chaque groupe ? »

La résolution de problèmes en contexte

Nous vous avons suggéré d'employer des problèmes en contexte pour aider les élèves à élaborer le sens de la multiplication et de la division. Cependant, dans les classes plus avancées (mais pas seulement à ce niveau), nombre d'élèves ne savent pas quoi faire quand ils font face à ce genre de problèmes.

À propos de l'évaluation

Que faire si un élève a de la difficulté à résoudre des problèmes en contexte ? Vous devriez commencer par déterminer ce qui ne va pas. Si vous n'y arrivez pas en examinant son travail écrit ou en l'observant, il est fortement recommandé d'avoir un entretien particulier avec lui. Préparez quelques problèmes que vous lui présenterez sur des pages séparées. Fournissez-lui du matériel concret approprié (par exemple des jetons, des carrés, du papier quadrillé), mais incitez-le à utiliser tout ce dont il a besoin pour trouver la solution. Expliquez-lui que vous voulez qu'il réfléchisse tout haut afin que vous sachiez comment l'aider. Ne prévoyez pas une longue entrevue. Rappelez-vous que vous voulez simplement obtenir des informations sur la source des difficultés de l'élève. Employez les renseignements recueillis pour préparer des problèmes ou d'autres tâches à faire durant une leçon ultérieure. Résistez à la tentation d'intervenir ou d'enseigner au cours de l'entretien !

Si un élève ne semble pas savoir comment aborder un problème, une suggestion simple, mais efficace, consiste à lui conseiller d'analyser successivement chaque phrase de l'énoncé du problème. Pour chacune d'elles, dites-lui de préciser ce que signifie chacune des phrases dans la situation donnée. S'il y a lieu, invitez-le à utiliser du matériel concret ou un modèle pour représenter le problème. Demandez-lui de décrire ce que représente le matériel concret ou le modèle, puis de s'en servir pour expliquer ce qui se passe dans le problème. Ainsi, vous aiderez peut-être l'élève à faire le même genre d'analyse lorsque vous n'êtes pas à ses côtés pour le guider.

Les raisons pour lesquelles certains élèves éprouvent des difficultés avec les nombres ou les opérations sont nombreuses. Il se peut que ces raisons n'aient aucun rapport avec la compréhension du problème. Plusieurs d'entre eux recourent sans succès à certaines techniques, car ils n'ont tout simplement pas les habiletés en calcul requises pour les appliquer correctement. Si vous pensez que c'est le cas, demandez-leur de faire des calculs semblables sans qu'ils aient à résoudre un problème. Laissez-les entièrement libres d'employer ou non un modèle de leur choix. N'oubliez pas de leur dire d'expliquer ce qu'ils ont fait et de se servir de dessins pour clarifier leurs explications. Le plus important, c'est de les aider à se concentrer sur les relations entre les nombres de manière à renforcer leurs habiletés en calcul.

La taille des nombres utilisés dans les problèmes peut être à l'origine des difficultés. Si vous pensez que c'est le cas, choisissez des nombres qui ne semblent pas leur poser de difficultés. Évitez toutefois de prendre des nombres ridiculement simples !

Voici encore quelques idées sur la façon d'aider les élèves à aborder les problèmes en contexte.

L'analyse de problèmes en contexte

Examinez le problème suivant.

> Lors de la construction d'une route dans un lotissement, on a comblé une dépression du terrain avec de la terre transportée par camion. Pour ce faire, il a fallu 638 camions. En moyenne, un camion peut transporter $6\frac{1}{4}$ mètres cubes de terre, qui pèsent 17,3 tonnes (1 t = 1 000 kg). Combien de tonnes de terre a-t-on utilisées pour niveler le terrain ?

Dans les manuels de cinquième année, les problèmes de ce type font généralement partie d'une série de problèmes dont le contexte ou le thème sont identiques. Les données sont parfois présentées soit dans un diagramme ou un tableau, soit dans un court texte rédigé sous forme d'article de journal ou d'histoire. La plupart du temps, les problèmes font intervenir les quatre opérations. Les élèves ont de la difficulté à choisir l'opération appropriée, voire à reconnaître les données pertinentes. Certains d'entre eux trouvent deux nombres dans les données et optent pour une opération un peu au hasard. Ils n'ont tout simplement pas d'outil pour analyser le problème. Vous pouvez leur enseigner au moins deux techniques très utiles : réfléchir à la réponse avant de résoudre le problème et résoudre un problème plus simple presque identique à celui qui est posé.

Réfléchir à la réponse avant de résoudre le problème

Les élèves qui éprouvent de la difficulté à résoudre des problèmes ne réfléchissent pas assez longtemps au problème et à son objet. Ils se lancent dans des calculs, car ils pensent que résoudre un problème, c'est seulement « faire des calculs ». Mais ce n'est pas le cas. Les élèves devraient plutôt prendre le temps de discuter de ce que pourrait être la réponse (et plus tard d'y penser). Voici un exemple de discussion relative au problème ci-dessus.

Que se passe-t-il dans ce problème ? Des camions transportent de la terre pour remplir la dépression du terrain.

Qu'est-ce que la réponse va nous apprendre ? Le nombre de tonnes de terre pour combler le creux.

Est-ce que ce sera un petit nombre de tonnes ou un grand nombre de tonnes ? Hum ! Il y a 17,3 tonnes de terre dans un camion, et il y a eu beaucoup de camions, pas seulement un. Cela va probablement faire bien des tonnes.

D'après vous, combien de tonnes cela fera-t-il ? Vraiment beaucoup ! Avec seulement 100 camions, cela ferait 1 730 tonnes. Ça pourrait être aux alentours de 10 000 tonnes. C'est vraiment beaucoup de tonnes !

Dans ce genre de discussion, il se passe trois choses. Premièrement, on demande aux élèves de se concentrer sur le problème et la signification de la réponse, et non sur les nombres. Lorsque les élèves réfléchissent à la structure du problème, les nombres n'ont pas d'importance. Deuxièmement, quand ils se concentrent sur la structure du problème, ils peuvent déterminer les nombres importants ou les données à chercher dans un tableau ou un diagramme, et laisser de côté les nombres inutiles pour la résolution du problème. Troisièmement, en réfléchissant, ils peuvent évaluer approximativement la réponse. Il arrive dans la vie quotidienne qu'on puisse faire la même chose en s'appuyant simplement sur le bon sens. Dans tous les cas, il est utile de réfléchir à la signification de la réponse et à son ordre de grandeur.

Résoudre un problème plus simple

On emploie rarement un modèle pour résoudre des problèmes comme celui du remplissage avec de la terre parce qu'il n'est pas facile de représenter les grands nombres. Les dollars et les cents, des distances en milliers de kilomètres et des durées en minutes et en secondes sont autant d'exemples de données fréquemment présentes dans les problèmes posés aux élèves des classes les plus avancées, mais elles sont toutes difficiles à représenter. La méthode générale de résolution de problèmes qui consiste à « essayer de résoudre un problème plus simple » s'applique presque toujours lorsque les nombres sont difficiles à manipuler.

Voici la marche à suivre pour appliquer une méthode simple.

1. Remplacer tous les nombres pertinents du problème par des petits nombres entiers.
2. Représenter le problème (à l'aide de jetons, de dessins, d'une droite numérique ou d'un tableau) en utilisant les nouveaux nombres.
3. Écrire une équation permettant de résoudre le problème dans sa version simplifiée.
4. Écrire l'équation correspondante en utilisant les nombres initiaux là où on avait employé les nombres plus petits.
5. Faire les calculs à l'aide d'une calculatrice.
6. Écrire la réponse sous la forme d'une phrase complète et juger si elle est vraisemblable.

La figure 2.18 illustre la marche à suivre dans le cas du problème de remplissage avec de la terre. Dans le premier exemple, on change tous les nombres, alors que dans le second, on remplace seulement un nombre par un plus petit, le second nombre étant représenté symboliquement. Ces deux méthodes sont efficaces.

Changer tous les nombres :

On laisse un nombre tel quel :

FIGURE 2.18 ◄

Résoudre un problème plus simple : deux possibilités.

Il s'agit donc de fournir aux élèves un outil dont ils peuvent se servir pour analyser un problème, au lieu d'essayer de deviner quels calculs ils devraient effectuer. Il est beaucoup plus utile de leur demander de faire quelques problèmes en exigeant qu'ils se servent d'un modèle, ou qu'ils fassent un dessin pour justifier leur solution, que de leur donner un grand nombre de problèmes dont ils chercheront seulement à deviner la solution sans être capables de déterminer si celle-ci est exacte.

Attention : il faut éviter l'emploi de mots clés !

On suggère souvent d'apprendre aux élèves à chercher des « mots clés » dans les énoncés des problèmes en contexte. Certaines enseignantes affichent même une liste de mots de ce type et leur signification. Par exemple, « ensemble » et « en tout » signifient qu'il faut additionner, tandis que « reste » et « moins de » indiquent qu'il faut soustraire. De même, le mot « chacun » suggère qu'il faut multiplier. Dans une certaine mesure, ce comportement des enseignantes a été renforcé par l'utilisation de problèmes en contexte extrêmement simples dont l'énoncé contient des expressions-formules. On en trouve dans de nombreux manuels. Avec ce genre de problèmes et d'énoncés, la méthode des mots clés peut sembler efficace. Pourtant, les chercheurs et les spécialistes en didactique des mathématiques émettent depuis longtemps des mises en garde contre la méthode des mots clés. Voici trois arguments qui plaident en faveur du rejet de cette approche :

1. Les mots clés portent à confusion. Il arrive souvent que le mot ou l'expression clé d'un problème ne suggère pas la bonne opération. Par exemple :

> **Martine avait 28 autocollants dont elle ne voulait plus. Elle les a donnés à Sandra. Il *reste* maintenant 73 autocollants à Martine. Combien en avait-elle au départ ?**

Si vous examinez les problèmes en contexte de ce chapitre, vous trouverez d'autres exemples de mots clés susceptibles d'induire les élèves en erreur.

2. De nombreux énoncés de problèmes ne contiennent pas de mots clés. Surtout si l'on fait abstraction des problèmes extrêmement simples des manuels destinés aux élèves des premières années du primaire, on constate en fait que de nombreux problèmes ne renferment pas de mots clés. Un élève à qui l'on a appris à se fier à ce type de repères ne dispose alors d'aucune méthode. Parmi les problèmes additifs aussi bien que multiplicatifs de ce chapitre, plusieurs ne contiennent pas de mot clé non plus, même s'il s'agit de problèmes très faciles conçus pour vous aider à comprendre l'emploi de structures.

3. La méthode des mots clés adresse aux élèves un message tout à fait erroné sur la nature des mathématiques. L'élément déterminant de la démarche de résolution de n'importe quel problème en contexte consiste à analyser la structure de celui-ci, c'est-à-dire à trouver un sens au problème. Les mots clés incitent les élèves à chercher un moyen d'arriver facilement à une réponse, sans tenir compte du sens ni de la structure. Les mathématiques sont une affaire de raisonnement et entendent donner un sens aux situations étudiées. Une méthode fondée sur la recherche du sens procure *toujours* de bons résultats.

Les problèmes à deux étapes

Beaucoup d'élèves résolvent difficilement des problèmes comportant plusieurs étapes. Si vous leur en donnez, assurez-vous qu'ils sont capables d'analyser un problème à une seule étape au moyen de la démarche décrite plus haut. Les idées présentées ci-dessous, qui sont des adaptations de suggestions formulées par Huinker (1994), visent à aider les élèves à comprendre comment deux problèmes peuvent s'enchaîner.

1. Soumettez aux élèves un problème à une étape et dites-leur de le résoudre. Avant d'entamer une discussion sur leur résultat, demandez à chacun ou à chaque équipe de créer un nouveau problème utilisant la réponse du premier. Vous pouvez ensuite demander à la classe de se servir de cette réponse pour résoudre le second problème. Voici un exemple.

> ***Problème donné :*** **Les Bérubé ont mis $3\frac{1}{3}$ heures pour parcourir en voiture les 325 kilomètres qui les séparent de Maville. Quelle a été leur vitesse moyenne ?**
>
> ***Second problème :*** **Les enfants Bérubé se rappellent avoir traversé la rivière vers 10 h 30, soit 2 heures après avoir quitté leur maison. À combien de kilomètres de la rivière habitent-ils ?**

2. Formulez une «question cachée». Refaites le premier exercice en commençant par un problème à une étape. Vous pouvez donner un problème différent à chaque équipe. Cette fois, demandez aux élèves de résoudre par écrit les deux problèmes comme ils l'ont fait précédemment. Puis écrivez un seul problème semblable, mais en omettant la question posée à la fin du premier problème. C'est cette question qui constitue la «question cachée». Voici un exemple simple.

Problème donné : **Thomas a acheté 3 douzaines d'œufs à 89 cents la douzaine. Combien a-t-il payé en tout ?**

Second problème : **Si Thomas a donné 5 $ au caissier, combien le caissier lui a-t-il remis de monnaie ?**

Problème avec une question cachée : **Thomas a acheté 3 douzaines d'œufs à 89 cents la douzaine. S'il a donné 5 $ au caissier, quelle monnaie le caissier lui a-t-il rendue ?**

Demandez au reste de la classe de formuler la question cachée. Les élèves comprendront fort probablement ce que signifie l'expression «question cachée» puisque tous les élèves accomplissent un même type de tâche, mais avec des problèmes différents. (Assurez-vous cependant de faire varier les opérations.)

3. Donnez aux élèves des problèmes à deux étapes ordinaires et demandez-leur de formuler la question cachée, puis d'y répondre. Examinez le problème suivant.

La boutique Bidule a décidé d'ajouter des babioles à la gamme de produits qu'elle vendait déjà. Elle a d'abord acheté 275 babioles d'un grossiste à 3,69 $ chacune. Le premier mois, elle a vendu 205 babioles à 4,99 $ pièce. Quelle somme la boutique Bidule a-t-elle gagnée ou perdue en vendant les babioles ? Selon vous, la boutique Bidule devrait-elle continuer à vendre des babioles ?

Commencez par vous poser les questions suggérées plus haut : «Que se passe-t-il dans ce problème ?» (On achète quelque chose à un certain prix et on le vend à un autre prix.) «Qu'est-ce que la réponse va nous apprendre ?» (Le profit ou la perte que fait boutique.) Ces questions permettent aux élèves d'entreprendre la résolution du problème. S'ils bloquent sur un point, vous pouvez leur demander : «Y a-t-il une question cachée dans ce problème ?»

MODÈLE DE LEÇON

Est-il proche, éloigné ou situé entre les deux?

Activité 2.6, p. 45

NIVEAU : Troisième ou quatrième année.

OBJECTIFS MATHÉMATIQUES
- Élaborer le sens du nombre en réfléchissant à la grandeur relative des nombres.
- Élaborer des stratégies inventives pour faire des mathématiques mentalement.

CONSIDÉRATIONS PÉDAGOGIQUES
Les élèves devraient avoir eu l'occasion de décomposer des petits nombres afin de faire des additions et des soustractions. (Par exemple, pour additionner 18 et 25, ils peuvent raisonner de la façon suivante : « Si on enlève 2 à 25 et qu'on l'ajoute à 18, on a 20. Et 20 + 23 fait 43 ».) Autrement dit, ils ont l'habitude d'utiliser 5 et 10 comme repères, comme points d'ancrage. Ils ont déjà utilisé la droite numérique.

MATÉRIEL ET PRÉPARATION
- Il n'y a aucun matériel à préparer pour la leçon.
- Pensez à l'avance aux nombres que vous allez utiliser (voir la section *Préparer la tâche*).

Leçon

AVANT L'ACTIVITÉ

Préparer une version simplifiée de la tâche
- Écrivez les nombres 27, 83 et 62 au tableau ou sur un transparent pour rétroprojecteur.
- Tracez une droite numérique au tableau ou sur le transparent et marquez les points 0 et 100. Invitez un élève à venir en avant de la classe pour localiser l'un des nombres sur la droite numérique et pour expliquer pourquoi il a situé le point à cet endroit. Demandez aux autres élèves s'ils sont d'accord ou non avec cette position et de préciser leur raisonnement. Discutez des points à éclaircir. Refaites la même chose pour les deux autres nombres.
- Posez des questions comme : « Quel nombre est le plus proche de 50 ? » « Quels sont les deux nombres qui sont les plus proches l'un de l'autre ? » « Quelle est la distance entre 27 et 100 ? entre 62 et 100 ? entre 83 et 100 ? » Laissez aux élèves le temps de réfléchir à chaque question, puis demandez-leur de mettre en commun leurs idées et les méthodes qu'ils utilisent pour comparer des nombres. Vous constaterez qu'ils emploient plusieurs méthodes. Demandez donc à plusieurs élèves d'émettre des idées. Vérifiez si des élèves décomposent les nombres et utilisent des dizaines au lieu de se contenter de soustraire un nombre d'un autre pour calculer la différence.

Préparer la tâche
- Choisissez trois nombres que vous demanderez à vos élèves de comparer. Par votre choix, vous pouvez chercher à évaluer la compréhension d'une idée donnée ou à leur permettre de se mesurer à une idée ou à une technique particulière. Par exemple, si les élèves n'ont pas encore utilisé explicitement les centaines comme repères, vous pourriez prendre les nombres 298, 402 et 318. Puisque 298 est très proche de 300 et que 402 est voisin de 400, soyez sûr qu'au moins quelques élèves feront appel à des repères pour comparer ces deux nombres entre eux et avec le troisième nombre. Dans la présente leçon, nous utiliserons les nombres 219, 457 et 364.
- Écrivez au tableau les nombres 219, 457 et 364, de même que ce qui suit.

- La tâche consiste à répondre aux questions suivantes :
  - Quels sont les deux nombres les plus proches l'un de l'autre ? Pourquoi ?
  - Quel nombre est le plus proche de 300 ? de 250 ?
  - Quelle est approximativement la distance entre 219 et 500 ? entre 219 et 5 000 ?

Fixer des objectifs

- Les élèves doivent expliquer comment ils ont répondu aux questions en utilisant des mots, des nombres ou une droite numérique (ou ces trois moyens), afin de se rappeler ce qu'ils ont fait et d'être prêts à discuter de leurs idées avec la classe.

PENDANT L'ACTIVITÉ

- Si des élèves ont de la difficulté à démarrer, suggérez-leur d'utiliser la droite numérique comme outil pour déterminer des repères, tels 200 et 450. Une fois qu'ils auront déterminé des repères possibles, demandez-leur comment ils pourraient employer un de ceux-ci pour s'approcher de l'un des nombres donnés. Limitez-vous à l'aide dont les élèves ont absolument besoin pour démarrer.
- Observez les différentes stratégies utilisées par les élèves afin de souligner ultérieurement les différents procédés auxquels ils ont fait appel pour comparer des nombres.
- Si des élèves finissent rapidement l'exercice, posez-leur des questions sur la recherche de multiples particuliers situés entre les nombres donnés. (Par exemple, *nommez un multiple de 25 situé entre 219 et 364.*)

APRÈS L'ACTIVITÉ

- Demandez aux élèves de s'expliquer mutuellement la façon dont ils ont procédé pour répondre à chaque question. Notez les idées émises au tableau de manière à illustrer les réflexions des élèves.
- Durant cet échange d'idées, vous devrez peut-être poser des questions pour ralentir un élève en train de donner une explication et permettre au reste de la classe d'assimiler les idées émises, ou encore pour expliciter une idée subtile à laquelle vous souhaitez que les élèves réfléchissent.
- N'évaluez pas la méthode d'un élève ; demandez plutôt à ses camarades s'ils sont d'accord avec les idées émises, s'ils comprennent la méthode exposée et s'ils ont des questions. Donnez-leur l'occasion d'émettre eux aussi des idées sur la question examinée.
- Au fur et à mesure que les élèves présentent leurs méthodes, demandez-leur d'en souligner les similitudes et les différences. Au cours de la discussion, vous pourriez leur demander de dire quelles méthodes semblent les plus rapides ou les plus efficaces, et d'expliquer pourquoi et comment les différentes méthodes font appel à la notion de valeur de position ou à celle de repère.

À PROPOS DE L'ÉVALUATION

- Observez si des élèves comptent, ou comptent à rebours, un à un pour déterminer la distance qui sépare deux nombres. Ceux qui le font ont probablement besoin de s'exercer encore à utiliser les repères 5 et 10 (de même que leurs multiples) pour passer d'un nombre à l'autre.
- Observez si les élèves emploient des méthodes différentes selon les nombres donnés ou s'ils utilisent toujours la même méthode. La capacité à élaborer et à appliquer des méthodes différentes indique que l'élève a construit le sens du nombre et qu'il peut faire preuve de pensée flexible.
- Plusieurs élèves se contenteront de soustraire un nombre de l'autre en utilisant un crayon et du papier. Suggérez-leur de chercher des méthodes qui ne font pas intervenir la soustraction.

Étapes suivantes

- Si les nombres à trois chiffres posent des difficultés aux élèves, employez des nombres à deux chiffres ou encore des nombres à trois chiffres qui sont des multiples de 50 (par exemple 250, 400 et 550). Continuez de présenter la droite numérique comme un outil susceptible d'aider à comparer des nombres. Le tableau des cent premiers nombres (voir la feuille reproductible 6) est un autre outil qui peut s'avérer utile pour comparer des nombres à deux chiffres.

- Les activités 2.4 («Qui suis-je?») et 2.5 («Qui peuvent-ils bien être?») sont des activités connexes sur le sens du nombre.

- Si des élèves ont absolument besoin de la droite numérique pour comparer des nombres, encouragez-les à apprendre progressivement à réfléchir mentalement. S'ils adoptent cette approche, ils continueront peut-être de dire qu'ils «voient» la droite numérique, sans toutefois se servir d'une droite concrète pour établir des comparaisons.

- Quant aux élèves qui sont prêts à aller plus loin, proposez-leur d'essayer de comparer des nombres à quatre chiffres.

LA MAÎTRISE DES TABLES

Chapitre 3

es tables d'addition et de multiplication, également appelées les faits numériques de base relatifs à l'addition et à la multiplication, regroupent les opérations dont les termes et les facteurs sont inférieurs à 10. On peut, et on devrait, établir des liens entre les tables de soustraction (ou les faits numériques de base relatifs à la soustraction) et les tables d'addition correspondantes, même si les programmes traditionnels n'abordent pas toujours ce thème de façon appropriée. De façon analogue, les tables de division (ou les faits numériques de base relatifs à la division) sont étroitement liées aux tables de multiplication. Contrairement aux tables de soustraction, on établit généralement bien les liens entre la division et la multiplication. Les élèves utiliseront les tables avec aisance après avoir acquis une bonne compréhension des quatre opérations et mis l'accent sur les stratégies conceptuelles permettant de repérer les faits numériques.

Un élève maîtrise les tables lorsqu'il est en mesure de fournir une réponse rapide (environ 3 secondes) sans recourir à des moyens inefficaces comme compter. Tous les élèves sont capables de maîtriser les tables, y compris ceux qui présentent des difficultés d'apprentissage. Pour ce faire, chaque élève doit simplement apprendre à construire des outils mentaux efficaces. Ce chapitre montre comment aider les élèves à y arriver.

Idées à retenir

1 Les relations numériques constituent les fondements des stratégies qui aideront les élèves à maîtriser les tables. Par exemple, connaître les relations numériques et les points d'ancrage 5 et 10 permettent aux élèves de calculer des sommes comme 3 + 5 (boîte de dix ou cadre à dix cases) et 8 + 6 (si 8 est 2 de moins que 10, on enlève 2 à 6 pour obtenir 10 + 4 = 14).

2 L'addition complémentaire est l'outil le plus efficace pour aborder les tables de soustraction. Plutôt que de faire 13 « moins 6 », ce qui demande une étape supplémentaire de calcul, les élèves peuvent trouver ce qu'il faut ajouter à 6 pour obtenir 13 en faisant une addition complémentaire. Ils pourraient compter jusqu'à 10, ou doubler 6 pour obtenir 12 et en arriver à 13.

3 Toutes les tables sont liées sur le plan conceptuel. Vous pouvez imaginer de nouvelles façons d'aborder les tables différentes de celles que vous connaissez déjà. Par exemple, 6 × 8 peut être l'équivalent de cinq 8 (40) et un 8 de plus. On peut également utiliser trois doubles de 8.

Des concepts et des stratégies à la maîtrise des tables

Toutes les enseignantes du primaire et du début du secondaire connaissent des élèves qui dénombrent encore sur leurs doigts, font des marques dans la marge pour dénombrer à partir d'un nombre donné ou tentent simplement de deviner les réponses. Ces élèves ont certainement eu amplement l'occasion de s'exercer à appliquer les tables au cours des années précédentes. S'ils ne les maîtrisent pas encore, c'est parce qu'ils n'ont pas élaboré de méthodes efficaces pour obtenir une réponse factuelle. S'entraîner à appliquer des méthodes inefficaces ne mène pas à la maîtrise des tables !

Heureusement, nous disposons de bons outils pour aider les élèves à maîtriser les tables. Ces outils n'ont rien à voir avec le nombre d'exercices d'automatisation auxquels nous les soumettons, ni avec les techniques utilisées. La démarche permettant d'atteindre cet objectif comporte trois composantes ou étapes :

1. Aider les élèves à comprendre les relations numériques et les relations entre les opérations.

2. Mettre au point des stratégies efficaces de mémorisation des tables à l'aide de répétitions.

3. Proposer des exercices d'automatisation pour choisir et utiliser les stratégies mises au point.

Le rôle des nombres et le concept d'opération

Les relations numériques jouent un rôle clé dans la maîtrise des tables. Par exemple, dans l'addition 8 + 6, on retrouve la relation entre 8 et 10 (8 est 2 de moins que 10), la connaissance des relations des parties entre elles et au tout de 6 (2 et 4 de plus font 6) et le fait que 10 et 4 donnent 14. Pour 6×7, on pense à « cinq fois sept et sept de plus ». Pour beaucoup d'élèves, cette façon de faire s'avère inefficace, car ils doivent ajouter 7 pour aller de 35 à 42. Si l'on prolonge cette relation numérique, on arrive à « trente-cinq et cinq de plus donne quarante, et deux de plus donne quarante-deux ». Chaque relation présentée dans le chapitre 2 peut contribuer à la maîtrise des tables.

Les tables contribuent également à l'élaboration de stratégies efficaces. La capacité à faire le lien entre 6×7 et « cinq fois sept et sept de plus » repose sur une compréhension de ce que signifient le premier facteur (multiplicande) et le deuxième facteur (multiplicateur). Pour faire le lien entre 13 – 7 et « sept et ce qu'il faut pour obtenir treize », il faut comprendre le lien entre l'addition et la soustraction. Les propriétés de commutativité pour l'addition et pour la multiplication réduisent le nombre de faits numériques de base de 100 à 55 chaque fois.

Entre la cinquième année et le début du secondaire, les enseignantes dont les élèves ne maîtrisent pas les tables d'addition et de soustraction auraient avantage à évaluer leur compréhension des relations numériques et des opérations. Sans ces relations et ces concepts, il sera difficile d'appliquer les stratégies présentées tout au long de ce chapitre.

L'acquisition de stratégies efficaces

Une stratégie efficace est une stratégie applicable à la fois mentalement et rapidement. Le mot clé est *efficacité*. Dénombrer n'est pas efficace. Si dénombrer est la seule stratégie disponible pour faire un exercice d'automatisation, on n'exerce alors que le calcul rapide.

Qu'est-ce qu'une stratégie ?

Jusqu'à présent, nous avons vu quelques stratégies efficaces : l'utilisation du point d'ancrage 10 pour trouver la somme de 8 + 6 et l'utilisation d'une multiplication, 5×7, pour en trouver une autre, 6×7.

Il peut vous sembler que vous « savez » tout simplement ces choses. Il est plus probable que vous ayez utilisé des concepts du genre « doubler six » (pour 6 + 6), et « dix et quatre de plus » (pour 9 + 5). Votre réponse peut être devenue si automatique que vous ne faites plus le lien entre la réponse et l'utilisation de ces relations ou de ces concepts. C'est une des caractéristiques des opérations mentales : l'automatisme croît avec l'usage.

Beaucoup d'élèves apprennent les tables sans acquérir de stratégies efficaces. Ils acquièrent bon nombre de méthodes en dépit des exercices d'automatisation qu'ils doivent faire. Malheureusement, un grand nombre d'entre eux sont incapables d'acquérir ces stratégies spontanément ou continuent à dénombrer sur leurs doigts même après la sixième année. Le défi pour les enseignantes consiste donc à concevoir des leçons qui permettront à tous les élèves d'apprendre des stratégies qui les aideront à savoir ces tables. Une stratégie utile pour un élève est une stratégie naturelle, élaborée à partir des concepts et des relations qu'il connaît déjà.

Si vous voulez que vos élèves élaborent des stratégies efficaces, vous devez absolument en découvrir et en assimiler le plus grand nombre possible, même si vous ne les avez jamais employées. Ainsi, vous reconnaîtrez plus facilement les stratégies créatives de vos élèves et vous saurez mieux tirer profit des idées qu'ils émettent.

Stratégies liées aux tables : deux approches

Vous devez planifier des leçons ou de courtes activités destinées à favoriser l'acquisition de stratégies particulières. Pour ce faire, il existe deux façons de procéder.

La première consiste à utiliser des problèmes en contexte simples dont la résolution facilitera l'acquisition d'une stratégie donnée. Lors des discussions sur les stratégies de résolution, l'enseignante peut profiter de l'occasion pour attirer l'attention des élèves sur les stratégies les plus utiles. Les élèves peuvent aussi faire appel à des méthodes élaborées par leurs camarades.

La seconde approche est un peu plus directe. Elle consiste à centrer une leçon sur un groupe de faits numériques de base pour lesquels il existe une stratégie appropriée. Ensuite, vous pouvez montrer en quoi ces opérations peuvent être semblables ou suggérer une approche et voir si les élèves sont capables de l'utiliser avec des faits numériques similaires.

La tentation est grande de se contenter de présenter aux élèves une stratégie puis de leur demander de l'appliquer. Il se peut que cette approche s'avère efficace pour certains élèves, mais d'autres risquent de ne pas l'intégrer ou de ne pas la comprendre. Continuez à examiner les stratégies élaborées en classe par les élèves et à planifier des leçons qui encouragent ces stratégies.

La sélection de méthodes et de stratégies efficaces

Il convient ici d'établir une distinction entre les exercices d'approfondissement et les exercices d'automatisation.

Les exercices d'approfondissement sont des activités axées sur la résolution de problèmes qui stimulent l'élève à élaborer (c'est-à-dire à créer, à examiner, à essayer, et non à maîtriser) des stratégies à la fois utiles et souples. Les types de leçons mentionnés plus haut peuvent être considérés comme des exercices d'approfondissement. Qu'il s'agisse de problèmes ou d'un groupe de faits numériques de base apparentés, les élèves doivent composer avec l'élaboration de stratégies qu'ils peuvent eux-mêmes utiliser.

Les exercices d'automatisation sont des activités répétitives qui ne reposent pas sur des problèmes. Ils s'adressent aux élèves qui comprennent, aiment et savent comment utiliser une stratégie donnée, mais qui ne la maîtrisent pas parfaitement. Conjugués à une stratégie qui est comprise et utilisée, les exercices d'automatisation renforcent chez les élèves la maîtrise et l'automatisme à l'égard de la stratégie en question.

Les exercices d'automatisation jouent un rôle important dans la maîtrise des tables. L'utilisation de méthodes traditionnelles comme les cartes éclair et les jeux avec ces tables peut s'avérer efficace si vous employez ces méthodes à bon escient.

Attendre le moment propice

Il est primordial d'attendre le moment propice pour introduire les exercices d'automatisation. Supposons qu'un élève ne connaisse pas le fait numérique de multiplication 4 × 6 et qu'il ne lui vienne rien d'autre à l'esprit que de dénombrer par bonds, 6, 12, puis de continuer à dénombrer un à un sur ses doigts jusqu'à 24. Il s'agit bien évidemment d'une méthode inefficace. L'introduction trop rapide des exercices d'automatisation n'apporte aucune information nouvelle et ne favorise pas la création de liens nouveaux. C'est à la fois une perte de temps et une source de frustration pour l'élève.

Lorsque vous lirez ce chapitre, vous aurez parfois l'impression que les stratégies utilisées pour maîtriser certaines opérations semblent ne donner aucun résultat, comme dans le cas des multiplications plus difficiles. Cependant, tant et aussi longtemps que la stratégie est exclusivement mentale et ne repose pas sur un modèle, une image ou un dénombrement fastidieux, l'utilisation répétée de cette stratégie la rendra presque à coup sûr automatique. La stratégie crée un lien mental entre le fait numérique et la réponse. Rapidement, le fait numérique et la réponse seront «reliés» et la stratégie deviendra presque inconsciente.

Ce chapitre présente diverses stratégies, une à la fois. Il n'est pas déraisonnable que les élèves fassent des exercices d'automatisation avec une stratégie avant de travailler (au moyen d'exercices d'approfondissement ou des problèmes) sur des stratégies pour d'autres tables.

Un grand nombre d'activités suggérées dans ce chapitre sont des exercices d'automatisation simples – cartes éclair, jeu des correspondances, dés ou roulettes – destinés à obtenir une réponse rapide. Il ne faut pas considérer ces activités, qui sont clairement des exercices d'automatisation, comme un moyen de présenter ou de mettre au point des stratégies. De telles activités devraient être utilisées uniquement lorsque les élèves ont déjà acquis une stratégie efficace.

Choisir une stratégie

Le *choix d'une stratégie*, ou la *recherche d'une stratégie*, est le processus visant à déterminer la stratégie appropriée pour un fait numérique en particulier. Si vous ne pensez pas à utiliser une stratégie, il est probable que vous n'en chercherez pas. La plupart des enseignantes qui ont eu recours à l'enseignement de stratégies pour faire apprendre les tables notent que cette approche donne de bons résultats lorsque les élèves concentrent leurs efforts sur la stratégie qu'ils sont en train d'acquérir. Elles reconnaissent que les élèves peuvent apprendre des stratégies et les utiliser. Toutefois, ajoutent-elles, lorsque les tables sont mélangées ou que les élèves ne sont pas en mode «exercices avec des tables», les vieilles habitudes de dénombrement reviennent en force.

Par exemple, supposons que vos élèves s'exercent avec des quasi-doubles (ou des doubles plus un) pour résoudre des additions, par exemple utiliser le double 7 + 7 pour trouver 8 + 7. Ils deviennent très habiles à doubler de petits nombres et à ajouter 1. Ce modèle oriente le choix des faits numériques avec lesquels ils s'entraînent. Plus tard, ils apprennent et appliquent d'autres stratégies. Après quoi, on présente aux élèves un assortiment de faits numériques de base, soit sur une feuille, soit au cours d'un exercice de calcul mental. Par exemple, pendant un seul et même exercice, un élève peut avoir à résoudre les sommes suivantes.

$$\begin{array}{cccc} 7 & 4 & 2 & 8 \\ +6 & +9 & +6 & +5 \end{array}$$

Ces sommes ne sont accompagnées d'aucune note ou rappel quant à l'utilisation d'une méthode appropriée. Surtout chez les élèves qui ont pris l'habitude de compter pour trouver la réponse, on constate que la plupart d'entre eux reviennent au calcul et délaissent les autres méthodes qu'ils ont apprises et qui ont fait l'objet d'exercices d'automatisation. Quand ils travaillaient sur une seule stratégie, ils n'avaient pas à déterminer laquelle serait la plus utile. Par exemple, dans l'exercice des quasi-doubles, toutes les opérations faisaient appel au même modèle et la stratégie fonctionnait dans tous les cas. En revanche, dans l'exercice avec des faits numériques de types différents, il fallait recourir à différentes stratégies, mais il n'y avait personne pour suggérer laquelle utiliser.

Une activité simple consiste à préparer une liste de faits numériques de base dont la résolution fait appel à deux stratégies ou plus. Ensuite, l'enseignante présente ces opérations une à une et demande aux élèves de nommer la stratégie à utiliser avec chacune. Ceux-ci doivent expliquer puis démontrer pourquoi ils ont choisi cette stratégie. Ce type d'activité met en évidence les caractéristiques d'un fait numérique qui amènent à retenir la stratégie appropriée.

Une vue d'ensemble de la démarche

Pour chaque stratégie, de son élaboration à d'éventuels exercices d'automatisation, la démarche générale pour sa compréhension est très similaire, une fois cette stratégie bien comprise.

Rendre les stratégies explicites en classe

Comme nous venons de le voir, vos élèves mettront au point des stratégies en résolvant des problèmes en contexte ou en analysant une série de faits numériques que vous leur présentez. Lorsque l'un d'eux suggère une nouvelle stratégie, assurez-vous que son fonctionnement est compris de tous. Supposons qu'Hélène explique comment elle a trouvé 3×7 en commençant par doubler 7 (14), puis en ajoutant 7 de plus. Elle savait qu'en ajoutant 6 à 14, elle obtiendrait 20, et que 1 de plus donnerait 21. Vous pouvez demander à un autre élève d'expliquer la stratégie présentée par Hélène afin que les élèves restent attentifs aux idées formulées par leurs camarades. Explorez ensuite avec l'ensemble de la classe les autres faits numériques avec lesquels la stratégie d'Hélène pourrait fonctionner. La discussion peut prendre diverses directions. Certains affirmeront peut-être que cette stratégie fonctionne avec tous les faits numériques contenant un 3. D'autres diront qu'on peut toujours ajouter un groupe de plus si on connaît le fait numérique précédent. Par exemple, pour 6×8, on peut commencer par 5×8, puis ajouter 8.

Il est peu probable qu'un seul problème ou un exemple comme celui qui précède permette de présenter et de faire comprendre une stratégie. Pendant plusieurs jours de suite, proposez à vos élèves des problèmes qui font appel au même type de stratégie, car pour la maîtriser, il est nécessaire de la répéter. Pendant les premiers jours, beaucoup d'élèves ne seront pas prêts à utiliser une notion, puis, soudain, quelque chose attirera leur attention, et ils s'approprieront une idée utile.

Il est conseillé de noter les nouvelles stratégies au tableau, de faire une affiche pour écrire les stratégies mises au point par les élèves et de leur donner un nom. (*Doubler et ajouter un. L'idée d'Hélène. L'utilisation des 3.* Ajoutez des exemples.)

Aucun élève ne devrait être forcé d'adopter la stratégie d'un autre élève, mais chacun d'eux devrait faire l'effort de comprendre les stratégies présentées pendant les discussions.

Utiliser des stratégies éprouvées

Lorsque vous serez raisonnablement certaine que les élèves sont capables de se servir d'une stratégie sans recourir au dénombrement par bonds et qu'ils commencent à l'utiliser mentalement, il est temps de passer aux exercices d'automatisation. Vous pouvez faire appel à une bonne dizaine d'activités différentes avec chaque stratégie ou série de faits numériques de base. Il est possible de réaliser les activités présentées en encadré en travail individuel ou en équipes de deux, voire en petits groupes. De nombreuses activités permettent aux élèves de travailler avec les stratégies qu'ils comprennent et avec les faits numériques dont ils ont le plus besoin.

Les cartes éclair sont une des méthodes parmi les plus utilisées pour aborder les stratégies avec des tables. Pour chaque stratégie, vous pouvez préparer des ensembles différents de cartes éclair qui reprennent tous les faits numériques reliés à cette stratégie. Sur ces cartes, vous pouvez mentionner la stratégie ou faire des dessins ou écrire des indices en guise de rappel. Le présent chapitre en propose divers exemples.

D'autres activités font appel à des dés spéciaux confectionnés avec des dés en bois ou en caoutchouc mousse, à des roulettes, à des activités de correspondance entre un fait numérique déjà connu ou une relation numérique et le nouveau fait numérique à apprendre, ainsi qu'à des jeux de toutes sortes. Il est possible d'utiliser un exercice d'approfondissement ou d'automatisation suggéré pour une stratégie avec une autre stratégie.

Personnaliser les exercices

Dans une certaine mesure, vous pouvez personnaliser les exercices d'automatisation de manière à permettre aux élèves d'employer la stratégie de leur choix. Cela n'est pas aussi difficile qu'il n'y paraît de prime abord.

Les élèves inventeront ou adopteront probablement différentes stratégies pour une même série de faits numériques. Par exemple, plusieurs stratégies utilisent le point d'ancrage 10 pour les additions avec 8 ou 9. Par conséquent, un exercice d'automatisation qui comprend toutes les sommes avec 8 ou 9 peut convenir à l'élève qui connaît une stratégie applicable à ces tables. Deux élèves peuvent jouer au jeu de la roulette, tout en faisant appel à des stratégies différentes.

À propos de l'évaluation

Il est primordial d'écouter ses élèves. Notez les stratégies qu'utilise chaque élève. Vous pourrez ainsi former des groupes dont les membres profiteront tous des mêmes exercices d'automatisation. Cela vous indiquera également quels élèves n'ont pas encore élaboré de stratégie efficace pour une ou plusieurs séries de faits numériques de base. Si vous ne pouvez déterminer avec certitude qui sait quoi, formez de petites équipes et procédez à un test diagnostic comprenant plusieurs faits numériques choisis au hasard. Expliquez aux élèves qu'ils doivent d'abord répondre aux opérations «qu'ils connaissent» sans avoir recours au dénombrement. Ils doivent ensuite recommencer avec celles qu'ils ne connaissent pas. Soyez attentive pour observer comment ils abordent ces stratégies.

Sélectionner les stratégies

Lorsque les élèves auront travaillé sur deux ou plusieurs stratégies, les exercices de sélection d'une stratégie deviennent un élément déterminant de la maîtrise. Il est possible de les faire rapidement avec l'ensemble des élèves ou de leur demander de se mettre en équipes ; vous pouvez également utiliser des jeux et d'autres activités. Vous en trouverez des exemples pertinents vers la fin du présent chapitre.

Les stratégies pour apprendre les tables d'addition

La majorité des programmes soulignent que les élèves de deuxième année devraient acquérir la maîtrise des tables d'addition (ou des faits numériques de base relatifs à l'addition), c'est-à-dire des sommes allant jusqu'à 18. Toutefois, au début de la troisième année, il est très rare qu'ils aient tous assimilé ces tables. D'ailleurs, il arrive même que certains élèves de cinquième année, voire d'un niveau plus avancé, ne les maîtrisent pas encore.

Les observations suivantes sont primordiales pour les enseignantes de la troisième à la sixième année.

- Il est possible d'établir des liens entre toutes les tables d'addition et plusieurs relations numériques essentielles. Avec les élèves qui n'ont pas encore assimilé ces tables, vous gagnerez du temps en attirant leur attention sur ces relations plutôt qu'en multipliant les exercices d'automatisation.

- Il est très rare qu'un élève connaisse un fait numérique de soustraction, mais ignore le fait numérique d'addition correspondant. Autrement dit, si un élève sait soustraire 12 − 8, il sait fort probablement aussi faire l'addition 8 + 4. Il faut donc considérer la maîtrise des tables d'addition comme un préalable à celle des tables de soustraction.

- Si vous arrivez à déterminer les faits numériques assimilés par chacun de vos élèves, vous pourrez plus facilement élaborer une méthode pour les aider. Effectuer cette évaluation vous prendra du temps, mais, au bout du compte, vous en gagnerez beaucoup.

Dans les prochaines sous-sections, nous nous contentons d'esquisser une vue d'ensemble des stratégies possibles à propos de la maîtrise des tables d'addition. Les points que nous abordons devraient vous permettre de planifier des activités efficaces qui aideront les élèves à assimiler rapidement ces tables.

Les faits numériques avec zéro, un ou deux

La grille ci-contre démontre que les nombres 0, 1 ou 2 interviennent dans 51 des 100 faits numériques d'addition.

Il se peut que les élèves qui n'ont pas encore assimilé des faits numériques d'addition où intervient 0 soient convaincus, à tort, que « l'addition donne toujours quelque chose de plus grand ». Ils répondront par exemple que la somme 7 + 0 donne 8. Résoudre les faits numériques d'addition de ce type n'exige aucune stratégie, simplement une bonne compréhension de la signification du 0 et de l'addition.

+	0	1	2	3	4	5	6	7	8	9
0	0	1	2	3	4	5	6	7	8	9
1	1	2	3	4	5	6	7	8	9	10
2	2	3	4	5	6	7	8	9	10	11
3	3	4	5							
4	4	5	6							
5	5	6	7							
6	6	7	8							
7	7	8	9							
8	8	9	10							
9	9	10	11							

Les élèves de première et de deuxième année apprennent fréquemment à appliquer la stratégie « dénombrer à partir de » avec les faits dont l'un des termes est 1 ou 2, ou encore 3. Bien des manuels traditionnels présentent cette stratégie. Si des élèves l'utilisent efficacement, et *seulement* avec ces petits termes, laissez-les faire. Cependant, vous ne devriez pas encourager l'emploi de cette stratégie pour *quelque fait que ce soit*. En effet, les élèves distinguent difficilement les faits pour lesquels cette stratégie est appropriée de ceux pour lesquels elle ne l'est pas. Ceux qui n'ont pas encore assimilé les tables d'addition au début du secondaire utilisent probablement la stratégie « dénombrer à partir de » pour 8 + 5 et pour d'autres faits à l'égard desquels cette façon de procéder est inefficace.

Au lieu d'employer cette stratégie, envisagez plutôt la possibilité de mettre l'accent sur les relations « un de plus que » et « deux de plus que ». Vous pourriez leur expliquer, par exemple, que 8 est 2 de plus que 6, ou encore que 1 de plus que 5 fait 6. Proposez à vos élèves des exercices d'automatisation simples consistant, par exemple, à lancer un dé, à retourner une carte portant des nombres ou à montrer une carte d'une boîte de dix (cadre à dix cases). Demandez-leur de nommer le nombre qui représente « un de plus » (ou « deux de plus ») que le nombre annoncé. Avec votre aide, ceux qui apprennent facilement à utiliser ces relations arriveront à les associer aux faits numériques d'addition correspondants. La figure 3.1 (p. 84) illustre deux idées d'exercices d'automatisation.

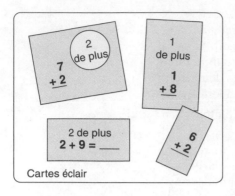

Cartes éclair

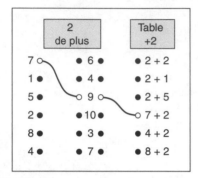

FIGURE 3.1 ▲

Faits numériques « un de plus » et « deux de plus ».

Il est utile d'expliquer aux élèves que s'ils comprennent ne serait-ce que 0 et les relations « un de plus que » et « deux de plus que », ils connaîtront déjà 51 faits numériques d'addition. Cela encouragera les élèves de quatrième ou de cinquième année qui doivent faire beaucoup d'efforts pour apprendre ces faits.

Les faits numériques relatifs aux doubles ou aux quasi-doubles

De nombreuses recherches indiquent que les enfants, tout comme les adultes, connaissent mieux les faits numériques relatifs aux doubles que la plupart des autres combinaisons. Autrement dit, ils maîtrisent mieux les faits dont le cumulande et le cumulateur sont identiques. Il n'y a que dix faits de ce type et seulement sept d'entre eux contiennent un terme égal ou supérieur à 3. Cependant, ces sept faits constituent un point d'ancrage utile dans le cas des faits numériques particuliers que l'on appelle parfois « quasi-doubles » (ou faits numériques des doubles plus un), c'est-à-dire les faits, tels 6 + 7 ou 5 + 4, dont les deux termes ne diffèrent que de 1. La stratégie à appliquer avec les quasi-doubles consiste à doubler le terme le plus petit, puis à ajouter 1. La grille ci-contre (à droite) présente les faits relatifs aux doubles et aux quasi-doubles.

Si on ajoute les faits numériques des doubles et des quasi-doubles à ceux où intervient 0, 1 ou 2, cela donne un total de 70 faits. Pour aider les élèves à assimiler ces faits, vérifiez d'abord s'ils connaissent les faits numériques relatifs aux doubles. Voici deux activités que vous pourriez effectuer avec ceux qui ne les connaissent pas.

+	0	1	2	3	4	5	6	7	8	9
0	0	1								
1	1	2	3							
2		3	4	5						
3			5	6	7					
4				7	8	9				
5					9	10	11			
6						11	12	13		
7							13	14	15	
8								15	16	17
9									17	18

Proposez aux élèves des problèmes en contexte simples comportant une paire de termes égaux. *Alex et Zacharie ont découvert chacun 7 coquillages sur la plage. Combien de coquillages ont-ils trouvés en tout ?* Dites aux élèves de résoudre ce problème mentalement. Demandez ensuite à plusieurs d'entre eux de présenter leur solution.

L'activité suivante est un exercice d'automatisation utile que vous pourrez adapter à chaque élève sans préparation particulière.

Activité 3.1

Calculer le double avec une calculatrice

Faites travailler les élèves en équipes de deux. Demandez-leur de transformer d'abord leur calculatrice en machine à calculer le double en appuyant sur les touches 2 × =. Un élève nomme un fait numérique relatif au double, par exemple « le double de sept ». Son partenaire, qui utilise la calculatrice, appuie d'abord sur 7, puis il tente de prédire la somme (sans compter). Il appuie ensuite sur la touche = pour vérifier si le double qu'il vient d'annoncer est bien le nombre qui s'affiche.

Pour transformer certaines calculatrices en machine à calculer un double, il faut appuyer sur × 2 = ou utiliser une touche d'opération. (Il est à noter que la calculatrice est aussi un bon outil pour assimiler les faits relatifs à +1 et +2.)

Les élèves qui connaissent les doubles font rapidement le lien entre ces doubles et les quasi-doubles. Encore une fois, les problèmes en contexte simples constituent une méthode efficace pour aborder les stratégies fondées sur « le double plus un ». Si vous donnez un problème en contexte faisant intervenir un quasi-double, un certain nombre d'élèves adopteront fort probablement la stratégie du double plus un. D'autres doubleront peut-être le plus grand terme, puis ils soustrairont 1. Dites-leur d'employer n'importe quelle stratégie qui leur paraît utile. Cependant, ceux qui ne maîtrisent pas parfaitement les concepts de nombre appliquent parfois inadéquatement la stratégie du double plus un. Ils commencent à travailler avec le plus grand terme, au lieu du plus petit. Par exemple, ils doubleront 7 et ajouteront 1 pour calculer la somme 7 + 6. Il est donc souhaitable d'attirer leur attention sur le fait qu'il faut doubler le plus petit terme.

Si vous décidez de discuter de cette stratégie (ou de n'importe quelle autre) avec toute la classe, vous pourriez adopter l'approche suivante. Écrivez au tableau une dizaine de faits numériques relatifs aux quasi-doubles, en évitant de placer le plus petit terme toujours dans la même position. Demandez aux élèves de travailler et de répondre individuellement. Discutez ensuite des idées émises quant aux « bonnes » stratégies (c'est-à-dire des stratégies efficaces) pour calculer ces faits. Comme dans le cas des problèmes en contexte, un certain nombre d'élèves utiliseront fort probablement la stratégie du double plus un. Si cela se produit, attirez leur attention sur cette méthode en demandant à tous d'essayer de l'appliquer à d'autres faits relatifs aux quasi-doubles.

Quand ils ont bien maîtrisé cette stratégie, faites-leur faire des exercices d'automatisation comme ceux de la figure 3.2.

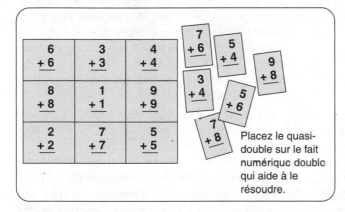

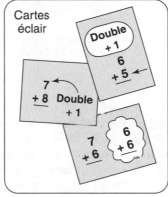

FIGURE 3.2 ◄

Quasi-doubles.

Les tables d'addition et le point d'ancrage 10

Les faits numériques concernés ont au minimum un opérateur 8 ou 9. Une des stratégies utilisées pour ces sommes consiste à partir de 8 ou de 9 pour se rendre jusqu'à 10, puis à additionner le reste. Avec 6 + 8, commencez avec 8, puis 2 de plus, qui donne 10, ce qui laisse 4 de plus pour 14.

Avant d'employer cette stratégie, assurez-vous que les élèves ont appris à se représenter les nombres de 11 à 18 comme 10 plus autre chose. En deuxième ou en troisième année, la plupart d'entre eux ne maîtrisent pas encore cette relation.

L'activité suivante est un bon moyen d'introduire la stratégie des tables d'addition et du point d'ancrage 10.

+	0	1	2	3	4	5	6	7	8	9
0										
1										10
2									10	11
3									11	12
4									12	13
5									13	14
6									14	15
7									15	16
8			10	11	12	13	14	15	16	17
9		10	11	12	13	14	15	16	17	18

Activité 3.2

Obtenir 10 avec deux boîtes de dix

Donnez aux élèves un support avec deux boîtes de dix (figure 3.3) et faites-leur placer des cartes éclair à côté des boîtes. (Vous pouvez également indiquer oralement la somme à trouver.) Les élèves doivent d'abord représenter chaque nombre dans une boîte, puis déterminer le moyen le plus facile d'obtenir le total (sans dénombrer). Le choix le plus évident (mais non le seul) consiste à déplacer les jetons dans la case correspondant à 8 ou à 9. Demandez aux élèves d'expliquer leur démarche. Insistez surtout sur la possibilité d'enlever 1 (ou 2) à l'autre nombre pour l'ajouter à 9 (ou à 8) afin d'obtenir le point d'ancrage 10. Vous obtenez alors 10 et le nombre de jetons qui reste.

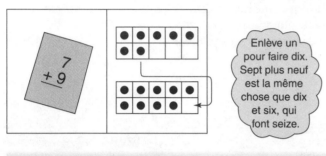

Enlève un pour faire dix. Sept plus neuf est la même chose que dix et six, qui font seize.

FIGURE 3.3 ▲

Tables d'addition et point d'ancrage 10 avec deux boîtes de dix.

Allouez suffisamment de temps pour cette activité. Encouragez la discussion et l'exploration sur les « moyens faciles » d'additionner deux nombres lorsque l'un d'eux est 8 ou 9. Examinez également pourquoi cette notion ne s'applique pas lorsqu'il s'agit de faits numériques comme 6 + 5, où aucun nombre ne s'approche de 10.

Vous remarquerez que les élèves trouveront d'autres moyens d'utiliser le point d'ancrage 10 pour faire des additions avec 8 ou 9. Par exemple, avec la somme 9 + 5, certains additionneront 10 + 5 et enlèveront 1. C'est une excellente stratégie qui utilise le point d'ancrage 10. Vous pouvez également leur demander de donner un nom aux stratégies qu'ils trouvent efficaces et de déterminer lesquelles sont particulièrement utiles.

Lorsqu'on utilise deux boîtes de dix, une autre stratégie courante consiste à prendre une rangée de 5 dans chaque boîte pour faire 10. Dans le cas de la somme 7 + 9, illustrée à la figure 3.3, l'élève commence par prendre les deux rangées de 5 (ce qui fait 10), puis il ajoute 2 + 4, soit les quantités restantes pour chaque nombre. Il est intéressant de noter que les petits Japonais emploient couramment cette stratégie. Le plus important, c'est peut-être que cette façon de procéder s'applique à n'importe quel fait numérique pourvu que chaque terme soit égal ou supérieur à 5. Il y a 25 faits numériques de base de ce type, parmi lesquels se trouvent les faits généralement considérés comme difficiles à apprendre.

Une fois que les élèves sembleront avoir maîtrisé la stratégie des tables d'addition et du point d'ancrage 10 ou toute autre stratégie similaire, reprenez la même activité, mais cette fois sans jetons. Utilisez les petites cartes de boîtes de dix présentées dans les feuilles reproductibles. Les élèves peuvent poser une carte 8 (ou 9) sur leur pupitre, puis placer une à une les autres cartes sous celle-ci. Suggérez de déplacer *mentalement* deux points dans la carte du 8. Demandez-leur d'expliquer oralement ce qu'ils sont en train de faire. Pour l'addition 8 + 4, ils pourraient dire : « J'enlève deux à quatre, puis je l'ajoute à huit pour faire dix. Dix et deux font douze. » Il est possible de réaliser l'activité individuellement avec de petites cartes de boîtes de dix.

FR 3, 4

Les autres stratégies et les six derniers faits numériques

Pour mieux évaluer l'utilité des stratégies destinées à l'apprentissage des tables, lisez ce qui suit. Les cinq idées ou stratégies (un ou deux de plus, les zéros, les doubles, les quasi-doubles et la boîte de dix) que nous avons présentées jusqu'à présent ne s'appliquent qu'à 88 des 100 faits numériques de base relatifs à l'addition! De plus, ces stratégies ne sont pas vraiment nouvelles, car il s'agit plutôt d'applications de relations numériques importantes. Les douze faits numériques restants représentent en réalité six faits numériques et leurs réciproques respectives, comme le montre la grille suivante.

+	0	1	2	3	4	5	6	7	8	9
0										
1										
2										
3							8	9	10	
4								10	11	
5			8						12	
6			9	10						
7			10	11	12					
8										
9										

Avant d'essayer de mettre au point des stratégies particulières pour ces faits numériques de base, consacrez plusieurs journées aux problèmes dans lesquels ils servent d'opérateurs. Restez attentive à ce que proposent les élèves pour trouver la réponse.

Doubles plus deux

Des six faits numériques d'addition restants, trois ont des opérateurs différents de 2 : 3 + 5, 4 + 6 et 5 + 7. Deux relations possibles pourraient s'avérer utiles, chacune reposant sur la connaissance des doubles. Certains élèves trouveront plus facile de prolonger l'idée des quasi-doubles pour doubler et ajouter 2. Par exemple, 4 + 6 est le double de 4 et 2 de plus. Une stratégie différente consiste à enlever 1 du cumulatif le plus gros pour l'ajouter au plus petit. En procédant ainsi, la somme 5 + 3 se transforme en somme du double 4, c'est-à-dire *doubler le nombre qui se trouve entre les deux*.

Variante de la stratégie fondée sur le point d'ancrage 10

Dans trois des six faits numériques, un des opérateurs est 7. Dans de tels cas, on fait souvent appel à une variante de la stratégie fondée sur le point d'ancrage 10. Pour 7 + 4, on part du principe que *7 et 3 de plus font 10, puis on ajoute le reste, 1, pour faire 11*. Vous pouvez présenter cette affirmation en même temps que la stratégie des tables fondée sur le point d'ancrage 10.

Boîtes de dix

Comme vous pouvez le constater, nous avons abordé jusqu'à maintenant cinq des six faits numériques restants, quelques-uns même en considérant deux approches différentes. Seule reste l'opération 6 + 3. Les boîtes de dix sont si utiles pour détecter certaines relations numériques qu'elles sont incontournables dans la maîtrise des tables. Elles aident à apprendre les groupements dont la somme est 10. Les boîtes de dix permettent de représenter immédiatement toutes les sommes de 5 + 1 à 5 + 5 et leurs réciproques respectives. Les élèves peuvent même comprendre rapidement que les sommes 5 + 6, 5 + 7 et 5 + 8 sont

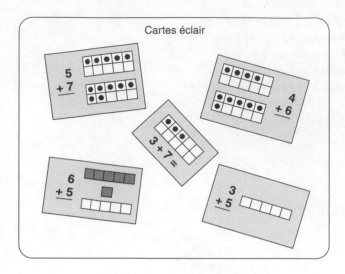

Cartes éclair

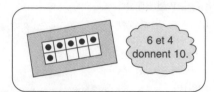

6 et 4 donnent 10.

FIGURE 3.4 ▲

Boîtes de dix.

équivalentes à 2 fois 5 plus quelque chose lorsqu'on les présente ainsi (figure 3.4).

En guise d'exemple, vous pouvez regrouper toutes les sommes présentées dans la grille ci-contre et les résoudre en utilisant une ou deux boîtes de dix.

+	0	1	2	3	4	5	6	7	8	9
0						5				
1						6				10
2						7			10	
3						8		10		
4						9	10			
5	5	6	7	8	9	10	11	12	13	14
6					10	11				
7				10		12				
8			10			13				
9		10				14				

Les deux activités suivantes suggèrent les types de relations susceptibles d'être mises de l'avant.

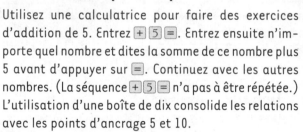

Activité 3.3

Faire des additions avec la machine plus-cinq

Utilisez une calculatrice pour faire des exercices d'addition de 5. Entrez ⊞ ⑤ ⊜. Entrez ensuite n'importe quel nombre et dites la somme de ce nombre plus 5 avant d'appuyer sur ⊜. Continuez avec les autres nombres. (La séquence ⊞ ⑤ ⊜ n'a pas à être répétée.) L'utilisation d'une boîte de dix consolide les relations avec les points d'ancrage 5 et 10.

Il est possible de transformer la calculatrice en machine à additionner n'importe quel nombre. Celle-ci s'avère un outil efficace pour les exercices d'automatisation.

Activité 3.4

Réciter les tables

Présentez une boîte de dix aux élèves et demandez-leur de réciter la « somme de dix ». Pour une boîte avec 7 points, la réponse est « sept plus trois égale dix ». Par la suite, utilisez une boîte de dix dessinée au tableau et dites un chiffre inférieur à 10. Ils partent de ce chiffre et complètent la « somme de dix ». Si vous dites « quatre », ils diront « quatre plus six donne dix ». Cette activité se prête au travail individuel ou en petits groupes.

Les stratégies pour apprendre les tables de soustraction

Les tables de soustraction (ou les faits numériques de base relatifs à la soustraction) posent un défi plus grand que les tables d'addition, particulièrement pour les élèves qui ont appris la soustraction avec la stratégie «dénombre-enlève-dénombre»: pour 13 – 5, *dénombre* 13, *enlève* 5 et *dénombre* ce qui reste. Il est peu probable que ceux qui maîtrisent les tables de soustraction trouveront une utilité à cette méthode. Malheureusement, beaucoup d'élèves du début du secondaire dénombrent encore pour arriver au résultat.

Soustraire par l'addition complémentaire

Dans la figure 3.5, la soustraction est représentée de manière à encourager les élèves à se demander: «Que manque-t-il pour arriver au total?» Lorsqu'un élève fait une addition complémentaire, il utilise les faits numériques d'addition qu'il connaît pour trouver l'élément manquant. S'il est capable d'établir ce lien important entre les parties et le tout, entre l'addition et la soustraction, il aura beaucoup plus de facilité à maîtriser les tables de soustraction. Lorsque les élèves voient 9 – 4, ils penseront spontanément «Quatre et *quoi* font neuf?» Observez un élève de troisième année qui éprouve de la difficulté avec cette opération. Il ne lui viendra pas à l'esprit de penser addition. Il essaiera plutôt de compter à rebours à partir de 9 ou en montant à partir de 4. L'utilité du «penser-addition» est incontestable.

Les problèmes qui incitent à penser addition sont ceux qui ressemblent à des problèmes d'addition, mais dans lesquels il manque un des termes. En voici un exemple: *Léa a 5 poissons dans son aquarium. Grand-maman lui en donne quelques-uns de plus. Elle a maintenant 12 poissons. Combien de poissons grand-maman a-t-elle donnés à Léa?* Il est à noter que les éléments de l'action sont liés, ce qui suggère l'addition. Il y a de fortes chances que les élèves penseront 5 *et combien de plus font 12*. Si vous faites un problème de ce genre avec vos élèves, votre tâche consiste à faire le lien entre ce processus mental et la différence 12 – 5.

Faire le lien entre la soustraction et l'addition

1. Comptez 13 points et recouvrez la feuille.

2. Comptez 5 points et enlevez-les. Conservez-les bien en vue.

3. Dites: «Cinq et quoi donne treize?» 8! Il reste 8. 13 moins 5 égale 8.

4. Découvrez la feuille.

8 et 5 est égal à 13.

FIGURE 3.5 ▲

Utiliser la stratégie de l'addition complémentaire pour la soustraction.

Les tables de soustraction et les sommes jusqu'à 10

La stratégie de l'addition complémentaire s'applique presque toujours aux faits numériques de soustraction dont la somme est 10 ou moins. Soixante-quatre des 100 faits numériques de soustraction entrent dans cette catégorie.

À propos de l'évaluation

On peut employer efficacement le penser-addition sans acquérir au préalable la maîtrise des faits numériques d'addition. Si vous pensez que certains élèves n'ont pas encore assimilé les faits numériques de soustraction, écrivez une série de soustractions sur une page et une série d'additions sur une autre page. Afin d'observer plus facilement la corrélation entre les deux types de faits, placez les faits associés vis-à-vis les uns des autres. Autrement dit, écrivez l'addition 5 + 4 dans la même rangée et la même colonne que la soustraction 9 – 4.

Demandez aux élèves de répondre uniquement aux faits qu'ils savent spontanément, sans avoir à dénombrer. Expliquez-leur que vous désirez uniquement vérifier ce qu'ils savent, de manière à pouvoir les aider à apprendre les faits numériques de base qu'ils n'ont pas encore assimilés.

Si vous découvrez qu'ils n'ont pas acquis la maîtrise de tous les faits numériques d'addition, ou de presque tous ces faits, c'est le premier point à travailler. En présentant les faits numériques d'addition et de soustraction par paires, vous arriverez peut-être à savoir si les élèves utilisent les faits d'addition pour traiter les faits de soustraction. S'ils connaissent les faits d'addition, mais non les faits de soustraction, votre tâche consistera à les aider à élaborer une approche fondée sur le penser-addition.

Les 36 soustractions « difficiles » : les sommes supérieures à 10

 PAUSE **Avant d'aller plus loin, examinez les trois soustractions ci-dessous et essayez de trouver une démarche mentale qui permettrait d'obtenir les réponses. Même si vous « connaissez d'instinct » les réponses, imaginez ce que pourrait être une démarche plausible.**

$$\begin{array}{ccc} 14 & 12 & 15 \\ -\,9 & -\,6 & -\,6 \end{array}$$

Beaucoup de gens utiliseront une stratégie différente pour effectuer ces soustractions. Avec 14 – 9, il est facile de partir de 9, puis de se rendre à 10 : *9 et 1 de plus donne 10, et 4 de plus donne 5*. Pour la soustraction 12 – 6, vous entendrez souvent l'expression « doubler 6 », ce qui revient à une stratégie du type de l'addition complémentaire. Pour la dernière soustraction, 15 – 6, on utilise encore 10, mais cette fois à rebours à partir de 15, une approche de soustraction : *J'enlève 5 pour obtenir 10, et 1 de moins pour faire 9*. Nous pourrions nommer ces trois méthodes respectivement : monter jusqu'au point d'ancrage 10, l'addition complémentaire, et descendre jusqu'au point d'ancrage 10. Il est possible d'apprendre chacun des 36 faits numériques restants dont la somme est égale à 11 ou plus au moyen d'une ou de plusieurs de ces stratégies. La figure 3.6 montre comment ces soustractions, dans trois groupes qui se superposent, correspondent à ces trois stratégies. Gardez à l'esprit qu'il n'y a aucune obligation d'utiliser ces trois stratégies. Certains élèves pourraient utiliser la stratégie de l'addition complémentaire pour effectuer toutes ces soustractions. Les trois approches suggérées sont basées sur des notions déjà connues, à savoir la relation entre l'addition et la soustraction et l'utilisation du nombre 10 comme point d'ancrage.

Il est à noter que le groupe où l'on additionne à rebours en passant par 10 comprend tous les faits numériques dont la partie, ou le nombre soustrait, est 8 ou 9, comme dans 13 – 9 et 15 – 8. Par contre, les faits pour lesquels on soustrait en passant par 10 sont de véritables soustractions et non des additions complémentaires. Cette stratégie est utile pour les faits dont le chiffre des unités du tout est proche du nombre à soustraire. Par exemple, pour 15 – 6, on prend le total 15 et on retranche 5, ce qui

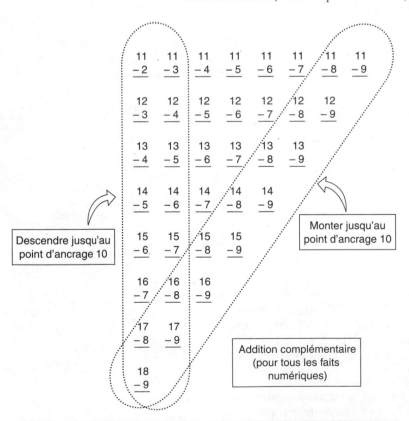

FIGURE 3.6 ▲

Les 36 soustractions difficiles.

nous amène à 10. On enlève ensuite 1 de plus, ce qui donne 9. Pour 14 – 6, on retranche simplement 4, puis encore 2, ce qui donne 8. Dans ces deux cas, on soustrait en passant par 10, ce nombre jouant en quelque sorte le rôle de «pont».

L'addition complémentaire : des variantes

La stratégie de l'addition complémentaire reste un des outils les plus efficaces pour effectuer des soustractions. Une fois ce concept acquis, beaucoup d'élèves s'en serviront pour toutes les soustractions. (Il est à noter que, pour la division, nous faisons tous appel, ou presque, à une approche de type penser-multiplication. Pourquoi?)

Le point probablement le plus important pour vous consiste à écouter le raisonnement des élèves pendant qu'ils tentent de résoudre des soustractions qu'ils ne maîtrisent pas encore. S'ils n'utilisent aucune des trois méthodes suggérées ici, il y a fort à parier que celle qu'ils utilisent est inefficace, c'est-à-dire qu'ils comptent.

Les activités suivantes sont des variantes de la stratégie de l'addition complémentaire. Bien entendu, rien n'empêche d'utiliser ces activités avec toutes les soustractions, et pas uniquement avec les soustractions «difficiles».

Activité 3.5

Trouver le terme manquant

Sans leur donner d'explication, montrez aux élèves des groupes de nombres dans lesquels vous avez encerclé la somme, comme dans la figure 3.7a. Demandez-leur ensuite d'expliquer pourquoi les nombres sont ainsi regroupés et pourquoi l'un d'eux est encerclé. Lorsque les élèves auront bien compris de quoi il s'agit, présentez-leur d'autres groupes de nombres dans lesquels un point d'interrogation remplace le nombre encerclé, comme dans la figure 3.7b. Demandez-leur alors pourquoi ce nombre manque. Une fois que les élèves auront réalisé la portée de cette activité, expliquez-leur que vous avez fabriqué des cartes basées sur cette stratégie du nombre manquant. Dans chaque carte, deux des trois nombres ont un lien entre eux. Parfois, il n'y a pas de nombre dans le cercle (la somme) et parfois il manque un des autres termes (une partie). L'objectif consiste à nommer le nombre manquant.

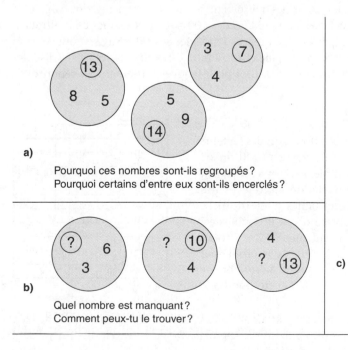

a)

Pourquoi ces nombres sont-ils regroupés?
Pourquoi certains d'entre eux sont-ils encerclés?

b)

Quel nombre est manquant?
Comment peux-tu le trouver?

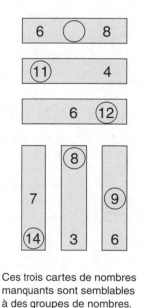

c)

Ces trois cartes de nombres manquants sont semblables à des groupes de nombres. Trouve le nombre manquant.

FIGURE 3.7 ◀

Cartes avec des nombres manquants.

FR 14

Activité 3.6

Trouver le terme manquant (suite)

Faites des copies de la feuille vierge qui se trouve dans les feuilles reproductibles. Ces copies vous serviront à préparer une grande variété d'exercices d'automatisation. Dans une rangée de 13 « cartes », placez tous les regroupements de deux groupes avec différents termes manquants, en omettant parfois un des éléments de la soustraction, parfois la réponse. Disposez les espaces vides à divers endroits, comme le montre la figure 3.8. Distribuez ensuite des copies de cette feuille et demandez aux élèves d'y écrire les nombres manquants. Vous pouvez également regrouper les faits numériques d'une même stratégie ou relation numérique, ou présenter sur une même page les faits numériques faisant appel à deux stratégies différentes. Demandez aux élèves d'écrire un fait numérique d'addition et un fait numérique de soustraction pour accompagner chaque carte de terme manquant. Cette étape est importante, car un grand nombre d'élèves arrivent à trouver le terme manquant dans un groupe mais sont incapables de faire le lien entre ce terme et la soustraction.

Les stratégies pour apprendre les tables de multiplication

Il est possible d'apprendre les tables de multiplication (ou les faits numériques de base relatifs à la multiplication) en faisant le lien entre les nouveaux faits numériques et ceux déjà appris.

Il est essentiel que les élèves comprennent parfaitement le principe de commutativité (revoyez la figure 2.16, à la page 67). Par exemple, 2×8 correspond à l'addition du double 8. Beaucoup d'élèves peuvent également faire le lien entre 8×2 et $2 + 2 + 2 + 2 + 2 + 2 + 2 + 2$. Si la plupart des stratégies de multiplication sont plus évidentes lorsque les facteurs sont placés dans un ordre plutôt que dans l'autre, les multiplications réciproques devraient toujours être apprises ensemble.

Dans les cinq stratégies qui suivent, les quatre premières sont habituellement les plus faciles et couvrent 75 des 100 faits numériques de multiplication. Ne perdez pas de vue que ces stratégies sont des suggestions, et non des règles, et que la principale chose à faire est de laisser les élèves discuter des moyens qu'*ils* peuvent utiliser pour trouver facilement les réponses.

Les doubles

Les multiplications dont l'un des facteurs est 2 sont équivalentes à l'addition de doubles (par exemple, $7 + 7$) et ne devraient poser aucune difficulté aux élèves qui connaissent leurs tables d'addition. Le défi est de comprendre que le double de 7 correspond non seulement à 2×7, mais également à 7×2. Faites des problèmes dans lesquels 2 correspond au nombre de groupes et d'autres où 2 correspond à la taille des groupes.

×	0	1	2	3	4	5	6	7	8	9
0			0							
1			2							
2	0	2	4	6	8	10	12	14	16	18
3			6							
4			8							
5			10							
6			12							
7			14							
8			16							
9			18							

Fabriquez des cartes éclair et utilisez-les avec le fait numérique de base d'addition qui correspond ou avec le mot *double* en guise d'indice (figure 3.9).

Faits numériques du point d'ancrage 10	Quasi-doubles	Addition complémentaire (7, 8, 15) (4, 8, 12)
4 ◯ 8	5 6 ◯	4 ⑫
◯ 9 6	⑬ 7	⑮ 8
8 7 ◯	⑮ 8	⑫ 4
⑮ 6	5 ⑪	7 8 ◯
5 ⑬	7 ⑮	⑫ 8
8 ⑰	⑨ 4	⑫ 8
6 ◯ 8	⑰ 8	4 ⑫
3 9 ◯	⑪ 6	8 ⑮
9 ⑯	5 ◯ 4	⑮ 7
◯ 6 8	3 ⑦	7 ◯ 8
7 ⑯	⑨ 5	4 ⑫
3 ◯ 9	6 ⑬	◯ 4 8
8 ◯ 8	⑰ 9	8 ⑮

FIGURE 3.8 ▲

Feuilles avec des termes manquants. La feuille vierge peut être utilisée pour préparer tous les groupes de faits numériques sur lesquels vous voulez travailler (voir la feuille reproductible).

FIGURE 3.9 ◄

Doubles.

Les multiplications avec cinq

Cet ensemble regroupe toutes les multiplications dans lesquelles 5 est le premier facteur (multiplicande) ou le second facteur (multiplicateur), comme dans les exemples suivants.

Faites des exercices de dénombrement par bonds de 5 au moins jusqu'à 45. Faites le lien entre les bonds de 5 et les rangées de 5 points (figure 3.10). Soulignez le fait que six rangées représentent un modèle pour 6 × 5, huit rangées pour 8 × 5, et ainsi de suite.

×	0	1	2	3	4	5	6	7	8	9
0						0				
1						5				
2						10				
3						15				
4						20				
5	0	5	10	15	20	25	30	35	40	45
6						30				
7						35				
8						40				
9						45				

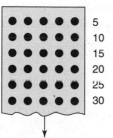

Dénombrer par sauts de 5.

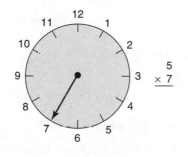

L'aiguille des minutes indique les minutes écoulées.

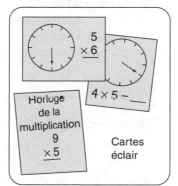

FIGURE 3.10 ◄

Tables de multiplication de 5.

Activité 3.7

Utiliser l'horloge des multiplications

Observez l'aiguille des minutes d'une horloge. Lorsqu'elle pointe sur un chiffre, combien de minutes après l'heure se sont-elles écoulées ? Dessinez une grande horloge et pointez les chiffres de 1 à 9 dans le désordre. Les élèves disent le nombre de minutes écoulées. Faites maintenant le lien entre cette idée et les multiplications avec 5. Présentez une carte éclair, puis pointez du doigt le chiffre sur l'horloge qui correspond à l'autre facteur. Ainsi, les multiplications avec 5 deviennent les « multiplications de l'horloge ». Utilisez l'horloge avec les cartes éclair ou des activités d'association (figure 3.10).

Les zéros et les uns

Trente-six faits numériques de multiplication ont au moins un facteur de 0 ou de 1. Certains élèves ont parfois tendance à confondre ces multiplications en apparence faciles avec les procédures s'appliquant à l'addition. Si la somme 6 + 0 donne 6, 6 × 0 donne toujours 0. La somme 1 + 4 est une stratégie de type « un de plus », mais 1 × 4 donne 4. Les concepts associés à ces multiplications sont mieux compris avec des problèmes en contexte. Par-dessus tout, évitez les procédures qui semblent arbitraires et sans fondement comme « tout nombre multiplié par zéro donne zéro ».

×	0	1	2	3	4	5	6	7	8	9
0	0	0	0	0	0	0	0	0	0	0
1	0	1	2	3	4	5	6	7	8	9
2	0	2								
3	0	3								
4	0	4								
5	0	5								
6	0	6								
7	0	7								
8	0	8								
9	0	9								

Le neuf passe-partout

Les faits numériques de multiplication avec un facteur de 9 génèrent les produits les plus grands, mais restent parmi les plus faciles à apprendre. Les multiplications par 9 offrent des régularités intéressantes et amusantes à découvrir. Deux d'entre elles sont utiles pour maîtriser les multiplications par 9 : 1) lorsque le produit est dans les dizaines, le chiffre dans la position des dizaines est toujours 1 de moins que le facteur différent de 9 ; 2) la somme des deux termes du produit est toujours égale à 9. On peut combiner ces deux idées pour résoudre rapidement chaque multiplication avec 9. Pour 7 × 9, *1 de moins que 7 donne 6, 6 et 3 font 9, donc la réponse est 63.*

×	0	1	2	3	4	5	6	7	8	9
0										0
1										9
2										18
3										27
4										36
5										45
6										54
7										63
8										72
9	0	9	18	27	36	45	54	63	72	81

Il est peu probable que les élèves soient capables d'inventer cette stratégie en résolvant les problèmes en contexte qui utilisent le facteur 9 dans la multiplication. Vous pouvez construire une leçon autour de l'activité suivante.

Activité 3.8

Trouver les régularités des multiplications avec 9

Écrivez au tableau les multiplications avec 9 sous la forme de colonnes (9 × 1 = 9, 9 × 2 = 18, ..., 9 × 9 = 81). La tâche consiste à trouver le plus de régularités possible dans ces multiplications. (Ne demandez pas aux élèves de penser à une stratégie.) Tout en observant les élèves, assurez-vous que certains d'entre eux ont trouvé les deux régularités nécessaires pour déterminer la stratégie. Une fois cette opération terminée, l'activité de suivi consiste à utiliser ces régularités afin de leur faire élaborer un moyen astucieux de trouver les réponses des multiplications par 9 qu'ils ne connaissent pas. (Il est à noter que cette activité reste valable même pour les élèves qui connaissent leurs tables de 9.)

Une fois que les élèves ont inventé une stratégie pour les multiplications avec 9, faites des activités comme celles présentées à la figure 3.11. Utilisez également des problèmes en contexte pour vérifier s'ils utilisent cette stratégie.

Mise en garde: Même si la stratégie du neuf donne habituelle-ment de bons résultats, elle peut également semer la confusion. En raison de la présence de deux procédures distinctes et d'un fondement conceptuel peu apparent, les élèves risquent de confondre ces deux procédures ou de tenter d'appliquer le principe à d'autres multiplications. Or, il ne s'agit pas «d'une procédure sans fondement». C'est un principe fondé sur une régularité très intéressante qui existe dans le système de numération de base dix. Un des avantages des régularités en mathématiques est de faciliter des opérations en apparence difficiles. La régularité du neuf passe-partout illustre un des avantages des régularités en mathématiques.

Il existe une autre stratégie du neuf presque aussi facile d'utilisation. Il est à noter que 7×9 revient à 7×10 moins 7, ou à $70 - 7$. On peut représenter facilement ces multiplications par des rangées de 10 cubes dont le dernier est d'une couleur différente, comme le montre la figure 3.12. Pour les élèves capables de sous-traire facilement 4 de 40, 5 de 50 et ainsi de suite, cette stratégie s'avère généralement plus appropriée.

Pour présenter cette stratégie, montrez une bande faite de cubes dont le dernier est d'une couleur différente, comme dans la figure 3.12. Après avoir expliqué que chaque bande compte 10 cubes, demandez aux élèves d'imaginer un moyen de calculer combien il y a de cubes de couleur claire.

Les faits numériques aidants

Le tableau ci-dessous présente les 25 faits numériques de multi-plication restants. Vous pouvez préciser aux élèves qu'en fait, il y en a 15 à apprendre, car 20 d'entre eux sont 10 paires de multiplications réciproques.

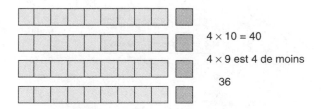

FIGURE 3.11 ▲

Le neuf passe-partout.

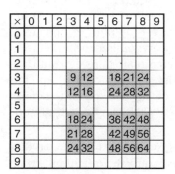

$4 \times 10 = 40$

4×9 est 4 de moins

36

FIGURE 3.12 ▲

Une autre méthode avec le neuf.

×	0	1	2	3	4	5	6	7	8	9
0										
1										
2										
3				9	12		18	21	24	
4				12	16		24	28	32	
5										
6				18	24		36	42	48	
7				21	28		42	49	56	
8				24	32		48	56	64	
9										

Il est possible d'apprendre ces 25 faits numériques en reliant chacun à un autre fait numérique déjà connu, appelé fait numérique *aidant*. Par exemple, 3×8 peut être lié à 2×8 (double de 8 et 8 de plus). La multiplication 6×7 peut être liée à 5×7 (cinq 7 et un 7 de plus) ou à 3×7 (double 3×7). L'élève doit connaître le fait numérique aidant, en plus de pouvoir calculer menta-lement l'addition de l'opération correspondante. Par exemple, pour partir de 5×7 égale 35, puis ajouter 7 pour trouver 6×7, l'élève doit être capable d'additionner 35 et 7.

À propos de l'évaluation

Observez comment les élèves s'y prennent pour additionner des nombres comme 35 et 7. Si vous constatez qu'ils comptent sur leurs doigts, vous devrez généraliser le principe de la construction de dizaines: 35 et 5 de plus font 40, et le 2 restant donne 42.

La manière de trouver un fait numérique aidant varie en fonction des faits numériques de multiplication et dépend parfois du facteur choisi. La figure 3.13 (p. 96) présente quatre groupes de multiplications qui se chevauchent et le fait numérique qui y est associé.

Il est possible d'appliquer la méthode *double et double encore* à toutes les multiplications dont l'un des facteurs est 4. Rappelez aux élèves que cette stratégie donne de bons résultats, peu importe si 4 est le premier ou le second facteur. Pour 4 × 8, doubler 16 est une multiplication difficile. Pour les aider à apprendre cette multiplication, soulignez par exemple que 15 + 15 donne 30 et que 16 + 16 représente 2 de plus, soit 32. Additionner 16 + 16 sur papier va à l'encontre de cette méthode.

Doubler le nombre et l'ajouter une fois est un moyen d'effectuer les multiplications avec un facteur de 3. Dans un tableau, une disposition rectangulaire, ou un dessin des ensembles, il est possible d'encercler le double pour indiquer qu'il reste quelque chose et il est clair qu'il reste un ensemble. Deux des faits numériques de multiplication de ce groupe comportent des additions mentales difficiles.

Si l'un des facteurs est un nombre pair, on peut utiliser la stratégie *moitié du double, ensuite le double*. Prenez le facteur pair et divisez-le en deux. Si le plus petit fait numérique de multiplication est connu, doublez son produit pour trouver la réponse de l'autre fait numérique de multiplication. Pour 6 × 7, la moitié de 6 est 3 et 3 fois 7 donne 21. Le double de 21 est 42. Pour 8 × 7, même si le double de 28 peut être difficile à calculer, cette approche n'en demeure pas moins efficace par comparaison à la multiplication traditionnelle. (Doubler 25 donne 50, plus 2 fois 3 donne 56 ; ou doubler 30 donne 60, 60 moins 4 égale 56.)

Beaucoup d'élèves préféreront utiliser un fait numérique de multiplication connu et « proche » et *ajouteront une autre fois le nombre* à cette multiplication connue. (C'est la stratégie *un ensemble de plus ou un ensemble de moins*.) Par exemple, disons que 6 × 7 équivaut à six ensembles de 7. Cinq ensembles de 7 est proche de six ensembles de 7 et égale 35. Six ensembles de 7 est un 7 de plus, soit 42. Lorsqu'on utilise 5 × 8 pour résoudre 6 × 8, la formulation « six ensembles de huit » est très utile pour se rappeler d'ajouter un 8 de plus, et non un 6. Malgré sa complexité, beaucoup d'élèves utilisent cette méthode, qui devient leur méthode préférée pour faire des multiplications particulièrement difficiles. « Qu'est-ce que sept fois huit ? Oh, c'est huit ensembles de sept ou quarante-neuf et sept de plus, donc cinquante-six. » Ce calcul devient presque automatique.

Les relations entre les faits numériques aidants ou déjà connus des multiplications faciles et difficiles offrent un terrain fertile à la création de bons problèmes. Au lieu d'indiquer aux élèves les faits numériques de multiplication qui les aideront à maîtriser ces opérations et de leur expliquer comment les utiliser, choisissez un fait multiplicatif difficile et demandez aux élèves de trouver plusieurs façons intéressantes et utiles de le traiter. Nous décrivons cette approche dans la prochaine activité.

Double et double encore
(Faits numériques avec un 4)

$\times 6 \quad \times 4$

Double 6 et double ceci.

$\left.\begin{matrix} 6 \\ 6 \end{matrix}\right\}$ Double 6

$\left.\begin{matrix} 6 \\ + 6 \end{matrix}\right\}$ Double 6

Le double de 6 égale 12. Double encore une fois pour obtenir 24.

Doubler et ajouter un ensemble de plus
(Faits numériques avec un 3)

$\times 7 \quad \times 3$

$\left.\begin{matrix} 7 \\ 7 \end{matrix}\right\}$ Double 7

$+ 7$ ← Un 7 de plus

Double 7   Un 7 de plus

Le double de 7 est 14. Un 7 de plus égale 21.

Une moitié de double, ensuite le double
(Faits numériques avec un facteur pair)

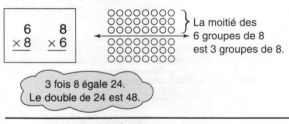

$\times 8 \quad \times 6$

La moitié des 6 groupes de 8 est 3 groupes de 8.

3 fois 8 égale 24. Le double de 24 est 48.

Un ensemble de plus
(Tous les faits numériques)

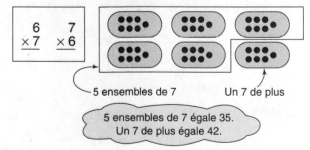

$\times 7 \quad \times 6$

5 ensembles de 7   Un 7 de plus

5 ensembles de 7 égale 35. Un 7 de plus égale 42.

FIGURE 3.13 ▲

Utiliser un fait numérique de base aidant ou déjà connu.

Activité 3.9

Si vous ne connaissiez pas la réponse...

Proposez la tâche suivante aux élèves : Si vous ne connaissiez pas la réponse de 6 × 8 (ou tout autre fait sur lequel vous souhaitez les faire réfléchir), comment pourriez-vous la découvrir en utilisant quelque chose que vous savez ? Expliquez-leur qu'ils doivent employer une stratégie qu'ils peuvent appliquer mentalement et sans compter. Incitez-les à chercher plusieurs stratégies. Faites-les travailler selon une approche « réflexion-travail en équipe-partage », qui consiste à discuter d'abord de leurs idées avec un partenaire, puis à les partager avec toute la classe.

MODÈLE DE LEÇON

(pages 103–104)
Vous trouverez à la fin de ce chapitre le plan d'une leçon complète basée sur l'activité « Si vous ne connaissiez pas la réponse... ».

PAUSE

Passez en revue les 20 « multiplications difficiles » et voyez comment vous pourriez utiliser les stratégies de la figure 3.13 avec chacune. Beaucoup d'élèves ne penseront pas aux présentations en tableau, mais se serviront plutôt d'une représentation symbolique. Par exemple, pour 6 × 8, ils pourraient penser à la somme verticale de six ensembles de 8 ou de huit ensembles de 6. Essayez de voir si ce type de présentation fonctionne avec les stratégies décrites à la figure 3.13.

Comme la disposition rectangulaire constitue un excellent outil pour ces stratégies, distribuez aux élèves des photocopies d'une grille de 10 rangées de 10 points, comme dans les feuilles reproductibles. Utilisez un carton en forme de L pour montrer les rangées de produits, comme dans la figure 3.14. Les lignes facilitent le dénombrement des points et mènent souvent à l'utilisation des cinq multiplications les plus faciles. Par exemple, 7 × 7 est 5 × 7 plus double 7 ⟶ 35 + 14.

FR 15

N'oubliez pas d'utiliser les problèmes en contexte pour effectuer les multiplications les plus difficiles. En voici un exemple : *Connie attache ses vieux crayons ensemble en paquets de 7. Elle est capable de faire 8 paquets et il reste 3 crayons. Combien de crayons a-t-elle ?* Pour trouver la réponse, les élèves peuvent utiliser la plupart des stratégies qui viennent d'être présentées. De plus, il y a une valeur ajoutée sur le plan de l'évaluation lorsqu'on entend les différentes stratégies suggérées par les élèves pour résoudre un problème qui ne ressemble pas à un exercice de multiplication.

Il est également possible de concevoir les problèmes en contexte de manière à « suggérer » une stratégie. *Carlos et José conservent leurs cartes de baseball dans des cartables dont chaque page contient 6 cartes. Le cartable de Carlos compte 4 pages pleines et celui de José en a 8. Combien de cartes chaque garçon possède-t-il ?* (Voyez-vous la stratégie de la moitié du double ?)

Il devrait être clair que les dispositions rectangulaires et les illustrations d'ensembles sont extrêmement utiles pour aider les élèves à assimiler les tables de multiplication et à établir des relations. Ces outils peuvent servir pour l'apprentissage des tables de multiplication, l'établissement de relations entre la multiplication et la division et l'élaboration de méthodes de calcul pour la multiplication. Ils permettent en outre aux élèves de se représenter mentalement les stratégies employées. Une fois qu'ils ont assimilé ces stratégies, amenez-les à mettre de côté les outils de visualisation afin d'accroître leur efficacité.

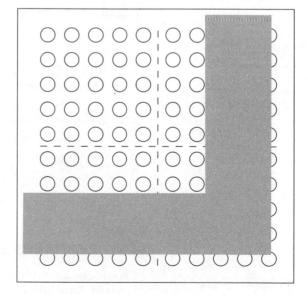

FIGURE 3.14 ▲

Une disposition rectangulaire offre un modèle efficace pour créer des stratégies avec les multiplications difficiles. Les feuilles reproductibles en offrent un exemple avec une grille de points comme celle-ci.

Les tables de division et les quasi-divisions

PAUSE — **Quel processus mental utilisez-vous pour résoudre des faits numériques comme 48 ÷ 6 ou 39 ÷ 9 ?**

Lorsque nous essayons de diviser 36 par 9, nous avons tendance à penser : « Neuf fois *quoi* donne trente-six ? » Pour la plupart d'entre nous, 42 ÷ 6 n'est pas une opération isolée, mais étroitement liée à 6 × 7. (Ne serait-ce pas merveilleux que la soustraction et l'addition soient si étroitement liées ? C'est pourtant possible !)

Voici une question qu'il est intéressant de se poser : « Lorsque les élèves travaillent sur une page de faits numériques de division, s'exercent-ils à faire des divisions ou des multiplications ? » On ne peut douter de la valeur relative des exercices de division. Or, la maîtrise des tables de multiplication et les liens entre la multiplication et la division sont les éléments clés d'une maîtrise des tables de division (ou faits numériques de base relatifs à la division). Les problèmes restent encore un moyen privilégié pour créer ce lien.

On peut qualifier de « quasi-divisions », ou de « faits voisins relatifs à la division », les divisions avec reste, comme 50 ÷ 6. En effet, les divisions dont le quotient est une fraction sont beaucoup plus fréquentes dans la vie réelle et dans les calculs que les divisions de base ou les divisions sans reste. Pour résoudre 50 ÷ 6, la plupart des gens effectuent une courte série de multiplications, puis comparent chaque produit à 50 : « six fois sept (trop bas), six fois huit (proche), six fois neuf (trop haut). La réponse doit être huit. C'est donc quarante-huit, et il reste deux. » Cette démarche peut et doit devenir automatique. Les élèves doivent être capables de résoudre mentalement et dans un délai raisonnable les problèmes avec un diviseur d'un chiffre et des réponses d'un chiffre avec un reste.

Activité 3.10

Peux-tu deviner ?

Pour résoudre des « quasi-divisions » (avec reste), faites l'exercice suivant. De la manière illustrée ci-dessous, il faut trouver un facteur d'un chiffre qui donne le produit le plus près possible de la cible, mais sans la dépasser. Aidez les élèves à passer en revue les tables de multiplication de cette façon. Vous pouvez préparer une liste sur un transparent pour faire un exercice d'automatisation avec l'ensemble de la classe, ou distribuer une feuille d'exercice à chaque élève.

> Trouve le plus grand facteur sans dépasser le nombre cible.

4 × ☐ ⟶ 23, reste ☐
7 × ☐ ⟶ 52, reste ☐
6 × ☐ ⟶ 27, reste ☐
9 × ☐ ⟶ 60, reste ☐

Des exercices efficaces

On sait que les outils les plus efficaces pour la maîtrise des tables sont l'acquisition de stratégies et d'une compréhension du sens du nombre (les relations numériques et la nature des opérations). Faire des exercices d'automatisation sans tenir compte de ces facteurs s'est avéré une approche inefficace. Toutefois, on ne peut ignorer l'effet positif que procurent de tels exercices. Dans la plupart des activités faisant appel aux capacités mentales, les exercices d'automatisation renforcent la mémoire et la capacité de remémoration.

Quand et comment faire des exercices d'automatisation

Les enseignantes et les parents hésitent à renoncer aux exercices d'automatisation avec les tables. Pourtant, il est évident que consacrer trop de temps à des exercices d'automatisation inefficaces produit souvent un effet négatif sur les attitudes des élèves envers les mathématiques et sur leur confiance en leurs capacités.

Éviter les exercices inefficaces

Adoptez cette procédure simple et n'en dérogez pas : *évitez les exercices d'automatisation avec les tables à moins que les élèves ne possèdent déjà une stratégie efficace pour les résoudre.* Les exercices peuvent renforcer les stratégies avec lesquelles les élèves se sentent à l'aise – « leurs » stratégies – et contribuent à en renforcer l'automatisme. Par conséquent, les exercices axés sur les stratégies comme celles présentées dans le présent chapitre permettront aux élèves de les utiliser avec une efficacité accrue. Ils finiront par être capables de se remémorer un fait numérique de base sans avoir conscience d'utiliser une stratégie. Dénombrer sur ses doigts ou faire des marques sur une feuille de papier ne peut générer de remémoration automatique d'un fait numérique de base, peu importe la quantité d'exercices effectués. Les exercices d'automatisation sans stratégie efficace ne sont d'aucune utilité.

La dernière affirmation s'applique également aux élèves qui ne savent pas encore leurs tables, bien qu'ils aient commencé leur secondaire. Étant donné que les programmes correspondant à ces années scolaires ne tiennent généralement pas compte de l'élaboration de stratégies, les exercices d'automatisation constituent souvent l'unique approche présentée. Nous examinerons plus loin dans le présent chapitre des moyens de pallier cette grave lacune.

Personnaliser les exercices

Il est irréaliste de s'attendre à ce que tous vos élèves apprennent et maîtrisent les mêmes stratégies. Comme nous l'avons vu, il existe de multiples façons d'apprendre les tables. Chaque élève utilisera des outils différents et élaborera des stratégies à un rythme qui lui est propre. En fait, il existe peu d'exercices susceptibles d'être efficaces simultanément avec tous les élèves. C'est pourquoi les suggestions d'activités sont si nombreuses : cartes éclair, jeux ou feuilles à reproduire. En créant un large éventail d'activités d'automatisation proposant différentes stratégies et portant sur différents groupes de faits numériques, il n'est pas déraisonnable de proposer aux élèves les activités qui leur seront les plus utiles.

Il est essentiel d'observer les stratégies employées par les élèves. Par exemple, si l'un d'eux a tendance à résoudre des faits numériques de base de multiplication contenant un 9 en effectuant une multiplication par 10 suivie d'une soustraction, ne l'incitez pas à se servir de la stratégie dite du « neuf passe-partout ». Par ailleurs, celui qui n'a pas assimilé les tables d'addition n'est pas prêt à faire des exercices de soustraction.

Planifier des exercices de remémoration

Lorsqu'un fait numérique est présenté sans être accompagné d'une stratégie, les élèves doivent choisir de mémoire la méthode mentale qui donnera les meilleurs résultats. On peut concevoir les exercices pour aider les élèves à examiner un fait numérique de base et à se remémorer la stratégie qui fonctionne avec ce fait numérique. La prochaine activité suggère un moyen pour y parvenir.

Activité 3.11

Résoudre et classer

Mélangez en un seul paquet des cartes éclair correspondant à deux ou plusieurs stratégies différentes. Insérez dans ce paquet des images ou des étiquettes pour ces stratégies. Les élèves font d'abord correspondre une carte avec une stratégie, puis utilisent la stratégie pour résoudre le fait numérique de base.

Il est possible d'adapter cette activité de manière à l'appliquer aux stratégies qu'un élève utilise et sur lesquelles il travaille. Discutez avec les élèves et demandez-leur de vous aider à préparer ces activités.

À propos des TIC

Il existe littéralement des centaines de logiciels qui proposent des exercices avec les tables. Presque tous ces logiciels offrent des jeux ou des exercices d'un degré de difficulté variable. Malheureusement, il ne semble pas exister de logiciels qui organisent les faits numériques d'une manière semblable à celle exposée dans ce chapitre. Nous estimons que les exercices assistés par ordinateur ne devraient pas être utilisés avant que les élèves aient développé des stratégies.

Un grand nombre de logiciels commerciaux enregistrent automatiquement les résultats de chaque élève. De plus, de nombreux sites Web offrent des exercices sur les tables assortis de diverses fonctionnalités, par exemple une réaction immédiate aux réponses de l'utilisateur, la possibilité de choisir le nombre de problèmes et la taille des nombres ou le chronométrage de l'utilisateur.

Qu'en est-il des tests de vitesse ?

Lisez le texte suivant :

> *Les enseignantes qui utilisent des tests de vitesse croient que ces tests aident les enfants à apprendre les tables. Cette croyance n'a aucun fondement sur le plan pédagogique. Bien réussir sous la pression du temps indique une maîtrise de cette habileté. Les élèves qui ont de la difficulté avec cette même habileté ou qui travaillent plus lentement courent le risque de renforcer leurs lacunes en étant soumis à une telle pression. De plus, ces enfants deviennent craintifs et développent une attitude négative envers les mathématiques.*
> (Burns, 2000, p. 157)

Pensez à cette citation lorsque vous serez tentée de soumettre les élèves à un test de vitesse. Le travail en temps limité ne favorise pas le raisonnement et les habitudes de recherche. Certains élèves sont incapables de bien travailler sous pression ou dans des situations stressantes.

Le facteur temps a un effet stimulant sur la mémorisation des tables uniquement chez les élèves qui sont motivés et qui réussissent à travailler sous pression. La pression causée par la vitesse d'exécution risque d'être paralysante et de n'offrir aucun avantage positif.

La valeur des exercices d'automatisation ou des tests de vitesse se résume aux points suivants :

Les tests de vitesse :

- empêchent de recourir à une approche raisonnée pour la maîtrise des tables ;
- produisent peu de résultats durables ;
- ne récompensent qu'une minorité d'élèves ;
- sont une punition pour la majorité ;
- devraient généralement être évités.

À propos de l'évaluation

Le diagnostic serait le seul objectif légitime des tests de vitesse portant sur les tables. Ces tests pourraient aider à déterminer quels regroupements sont maîtrisés et lesquels restent à apprendre. Même à cette fin, rien ne justifie de soumettre les élèves à des tests de vitesse plus d'une fois tous les deux mois.

Remédier à une maîtrise insuffisante des faits numériques en sixième année

Les élèves qui ne maîtrisent pas encore leurs tables en cinquième année ont besoin de faire autre chose que des exercices supplémentaires. On leur a certainement présenté ces tables et proposé des exercices à maintes reprises au cours des années précédentes. N'imaginez pas que les exercices que *vous* pourriez leur donner seraient plus efficaces que ceux qu'ils ont déjà faits. Ils ont besoin de quelque chose de plus approprié. Voici quelques suggestions pour orienter vos efforts à l'égard des plus âgés.

1. *Reconnaissez qu'il est vain d'effectuer davantage d'exercices.* Les élèves éprouvent des difficultés avec les tables parce qu'ils n'ont pas assimilé certains concepts ou certaines relations dont traite le présent chapitre. Le manque d'entraînement n'a rien à voir avec cette lacune. Au mieux, faire davantage d'exercices améliorera temporairement leurs performances; au pire, cela suscitera chez eux des attitudes négatives vis-à-vis des mathématiques.

2. *Pour chaque élève en difficulté, faites une liste des faits numériques connus et des faits inconnus.* Déterminez les faits qu'il est en mesure d'employer rapidement et facilement et ceux qu'il ne peut utiliser avec autant d'aisance. Les élèves de cinquième et de sixième année sont tout à fait capables d'en faire eux-mêmes le diagnostic. Commencez par leur distribuer des feuilles sur lesquelles vous avez énuméré dans un ordre aléatoire tous les faits numériques relatifs à une opération. Demandez-leur ensuite d'encercler les faits vis-à-vis desquels ils hésitent, puis d'écrire une réponse pour tous les autres. Dites-leur qu'ils ne doivent pas s'aider de leurs doigts pour dénombrer, ni faire de griffonnages dans la marge.

3. *Déterminez les forces et les faiblesses de chacun.* Observez ce que font les élèves quand ils tombent sur un fait numérique inconnu. Dénombrent-ils avec leurs doigts? Font-ils des additions dans la marge? Tentent-ils de deviner la réponse? Essaient-ils d'utiliser un fait numérique connexe? Écrivent-ils des tables de multiplication? Font-ils appel à l'une quelconque des relations susceptibles de leur être utiles, comme nous le suggérons dans le présent chapitre? Vous cernerez une bonne partie des forces et des faiblesses de vos élèves en leur demandant d'expliquer par écrit comment ils abordent deux ou trois faits numériques représentatifs, mais il serait préférable de rencontrer individuellement chaque élève en difficulté durant une quinzaine de minutes. Présentez-lui des faits numériques qu'il ne connaît pas et demandez-lui comment il tente de les résoudre. Appliquez un concept proposé dans le présent chapitre et observez les relations qu'il maîtrise déjà. N'essayez pas de lui enseigner quoi que ce soit; recueillez simplement des informations.

4. *Redonnez espoir.* Les élèves qui ont éprouvé de la difficulté à assimiler les tables s'imaginent souvent qu'ils n'arriveront jamais à les apprendre ou qu'ils sont condamnés à compter sur leurs doigts toute leur vie. Assurez-les que vous allez les aider et leur proposer d'autres façons de faire susceptibles de venir à leur rescousse. Assumez cette responsabilité et épargnez-leur la hantise d'autres défaites.

5. *Construisez la réussite petit à petit.* Lorsque vous entreprenez un programme sur les tables adapté à un élève, assurez-vous qu'il réussira rapidement et facilement.

Commencez par lui présenter des stratégies simples, en prenant chaque fois seulement quelques faits nouveaux. Même s'il ne s'agit que d'exercices d'automatisation, un élève réussira probablement mieux en travaillant à plusieurs reprises avec les cinq mêmes faits durant trois jours qu'avec quinze nouveaux faits répartis sur une semaine. La réussite appelle la réussite ! Si vous fournissez à un élève des stratégies efficaces, il réussira encore plus rapidement. Aidez-le à réaliser qu'il suffit d'une seule idée ou d'une seule stratégie pour apprendre plusieurs faits. Utilisez des tables de faits numériques pour lui montrer l'ensemble de faits sur lequel il est en train de travailler. Le tableau se remplit de faits assimilés à un rythme étonnant. Révisez constamment les tables apprises récemment et celles que l'élève connaissait au départ. Il aura ainsi le sentiment de réussir. Il se sentira mieux et ses erreurs seront moins flagrantes. Donnez-lui aussi quelques exercices d'automatisation à faire à la maison. Expliquez-lui des stratégies que vous incorporerez dans les exercices. Après avoir terminé ces exercices, demandez-lui d'indiquer par écrit les stratégies qu'il a trouvées utiles et celles qui lui ont semblé inutiles. Utilisez ces informations quand vous préparerez la prochaine série d'exercices.

Les efforts que vous déploierez en dehors des heures de classe peuvent amener un élève à consacrer plus de temps aux mathématiques à la maison. Durant les cours, les élèves en difficulté devraient continuer à travailler avec les autres en fonction du programme régulier. Vous devez croire que leurs capacités personnelles ne sont pas en cause dans le fait qu'ils ne maîtrisent pas encore leurs tables. Et les convaincre de cela. La réussite repose sur des stratégies efficaces et sur les efforts de chacun. Croyez-le !

Une maîtrise déficiente des tables n'empêche pas de faire de vraies mathématiques

Les élèves qui maîtrisent parfaitement leurs tables *ne raisonnent pas nécessairement mieux* que ceux qui, pour une raison ou une autre, ne les ont pas encore assimilées. Aujourd'hui, les mathématiques ne se résument pas à calculer, surtout pas avec du papier et un crayon. Les mathématiques sont une affaire de raisonnement, de modèles. Elles visent le sens à donner aux choses et consistent à résoudre des problèmes. Rien ne justifie d'empêcher un élève de faire de vraies expériences mathématiques bien qu'il ne maîtrise pas encore ses tables.

L'emploi de la calculatrice est la solution idéale. Vous devriez en garder une en permanence sur votre bureau et la mettre à la disposition de tous les élèves. Rien ne prouve que l'utilisation d'une calculatrice les empêche de maîtriser les tables. Au contraire. Plus les élèves utilisent une calculatrice, plus ils s'en servent habilement. L'efficacité de plusieurs exercices d'automatisation nécessitant une calculatrice s'en trouve accrue et les élèves ont ainsi facilement accès à des cartes éclair électroniques. D'ailleurs, peu d'élèves dépendront de la calculatrice durant une longue période si la majorité d'entre eux connaissent les tables et si tous s'entraident et mettent en commun leurs stratégies de raisonnement, comme nous l'avons suggéré. En fait, une fois qu'ils ont appris des stratégies efficaces, plusieurs élèves pensent qu'ils calculent plus rapidement les faits numériques de base sans calculatrice.

Les élèves qui sont obligés de s'en tenir à des exercices d'automatisation sur les tables, pendant que le reste de la classe fait des expériences intéressantes, ne tarderont pas à se sentir stupides et incapables de faire de « vraies » mathématiques. Par contre, s'ils peuvent faire des expériences amusantes et captivantes, ils seront vraiment motivés à apprendre des faits numériques et auront effectivement l'occasion d'établir des relations susceptibles de les aider à maîtriser les tables. Ne laissez ceux qui ont du mal à maîtriser les tables prendre du retard en mathématiques.

MODÈLE DE LEÇON

Si vous ne connaissiez pas la réponse...

Activité 3.9, p. 97

NIVEAU : Troisième ou quatrième année.

OBJECTIFS MATHÉMATIQUES

- Acquérir des stratégies inventées dans le but de maîtriser les tables de multiplication.
- Acquérir des habiletés en résolution de problèmes dans le cadre des tables de multiplication.

CONSIDÉRATIONS PÉDAGOGIQUES

Les élèves comprennent que la multiplication est identique à une addition itérée. Ils appliquent aisément les tables d'addition et ils ont assimilé les tables de multiplication les plus simples. Toutefois, ils ont encore de la difficulté à maîtriser les tables de multiplication plus complexes.

MATÉRIEL ET PRÉPARATION

- Déterminez les faits numériques de multiplication que les élèves ont de la difficulté à maîtriser.
- Donnez à chaque élève la copie d'une grille de multiplication de 10 × 10 (voir la feuille reproductible 15) et un morceau de carton pour étiquettes en L (voir la figure 3.14), qui servira à faire ressortir certaines dispositions rectangulaires de produits.
- Copiez sur un transparent pour rétroprojecteur la grille de points de 10 × 10 à utiliser après l'activité. Vous aurez également besoin d'un morceau de carton pour étiquettes en L pour mettre en évidence des dispositions rectangulaires de produits particulières sur le transparent.

Leçon

AVANT L'ACTIVITÉ

Préparer une version simplifiée de la tâche

- Demandez aux élèves de se rappeler comment, alors qu'ils apprenaient les faits numériques d'addition, la connaissance du fait 6 + 6 les aidait à déterminer 6 + 7. Explicitez les idées des élèves. Insistez sur ce que vous entendez par un fait connu (à savoir un fait qu'ils ont assimilé et peuvent appliquer sans avoir à dénombrer).
- Demandez aux élèves de faire comme s'ils ne connaissaient pas 6 × 5 tout en connaissant 5 × 5. Servez-vous de la grille de points de 10 × 10 copiée sur un transparent et du carton en L pour montrer une disposition rectangulaire de 6 × 5 avec le rétroprojecteur. Demandez aux élèves comment ils peuvent utiliser 5 × 5 pour tenter de déterminer 6 × 5. Explicitez encore une fois leurs idées. Par exemple, 5 fois 5 fait 25, et un 5 de plus fait 30.
- N'utilisez pas la grille de points et dites aux élèves de faire comme s'ils connaissaient 3 × 5, mais pas 6 × 5. Demandez-leur comment ils peuvent utiliser ce premier fait de multiplication pour déterminer 6 × 5. Explicitez encore une fois leurs idées. Par exemple, 3 fois 5 donne 15 et signifie 3 groupes de 5 ; 6 fois 5 signifie 6 groupes de 5. Il suffit de doubler le 15 pour obtenir 30.

Préparer la tâche

- Si vous ne connaissez pas la réponse de 6 × 8, comment pourriez-vous la trouver en utilisant quelque chose que vous savez ?

Fixer des objectifs

- Expliquez aux élèves qu'ils doivent trouver une méthode dont ils peuvent se servir mentalement, sans compter. Autrement dit, ils doivent se servir d'un fait qu'ils connaissent, c'est-à-dire qu'ils ont assimilé et qu'ils peuvent appliquer sans compter.
- Encouragez les élèves à chercher plus d'une méthode.
- Expliquez que la grille de 10 × 10 n'est rien d'autre qu'un outil qui peut les aider à réfléchir à différentes stratégies. Ils ne sont pas obligés de l'employer.

PENDANT L'ACTIVITÉ

- Si des élèves ont de la difficulté à démarrer, demandez-leur d'abord ce que signifie 6×8 par rapport à l'addition (par exemple, 6 groupes de 8). Suggérez-leur d'écrire les six 8 à la verticale ou à l'horizontale, et de chercher des façons de regrouper les nombres de manière à pouvoir déterminer la réponse plus rapidement. N'essayez pas de les inciter à adopter une approche plutôt qu'une autre. Vous pouvez également leur suggérer d'utiliser la grille de points de 10×10. Pensent-ils pouvoir en utiliser facilement une partie ?
- Incitez les élèves à chercher plusieurs façons de déterminer 6×8. Vous devrez peut-être leur suggérer des stratégies qu'ils pourront mettre à l'épreuve.
- Pendant que les élèves travaillent, demandez-leur d'expliquer leurs stratégies. Il vous faudra peut-être leur proposer des moyens pour expliquer à leurs camarades la stratégie qu'ils ont trouvée ou pour illustrer leurs explications.

APRÈS L'ACTIVITÉ

- Adoptez une approche « réflexion-partage », qui consiste pour les élèves à discuter de leurs idées avec un partenaire, puis à en faire part au reste de la classe.
- Lorsque les élèves mettent en commun leurs réflexions sur la façon de déterminer mentalement 6×8, ils devront peut-être utiliser des dessins ou des équations pour que leurs camarades puissent suivre leurs explications. Vous devrez peut-être intervenir pour aider des élèves à expliciter la stratégie qu'ils emploient, par exemple prendre la moitié, puis le double, ajouter un ensemble de plus, etc.
- Aidez les élèves à établir des liens entre les approches symboliques, comme la liste de six 8 et une partie de la grille de 10×10.
- Les élèves peuvent notamment se servir des idées suivantes : 3×8 et le double, 4×6 et le double, 5×8 et un 8 de plus, et doubler trois fois (12, 24, 48). Il est aussi possible d'utiliser chacune de ces idées pour d'autres faits numériques de multiplication difficiles. En utilisant une stratégie, demandez aux élèves de découvrir d'autres faits pour lesquels ils pourraient employer la même approche.

À PROPOS DE L'ÉVALUATION

- Vérifiez si des élèves n'utilisent que l'addition itérée pour déterminer la réponse du fait numérique de multiplication. Si c'est le cas, assurez-vous qu'ils ont assimilé les tables de multiplication plus simples.
- Certains élèves ont peut-être besoin d'accroître leur habileté à additionner mentalement avant de se servir d'une stratégie donnée. Par exemple, si l'un deux veut employer 3×8 et le double, il doit pouvoir déterminer mentalement le double de 24.

Étapes suivantes

- Servez-vous de problèmes en contexte pour favoriser l'élaboration de stratégies diverses. Par exemple pour faire penser à l'approche *double et double encore*, posez un problème comme celui-ci : *Marc et Sarah ont décidé de préparer des sacs de friandises pour la fête de fin d'année. Ils veulent mettre 6 friandises dans chaque sac. Marc a préparé 2 sacs pendant que Sarah en a préparé 4. Combien de friandises chaque enfant a-t-il utilisées ?*

- Si les faits les plus faciles posent des difficultés à certains élèves, fournissez-leur l'occasion d'employer les stratégies pour des groupes de faits (doubles, cinq, trois, neuf) en vous inspirant de ce qui est proposé dans le présent chapitre.

LES STRATÉGIES DE CALCUL DES NOMBRES ENTIERS

Chapitre 4

Pour la plupart d'entre nous, la maîtrise des habiletés en calcul symbolise l'apprentissage des mathématiques au primaire. Même si cette vision ne correspond pas à la réalité, il n'en demeure pas moins que la maîtrise du calcul des nombres entiers constitue un élément essentiel du programme du primaire, particulièrement de la deuxième à la sixième année.

Au lieu de s'appuyer sur une seule stratégie pour chaque opération (une soustraction, par exemple), il faut disposer de stratégies de calcul variables selon les nombres et les contextes. Conformément à l'esprit des normes du National Council of Teachers of Mathematics, Il ne saurait être question de se limiter à faire seulement apprendre aux élèves « comment soustraire des nombres à trois chiffres » ; il faut plutôt les aider à acquérir progressivement un éventail d'habiletés polyvalentes qui leur serviront dans la vie de tous les jours.

Vous pouvez acquérir ces habiletés si vous ne les possédez pas. Entraînez-vous à les appliquer à mesure que vous les apprenez. Munissez-vous d'un bon éventail de stratégies de calcul flexibles.

Vers la maîtrise du calcul

Grâce à la technologie moderne, la nécessité de faire à la main de fastidieux calculs a pratiquement disparu. On dispose maintenant de méthodes de calcul faciles et rapides, qu'il est possible d'exécuter mentalement ou sur papier. De plus, elles contribuent à une compréhension d'ensemble des

Idées à retenir

1 Avec les méthodes de calcul flexibles, il est possible de décomposer et de combiner des nombres de multiples façons. La plupart du temps, la partition des nombres repose sur la valeur de position ou sur des nombres « compatibles », c'est-à-dire des paires de nombres faciles à manipuler comme 25 et 75.

2 Les stratégies inventées, ou stratégies personnelles, sont des méthodes de calcul flexibles qui diffèrent selon les nombres et les situations. Pour être efficace, l'élève qui utilise ces stratégies doit les avoir comprises, d'où ce qualificatif d'*inventées,* ou de *personnelles,* pour souligner le fait qu'il doit les construire par lui-même. Ces stratégies peuvent avoir été inventées par un pair ou par le groupe entier, voire suggérées par l'enseignante.

3 Les méthodes de calcul flexibles demandent une bonne compréhension des opérations et des propriétés des différentes opérations. Elles exigent notamment la maîtrise des propriétés de commutativité et de distributivité associées à la multiplication et celle des liens entre les différentes opérations, c'est-à-dire entre l'addition et la soustraction, entre l'addition et la multiplication et entre la multiplication et la division.

4 Les algorithmes traditionnels sont des stratégies de calcul astucieuses élaborées au fil du temps. Chaque stratégie est basée sur l'exécution d'une opération, une valeur de position à la fois, avec un transfert à une valeur adjacente (échange, regroupement, « emprunt », « retenue »). Ces algorithmes fonctionnent avec tous les nombres, mais ils sont loin d'être les instruments les plus efficaces ou les plus utiles.

nombres. Ces nouvelles stratégies présentent donc des avantages que ne possèdent pas les algorithmes traditionnels (les procédures de calcul).

Considérons le problème suivant :

> **L'album de photographies de Marie permet de ranger 114 photos. Pour le moment, son album en contient 89. Combien de photos peut-elle encore ajouter avant d'avoir rempli son album ?**

 PAUSE Essayez de résoudre le problème ci-dessus en employant une stratégie différente de celle que vous avez apprise à l'école. Si vous voulez partir de 9 et de 4, essayez une autre stratégie. Vous permet-elle de calculer mentalement ? Existe-t-il plusieurs façons de procéder ? Répondez à ces questions avant de poursuivre votre lecture.

Parmi les nombreuses stratégies utilisées par les élèves de la première à la troisième année pour résoudre le problème de l'album de photographies, en voici quatre :

- 89 + 11 égale 100. 11 + 14 égale 25.
- 90 + 10 égale 100, 14 de plus égale 24, 1 de plus (pour 89, non 90) égale 25.
- Enlève 14, puis enlève 11 de plus ou 25 au total.
- 89, 99, 109 (ce qui fait 20). 110, 111, 112, 113, 114 (compter avec les doigts) égale 25.

De telles stratégies permettent de calculer mentalement et d'obtenir le résultat plus rapidement que les algorithmes traditionnels ; de plus, la personne qui les utilise est capable de comprendre ce qu'elle fait. Bien qu'il existe d'autres stratégies plus pertinentes et plus fiables, les élèves et les adultes utilisent chaque jour des stratégies traditionnelles comportant des risques d'erreur élevés. Le fait de pouvoir recourir à différentes stratégies de calcul est un atout important dans la vie de tous les jours. Le temps est donc venu d'élargir nos horizons en matière de calcul.

La figure 4.1 présente trois groupes de stratégies de calcul. Le premier est celui des méthodes de représentation concrète. Ces méthodes sont inefficaces, mais avec un accompagnement approprié, elles peuvent se muer en un ensemble de stratégies inventées flexibles et pratiques (deuxième groupe). Comme le souligne cette figure, bon nombre de ces méthodes permettent de procéder par calcul mental même si aucune d'entre elles n'a été conçue spécialement à cet effet. Le programme de mathématiques fait encore mention des algorithmes traditionnels avec papier et crayon (troisième groupe). Toutefois, l'attention qu'ils reçoivent devrait, à tout le moins, faire l'objet de discussions.

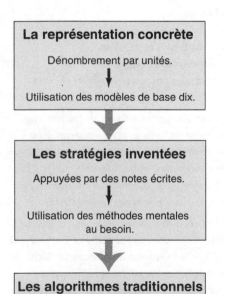

FIGURE 4.1 ▲

Trois types de stratégies de calcul.

La représentation concrète comme modèle

La *représentation concrète* consiste à utiliser des dessins ou du matériel de manipulation avec le dénombrement, qui permettent de représenter concrètement une opération ou un problème. Cette étape précède habituellement les stratégies inventées. La figure 4.2 propose un exemple avec du matériel de base dix, mais les élèves utilisent souvent de simples jetons ou dénombrent les unités.

Les élèves qui dénombrent les unités de manière systématique n'ont probablement pas encore compris le concept de regroupement avec la base dix. Cela ne signifie pas pour autant qu'ils devraient cesser de résoudre des problèmes avec des nombres à deux chiffres. Lorsque vous travaillerez avec ces élèves, suggérez-leur (sans les obliger) de regrouper les jetons par dizaines pendant qu'ils dénombrent. Au lieu de faire de grosses piles de jetons, ils pourraient utiliser des cubes de base dix emboîtables pour fabriquer des barres (languettes) représentant les dizaines, ou regrouper des jetons par dizaines dans des verres. Certains élèves utiliseront la barre comme outil de calcul pour dénombrer les dizaines, même s'ils dénombrent chaque segment de la barre unité par unité.

Les élèves commenceront à utiliser spontanément les concepts et les modèles de base dix pour représenter concrètement les problèmes, une fois qu'ils se seront familiarisés avec ces principes. Même en utilisant du matériel de base dix, ils trouveront différents moyens de résoudre des problèmes.

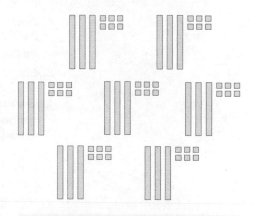

FIGURE 4.2 ▲

Exemple de représentation concrète de 36 × 7 avec des modèles de base dix.

Les stratégies inventées

Nous appellerons *stratégie inventée* (ou *stratégie personnelle*) toute stratégie qui n'est pas un algorithme traditionnel et qui ne comporte ni utilisation de matériel de manipulation ni dénombrement d'unités. Ces stratégies inventées sont également qualifiées de stratégies *flexibles et personnalisées*. De telles stratégies sont parfois exécutées mentalement. Par exemple, il est possible de calculer mentalement la somme 75 + 19 (75 plus 20 égale 95, moins 1 égale 94). Pour la somme 847 + 256, certains élèves pourraient écrire les étapes intermédiaires en guise d'aide-mémoire pendant qu'ils résolvent le problème. (Faites-en vous-même l'essai.) En classe, il est conseillé d'utiliser un support écrit pendant l'élaboration d'une stratégie. Les notes écrites sont faciles à mettre en commun et permettent aux élèves de se concentrer sur les idées. Surtout pendant la période d'acquisition de la stratégie, il n'est pas important de faire la distinction entre les processus faisant appel à l'écrit, au partiellement écrit et au mental.

Au cours des deux dernières décennies, plusieurs recherches se sont penchées sur la façon dont les élèves abordaient les situations de calcul lorsqu'ils ne connaissaient pas d'algorithme ou de stratégie spécifique. Différents programmes du primaire fondent d'ailleurs le développement des méthodes de calcul sur les stratégies inventées par les élèves. Ces programmes sont souvent appelés « programmes révisés » *(Investigations in Number, Data, and Space, Trailblazers* et *Everyday Mathematics*). « Les données montrent de plus en plus clairement qu'à l'école et en dehors de l'école, les élèves construisent des méthodes pour additionner et soustraire des nombres à plusieurs chiffres sans consignes explicites. » (Carpenter et collab., 1998, p. 4.) En outre, selon plusieurs chercheurs, des données indiquent que les élèves construisent des méthodes efficaces également pour la multiplication et la division (Baeck, 1998 ; Fosnot et Dolk, 2001 ; Kamii et Dominick, 1997 ; Schifter et collab., 1999).

Par ailleurs, tous les élèves n'inventent pas leurs propres stratégies. C'est pourquoi il est souhaitable de mettre en commun les stratégies inventées par certains d'entre eux afin que leurs camarades puissent les explorer et les mettre à l'essai. Cependant, on ne devrait pas permettre à un élève d'utiliser une méthode qu'il ne comprend pas.

Les différences avec les algorithmes traditionnels

Il existe des différences importantes entre les stratégies inventées et les algorithmes traditionnels.

1. *Les stratégies inventées sont axées sur les nombres plutôt que sur les chiffres.* Une stratégie inventée pour 68 × 7 pourrait être « 7 fois 60 font 420 et 56 de plus font 476 ». Le premier produit est 7 fois *soixante*, et non 7 fois le chiffre 6 comme dans l'algorithme traditionnel. Lorsque les élèves utilisent cet algorithme pour calculer 45 + 32, ils ne

pensent jamais à 40 et 30, mais plutôt à 4 + 3. Kamii, qui milite depuis longtemps contre les algorithmes, prétend qu'ils favorisent le « désapprentissage » de la valeur de position (Kamii et Dominick, 1998).

2. *Les stratégies inventées favorisent le calcul à partir de la gauche plutôt que de la droite.* Les stratégies inventées partent des éléments les plus grands des nombres, qui sont représentés par les chiffres situés le plus à gauche. Pour 26 × 47, plusieurs stratégies inventées commencent par 20 fois 40 font 800. Cette façon de faire donne immédiatement une idée de l'ordre de grandeur de la réponse à venir. Dans l'algorithme traditionnel, les élèves commencent par 7 fois 6 font 42. Comme les méthodes traditionnelles sont centrées sur les chiffres et procèdent de la droite vers la gauche, elles ne laissent rien voir du résultat avant la toute fin de l'opération, sauf dans le cas d'une division non abrégée.

3. *Les stratégies inventées sont flexibles et non rigides.* Habituellement, les élèves adaptent les stratégies inventées aux nombres sur lesquels ils font des opérations de manière à faciliter les calculs. Essayez d'additionner mentalement 465 + 230 et 526 + 98. Avez-vous utilisé la même méthode ? L'algorithme traditionnel encourage l'emploi d'un même outil pour tous les problèmes. L'algorithme traditionnel pour 7 000 − 25 provoque habituellement des erreurs, tandis qu'une stratégie mentale est relativement simple.

Les avantages des stratégies inventées

Les avantages associés aux stratégies inventées ne se limitent pas à la facilitation du calcul. Autant leur développement que leur utilisation régulière offrent des avantages difficiles à ignorer.

■ *Les concepts de base dix sont renforcés.* Il existe un lien étroit entre le développement des concepts de base dix et le processus de création des stratégies de calcul (Carpenter et collab., 1998). « Les stratégies inventées sont un indice caractéristique de compréhension. » (p. 16) On devrait intégrer la création de stratégies inventées à l'acquisition des concepts de base dix, et ce, dès la première année.

■ *Les stratégies inventées s'appuient sur la compréhension.* On remarque que les élèves utilisent rarement une stratégie inventée qu'ils ne comprennent pas. Au contraire, ceux qui appliquent souvent les algorithmes traditionnels sont incapables d'expliquer pourquoi ils fonctionnent (Carroll et Porter, 1997).

■ *Les élèves font moins d'erreurs.* Des données recueillies par Kamii et Dominick (1997) étayent solidement cette affirmation. Les élèves qui emploient des algorithmes traditionnels tendent à faire des « erreurs systématiques » : ils élaborent des algorithmes erronés, qu'ils reproduisent constamment, et répètent les mêmes erreurs. De plus, la confusion créée par les retenues ou un mauvais alignement des colonnes entraîne de nombreuses erreurs de distraction. Les stratégies inventées ne donnent généralement pas lieu à de telles erreurs.

■ *Les stratégies inventées ne désavantagent pas les élèves lors des examens.* Les recherches montrent que les élèves qui n'apprennent pas les algorithmes traditionnels réussissent aussi bien les calculs lors des épreuves uniques que les élèves qui suivent un programme traditionnel (Campbell, 1996 ; Carroll, 1996 ; Carroll et Porter 1997 ; Chambers, 1996). De plus, les élèves réussissent bien les problèmes en contexte, car l'acquisition des stratégies inventées fait largement appel à ce type de problème. Les exigences sur le plan de l'évaluation ne commandent pas le recours aux algorithmes traditionnels.

Le calcul mental

Une stratégie de calcul mental est tout simplement une stratégie inventée qui se déroule mentalement. Ce qui peut être une stratégie mentale pour un élève peut exiger un support écrit pour un autre. Au début, on ne devrait pas exiger des élèves qu'ils effectuent du calcul mental, car cela pourrait s'avérer contre-indiqué pour ceux qui n'ont pas encore élaboré de stratégie inventée ou qui en sont encore au stade de la représentation concrète. Par ailleurs, vous pourriez être surpris de la capacité des élèves (et de votre propre capacité) à calculer mentalement.

Faites un essai avec l'exemple suivant :

$$342 + 153 + 481$$

Pour l'addition présentée ci-dessus, essayez la méthode suivante : commencez par additionner les centaines en énumérant les totaux au fur et à mesure : *3 centaines, 4 centaines, 8 centaines*. Ensuite, additionnez successivement les dizaines, puis les unités. Faites cet exercice immédiatement.

Le problème devient plus intéressant avec les calculs un peu plus compliqués et l'on dispose généralement d'un plus grand nombre de méthodes pour le résoudre. Voici un exemple tiré du chapitre des *NCTM Standards* pour la troisième à la cinquième année (p. 152).

$$7 \times 28$$

Les auteurs proposent trois méthodes pour arriver à la solution, mais il en existe au moins deux autres (NCTM, 2000, p. 152). Combien pouvez-vous en découvrir vous-même ?

Lorsque vos élèves seront devenus plus habiles, vous pourriez et devriez leur proposer à l'occasion de faire mentalement les calculs exigés. Ne vous attendez pas à ce qu'ils possèdent tous les mêmes habiletés en ce sens.

Les algorithmes traditionnels

Les enseignantes se posent souvent la question suivante : « Combien de temps dois-je attendre avant d'enseigner la méthode *traditionnelle* ? » Derrière cette question se cache la crainte suivante : les élèves seront-ils désavantagés s'ils n'apprennent pas les méthodes que nous avons nous-mêmes apprises à leur âge ? Pour l'addition et la soustraction, il n'en est rien. L'objectif fondamental en matière de calcul devrait être la capacité à calculer efficacement, et non l'utilisation d'algorithmes. En d'autres mots, la *méthode* de calcul n'est pas une fin en soi ; l'objectif visé, c'est la capacité à calculer. Pour la multiplication et la division, beaucoup d'enseignantes auront davantage recours aux méthodes traditionnelles, surtout avec les opérations qui comportent trois chiffres ou plus.

Abandonner ou non les algorithmes traditionnels ?

Tout ce dont l'élève a besoin pour additionner et soustraire, ce sont des méthodes flexibles qui lui permettent de calculer mentalement à partir de la gauche avec un support écrit. Dès la cinquième année, la plupart des élèves sauront utiliser mentalement ces méthodes souples qu'ils auront acquises à l'aide d'exercices appropriés. Ils se serviront de ces méthodes plus efficacement tout au long de leur vie. Cette idée peut vous sembler difficile à accepter pour deux raisons. La première, c'est que les algorithmes traditionnels ont joué un rôle déterminant dans vos propres apprentissages en mathématiques ; la seconde, c'est que ces nouvelles approches *vous* sont peut-être étrangères. Malgré tout, ces raisons ne justifient pas l'enseignement des algorithmes traditionnels pour l'addition et la soustraction.

Dans le cas de la multiplication et de la division, l'emploi d'algorithmes mérite d'être examiné, surtout quand on fait des calculs avec des nombres de plus en plus grands. Pour les élèves de troisième année qui travaillent avec des multiplicateurs et des diviseurs à un seul chiffre, les stratégies inventées ne sont pas seulement adéquates. Elles favorisent également la compréhension et la flexibilité, comme nous l'avons souligné plus haut. Ce faisant, il est possible d'appliquer à des calculs plus complexes les habiletés acquises pour faire des calculs avec des nombres à deux chiffres. Mais il faut pour cela continuer à mettre l'accent sur les stratégies inventées, et éviter de se rabatte sur les algorithmes traditionnels. Encore une fois, les recherches indiquent que chez les élèves n'ayant jamais appris les méthodes traditionnelles, les épreuves comportant des problèmes de calcul donnent des résultats satisfaisants.

Si, pour une raison quelconque, vous vous sentez dans l'obligation d'enseigner les algorithmes traditionnels, lisez les points suivants :

■ Les élèves n'inventeront pas les méthodes traditionnelles, car les méthodes de calcul à partir de la droite ne sont pas naturelles. Vous devrez donc présenter et expliquer chaque algorithme.

■ Quel que soit le soin que vous apportiez à expliquer que ces méthodes de calcul à partir de la droite, centrées sur les chiffres et de type «emprunter et utiliser une retenue», ne sont que des méthodes parmi d'autres, les élèves auront l'impression que c'est la «bonne» et l'«unique» façon de calculer. *Papa et maman calculent de cette façon. C'est la méthode que mon enseignante m'a montrée.* Avec pour résultat que la plupart des élèves renonceront aux méthodes plus flexibles de calcul à partir de la gauche qu'ils ont pu imaginer.

Cela ne signifie pas pour autant qu'il est impossible d'enseigner les algorithmes traditionnels en s'appuyant sur une base conceptuelle solide. Pendant des années, les manuels scolaires ont présenté adéquatement ces méthodes. Le problème réside dans le fait que les algorithmes traditionnels, particulièrement pour l'addition et la soustraction, ne sont pas des méthodes naturelles pour les élèves. Les explications n'atteignent généralement pas leur cible. Beaucoup trop d'élèves apprennent ces méthodes sans en comprendre le sens. Il faut alors reprendre l'enseignement et faire beaucoup de rattrapage. Si vous avez néanmoins l'intention d'enseigner les algorithmes traditionnels, il serait préférable de réserver aux méthodes inventées une longue période de temps, mesurée en mois et non en semaines. Introduisez les algorithmes le plus tard possible. En travaillant avec des stratégies inventées, les élèves comprendront mieux les méthodes traditionnelles, ce qui en facilitera l'enseignement.

Réapparition des algorithmes traditionnels

Les algorithmes traditionnels réapparaîtront immanquablement dans votre classe. Les élèves les apprennent de leurs frères et sœurs aînés, de leur enseignante de l'année précédente ou de leurs parents bien intentionnés. Les algorithmes traditionnels ne sont pas mauvais en soi ; interdire leur utilisation est en quelque sorte une décision arbitraire. Toutefois, les élèves qui jettent leur dévolu sur une méthode traditionnelle sont souvent plus réticents à inventer des stratégies plus flexibles. Que faire alors ?

D'abord et avant tout, appliquez aux algorithmes traditionnels la même règle qu'à toutes les autres stratégies : *pour les utiliser, il faut comprendre leur fonctionnement et être en mesure de les expliquer.* Dans un environnement propice, la compréhension des algorithmes peut être profitable, comme cela l'est pour toutes les autres stratégies. Cependant, la responsabilité en revient aux élèves, et non à leur enseignante.

Considérez les algorithmes traditionnels (une fois qu'ils auront été compris) comme une stratégie de plus à ranger dans la «boîte à outils» des méthodes utilisées en classe. Insistez sur l'idée que les algorithmes, comme toutes les autres stratégies d'ailleurs, sont plus utiles dans certaines situations que dans d'autres. Soumettez des problèmes qui mettent en évidence l'utilité du calcul mental, par exemple $504 - 498$ ou 75×4. Déterminez avec les élèves quelle serait la méthode la plus appropriée. Expliquez-leur que, pour un problème comme $4\,568 + 12\,813$, l'algorithme traditionnel comporte certains avantages, même si, en réalité, la plupart des gens utiliseront une calculatrice pour effectuer cette addition.

L'apprentissage des stratégies inventées : une vue d'ensemble

Les élèves n'inventent pas spontanément de merveilleuses méthodes de calcul pendant que leur enseignante reste assise à les observer. Ils ont plutôt tendance à adopter les différentes stratégies proposées par les programmes révisés, ce qui laisse à penser que les enseignantes et les programmes influent sur les méthodes adoptées par les élèves. Cette section présente les méthodes pédagogiques générales qui aident les élèves à créer des stratégies inventées.

Recourir fréquemment à des problèmes en contexte

Les élèves manifestent plus d'intérêt à l'égard des exercices de calcul portant sur des situations qui leur sont familières que vis-à-vis des problèmes ne comportant qu'un simple calcul. De plus, le choix des problèmes en contexte influe sur les stratégies que les élèves emploient pour les résoudre. Voici deux exemples :

> **Maxime avait déjà économisé 68 cents lorsque sa maman lui a donné un peu d'argent pour avoir fait une commission. Maxime a maintenant 93 cents. Quel montant Maxime a-t-il reçu pour sa commission ?**
>
> **Georges entre dans un magasin avec 93 cents en poche. Il dépense 68 cents. Combien d'argent lui reste-t-il ?**

Le calcul 93 − 68 permet de résoudre les deux problèmes. Toutefois, pour résoudre le premier, il faudra probablement faire appel à une méthode comportant une addition. De même, la résolution des problèmes de division exigeant un partage équitable favorise davantage le recours à une stratégie de partage que celle des problèmes de mesure ou de soustraction à répétition.

Les problèmes en contexte ne sont pas une réponse à toutes les situations, surtout lorsque les élèves sont en train d'apprendre une nouvelle stratégie ; les problèmes simples d'arithmétique suffisent alors amplement.

Utiliser la leçon en trois parties

La leçon en trois parties décrite au chapitre 1 offre un cadre adéquat pour une leçon de stratégie inventée. La tâche à accomplir peut consister en un ou deux problèmes, ou encore en un calcul simple, mais toujours avec l'objectif que la méthode de résolution fera l'objet d'une discussion.

Allouez suffisamment de temps pour résoudre le problème. Écoutez les différentes méthodes utilisées par les élèves, mais sans proposer la vôtre. Demandez aux élèves qui en sont capables de trouver une deuxième méthode, de résoudre un problème sans modèle, ou de bonifier une explication écrite. Quant à ceux qui sont encore incapables de penser en fonction des dizaines, laissez-les utiliser des méthodes simples de dénombrement. Dites à ceux qui ont trouvé rapidement la solution de comparer leurs méthodes avec celles de leurs camarades, puis de les présenter au reste de la classe.

L'explication des méthodes de résolution constitue la partie la plus importante de la leçon. Aidez les élèves à écrire leurs explications au tableau ou sur un transparent pour rétroprojecteur. Encouragez-les à poser des questions à leurs camarades de classe. À l'occasion, demandez-leur d'essayer une méthode particulière avec différents nombres pour examiner de plus près son fonctionnement.

N'oubliez pas que tous les élèves n'inventeront pas leur stratégie. Ils peuvent cependant essayer les stratégies présentées qu'ils sont en mesure de comprendre.

Le choix des données numériques

Avec les algorithmes traditionnels, vous avez l'habitude de faire la distinction entre les problèmes qui demandent un regroupement et ceux qui n'en exigent pas. Le degré de difficulté d'un problème se juge également en fonction du nombre de chiffres qu'il contient. Lorsque vous encouragez les élèves à créer leurs propres méthodes, tenez compte d'autres facteurs. Par exemple, il est généralement plus facile d'additionner 35 + 42 que 35 + 47. Or, l'addition 30 + 20 est encore plus facile à faire et elle aide les élèves à penser en fonction des dizaines. Vous pouvez ensuite ajouter les additions 46 + 10 ou 20 + 63.

Dans le cas de la soustraction, il est important que les élèves sachent calculer la partie manquante de 100. Les tâches comme *Que faut-il ajouter à 35 pour faire 100?* préparent donc le terrain à d'autres problèmes. De même, des soustractions comme 417 – 103 ou 417 – 98 encouragent les élèves à soustraire 100, puis à ajuster, ou compenser, pour obtenir le bon résultat.

Dans le cas de la multiplication, les multiples de 5, 10 et 25 constituent un bon point de départ. Il peut être plus facile de calculer 325 × 4 que 86 × 7, même si le multiplicande du premier exemple est un nombre à trois chiffres. Dans le cas de la division, il faut prêter attention au diviseur. Et, comme la plupart des stratégies inventées font appel à la multiplication, les commentaires à propos de cette opération s'appliquent aussi à la division. Par exemple, la division 483 ÷ 75 est plus facile que 483 ÷ 67 et guère plus difficile que 327 ÷ 6.

L'intégration du calcul et l'apprentissage de la valeur de position

Au chapitre 2, nous avons souligné que l'acquisition de stratégies de calcul permettait aux élèves d'approfondir leur compréhension de la valeur de position. Vous remarquerez que les exemples présentés dans la section précédente sur le choix des nombres contribuent à consolider la manière dont notre système de nombres est construit à partir d'une structure de regroupement de dizaines. Le chapitre 2 contient une section intitulée « Les activités incitant à une pensée flexible sur les nombres entiers » (p. 52). Les activités proposées dans cette section s'adressent à des classes de troisième et de quatrième année et complètent le développement de stratégies inventées, particulièrement pour l'addition et la soustraction.

La progression à partir de la représentation concrète

La représentation concrète avec des dizaines et des unités mènera éventuellement aux stratégies inventées. Toutefois, il faudra peut-être encourager les élèves à renoncer à cette première méthode. Voici quelques idées en ce sens :

- Notez au tableau les explications données oralement par des élèves de manière à ce que tous puissent se les représenter. Dites-leur d'appliquer la méthode écrite au tableau en utilisant des nombres différents.

- Demandez aux élèves qui viennent de résoudre un problème avec des modèles s'ils peuvent le résoudre à nouveau, mais cette fois mentalement (sans passer par l'étape papier-crayon).

- Soumettez un problème à tous les élèves et demandez-leur de le résoudre mentalement s'ils le peuvent.

- Demandez aux élèves d'écrire la démarche qu'ils ont employée pour résoudre le problème à l'aide de modèles. Expliquez-leur ensuite qu'ils vont essayer d'utiliser cette même méthode avec un problème différent.

Les stratégies inventées pour l'addition et la soustraction

Les recherches ont montré que les élèves s'y prennent de bien des façons pour effectuer des additions et des soustractions. Vous pourriez vous fixer comme objectif que chaque élève maîtrise au moins une ou deux méthodes raisonnablement efficaces, correctes sur le plan mathématique et applicables à beaucoup de nombres différents. Attendez-vous à ce que les stratégies diffèrent d'un élève à l'autre.

Il n'est pas impensable que des élèves sachent additionner et soustraire mentalement des nombres de deux chiffres en troisième année. Cependant, même en quatrième année, ne les poussez pas à se limiter au calcul mental. Écrire au tableau les idées émises par les élèves permettra à l'ensemble de la classe d'élaborer de nouvelles approches. Ceux dont la mémoire à court terme n'est pas encore très efficace se rendront compte qu'ils peuvent appliquer plus facilement leurs stratégies en notant rapidement les résultats intermédiaires sur un morceau de papier. L'objectif est l'élaboration de stratégies de calcul significatives et flexibles. Si les élèves les utilisent fréquemment, ils prendront l'habitude de les appliquer mentalement.

À la fin de la deuxième année, les élèves ont pu se familiariser, voire assimiler, la plupart des idées proposées dans la présente section pour l'addition et la soustraction. Cependant, la majorité des élèves de troisième année, et même ceux de cinquième ou de sixième année, n'ont jamais élaboré de stratégies inventées. L'ordre dans lequel les idées sont présentées dans cette section convient à tous les niveaux.

L'addition et la soustraction des unités

Les élèves peuvent facilement appliquer aux dizaines supérieures les tables d'addition et de soustraction (ou les faits numériques de base relatifs à l'addition et à la soustraction).

> **Émile était rendu à la page 47 de son livre. Il a lu 8 pages de plus. Combien de pages Émile a-t-il lues en tout ?**

Si les élèves dénombrent simplement les unités, l'activité 4.1 pourrait être utile, car elle constitue un prolongement de la stratégie des sommes utilisant le point d'ancrage 10 pour les tables d'addition.

Activité 4.1

Additionner et soustraire avec des boîtes de dix

Revoyez rapidement la stratégie des sommes utilisant le point d'ancrage 10 pour les tables d'addition avec des boîtes de dix, ou des cadres à dix cases. (Additionner jusqu'à 10, puis additionner le reste.) Demandez aux élèves s'ils pourraient utiliser le même principe pour additionner un nombre à deux chiffres comme dans la figure 4.3 (p. 114). Les élèves peuvent travailler deux par deux. Ils commencent par former un nombre à deux chiffres à l'aide des petites cartes de boîtes de dix. Ils empilent ensuite les cartes comprenant moins de 10 points et les retournent, une à la fois. Ils discutent ensuite pour trouver une façon d'obtenir rapidement le total.

On utilise la même méthode pour la soustraction. Par exemple, pour $53 - 7$, enlevez 3 pour obtenir 50, puis 4 pour obtenir 46.

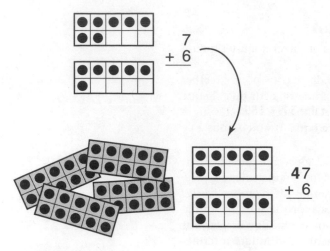

FIGURE 4.3 ▲

Pour appliquer la stratégie des sommes utilisant le point d'ancrage 10 à de grands nombres, les élèves peuvent utiliser des petites boîtes de dix.

Vous remarquerez que progresser en montant jusqu'à une dizaine (comme dans 47 + 6) ou en descendant jusqu'à une dizaine (comme dans 53 – 7) est une approche différente de la méthode « utiliser une retenue et emprunter ». Les unités ne sont pas échangées contre une dizaine ou les dizaines contre des unités. Les cartes de boîtes de dix encouragent les élèves à travailler avec les multiples de 10 sans faire ce type de regroupement.

Le tableau des cent premiers nombres (ou la grille de nombres) est un autre modèle important à utiliser. La structure de ce tableau est identique à celle des dizaines utilisées dans les petites cartes de boîtes de dix. Pour 47 + 6, vous comptez 3 pour arriver à 50 à la fin d'une rangée et 3 de plus dans la rangée suivante.

L'addition de nombres à deux chiffres

Pour chacun des exemples suivants, nous vous présentons une méthode d'écriture des démarches employées. Il s'agit de suggestions, et non de directives. Les élèves ont de la difficulté à inventer des techniques d'écriture. Pour les aider à en acquérir, vous pouvez écrire leurs idées au tableau à mesure qu'ils les présentent. Pour déterminer la forme de présentation la plus adéquate, vous pouvez même discuter des méthodes d'écriture avec des élèves, soit individuellement, soit avec l'ensemble de la classe. Les formats horizontaux encouragent les élèves à penser en fonction des nombres, et non des chiffres. De plus, ils risquent moins d'encourager l'utilisation d'algorithmes traditionnels.

Avec certaines méthodes, les élèves emploieront souvent la technique de « comptage par dizaines et par unités ». Ainsi, au lieu de faire « 46 et 30 égale 76 », ils peuvent compter « 46 ⟶ 56, 66, 76 ». Si l'on écrit ces calculs au tableau, les élèves suivront mieux les étapes de l'opération.

La figure 4.4 illustre quatre stratégies différentes pour l'addition de nombres à deux chiffres. Le problème qui suit est un exemple de mise en situation possible.

> **Deux groupes de louveteaux participent à une excursion. Il y a 46 filles et 38 garçons. Combien y a-t-il de louveteaux en tout ?**

FIGURE 4.4 ▶

Quatre stratégies inventées différentes pour additionner les nombres à deux chiffres.

Stratégies inventées pour l'addition des nombres à deux chiffres	
Additionner les dizaines, additionner les unités et combiner 46 + 38 40 et 30 égale 70. 6 et 8 égale 14. 70 et 14 égale 84. $\quad\begin{array}{r}46\\+38\\\hline 70\\14\\\hline 84\end{array}$	**Déplacer des chiffres pour faire des dizaines** 46 + 38 J'enlève 2 à 46 pour le donner à 38 et faire 40. J'ai maintenant 44 et 40 de plus, ce qui donne 84. $\quad\begin{array}{c}2\\46+38\\44+40\\84\end{array}$
Additionner les dizaines, puis additionner les unités 46 + 38 46 et 30 de plus égale 76. J'ajoute l'autre 8. 76 et 4 égale 80 et 4 de plus égale 84. $\quad\begin{array}{l}46+38 \rightarrow\\76+8 \rightarrow 80, 84\end{array}$	**Utiliser un beau nombre et faire un ajustement** 46 + 38 46 et 40 égale 86. C'est 2 de trop et la réponse est 84. $\quad\begin{array}{l}46+38\\46+40 \rightarrow\\86-2 \rightarrow 84\end{array}$

Les stratégies de type «déplacer des chiffres pour faire une dizaine» et «ajuster» sont utiles lorsqu'un des nombres se termine par 8 ou 9. Pour promouvoir cette stratégie, présentez des problèmes avec des termes comme 39 ou 58. Il est à noter qu'on ne doit ajuster qu'un seul des deux nombres.

 PAUSE — **Utilisez le plus grand nombre possible de façons de calculer 367 + 155. Combien de ces façons ressemblent aux stratégies de la figure 4.4 ?**

Compter en montant pour soustraire

Il existe un moyen extraordinairement efficace de soustraire. Les élèves qui utilisent la stratégie du *penser-addition* pour leurs tables de base sont également en mesure de résoudre des problèmes comportant de grands nombres. Le principe est le même. Il est important d'utiliser les problèmes *faire correspondre avec l'inconnue* ou *la partie manquante* pour encourager les élèves à recourir à la stratégie «compter en montant», c'est-à-dire compter à partir d'un nombre donné pour soustraire. Voici un exemple de ces deux types de problèmes.

> **Samuel possède 46 cartes de baseball. Il va à une exposition de cartes et s'en procure d'autres. Sa collection compte maintenant 73 cartes. Combien de cartes Samuel a-t-il achetées à l'exposition ?**
>
> **Aude a compté tous ses crayons. Certains étaient brisés et d'autres non. Elle avait 73 crayons en tout ; 46 n'étaient pas brisés. Combien y en avait-il de brisés ?**

Les nombres utilisés dans ces problèmes sont repris dans les stratégies illustrées à la figure 4.5.

Soulignez l'utilité des dizaines en proposant un problème qui comporte des multiples de 10. Dans 50 – 17, on peut utiliser une dizaine lorsqu'on additionne pour passer de 17 à 20, ou en additionnant 30 à 17. Certains élèves peuvent en conclure que la réponse doit être 30 et *quelque chose*, car 30 et 17 font moins que 50 et 40, et 17 est plus que 50. Comme

Stratégies inventées de type « Compter en montant pour soustraire »

Se rapprocher en additionnant des dizaines, puis des unités	Additionner les unités pour faire une dizaine, puis les dizaines et les unités
73 – 46 46 et 20 égale 66. (30 de plus est trop élevé.) Ensuite, 4 de plus égale 70 et 3 de plus égale 73. Cela donne 20 et 7, soit 27. $46 > 20$ $66 > 4$ $70 > 3$ $73 \;\; \overline{27}$	73 – 46 46 et 4 égale 50. 50 et 20 égale 70 et 3 de plus égale 73. 4 + 3 égale 7, et 20 de plus égale 27. $73 - 46$ $46 + 4 \rightarrow 50$ $+20 \rightarrow 70$ $+3 \rightarrow 73$ $\overline{27}$
Additionner les dizaines pour dépasser, puis revenir sur ses pas 73 – 46 46 et 30 égale 76. C'est 3 de trop, donc la réponse est 27. $73 - 46$ $46 + 30 \rightarrow 76 - 3 \rightarrow 73$ $30 - 3 = 27$	De la même façon : 46 et 4 égale 50. 50 et 23 égale 73. 23 et 4 égale 27. $46 + 4 \rightarrow 50$ $50 + 23 \rightarrow 73$ $23 + 4 = 27$

FIGURE 4.5 ◄

Compter en montant pour soustraire est une méthode efficace.

il faut ajouter 3 à 7 pour obtenir 10, la réponse doit être 33. Il est également utile de trouver la partie manquante à 50 ou à 100. (Voir l'activité 2.18 « Découvrir l'autre partie de 100 », page 55.)

Enlever pour soustraire

Il est beaucoup plus difficile d'appliquer des méthodes de retranchement, que ce soit mentalement ou en procédant avec du papier et un crayon. Cette observation s'applique notamment aux nombres à trois chiffres. Il y a toutefois des exceptions, comme 423 – 8 et 576 – 300 (où l'on soustrait un nombre inférieur à 10 ou un multiple de 10 ou de 100). Cependant, on ne peut faire abstraction des stratégies de retranchement, probablement parce que les manuels traditionnels insistent sur le fait que retrancher est le sens même de la soustraction. Les élèves qui ont déjà appris l'algorithme traditionnel appliqueront fort probablement une stratégie de retranchement.

La figure 4.6 illustre quatre stratégies de retranchement que les élèves peuvent continuer d'employer, mais vous devriez mettre l'accent sur les méthodes d'addition à rebours chaque fois que c'est possible.

> **Il y avait 73 élèves dans la cour de l'école. Les 46 élèves de troisième année sont rentrés en premier. Combien restait-il d'élèves dans la cour ?**

Les deux méthodes qui commencent par enlever des dizaines aux dizaines correspondent à ce que la plupart des élèves font avec le matériel de base dix. Les deux autres méthodes laissent un des nombres intacts et effectuent la soustraction à partir de lui. Essayez de calculer mentalement 83 – 29 en enlevant d'abord 30, puis en ajoutant 1. Soustraire un nombre qui est proche d'un multiple de 10 est une bonne méthode de calcul mental.

PAUSE Essayez de calculer 82 – 57. Utilisez les méthodes *enlever* et *compter en montant*. Pouvez-vous utiliser de mémoire toutes les stratégies illustrées dans les figures 4.5 et 4.6 ?

FIGURE 4.6 ▶

Les stratégies de type « enlever » donnent de bons résultats avec les problèmes à deux chiffres. Elles sont plus difficiles à appliquer aux nombres à trois chiffres.

Stratégies inventées de type « Enlever pour soustraire »	
Enlever des dizaines, puis soustraire les unités 73 – 46 70 moins 40 égale 30. J'enlève 6 de plus pour faire 24. J'ajoute maintenant 3 unités → 27. $73 - 46$ $70 - 40 \rightarrow 30 - 6 \rightarrow$ $24 + 3 \rightarrow 27$ Ou 70 moins 40 égale 30. Je peux enlever ces 3 unités, mais j'ai besoin de 3 unités de plus pour aller de 30 à 27. $\begin{array}{r} 7\cancel{3} \\ -46 \\ \hline 30 \\ -3 \\ \hline 27 \end{array}$	**Enlever les dizaines, puis les unités** 73 – 46 73 moins 40 égale 33. J'enlève ensuite 6 : $73 - 40 \rightarrow 33 - 3$ 3 égale 30 et 3 de moins égale 27. $30 - 3 \rightarrow 27$ **Enlever les dizaines supplémentaires, puis les rajouter** 73 – 46 $\quad 73 - 50 \rightarrow 23 + 4$ 73 moins 50 égale 23. Il y a 4 de trop. $\quad 27$ 23 et 4 égale 27. **Additionner l'entier, si nécessaire** 73 – 46 $\quad +3$ J'ajoute 3 à 73 pour faire 76. $\quad 73 - 46$ 76 moins 46 égale 30. $\quad 76 - 46 \rightarrow 30$ J'enlève maintenant 3 → 27. $\quad -3 \rightarrow 27$

Approfondissement et défis

Chacun des exemples présentés dans les sections précédentes comportait des sommes infé-rieures à 100 et nécessitait de faire un *emprunt à une dizaine*. Quand on les faisait avec un algorithme traditionnel, il fallait retenir et emprunter. Les emprunts, la taille des nombres et le potentiel pour faire ces problèmes mentalement sont des éléments dont il faut tenir compte.

Emprunts

Dans la plupart des stratégies, il est plus facile d'additionner et de soustraire lorsque les emprunts ne sont pas nécessaires. Essayez chaque stratégie avec 34 + 52 ou 68 – 24 pour vérifier si elle fonctionne. Les problèmes plus faciles mettent les élèves en confiance. Ils vous offrent également l'occasion de leur demander d'en résoudre de « plus difficiles ». Il faut également tenir compte de la difficulté inhérente aux emprunts à 100 ou à 1 000. Essayez différentes stratégies pour 58 + 67. Faire des emprunts à 100 est également problé-matique avec la soustraction. Des problèmes comme 128 – 50 ou 128 – 45 sont plus diffi-ciles que les problèmes où il n'y a pas d'emprunt à 100.

Grands nombres

Dans la plupart des programmes, les élèves de quatrième année doivent additionner ou soustraire des nombres à trois chiffres. Il se peut même que les instructions ministé-rielles incluent des opérations comportant des nombres à quatre chiffres. Essayez de voir comment *vous* pourriez faire les calculs suivants sans recourir aux algorithmes traditionnels : 487 + 235 et 623 – 247. Pour la soustraction, l'option la plus facile consiste habituellement à faire appel à une stratégie « compter en montant ». À l'occasion, d'autres stratégies s'appliquent aux grands nombres. Par exemple, il est souvent utile de prélever des « mor-ceaux » dans les multiples de 50 ou de 25. Pour 462 + 257, prélevez 450 et 250 pour faire 700. Nous avons maintenant 12 et 7 de plus $\longrightarrow$ 719.

Les algorithmes traditionnels pour l'addition et la soustraction

Les méthodes de calcul traditionnelles pour l'addition et la soustraction sont sensiblement différentes de la quasi-totalité des méthodes inventées. En plus d'être axées sur les chiffres et de commencer par les chiffres situés le plus à droite (comme nous l'avons déjà mentionné), les méthodes traditionnelles reposent sur un concept habituellement appelé *regroupement*. Au cours de cette opération, on échange 10 dans une valeur de position pour 1 dans la position qui est à sa gauche (« utiliser une retenue ») ou, inversement, on échange 1 contre 10 dans la position qui est à sa droite (« emprunter »). Les mots *emprunter* et *utiliser une retenue* sont désuets et trompeurs sur le plan conceptuel. De même, le mot *regroupement* n'offre aucune aide sur le plan conceptuel aux jeunes élèves. Il est préférable d'utiliser le mot « échanger ». On *échange* 10 unités contre 1 dizaine. On *échange* 10 dizaines contre 1 centaine. La notion d'échange a du sens quand on utilise des éléments en base dix, qu'on doit effectivement échanger ; par exemple, on remplace 1 élément représentant 1 dizaine par 10 éléments représentant 1 unité.

Mis à part l'aspect terminologique, le processus d'échange est très différent du pro-cessus d'emprunt utilisé dans les stratégies mentales et inventées. Prenons par exemple l'addition 28 + 65. Avec la méthode traditionnelle, il faut commencer par additionner 8 + 5. On obtient 13 unités qu'il faut ensuite séparer en 3 unités et 1 dizaine, laquelle doit alors être combinée aux autres dizaines. Ce processus qui consiste à « faire une retenue d'une dizaine » est difficile sur le plan conceptuel et diffère du processus d'emprunt utilisé dans les stratégies inventées. En fait, la presque totalité des manuels de référence préco-nise d'enseigner dorénavant et de manière distincte ce processus de regroupement avant d'aborder directement les algorithmes d'addition et de soustraction, soulignant ainsi les difficultés qui y sont inhérentes. Le processus est encore plus ardu pour la soustraction, particulièrement lorsqu'il y a un 0 à la place des dizaines, ce qui requiert deux échanges successifs.

À ces problèmes s'ajoute celui de l'écriture de chaque étape du calcul. Comme les algorithmes traditionnels se prêtent mal au calcul mental, les élèves doivent apprendre à les noter par écrit. Or, la revue de la littérature des 50 dernières années démontre que, en décrivant leur démarche, un grand nombre d'élèves commettent des erreurs.

Toutes ces observations visent à vous encourager à renoncer aux algorithmes traditionnels pour l'addition et la soustraction, ou à tout le moins à vous sensibiliser aux difficultés que vos élèves rencontreront avec ces algorithmes. Ceci étant dit, si vous devez enseigner selon les méthodes traditionnelles, nous vous donnons quelques conseils en ce sens.

■ Étant donné qu'il ne viendra jamais à l'idée des élèves d'additionner ou de soustraire en commençant par les unités, adoptez une approche plus directe, qui n'est pas strictement centrée sur un problème.

■ Utilisez des modèles en base dix et ne mettez rien par écrit tant que les élèves ne semblent pas avoir compris le procédé.

■ Pour la soustraction, représentez seulement le tout, c'est-à-dire le nombre du haut. Quant au nombre du bas, demandez aux élèves d'en écrire les chiffres sur des bouts de papier, comme à la figure 4.7.

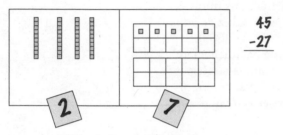

Il n'y a pas suffisamment d'unités pour en enlever 7. Échange 1 dizaine contre 10 unités.

FIGURE 4.7 ▲

Préparation à l'algorithme de soustraction.

■ Quand vous passerez à la méthode écrite, adoptez l'approche « agir d'abord, écrire ensuite ». Chaque fois que les élèves font quelque chose avec le modèle en base dix, demandez-leur de noter ce qu'ils ont fait selon la manière traditionnelle. La plupart des explications contenues dans les manuels constituent un bon guide. Cependant, les auteurs passent beaucoup trop rapidement à des exercices d'automatisation purs, ce qui amène les élèves à appliquer des règles sans les comprendre.

■ Prêtez particulièrement attention aux difficultés inhérentes à la présence du chiffre 0 dans un nombre, surtout dans les problèmes comme 504 – 347, dans lesquels il faut « enjamber le zéro pour emprunter ». Fournissez-leur un modèle pour résoudre ce type de problèmes, puis discutez de la solution avec toute la classe.

Les stratégies inventées pour la multiplication

Les stratégies de calcul pour la multiplication sont beaucoup plus complexes que celles de l'addition et de la soustraction. Souvent, mais pas toujours, les stratégies que les élèves inventent ressemblent beaucoup aux algorithmes traditionnels. La grande différence réside dans le fait qu'ils pensent en termes de nombres, et non de chiffres. Ils commencent toujours avec les grands nombres ou les nombres à gauche.

Pour la multiplication, la capacité à utiliser des méthodes flexibles pour décomposer les nombres est encore plus importante que pour l'addition ou la soustraction. La propriété de la distributivité est un autre concept important dans la multiplication. Par exemple, pour multiplier 43 × 5, on peut décomposer 43 en 40 et 3, multiplier chaque nombre par 5 et additionner les résultats. Il faut offrir aux élèves beaucoup d'occasions d'assimiler ces concepts, autant à partir de leurs propres idées que de celles de leurs camarades de classe.

Des représentations utiles

On peut représenter 34 × 6 de différentes façons, comme le montre la figure 4.8. Souvent, la formulation d'un problème influence le choix d'un modèle. Supposons, par exemple, que l'on veuille déterminer le nombre d'œufs de Pâques qu'il faudrait donner à 34 élèves pour que chacun puisse en peindre 6. Les élèves peuvent représenter 6 ensembles de 34 (ou encore 34 ensembles de 6). Si le problème porte sur l'aire d'un rectangle qui mesure 34 cm sur 6 cm, on pourra alors utiliser une disposition rectangulaire ouverte (vide). Or, quel que soit le contexte de départ, il existe plusieurs types de représentation appropriés pour se représenter 34 × 6, et pour illustrer la multiplication les élèves devraient en arriver à retenir les méthodes qui leur semblent les plus significatives.

La façon dont les élèves représentent un produit est fonction des méthodes qu'ils utilisent pour trouver les réponses. Les regroupements de 34 points peuvent suggérer des additions à répétition, vraisemblablement deux ensembles à la fois. Le double de 34 est 68 et il y a trois 68, donc 68 + 68 + 68. À partir de ce point, il est possible de recourir à plusieurs méthodes.

Les six ensembles de matériel de base dix peuvent inciter les élèves à décomposer les nombres en dizaines et en unités : 6 fois 3 dizaines ou 6 × 30 et 6 × 4. Certains d'entre eux utiliseront les dizaines individuellement : 6 dizaines donnent 60. Cela fait donc 60 et 60 et 60 (180). En additionnant 24, on obtient 204.

Il est fréquent de disposer le matériel de base dix en rangées bien ordonnées, même si le problème en contexte ne le suggère pas. Le modèle de l'aire, ou de la disposition rectangulaire ouverte, ressemble beaucoup à une disposition de matériel de base dix.

Vous devriez intégrer toutes ces idées au répertoire de modèles utilisés par les élèves pour les multiplications à plusieurs chiffres. Présentez différentes représentations (une à la fois) comme autant de moyens d'explorer la multiplication jusqu'à ce que vous soyez sûre que les élèves disposent d'un ensemble d'idées utiles. Parallèlement, si certains élèves sont capables de tenir un bon raisonnement sans dessin, ne les obligez pas à utiliser un modèle.

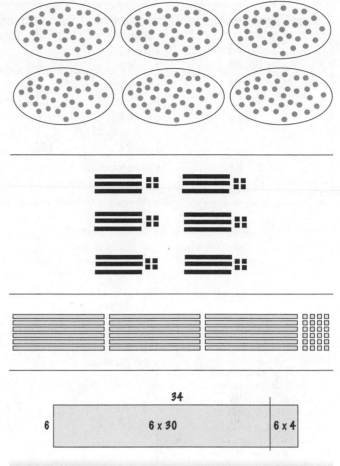

FIGURE 4.8 ▲

Les différents moyens utilisés pour représenter 34 × 6 peuvent être appliqués à différentes stratégies de calcul.

La multiplication avec les multiplicateurs à un chiffre

Comme avec l'addition et la soustraction, il est conseillé de faire faire aux élèves des problèmes mettant en contexte les opérations de multiplication. Demandez-leur de représenter les problèmes tels qu'ils les comprennent. Ne vous préoccupez pas d'une inversion des facteurs (6 ensembles de 34 ou 34 ensembles de 6). Faites preuve d'audace avec les nombres que vous utiliserez : la multiplication 3 × 24 peut sembler plus facile que 7 × 65, mais elle offre un défi moins intéressant. Les types de stratégies que les élèves utilisent pour la multiplication sont beaucoup plus variés que pour l'addition ou la soustraction. Toutefois, les recherches ont permis de dégager les trois grandes catégories de stratégies suivantes.

Nombres complets

Les élèves qui n'ont pas encore maîtrisé la décomposition des nombres en dizaines et en unités verront les nombres dans les ensembles comme des groupes distincts. Ceux qui raisonnent peuvent utiliser deux méthodes représentées à la figure 4.9 (p. 120). Ils devraient écouter leurs camarades qui utilisent des modèles de base dix, et il faudrait les faire travailler davantage avec des activités de regroupement favorisant la décomposition des nombres de différentes manières.

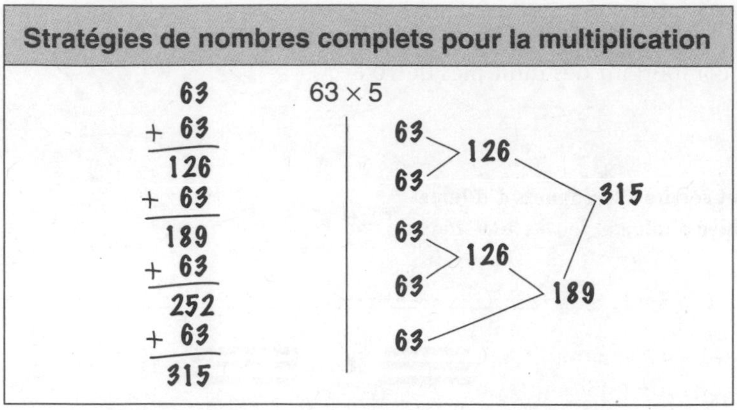

Stratégies de nombres complets pour la multiplication

63×5

FIGURE 4.9 ▲

Les élèves qui utilisent une stratégie reposant sur des nombres complets ne décomposent pas les nombres en dizaines ou encore en dizaines et en unités.

Partition

Les élèves peuvent décomposer des nombres de différentes manières qui reflètent leur compréhension des concepts de base dix. La figure 4.10 illustre au moins quatre façons différentes de procéder. L'approche « par dizaines » est identique à l'algorithme habituel, sauf que les élèves commencent toujours par les grandes valeurs. Elle est facilement applicable aux nombres à trois chiffres et constitue une stratégie de calcul mental très efficace. L'exemple « autre partition » est une autre stratégie valable de calcul mental. Il est facile de calculer mentalement avec des multiples de 25 et de 50 pour ensuite additionner ou soustraire afin d'ajuster. Toutes les stratégies de partition reposent sur la propriété de la distributivité.

FIGURE 4.10 ▶

Il existe différentes méthodes de décomposition des nombres pour obtenir des produits partiels que l'on regroupe ensuite. La partition par dizaines est utile pour le calcul mental et se rapproche beaucoup de l'algorithme traditionnel.

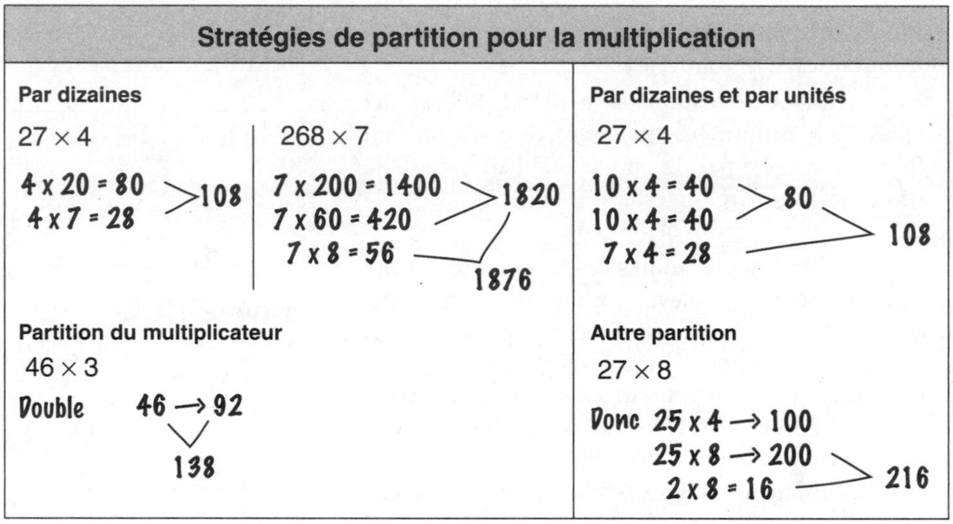

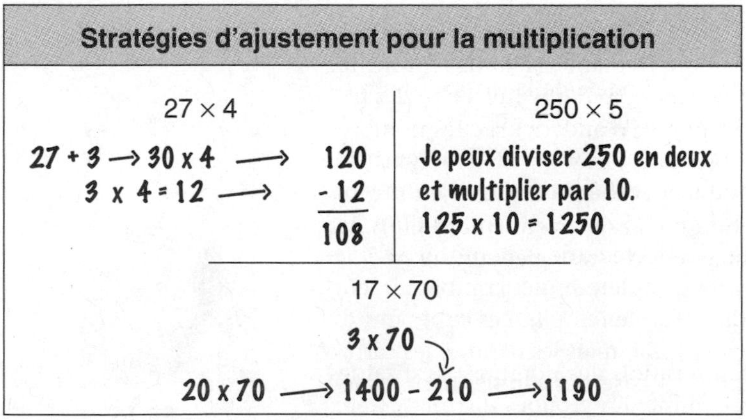

Stratégies de partition pour la multiplication

Par dizaines
27×4

Partition du multiplicateur
46×3

Par dizaines et par unités
27×4

Autre partition
27×8

Ajustement

Les élèves sont à la recherche de moyens de manipuler les nombres pour faciliter les calculs. Dans la figure 4.11, on modifie 27×4 pour faciliter l'opération, puis on effectue un ajustement, ou une compensation. Dans le second exemple, on coupe un facteur de moitié tandis qu'on double l'autre. On a souvent recours à cette méthode lors d'une multiplication par 5 ou par 50. Il est impossible d'utiliser les stratégies d'ajustement pour tous les calculs, car elles dépendent des nombres en présence. Ce sont toutefois des stratégies efficaces, particulièrement pour le calcul mental et l'estimation.

Stratégies d'ajustement pour la multiplication

27×4

250×5

17×70

FIGURE 4.11 ▲

Les méthodes basées sur l'ajustement utilisent un produit relié au produit de départ. Il faut faire un ajustement dans la réponse ou apporter un changement à un des facteurs pour compenser un changement dans l'autre facteur.

L'utilisation des multiples de 10 et de 100

Il est utile de présenter très tôt aux élèves des produits comportant des multiples de 10 et de 100.

> **Pour recueillir des fonds, une troupe de louveteaux veut vendre 400 paquets d'allume-feu. Si chaque paquet contient 12 allume-feu, de combien d'allume-feu les louveteaux auront-ils besoin en tout ?**

Les élèves utiliseront $4 \times 12 = 48$ pour calculer 400×12 et obtenir 4 800. Il y aura ensuite une discussion sur la manière de dire et d'écrire « quatre mille huit cents ». Essayez de voir si certains d'entre eux placent des zéros sans savoir pourquoi. Soumettez-leur des problèmes, comme 3×60 et 210×40, où on multiplie des dizaines par des dizaines.

Les multiplicateurs à deux chiffres

Il est possible de résoudre les problèmes comme celui-ci de plusieurs façons.

> **Il y avait 23 clowns dans le défilé. Chaque clown tenait 18 ballons. Combien y avait-il de ballons en tout ?**

Certains élèves cherchent un produit plus petit, comme 6×23, puis ils additionnent celui-ci trois fois. D'autres calculent 20×23, puis soustraient 2×23. D'autres encore calculent séparément quatre produits partiels : $10 \times 20 = 200$; $8 \times 20 = 160$; $10 \times 3 = 30$; $8 \times 3 = 24$. Enfin, plusieurs additionnent une série de 23. La multiplication de nombres à deux chiffres est à la fois complexe et difficile. Toutefois, les élèves peuvent résoudre ce genre de problèmes de plusieurs façons intéressantes. En outre, les méthodes qu'ils emploient facilitent l'élaboration de l'algorithme traditionnel ou d'un autre algorithme tout aussi efficace. En quatrième et en cinquième année, il est vraiment fructueux de se consacrer à des tâches de ce type.

Modèle de l'aire

Lorsque vous travaillez sur les stratégies multiplicatives, l'une des idées clés consiste à rechercher des moyens de décomposer au moins l'un des termes. Dans le cas de 34×6, si on décompose 34 en 30 et 4, il faut multiplier par 6 les nombres 30 et 4. Les modèles sont extrêmement utiles pour s'approprier ce principe. Reportez-vous à la figure 4.8 (p. 119) qui présente des modèles de 34×6. Le modèle de l'aire, ou modèle de la disposition rectangulaire ouverte, permet une généralisation aux multiplicateurs à deux chiffres.

Vous explorerez cette méthode avec profit en formant des équipes de deux ou trois élèves et en préparant de grands rectangles pour chaque équipe. Mesurez minutieusement les rectangles, dont les dimensions devraient se situer entre 25 cm et 60 cm, et dont les angles sont bien droits. (Pour tracer ces angles, guidez-vous avec une équerre ou avec le coin d'un carton pour affiches.) La tâche des élèves consiste à déterminer combien il leur faudra de petits éléments unitaires (matériel de base dix) pour le remplir. Les cubes unités de bois ou de plastique constituent le matériel de base dix idéal, mais les bandes, les carrés de carton ou les rectangles tracés sur du papier quadrillé en base dix conviennent également (voir les feuilles reproductibles).

FR 16

La plupart des élèves commencent par placer dans le rectangle le plus grand nombre possible d'éléments représentant des centaines (plaquettes ou planchettes). Une façon évidente de procéder consiste à disposer les 12 éléments représentant les centaines dans l'un des coins du rectangle. Cette disposition délimite le long de deux côtés du rectangle des

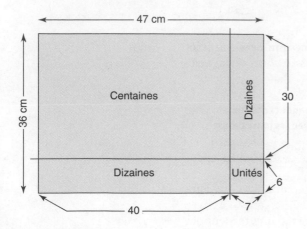

FIGURE 4.12 ▲

Des éléments représentant respectivement des unités, des dizaines et des centaines s'insèrent parfaitement dans les quatre régions du rectangle 47 × 36. Essayez d'évaluer la taille de chaque région afin de déterminer la dimension du rectangle tout entier.

régions étroites qu'on recouvre avec des éléments représentant des dizaines (barres). Il reste un petit rectangle dans lequel il est possible d'insérer des éléments unitaires (cubes unités). Les élèves évaluent assez facilement les dimensions des sous-rectangles, surtout s'ils ont déjà utilisé des dispositions rectangulaires pour calculer des produits. Les quatre régions sont illustrées dans la figure 4.12.

PAUSE Si vous ne connaissiez pas l'algorithme, comment détermineriez-vous la taille du rectangle ? Appliquez votre méthode (et non l'algorithme traditionnel) à un rectangle de 68 cm × 24 cm. Faites un schéma pour illustrer et expliquer comment vous avez procédé.

Dans la section sur l'algorithme traditionnel, nous constaterons que le modèle de l'aire débouche sur une approche assez satisfaisante pour la multiplication des nombres, même si vous ne demandez jamais aux élèves de «faire de retenue», une technique qui entraîne bien des erreurs.

MODÈLE DE LEÇON

(pages 135–136)

Vous trouverez à la fin de ce chapitre le plan d'une leçon complète basée sur l'emploi du modèle de l'aire pour la multiplication de nombres à deux chiffres.

Grappe de problèmes

Pour la quatrième et la cinquième année, les *Investigations in Number, Data, and Space* (un programme de réforme qui bénéficie du soutien de la National Science Foundation) proposent une approche de la multiplication de nombres à plusieurs chiffres appelée « grappe de problèmes », ou « série d'opérations apparentées ». Cette méthode plutôt originale incite les élèves à utiliser des faits et des combinaisons qu'ils connaissent ou qu'ils peuvent déterminer facilement pour résoudre correctement des calculs plus complexes. Par exemple, on emploie la grappe suivante dans un cours d'introduction destiné à la quatrième année : 3×7, 5×7, 10×7, 50×7 et 53×7. L'objectif est de déterminer le dernier produit. Les élèves font toutes les multiplications et indiquent lesquelles leur ont été utiles pour calculer la dernière. Il n'est pas nécessaire d'employer tous les problèmes pour déterminer le dernier produit. De plus, l'enseignante peut demander aux élèves qui le désirent d'ajouter à la grappe n'importe quel autre problème qu'ils jugent utile pour résoudre le problème final.

Voici deux grappes de problèmes tirées d'une feuille de travail destinée à la quatrième année.

2×50	60×20
10×50	62×10
30×50	62×3
34×50	**62×23**

Il est souhaitable d'inciter les élèves à estimer le produit final avant de commencer à résoudre les problèmes de la grappe. Dans le premier exemple, 2×50 peut servir à réfléchir à 10×50. À son tour, cette multiplication peut les aider à déterminer 30×50. De plus, il est possible d'employer 2×50 pour obtenir 4×50. En combinant les résultats respectifs de 30×50 et 4×50, on obtient 34×50. Le produit 34×25 peut sembler plus difficile que 34×50, mais, si on connaît 34×25, il suffit de prendre le double du résultat pour obtenir le produit recherché. Vous devriez demander aux élèves d'ajouter à la grappe tout problème dont ils pensent avoir besoin. Voici un bon exemple : réfléchissez à la façon dont vous pourriez utiliser 10×34 (et d'autres problèmes connexes) pour déterminer 34×25.

Quand vous commencerez à utiliser cette approche, donnez aux élèves une grappe de problèmes que vous aurez préparée d'avance. Mais, une fois qu'ils se seront familiarisés avec la méthode, laissez-les construire eux-mêmes une grappe de problèmes pour un produit donné. Les premières fois, faites une séance de remue-méninges au cours de laquelle vous demanderez à toute la classe de construire une grappe.

PAUSE Commencez par résoudre de deux façons différentes les deux grappes données précédemment. Essayez ensuite de construire une grappe de problèmes pour la multiplication 86 × 42. Introduisez dans cette grappe tous les problèmes qui vous paraissent utiles, même s'ils n'ont aucun lien avec l'une quelconque des approches employées pour déterminer le produit. Servez-vous ensuite de la grappe que vous avez construite pour déterminer le produit recherché. Y a-t-il plusieurs façons de procéder ?

Voici quelques problèmes que vous avez peut-être inclus dans votre grappe :

2 × 80   4 × 80   2 × 86   40 × 80   6 × 40   10 × 86   40 × 86

Évidemment, votre grappe comprendra peut-être d'autres produits. La seule chose qui compte pour utiliser la grappe de problèmes, c'est que celle-ci permette d'arriver finalement à la solution. Vérifiez si vous réussissez également à calculer 86 × 42 en vous servant de la grappe donnée ci-dessus.

Les grappes de problèmes aident les élèves à réfléchir aux diverses façons de décomposer les nombres afin de calculer plus facilement. Décomposer les termes, puis multiplier les parties (en appliquant la propriété de distributivité) est une stratégie extrêmement utile pour accroître la flexibilité en calcul. De plus, il est stimulant de découvrir plusieurs façons astucieuses d'arriver à la solution. En fait, dans bien des cas, il est plus rapide de construire une grappe de problèmes appropriée que d'appliquer un algorithme.

L'algorithme traditionnel pour la multiplication

L'algorithme traditionnel pour la multiplication est probablement le plus difficile des quatre algorithmes si les élèves n'ont pas encore eu beaucoup d'occasions d'explorer leurs propres stratégies. Laissez à vos élèves le temps de se donner un éventail de stratégies inventées, cela facilitera leur compréhension de l'algorithme traditionnel. Pendant qu'ils utilisent leurs stratégies inventées pour travailler sur la multiplication, insistez soigneusement sur les techniques de partition, en particulier celles qui ressemblent à la méthode « par dizaines » présentée à la figure 4.10 (p. 120). Ces stratégies sont généralement les plus efficaces et se rapprochent beaucoup de l'algorithme traditionnel. En fait, les élèves qui utilisent une ou plusieurs stratégies de partition avec des multiplicateurs à un chiffre n'ont pas vraiment besoin d'apprendre une autre méthode.

Il est possible d'élaborer l'algorithme de multiplication traditionnel de manière à lui donner un sens. Pour ce faire, utilisez soit le modèle de l'addition itérative, soit le modèle de l'aire. Quand le multiplicateur n'a qu'un seul chiffre, les deux modèles sont à peu près équivalents, mais le modèle de l'aire présente plusieurs avantages dans le cas des multiplicateurs à deux chiffres. C'est pourquoi l'exposé qui suit décrit l'emploi de ce modèle.

Les multiplicateurs à un chiffre

Comme pour les autres algorithmes, nous vous recommandons de consacrer le plus de temps possible à l'élaboration conceptuelle de l'algorithme et d'attendre avant de passer à la forme écrite.

Utiliser d'abord des modèles

Distribuez aux élèves un rectangle de 47 cm par 6 cm. *Combien de petits carrés d'un centimètre carré ce rectangle peut-il contenir?* (Quelle est l'aire du rectangle en centimètres carrés?) Laissez-les résoudre ce problème en équipes avant d'en discuter avec l'ensemble de la classe.

Comme le montre la figure 4.13, on peut «découper» ou diviser le rectangle en deux parties: une partie de 6 unités par 7 unités, soit 42 unités, et l'autre de 6 unités par 4 dizaines, soit 24 dizaines. Vous remarquerez que la terminologie de base dix «six unités multipliées par quatre dizaines égale vingt-quatre dizaines» indique combien il y a de barres (pour les dizaines dans le matériel de base dix) dans la grande section. Il est également exact de dire «six fois quatre dizaines égale vingt-quatre dizaines», ce qui indique le nombre d'unités ou de centimètres carrés se trouvant dans la section. Chaque section est appelée *produit partiel*. En additionnant les deux produits partiels, on obtient le produit total ou l'aire du rectangle.

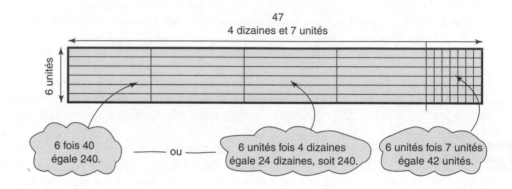

Pour éviter de tracer de grands rectangles et d'y placer du matériel de base dix, utilisez le papier quadrillé de base dix qui se trouve dans les feuilles reproductibles. Sur ce papier, les élèves peuvent facilement tracer des rectangles précis contenant tout le matériel. Assurez-vous qu'ils comprennent que, pour un produit comme 74×8, il y a deux produits partiels, $70 \times 8 = 560$ et $4 \times 8 = 32$, et que ce produit est égal à la somme de ces produits partiels. Attendez que les élèves aient compris comment utiliser les deux dimensions d'un rectangle pour obtenir un produit avant de proposer une technique d'écriture de leur démarche.

Passer à la forme écrite

Lorsque les élèves savent écrire séparément deux produits partiels, comme dans la figure 4.14*a*, il leur reste peu de choses nouvelles à apprendre. Ils noteront simplement les produits partiels et les additionneront. Comme l'indique cette figure, il est possible de montrer aux élèves comment écrire le premier produit avec le chiffre retenu de façon à pouvoir écrire le produit sur une même ligne. La façon traditionnelle d'écrire ce produit est problématique. Le petit chiffre retenu est souvent la cause d'erreurs, car il est ajouté avant la deuxième multiplication ou encore il est oublié.

Il n'y a absolument aucune raison valable d'empêcher les élèves d'écrire les deux produits partiels, ce qui permet d'éviter les erreurs inhérentes au chiffre retenu. Si vous acceptez cette façon de faire, l'ordre dans lequel les produits sont écrits n'a pas d'importance. Pourquoi alors ne pas permettre aux élèves d'écrire les multiplications

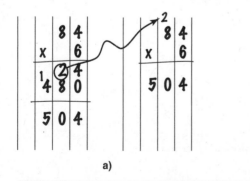
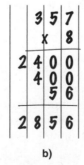

a)   b)

FIGURE 4.14 ▲

a) Dans la forme habituelle, on écrit d'abord le produit des unités. On «retient» ensuite le chiffre des dizaines de ce premier produit au-dessus de la colonne des dizaines. b) On peut abandonner le chiffre retenu et écrire les produits partiels dans n'importe quel ordre.

comme dans la figure 4.14b sans utiliser de retenue? De plus, c'est exactement de cette façon que l'opération s'effectue mentalement.

La plupart des programmes passent de la multiplication à deux chiffres à la multiplication à trois chiffres avec un seul multiplicateur à un chiffre. Les élèves peuvent franchir cette étape facilement. Ils devraient avoir l'autorisation d'écrire les trois produits partiels séparément sans avoir à se soucier des chiffres retenus.

Les multiplicateurs à deux chiffres

Avec le modèle de l'aire, le passage aux multiplications avec un multiplicateur à deux chiffres est relativement simple. On peut tracer les rectangles sur un papier quadrillé de base dix, ou remplir des rectangles pleine grandeur avec du matériel de base dix. Les quatre sections du rectangle correspondront aux quatre produits partiels.

Dans la figure 4.15, les quatre produits partiels sont écrits dans l'ordre habituel. On constate, en outre, qu'il est possible de les écrire sur deux lignes si l'on emploie des retenues. Dans le cas présent, la deuxième retenue appartient techniquement à la colonne des centaines, mais elle y est rarement écrite. Les élèves la confondent souvent avec la première retenue, ce qui constitue une autre source d'erreurs. À gauche, sous le rectangle, on observe le même produit, mais les produits partiels sont écrits dans un ordre différent. L'algorithme ainsi illustré est tout à fait acceptable. Dans les rares occasions où l'on devrait calculer sur papier un produit comme 538 × 29, il y aurait six produits partiels. Les erreurs seraient toutefois beaucoup moins nombreuses. Par ailleurs, l'enseignement de cet algorithme est plus rapide et il faut beaucoup moins de temps pour remédier aux difficultés.

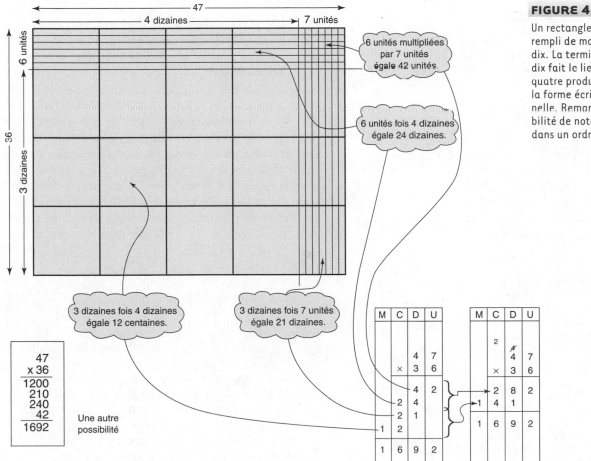

FIGURE 4.15 ◄

Un rectangle de 47 × 36 rempli de matériel de base dix. La terminologie de base dix fait le lien entre les quatre produits partiels et la forme écrite traditionnelle. Remarquez la possibilité de noter les produits dans un ordre différent.

Les stratégies inventées pour la division

Dans notre présentation des tables de division (chapitre 3), nous avons introduit le concept de «quasi-divisions» (faits numériques voisins relatifs à la division). Dans une quasi-division, par exemple 44 ÷ 8, le diviseur et le quotient sont tous les deux inférieurs à 10, mais il y a un reste. Les élèves de quatrième et de cinquième année devraient avoir déjà travaillé avec des quasi-divisions. Lorsque ces problèmes comportent des quotients supérieurs à 9 (73 ÷ 6, par exemple), le processus se transforme en stratégie inventée pour la division.

Les problèmes de partage et de mesure

Rappelez-vous qu'il existe deux concepts relatifs à la division. Le premier est la partition ou le principe de partage équitable, ce qu'illustre le problème en contexte suivant :

> Un sac contient 783 jujubes. Marie-Laure et ses quatre amies veulent faire un partage équitable. Combien de jujubes Marie-Laure et chacune de ses amies recevront-elles ?

Le second est la mesure, ou le concept de soustraction à répétition :

> L'éléphant Jumbo aime les arachides. Son cornac a 625 arachides. S'il donne à Jumbo 20 arachides par jour, pendant combien de jours recevra-t-il des arachides ?

Vous devriez demander aux élèves de résoudre ces deux types de problèmes. Toutefois, les problèmes de partage équitable sont souvent plus faciles à résoudre avec du matériel de base dix, sans compter que l'algorithme traditionnel est fondé sur cette idée. À la longue, les élèves finiront par trouver des stratégies qu'ils appliqueront aux deux types de problèmes, même si la méthode ne correspond pas à l'action qui se déroule dans le problème.

La figure 4.16 présente quelques stratégies utilisées par des élèves de quatrième année pour résoudre des problèmes de division. Le premier exemple illustre l'utilisation de matériel de base dix et d'une méthode de partage pour résoudre 92 ÷ 4. Il faut échanger une dizaine lorsqu'il n'est plus possible de transférer d'autres dizaines. Une fois les 12 unités distribuées, chaque ensemble en compte alors 23. Cette méthode de représentation concrète avec du matériel de base dix est très facile à comprendre et à utiliser, même pour des élèves de troisième année.

Dans le deuxième exemple, l'élève utilise du matériel de base dix pour fabriquer un «diagramme à barres»

a)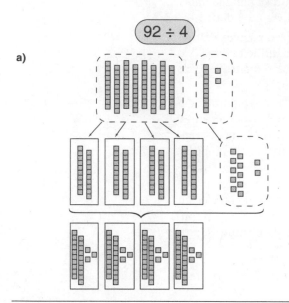

$92 \div 4$

b) $453 \div 6$
(partagés entre 6 enfants)

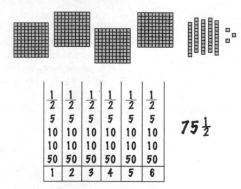

$75\frac{1}{2}$

c)   143 jujubes partagés entre 8 enfants

Essaie 14 × 8 → 112
12 groupes de 8 égale 96.
12 groupes dans 100, il reste 4.
5 groupes de 8 égale 40.
Et il en reste 3.
12 + 5 égale 17, reste 7.

FIGURE 4.16 ▲

Les élèves utilisent des modèles et des symboles pour résoudre des opérations de division.

Source : Adapté de *Developping Mathematical Ideas : Numbers and Operations, Part I : Building a System of Tens Casebooks*, par D. Schifter, V. Bastable et S. J. Russell. Dale Seymour Publication, une filiale de Pearson Learning. © 1999 par Education Development Center, Inc. Reproduit avec autorisation.

à six colonnes. Après avoir constaté qu'il n'y a pas suffisamment de plaquettes de centaines pour chaque élève, il divise mentalement 3 centaines en deux, écrivant 50 dans chaque colonne. Il lui reste 1 centaine, 5 dizaines et 3 unités. Après avoir échangé cette centaine contre des dizaines (il a maintenant 15 dizaines), il donne 20 unités à chacun, écrivant 2 dizaines dans chaque colonne. Il lui reste maintenant 3 dizaines et 3 unités, ce qui fait 33. Comme il sait que 5×6 égale 30, il donne 5 unités à chaque enfant, ce qui lui en laisse 3. Il sépare chaque unité restante en deux et écrit $\frac{1}{2}$ dans chaque colonne.

Dans le troisième exemple, l'élève essaie de résoudre un problème de partage, mais en utilisant une méthode de mesure. Elle cherche à savoir combien il y a de 8 dans 143. Au départ, elle fait une estimation. En multipliant 8 d'abord par 10, puis par 20, et ensuite par 14, elle constate que la réponse est plus grande que 14 et plus petite que 20. Après d'autres calculs (non présentés), elle reformule le problème en se demandant combien il y a de 8 dans 100 et combien il y en a dans 40.

Les stratégies du facteur manquant

La figure 4.16 montre comment le matériel de base dix a tendance à déboucher sur une stratégie selon la valeur de position dans laquelle l'élève partage successivement les centaines, les dizaines et les unités. Même si cette méthode est en fait le fondement de l'algorithme traditionnel, elle reste axée sur les chiffres par opposition à une méthode qui amène les élèves à considérer la valeur totale du dividende. Dans la figure 4.16*c*, l'élève utilise une méthode associée à la multiplication. Elle essaie de découvrir : « Quel nombre multiplié par huit se rapprochera de cent quarante-trois avec un reste inférieur à huit ? » C'est une bonne méthode à suggérer à des élèves de quatrième et de cinquième année. Elle se fonde sur leurs habiletés en multiplication, se prête à une estimation mentale et peut servir à de multiples usages.

 PAUSE **Avant de poursuivre votre lecture, essayez de calculer le quotient 318 ÷ 7 en essayant de découvrir quel nombre multiplié par 7 (ou 7 fois quel nombre) se rapproche de 318 sans le dépasser. N'utilisez pas l'algorithme traditionnel.**

Il y a plusieurs façons d'aborder ce problème pour le résoudre. Par exemple, étant donné que 10×7 égale 70 et que 100×7 égale 700, la réponse doit se situer entre 10 et 100, probablement plus près de 10. Vous pouvez commencer par additionner les 70 :

> 70
> + 70 égale 140
> + 70 égale 210
> + 70 égale 280
> + 70 égale 350

Quatre 70 ne suffisent pas et cinq 70 dépassent le nombre cible. La réponse doit donc être 40 *et quelque chose*. À cette étape, vous pourriez essayer d'estimer un nombre entre 40 et 50. Vous pourriez également ajouter des 7, ou encore constater que quarante 7 (280) laissent 20 plus 18, soit 38. Cinq 7 égaleront 35 sur 38 avec un reste de 3. En résumé, la réponse est 40 + 5 ou 45 avec un reste de 3.

On pourrait aussi commencer par 50×7, ce qui permettrait également de se rendre compte que 40×7 représentera le plus grand multiple de 10.

Certains élèves inventeront probablement l'approche du facteur manquant pour résoudre des problèmes de mesure comme le suivant :

> Mélanie place 6 images sur une page de son album photo. Si elle a 82 images, de combien de pages aura-t-elle besoin?

Vous pourriez aussi proposer une opération comme 82 ÷ 6 et demander aux élèves «Quel nombre fois six se rapprochera de quatre-vingt-deux?», et continuez à partir de là.

Une autre démarche destinée à élaborer des stratégies du facteur manquant consiste à employer une grappe de problèmes, comme nous l'avons fait pour la multiplication (p. 122). Voici deux exemples:

$$100 \times 4 \qquad 10 \times 72$$
$$500 \div 4 \qquad 5 \times 70$$
$$4 \times 25 \qquad 2 \times 72$$
$$6 \times 4 \qquad 4 \times 72$$
$$\mathbf{527 \div 4} \qquad 5 \times 72$$
$$\mathbf{381 \div 72}$$

Il est à noter que la stratégie du facteur manquant s'applique aussi bien aux diviseurs se composant d'un nombre à un chiffre ou d'un nombre à deux chiffres. De plus, il est tout à fait possible d'inclure des divisions dans la grappe de problèmes. Dans le premier exemple, on pourrait remplacer 500 ÷ 4 par 125 × 4, et 100 × 4 par 400 ÷ 4. En fait, l'idée revient à relier constamment la multiplication et la division aussi étroitement que possible.

Les grappes de problèmes favorisent une approche flexible du calcul, ce qui aide les élèves à réaliser qu'il existe plusieurs bonnes façons de calculer. Un autre moyen pour développer la flexibilité consiste à poser aux élèves un problème de division (ou de multiplication) et à leur demander de le résoudre de deux façons différentes. Naturellement, l'emploi de l'algorithme traditionnel ou d'une calculatrice est exclu.

 Résoudre 514 ÷ 8 de deux façons non traditionnelles. Les deux méthodes peuvent aboutir à une étape commune, mais au moins les premières étapes doivent être différentes.

Voici quatre points de départ parmi les nombreuses possibilités:

$$10 \times 8 \qquad 400 \div 8 \qquad 60 \times 8 \qquad 480 \div 8$$

Essayez de résoudre 514 ÷ 8 en utilisant les quatre points de départ ci-dessus.

La première fois que des élèves essaient de résoudre un problème en appliquant deux méthodes différentes, leur seconde approche est souvent primitive ou totalement inefficace. Par exemple, pour faire la division 514 ÷ 8, un élève pourrait effectuer une très longue chaîne de soustractions (514 – 8 = 506; 506 – 8 = 498; 498 – 8 = 490; etc.) et compter ensuite combien de fois il a soustrait 8. D'autres pourraient effectuer 514 marques, puis encercler les groupes de 8. La pensée de ces élèves n'est pas suffisamment flexible pour imaginer d'autres méthodes efficaces. Pour les aider à acquérir cette flexibilité, donnez-leur des problèmes comportant deux ou trois points de départ. Demandez-leur ensuite de résoudre ces problèmes en utilisant chaque fois les différents points de départ. Les discussions avec toute la classe aideront les élèves à entrevoir des approches plus flexibles.

L'algorithme traditionnel pour la division

Si vous avez résolu les exemples précédents et adopté les approches présentées jusqu'ici, nous espérons que vous êtes convaincue que les élèves peuvent utiliser des stratégies inventées pour effectuer des divisions dont le diviseur est un nombre à un chiffre ou à deux chiffres. (Il faut toutefois que le dividende soit inférieur à 1 000 et qu'on cherche simplement un quotient entier et un reste.) Autrement dit, l'algorithme traditionnel ne permet pas vraiment de résoudre 738 ÷ 43 plus rapidement que la stratégie du facteur manquant. (Vérifiez-le !) Il est à noter que si vous utilisez l'algorithme traditionnel, vous devrez aussi effectuer 308 ÷ 43, un problème aussi difficile que le problème initial. En d'autres mots, dans bien des cas, la tâche ne devient pas plus simple à mesure qu'on avance. Il faut également tenir compte des nombreuses difficultés que pose l'algorithme traditionnel, donc de la nécessité de l'enseigner à maintes reprises.

Certains auteurs affirment néanmoins que les élèves doivent connaître une méthode de division plus efficace que celles que nous décrivons dans le présent chapitre. En outre, il est peut-être nécessaire d'enseigner l'algorithme traditionnel si le programme exige que les élèves maîtrisent la division par un diviseur décimal ou la conversion du quotient en nombre décimal (plutôt qu'un nombre entier et un reste). Nous présenterons donc une approche de l'algorithme traditionnel pour la division non abrégée. Étant donné que l'algorithme le plus souvent enseigné dans les manuels repose sur le concept de division vue comme un partage en parts égales, c'est la méthode que nous décrirons. (Certaines enseignantes désireront peut-être explorer un algorithme fondé sur la soustraction itérative, qui ressemble beaucoup à la stratégie du facteur manquant où on note les produits partiels en colonne, à droite du calcul de la division. Elles trouveront un exemple dans la figure 4.17.)

Les diviseurs à un chiffre

C'est généralement en quatrième année que les élèves apprennent l'algorithme de division pour un diviseur à un chiffre. Si cet algorithme a été enseigné correctement, il ne devrait pas être nécessaire d'y revenir, et l'on pourra s'en servir pour les divisions dont le diviseur est un nombre à deux chiffres.

Utiliser d'abord des modèles

Dans le cas d'un problème comme 4)583, selon l'usage traditionnel, on dirait « quatre va une fois dans cinq », ce qui est très mystérieux pour les élèves. Comment peut-on ignorer le « 83 » et changer continuellement le problème ? Il est préférable d'amener les élèves à voir 583 comme 5 centaines, 8 dizaines et 3 unités, plutôt que les trois chiffres sans aucun lien 5, 8 et 3. On peut mettre le problème en contexte, par exemple en précisant dans l'énoncé que des tablettes de friandises ont été regroupées dans des boîtes de dix, qui sont elles-mêmes emballées dans des cartons renfermant 10 boîtes chacun. Le problème s'énonce alors comme suit : *On a 5 boîtes, 8 cartons et 3 tablettes de friandises à partager également entre 4 écoles.* Dans ce contexte, il est logique de partager d'abord les cartons qu'on peut répartir sans les ouvrir. Après quoi, on « ouvre » les cartons restants afin de distribuer les boîtes, et ainsi de suite. On peut également procéder avec des billets de banque (100 $, 10 $ et 1 $).

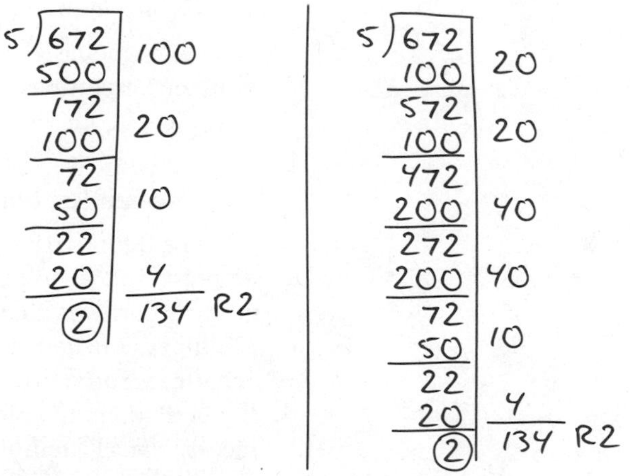

FIGURE 4.17 ▲

Dans cet algorithme de division, les nombres écrits à gauche indiquent combien de fois il faut soustraire le diviseur du dividende. Comme le montrent les deux exemples, il est possible de soustraire du dividende la quantité désirée de diviseurs.

PAUSE Faites vous-même un essai du processus de distribution ou de partage avec du matériel de base dix (ou dessinez des carrés, des bâtonnets et des points). Effectuez l'opération 524 ÷ 3. Essayez de présenter cette démarche sans utiliser l'expression « va dans ». Pensez en fonction du partage.

Le langage a une importance considérable lorsqu'on réfléchit à l'algorithme d'un point de vue conceptuel. La majorité des adultes sont tellement habitués à l'expression « va dans » qu'ils s'en défont difficilement. Voici quelques suggestions quant au langage à employer lors de la résolution de 583 ÷ 4.

Je veux partager 5 centaines, 8 dizaines et 3 unités entre ces 4 ensembles. Il y a assez de centaines pour mettre 1 centaine dans chaque ensemble. Il en reste donc 1 que je ne peux pas partager.

J'échange la centaine restante contre 10 dizaines. J'ai donc 18 dizaines en tout. Je peux mettre 4 dizaines dans chaque ensemble. Il reste alors 2 dizaines. Ce n'est pas assez pour les partager entre les 4 ensembles.

J'échange les 2 dizaines restantes contre 20 unités. Si je mets ces 20 unités avec les 3 que j'ai déjà, ça fait 23 unités en tout. Je peux mettre 5 unités dans chacun des 4 ensembles. Il reste alors 3 unités. J'ai donc mis en tout 1 centaine, 4 dizaines et 5 unités dans chaque ensemble, et il reste 3 unités.

Passer à la forme écrite

Le processus d'écriture d'un algorithme de division non abrégée n'est pas entièrement intuitif. Vous devrez donner des consignes précises pour aider les élèves à découvrir les modèles qui leur serviront à noter par écrit un partage équitable. Cette démarche compte essentiellement quatre étapes :

1. *Faire le partage* et noter le nombre de pièces placées dans chaque groupe.

2. *Noter par écrit* le nombre de pièces partagées au total. Faire une multiplication pour trouver ce nombre.

3. *Prendre en note* le nombre de pièces qui restent. Faire une soustraction pour trouver ce nombre.

4. *Faire un échange* (au besoin) avec de petites pièces et les ajouter à celles déjà utilisées. Notez le nouveau total dans la colonne suivante.

Lorsque les élèves font des divisions avec un diviseur à un chiffre, les étapes 2 et 3 semblent superflues. Expliquez-leur que ces étapes sont réellement utiles quand on travaille sans pièces concrètes à dénombrer.

Noter les échanges explicites

La figure 4.18 illustre en détail chaque étape du processus d'écriture que nous venons de présenter. À gauche, on a placé l'algorithme traditionnel et à droite se trouve une suggestion correspondant à l'action posée avec les modèles pour noter explicitement les échanges. Au lieu d'une mystérieuse méthode pour « abaisser » les nombres, les pièces échangées sont barrées, tout comme le nombre de pièces présent dans la colonne suivante. On écrit dans la colonne un nombre à deux chiffres représentant le total combiné de pièces. Dans l'exemple, on échange 2 centaines contre 20 dizaines ; on les ajoute aux 6 qui étaient déjà là pour obtenir un total de 26. On écrit donc le nombre 26 dans la colonne des dizaines.

La méthode explicite est plus facile à suivre pour les élèves qui doivent comprendre le processus de division non abrégée. Il est important de répartir les chiffres dans le dividende pendant qu'on écrit le problème. (La méthode de l'échange explicite est une

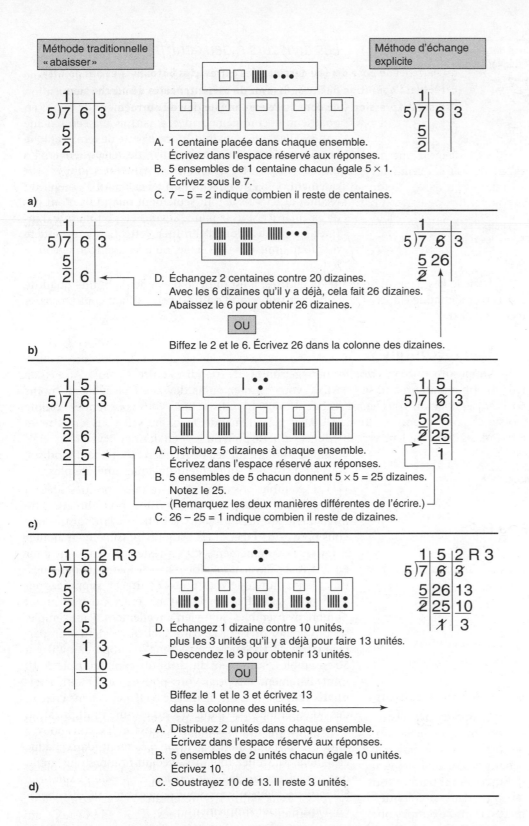

FIGURE 4.18 ◄

La méthode traditionnelle et la méthode d'échange explicite sont reliées à chacune des étapes du processus de division. Chaque étape est accessible et doit être comprise.

Méthode traditionnelle « abaisser »

Méthode d'échange explicite

a)

A. 1 centaine placée dans chaque ensemble.
Écrivez dans l'espace réservé aux réponses.
B. 5 ensembles de 1 centaine chacun égale 5 × 1.
Écrivez sous le 7.
C. 7 − 5 = 2 indique combien il reste de centaines.

b)

D. Échangez 2 centaines contre 20 dizaines.
Avec les 6 dizaines qu'il y a déjà, cela fait 26 dizaines.
Abaissez le 6 pour obtenir 26 dizaines.

OU

Biffez le 2 et le 6. Écrivez 26 dans la colonne des dizaines.

c)

A. Distribuez 5 dizaines à chaque ensemble.
Écrivez dans l'espace réservé aux réponses.
B. 5 ensembles de 5 chacun donnent 5 × 5 = 25 dizaines.
Notez le 25.
(Remarquez les deux manières différentes de l'écrire.)
C. 26 − 25 = 1 indique combien il reste de dizaines.

d)

D. Échangez 1 dizaine contre 10 unités,
plus les 3 unités qu'il y a déjà pour faire 13 unités.
Descendez le 3 pour obtenir 13 unités.

OU

Biffez le 1 et le 3 et écrivez 13
dans la colonne des unités.

A. Distribuez 2 unités dans chaque ensemble.
Écrivez dans l'espace réservé aux réponses.
B. 5 ensembles de 2 unités chacun égale 10 unités.
Écrivez 10.
C. Soustrayez 10 de 13. Il reste 3 unités.

invention de Van de Walle. Elle a été utilisée avec succès de la troisième année jusqu'au début du secondaire. Vous ne la trouverez pas dans les autres manuels.)

La combinaison de la méthode explicite et de l'utilisation des colonnes de valeur de position vous aidera à surmonter la difficulté posée par la présence d'un zéro dans la position du milieu (figure 4.19, p. 132).

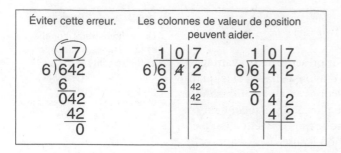

FIGURE 4.19 ▲

L'utilisation de lignes pour indiquer les colonnes de valeur de position aide à ne pas oublier d'écrire les zéros.

Les diviseurs à deux chiffres

Il est difficile de justifier l'enseignement de l'algorithme de division pour un diviseur à deux chiffres. L'acquisition de cette habileté désuète exige énormément de temps en quatrième et cinquième année, et parfois aussi en sixième année. Elle représente une énorme perte de temps et joue beaucoup dans l'attitude négative des élèves envers les mathématiques. De nos jours, la plupart des adultes sont rarement obligés d'effectuer un tel calcul et d'obtenir un résultat exact – ils le font seulement quand ils n'ont pas de calculatrice sous la main. Si vous êtes en mesure d'influer sur la décision d'éliminer cette habileté désuète du programme de votre école, nous vous encourageons à le faire.

Dans le cas d'un diviseur à deux chiffres, il est difficile d'estimer la bonne quantité à partager à chaque étape. Si le chiffre est trop grand ou trop petit, il faut tout effacer et recommencer.

Une idée intuitive

Supposons que vous vouliez partager un tas de friandises entre 36 amis. Au lieu de leur distribuer une friandise à la fois, vous estimez qu'ils devraient recevoir au moins 6 friandises chacun. Vous leur distribuez donc 6 friandises. Mais vous vous rendez compte alors qu'il en reste encore plus de 36. Allez-vous demander à vos amis de vous remettre les 6 friandises que vous leur avez distribuées afin de pouvoir leur en donner 7 ou 8? Ce serait vraiment stupide! Au lieu de récupérer toutes les friandises, vous en distribuez simplement quelques-unes de plus.

L'exemple précédent suggère deux bonnes idées à appliquer au partage dans la division non abrégée. Premièrement, évaluez toujours à la baisse la quantité que vous pouvez partager. Il est toujours possible d'en ajouter d'autres. Deuxièmement, s'il en reste suffisamment pour en distribuer davantage, alors faites-le! Pour ne pas surestimer la quantité que vous pouvez partager, supposez toujours qu'il faut effectuer le partage entre un plus grand nombre d'ensembles qu'il y en a réellement. Par exemple, si vous voulez diviser 312 par 43 (ce qui revient à un partage entre 43 ensembles ou «amis»), supposez qu'il y a 50 ensembles: autrement dit, arrondissez au multiple de 10 immédiatement *supérieur*. Vous pouvez facilement déterminer qu'il est possible de mettre 6 éléments dans chacun des 50 ensembles parce que 6 × 50 est une multiplication facile. Comme il y a seulement 43 ensembles, vous pouvez donc évidemment mettre *au moins* 6 éléments dans chaque ensemble. Travaillez toujours avec un nombre plus grand que le diviseur; *arrondissez toujours à un nombre supérieur*. S'il reste des éléments que vous pouvez répartir, distribuez-en d'autres, tout simplement.

Emploi symbolique de l'idée intuitive

La figure 4.20 illustre les idées que nous venons d'énoncer, c'est-à-dire la méthode traditionnelle et la méthode de l'échange explicite. Le diviseur arrondi, soit 70, est écrit dans une «bulle de réflexion», au-dessus du vrai diviseur. Le fait d'arrondir présente un autre avantage: il

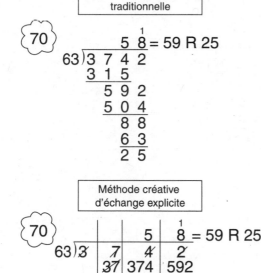

FIGURE 4.20 ▲

Arrondir le diviseur à 70 pour réfléchir, mais multiplier la quantité distribuée par 63. Dans la colonne des unités, mettre 8 dans chaque ensemble. Ouille! Il reste 88. Il suffit d'en mettre 1 de plus dans chaque ensemble.

est facile de passer en revue les multiples de 70 et de les comparer à 374. Résolvez le problème étape par étape, en expliquant exactement à quoi correspond chacune des étapes notées.

Le fait de toujours arrondir le diviseur à un entier supérieur présente deux avantages : le choix devient facile à faire et on ne risque pratiquement pas d'avoir à effacer. Si la quantité à partager estimée est trop petite, cela ne cause pas de difficultés, et en arrondissant le diviseur à un entier supérieur elle ne sera jamais trop grande. De plus, il n'y a aucune raison de se rabattre sur l'approche plus familière. Il s'agit d'une méthode qui convient aussi bien aux adultes qu'aux enfants. On peut en dire autant de la notation utilisée dans l'approche de l'échange explicite. Cette idée vaut certainement la peine qu'on s'y arrête.

À propos de l'évaluation

Les habiletés en calcul d'un élève sont probablement ce qui intéresse avant tout ses parents, car ils aiment bien que leur enfant obtienne de bons résultats aux évaluations de calcul. Quant à vous, quelle conclusion pouvez-vous tirer de l'échec d'un élève ? Au mieux, vous pouvez faire des inférences à partir des copies de vos élèves. Vous pouvez chercher des erreurs associées aux tables, des fautes d'inattention ou encore des erreurs commises systématiquement dans un algorithme. Or, vous ne savez rien des méthodes employées par les élèves pour résoudre les problèmes posés, ainsi que les idées et les stratégies qui leur sont utiles ou qu'il faudrait approfondir.

Si vous présentez les stratégies de calcul et les algorithmes conformément à ce qui est suggéré dans ce chapitre, vous obtiendrez chaque jour une masse de données pouvant servir à l'évaluation. Il importe de recueillir, de consigner par écrit et d'utiliser ces observations sur chaque élève comme s'il s'agissait d'évaluations. Un tableau simple comme celui présenté dans la figure 4.21 (p. 134) suffit généralement. Vous remarquerez que la troisième colonne contient une petite échelle de notation en trois points. Vous pouvez inscrire les noms des élèves en ordre alphabétique, en fonction des équipes, des places qu'ils occupent dans la classe, ou de tout autre moyen susceptible de faciliter la compilation des observations.

Vous pouvez noter vos observations dans ce tableau quand vous vous promenez dans la classe pendant une leçon, puis lorsque les élèves expliquent leurs stratégies de calcul et leur raisonnement. Faites un nouveau tableau chaque semaine, tout en conservant les anciens pour vous permettre de suivre la progression. Ces tableaux peuvent servir à l'évaluation et aux rencontres avec les parents. Il n'y a pas de contre-indication à utiliser de temps à autre des évaluations. Évitez toutefois d'accorder une plus grande valeur aux tests simplement parce qu'ils sont de nature objective.

FIGURE 4.21 ▶

Une grille d'observation comme celle-ci vous permet de noter quotidiennement vos observations sur la représentation concrète utilisée par les élèves et sur leurs stratégies inventées.

Sujet : L'addition et la soustraction mentale Élève	Addition de nombres à 2 chiffres + 1 chiffre	Addition de nombres à 2 chiffres + 2 chiffres ; note sur les méthodes utilisées	Flexibilité dans le choix d'une méthode : 1, 2, 3	Commentaires
Aude				
Antoine				
Émile				
Valérie				

MODÈLE DE LEÇON

L'emploi du modèle de l'aire pour la multiplication

NIVEAU : Quatrième ou cinquième année.

OBJECTIFS MATHÉMATIQUES

Élaborer des stratégies pour la multiplication de nombres à deux chiffres à l'aide du modèle de l'aire.

CONSIDÉRATIONS PÉDAGOGIQUES

Les élèves ont acquis la maîtrise de la plupart des faits élémentaires relatifs à la multiplication et ils comprennent qu'il est possible de concevoir la multiplication comme une addition itérée. Ils ont déjà multiplié des nombres par des multiples de 10. Ils comprennent que le produit de la longueur et de la largeur d'un rectangle donne l'aire de celui-ci.

MATÉRIEL ET PRÉPARATION

- Dans du carton pour affiches, découpez un rectangle ayant exactement 47 cm × 36 cm. Servez-vous ensuite de ce gabarit pour tracer des rectangles sur de grandes feuilles de papier, en prévoyant une feuille par équipe de deux ou trois élèves.
- Donnez à chaque équipe suffisamment de matériel de base dix pour remplir le rectangle.
- Dessinez un rectangle de 23 cm × 4 cm sur un transparent pour rétroprojecteur.
- Matériel de base dix pour rétroprojecteur ou matériel de base dix ordinaire.
- *Remarque :* Si vos modèles de base dix ne sont pas centimétrés, ajustez tous les rectangles en fonction de la taille du matériel utilisé.

Leçon

AVANT L'ACTIVITÉ

- Montrez aux élèves le rectangle de 23 cm × 4 cm tracé sur un transparent et écrivez les dimensions de chacun des quatre côtés. Expliquez-leur que vous voulez savoir combien de cubes unitaires (montrez-en quelques-uns) il est possible de mettre dans le rectangle, mais que vous n'avez pas assez de carrés pour le remplir. *Existe-t-il une autre façon de remplir le rectangle ?* Si les élèves suggèrent d'utiliser des éléments représentant des dizaines (barres), demandez-leur de travailler rapidement en équipe afin de décider combien d'éléments représentant des dizaines (barres) et combien d'éléments unitaires (cubes unités) il est possible de mettre dans le rectangle.
- Placez 8 éléments représentant des dizaines et 12 éléments unitaires dans le rectangle. Posez la question : *Est-il possible de dire maintenant combien de petits carrés on peut mettre dans le rectangle ?* Demandez encore une fois aux élèves d'essayer de trouver rapidement la réponse, puis de faire part de leur solution (80 et 12, soit 92 unités en tout).

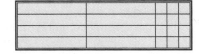

Préparer la tâche

- Déterminer l'aire d'un rectangle de 47 cm × 36 cm.

Fixer des objectifs

- Découvrir un moyen rapide de déterminer le nombre de carrés qu'on peut placer dans un rectangle, mais sans dénombrer les carrés un à un.
- Présenter la solution pour arriver au total au moyen d'un dessin, de nombres et d'une explication écrite.

PENDANT L'ACTIVITÉ

- La plupart des élèves mettront d'abord dans le rectangle le plus grand nombre possible d'éléments représentant des centaines (plaquettes). Si certains n'utilisent que les petits éléments unitaires (cubes unités), suggérez-leur d'employer des éléments plus gros.
- Après avoir rempli leur rectangle, les élèves devraient essayer de déterminer le nombre total d'éléments unitaires (cubes unités). Observez de quelle manière ils dénombrent les éléments. Attendez-vous à ce que certains dénombrent toutes les pièces une à une au lieu de se servir des dimensions du rectangle pour effectuer une multiplication.
- Demandez aux élèves qui ont résolu le problème et formulé leur explication par écrit s'ils peuvent établir un lien entre le calcul qu'ils viennent de faire et les nombres indiquant les dimensions du rectangle.

APRÈS L'ACTIVITÉ

- Commencez par noter toutes les réponses au problème sans émettre de commentaires. Il est possible que des équipes n'aient pas obtenu 1 692.
- Invitez les élèves à mettre leurs stratégies en commun. Interrogez d'abord les élèves susceptibles d'employer une méthode pas très efficace. Essayez d'interroger aussi des élèves qui ont noté les quatre produits partiels (1 200, 210, 240 et 42), puis les ont additionnés. Il existe un lien direct entre ces quatre produits partiels et l'algorithme traditionnel, et ils sont également utiles pour élaborer des stratégies créatives.
- À mesure que les élèves décrivent leur stratégie, demandez à la classe d'établir les ressemblances et les différences entre cette stratégie et celles déjà présentées. Ne faites aucune évaluation des stratégies ou des réponses.

À PROPOS DE L'ÉVALUATION

- Les élèves se rendent-ils compte qu'il est plus efficace d'utiliser de grands éléments représentant des centaines? Constatent-ils que le rectangle rempli comporte quatre sections et se servent-ils de celles-ci?
- Les élèves établissent-ils un lien entre les dimensions du rectangle et son aire? S'aperçoivent-ils qu'il existe une relation entre la multiplication et l'aire?
- Les élèves sont-ils capables d'utiliser des multiples de 10 pour déterminer l'aire des plus petites régions?

. . . .

Étapes suivantes

- Il est utile de refaire cette tâche avec des rectangles tracés sur du papier millimétré (voir la feuille reproductible 16).
- Si des élèves ont de la difficulté à accomplir la tâche, dessinez pour eux un rectangle de 15 cm × 30 cm sur du papier centimétré (voir la feuille reproductible 8). Demandez-leur de remplir le rectangle avec du matériel de base dix afin d'en déterminer l'aire. Vous pouvez placer des éléments représentant des centaines dans ce rectangle, de sorte qu'il ne restera ensuite qu'une seule région étroite à recouvrir.

- Quant aux élèves qui emploient clairement quatre produits partiels dans leur solution, demandez-leur d'établir un lien entre leur stratégie et les dimensions du rectangle, puis d'essayer de déterminer l'aire d'un rectangle de 64 × 73 sans utiliser de dessin.

L'ÉLABORATION DES CONCEPTS SUR LES FRACTIONS

Chapitre 5

Les fractions posent des difficultés considérables aux élèves du début du secondaire, et même après. C'est souvent lorsqu'on aborde ce domaine que les élèves cessent d'essayer de comprendre et commencent à appliquer automatiquement des règles. Ce changement d'attitude est à l'origine des grandes difficultés qu'ils éprouvent à l'égard des fractions. Ils ont notamment du mal à élaborer des concepts de nombres décimaux et de pourcentages, à utiliser des fractions pour réaliser des mesures et à construire des concepts de rapports et de proportions.

Les programmes traditionnels du début du primaire accordent généralement très peu d'importance à l'exploration des fractions avant la quatrième année. C'est en effet à ce moment que débute habituellement la plus grande partie du travail d'élaboration des concepts relatifs aux fractions. Seuls quelques programmes, au Canada notamment, prévoient le temps et les expériences nécessaires pour entreprendre la découverte de ce domaine complexe des mathématiques. Dans le présent chapitre, nous proposons une approche pour le développement des concepts relatifs aux fractions que les élèves utiliseront avec profit pour construire de solides assises. Après quoi, ils pourront se préparer à acquérir les habiletés voulues.

Idées à retenir

1 Les parties fractionnaires sont des portions égales ou de mêmes dimensions d'un tout ou d'une unité. Une unité est soit un objet, soit un ensemble d'objets. De façon plus abstraite, l'unité correspond à 1 et, sur la droite numérique, elle représente la distance entre 0 et 1.

2 On désigne les parties fractionnaires par des noms qui indiquent combien il faut de parties de la dimension donnée pour obtenir le tout. Par exemple, dans le cas de tiers, il faut trois parties pour former un tout.

3 Plus il faut de parties fractionnaires pour former un tout, plus les parties sont petites. (Un huitième est donc plus petit qu'un cinquième.)

4 Le dénominateur d'une fraction indique par quel nombre diviser le tout afin d'obtenir le type de parties considérées. Le dénominateur est donc un diviseur. En pratique, le dénominateur détermine le nom des parties prises en considération. Quant au numérateur, il dénombre ou indique la quantité de parties fractionnaires (du type indiqué par le dénominateur) considérées. Le numérateur est donc un multiplicateur : il désigne un multiple de la partie fractionnaire donnée.

5 Deux fractions équivalentes représentent deux façons d'exprimer une même quantité à l'aide de parties fractionnaires de dimensions différentes. Par exemple, dans la fraction $\frac{6}{8}$, si l'on prend les huitièmes deux à deux, chaque paire correspond à un quart. On peut donc considérer que six huitièmes équivalent à trois quarts.

Le partage et le concept de parties fractionnaires

Le premier objectif de l'étude des fractions devrait être d'aider les élèves à construire la notion de *parties fractionnaires d'un tout,* c'est-à-dire les parties obtenues après le partage d'un tout ou d'une unité *en portions de même dimension,* ou *en portions égales.*

Les élèves semblent comprendre spontanément l'idée de séparer une quantité en deux ou plusieurs parties afin de la partager également entre des amis. Avec le temps, ils en viennent à établir des liens entre le principe de partage égal et les parties fractionnaires. Les tâches de partage constituent donc un bon point de départ pour l'étude des fractions.

Les tâches de partage

De nombreuses recherches réalisées auprès d'élèves de la première année du primaire jusqu'au début du secondaire ont permis de déterminer comment ils effectuent un partage égal, d'une part, et d'établir dans quelle mesure leurs réponses dépendent des tâches qui leur ont été assignées, d'autre part (voir notamment Empson, 2002 ; Lamon, 1996 ; Mack, 2001 ; Pothier et Sawada, 1983).

Les tâches de partage se présentent généralement sous forme de problèmes en contexte simples, comme celui qui suit. *Si l'on veut partager quatre carrés au chocolat entre trois enfants afin qu'ils reçoivent tous une part égale, combien chaque enfant en recevra-t-il ? (Ou montrez combien chaque enfant en recevra.)* Le degré de difficulté de la tâche dépend des nombres que comporte le problème, de la nature des objets à partager (des objets étendus, comme des carrés au chocolat, ou des objets discrets, comme des morceaux de gomme à mâcher) et de la présence ou de l'emploi d'un modèle.

Les élèves commencent par effectuer d'abord les tâches de partage (division) en distribuant les éléments un par un. Lorsqu'il reste des éléments, il est beaucoup plus facile d'envisager de les partager également s'il est possible de les subdiviser. Des carrés au chocolat (rectangles), des sandwichs, des pizzas, des biscottes, un gâteau entier, des tablettes de chocolat sont des exemples courants d'« objets étendus » que les élèves ont l'habitude de partager. Les problèmes ci-dessous, de même que leurs variantes, sont tirés d'Empson (2002).

> **Quatre enfants se partagent 10 carrés au chocolat de manière que chacun reçoive la même quantité. Combien chaque enfant en aura-t-il ?**

Le degré de difficulté du problème dépend de la relation entre le nombre d'objets à partager et le nombre de personnes qui recevront une part égale. Comme les élèves partagent spontanément les objets en formant des moitiés, il est préférable de s'assurer que les personnes qui prennent part au partage sont au nombre de 2, 4, voire 8. La figure 5.1 illustre le partage de 10 carrés au chocolat entre 4 enfants. Dans ce cas, plusieurs élèves distribuent 2 carrés à chaque enfant, puis ils divisent chaque carré restant en 2.

Examinez les variations suivantes des nombres :

- 5 carrés au chocolat à partager entre 2 enfants ;
- 2 carrés au chocolat à partager entre 4 enfants ;
- 5 carrés au chocolat à partager entre 4 enfants ;
- 4 carrés au chocolat à partager entre 8 enfants ;
- 3 carrés au chocolat à partager entre 4 enfants.

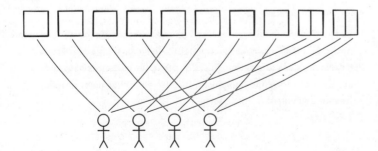

FIGURE 5.1 ▲

Dix carrés au chocolat à partager entre quatre enfants.

Lorsque le nombre d'objets à partager permet d'en distribuer certains sans les diviser (5 objets à partager entre 2 personnes), plusieurs élèves commencent par distribuer des objets entiers, puis séparent ceux qui restent. D'autres séparent chaque élément en deux et distribuent des moitiés. Quand le nombre de personnes est supérieur au nombre d'objets à partager, il faut diviser ceux-ci dès le début du processus de partage.

Lorsque des élèves appliquent une méthode de division en moitiés en vue de partager 5 objets en 4, ils leur restent tôt ou tard 2 moitiés à partager en 4. Pour certains d'entre eux, la solution consiste à diviser chaque moitié en 2; autrement dit « chaque personne recevra un tout (ou deux moitiés) et la moitié d'une moitié ».

Par la suite, vous pourriez faire passer à 3 ou 6 le nombre de personnes qui prennent part au partage, car il faut amener les élèves à remettre en question leur méthode de division en moitiés.

■ 4 pizzas à partager entre 6 enfants;
■ 7 pizzas à partager entre 6 enfants;
■ 5 pizzas à partager entre 3 enfants.

Le partage d'un objet étendu en un nombre de parts qui n'est pas un multiple de 2 (4, 8, etc.) exige d'effectuer une subdivision en un nombre impair de parties. On peut observer différents types de solutions de partage. La figure 5.2 illustre plusieurs méthodes qu'il est possible d'employer.

Pour ce type de problèmes, il est souhaitable d'employer divers modes de représentation. Vous pouvez représenter les objets à partager par des rectangles ou des cercles dessinés sur une feuille de travail et y écrire l'énoncé du problème. Vous pourriez également découper des cercles ou des carrés dans du papier cartonné, ou demander aux élèves de le faire, car certains d'entre eux ont besoin de découper eux-mêmes les éléments et de les distribuer. Il est aussi possible d'employer des cubes emboîtables pour former des barres que les élèves sépareront en plusieurs parties, ou encore de recourir à des modèles des fractions plus traditionnels, comme des « pointes de tarte ».

a) Quatre tablettes de chocolat à partager entre six enfants.

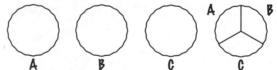

On sépare chaque tablette en moitiés.
On sépare les deux dernières moitiés en trois parties.
Chaque enfant reçoit un demi et un sixième.

b) Quatre pizzas à partager entre trois enfants.

On distribue des pizzas entières.
On sépare la dernière pizza en trois parties.
Chaque enfant reçoit un tout et un tiers.

c) Cinq sandwichs à partager entre trois enfants.

On sépare chaque sandwich en trois parties (tiers).
Chaque enfant reçoit cinq parties, c'est-à-dire cinq tiers.

FIGURE 5.2 ▲

Trois procédés de partage différents.

Les modèles pour découvrir les fractions

De nombreuses données soulignent l'importance d'employer des modèles pour la réalisation de tâches sur les fractions. Malheureusement, en cinquième et en sixième année, il est moins courant d'utiliser du matériel de manipulation et certaines enseignantes ne pensent pas à se servir de modèles pour aider les élèves à construire les concepts sur les fractions. Pourtant, ces modèles contribuent à illustrer des idées que les procédés purement symboliques n'arrivent pas à clarifier. Il est parfois utile de demander aux élèves de faire une activité donnée à l'aide de deux modèles distincts, car elle leur semblera alors tout à fait différente. Dans le présent chapitre, nous distinguons trois types de modèles : les modèles de surfaces, les modèles de longueurs et les modèles d'ensembles.

Les modèles de surfaces (aires)

Dans la discussion sur le partage, tous les exercices de ce type portaient sur un objet qu'il était possible de dissocier en parties plus petites. Les fractions correspondent à des parties d'une aire ou d'une surface. C'est là un bon point de départ, presque indispensable, lorsqu'on effectue des tâches de partage. Il existe plusieurs excellents modèles pour les surfaces, comme l'illustre la figure 5.3.

FIGURE 5.3 ▶

Modèles de surfaces (aires) pour l'exploration des fractions.

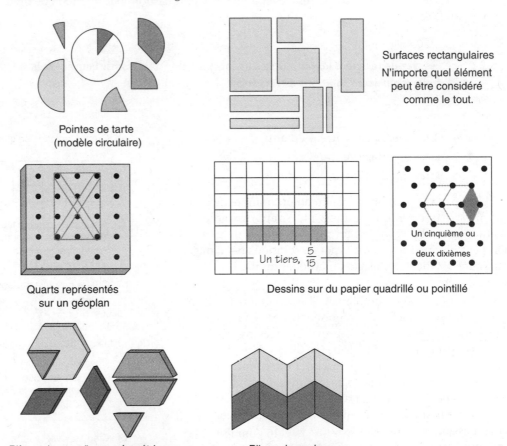

Pointes de tarte (modèle circulaire)

Surfaces rectangulaires
N'importe quel élément peut être considéré comme le tout.

Quarts représentés sur un géoplan

Un tiers, $\frac{5}{15}$

Dessins sur du papier quadrillé ou pointillé

Un cinquième ou deux dixièmes

Pièces de mosaïques géométriques

Pliage de papier

Les « pointes de tarte » sont de loin le modèle d'aire le plus utilisé pour l'exploration des fractions. (Vous trouverez des modèles circulaires dans les feuilles reproductibles.) Ce type de représentation géométrique a notamment l'avantage de mettre en évidence la quantité restante pour former un tout. La figure 5.3 présente d'autres modèles plus flexibles offrant le choix de grandeur des unités ou du tout. Les feuilles reproductibles proposent également plusieurs types de papiers quadrillés. Ces derniers fournissent des modèles particulièrement adaptables et ne requièrent pas de gestion du matériel.

Les modèles de longueurs

Les modèles de longueurs permettent de comparer des longueurs plutôt que des aires. On dessine des droites que l'on subdivise ou bien on compare des objets concrets en fonction de leur longueur, comme l'illustre la figure 5.4. Les instruments qui permettent d'effectuer des manipulations offrent plus de possibilités d'exploration et de recherche par tâtonnement.

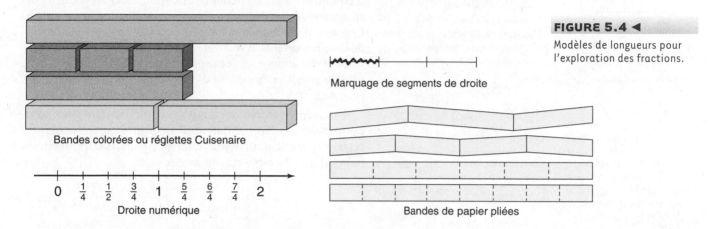

Bandes colorées ou réglettes Cuisenaire

Marquage de segments de droite

Droite numérique

Bandes de papier pliées

Une enseignante peut également préparer des bandes de papier de différentes couleurs qui constitueront une variante maison des réglettes Cuisenaire. La longueur de chacune de ces bandes, comme celle des réglettes, doit être un multiple compris entre 1 et 10 de l'élément de base (la plus petite bande ou réglette). On attribue une couleur particulière à chaque longueur, ce qui en facilite l'identification. Il est également possible d'obtenir des sections de bandes de même longueur en pliant des bandes de papier cartonné ou de papier pour les calculatrices.

Les réglettes ou les bandes de papier cartonné constituent le matériel le plus flexible. De plus, comme il se compose d'éléments séparés, il est facile d'effectuer des comparaisons. Si vous désirez fabriquer des bandes de diverses couleurs, découpez 11 bandes de 2 cm de largeur dans du papier cartonné de couleurs variées. Découpez les plus petites bandes en carrés de 2 cm de côté. Les autres bandes doivent mesurer 4, 6, 8, ..., 20 cm afin que leur longueur corresponde à un multiple de celle des carrés compris entre 1 et 10. Dans le carton de la dernière couleur, découpez des bandes de 24 cm de longueur pour obtenir une bande 12 fois plus longue que le carré initial. Si vous employez des réglettes Cuisenaire, réunissez une réglette rouge de longueur 2 à une réglette orange de longueur 10 avec du ruban adhésif. Vous obtiendrez ainsi une réglette de longueur 12. Dans les illustrations du présent chapitre, la couleur des bandes est identique à celle des réglettes de longueur correspondante :

1	blanc	7	noir
2	rouge	8	brun
3	vert pâle	9	bleu
4	violet	10	orange
5	jaune	12	rose ou cuivre
6	vert foncé		

La droite numérique est un modèle de longueur beaucoup plus abstrait. Pour un élève, il est bien plus compliqué de situer un nombre sur une droite numérique que de comparer concrètement deux longueurs. Sur une droite numérique, chaque nombre indique la distance entre le point auquel il est associé et le point 0 ; il ne désigne pas le point lui-même. Généralement, un jeune élève a de la difficulté à faire cette distinction.

Jetons de deux couleurs disposés de façon rectangulaire. Ce type de disposition facilite la représentation des parties. Chaque disposition rectangulaire constitue un tout.

Ici : $\frac{3}{5} = \frac{9}{15}$.

Dessins formés de X et de O.

Illustration de $\frac{2}{3} = \frac{10}{15}$.

Ensembles de 6

Jetons de deux couleurs placés à l'intérieur de formes géométriques dessinées sur du papier.

Illustration de $1\frac{2}{6}$.

FIGURE 5.5 ▲

Modèles d'ensembles pour l'exploration des fractions.

Les modèles d'ensembles

Dans un modèle d'ensembles, le tout se compose d'un ensemble d'objets, dont les sous-ensembles représentent des parties fractionnaires. Par exemple, 3 objets constituent un quart d'un ensemble formé de 12 objets. L'ensemble de 12 objets représente alors le tout, ou 1. Pour certains élèves, les modèles d'ensembles sont difficiles à manipuler, car ils exigent de considérer une collection de jetons comme une unique entité. Cependant, les modèles d'ensembles facilitent l'établissement de liens importants avec diverses utilisations des fractions dans la vie réelle et avec les concepts de proportions. La figure 5.5 illustre plusieurs modèles d'ensembles pour découvrir les fractions.

On emploie fréquemment des jetons dont les deux faces portent des couleurs différentes. Il suffit d'en retourner un certain nombre pour représenter plusieurs parties fractionnaires d'un ensemble constituant le tout.

Des parties fractionnaires à la notation des fractions

Les solutions trouvées par les élèves devraient faire l'objet de discussions, car elles constituent des occasions judicieuses d'attirer l'attention sur le vocabulaire relatif aux parties fractionnaires. Ils doivent en connaître deux aspects ou composantes. La première est le nombre de parties; la seconde est l'égalité de ces parties (dont la grandeur est identique, sans nécessairement posséder la même forme). Insistez sur le fait que c'est en se basant sur le nombre de parties égales formant un tout qu'on détermine le nom des parties fractionnaires. Les tâches de partage constituent l'une des meilleures façons d'aborder le concept de partie fractionnaire. Cependant, comme c'est sur ce premier concept que les élèves peuvent élaborer de solides assises sur les fractions, vous devriez en poursuivre l'exploration au moyen de tâches d'addition.

Les parties fractionnaires et les mots

Il faut que vous aidiez les élèves à employer les mots décrivant les parties fractionnaires, comme *demi, tiers, quart, cinquième,* etc., mais vous devriez de plus effectuer fréquemment des comparaisons entre les parties fractionnaires et le tout. Pensez également à employer régulièrement les expressions *le tout* et *un tout,* ou tout simplement *un,* afin que les élèves acquièrent un langage qu'ils pourront utiliser quel que soit le modèle employé.

L'activité suivante constitue une simple extension des tâches de partage. Il est important que les élèves puissent déterminer si une aire a été séparée en parties fractionnaires d'un type donné.

Reconnaître les partages corrects

Montrez des exemples et des contre-exemples de parties fractionnaires données, comme l'illustre la figure 5.6. Demandez aux élèves de déterminer les touts qui ont été correctement divisés en parties fractionnaires, et ceux qui ne l'ont pas été. Pour chaque réponse, demandez-leur d'expliquer leur raisonnement. Vous devriez employer différents modèles au cours de l'activité, notamment des modèles de longueurs et des modèles d'ensembles.

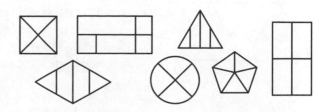

FIGURE 5.6 ▲

Les élèves qui se familiarisent avec les parties fractionnaires devraient pouvoir reconnaître les formes géométriques correctement partagées en quarts. Ils devraient aussi être capables d'expliquer pourquoi les autres formes ne représentent pas un partage en quarts.

La discussion sur les contre-exemples constitue l'aspect le plus important de l'activité « Reconnaître les partages corrects ». En effet, chaque tout est déjà partagé en un nombre donné de parties, de sorte que les élèves n'ont pas participé à cette étape. Il est également bénéfique de leur faire effectuer des partages de touts en un nombre donné de parties, comme dans la prochaine activité.

Réaliser un partage égal

Distribuez des modèles que les élèves utiliseront pour déterminer des cinquièmes ou des huitièmes, ou d'autres parties fractionnaires. (Le modèle, quel qu'il soit, ne devrait pas porter de mention de fraction.) L'activité est particulièrement intéressante quand un même modèle permet de représenter différents touts. Ainsi, les élèves ne relient pas une partie fractionnaire donnée et une forme ou une couleur particulière. Ils établissent plutôt une relation entre la partie et le tout choisi. La figure 5.7 illustre quelques idées.

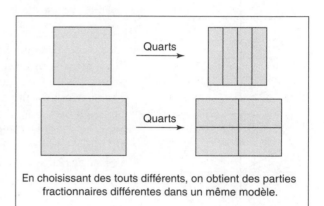

En choisissant des touts différents, on obtient des parties fractionnaires différentes dans un même modèle.

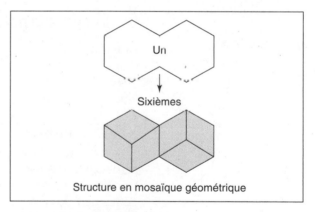

Structure en mosaïque géométrique

Il est à noter que, lors du partage d'un ensemble, les élèves confondent fréquemment le nombre de jetons d'une part et le nom de cette part. Dans l'exemple illustré dans la figure 5.7, les 12 jetons sont partagés en 4 sous-ensembles, dont chacun représente un *quart*. Chaque part ou partie contient 3 jetons, mais c'est en raison du nombre de parts que le partage représente des *quarts*.

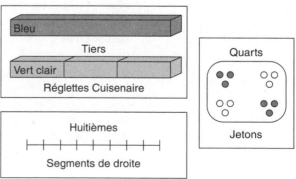

FIGURE 5.7 ▲

Détermination de parties fractionnaires d'un tout donné.

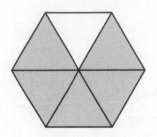

FIGURE 5.8 ▲

Représentation par un élève de la fraction $\frac{5}{6}$ à l'aide de pièces de mosaïques géométriques.

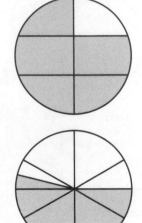

FIGURE 5.9 ▲

Représentation par un élève des fractions $\frac{5}{6}$ et $\frac{5}{9}$ en divisant des cercles.

À propos de l'évaluation

Dans le présent chapitre, plusieurs activités suggèrent d'employer divers modèles, dont les bandes colorées, les diagrammes circulaires et les pièces de mosaïques géométriques. Supposons qu'un élève représente $\frac{5}{6}$ à l'aide de ce dernier modèle, comme l'illustre la figure 5.8. Peut-être serez-vous tentée de conclure qu'il a bien saisi les deux composantes des parties fractionnaires (soit le nombre de parties et l'égalité de celles-ci). Mais examinez la figure 5.9 qui montre ce qu'il a dessiné lorsqu'on lui a demandé de représenter $\frac{5}{6}$ et $\frac{5}{9}$. Qu'en pensez-vous? L'élève semble comprendre l'aspect relatif au nombre de parties, mais il n'a pas l'air d'avoir réalisé que les parties doivent être égales. Avec des pièces de mosaïques géométriques, il serait impossible de faire ressortir des problèmes de compréhension quant à l'égalité des parties, puisque la grandeur des pièces est fixe. C'est uniquement lorsqu'un élève doit *dessiner* une représentation d'une fraction qu'il est possible de déterminer s'il a ou non assimilé le principe de l'égalité des parties alors qu'il est en train de se familiariser avec les fractions.

Bien que les dessins des élèves puissent les induire eux-mêmes en erreur, vous pouvez vous en servir pour évaluer jusqu'à quel point ils comprennent les fractions. Ces dessins vous fournissent à tout le moins l'occasion de les interroger sur leurs points de vue. Vous obtiendrez notamment des informations sur le sens qu'ils donnent aux fractions. Attention, ne confondez pas les schémas mal exécutés à cause d'un manque d'habileté manuelle et ceux qui reflètent des conceptions erronées. Aidez les élèves à partager leurs idées en les incitant à employer des modèles différents comprenant des modèles concrets, d'une part, et de simples dessins qu'ils ont réalisés, d'autre part.

Comprendre la notation des fractions

La notation des fractions repose sur une convention passablement complexe qui est une fréquente source de confusion chez les élèves. Il est donc important de les aider soigneusement à bien comprendre ce que signifient les nombres au-dessus et en dessous de la barre d'une fraction.

Dénombrement des parties fractionnaires

Le fait de dénombrer des parties fractionnaires dans le but de comparer plusieurs parties au tout constitue une bonne assise pour l'étude des deux composantes d'une fraction. Les élèves devraient en arriver à considérer que le dénombrement des parties fractionnaires s'effectue à peu près de la même façon que le dénombrement de pommes ou de n'importe quels objets. Si on connaît le type de parties fractionnaires que l'on dénombre, on sait quand on arrive à un, à deux, etc. Les élèves qui comprennent ce que sont les parties fractionnaires ne devraient pas avoir besoin de placer des pointes de tarte en cercle pour savoir que quatre quarts forment un tout.

Disposez plusieurs séries de pointes de tarte représentant des parties fractionnaires comme dans la figure 5.10. Dans chaque cas, nommez le type de parties fractionnaires représenté et comptez-les simplement avec les élèves : «*un* quart, *deux* quarts, *trois* quarts, *quatre* quarts, *cinq* quarts». Demandez-leur ensuite : «Si l'on a cinq quarts, cela fait-il plus qu'un tout, moins qu'un tout ou la même chose qu'un tout?»

Quand les élèves dénombrent le nombre de parties de chaque série de pointes de tarte, discutez de la relation entre les parties et le tout. Faites des comparaisons simples entre différents ensembles. Demandez-leur, par exemple : « Pourquoi sept quarts font-ils presque deux touts, tandis que dix douzièmes ne font même pas un tout ? »

Profitez aussi de l'occasion pour aborder la question de l'expression des nombres fractionnaires : « De quelle autre façon peut-on dire sept tiers ? » (Deux entiers et un tiers de plus, ou un entier et quatre tiers.)

Les notions qui précèdent préparent les élèves à réaliser la tâche suivante.

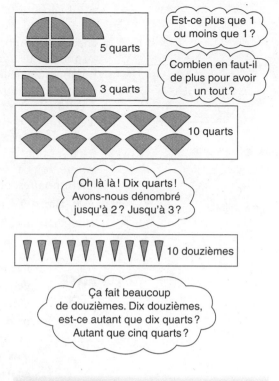

FIGURE 5.10 ▲
Dénombrement de parties fractionnaires.

Activité 5.3

En avez-vous plus, moins ou autant qu'un tout ?

Donnez aux élèves une collection de parties fractionnaires (toutes d'un même type) et dites-leur quelle sorte de parties fractionnaires ils ont en main (des tiers, des quarts, etc.). Vous pouvez dessiner des parties fractionnaires sur une feuille de travail, ou encore placer des modèles concrets dans des petits sacs en plastique portant une étiquette. Par exemple, si vous employez des réglettes Cuisenaire ou des bandes de différentes couleurs, vous pourriez former des ensembles de sept réglettes (ou bandes) vert pâle, en écrivant sur l'étiquette : « Ce sont des huitièmes. » La tâche des élèves consiste à déterminer si l'ensemble qu'ils ont reçu forme moins qu'un tout, exactement un tout ou plus qu'un tout. Demandez aux élèves de faire des dessins ou d'utiliser des nombres, ou de faire les deux tâches, pour expliquer leur réponse. Ils peuvent aussi préciser dans quelle mesure l'ensemble est proche d'un tout. Une tâche raisonnable pour les élèves peut comporter l'analyse de plusieurs ensembles.

Essayez de réaliser l'activité 5.3 avec différents modèles de fractions (bien que les pointes de tarte fournissent trop d'indices). Les pièces de mosaïques géométriques constituent un bon modèle, car il est facile de les manipuler ou de les fabriquer à l'aide d'un gabarit. Cette remarque vaut aussi pour les réglettes Cuisenaire. Les élèves qui commencent à travailler avec des modèles d'ensembles éprouvent parfois des difficultés. Il est cependant particulièrement important de les amener à s'en servir, même s'ils ont déjà utilisé avec succès des modèles de surface ou des représentations linéaires. Par exemple, montrez-leur un ensemble de 15 jetons (ou de points) et précisez qu'un ensemble de 5 jetons (ou points) correspond au quart de cet ensemble. Combien un ensemble de 15 jetons représente-t-il ?

Nombres au-dessus et en dessous de la barre de fraction

La façon d'écrire les fractions au moyen de deux nombres et d'une barre est une convention, c'est-à-dire une règle arbitraire reconnue de tous sur la notation des fractions. (Au fait, écrivez toujours les fractions à l'aide d'une barre horizontale, et non oblique : écrivez $\frac{3}{4}$ et non 3/4.) Et comme pour toutes les conventions, contentez-vous de le mentionner aux élèves. Il est toutefois souhaitable de faire des démonstrations afin de clarifier cette règle. Après quoi, ce sont les élèves qui *vous* diront ce que représentent les nombres au-dessus et en dessous de la barre horizontale. Vous devriez procéder de la façon suivante, même si les élèves « utilisent » des symboles de fractions depuis des années.

Disposez plusieurs ensembles de parties fractionnaires (pointes de tarte) comme dans la figure 5.10. Pour chaque ensemble, demandez à la classe de dénombrer les parts. Après chaque dénombrement, écrivez la fraction exacte en précisant que c'est ainsi qu'on l'écrit au moyen de symboles. Choisissez notamment des ensembles qui correspondent à un nombre supérieur à 1, mais écrivez ce nombre sous la forme d'une fraction simple, ordinaire, ou fraction «impropre» (dont le numérateur est plus grand que le dénominateur ou égal à celui-ci), et non d'un nombre fractionnaire. Choisissez aussi au moins deux paires d'ensembles correspondant à une fraction dans laquelle le nombre au-dessus de la barre est le même, par exemple $\frac{4}{8}$ et $\frac{4}{3}$. Choisissez également des ensembles correspondant à des fractions dont les nombres sous la barre sont identiques. Lorsque la classe a fini de dénombrer et que vous avez écrit au moins les fractions correspondant à six ensembles de parties fractionnaires, posez les questions suivantes :

- Dans une fraction, qu'indique le nombre sous la barre ?

- Et le nombre au-dessus de la barre ?

Avant de poursuivre votre lecture, répondez aux deux questions précédentes dans vos propres mots. Ne vous servez pas de formules que vous avez entendues. Pensez à ce dont nous venons de parler, c'est-à-dire aux parties fractionnaires et au dénombrement de telles parties. Imaginez que vous dénombriez un ensemble de cinq huitièmes et un ensemble de cinq quarts, puis que vous écriviez les fractions correspondantes. Formulez vos réponses en employant le langage des élèves et essayez de découvrir un moyen d'expliquer le sens des nombres sans faire référence au modèle employé.

Voici quelques explications correctes sur les nombres situés au-dessus et en dessous de la barre de fraction.

- *Nombre au-dessus de la barre (numérateur)* : il indique le nombre obtenu en dénombrant, c'est-à-dire le nombre de parts ou de parties. Il correspond au nombre de parties dont nous parlons. Il sert à dénombrer les parties ou les parts.

- *Nombre sous la barre (dénominateur)* : il indique ce que nous dénombrons, c'est-à-dire la sorte de parties fractionnaires que nous sommes en train de dénombrer. Si ce nombre est 4, cela veut dire que nous dénombrons des *quarts*; si c'est un 6, nous dénombrons des *sixièmes*; etc.

Vous n'êtes peut-être pas habituée à lire de telles explications à propos de la signification des nombres situés au-dessus et en dessous de la barre de fraction. On dit souvent que le nombre au-dessus de la barre indique «combien» et que le nombre sous le trait de fraction correspond «au nombre de parties nécessaires pour faire un tout». Bien que ce soit exact, cela peut prêter à confusion. (En effet, la phrase semble incomplète : combien de *quoi*?) Par exemple, une portion de gâteau correspondant à $\frac{1}{6}$ provient souvent d'un gâteau dont les $\frac{5}{6}$ restants n'ont pas été séparés. Le fait que le gâteau soit divisé seulement en 2 parties ne change rien au fait que le morceau découpé représente $\frac{1}{6}$. De même, si l'on coupe une pizza en 12 portions, 2 portions représentent elles aussi $\frac{1}{6}$. Dans les deux cas, le nombre sous la barre n'indique pas combien de parties constituent le tout.

Des données indiquent qu'il est important que les élèves maîtrisent la notion itérative de fraction, selon laquelle la fraction $\frac{3}{4}$ correspond au dénombrement de trois parts appelées des *quarts*. Le concept itératif est particulièrement clair quand on met l'accent sur les deux principes suivants concernant la notation des fractions :

- Le nombre au-dessus de la barre sert à *dénombrer*.

- Le nombre sous la barre indique *ce que l'on dénombre*.

Dans une fraction, les parties fractionnaires correspondent à *quoi*, c'est-à-dire ce que l'on peut dénombrer. La notation des fractions est une façon concise de dire *combien* et *quoi*.

Smith (2002) donne une définition un peu plus «mathématique» des nombres au-dessus et en dessous de la barre de fraction, qui s'accorde parfaitement avec celle que nous venons d'examiner. Selon Smith, il est important de considérer le nombre sous la barre comme le diviseur et le nombre au-dessus de la barre comme le multiplicateur. Autrement dit, $\frac{3}{4}$ est 3 *fois* ce qu'on obtient en *divisant* un tout en 4 parties. Cette idée d'un multiplicateur et d'un diviseur est particulièrement utile lorsque, plus tard, les élèves doivent considérer une fraction comme une façon d'écrire une division, c'est-à-dire que $\frac{3}{4}$ signifie aussi $3 \div 4$.

Numérateur et dénominateur

Dénombrer un ensemble, c'est *énumérer* ses éléments, d'où le terme *numérateur* donné fréquemment au nombre au-dessus de la barre de fraction.

Une dénomination, c'est le nom d'une classe ou d'un type d'objets, c'est pourquoi le nombre sous la barre de fraction est généralement appelé *dénominateur*.

Les termes *numérateur* et *dénominateur* n'ont aucune signification réelle pour de jeunes élèves. Que vous les employiez ou non ne les aidera pas à comprendre ce qu'ils désignent.

Nombres fractionnaires et fractions impropres

Si vous avez dénombré des parties fractionnaires qui forment plus qu'un tout, vos élèves savent déjà comment écrire $\frac{13}{6}$ ou $\frac{13}{3}$. Demandez-leur: «Y a-t-il une autre façon de dire 13 *sixièmes*?» Ils répondront peut-être: «deux entiers et un sixième de plus» ou «deux plus un sixième». Expliquez-leur que ces expressions sont correctes et qu'on écrit habituellement $2 + \frac{1}{6}$ sous la forme $2\frac{1}{6}$, qui constitue un *nombre fractionnaire*. Cette notation est une convention que vous devez expliquer aux élèves. Par contre, il n'est pas du tout nécessaire d'enseigner comment convertir un nombre fractionnaire en fraction ordinaire, et vice-versa. Faites plutôt la tâche suivante.

Activité 5.4

Convertir un nombre fractionnaire en fraction ordinaire, et vice-versa

Donnez aux élèves un nombre fractionnaire, tel $3\frac{2}{5}$. La tâche consiste à trouver une unique fraction qui désigne la même quantité. Les élèves peuvent employer n'importe quel matériel qui leur est familier ou faire des dessins, à condition de pouvoir expliquer leur résultat. Inversement, donnez aux élèves une fraction supérieure à 1, comme $\frac{17}{4}$, et demandez-leur de trouver le nombre fractionnaire correspondant et de justifier leur résultat.

Refaites plusieurs fois l'activité «Convertir un nombre fractionnaire en fraction ordinaire, et vice-versa» avec des fractions différentes. Au bout d'un moment, demandez aux élèves de trouver la nouvelle fraction sans utiliser de modèle. Une bonne façon d'expliquer $3\frac{1}{4}$ consiste à dire que, puisqu'il y a 4 quarts dans un tout, il y en a donc 8 dans deux touts et 12 dans trois touts. Avec le quart restant, cela fait un total de 13 quarts, ce qui s'écrit $\frac{13}{4}$. (Il est à noter que le concept itératif entre en ligne de compte.)

Il n'y a absolument aucune raison de donner, à quelque moment que ce soit, une règle imposant de multiplier le nombre entier par le nombre sous la barre de fraction, puis d'additionner le nombre au-dessus de la barre. Les élèves ne devraient pas non plus avoir besoin d'une règle exigeant de diviser le nombre au-dessus de la barre par le nombre sous la barre pour convertir une fraction en nombre fractionnaire. Ils sont en effet parfaitement capables d'élaborer facilement de telles règles, mais dans leurs propres mots, et en comprenant parfaitement ce qu'ils font.

Calculer des fractions avec une machine à calculer

Il n'est pas courant d'avoir à l'école des calculatrices permettant d'entrer des fractions et d'afficher des nombres sous forme fractionnaire. Toutefois avec certains instruments, dont la TI-15, il est désormais possible de lire correctement des fractions sous cette forme et de choisir le mode d'affichage des résultats: nombre fractionnaire ou fraction ordinaire. Si vous voulez compter par quart avec la TI-15, il suffit d'entrer $\frac{1}{4}$ à l'aide d'une des touches d'opérations: [Opl] [+] [1] [n] [4] [d] [Opl]. Pour compter, appuyez sur [0] [Opl] [Opl] [Opl]... Le dénombrement par quart s'affiche, de même que le nombre de fois que l'on a appuyé sur la touche [Opl]. Les élèves devraient coordonner leurs dénombrements avec des modèles des fractions, c'est-à-dire ajouter un élément représentant un quart pour chaque quart dénombré. À n'importe quel moment, il est possible de passer de la forme nombres fractionnaires aux fractions ordinaires en appuyant simplement sur une touche. Il est possible de « programmer » la TI-15 pour l'empêcher de simplifier automatiquement les fractions, ce qu'il est conseillé de faire tant que les élèves n'ont pas abordé les fractions équivalentes.

La calculatrice utilisée dans l'activité précédente est un excellent moyen d'aider les élèves à écrire correctement les fractions. Une variante de l'activité 5.5 consiste à montrer aux élèves un nombre fractionnaire, tel $3\frac{1}{8}$, et à leur demander en combien de bonds de $\frac{1}{8}$ la calculatrice atteindra ce nombre. Ils devraient essayer d'arrêter la calculatrice au nombre exact, soit $\frac{25}{8}$, avant d'appuyer sur la touche des nombres fractionnaires.

Les tâches portant sur les parties et le tout

Les exercices présentés ici peuvent aider les élèves à mieux comprendre les parties fractionnaires, de même que la signification des nombres au-dessus et en dessous de la barre de fraction. Employez des modèles pour représenter les touts et les parties d'un tout. Les expressions écrites et orales des fractions représentent la relation entre les parties et le tout. Si vous donnez aux élèves deux des trois éléments que sont la partie, le tout et la fraction, ils devraient être capables de déterminer le troisième en se servant d'un modèle.

Il est possible d'employer n'importe quel type de modèles, à condition que le tout soit représenté par des objets de différentes dimensions. Le modèle traditionnel des pointes de tarte est inapproprié parce que le tout est toujours représenté par un cercle et que toutes les parties sont des *fractions unitaires*. (Une *fraction unitaire* est une partie fractionnaire unique dont le numérateur est 1. Les fractions $\frac{1}{3}$ et $\frac{1}{8}$ sont des fractions unitaires.)

Les figures 5.11, 5.12 et 5.13 montrent des exemples de chaque type d'exercice. Chaque figure comprend des exemples de modèles de surfaces (rectangles dessinés rapidement), de modèles de longueurs (réglettes Cuisenaire ou bandes colorées) et de modèles d'ensembles.

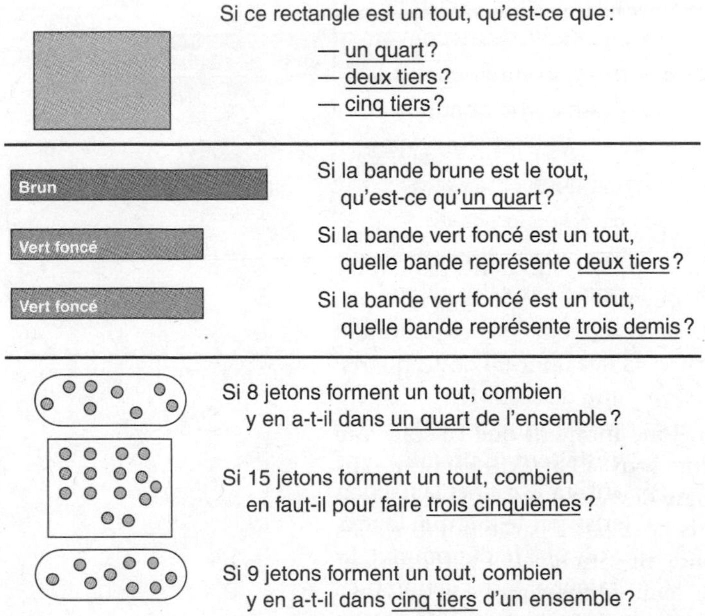

Si ce rectangle est un tout, qu'est-ce que:

— un quart?
— deux tiers?
— cinq tiers?

Si la bande brune est le tout, qu'est-ce qu'un quart?

Si la bande vert foncé est un tout, quelle bande représente deux tiers?

Si la bande vert foncé est un tout, quelle bande représente trois demis?

Si 8 jetons forment un tout, combien y en a-t-il dans un quart de l'ensemble?

Si 15 jetons forment un tout, combien en faut-il pour faire trois cinquièmes?

Si 9 jetons forment un tout, combien y en a-t-il dans cinq tiers d'un ensemble?

FIGURE 5.11 ▲

Déterminer la partie une fois donnés le tout et la fraction.

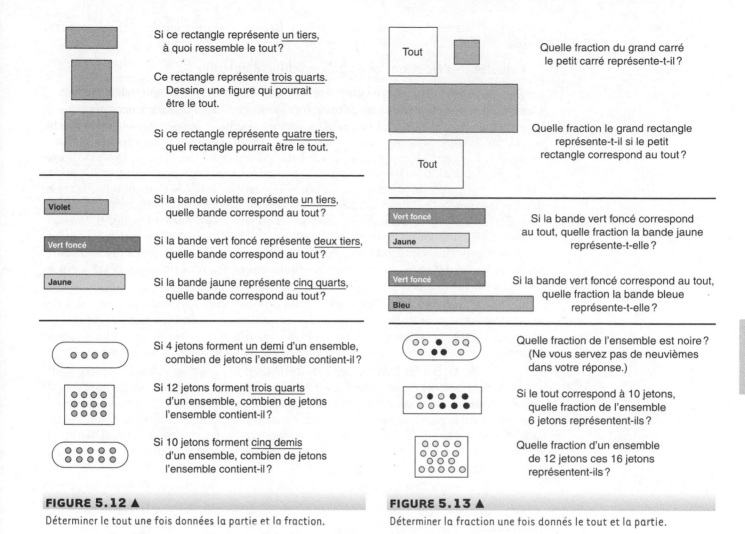

FIGURE 5.12 ▲

Déterminer le tout une fois données la partie et la fraction.

FIGURE 5.13 ▲

Déterminer la fraction une fois donnés le tout et la partie.

PAUSE

Vous devriez faire ces exercices avant d'aller plus loin. Pour les modèles de surfaces, dessinez simplement un rectangle semblable sur une feuille. Dans le cas des réglettes ou des bandes de différentes couleurs, utilisez des réglettes Cuisenaire ou fabriquez des bandes de couleurs. Les couleurs indiquées dans les figures correspondent à celles des réglettes Cuisenaire. Comme les figures n'indiquent pas la longueur des objets, vous ne serez pas tentée d'employer une approche numérique, propre aux adultes. Si vous ne disposez pas de réglettes, ni de bandes de couleurs variées, dessinez simplement des segments de droite sur une feuille. Vous appliquerez le même procédé que celui qu'on utilise avec les réglettes.

Les trois types de problèmes présentés diffèrent par leur degré de difficulté et la façon dont ils aident les élèves à apprendre. De nombreux manuels présentent le premier type de problèmes, dans lequel les élèves déterminent la partie en se basant sur le tout et la fraction donnés dans l'énoncé (figure 5.11). Ce type d'exercices se caractérise par le fait que le tout donné n'est divisé d'aucune manière. Les élèves doivent déjà savoir que le dénominateur indique comment séparer le tout : c'est le diviseur. Quant au numérateur, il sert à dénombrer. Donc, quand le tout est divisé en parties, les élèves comptent le nombre requis de parties fractionnaires. Notez que vous pouvez leur demander d'indiquer une fraction plus grande que le tout, même si vous ne leur donnez qu'un tout. Ils construiront probablement un deuxième tout, qu'ils sépareront également en parties.

Dans le second type de problèmes, la tâche des élèves consiste à déterminer ou à construire le tout, une partie du tout étant donnée (figure 5.12). Ils trouveront cet exercice un peu plus difficile que le premier, mais les discussions animées qui s'ensuivent valent bien les efforts déployés. L'exercice met en évidence le fait qu'une fraction n'est pas une quantité absolue, mais plutôt une relation entre la partie et le tout. Si la bande blanche représente $\frac{1}{4}$, alors la bande violette représente le tout. (Voir les longueurs des réglettes Cuisenaire à la page 141.) Cependant, si la bande rouge représente $\frac{1}{4}$, alors la bande brune est le tout. De plus, si la bande blanche correspond à $\frac{1}{5}$, alors la jaune est le tout. L'exercice est beaucoup plus difficile si la partie donnée n'est pas une fraction unitaire. Dans le deuxième exemple de la figure 5.12, les élèves doivent d'abord comprendre que le rectangle donné représente trois fois une grandeur qu'on appelle *quart*. Autrement dit, si l'on subdivise cet élément donné en trois parties, chaque partie en constitue le quart. Le dénombrement à partir de la fraction unitaire donne le tout : quatre parties représentant chacune un quart forment un tout. Encore une fois, notez que cet exercice incite les élèves à penser qu'ils doivent dénombrer les parties fractionnaires unitaires.

Avec le troisième type d'exercices, il sera probablement nécessaire de procéder à des approximations, surtout si les élèves le font avec des dessins. Des approximations différentes peuvent constituer la source d'excellentes discussions. En revanche, avec des réglettes Cuisenaire ou des bandes colorées, il n'y a toujours qu'une seule réponse exacte.

Deux ou trois questions un peu plus difficiles portant sur les parties et le tout constituent une excellente leçon. L'enseignante devrait présenter les exercices à la classe exactement comme ils le sont dans les trois figures précédentes. Les modèles concrets constituent souvent l'outil le plus approprié. Ils permettent en effet aux élèves de trouver le résultat par tâtonnement. Comme pour tous les autres exercices, dites clairement aux élèves qu'ils devront justifier chaque réponse. Demandez à plusieurs élèves de donner leurs réponses et de les expliquer.

Il est parfois utile d'énoncer des problèmes en contexte simples qui posent les mêmes questions.

M. Samuel a déjà construit les $\frac{2}{5}$ de sa terrasse. Voici la forme qu'elle a maintenant.

Faites un schéma pour montrer la forme que pourrait avoir la terrasse une fois terminée.

Les problèmes peuvent aussi porter sur des nombres plutôt que des modèles.

Si une équipe de natation réussit à vendre 400 billets de tombola, elle aura suffisamment d'argent pour payer les nouveaux maillots de l'équipe. Les nageurs ont déjà vendu les $\frac{5}{8}$ de cette quantité de billets. Combien de billets de plus doivent-ils vendre ?

Lorsqu'on utilise un modèle, il est parfois nécessaire de s'assurer que ce modèle permet de répondre au problème. Par exemple, si vous utilisez des bandes colorées, vous pouvez demander : « Si la bande bleue (9) est le tout, quelle bande représente deux tiers ? » La réponse est la bande 6, qui est vert foncé. Par contre, vous ne pourriez pas demander aux élèves de déterminer ce que représentent les « trois quarts de la bande bleue » parce que chaque quart de 9 est $2\frac{1}{4}$ unités et qu'il n'y a pas de bande de cette longueur. Il faut prendre les mêmes précautions avec les modèles de surfaces qui représentent des rectangles.

Les problèmes portant sur des fractions unitaires sont généralement les plus simples, tandis que les plus difficiles portent habituellement sur des fractions supérieures à 1, comme celle-ci : *Si 15 jetons forment cinq tiers d'un tout, combien le tout contient-il de jetons ?* Cependant, la fraction unitaire joue un rôle important dans tout problème. Si $\frac{5}{3}$ est donnée et qu'on veut déterminer le tout, il faut d'abord déterminer $\frac{1}{3}$.

Évitez de donner les réponses à vos élèves. Faites-leur comprendre qu'il leur appartient de vérifier si leurs réponses sont exactes. Dans le cas des exercices que nous venons de décrire, il est toujours possible de le faire à l'aide des données du problème.

Il est bon de mettre régulièrement en contexte des activités portant sur des fractions. Cela incite les élèves à explorer des idées de manière plus large et moins rigoureuse. Ce faisant, ils ne sont pas exagérément tributaires de règles. Vous serez peut-être étonnée en voyant de quelle façon les jeunes élèves abordent les concepts sur les fractions dans divers contextes. Dans la prochaine activité, une excellente mise en situation tirée de la littérature permet de discuter des parties fractionnaires d'un ensemble et de leurs variations en fonction du tout.

Activité 5.6

Partager des chameaux

Lisez avec toute la classe le chapitre 3 de *L'homme qui calculait* (Malba Tahan, traduit du brésilien par Violante do Canto et Yves Coleman, Paris, Hachette Livre, 2001, Hachette jeunesse, 2005). L'histoire raconte que le héros, qui a pour nom Beremiz, mais qu'on a surnommé le Calculateur prodige, voyage à dos de chameau avec le narrateur. Ils rencontrent 3 frères qui les supplient de régler le différend qui les oppose. Leur père leur a laissé en héritage 35 chameaux qu'ils doivent se répartir comme suit : l'aîné recevra la moitié du troupeau, le second le tiers, et le cadet un neuvième. Demandez aux élèves de réfléchir à ce problème et d'essayer de trouver une solution. Assurez-vous de discuter des approches des élèves et de leurs hypothèses avant de modifier le nombre total de chameaux. Choisissez un nombre tiré de ces hypothèses afin qu'ils aient l'occasion de vérifier leur intuition. Par exemple, s'ils affirment qu'il est impossible de diviser en deux un nombre impair de chameaux (à savoir 35), ils en concluront peut-être qu'il faut prendre au départ un nombre pair de chameaux, disons 34 ou 36. Par ailleurs, s'ils prétendent que le nombre initial doit être divisible par 3 puisqu'il y a 3 frères, essayez le nombre 33. Demandez aux élèves de faire part de leurs découvertes chaque fois que vous proposez d'essayer un nouveau nombre. En fait, quel que soit le nombre de chameaux que vous choisirez, il est impossible de partager le troupeau selon les volontés paternelles. Il n'y a pas de solution. (Pourquoi ?)

Avant de poursuivre votre lecture, essayez de résoudre ce problème de partage. Que découvrez-vous en essayant différents nombres ? Pourquoi n'arrivez-vous pas à trouver un nombre qui conduirait à une solution ?

Le problème de partage selon les fractions données n'a pas de solution parce que la somme de $\frac{1}{2}$, $\frac{1}{3}$ et $\frac{1}{9}$ est toujours inférieure à un tout. Peu importe le nombre initial de chameaux, il en restera nécessairement quelques-uns après une distribution effectuée en fonction de ces fractions. Bresser (1995) décrit les trois journées complètes qu'il a passées à avoir de merveilleuses discussions avec ses élèves de cinquième année, qui ont proposé toute une gamme de réponses. Il vaut la peine d'examiner les suggestions de Bresser.

Le sens du nombre relatif aux fractions

L'attention accordée aux parties fractionnaires est une première étape importante. Mais la construction du sens du nombre relativement aux fractions exige beaucoup plus des élèves, qui doivent acquérir une connaissance intuitive des fractions. Ils devraient pouvoir estimer la grandeur d'une fraction donnée et être capables de reconnaître facilement laquelle de deux fractions est la plus grande.

Les points de repère zéro, un demi et un

Dans le cas des fractions, les principaux points de référence, ou de repère, sont 0, $\frac{1}{2}$ et 1. La simple comparaison des fractions inférieures à 1 avec ces trois repères fournit une grande quantité d'informations. Par exemple, $\frac{3}{20}$ représente une petite quantité, c'est-à-dire proche de 0, tandis que $\frac{3}{4}$ se trouve entre $\frac{1}{2}$ et 1. Quant à la fraction $\frac{9}{10}$, elle est très proche de 1. Comme toute fraction supérieure à 1 est un nombre entier plus une quantité inférieure à 1, les mêmes points de repère s'avèrent tout aussi utiles : $3\frac{3}{7}$ est presque autant que $3\frac{1}{2}$.

Activité 5.7

Classer des fractions par rapport aux points de repère 0, $\frac{1}{2}$ et 1

Écrivez 10 à 15 fractions au tableau ou sur un transparent pour rétroprojecteur. Quelques-unes devraient être plus grandes que 1 (par exemple $\frac{9}{8}$ et $\frac{11}{10}$), les autres comprises entre 0 et 1. Laissez aux élèves le soin de classer les fractions en trois groupes, selon qu'elles sont proches de 0, de $\frac{1}{2}$ ou de 1. Dans le cas des fractions proches de $\frac{1}{2}$, demandez aux élèves de déterminer si elles sont plus grandes ou plus petites que $\frac{1}{2}$. Le degré de difficulté de cette activité dépend largement du choix des fractions. Si vous la faites pour la première fois, prenez des fractions comme $\frac{1}{20}$, $\frac{53}{100}$ et $\frac{9}{10}$, qui sont toutes très proches d'un des trois points de repère. Par la suite, faites en sorte que la plupart des fractions aient un dénominateur inférieur à 20. Vous pouvez toutefois prendre une ou deux fractions comme $\frac{2}{8}$ et $\frac{3}{4}$ qui se trouvent exactement au milieu de deux points de repère. Demandez aux élèves de justifier chacune de leurs réponses.

La prochaine activité vise aussi à améliorer l'utilisation des trois mêmes points de repère pour les fractions, mais cette fois les élèves doivent déterminer les fractions au lieu de les classer.

Activité 5.8

Déterminer les fractions voisines

Demandez aux élèves de trouver une fraction proche de 1, mais sans toutefois dépasser cette valeur. Demandez-leur ensuite de trouver une autre fraction encore plus proche de 1 que la première et d'expliquer pourquoi la seconde fraction est, selon eux, plus proche de 1 que la première. Poursuivez l'activité de la même façon, en demandant aux élèves de trouver des fractions de plus en plus proches de 1. Refaites ensuite l'exercice avec des fractions proches de 0 ou de $\frac{1}{2}$ (donc plus petites ou plus grandes que le point de repère). Les premières fois que vous faites l'activité, laissez les élèves employer des modèles qui les aident à réfléchir. Plus tard, vérifiez s'ils peuvent expliquer leurs réponses sans l'aide d'un modèle ou d'un dessin. Centrez les discussions sur la grandeur relative des parties fractionnaires.

Le fait de comprendre pourquoi une fraction est proche de 0, de $\frac{1}{2}$ ou de 1 constitue un bon point de départ pour acquérir le sens des fractions. Cela permet de réfléchir à la grandeur des fractions d'une façon simple mais déterminante. La prochaine activité aide également les élèves à réfléchir à la grandeur d'une fraction.

Activité 5.9

Estimer la quantité illustrée

Faites des dessins et des droites numériques semblables à ceux de la figure 5.14. (Vous pouvez aussi les représenter sur un transparent pour rétroprojecteur.) Demandez à tous les élèves d'écrire une fraction qui leur semble être une estimation réaliste de la quantité représentée par les zones ombrées (ou qui correspond approximativement au point marqué sur la droite numérique). Écoutez ce que disent les élèves sans exprimer de jugement, puis discutez des raisons pour lesquelles une estimation donnée semble satisfaisante. Il n'existe pas de réponse exacte unique, mais les approximations devraient être dans la «bonne fourchette». Si les élèves n'arrivent pas à donner d'estimations satisfaisantes, demandez-leur s'ils pensent que la quantité est plus proche de 0, de $\frac{1}{2}$ ou de 1.

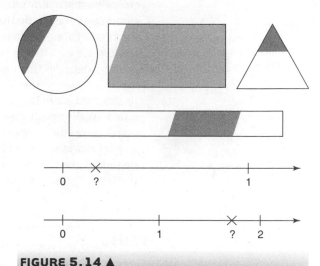

FIGURE 5.14 ▲

Environ combien ? Pour chaque dessin, nommez une fraction et expliquez ce choix.

Réfléchir à la grandeur des fractions

La capacité de dire laquelle de deux fractions est la plus grande est un autre aspect du sens du nombre des fractions. Cette habileté repose sur les concepts propres aux fractions ; elle n'a rien à voir avec la capacité d'appliquer un algorithme ou de manipuler des symboles.

MODÈLE DE LEÇON

(pages 166-167)
Vous trouverez à la fin de ce chapitre le plan d'une leçon complète basée sur l'activité «Estimer la quantité illustrée».

Des concepts plutôt que des règles

Les élèves ont une façon de concevoir les nombres à laquelle ils s'attachent fortement et qui est à l'origine de certaines difficultés lorsqu'ils commencent à évaluer la grandeur relative des fractions. Selon leur expérience, plus un nombre est grand, plus il représente une grande quantité. Ils ont tendance à appliquer aux fractions ce concept propre aux nombres entiers : puisque sept est plus grand que quatre, raisonnent-ils, un septième devrait être plus grand qu'un quart. Il est malheureusement impossible d'énoncer la relation inverse entre le nombre de parties et leur grandeur relative, chaque élève doit la construire au moyen de son propre processus de pensée.

Activité 5.10

Ordonner des fractions unitaires

Énumérez un ensemble de fractions unitaires, telles que $\frac{1}{3}$, $\frac{1}{8}$, $\frac{1}{5}$ et $\frac{1}{10}$. Demandez aux élèves de les ordonner de la plus petite à la plus grande, puis de justifier l'ordre qu'ils ont choisi. (Les premières fois que vous ferez cette activité, demandez-leur d'expliquer leurs idées en se servant de modèles.)

Le principe qui sous-tend la dernière activité est tellement fondamental pour la compréhension des fractions que les règles arbitraires sont non seulement inutiles, mais aussi nuisibles. («Plus le nombre sous la barre de fraction est grand, plus la fraction est petite. ») Revenez régulièrement sur ce point fondamental. Une journée, vous aurez l'impression que les élèves ont compris, mais, un ou deux jours plus tard, ils recommenceront à appliquer leurs concepts plus familiers au sujet des grands nombres. Refaites alors l'activité 5.10 en choisissant plusieurs fractions dont le numérateur aura une valeur de 4. Vérifiez si les élèves travaillent en utilisant les concepts appropriés.

Vous avez probablement appris des règles ou des algorithmes sur la comparaison de fractions. La méthode la plus courante consiste à rechercher un dénominateur commun. Cette règle est efficace pour découvrir la bonne réponse, mais elle n'oblige pas à réfléchir à la grandeur des fractions. Si vous enseignez la règle du dénominateur commun aux élèves avant de leur donner l'occasion de réfléchir à la grandeur relative de plusieurs fractions, ils n'auront guère la possibilité de se familiariser avec la grandeur d'une fraction ou d'élaborer leur sens du nombre au regard de la grandeur des fractions. Il est important de faire des activités de comparaison (Quelle fraction est la plus grande ?), car c'est avec de tels exercices que les élèves finiront par maîtriser les concepts sur la grandeur relative de fractions. Mais ne perdez pas de vue que l'objectif est de les amener à réfléchir, et non de leur fournir une méthode algorithmique permettant de trouver la bonne réponse.

PAUSE Avant de poursuivre votre lecture, faites l'exercice suivant, mais en vous mettant dans la peau d'un élève qui ne sait absolument rien des fractions équivalentes, du dénominateur commun ou du produit en croix. Imaginez que vous êtes un élève de quatrième ou de cinquième année à qui l'on n'a jamais enseigné ces méthodes. Examinez les paires de fractions de la figure 5.15 et déterminez quelle fraction est la plus grande dans chaque paire. Notez, ou trouvez simplement, une ou plusieurs raisons expliquant votre choix.

Modèles pour la comparaison des fractions

Les deux premiers schèmes de comparaison que nous présentons ici reposent sur la signification des nombres au-dessus et en dessous de la barre de fraction et sur la grandeur relative de fractions unitaires. Les troisième et quatrième concepts font de plus intervenir le fait que 0, $\frac{1}{2}$ et 1 sont des points de référence ou de repère pratiques pour déterminer la grandeur des fractions.

1. *Plus de parties d'une même grandeur.* Si on veut comparer $\frac{3}{8}$ et $\frac{5}{8}$, on pense facilement au fait qu'on a, d'un côté, 3 choses d'une sorte et, de l'autre côté, 5 choses de la même sorte. Les élèves disent souvent que $\frac{5}{8}$ est plus grand que $\frac{3}{8}$, simplement parce que 5 est plus grand que 3 et que les autres nombres sont identiques. Cette bonne réponse repose sur un raisonnement boiteux. Il ne devrait pas être différent de comparer $\frac{3}{8}$ et $\frac{5}{8}$ et de comparer 3 pommes et 5 pommes.

2. *Un même nombre de parties, mais des parties de différentes grandeurs.* Examinons les fractions $\frac{3}{4}$ et $\frac{3}{7}$. Si on divise un tout en 7 parties, on obtient certainement des parties plus petites que si on le divise seulement en 4 parties. Plusieurs élèves affirment que $\frac{3}{7}$ est plus grand parce que 7 est plus grand que 4 et que les nombres au-dessus de la barre sont identiques. Ce raisonnement permet de faire le bon choix quand les parties sont de même grandeur, mais il devient une source d'erreurs dans le cas présent. Il revient en effet à comparer 3 pommes et 3 melons : on a le même nombre d'objets, mais les melons sont plus gros.

3. *Plus ou moins qu'un demi ou qu'un tout.* Les paires de fractions formées de $\frac{3}{7}$ et $\frac{5}{8}$, d'une part, et de $\frac{5}{8}$ et $\frac{8}{7}$, d'autre part, ne se prêtent à aucun des deux types de raisonnement précédents. Dans le premier cas, $\frac{3}{7}$ représente moins de la moitié du nombre de septièmes qu'il faut pour faire un tout ; donc $\frac{3}{7}$ est plus petit qu'un demi. De façon analogue, $\frac{5}{8}$ est plus grand qu'un demi. Il s'ensuit que $\frac{5}{8}$ est la fraction la plus grande. Dans le deuxième cas, on note qu'une fraction est plus petite que 1, alors que l'autre est plus grande que 1, ce qui permet de déterminer laquelle est la plus grande.

Dans chaque paire, quelle fraction est la plus grande ? Donnez une ou plusieurs raisons expliquant votre choix. Essayez de faire l'exercice sans l'aide de dessins ou de modèles. N'utilisez pas de dénominateur commun ni de produit en croix. Servez-vous uniquement de concepts.

A. $\frac{4}{5}$ ou $\frac{4}{9}$.　　G. $\frac{7}{12}$ ou $\frac{5}{12}$

B. $\frac{4}{7}$ ou $\frac{5}{7}$　　H. $\frac{3}{5}$ ou $\frac{3}{7}$

C. $\frac{3}{8}$ ou $\frac{4}{10}$　　I. $\frac{5}{8}$ ou $\frac{6}{10}$

D. $\frac{5}{3}$ ou $\frac{5}{8}$　　J. $\frac{9}{8}$ ou $\frac{4}{3}$

E. $\frac{3}{4}$ ou $\frac{9}{10}$　　K. $\frac{4}{6}$ ou $\frac{7}{12}$

F. $\frac{3}{8}$ ou $\frac{4}{7}$　　L. $\frac{8}{9}$ ou $\frac{7}{8}$

FIGURE 5.15 ▲

Comparaison de fractions à l'aide de concepts.

4. *Distance entre un demi et un tout.* Pourquoi $\frac{9}{10}$ est-il plus grand que $\frac{3}{4}$? Ce n'est pas parce que 9 et 10 sont des grands nombres, comme le disent de nombreux élèves. Certes, il manque à chaque fraction une partie fractionnaire pour faire un tout, mais un dixième est plus petit qu'un quart. On note de même que $\frac{5}{8}$ est plus petit que $\frac{4}{6}$ parce que cette fraction représente seulement un huitième de plus qu'un demi, tandis que $\frac{4}{6}$ correspond à un sixième de plus qu'un demi. Pouvez-vous appliquer cette idée fondamentale pour comparer $\frac{3}{5}$ et $\frac{5}{9}$? (*Indice:* Chaque fraction est la moitié d'une partie fractionnaire de plus qu'un demi.) Essayez également de comparer $\frac{5}{7}$ et $\frac{7}{9}$.

Lorsque vous avez comparé les fractions de la figure 5.15, les raisonnements que vous avez tenus s'approchaient-ils des idées que nous venons d'énoncer? Il est important que vous vous sentiez à l'aise d'employer des méthodes de comparaison non traditionnelles, d'abord parce que c'est une composante importante de votre propre sens du nombre, ensuite parce que vous devez être en mesure d'aider les élèves à élaborer leur sens du nombre.

Les tâches que vous préparerez à l'intention des élèves devraient les aider à acquérir des méthodes de comparaison de deux fractions comme celles que nous venons de décrire, et peut-être d'autres semblables. Il est important que les idées viennent des élèves et des discussions qu'ils ont entre eux. Enseigner «les quatre méthodes de comparaison des fractions» ne ferait que créer quatre règles mystérieuses et risquerait de devenir une source d'échec pour plusieurs élèves.

Activité 5.11

Choisir, expliquer et vérifier

Présentez deux ou trois paires de fractions aux élèves et dites-leur de <u>choisir</u> la fraction la plus grande de chaque paire. Demandez-leur d'<u>expliquer</u> leur choix, puis de le <u>vérifier</u> au moyen du modèle qui leur convient le mieux. Cette vérification devrait être faite par écrit et indiquer si leur choix a été confirmé ou non. S'ils se sont trompés, ils devraient essayer d'indiquer ce qu'ils vont changer dans leur raisonnement pour arriver à un choix correct. Ne permettez pas aux élèves de baser leurs explications sur des dessins. Faites-leur comprendre qu'il est difficile d'illustrer des fractions de façon précise et que, dans la présente activité, l'emploi de dessins pourrait les amener à faire des erreurs.

Au lieu d'enseigner directement les différentes méthodes pour comparer des fractions, choisissez des paires de fractions qui amèneront les élèves à employer les techniques de comparaison que vous désirez leur faire connaître. Par exemple, une journée, choisissez deux paires de fractions avec un même dénominateur et une autre paire dont les deux numérateurs sont identiques. Un autre jour, choisissez par exemple des paires de fractions dont chacune est égale à un tout, moins une partie fractionnaire. Essayez d'employer des stratégies que vous pourriez répartir sur plusieurs jours en choisissant des paires de fractions appropriées.

L'emploi d'un modèle pour réaliser l'activité 5.11 joue un rôle important dans l'élaboration de méthodes par les élèves. Il faut toutefois que le modèle facilite l'acquisition de ces méthodes. Cependant, après avoir fait plusieurs séries d'exercices, modifiez l'activité de manière à éliminer l'étape consistant à vérifier le choix avec un modèle. Insistez plutôt sur le raisonnement. Si, au cours des discussions, les élèves présentent des choix différents, permettez-leur d'employer leurs propres arguments pour défendre leurs choix afin qu'ils puissent décider quelle fraction est la plus grande.

La prochaine activité va dans le sens de la généralisation de la tâche de comparaison.

Mettez-les en ordre !

Choisissez quatre ou cinq fractions et dites aux élèves de les classer de la plus petite à la plus grande. Demandez-leur d'indiquer approximativement le point sur lequel se situe chaque fraction sur une droite numérique où seuls les points 0, $\frac{1}{2}$ et 1 sont marqués. Les élèves devraient aussi expliquer comment ils ont procédé pour ordonner les fractions. Pour les situer sur la droite numérique, demandez-leur d'évaluer approximativement la grandeur de chaque fraction, en plus de les classer.

Introduction aux fractions équivalentes

Jusqu'ici, nous n'avons pas tenu compte du fait que les élèves peuvent se servir du concept de fraction équivalente lors de comparaisons, ce qui ne semble pas tout à fait naturel. Or, ce concept est tellement important que nous lui consacrerons une section pour y décrire le processus au cours duquel il s'élabore. Il n'est pas nécessaire pour autant de repousser à la toute fin l'étude des concepts sur les fractions équivalentes. Par ailleurs, nous croyons qu'il est tout à fait permis de se servir de concepts au cours des discussions durant lesquelles les élèves essaient de décider laquelle de deux fractions est la plus grande.

Smith (2002, p. 9) pense qu'il est essentiel de poser en ces termes la question portant sur la comparaison : « Laquelle des [...] fractions suivantes est la plus grande, *ou bien ces fractions sont-elles égales*? » (Nous avons ajouté l'italique.) Smith souligne que cette question laisse entrevoir la possibilité que deux fractions apparemment différentes puissent en fait être égales.

Par ailleurs, en appliquant les concepts de fractions équivalentes, les élèves peuvent modifier la forme d'une fraction de manière à pouvoir utiliser des idées qui ont du sens pour eux. Burns (1999) rapporte les observations suivantes recueillies auprès d'élèves de cinquième année à qui l'on avait demandé de comparer $\frac{6}{8}$ et $\frac{4}{5}$. (Arrêtez-vous un moment pour réfléchir à la façon dont vous procéderiez pour comparer ces deux fractions.) Un élève a transformé $\frac{4}{5}$ en $\frac{8}{10}$, ce qui donne deux fractions auxquelles il manque deux parties pour faire un tout, puis il s'est servi de cette idée pour poursuivre son raisonnement. Un autre a transformé les deux fractions de manière qu'elles aient un *numérateur* commun, soit 12.

Pensez à revoir les activités de comparaison et à inclure des paires de fractions, telles $\frac{8}{12}$ et $\frac{2}{3}$, qui sont égales, même si elles semblent différentes. Ajoutez-en qui ne sont pas sous leur forme la plus simple.

Une seule grandeur pour le tout

Les élèves doivent absolument arriver à comprendre qu'une fraction ne donne aucune indication quant à la grandeur du tout ou des parties. C'est une constatation fondamentale. Une fraction indique simplement la *relation entre* la partie et le tout. Examinons les situations suivantes.

Vous offrez à Mao de choisir le tiers d'une pizza ou la moitié d'une autre pizza. Comme il a faim et qu'il aime la pizza, il choisit la moitié. Son amie Julie reçoit un tiers d'une pizza, mais il s'avère que sa portion est plus grande que celle de Mao. Comment cela se peut-il ? La figure 5.16 illustre pourquoi Mao a fait le mauvais choix. Le principe qui sous-tend cette « illusion de la pizza », c'est que, lorsqu'il est question de deux ou plusieurs fractions dans un contexte donné, il est toujours justifié de supposer que toutes les fractions constituent des parties d'un tout d'une grandeur donnée. C'est d'ailleurs ce qu'a fait Mao en choisissant la moitié de la pizza.

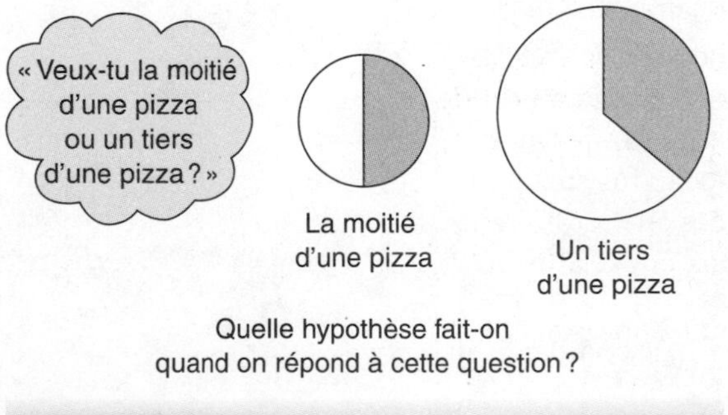

Il n'est possible de comparer deux fractions à l'aide d'un modèle que si elles font partie d'un même tout. Par exemple, on ne peut pas comparer $\frac{2}{3}$ d'une bande vert pâle et $\frac{2}{5}$ d'une bande orange.

« Veux-tu la moitié d'une pizza ou un tiers d'une pizza ? »

La moitié d'une pizza

Un tiers d'une pizza

Quelle hypothèse fait-on quand on répond à cette question ?

FIGURE 5.16 ▲

L'« illusion de la pizza ».

À propos de l'évaluation

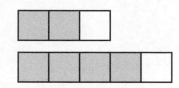

Comme il y a plus de carrés dans quatre cinquièmes, c'est plus grand que deux tiers.

FIGURE 5.17 ▲

Comparaison de $\frac{2}{3}$ et de $\frac{4}{5}$ réalisée par un élève.

Il est probablement souhaitable de ne pas aborder les opérations sur les fractions avant la quatrième année au moins. Il est préférable d'attendre que les concepts sur les fractions élaborés par les élèves forment une base solide. Ceci étant dit, considérez les faits suivants. Dans le cas de l'addition et de la soustraction de fractions, un nombre étonnant de problèmes des tests normalisés se résolvent simplement à l'aide du sens du nombre, et sans faire appel à quelque algorithme que ce soit. Par exemple, pour calculer $\frac{3}{4} + \frac{1}{2}$, il suffit de réaliser que $\frac{3}{4}$ est la même chose que $\frac{1}{2}$ plus $\frac{1}{4}$ ou bien que $\frac{1}{2}$ équivaut à $\frac{1}{4}$ plus $\frac{1}{4}$. Cette forme de pensée se développe lorsqu'on met l'accent sur la signification des fractions, au lieu d'insister sur les algorithmes.

Même en troisième année, l'acquisition du sens du nombre des fractions devrait englober l'évaluation approximative de sommes et de différences de fractions. Ce type d'évaluation est centré sur la grandeur des fractions et incite les élèves à employer diverses stratégies.

Faites régulièrement l'activité suivante en guise de réchauffement avant n'importe quelle leçon sur les fractions.

Activité 5.13

Faire les premières approximations

Dites aux élèves qu'ils vont évaluer approximativement une somme ou une différence de deux fractions. Ils doivent uniquement déterminer si la réponse exacte est inférieure ou supérieure à 1. À l'aide du rétroprojecteur, montrez-leur, pendant tout au plus dix secondes, un problème demandant d'additionner ou de soustraire deux fractions propres (inférieures à 1). Prenez des dénominateurs inférieurs à 12. Demandez ensuite aux élèves de noter sur une feuille leur choix en indiquant simplement si le résultat est supérieur ou inférieur à 1. Faites successivement plusieurs problèmes. Revenez ensuite sur chacun d'eux et dites-leur d'expliquer comment ils ont procédé pour évaluer approximativement le résultat.

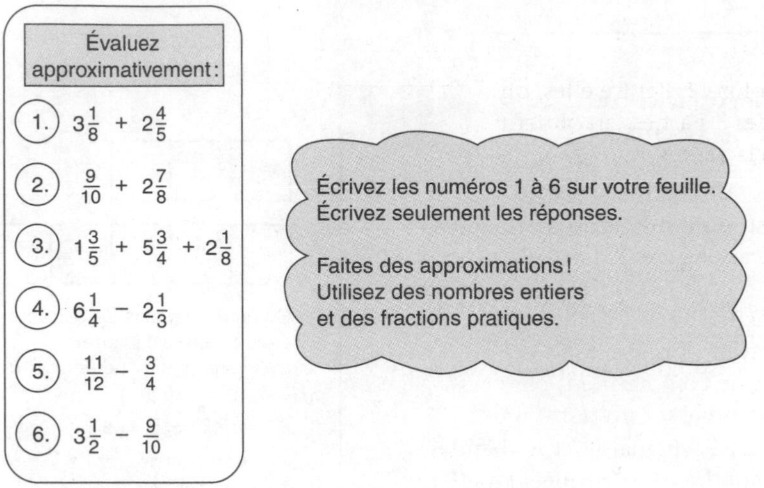

Évaluez approximativement :

1. $3\frac{1}{8} + 2\frac{4}{5}$

2. $\frac{9}{10} + 2\frac{7}{8}$

3. $1\frac{3}{5} + 5\frac{3}{4} + 2\frac{1}{8}$

4. $6\frac{1}{4} - 2\frac{1}{3}$

5. $\frac{11}{12} - \frac{3}{4}$

6. $3\frac{1}{2} - \frac{9}{10}$

Écrivez les numéros 1 à 6 sur votre feuille. Écrivez seulement les réponses.

Faites des approximations ! Utilisez des nombres entiers et des fractions pratiques.

FIGURE 5.18 ▲

Exercices d'approximation de fractions.

En incluant uniquement des fractions propres dans cette activité, vous réduirez considérablement le degré de difficulté. Lorsque les élèves sont prêts à aller plus loin, passez aux variantes suivantes :

◾ Employez des fractions inférieures à 1. Évaluez approximativement le résultat au demi le plus proche (0, $\frac{1}{2}$, 1, $1\frac{1}{2}$, 2).

◾ Prenez à la fois des fractions propres et des nombres fractionnaires. Évaluez approximativement le résultat au demi le plus proche.

◾ Utilisez à la fois des fractions propres et des nombres fractionnaires. Évaluez le résultat aussi précisément que possible.

Au cours des discussions que vous tiendrez après les exercices, demandez aux élèves s'ils pensent que la réponse exacte est supérieure ou inférieure à l'approximation qu'ils ont notée. Faites-leur décrire le raisonnement qu'ils ont employé pour trouver leur réponse.

La figure 5.18 présente six exemples de sommes et de différences que vous pouvez utiliser dans l'activité « Faire les premières approximations ».

PAUSE

Vérifiez vos propres habiletés à effectuer des approximations en faisant les exercices de la figure 5.18. Ne passez pas plus de dix secondes devant chaque opération avant de noter votre approximation. Écrivez vos approximations, réexaminez les problèmes et déterminez si votre approximation est supérieure ou inférieure au résultat exact. Il ne s'agit pas de deviner ! Vous devez trouver une bonne justification.

Dans la plupart des cas, les approximations des élèves ne devraient pas s'écarter de plus de $\frac{1}{2}$ de la somme ou de la différence exacte.

Les concepts relatifs aux fractions équivalentes

PAUSE

Comment savez-vous que $\frac{4}{6} = \frac{2}{3}$? Avant de poursuivre votre lecture, trouvez au moins deux façons différentes d'expliquer cette équivalence.

Les concepts et les règles

Voici quelques observations permettant d'expliquer l'égalité des deux fractions ci-dessus.

1. Les deux fractions sont identiques parce qu'on obtient $\frac{2}{3}$ en simplifiant $\frac{4}{6}$.

2. Si l'on a un ensemble de 6 objets et qu'on en prend 4, cela représente $\frac{4}{6}$. Mais on peut aussi séparer les 6 objets 2 par 2. On obtient ainsi 3 groupes. Les 4 objets correspondent à 2 groupes sur 3, ce qui représente $\frac{2}{3}$.

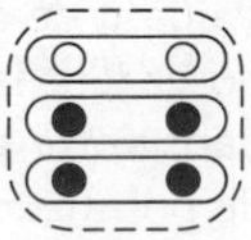

3. Si on prend $\frac{2}{3}$ comme point de départ, on peut multiplier par 2 les nombres au-dessus et en dessous de la barre, ce qui donne $\frac{4}{6}$. Les deux fractions sont donc égales.

4. Si on découpe un carré en 3 parties et qu'on colore 2 d'entre elles, on en colore les $\frac{2}{3}$. Si on coupe en deux chacune des 3 parties, on obtient 4 parties colorées sur un total de 6 parties. Cela représente $\frac{4}{6}$, soit la même quantité.

Bien que toutes les explications données ci-dessus soient satisfaisantes, il convient de réfléchir à leur signification. Les explications 2 et 4 sont très conceptuelles, mais pas très pratiques. Les explications opérationnelles 1 et 3 sont très pratiques, mais elles ne reflètent aucune connaissance conceptuelle. Avec le temps, tous les élèves devraient réussir à écrire une fraction équivalente d'une fraction donnée. Mais on ne devrait ni enseigner les règles, ni les utiliser, tant que les élèves ne comprennent pas ce que signifie le résultat. Voyez comme l'algorithme et le concept semblent différents.

Concept: Deux fractions sont équivalentes si elles constituent deux représentations d'une même quantité, c'est-à-dire si elles représentent un même nombre.

Algorithme: On obtient une fraction équivalente à une fraction donnée en multipliant (ou en divisant) le nombre au-dessus de la barre et le nombre sous la barre par un même nombre non nul.

Un enseignement centré sur les problèmes permet aux élèves de comprendre les fractions équivalentes, et cette compréhension constitue l'assise qui servira aux élèves à construire un algorithme fondé sur des concepts. Comme dans le cas de presque tous les algorithmes, recourir trop rapidement à la règle constitue une erreur pédagogique grave. Soyez patiente! Il est toujours préférable de commencer par les méthodes intuitives.

Les concepts relatifs aux fractions équivalentes

Pour aider les élèves à comprendre les fractions équivalentes, on leur demande généralement de nommer de différentes façons une même fraction en se servant de modèles. N'oubliez pas que c'est la première fois qu'ils ont l'occasion de constater qu'il est possible de nommer une quantité donnée de plusieurs façons (en fait, il existe une infinité de dénominations). Les activités suivantes peuvent vous servir de point de départ à cet apprentissage.

Activité 5.14

Découvrir différents noms pour une même fraction

En vous servant d'un modèle d'aires pour les fractions qui est connu de vos élèves, préparez une feuille de travail sur laquelle figurent deux, ou au maximum trois, représentations de fractions différentes. Ne donnez pas seulement des fractions unitaires. Si vous décidez d'utiliser un diagramme circulaire, vous pouvez tracer, par exemple, des pointes de tarte représentant $\frac{2}{3}$, $\frac{1}{2}$ et $\frac{3}{4}$. Demandez aux élèves de découvrir le plus grand nombre possible de façons de nommer les fractions de l'aire représentée en se basant sur leurs propres pointes de tarte. Quand ils auront résolu les trois exemples, demandez-leur de noter les idées ou les modèles qu'ils ont remarqués en cherchant les noms. Faites suivre l'activité d'une discussion avec toute la classe.

Au cours de la discussion suivant l'activité «Découvrir différents noms pour une même fraction», pensez à demander aux élèves quels noms ils auraient pu découvrir en s'aidant de dessins représentant des pointes de toutes les grandeurs possibles. Par exemple, posez-leur la question: «Quels noms pourriez-vous découvrir si vous aviez des seizièmes dans votre série de fractions? Quels noms proposeriez-vous si vous aviez toutes les sortes de pointes possibles?» Ces questions permettent de dépasser le simple tâtonnement.

La prochaine activité est une simple variante de « Découvrir différents noms pour une même fraction ». Au lieu d'employer un modèle se prêtant à des manipulations, on utilise du papier pointillé.

FR 10-13

Activité 5.15

Trouver des fractions équivalentes sur du papier pointillé

Préparez une feuille de travail en vous servant d'une feuille de papier isométrique ou de papier pointillé rectangulaire. (Voir les exemples présentés dans les feuilles reproductibles.) Tracez-y le contour d'une région et indiquez qu'il s'agit du tout. Dessinez et ombrez légèrement une partie de la région. Demandez aux élèves de donner les noms de cette partie en se basant sur différentes parties du tout. La figure 5.19 donne un exemple dessiné sur une grille isométrique. Les élèves devraient faire un dessin représentant la fraction unitaire correspondant à chaque nom. Plus le tout est grand, plus l'activité permet de trouver de noms.

Recouvrement de régions avec des éléments fractionnaires

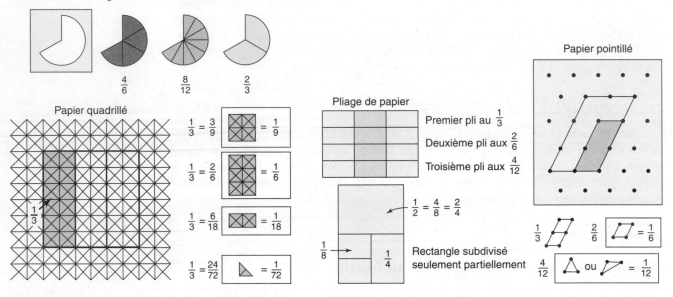

FIGURE 5.19 ▲

Modèles d'aires pour représenter des fractions équivalentes.

L'activité « Trouver des fractions équivalentes sur du papier pointillé » est une forme de l'opération que Lamon (2002) appelle « ramener à l'unité ». Cette opération consiste à trouver différentes façons de morceler une quantité donnée en plusieurs parties afin de la nommer.

Il est possible de créer des exercices similaires à l'activité « Découvrir différents noms pour une même fraction » à l'aide de modèles de longueurs. Comme l'illustre la figure 5.20, vous pourriez employer des réglettes ou des bandes de différentes couleurs pour représenter un tout et une partie. Les élèves utilisent alors des réglettes plus petites pour découvrir des noms de fractions de la partie donnée. En faisant une barre formée de deux ou trois réglettes pour représenter le tout et la partie, ils obtiennent des touts plus grands, donc un plus grand nombre possible de parties. Vous pouvez aussi utiliser des bandes de papier préalablement plié pour aider les élèves à découvrir des noms de fractions. Dans l'exemple illustré à la figure 5.20, on a formé des moitiés successives en pliant la bande en deux à plusieurs reprises. D'autres méthodes de pliage permettraient de trouver des noms différents. Vous devriez d'ailleurs mettre vos élèves sur la piste de telles méthodes si aucun d'entre eux ne pense à plier la bande en un nombre impair de parties.

La prochaine activité est aussi un exercice du type « ramener à l'unité ». Les élèves cherchent différentes unités ou différentes parties du tout afin d'en nommer une partie de diverses manières. Cette activité est importante parce qu'elle fait appel à un modèle d'ensembles.

Activité 5.16

Regrouper les jetons et découvrir des noms

Demandez aux élèves de prendre un nombre donné de jetons de deux couleurs, par exemple 16 jetons rouges et 8 jaunes. Les 24 jetons représentent le tout. La tâche consiste à regrouper les jetons en différentes parties fractionnaires du tout et à utiliser ces parties pour découvrir des noms de fractions pour les jetons rouges et les jetons jaunes. Comme le montre la figure 5.21, il est possible de disposer les 24 jetons de différentes manières sous forme de disposition rectangulaire. Vous déciderez peut-être de suggérer aux élèves d'adopter ce mode de disposition ou vous les laisserez placer les jetons comme ils le désirent. Dans les deux cas, ils devraient noter les divers regroupements qu'ils ont créés et expliquer comment ils ont découvert les noms de fractions. Ils peuvent simplement utiliser des X et des 0 en guise de jetons.

Bandes colorées

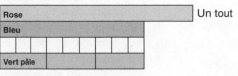

Bleu = $\frac{9}{12}$ = $\frac{3}{4}$

Bandes de papier plié

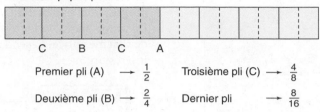

Premier pli (A) ⟶ $\frac{1}{2}$ Troisième pli (C) ⟶ $\frac{4}{8}$

Deuxième pli (B) ⟶ $\frac{2}{4}$ Dernier pli ⟶ $\frac{8}{16}$

FIGURE 5.20 ▲

Modèles de longueurs pour représenter des fractions équivalentes.

FIGURE 5.21 ◄

Modèles d'ensembles pour représenter des fractions équivalentes.

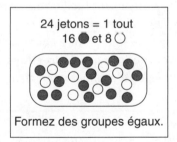

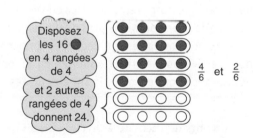

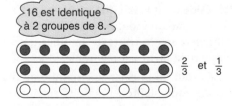

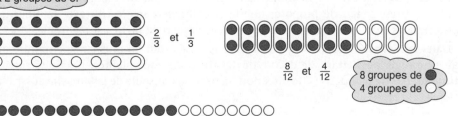

Dans sa version de la dernière activité, Lamon stimule les élèves en leur posant des questions comme : « Si on forme des groupes de quatre jetons, quelle partie de l'ensemble est rouge ? » (noire dans la figure 5.21) Avec ce genre de stimulation, vous suggérerez peut-être aux élèves des noms de fractions auxquels ils n'auraient probablement pas pensé autrement. Dans l'exemple illustré dans la figure 5.21, comment appellerait-on l'ensemble jaune (blanc) si on formait des groupes de jetons représentant $\frac{1}{2}$? Et si on réunissait les jetons par 6 ? (Les groupes de 6 donnent un numérateur fractionnaire. Et pourquoi pas ?)

Dans *Gator Pie*, un délicieux livre mettant en scène Alice, Alvin et d'autres alligators désireux de se partager une tarte qu'ils ont trouvée dans la forêt, Louise Mathews (1979) propose une exploration sur la recherche de fractions équivalentes qui présente des défis. De prime abord, ce livre pour enfants semble trop simple pour des élèves de cinquième ou de sixième année. Cependant, l'histoire leur plaît lorsqu'on s'en sert pour créer un problème intéressant.

Activité 5.17

Diviser et rediviser

Dans *Gator Pie*, Alvin et Alice trouvent une tarte dans la forêt. Ils décident de la partager, mais avant qu'ils aient eu le temps de la couper, un autre alligator apparaît et exige de recevoir sa part. Il est rapidement suivi par d'autres compagnons et ils sont bientôt 100 à réclamer un morceau. Finalement, Alice découpe péniblement la tarte en centièmes. Jusque-là, les deux amis n'avaient jamais pu la séparer parce que d'autres congénères arrivaient continuellement. Il est intéressant de modifier l'histoire pour faire en sorte qu'Alice décide de commencer à couper la tarte sans attendre l'arrivée d'autres animaux. En effet, le problème consiste à savoir comment partager les pointes de tarte déjà prêtes entre un grand nombre d'alligators. Pour illustrer ce problème, subdivisez un cercle (ou un rectangle) en moitiés ou en tiers, puis demandez aux élèves comment ils pourraient recouper les pointes de tarte déjà partagées en plusieurs morceaux plus petits. Vous déciderez peut-être de passer d'abord des moitiés aux sixièmes. Quoique cela soit relativement facile, vous aurez peut-être des surprises. Quand les élèves auront mis leurs raisonnements en commun, donnez-leur des divisions plus difficiles. Par exemple, que faut-il faire pour diviser en dixièmes une tarte déjà découpée en tiers ? Vous devriez demander aux élèves de nommer les parties fractionnaires qu'ils ont utilisées et d'expliquer comment et pourquoi ce sont elles qu'ils ont employées.

Au cours de l'activité « Diviser et rediviser », les élèves doivent réfléchir au sens des fractions associé à la relation entre les parties et le tout, c'est-à-dire à la façon de diviser une quantité donnée en portions égales. La difficulté réside dans le fait que les parts égales n'ont souvent pas toutes la même forme ou qu'elles résultent du regroupement de plusieurs parts plus petites. Le fait de proposer une tâche difficile dans le contexte familier d'un partage en parts égales donne l'impression aux élèves que la tâche est réalisable.

Dans les activités proposées jusqu'ici, nous avons tout au plus laissé entendre qu'il existait une règle permettant de découvrir des fractions équivalentes. L'activité suivante constitue un pas de plus dans cette direction, mais il est conseillé de la faire elle aussi avant d'élaborer une règle.

Découvrir le numérateur ou le dénominateur manquant

Donnez aux élèves une équation exprimant une équivalence entre deux fractions, mais en omettant le numérateur ou le dénominateur dans chaque équation. Voici quatre exemples de formes différentes.

$$\frac{5}{3} = \frac{\square}{6} \qquad \frac{2}{3} = \frac{6}{\square} \qquad \frac{8}{12} = \frac{\square}{3} \qquad \frac{9}{12} = \frac{3}{\square}$$

Le nombre manquant peut être aussi bien le numérateur que le dénominateur. De plus, ce nombre peut être plus grand ou plus petit que la composante correspondante de la fraction équivalente. (Les exemples illustrent les quatre possibilités.) Demandez aux élèves de trouver le nombre manquant et d'expliquer la solution.

Lorsque vous effectuerez cette activité, vous déciderez peut-être de préciser quel modèle utiliser, par exemple des ensembles ou des pointes de tarte. Vous pouvez tout aussi bien laisser les élèves employer la méthode de leur choix. La recherche d'une ou deux équivalences suivies d'une discussion constitue une bonne leçon. Cette activité est étonnamment difficile, surtout si l'on exige que les élèves se servent d'un modèle d'ensembles.

Avant de poursuivre avec votre classe l'élaboration d'un algorithme pour les fractions équivalentes, vous devriez revenir sur les tâches de comparaison à mesure que les élèves s'aperçoivent qu'ils peuvent modifier le nom d'une fraction de manière à déterminer plus facilement quelle fraction est la plus grande.

L'élaboration d'un algorithme des fractions équivalentes

Selon Kamii et Clark (1995), une dépendance excessive à des modèles concrets empêche les élèves de construire des schèmes d'équivalence. Une fois qu'ils ont compris qu'une fraction peut être appelée de différentes façons, on devrait leur demander d'élaborer une méthode personnelle pour trouver des noms équivalents. On peut affirmer que les élèves qui ont l'habitude de chercher des modèles et de construire des schèmes en vue de réaliser diverses choses arrivent à créer par eux-mêmes un algorithme des fractions équivalentes. Cependant, l'approche décrite ci-dessous les aidera certainement à y parvenir.

Méthode du modèle de l'aire

Votre objectif consiste à aider les élèves à comprendre que, si on multiplie à la fois le numérateur et le dénominateur d'une fraction par un même nombre, on obtient toujours une fraction équivalente. Dans la présente sous-section, nous proposons une méthode permettant de chercher un modèle de dénombrement des parties fractionnaires aussi bien dans les parties que dans le tout. L'activité 5.19 est un bon point de départ, mais vous devriez la faire suivre d'une discussion approfondie avec toute la classe.

Découper des carrés

Distribuez aux élèves une feuille de travail comportant quatre carrés d'environ 3 cm de côté disposés horizontalement. Après avoir divisé les carrés en traçant des lignes verticales, demandez-leur d'en ombrer une surface identique. Par exemple, faites-leur diviser chaque carré en quarts et noircir les trois quarts, comme dans la figure 5.22 (p. 164). Demandez alors aux élèves de subdiviser chaque carré par des lignes horizontales de manière à former des bandes parallèles d'une largeur égale. Chaque carré est découpé horizontalement en plusieurs bandes, le nombre variant de 1 à 8.

Représentez d'abord trois quarts avec chacun des carrés.

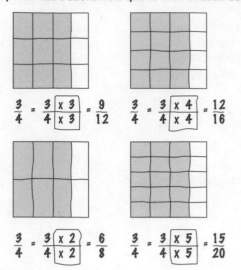

$$\frac{3}{4} = \frac{3}{4}\boxed{\begin{array}{c}\times 3 \\ \times 3\end{array}} = \frac{9}{12}$$ $$\frac{3}{4} = \frac{3}{4}\boxed{\begin{array}{c}\times 4 \\ \times 4\end{array}} = \frac{12}{16}$$

$$\frac{3}{4} = \frac{3}{4}\boxed{\begin{array}{c}\times 2 \\ \times 2\end{array}} = \frac{6}{8}$$ $$\frac{3}{4} = \frac{3}{4}\boxed{\begin{array}{c}\times 5 \\ \times 5\end{array}} = \frac{15}{20}$$

Quel <u>produit</u> indique le nombre de parties ombrées?

Quel <u>produit</u> indique combien il y a de parties dans le tout?

Il est à noter qu'on emploie le même facteur pour la partie et le tout.

FIGURE 5.22 ▲

Modèle pour l'algorithme des fractions équivalentes.

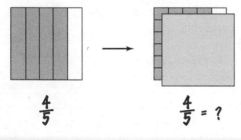

$$\frac{4}{5}$$ $$\frac{4}{5} = \,?$$

FIGURE 5.23 ▲

Comment peut-on dénombrer les parties fractionnaires lorsqu'on ne les voit pas toutes?

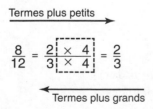

Termes plus petits ⟶

$$\frac{8}{12} = \frac{2}{3}\boxed{\begin{array}{c}\times \ 4 \\ \times \ 4\end{array}} = \frac{2}{3}$$

⟵ Termes plus grands

FIGURE 5.24 ▲

Application de l'algorithme des fractions équivalentes à l'écriture d'une fraction sous sa forme la plus simple.

Pour chacun des carrés, les élèves doivent finalement écrire une égalité montrant une fraction équivalente. Dites-leur d'examiner les quatre égalités et les dessins qu'ils ont réalisés et de découvrir tout modèle observable dans ce qu'ils viennent de faire. Vous déciderez peut-être de leur proposer de refaire l'activité avec quatre autres carrés et une fraction différente.

Après avoir réalisé l'activité, notez au tableau les égalités pour quatre ou cinq noms de fractions trouvés par les élèves. Discutez de tous les modèles qu'ils ont découverts. Afin d'orienter la discussion, montrez à l'aide du rétroprojecteur un carré représentant la fraction $\frac{4}{5}$ et découpé au moyen de lignes verticales, comme dans la figure 5.23. Éteignez le rétroprojecteur et découpez le carré en six bandes horizontales. Posez un cache sur le carré, sans toutefois masquer les côtés supérieur et gauche, tel qu'illustré dans cette figure. Posez la question : « Quel est le nouveau nom de mes $\frac{4}{5}$? »

Il est important de faire cet exercice, car plusieurs élèves dénombrent simplement les petites régions sans penser à se servir de la multiplication. Lorsque vous masquez partiellement le carré, ils constatent que la partie ombrée comporte quatre colonnes et six rangées. Le nombre de parties noircies est donc 4×6. De même, il doit y avoir 5×6 parties dans le tout. Par conséquent, le nouveau nom de $\frac{4}{5}$ est $\frac{4 \times 6}{5 \times 6}$.

Toujours avec la même idée, demandez aux élèves de revenir aux fractions écrites sur leur feuille de travail afin de vérifier si le modèle s'applique à d'autres fractions.

Examinez des exemples de fractions équivalentes obtenues avec d'autres modèles et vérifiez s'il est toujours valable de multiplier le numérateur et le dénominateur d'une fraction par un même nombre. Si cette règle s'applique invariablement, comment se fait-il que $\frac{6}{8}$ et $\frac{9}{12}$ sont des fractions équivalentes? Qu'en est-il de fractions telles que $2\frac{1}{4}$? Comment peut-on prouver que $\frac{9}{4}$ est identique à $\frac{27}{12}$?

Écrire une fraction sous sa forme la plus simple

Le schème multiplicatif pour les fractions équivalentes produit des fractions avec un dénominateur plus grand. Écrire une fraction sous *sa forme la plus simple* consiste à l'écrire de manière que le numérateur et le dénominateur n'aient pas de facteur entier commun. Une façon sensée d'aborder cette tâche consiste à inverser le procédé utilisé plus haut, comme l'indique la figure 5.24. Essayez de préparer un exercice centré sur un problème qui aidera vos élèves à comprendre cette méthode.

Découvrir et éliminer un facteur commun revient évidemment au même que diviser le numérateur et le dénominateur d'une fraction par un même nombre. La recherche d'un facteur commun fait en sorte que le processus d'écriture d'une fraction équivalente se résume à une règle : on peut multiplier le numérateur et le dénominateur par un même nombre non nul. Réécrire les fractions sous leur forme la plus simple n'exige absolument pas d'avoir à faire appel à un algorithme distinct.

Voici deux autres remarques.

1. Vous avez peut-être constaté que nous n'avons pas employé l'expression *réduire une fraction*. Cette formule malheureuse sous-entend que le résultat est une fraction plus petite et on ne l'utilise presque plus dans les manuels.

2. Plusieurs enseignantes semblent croire qu'il est incorrect de donner une réponse contenant une fraction si celle-ci n'est pas exprimée sous sa forme la plus simple. Cette croyance, elle aussi, est regrettable. Si en calculant $\frac{1}{6} + \frac{1}{2}$ les élèves obtiennent $\frac{4}{6}$, ils ont effectué correctement l'addition et donné la réponse. La réécriture de $\frac{4}{6}$ sous la forme $\frac{2}{3}$ est une question distincte.

Multiplier par 1

Une approche des fractions équivalentes purement symbolique est fondée sur la propriété de la multiplication selon laquelle on ne modifie pas un nombre en le multipliant par 1. On peut employer n'importe quelle fraction de la forme $\frac{n}{n}$ comme élément identité. Donc, $\frac{3}{4} = \frac{3}{4} \times 1 = \frac{3}{4} \times \frac{2}{2} = \frac{6}{8}$. De plus, le numérateur et le dénominateur de l'élément identité peuvent être eux-mêmes des fractions : $\frac{6}{12} = \frac{6}{12} \times \left(\frac{1/6}{1/6}\right) = \frac{1}{2}$.

Cette explication se fonde sur la compréhension de la propriété selon laquelle il existe un élément identité pour la multiplication. Toutefois, la majorité des élèves de la quatrième à la sixième année ne maîtrisent pas complètement cette compréhension. Elle fait de plus appel au procédé employé pour multiplier deux fractions. Enfin, le raisonnement est purement déductif et il repose sur un axiome du système des nombres rationnels. Il ne se prête pas à la création de modèles intuitifs. Il est donc justifié d'en conclure qu'on ne devrait pas présenter cette explication avant le début du secondaire, dans le contexte d'une introduction appropriée à l'algèbre et non en tant que méthode de génération de fractions équivalentes ou comme justification de celle-ci.

À propos des TIC

La version électronique des exemples du NCTM (www.nctm.org) propose un jeu très intéressant sur les fractions, qui se joue à deux (*Applet 5.1, Communicating About Mathematics Using Games*). Ce jeu fait appel au modèle de la droite numérique et demande une bonne connaissance des fractions équivalentes.

Le site Web de la National Library of Virtual Manipulatives (NLVM) (http://matti.usu.edu/nlvm/nav/vlibrary.html) offre une application, à accès restreint, destinée à l'exploration des fractions équivalentes, intitulée *Fractions – Equivalent*. On y présente dans un ordre aléatoire des fractions propres sous forme de carrés ou de cercles. Les élèves peuvent découper chaque modèle en autant de parties qu'ils le désirent afin d'observer quels découpages donnent des fractions équivalentes. Dans le cas des carrés, les nouvelles bandes et les bandes initiales sont dans le même sens ; dans le cas des cercles, il est plus difficile de distinguer les nouvelles pointes de celles qui existaient déjà. Après avoir découpé un modèle, les élèves entrent une fraction équivalente, puis ils cliquent sur un bouton pour vérifier la réponse.

MODÈLE DE LEÇON

Estimer la quantité illustrée

Activité 5.9, p. 152

NIVEAU : Troisième ou quatrième année.

OBJECTIFS MATHÉMATIQUES
- Acquérir un concept de la grandeur des fractions.
- Établir les repères 0, $\frac{1}{2}$ et 1 pour les fractions.

CONSIDÉRATIONS PÉDAGOGIQUES
Les élèves comprennent que, dans le contexte des fractions, le tout se divise en parties équivalentes. Ils connaissent aussi la notation symbolique des fractions, c'est-à-dire qu'ils savent que les nombres au-dessus et en dessous de la barre de fraction représentent respectivement le nombre de parties et le type de parties dénombrées. Ils n'ont pas encore étudié en détail les fractions équivalentes.

MATÉRIEL ET PRÉPARATION
- Faites autant de copies de la feuille reproductible L-1 qu'il y a d'élèves dans votre classe. Faites-en également une copie sur un transparent pour rétroprojecteur.
- Sur un autre transparent, dessinez un rectangle que vous diviserez en six cases égales, comme dans l'illustration ci-contre.
- Un marqueur de couleur pour transparent.

Leçon

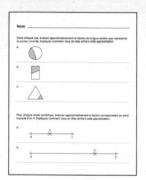

FR L-1

AVANT L'ACTIVITÉ

Préparer une version simplifiée de la tâche
- Projetez le transparent avec le rectangle divisé en six cases. Ombrez-en trois devant les élèves, puis demandez-leur de vous dire à quelle portion du rectangle correspond la zone noircie. Assurez-vous que les réponses comprennent $\frac{1}{2}$ et $\frac{3}{6}$.
- Noircissez ensuite encore une toute petite partie du rectangle, comme dans la figure ci-contre. Demandez aux élèves ce qu'est une approximation, d'en formuler une définition appropriée, et de dire ce que représenterait une approximation pertinente de la portion ombrée. La majorité répondra $\frac{3}{6}$ ou $\frac{1}{2}$. Demandez-leur pourquoi ils pensent que leur réponse est une approximation satisfaisante.
- Agrandissez la partie ombrée de manière à ce que celle-ci inclue la moitié de la quatrième case du rectangle. Demandez aux élèves s'ils modifieraient leur approximation advenant qu'ils veuillent évaluer cette quantité. S'ils proposent encore l'estimation $\frac{3}{6}$, demandez-leur ce qu'ils pourraient faire pour obtenir une approximation plus précise (à savoir diviser chaque case en deux de manière à avoir des douzièmes).

Mettre les idées en commun
- Dessinez sur le transparent un rectangle ne comportant aucune division, puis ombrez-en approximativement le tiers.
- Demandez aux élèves de chercher un moyen d'estimer grossièrement la surface ombrée. Laissez-les réfléchir individuellement pendant une minute. Ensuite, invitez-les à partager leurs idées avec un partenaire, puis à expliquer leurs stratégies à toute la classe. Voici deux possibilités : 1) diviser le rectangle en parties égales qu'on utilise ensuite pour déterminer l'approximation ; 2) décider si la quantité s'approche de 0, de $\frac{1}{4}$, de $\frac{1}{2}$, de $\frac{3}{4}$ ou de 1. Notez au tableau ce que disent les élèves afin qu'ils puissent s'en servir au cours de l'exercice.

Préparer la tâche
- Chaque élève doit déterminer une fraction qui, selon lui, constitue une approximation précise de la quantité représentée par chaque illustration.

Fixer des objectifs

- Pour chaque illustration, les élèves devraient être prêts à mettre en commun leurs approximations et la façon dont ils les ont déterminées. Ils devraient ombrer les rectangles sur leur propre copie et expliquer leur raisonnement sous forme écrite et avec des nombres.

PENDANT L'ACTIVITÉ

- Écoutez plusieurs élèves énoncer les raisons pour lesquelles une approximation donnée leur semble satisfaisante. N'évaluez pas maintenant les idées qu'ils émettent.
- Si les élèves ont de la difficulté à déterminer une approximation, demandez-leur s'ils pensent que la quantité est plus proche de 0, de $\frac{1}{2}$ ou de 1.

APRÈS L'ACTIVITÉ

- Demandez à quelques élèves de venir à l'avant de la classe pour faire part de leurs approximations et expliquer comment ils les ont déterminées. Demandez au reste de la classe de faire des commentaires ou de poser des questions sur les approximations et la stratégie.
- Si des élèves ont divisé les figures en parties inégales, dites-leur d'expliquer leur approche. N'évaluez pas celle-ci; incitez plutôt la classe à en discuter.
- Si vous vous servez d'une droite numérique pour analyser des illustrations, centrez l'attention sur l'intervalle allant de 0 à 1 et sur le tout, non sur le point correspondant au nombre 1.

À PROPOS DE L'ÉVALUATION

- Comment les élèves déterminent-ils des parties équivalentes, en particulier dans le cas d'un cercle ou d'un triangle? Divisent-ils la figure en parties équivalentes? Comment savent-ils que des parties sont équivalentes?
- Les approximations sont-elles dans une fourchette pertinente?
- Lorsqu'ils travaillent avec une droite numérique, les élèves comptent-ils les intervalles entre les nombres ou bien les nombres eux-mêmes?

Étapes suivantes

- Si des élèves ont de la difficulté à accomplir la tâche, continuez à les aider à élaborer les repères 0, $\frac{1}{2}$ et 1 pour les fractions en faisant des activités comme «Classer des fractions par rapport aux points de repères 0, $\frac{1}{2}$ ou 1» (activité 5.7) et «Déterminer les fractions voisines» (activité 5.8).
- Si des élèves ont de la difficulté à comprendre le problème s'il comporte des parties inégales d'un cercle ou d'un triangle, donnez-leur des cercles et des triangles dans lesquels ils peuvent découper différents morceaux. Suggérez-leur ensuite de les superposer afin de constater qu'ils n'ont pas la même aire.
- Vous pouvez planifier des activités consistant à ordonner des fractions unitaires et établir des comparaisons pour faire suite à la présente leçon. (Voir les activités 5.10 et 5.11.) Vous pouvez également commencer à explorer des fractions équivalentes.

LES OPÉRATIONS SUR LES FRACTIONS

Chapitre

6

Dans *Making Sense of Fractions, Ratios, and Proportions*, Taber (2002) rapporte cette question posée par un élève de cinquième année : « Quand on multiplie vingt-neuf par deux neuvièmes, pourquoi obtient-on un nombre plus petit ? » (p. 67) Bien que la généralisation effectuée à partir des nombres entiers puisse semer la confusion chez certains élèves, rappelez-vous qu'ils ont construit leurs idées sur les opérations en travaillant avec des nombres entiers. C'est en s'appuyant sur ces connaissances antérieures qu'ils continueront d'acquérir des concepts sur les opérations : c'est là qu'ils sont rendus. Vous pouvez tabler sur leur compréhension du sens des opérations pour donner un sens aux opérations sur les fractions.

En parcourant le présent chapitre, vous constaterez toutefois que la maîtrise des opérations sur les fractions repose d'abord et avant tout sur une solide compréhension des fractions elles-mêmes. Sans cette base, il est presque certain que les élèves apprendront des règles dénuées de sens, ce qui ne constitue pas un objectif acceptable.

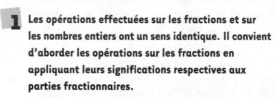

Idées à retenir

1 Les opérations effectuées sur les fractions et sur les nombres entiers ont un sens identique. Il convient d'aborder les opérations sur les fractions en appliquant leurs significations respectives aux parties fractionnaires.

- Dans le cas de l'addition et de la soustraction, il est essentiel de comprendre que le numérateur indique le nombre de parties, et que le dénominateur exprime la nature de ces parties.

- Dans le cas de la multiplication, il est utile de rappeler que le dénominateur est un diviseur, ce qui permet de déterminer des parties de l'autre facteur.

- Dans le cas de la division, il est extrêmement important de réaliser que l'opération correspond soit à une partition, soit à une mesure (ou à un groupement). Le concept de la division en tant que partition, c'est-à-dire un partage en parts égales, impose un procédé de division très différent de celui qui découle du concept de mesure ou de soustraction itérée.

2 L'approximation du résultat d'opérations portant sur des fractions dépend presque entièrement de concepts sur les opérations et les fractions. En effet, elle n'exige pas l'application d'un algorithme. La stratégie de résolution devrait inclure une approximation du résultat, car cette estimation demande aux élèves de rester centrés sur la signification des opérations qu'ils effectuent et sur l'ordre de grandeur attendu des résultats.

Le sens du nombre et les algorithmes sur les fractions

De nos jours, il est important de savoir effectuer des opérations sur des fractions, surtout pour faire des approximations, comprendre les calculs réalisés à l'aide de la technologie et effectuer des calculs relativement simples. Même dans les tests normalisés, les calculs portant sur les fractions sont moins fastidieux qu'auparavant.

Le danger de se hâter d'aborder les règles

Comme nous l'avons écrit dans le chapitre précédent, il est important de laisser aux élèves tout le temps nécessaire pour élaborer le sens du nombre au lieu d'aborder immédiatement le commun dénominateur et d'autres règles de calcul.

L'étude prématurée des règles de calcul sur des fractions présente plusieurs inconvénients majeurs. Aucune règle n'aide les élèves à réfléchir sur les opérations et leur signification ni ne permet de vérifier si les résultats obtenus ont du sens. Par ailleurs, une maîtrise superficielle des règles constitue un accomplissement à court terme et éphémère. La présentation simultanée de la myriade de règles relatives aux opérations sur les fractions aboutit rapidement à un fouillis dénué de sens. Les élèves demandent : « Dois-je trouver un dénominateur commun ou puis-je seulement additionner les nombres sous la barre, comme lorsqu'on multiplie ? Lequel faut-il inverser ? Le premier nombre ou le deuxième ? » En outre, les règles algorithmiques ne s'appliquent pas directement aux nombres fractionnaires. Il faut donc encore des règles ! Le plus grave, c'est que cette approche des mathématiques risque de placer l'enfant en situation d'échec.

Une approche du sens du nombre centrée sur un problème

Même si les directives accompagnant votre programme de mathématiques exigent que vous enseigniez les quatre opérations sur les fractions en cinquième ou sixième année, vous devriez éviter d'aborder les procédés algorithmiques avant d'être sûre que les élèves soient prêts à le faire. (Seulement quelques programmes de formation dans le monde prescrivent l'enseignement de la multiplication et de la division de fractions avant la cinquième année.) Ils peuvent acquérir une maîtrise satisfaisante en recourant à des stratégies inventées (ou personnelles), qu'ils ont eux-mêmes mises au point et comprennent.

Quand vous élaborerez des stratégies de calcul avec des fractions, tenez compte des lignes directrices suivantes.

1. *Proposez d'abord des tâches concrètes simples.* Huinker (1998) présente des arguments très convaincants quant à l'emploi de problèmes en contexte. De plus, il souligne l'importance de laisser les élèves construire leurs propres méthodes de calcul avec des fractions. Il n'est pas nécessaire que les problèmes ou le contexte soient très élaborés. Ce qui compte, c'est que l'énoncé confère un sens à la fois à l'opération et aux fractions intervenant dans le problème.

2. *Établissez des liens entre le sens des opérations sur des fractions et les opérations sur des nombres entiers.* Si vous vous demandez ce que signifie $2\frac{1}{2} \times \frac{3}{4}$, posez-vous la question : « Que signifie 2×3 ? » Dans les deux cas, l'opération relève des mêmes concepts et il peut être utile d'établir des liens entre ces concepts.

3. *Accordez une place importante aux approximations et aux méthodes intuitives lors de l'élaboration de stratégies.* « Est-ce que $2\frac{1}{2} \times \frac{3}{4}$ est supérieur ou inférieur à 1 ? Le résultat est-il supérieur ou inférieur à 3 ? » Faire des approximations permet de maintenir l'attention sur le sens des nombres et des opérations. De plus, de telles estimations incitent à une pensée réflexive et favorisent la construction du sens non formel du nombre à l'égard des fractions.

4. *Explorez chacune des opérations à l'aide de modèles.* Faites appel à divers modèles et demandez aux élèves d'en utiliser pour justifier leurs solutions. Vous constaterez que l'emploi de modèles conduit parfois à des réponses qui semblent n'être d'aucune utilité

si on adopte une méthode papier et crayon. Et c'est très bien ainsi ! Les idées que suggèrent ces modèles aideront les élèves à apprendre à réfléchir aux fractions et aux opérations. En outre, elles favoriseront l'élaboration de méthodes de calcul mental et formeront une assise solide pour l'étude ultérieure des algorithmes traditionnels.

Dans les sections suivantes, nous vous invitons à explorer spontanément chaque opération. Nous énonçons également des lignes directrices concernant l'élaboration de chacun des algorithmes traditionnels.

L'addition et la soustraction

L'idée d'élaborer des stratégies personnelles de calcul avec des fractions en partant de problèmes en contexte est similaire à l'approche du calcul avec des nombres entiers décrite dans le chapitre 4. Dans les deux cas, il faut s'attendre à ce que les élèves emploient des méthodes différentes et que celles-ci dépendent largement des fractions intervenant dans le problème.

Dans le présent chapitre, nous ne cherchons nullement à décrire toutes les stratégies de résolution que les élèves pourraient élaborer. Ceux-ci trouvent constamment des moyens de résoudre des problèmes sur les fractions, et les méthodes intuitives qu'ils emploient facilitent l'élaboration de méthodes plus traditionnelles (Huinker, 1998 ; Lappan et Mouck, 1998 ; Schifter et collab., 1999b).

L'exploration spontanée

Examinez la situation simple décrite dans le problème suivant.

> Paul et son frère sont tous deux en train de manger une même sorte de tablette de chocolat. Paul a reçu les $\frac{3}{4}$ d'une tablette et son frère en a les $\frac{7}{8}$. Quelle quantité de friandises les deux frères ont-ils en tout ?

Il s'agit là d'un exemple de problème à proposer aux élèves dès qu'ils commencent à explorer les opérations sur les fractions.

PAUSE Comment résoudriez-vous le problème ci-dessus uniquement à l'aide de dessins simples, sans l'exprimer sous la forme traditionnelle et chercher un dénominateur commun ? Pouvez-vous trouver deux méthodes différentes ?

Plusieurs élèves dessineront de simples rectangles représentant les tablettes de chocolat, comme dans la figure 6.1. La représentation de $\frac{7}{8}$ suggère que, si l'on avait un huitième de plus, cela ferait un tout. C'est donc la même chose que si l'on enlevait $\frac{1}{8}$ à $1\frac{3}{4}$. Le dessin suggère aussi d'enlever un quart aux $\frac{7}{8}$ et de le placer avec les $\frac{3}{4}$ pour former un tout. Il reste alors $\frac{5}{8}$.

Les dessins ne sont pas toujours aussi utiles que des modèles concrets, car les conclusions que les élèves tirent des dessins manquent de précision. Il est parfois préférable d'exiger l'emploi d'un modèle donné. Supposons que vous demandiez aux élèves de résoudre le problème suivant à l'aide de bandes fractionnaires de papier coloré.

$\frac{3}{4}$ $\frac{7}{8}$

FIGURE 6.1 ▲

Comment peut-on combiner les deux quantités représentées pour déterminer leur somme ?

> Jules et Jim ont commandé deux pizzas de même grandeur, l'une au fromage et l'autre au saucisson. Jules a mangé $\frac{5}{6}$ d'une pizza et Jim a mangé $\frac{1}{2}$ d'une pizza. Quelle quantité de pizza ont-ils mangée en tout ?

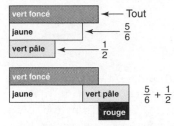

Choisir pour le tout une bande permettant de représenter les deux fractions.

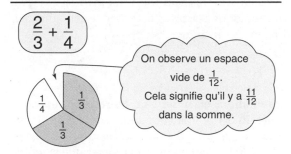

La somme est 1 tout plus 1 bande rouge.
Une bande rouge, c'est $\frac{1}{3}$ d'une bande vert foncé.

Donc $\frac{5}{6} + \frac{1}{2} = 1\frac{1}{3}$.

$\boxed{\frac{2}{3} + \frac{1}{4}}$

> On observe un espace vide de $\frac{1}{12}$. Cela signifie qu'il y a $\frac{11}{12}$ dans la somme.

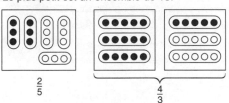

$\boxed{\frac{2}{5} + \frac{4}{3}}$

Quelle grandeur peut avoir l'ensemble qu'on prend pour le tout ?
Le plus petit est un ensemble de 15.

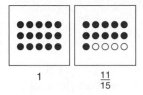

Combiner (ou additionner) les fractions.
$\frac{2}{5}$, c'est 6 jetons, et $\frac{4}{3}$, c'est 20 jetons.
Avec des ensembles de 15, ça fait $\frac{26}{15}$, ou $1\frac{11}{15}$.

FIGURE 6.2 ▲

Emploi de modèles pour additionner des fractions.

Il faut commencer par déterminer quelle bande colorée utiliser pour représenter le tout. Il n'est pas nécessaire de prendre ce genre de décision si l'on se sert d'un diagramme circulaire. Le tout doit être le même pour les deux fractions, bien qu'on ait tendance à choisir pour chacune un tout qui facilite les calculs. Là encore, l'emploi d'un diagramme circulaire évite d'avoir à se poser ce type de question. Dans le cas présent, la plus petite bande utilisable est la bande 6, qui est vert foncé. La figure 6.2 illustre la solution. La réflexion qu'exige cette tâche prépare à l'introduction du dénominateur commun.

La soustraction de fractions à l'aide d'un modèle s'effectue de façon similaire, comme l'illustre la figure 6.3. Notez

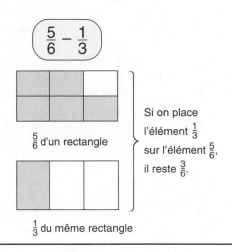

$\frac{5}{6}$ d'un rectangle

$\frac{1}{3}$ du même rectangle

Si on place l'élément $\frac{1}{3}$ sur l'élément $\frac{5}{6}$, il reste $\frac{3}{6}$.

$\boxed{\frac{7}{8} - \frac{1}{2}}$

On cherche une réglette divisible en huitièmes et en moitiés : la réglette brune.

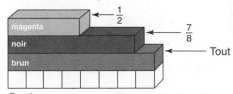

$\frac{7}{8} - \frac{1}{2}$ représente la différence entre 1 réglette magenta et 1 réglette noire. Cela équivaut à 3 réglettes blanches, ou $\frac{3}{8}$. Donc $\frac{7}{8} - \frac{1}{2} = \frac{3}{8}$.

$\boxed{1\frac{1}{3} - \frac{1}{2}}$

On choisit un ensemble divisible à la fois en moitiés et en tiers. On emploie des ensembles de 6.

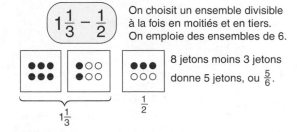

8 jetons moins 3 jetons donne 5 jetons, ou $\frac{5}{6}$.

FIGURE 6.3 ▲

Emploi de modèles pour la soustraction de fractions.

qu'il est parfois possible de déterminer la somme ou la différence de deux fractions sans diviser des éléments en éléments plus petits. Il suffit d'examiner la partie restante pour découvrir la réponse.

Préparez des problèmes avec des fractions simples dont les dénominateurs ne posent pas de difficulté et ne sont pas supérieurs à 12. Il n'y a pas de raison d'additionner des cinquièmes et des septièmes, ou encore des cinquièmes et des douzièmes. Les résultats feraient intervenir des nombres impossibles à représenter avec des modèles ou des dessins. De plus, ces nombres interviennent rarement dans des problèmes de la vie quotidienne. Par contre, ne craignez pas d'inclure des nombres fractionnaires et des fractions dont les dénominateurs sont différents.

Le mythe du dénominateur commun

De nombreux enseignants disent à leurs élèves : « Pour additionner ou soustraire des fractions, vous devez d'abord les mettre au même dénominateur » en expliquant « qu'après tout, on ne peut pas additionner des pommes et des oranges ». Cette affirmation, qui se veut utile, est essentiellement fausse. Il faudrait plutôt dire : « Si vous voulez *utiliser l'algorithme traditionnel* pour additionner ou soustraire des fractions, vous devez commencer par mettre les fractions au même dénominateur. » Et l'explication devient : « L'algorithme a été conçu pour fonctionner seulement avec des fractions qui ont le même dénominateur. »

S'ils emploient des stratégies inventées qu'ils ont mises au point eux-mêmes, les élèves s'apercevront qu'ils peuvent trouver plusieurs solutions exactes sans utiliser de dénominateur commun. Examinez les sommes et les différences suivantes.

$$\frac{3}{4} + \frac{1}{8} \qquad \frac{1}{2} - \frac{1}{8} \qquad \frac{2}{3} + \frac{1}{2} \qquad 1\frac{1}{2} - \frac{3}{4} \qquad 1\frac{2}{3} + \frac{3}{4}$$

Il est souvent possible de trouver des solutions en se servant des relations entre les parties fractionnaires, sans avoir à déterminer un dénominateur commun. Il est facile, par exemple, d'établir des relations entre des demis, des quarts et des huitièmes. De plus, si vous représentez trois tiers sous la forme d'un cercle plein, vous remarquerez que la moitié de ce tout correspond à un tiers, plus la moitié d'un tiers, soit un sixième. De même, vous constaterez que la différence entre un tiers et un quart correspond à un douzième. Il est donc possible d'effectuer de nombreuses opérations sur des fractions en utilisant des relations de ce type, sans mettre d'abord les fractions au même dénominateur.

À propos de l'évaluation

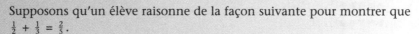

Supposons qu'un élève raisonne de la façon suivante pour montrer que $\frac{1}{2} + \frac{1}{3} = \frac{2}{5}$.

Donc, $\frac{1}{2} + \frac{1}{3} = \frac{2}{5}$.

On additionne les nombres au-dessus de la barre, puis les nombres en dessous de la barre.

Quand vous examinez le travail de cet élève, vous constatez qu'il a appliqué un raisonnement courant, mais erroné, pour combiner les fractions : il a simplement additionné les numérateurs, puis les dénominateurs. De plus, il a dessiné un schéma qui semble appuyer sa réponse. Pourquoi le raisonnement de l'élève est-il boiteux ?

Remarquez que le tout change d'une fraction à l'autre ($\frac{1}{2}$, $\frac{1}{3}$, $\frac{2}{5}$). Les fractions qu'on veut additionner ou soustraire doivent toutes se rapporter à un même tout.

Une ébauche de compréhension des concepts de fractions jumelée à un dessin qui semble appuyer l'approche fautive risque d'amener les élèves à refuser de l'examiner. La mise en contexte des fractions peut les aider à se montrer critiques face à leur approche. Par exemple, supposons que vous ayez $\frac{1}{2}$ d'une petite pizza et $\frac{1}{3}$ d'une grande pizza. En additionnant les deux morceaux, vous obtiendrez une portion de pizza, mais quelle en sera la grandeur?

À ce stade, les élèves ont probablement eu l'occasion de comparer des fractions et de saisir qu'ils ne peuvent le faire qu'en associant toutes les fractions à des touts de même grandeur (voir le chapitre 5, p. 156). Une autre façon d'inciter les élèves à examiner l'approche fautive est de leur demander de comparer leur réponse ($\frac{2}{5}$) à la première fraction ($\frac{1}{2}$). Ce faisant, ils se rendront compte que $\frac{1}{2}$ et $\frac{2}{5}$ ne se rapportent pas au même tout. De plus, ils se trouvent en présence d'une contradiction, à savoir que la somme ($\frac{2}{5}$) est plus petite que l'un des opérandes ($\frac{1}{2}$).

L'élaboration de l'algorithme

Les élèves ont néanmoins besoin de construire un algorithme de l'addition et de la soustraction, et ils ne pourront probablement pas y arriver sans votre aide. Par ailleurs, ils pourront s'appuyer sur les explorations intuitives qu'ils ont déjà faites et se rendre compte que la méthode du commun dénominateur a du sens.

Dénominateurs communs

La plupart du temps, le premier des objectifs concernant les opérations avec des fractions porte sur l'addition et la soustraction de fractions ayant un dénominateur commun. C'est à la fois regrettable et superflu! Si les concepts sur les fractions construits par les élèves forment une bonne assise, ces derniers devraient être capables d'effectuer immédiatement des opérations de ce type. Quant à ceux qui hésitent pour résoudre des problèmes comme $\frac{3}{4} + \frac{2}{4}$ ou $3\frac{7}{8} - 1\frac{3}{8}$, il est presque certain que leurs concepts sur les fractions sont déficients et qu'ils se sentiront perdus dans ce qui va suivre. Le principe selon lequel le nombre au-dessus de la barre sert à compter et que le nombre sous la barre indique ce que l'on compte ramène respectivement l'addition et la soustraction de fractions ayant un dénominateur commun à l'addition et à la soustraction de nombres entiers.

Dénominateurs différents

Si vous voulez amener les élèves à se servir de dénominateurs communs, proposez-leur d'additionner $\frac{5}{8} + \frac{2}{4}$. Laissez-les utiliser des pointes de tarte pour arriver au résultat $1\frac{1}{8}$ en adoptant l'approche de leur choix. Plusieurs remarqueront que les représentations des deux fractions forment un tout et qu'il reste $\frac{1}{8}$. À ce moment, la question clé à poser est: «Comment peut-on modifier ce problème de manière à obtenir un problème facile et comportant des parties identiques?» Dans le cas présent, on s'aperçoit tout de suite qu'il est possible de convertir les quarts en huitièmes. Demandez aux élèves de représenter le problème initial et le problème modifié à l'aide de modèles. L'idée centrale est de comprendre que $\frac{5}{8} + \frac{2}{4}$ est exactement le même problème que $\frac{5}{8} + \frac{4}{8}$.

Choisissez ensuite des exemples exigeant de convertir les deux fractions: par exemple $\frac{2}{3} + \frac{1}{4}$. Attirez à nouveau l'attention sur la *réécriture du problème* sous une forme qui revient à «additionner des pommes à des pommes», les parties des deux fractions étant identiques. Lors de la discussion des solutions avec les élèves, assurez-vous qu'ils comprennent clairement que le nouveau problème est identique au problème initial. Vous pouvez, et devriez, le démontrer à l'aide de modèles.

À propos de l'évaluation

En représentant et en réécrivant des fractions de manière à simplifier les problèmes, les élèves finiront par comprendre que le procédé consistant à déterminer un dénominateur commun revient en fait à chercher une façon de changer l'*énoncé* du problème sans modifier celui-ci. La figure 6.4 illustre ces principes.

Adoptez exactement la même méthode pour la soustraction de deux fractions simples.

Communs multiples

Plusieurs élèves ont de la difficulté à déterminer un dénominateur commun parce qu'ils sont incapables de trouver rapidement des multiples des dénominateurs. Cette habileté dépend d'une bonne compréhension des tables de multiplication. De leur côté, les élèves qui maîtrisent ces tables peuvent s'entraîner à trouver des multiples. Voici une activité qui montre comment déterminer le plus petit commun multiple, ou dénominateur commun.

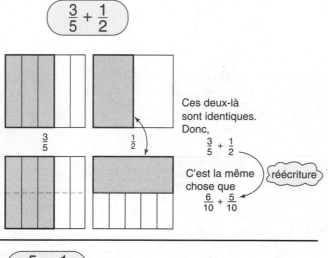

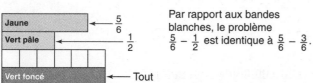

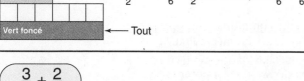

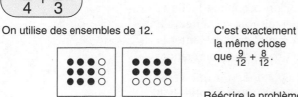

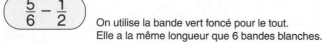

Activité 6.1

Déterminer des PPCM en utilisant des cartes éclair

Préparez des cartes éclair sur lesquelles vous écrirez des paires de nombres pouvant servir de dénominateurs. La plupart de ces nombres devraient être inférieurs à 16. Pour chaque carte, demandez aux élèves de déterminer le plus petit commun multiple (ou PPCM ; figure 6.5). Les cartes devraient contenir des paires de nombres premiers entre eux, comme 9 et 5, des paires où un nombre est un multiple de l'autre, comme 2 et 8, et des paires où les deux nombres ont un diviseur commun, comme 8 et 12.

FIGURE 6.4 ▲

Réécriture de problèmes d'addition et de soustraction de fractions.

Nombres fractionnaires

Il n'est pas nécessaire d'élaborer des algorithmes distincts pour l'addition et la soustraction de nombres fractionnaires, même si les manuels traditionnels et les listes d'objectifs abordent ces questions séparément. Évitez d'ajouter encore une autre règle au sujet des fractions. Incluez des nombres fractionnaires dans toutes vos activités sur l'addition et la soustraction, et laissez les élèves résoudre les problèmes de la façon qu'ils comprennent le mieux. En outre, il est presque certain qu'ils vont d'abord additionner les nombres entiers et ensuite traiter les fractions à l'aide de l'algorithme ou d'une autre méthode qui leur semble appropriée.

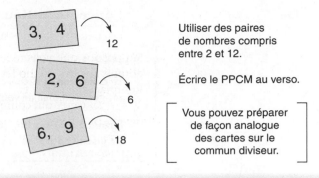

FIGURE 6.5 ▲

Cartes éclair sur le plus petit commun multiple (PPCM).

Dans le cas de la soustraction, il est également sensé de considérer d'abord les nombres entiers. Examinez le problème $5\frac{1}{8} - 3\frac{5}{8}$. Après avoir soustrait 3 de 5, les élèves devront s'occuper de $\frac{5}{8}$. Certains retrancheront $\frac{5}{8}$ de la partie entière, soit 2, ce qui laisse $1\frac{3}{8}$. En ajoutant alors $\frac{1}{8}$, ils obtiendront $1\frac{4}{8}$. D'autres retrancheront peut-être $\frac{1}{8}$ des deux côtés, puis $\frac{4}{8}$ du 2 qui reste. Une troisième méthode, rarement utilisée, consiste à échanger un entier contre $\frac{8}{8}$, que l'on additionne à $\frac{1}{8}$, pour faire $\frac{9}{8}$, puis à retrancher $\frac{5}{8}$. Cette dernière méthode est identique à l'algorithme traditionnel.

L'approximation et les méthodes simples

Avec les dénominateurs égaux ou inférieurs à 16, il est habituellement possible d'effectuer des approximations à l'aide de fractions « pratiques », comme des demis ou des quarts, et vous devriez inciter les élèves à le faire. L'approximation mène aussi à des méthodes intuitives, souvent plus faciles à appliquer que les algorithmes traditionnels et qui permettent d'obtenir une réponse exacte.

Examinez le problème $7\frac{1}{8} - 2\frac{3}{4}$. En négligeant les fractions, on peut considérer que 5 représente une première approximation raisonnable. La réponse exacte est-elle plus grande ou plus petite que 5? On pourrait également se dire que $7\frac{1}{8}$ est proche de 7 et que $2\frac{3}{4}$ est proche de 3, ce qui donne environ 4, voire un peu plus. Quand les élèves commencent à raisonner de la sorte, ils sont généralement sur le point d'élaborer une méthode efficace, qui permet d'obtenir une réponse exacte sans appliquer d'algorithme.

Examinez les exercices sur l'addition et la soustraction de fractions dans un manuel de cinquième ou sixième année. Vérifiez combien vous pouvez en résoudre mentalement. Demandez aux élèves d'en faire autant.

La multiplication

Dans le cas des nombres entiers, on dit que 3×5 signifie « trois ensembles de cinq ». Le premier facteur indique combien de fois on a le second facteur. C'est là un bon point de départ. Les problèmes en contexte simples sont d'une aide appréciable dans cette façon de développer la multiplication.

L'exploration spontanée

Il n'est pas nécessaire de raffiner les problèmes en contexte que vous donnerez aux élèves pour leur faire faire des exercices de multiplication. Toutefois, il est important que vous fassiez attention aux nombres que vous employez. Vous trouverez dans les paragraphes qui suivent une façon de rendre les problèmes un peu plus difficiles.

Concepts initiaux

Les deux problèmes suivants constituent de bons exercices de départ.

> **La collection de Michel contient 15 voitures miniatures. Les deux tiers des voitures sont rouges. Combien de voitures rouges Michel a-t-il ?**
>
> **Suzanne a 11 biscuits. Elle veut les partager également avec ses trois amis. Combien de biscuits Suzanne et ses amis auront-ils chacun ?**

Dans les deux problèmes ci-dessus, la tâche consiste à rechercher la partie fractionnaire d'un nombre entier, ce qui ressemble à la recherche de la partie fractionnaire d'un tout. Dans le problème de Michel, les 15 voitures représentent le tout et il faut chercher les $\frac{2}{3}$ du tout. On détermine d'abord le tiers en divisant 15 par 3. La multiplication par des tiers, quel qu'en soit le nombre, comprend une division par 3. Le dénominateur est un diviseur.

Le problème de Suzanne est identique aux problèmes de partage dont il a été question dans le chapitre précédent. Diviser par 4 revient à multiplier par $\frac{1}{4}$. Vous pouvez aussi considérer les 11 biscuits comme le tout. Combien y en a-t-il dans $\frac{1}{4}$? Nous avons choisi des biscuits afin qu'il soit possible de subdiviser les éléments du tout.

Les problèmes dont le premier facteur, ou multiplicateur, est un nombre entier sont également importants.

> **Arthur a rempli 5 verres de manière que chacun contienne $\frac{2}{3}$ de litre de boisson gazeuse. Quelle quantité de boisson gazeuse Arthur a-t-il utilisée ?**

Il existe plusieurs façons de résoudre ce problème. Certains élèves regroupent les tiers afin de faire des touts. D'autres dénombrent tous les tiers, puis cherchent combien il y a de litres dans 10 tiers.

Parties unitaires non divisibles

Voici trois problèmes permettant de généraliser les notions que nous venons de présenter.

> **Il reste les $\frac{3}{4}$ d'une pizza. Si vous donnez $\frac{1}{3}$ de ce reste à votre frère, quelle portion de la pizza complète recevra-t-il ?**
>
> **Quelqu'un a mangé $\frac{1}{10}$ d'un gâteau, de sorte qu'il n'en reste que les $\frac{9}{10}$. Si vous mangez les $\frac{2}{3}$ de ce qui reste, quelle portion du gâteau complet aurez-vous mangé ?**
>
> **Ginette a utilisé $2\frac{1}{2}$ tubes de peinture bleue pour peindre le ciel d'un tableau. Chaque tube contient $\frac{4}{5}$ de gramme de peinture. Combien de grammes de peinture bleue Ginette a-t-elle employés ?**

Il est à noter que ces problèmes n'exigent pas de subdiviser les unités ou les parties fractionnaires données. Dans le premier problème, il est question du $\frac{1}{3}$ de 3 choses ; dans le second, des $\frac{2}{3}$ de 9 choses ; dans le dernier, de $2\frac{1}{2}$ de 4 choses. Le centre d'attention reste le nombre total de parties unitaires, et la grandeur de ces parties détermine le nombre de touts. La figure 6.6 illustre une façon de représenter les problèmes de ce type. Cependant, il est très important de laisser les élèves représenter et résoudre les problèmes comme ils

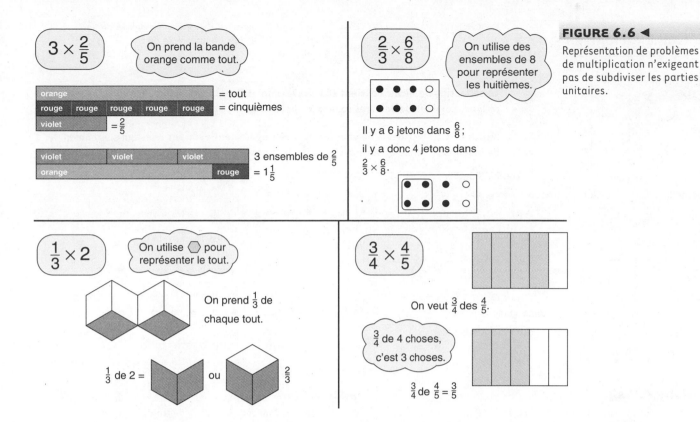

FIGURE 6.6 ◄

Représentation de problèmes de multiplication n'exigeant pas de subdiviser les parties unitaires.

le veulent, à l'aide du modèle ou du dessin de leur choix. Exigez seulement qu'ils soient capables d'expliquer leur raisonnement.

Subdivision des parties unitaires

Les problèmes qui demandent de subdiviser des éléments en parties unitaires plus petites posent davantage de difficulté.

> **Zacharie avait encore les $\frac{2}{3}$ de la pelouse à tondre. Après le dîner, il a tondu les $\frac{3}{4}$ de ce qui restait à couper. Quelle portion de la pelouse Zacharie a-t-il tondue après le dîner ?**
>
> **Un gardien de zoo avait une grande bouteille remplie de cola zoologique, la boisson préférée des animaux. Le singe a bu $\frac{1}{5}$ de la bouteille. Le zèbre a bu les $\frac{2}{3}$ de ce qui restait. Quelle portion de la bouteille de cola zoologique le zèbre a-t-il bue ?**

 PAUSE   **Arrêtez-vous un instant et demandez-vous comment vous résoudriez les deux problèmes ci-dessus. Faites des schémas pour vous aider, mais n'appliquez aucun algorithme de calcul.**

Dans le problème de la pelouse de Zacharie, il faut déterminer des quarts de 2 choses, à savoir les 2 *tiers* de la pelouse qu'il reste à tondre. Dans le problème du cola zoologique, il faut déterminer les tiers de 4 choses, à savoir les 4 *cinquièmes* de cola qui restent. Ici encore, deux concepts jouent un rôle important : d'une part, le nombre au-dessus de la barre de fraction sert à compter et, d'autre part, le nombre sous la barre sert à désigner ce que l'on compte. La figure 6.7 (p. 178) illustre deux démarches possibles pour résoudre

MODÈLE DE LEÇON

(pages 188–189)

Dans le modèle de leçon du présent chapitre, nous nous servons de problèmes en contexte pour permettre aux élèves d'explorer la multiplication de fractions.

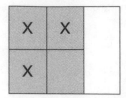 Combien font les $\frac{3}{4}$ de $\frac{2}{3}$?

 $\frac{3}{5} \times \frac{2}{3}$ On utilise des jetons. On a besoin de tiers.
On essaie un ensemble de 3.

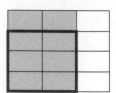

On découpe chaque tiers en 2, puis on prend 3 parties.
La moitié d'un tiers est un sixième ; on a donc $\frac{3}{6}$.

On découpe chaque tiers en 4 parties. Chaque partie représente $\frac{1}{12}$. Les 3 quarts des 8 douzièmes de la pelouse qu'il reste à tondre font $\frac{6}{12}$.

 Cet ensemble représente $\frac{2}{3}$, mais il ne se divise pas en 5 parties. On essaie un tout plus grand.

$\frac{2}{3}$, c'est 10 jetons.

$\frac{1}{5}$ de 10, c'est 2 jetons.

$\frac{3}{5}$ de 10, c'est 6 jetons.

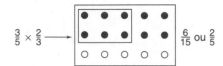

$\frac{3}{5} \times \frac{2}{3} \longrightarrow$ $\frac{6}{15}$ ou $\frac{2}{5}$

FIGURE 6.7 ▲

Solutions d'un produit de fractions exigeant de subdiviser les parties unitaires.

FIGURE 6.8 ▲

Représentation d'une multiplication de fractions au moyen de jetons.

le problème de la pelouse de Zacharie. Des méthodes analogues s'appliquent au problème du cola zoologique. Vous avez peut-être tracé des dessins différents, mais les idées devraient être identiques.

Employer des jetons pour représenter ce genre de problèmes est une source de difficulté supplémentaire. La figure 6.8 illustre ce qui peut se produire si vous demandiez à des élèves de résoudre le problème $\frac{3}{5} \times \frac{2}{3}$. *(Quelle proportion d'un tout représentent trois cinquièmes des deux tiers d'un tout ?)* Dans ce cas, il faut modifier la représentation du tout afin de pouvoir subdiviser les tiers. Laissez les élèves employer des jetons s'ils le veulent, mais soyez prête à les aider à chercher des moyens de représenter des tiers à l'aide d'ensembles plus grands.

Le problème illustré à la figure 6.8 suggère une autre possibilité qu'il vaut la peine de décrire. Puisque l'énoncé du problème ne comporte pas de contexte, pourquoi n'appliquerait-on pas la commutativité de la multiplication, en inversant les facteurs, ce qui revient à calculer les $\frac{2}{3}$ de $\frac{3}{5}$? Oh ! Voyez-vous qu'on obtient presque immédiatement $\frac{2}{5}$ comme réponse ?

L'élaboration de l'algorithme

Si vous avez consacré suffisamment de temps à explorer la multiplication des fractions avec vos élèves, comme nous venons de le faire, ceux-ci ne devraient pas avoir de difficulté à assimiler l'algorithme traditionnel de multiplication. Passez des problèmes concrets à de simples calculs. Demandez aux élèves d'utiliser un carré ou un rectangle comme modèle.

Première tâche

Afin de procéder à l'élaboration de l'algorithme centrée sur un problème, distribuez à chaque élève le dessin d'un carré représentant la fraction $\frac{3}{4}$, comme à la figure 6.9. Ensuite, demandez-leur d'utiliser ce carré pour calculer le produit $\frac{3}{5} \times \frac{3}{4}$ (trois cinquièmes

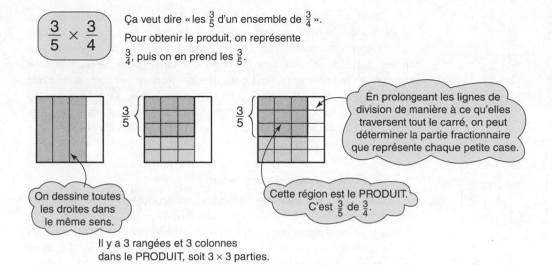

PRODUIT $= \dfrac{3}{5} \times \dfrac{3}{4} = \dfrac{\boxed{\text{Nombre}} \text{ de parties dans le produit}}{\boxed{\text{Type}} \text{ de parties}} = \dfrac{3 \times 3}{5 \times 4} = \dfrac{9}{20}$

des trois quarts d'un tout) et d'expliquer le résultat. Rappelez-vous que vous désirez déterminer une partie fractionnaire de la portion ombrée. Cependant, le tout doit demeurer l'*unité* en fonction de laquelle il faut mesurer les parties.

Si vous représentez la fraction comme dans la figure 6.9, la façon la plus simple de déterminer les $\frac{3}{5}$ de la région ombrée consiste à diviser celle-ci en cinquièmes. Pour ce faire, tracez des segments de droite dans l'autre sens (horizontalement). Le problème revient alors à déterminer la nature des parties unitaires. Bien que les élèves n'y pensent généralement pas, ils pourraient y arriver en appliquant une méthode simple. Il suffit de prolonger les segments de droites de manière à subdiviser entièrement le tout en cinquièmes. Le produit des dénominateurs indique alors le nombre de parties composant le tout (ou la nature de l'unité), tandis que le produit des numérateurs précise le nombre de parties dans le produit.

PAUSE **Pourquoi est-il judicieux de prolonger les segments de droite afin de subdiviser entièrement le tout en cinquièmes lorsqu'on veut déterminer les trois cinquièmes de trois quarts, et non les trois cinquièmes d'un tout ?**

N'oubliez pas que vous cherchez les trois cinquièmes des trois quarts *d'un tout,* ou les $\frac{3}{5}$ des $\frac{3}{4}$ de 1. En prolongeant les segments de droite de manière à subdiviser entièrement le tout, vous conservez la relation entre les parties fractionnaires et le tout qui leur est associé.

N'obligez pas les élèves à employer expressément la règle ou l'algorithme de multiplication des nombres au-dessus et en dessous de la barre de fraction. En effet, certains d'entre eux risquent simplement de dénombrer systématiquement tous les petits carreaux à l'intérieur du carré et de ne pas remarquer que le nombre de rangées et de colonnes correspond respectivement aux deux numérateurs et aux deux dénominateurs. Vous pouvez néanmoins inciter les élèves à employer la règle en leur posant un problème associé au schéma initial, et en leur demandant de déterminer le produit sans faire un autre dessin. Prenez comme problème $\frac{7}{8} \times \frac{4}{5}$. En effet, avec ces nombres, il est pratiquement impossible de déterminer le produit sans faire une multiplication.

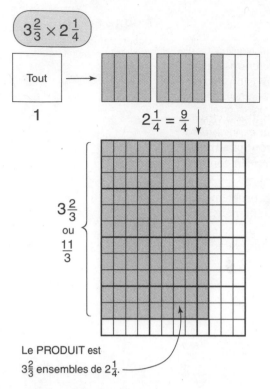

$3\frac{2}{3} \times 2\frac{1}{4}$

Tout

1

$2\frac{1}{4} = \frac{9}{4}$

$3\frac{2}{3}$ ou $\frac{11}{3}$

Le PRODUIT est $3\frac{2}{3}$ ensembles de $2\frac{1}{4}$.

Il y a 11 rangées et 9 colonnes, soit 11 × 9 parties, dans le PRODUIT.

Le TOUT a maintenant 3 rangées et 4 colonnes, soit 3 × 4 parties.

$3\frac{2}{3} \times 2\frac{1}{4} = \frac{11}{3} \times \frac{9}{4}$ = PRODUIT =

$\dfrac{\boxed{\text{Nombre}}\text{ de parties}}{\boxed{\text{Type}}\text{ de parties}} = \dfrac{11 \times 9}{3 \times 4} = \dfrac{99}{12} = 8\frac{1}{4}$

FIGURE 6.10 ▲

Il est possible de généraliser aux nombres fractionnaires la méthode employée lors de l'élaboration de l'algorithme pour les fractions inférieures à 1.

Il est à noter que, dans la majorité des manuels, cette approche du découpage d'un carré est présentée de façon tellement répétitive qu'elle se transforme finalement en algorithme dépourvu de sens. Les élèves doivent ombrer une portion du carré dans un sens pour représenter le premier facteur, puis une portion dans l'autre sens pour représenter le second facteur. On leur dit ensuite, sans la moindre explication, que le produit correspond à la région ombrée dans les deux sens. Aussi bien donner simplement la règle aux élèves sans leur fournir d'explications.

Facteurs supérieurs à un

Une fois que les élèves ont exploré les produits dont les deux facteurs sont inférieurs à 1, vous pouvez leur demander d'employer le même type de dessins pour expliquer les produits dont au moins l'un des facteurs est supérieur à 1. La figure 6.10 illustre un cas où les deux facteurs sont des nombres fractionnaires. Assurez-vous que la tâche soit toujours centrée sur un problème. Ce type d'exercice peut être important et vous devriez y consacrer le temps nécessaire. Il n'est pas nécessaire d'expliquer comment procéder.

Techniques de calcul mental et approximation

Dans la vie réelle, il est souvent nécessaire de déterminer le produit d'un nombre entier et d'une fraction. Il est donc très utile de pouvoir calculer mentalement une approximation du produit, voire sa valeur exacte. Par exemple, un magasin appose sur les articles mis en solde une étiquette indiquant «réduit du quart». Il arrive aussi qu'un article du journal souligne que le nombre d'électeurs inscrits sur les listes électorales «a augmenté du tiers». Il est souvent avantageux de remplacer un pourcentage par une fraction. Par exemple, si l'on veut calculer approximativement 60 % de 36,69 $, il est utile de considérer 60 % comme $\frac{3}{5}$ ou un peu moins que $\frac{2}{3}$.

On peut calculer mentalement de tels produits d'une fraction et d'un grand nombre entier en réfléchissant à la signification des nombres au-dessus et en dessous de la barre de fraction. Par exemple, $\frac{3}{5}$ correspond à 3 *un* cinquième. Supposons que l'on veuille calculer $\frac{3}{5}$ de 350. On commence par considérer *un* cinquième de 350, c'est-à-dire 70. Si *un* cinquième est 70 alors *trois* cinquièmes correspondent à 3 × 70, donc 210. L'exemple ci-dessus, qui comporte des nombres très faciles à manipuler, illustre un procédé efficace pour multiplier mentalement un grand nombre par une fraction. Il s'agit de déterminer d'abord la partie fractionnaire unitaire, puis de la multiplier par le nombre de parties en cause.

Quand les élèves travaillent sur des nombres plus difficiles à manipuler, incitez-les à utiliser des nombres compatibles. Si vous leur demandez d'évaluer $\frac{3}{5}$ de 36,69 $, alors 35 $ est un nombre compatible pratique. Un cinquième de 35 est 7 ; donc, trois cinquièmes correspondent à 3 × 7, soit 21. Il est possible d'ajuster ensuite un peu le résultat, peut-être en ajoutant 50 cents, ce qui donne comme approximation 21,50 $.

Les élèves devraient s'entraîner à estimer le produit d'une fraction et d'un nombre entier dans diverses situations tirées de la vie réelle, par exemple $3\frac{1}{4}$ contenants de peinture à 14,95 $ le contenant, ou encore les $\frac{7}{8}$ des 476 élèves qui ont assisté à la partie de football vendredi dernier. Nous reviendrons sur ces habiletés lorsqu'il sera question de nombres décimaux et de pourcentages et, là encore, les mathématiques sembleront davantage une affaire de relations plutôt qu'une série de trucs isolés.

La division

«Inverser le diviseur et multiplier» est peut-être l'une des règles les plus mystérieuses de toutes les mathématiques enseignées au primaire et au secondaire. Nous cherchons à éviter à tout prix ce genre de mystères. Nous commencerons par examiner la division de fractions sous un angle plus familier.

Comme pour les autres opérations, revenez au sens de la division de nombres entiers. Rappelez que la division a deux sens: la partition et la mesure. Nous reviendrons brièvement sur ces deux aspects et nous examinerons quelques problèmes en contexte faisant intervenir des fractions. (Êtes-vous capable de créer maintenant un problème en contexte associé à l'opération $2\frac{1}{2} \div \frac{1}{4}$?)

Vous devriez fournir l'occasion à vos élèves d'explorer à la fois des problèmes de mesure et de partition. Dans les sections suivantes, nous décrirons séparément chaque type de problèmes par souci de clarté. En classe, il est probablement préférable de combiner les problèmes. Comme pour la multiplication, le degré de difficulté d'un problème tend à varier en fonction des relations entre les nombres qu'il comporte.

L'exploration spontanée: le concept de partition

On considère trop souvent les problèmes de partition strictement comme des problèmes de partage en parts égales: Si 4 amis veulent se partager également 24 pommes, combien chacun en recevra-t-il? Par ailleurs, cette structure de partage s'applique aussi aux problèmes de taux: Si vous parcourez 12 kilomètres à pied en 3 heures, combien de kilomètres parcourez-vous en 1 heure? Résoudre ces problèmes de pommes à partager et de kilomètres parcourus, et en fait tous les problèmes de partition, revient à poser les questions: «Combien par unité?», «Quelle est la quantité par ami?», ou encore «Combien de kilomètres parcourez-vous en 1 heure?» Les 24 pommes correspondent à la quantité pour les 4 amis; les 12 kilomètres représentent la quantité pour 3 heures.

Diviseur entier

Le fait de prendre une fraction comme quantité totale et un nombre entier comme diviseur ne représente pas un fossé important. On peut encore facilement considérer les problèmes du type décrit ci-dessus comme des cas de partage égal. Cependant, il est à noter qu'on tente alors de répondre à la question: «Combien est le tout?» ou «Combien pour une unité?»

> Carole dispose de $5\frac{1}{4}$ mètres de ruban pour fabriquer 3 choux qu'elle fixera à l'emballage de cadeaux d'anniversaire. Quelle longueur de ruban doit-elle utiliser pour chaque chou afin d'employer la même quantité d'un chou à l'autre?

Si l'on considère $5\frac{1}{4}$ comme des parties fractionnaires, il y a 21 quarts à partager également, donc 7 quarts pour chaque chou. On peut aussi attribuer d'abord 1 mètre de ruban pour chaque chou; il reste alors $2\frac{1}{4}$ mètres de ruban à séparer, soit 9 quarts. On partage ensuite ces 9 quarts, ce qui donne 3 quarts par chou. Chaque morceau de ruban devra donc mesurer $1\frac{3}{4}$ mètre. Quel que soit le procédé employé, il n'est pas nécessaire de subdiviser les parties unitaires pour effectuer la division. En revanche, dans le problème suivant, il faut subdiviser les parties.

> Marc met $1\frac{1}{4}$ heure à accomplir ses 3 tâches ménagères. S'il partage également son temps entre les travaux fixés, combien de temps consacre-t-il à chacun?

Dans ce problème, il est à noter que la question est : «Combien pour une tâche ?» Il est difficile de séparer en 3 parties les 5 quarts d'heure à la disposition de Marc. Il faut donc subdiviser toutes les parties ou certaines d'entre elles. La figure 6.11 illustre trois modèles différents permettant de résoudre ce problème. Dans chaque démarche illustrée, tous les quarts sont subdivisés en 3 parties égales, donc en douzièmes. Il y a en tout 15 douzièmes, soit $\frac{5}{12}$ d'heure pour chaque tâche. (Vérifiez cette réponse en calculant la solution en minutes : $1\frac{1}{4}$ équivaut à 75 minutes ; si l'on partage celles-ci entre les 3 tâches, on obtient 25 minutes par tâche.)

Diviseurs fractionnaires

Lorsque le diviseur est une fraction, le concept de partage ne semble plus s'appliquer. Pourtant, il est extrêmement utile de garder à l'esprit que, dans les problèmes de partition ou de taux, la question fondamentale est : «Combien représente une unité ?» Il est intéressant de noter qu'il s'agit précisément du second type de questions que l'on pose dans le chapitre 5 au sujet des tâches sur les parties et le tout, à savoir : étant donné une partie, déterminez le tout. Autrement dit, combien représente une unité ? Par exemple, si 18 jetons correspondent à $2\frac{1}{4}$, combien de jetons le tout contient-il ? Lors de la résolution de problèmes de ce type, il faut commencer par déterminer la quantité dans *1* quart ; on multiplie ensuite cette quantité par 4 de manière à obtenir 4 quarts, ou une unité. Voyons si le même procédé s'applique au problème suivant.

> Élisabeth a payé 2,50 $ pour $3\frac{1}{3}$ kilogrammes de tomates. Combien a-t-elle payé le kilogramme ?

PAUSE Le montant donné, soit 2,50 $, vaut pour les $3\frac{1}{3}$ kilogrammes. Quel est-il pour un kilogramme ? Essayez de résoudre le problème en procédant comme pour un problème sur les parties et le tout. Faites-le maintenant, avant de poursuivre votre lecture.

FIGURE 6.11 ▶

Trois modèles de division partitive dont le diviseur est un nombre entier.

$1\frac{1}{4}$ pour faire 3 tâches.
Combien de temps pour chacune ?

($1\frac{1}{4}$ partagé en 3 ensembles égaux.)
Une méthode consiste à diviser <u>chaque</u> quart en 3 parties.

$1\frac{1}{4}$ heure

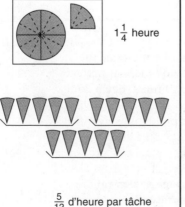
$\frac{5}{12}$ d'heure par tâche

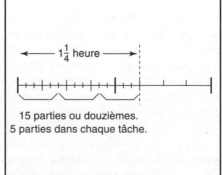
← $1\frac{1}{4}$ heure →
15 parties ou douzièmes.
5 parties dans chaque tâche.

Il faut pouvoir diviser chaque quart en 3 parties. On emploie un ensemble de 12 comme tout.

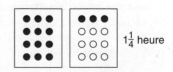
$1\frac{1}{4}$ heure

15 jetons dans $1\frac{1}{4}$. On en met 5 dans chaque ensemble. Chaque jeton représente $\frac{1}{12}$, soit 5 minutes.

Dans $3\frac{1}{3}$, il y a 10 tiers. Comme les 2,50 $ valent pour 10 tiers, 1 tiers correspond à 1 dixième des 2,50 $, soit 25 cents. Comme il y a 3 tiers dans une unité, il en résulte que 75 cents valent nécessairement pour 1 kilogramme. Un kilogramme coûte donc 75 cents.

Essayez maintenant de résoudre les problèmes suivants en appliquant une stratégie analogue.

> Daniel a payé 2,40 $ pour une boîte de friandises de $\frac{3}{4}$ de kilogramme. Quel serait le prix d'un kilogramme de friandises ?
>
> Aline s'est rendu compte qu'elle marche très vite durant sa séance d'entraînement matinal : elle a parcouru $2\frac{1}{2}$ kilomètres en $\frac{3}{4}$ d'heure. Elle se demande quelle est sa vitesse en kilomètres/heure.

Dans ces deux problèmes, on connaît la grandeur d'une *partie* d'un tout et on cherche la grandeur du tout. Dans les deux cas, il faut commencer par déterminer la grandeur d'un quart. (Il y a 3 quarts ; il faut donc diviser par 3.) Ensuite, il faut déterminer la grandeur d'un tout. (Comme il y a 4 quarts dans un tout, il faut multiplier par 4.)

Le problème de la vitesse d'Aline est un peu plus ardu, car il est difficile de diviser en 3 parties les $2\frac{1}{2}$ kilomètres, ou 5 demi-kilomètres. Si vous avez éprouvé des difficultés, essayez de diviser chaque demi en 3 parties. Dessinez des schémas ou utilisez un modèle si cela vous aide.

L'exploration spontanée : le concept de mesure

Le *concept de mesure* (ou *concept de groupement*) sert de point d'ancrage dans presque toutes les explorations de la division de fractions fixées par différents programmes dans le monde s'adressant au primaire et au début du secondaire. Rappelons que, si on applique ce concept, $13 \div 3$ signifie : « Combien y a-t-il d'ensembles de 3 dans 13 ? » Voici un exemple de contexte. *Avec 13 litres de limonade, combien de bouteilles de 3 litres pouvez-vous remplir ?* Une idée clé à tirer de cet exemple se rapporte à ce qu'on fait du litre qui reste après avoir rempli 4 bouteilles. On le versera dans une cinquième bouteille, mais celle-ci ne contiendra qu'un litre. Autrement dit, elle ne sera remplie qu'au tiers. Une réponse possible est donc $4\frac{1}{3}$ *bouteilles*.

Puisque presque tous les manuels présentent ce concept de division et que ce dernier sert à élaborer l'algorithme de division de fractions, il est important que les élèves l'explorent dans diverses situations.

La réponse est un nombre entier

Les élèves comprennent déjà les problèmes du type suivant.

> Vous êtes invité à une fête d'anniversaire. Vous avez commandé 6 décilitres de glace à la crèmerie Délice polaire. Si vous servez $\frac{3}{4}$ de décilitre de glace à chaque invité, à combien de personnes pourrez-vous en donner ? (Schifter et collab., 1999a, p. 120.)

La majorité des élèves dessinent 6 cercles qu'ils divisent en quarts, puis ils comptent le nombre d'ensembles de $\frac{3}{4}$ qu'ils peuvent former. Mais il est difficile d'associer ce procédé à $6 \div \frac{3}{4}$. Pour y arriver, les élèves auront sûrement besoin de votre aide. Vous pourriez alors comparer ce problème à un problème semblable dans lequel interviennent des nombres entiers (6 décilitres, 2 par invité).

Voici un problème un peu plus complexe.

> **M. Lebrun, qui est agriculteur, a trouvé dans sa réserve $2\frac{1}{4}$ litres d'engrais liquide concentré. Il a besoin de $\frac{3}{4}$ de litre pour remplir un réservoir d'engrais dilué. Combien de réservoirs peut-il remplir en tout ?**

Essayez de résoudre ce problème. Utilisez le modèle ou le dessin de votre choix pour illustrer ce que vous faites. Remarquez que vous tentez de répondre à la question : *combien y a-t-il d'ensembles de 3 quarts dans un ensemble de 9 quarts ?* La réponse est 3 pleins réservoirs (et non 3 quarts). Vous pouvez aussi essayer de résoudre le problème suivant.

> **Linda a $4\frac{2}{3}$ mètres de tissu. Elle veut faire des vêtements pour bébé à l'occasion d'une vente de charité. Elle a besoin de $1\frac{1}{6}$ mètre pour chaque robe. Combien de robes pourra-t-elle fabriquer avec le tissu dont elle dispose ?**

Ce problème se distingue des précédents par le fait que la quantité donnée est exprimée en tiers et que le diviseur l'est en sixièmes. Puisqu'on veut mesurer des « ensembles » de $1\frac{1}{6}$, il faudra bien finir par employer des sixièmes. La figure 6.12 illustre deux solutions possibles.

La réponse n'est pas un nombre entier

Si Linda avait 5 mètres de tissu, elle pourrait faire seulement 4 robes, puisqu'une fraction d'une robe, cela n'a pas de sens. Mais supposons que M. Lebrun ait eu au départ 4 litres d'engrais concentré. En remplissant 5 réservoirs avec de l'engrais dilué, il aurait utilisé $\frac{15}{4}$ de litre de concentré, soit $3\frac{3}{4}$ litres. Avec le $\frac{1}{4}$ de litre de concentré restant, il aurait pu remplir une *partie* d'un réservoir avec de l'engrais dilué. En fait, il aurait pu remplir $\frac{1}{3}$ de réservoir, puisqu'il lui faut 3 quarts de litre de concentré pour faire un plein réservoir et il en a *1* quart de litre.

Essayez de résoudre cet autre problème.

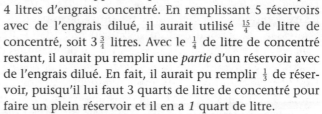

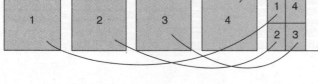

J'ai divisé les 2 tiers en 4 sixièmes. Ensuite, j'ai utilisé 1 tout et 1 sixième pour chaque morceau. Il y a 4 morceaux.

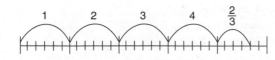

J'ai tout divisé en sixièmes. Ça fait 24 (qui viennent du 4), plus 4 autres qui viennent de $\frac{2}{3}$. Ça fait 28 en tout. Ensuite, comme $\frac{1}{6}$ est identique à $\frac{7}{6}$, j'ai divisé les 28 par 7, ce qui m'a donné 4.

FIGURE 6.12 ▲

Deux solutions du problème : *Combien de longueurs de $1\frac{1}{6}$ mètre peut-on tailler dans $4\frac{2}{3}$ mètres de tissu ?*

> **Jean est en train de construire un patio. Pour chaque section, il a besoin de $\frac{2}{3}$ de mètre cube de béton et la bétonnière qu'il a louée contient $2\frac{1}{4}$ mètres cubes. S'il n'y a pas assez de béton pour fabriquer la dernière section, Jean peut poser un joint de séparation et fabriquer une section plus petite. Combien de sections Jean peut-il recouvrir avec le béton contenu dans la bétonnière ?**

PAUSE Vous devriez d'abord essayer de résoudre ce problème d'une façon qui ait du sens pour vous. Arrêtez-vous et faites-le maintenant.

Après avoir résolu le problème à votre façon, essayez la méthode ci-dessous, qui consiste à exprimer tous les nombres à l'aide d'une même unité (c'est-à-dire en douzièmes). La question s'énonce alors comme suit : *Combien d'ensembles de 8 douzièmes y a-t-il dans un ensemble de 27 douzièmes ?* La figure 6.13 illustre deux problèmes dont l'énoncé ne comporte pas de contexte. Ils sont résolus selon la même méthode, mais avec deux modèles différents. Le dividende et la quantité donnée sont tous deux exprimés à l'aide d'un même type de parties fractionnaires, de sorte qu'on obtient un problème de division de nombres entiers. (Dans le problème en contexte, la réponse est identique au quotient $27 \div 8$.) En classe, une fois que les élèves auront résolu des problèmes comme celui-là en appliquant leur propre méthode, suggérez-leur d'employer la méthode des unités communes.

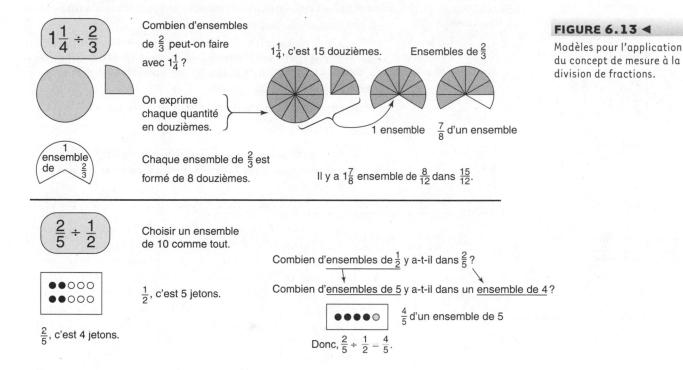

FIGURE 6.13 ◄

Modèles pour l'application du concept de mesure à la division de fractions.

L'élaboration des algorithmes

Il existe deux algorithmes pour diviser des fractions. Dans les prochains paragraphes, nous examinerons comment enseigner chacun d'eux.

Algorithme du dénominateur commun

L'algorithme du dénominateur commun repose sur le concept de division associé à la mesure ou à la soustraction itérée. Prenons le problème $\frac{5}{3} \div \frac{1}{2}$. Comme l'indique la figure 6.14 (p. 186), si l'on exprime chaque nombre à l'aide d'une même partie fractionnaire, la réponse obtenue est identique à celle du problème de division de nombres entiers $10 \div 3$. Le nom de la partie fractionnaire (le dénominateur) n'a plus d'importance, et le problème revient à diviser les numérateurs. La règle ou l'algorithme qui en découle s'énonce donc comme suit : *Pour diviser des fractions, on les réduit d'abord au même dénominateur, puis on divise les numérateurs.* Par exemple, $\frac{5}{3} \div \frac{1}{4} = \frac{20}{12} \div \frac{3}{12} = 20 \div 3 = \frac{20}{3} = 6\frac{2}{3}$.

Essayez d'utiliser des pointes de tarte, des bandes fractionnaires de papier coloré, puis des ensembles de jetons pour représenter $1\frac{2}{3} \div \frac{3}{4}$ et $\frac{5}{8} \div \frac{1}{2}$ afin de vous aider à élaborer l'algorithme dit du dénominateur commun.

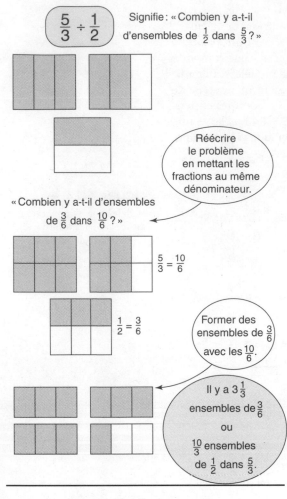

$\frac{5}{3} \div \frac{1}{2}$ Signifie : « Combien y a-t-il d'ensembles de $\frac{1}{2}$ dans $\frac{5}{3}$? »

Réécrire le problème en mettant les fractions au même dénominateur.

« Combien y a-t-il d'ensembles de $\frac{3}{6}$ dans $\frac{10}{6}$? »

$\frac{5}{3} = \frac{10}{6}$

$\frac{1}{2} = \frac{3}{6}$

Former des ensembles de $\frac{3}{6}$ avec les $\frac{10}{6}$.

Il y a $3\frac{1}{3}$ ensembles de $\frac{3}{6}$ ou $\frac{10}{3}$ ensembles de $\frac{1}{2}$ dans $\frac{5}{3}$.

$$\frac{5}{3} \div \frac{1}{2} = \frac{10}{6} \div \frac{3}{6} = 10 \div 3 \text{ ou } \frac{10}{3}$$

FIGURE 6.14 ▲

Modèles pour la méthode de division de fractions dite du dénominateur commun.

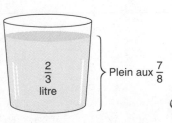

$\frac{2}{3}$ litre — Plein aux $\frac{7}{8}$

FIGURE 6.15 ▲

Le seau est plein aux $\frac{7}{8}$. Un huitième de la quantité d'eau multiplié par 8, c'est la quantité requise pour remplir complètement le seau.

Algorithme de l'inversion et de la multiplication

L'inversion du diviseur suivie d'une multiplication est peut-être le procédé le moins bien compris de tout le programme du primaire et du début du secondaire. (Savez-vous pourquoi ce procédé fonctionne ?) Une étude menée conjointement par des enseignants chinois et américains a soulevé de nombreuses discussions quand Liping Ma (1999) a constaté que non seulement la majorité des enseignants chinois utilisaient et enseignaient cet algorithme, mais qu'ils comprenaient pourquoi il fonctionne. En revanche, les enseignants américains ont fait preuve d'une piètre compréhension de la division de fractions.

Si vous réexaminez les quelques problèmes de partition présentés plus haut, vous remarquerez que leur résolution mène presque immédiatement à l'algorithme dit de l'inversion et de la multiplication. Voici un autre exemple, dans lequel le dividende et le diviseur sont tous deux des fractions ordinaires.

> **Pour remplir un seau au $\frac{7}{8}$, on utilise $\frac{2}{3}$ de litre d'eau. Quelle quantité le seau contiendrait-il si on le remplissait complètement ?**

Pour le moment, ne vous arrêtez pas au fait que les $\frac{2}{3}$ de litre représentent la quantité d'eau. Faites un schéma simple, comme dans la figure 6.15. Encore une fois, pensez aux problèmes sur les parties et le tout dont la tâche consistait à déterminer le tout, car c'est ce qu'il faut faire ici. Le *tout* est un *plein* seau et la quantité d'eau donnée correspond au $\frac{7}{8}$ du tout. Un plein seau équivaut à $\frac{8}{8}$. Puisque la quantité d'eau dans le seau correspond à 7 des 8 parties requises pour remplir le seau, on résout le problème en divisant cette quantité par 7 et en multipliant le résultat par 8. On prend donc $\frac{2}{3}$, on divise la fraction par 7, puis on multiplie le résultat par 8.

Rappelez-vous la signification du numérateur et du dénominateur. Le dénominateur d'une fraction divise le tout en parties, de sorte qu'il indique la nature des parties ; le dénominateur est un diviseur. Quant au numérateur, il exprime le nombre de parties de ce type ; le numérateur est un multiplicateur. Dans le dernier problème, nous avons divisé les $\frac{2}{3}$ par 7, puis nous avons multiplié le résultat par 8. Nous avons donc multiplié les $\frac{2}{3}$ par $\frac{7}{8}$.

Dans bien des manuels de cinquième ou de sixième année, on présente une justification plus symbolique du procédé de l'inversion suivie d'une multiplication. L'explication ressemble parfois à celle qui est illustrée à la figure 6.16.

PAUSE Lisez l'explication présentée dans la figure 6.16. Entre ce raisonnement et celui du problème du seau d'eau, lequel des deux vous semble-t-il avoir le plus de sens ? Selon votre réponse, quel algorithme (diviseur commun ou inverser et multiplier) choisiriez-vous d'enseigner à vos élèves ?

$$\frac{3}{4} \div \frac{5}{6} = \boxed{}$$

FIGURE 6.16 ◄

Pour diviser, on inverse le diviseur,
puis on multiplie.

Écrire l'équation sous
une forme équivalente, soit
un produit où il manque un facteur.

$$\frac{3}{4} = \boxed{} \times \frac{5}{6}$$

Multiplier chaque membre par $\frac{6}{5}$
(puisque $\frac{6}{5}$ est l'inverse de $\frac{5}{6}$).

$$\frac{3}{4} \times \frac{6}{5} = \boxed{} \times \left(\frac{5}{6} \times \frac{6}{5}\right)$$

$$\frac{3}{4} \times \frac{6}{5} = \boxed{} \times 1$$

$$\frac{3}{4} \times \frac{6}{5} = \boxed{}$$

Mais on a aussi $\frac{3}{4} \div \frac{5}{6} = \boxed{}$

Donc,

$$\frac{3}{4} \div \frac{5}{6} = \frac{3}{4} \times \frac{6}{5} = \boxed{}$$

En général,

$$\frac{a}{b} \div \frac{c}{d} = \frac{a}{b} \times \frac{d}{c}$$

Décisions concernant le programme

Vos réponses aux questions que nous venons de vous poser peuvent influer sur la manière dont vous enseignez la division. La *façon* dont les élèves effectuent des opérations a très peu d'importance ; tout ce qui compte, c'est qu'ils soient capables de les faire selon une méthode qu'ils comprennent, en procédant avec précision et efficacité. Chacun des deux algorithmes est valable. Quel que soit celui que vous vous proposez d'enseigner, il est fortement conseillé de l'élaborer en vous appuyant sur des activités intuitives centrées sur des problèmes en contexte. Il semble que la majorité des problèmes sur la division de fractions proposés dans les manuels sont des problèmes de mesure. Il n'en est pas ainsi en Chine. Dans plusieurs pays, on a réalisé très peu de recherches visant à explorer l'approche partitive qui consiste à inverser puis à multiplier.

MODÈLE DE LEÇON

La multiplication de fractions

NIVEAU : Quatrième année.

OBJECTIFS MATHÉMATIQUES

- Comprendre la signification de la multiplication de fractions au moyen d'explorations non formelles.
- Mettre en évidence le fait qu'une fraction est associée à un tout donné et que celui-ci varie en fonction du contexte.

CONSIDÉRATIONS PÉDAGOGIQUES

Les élèves comprennent que la multiplication constitue une addition itérée, c'est-à-dire que 3×6 signifie 3 ensembles de 6.

Ils comprennent aussi que, dans le cadre des relations entre les parties et le tout appliquées aux fractions, le tout est divisé en parties équivalentes. De plus, ils connaissent la notation symbolique des fractions. Ils savent donc que le nombre au-dessus de la barre indique le nombre de parties fractionnaires et que le nombre sous la barre indique la nature des parties dénombrées.

MATÉRIEL ET PRÉPARATION

Distribuez une copie de la feuille reproductible L-2 à chaque élève et copiez également cette feuille sur un transparent pour rétroprojecteur.

Leçon

FR L-2

AVANT L'ACTIVITÉ

Préparer une version simplifiée de la tâche

- Demandez aux élèves ce que signifie 3×4. Dites-leur ensuite de dessiner un schéma ou de créer un problème en contexte illustrant la signification de 3×4. Écoutez les idées émises par les élèves. Tirez profit des idées qui mettent l'accent sur le fait que 3×4 signifie 3 groupes de 4.
- Proposez le problème suivant aux élèves : La collection de Michel comprend 15 voitures miniatures. Les deux tiers des voitures sont rouges. Combien de voitures rouges Michel possède-t-il ?
- Demandez aux élèves de faire des schémas susceptibles de les aider non seulement à réfléchir à la façon de résoudre le problème, mais aussi à expliquer ce qu'ils ont fait. Invitez-les à présenter leur travail à la classe. Certains d'entre eux dessineront 15 rectangles (ou voitures), puis les répartiront en 3 parts égales. À ce moment, il est important de demander aux élèves d'expliquer pourquoi ils divisent les 15 objets en 3 parts égales (à savoir, pour chercher des tiers, parce que les $\frac{2}{3}$ sont rouges). Quand ils ont partagé le tout en 3 parts égales, ou en tiers, ils dénombrent 2 des 3 ensembles parce qu'ils veulent déterminer $\frac{2}{3}$.
- Aidez les élèves à établir un lien entre la situation décrite dans le problème et la multiplication de nombres entiers. Ils savent que 3×4 signifie 3 groupes de 4 ; de même, $\frac{2}{3} \times 15$ signifie les $\frac{2}{3}$ d'un groupe de 15.

Préparer la tâche

- Les élèves doivent résoudre les problèmes écrits sur la feuille de travail et présenter leur raisonnement.

    Il reste $\frac{2}{3}$ d'une pizza. Si vous donnez $\frac{1}{3}$ de ce reste à votre frère, quelle portion d'une pizza complète votre frère recevra-t-il ?

    Quelqu'un a mangé $\frac{1}{10}$ du gâteau; il en reste donc seulement les $\frac{9}{10}$. Si vous mangez $\frac{2}{3}$ de ce reste, quelle portion du gâteau complet aurez-vous mangée ?

    Ghislaine a utilisé $2\frac{1}{2}$ tubes de peinture bleue pour peindre le ciel d'un tableau. Chaque tube contient $\frac{4}{5}$ de gramme de peinture. Combien de grammes de peinture bleue Ghislaine a-t-elle utilisés ?

- Les élèves devraient utiliser à la fois des mots et des dessins qui les aident à réfléchir aux problèmes et à expliquer comment ils les ont résolus. Ils doivent être prêts à expliquer leur raisonnement.

PENDANT L'ACTIVITÉ

- Observez si des élèves emploient des représentations différentes pour réfléchir aux problèmes. Attirez l'attention sur ces modes différents de représentation.
- Si des élèves ont de la difficulté à démarrer, demandez-leur de représenter l'information contenue dans la première phrase de l'énoncé du problème, puis d'expliquer comment leur dessin représente cette information. Dites-leur ensuite de lire le début de la deuxième phrase, qui commence par « si », puis de vous montrer quelle partie de leur dessin se rapporte à ce début de phrase. Dites-leur de colorer la partie du dessin qu'ils viennent de vous montrer d'une couleur distincte afin de la mettre en évidence. Enfin, dites-leur de lire la question à la fin de l'énoncé du problème et de se demander comment la partie qu'ils viennent de colorer peut les aider à répondre à la question.

- Quant aux élèves qui sont prêts à aborder des problèmes plus difficiles, proposez-leur la tâche suivante, dans laquelle il faut subdiviser des éléments en parties unitaires plus petites : *Zacharie avait encore les $\frac{2}{3}$ de la pelouse à tondre. Après le dîner, il a tondu les $\frac{3}{4}$ de la pelouse qu'il lui restait à tondre. Quelle portion de la pelouse Zacharie a-t-il tondue après le dîner?*

APRÈS L'ACTIVITÉ

- Pour chaque problème, demandez à un élève d'aller au tableau et d'expliquer comment il a procédé pour réfléchir au problème. Demandez-lui pourquoi il a dessiné telle ou telle chose afin de vous assurer que tous les élèves suivent son raisonnement. Incitez la classe à faire des commentaires ou à poser des questions sur la représentation ou le raisonnement utilisés par l'élève.
- Pour chaque étape de la résolution du problème, aidez les élèves à clarifier quel est le tout.
- Demandez aux élèves si certains d'entre eux ont employé une méthode de résolution différente. Si c'est le cas, envoyez-les au tableau pour qu'ils expliquent leur solution à leurs camarades.
- Au fur et à mesure que des élèves présentent leur solution, il est important de demander à la classe de déterminer les similarités et les différences entre les solutions. Il se peut que des solutions semblent différentes au prime abord, mais qu'elles soient en fait équivalentes à d'autres sur bien des points. En leur posant des questions, vous les amènerez à établir ces liens.
- Aidez les élèves à établir des liens entre la multiplication de fractions et la signification de la multiplication : $\frac{1}{3} \times \frac{3}{4}$ signifie $\frac{1}{3}$ d'un groupe de $\frac{3}{4}$.

À PROPOS DE L'ÉVALUATION

- Vérifiez si des élèves ont de la difficulté lorsque le tout varie à l'intérieur d'un même problème. Ces élèves ont besoin de s'entraîner à effectuer des tâches sur les parties et le tout, comme celles que nous avons décrites au chapitre 5 (voir les figures 5.11 et 5.12).
- Les élèves appliquent-ils correctement la signification du numérateur et du dénominateur ? Les problèmes donnés sont faciles à résoudre si on considère les parties fractionnaires comme des unités discrètes. Par exemple, $\frac{2}{3}$ de $\frac{3}{4}$, ce sont les $\frac{2}{3}$ de 3 choses appelées quarts.
- Les élèves répondent-ils à la question posée ?

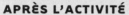

Étapes suivantes

- Si certains élèves sont prêts à aller plus loin, proposez-leur des tâches comportant des subdivisions d'éléments en des parties unitaires plus petites. Par exemple, $\frac{2}{3} \times \frac{1}{2}$ ou $\frac{3}{4}$ de $\frac{2}{3}$.

- Vous voudrez établir petit à petit des liens entre l'algorithme de multiplication de fractions et des explorations non formelles. Résistez à la tentation de présenter l'algorithme prématurément. Par exemple, voyez d'abord si les élèves sont capables d'élaborer un tel algorithme en s'appuyant sur les explorations qu'ils ont réalisées.

LES CONCEPTS DE NOMBRE DÉCIMAL ET DE POURCENTAGE ET LES OPÉRATIONS SUR LES NOMBRES DÉCIMAUX

Dans plusieurs pays, le programme demande aux enseignantes d'aborder les nombres décimaux en quatrième année et les opérations sur les nombres décimaux principalement en cinquième année, puis de revenir sur ces points durant les deux années suivantes. Il reste cependant à savoir si l'approche consistant à étudier d'abord les fractions, puis les nombres décimaux est la plus appropriée. Par ailleurs, il est certainement déplorable de traiter aussi fréquemment des fractions et des nombres décimaux comme deux sujets totalement séparés. Il est extrêmement utile, tant du point de vue pédagogique que des points de vue pratique et social, d'établir des liens entre les concepts de fraction et de nombre décimal. La plus grande partie du présent chapitre porte sur cette relation.

Établir une relation entre deux systèmes de notation

Même s'ils sont apparemment très différents, les symboles 3,75 et $3\frac{3}{4}$ représentent une même quantité. Surtout pour les enfants, le monde des fractions et celui des nombres décimaux sont tout à fait distincts. Quant aux adultes, ils ont souvent tendance à considérer une fraction comme un ensemble ou une partie de cet ensemble (trois quarts *de* quelque chose), tandis qu'ils voient les nombres décimaux davantage comme de simples nombres. Lorsque vous dites aux enfants que 0,75 est la même chose que $\frac{3}{4}$, vous semez la confusion

Idées à retenir

1 Les nombres décimaux sont simplement une autre façon d'écrire les fractions. Les deux notations sont importantes. La compréhension des relations entre les deux systèmes confère une flexibilité maximale.

2 Le système de position à base dix n'a pas de limites : il s'étend aussi bien vers des valeurs infinitésimales que vers des valeurs infiniment grandes. Le rapport entre deux valeurs de position successives est toujours de dix à un.

3 L'emploi de la virgule décimale est une convention adoptée pour indiquer la position des unités. La position immédiatement à gauche de la virgule décimale est celle des unités.

4 Les pourcentages expriment simplement des centaines ; en ce sens, ils constituent une troisième façon d'écrire des fractions et des nombres décimaux.

5 L'addition et la soustraction de nombres décimaux reposent sur le concept fondamental selon lequel on additionne et on soustrait les nombres qui occupent une même position. Les opérations sur ces nombres ne sont donc qu'une simple généralisation des opérations correspondantes effectuées sur les nombres entiers.

6 Le résultat de la multiplication ou de la division d'un nombre par un autre est formé des mêmes chiffres, quelle que soit la position de la virgule décimale. Par conséquent, pour la majorité des applications pratiques, il n'est pas nécessaire d'élaborer des règles particulières pour la multiplication et la division de nombres décimaux. Il suffit d'effectuer les opérations comme s'il s'agissait de nombres entiers, puis de placer la virgule décimale au moyen d'une approximation.

dans leur esprit. Bien qu'on ait inventé différents modes d'écriture des nombres, ces derniers restent inchangés. Quand vous enseignez les nombres décimaux et les fractions, il est important de se fixer notamment comme objectif d'aider les élèves à se rendre compte que des concepts identiques sous-tendent les deux systèmes de numération.

Vous pouvez faire trois choses pour aider les élèves à percevoir le lien entre les fractions et les nombres décimaux. Premièrement, employer des concepts et des modèles des fractions familiers pour explorer les nombres rationnels faciles à représenter avec des nombres décimaux, comme les dixièmes, les centièmes et les millièmes. Deuxièmement, aider les élèves à voir comment on généralise le système à base dix de manière à inclure les nombres inférieurs à 1 de même que les grands nombres. Troisièmement, proposer aux élèves des modèles permettant de convertir de façon utile des fractions en nombres décimaux et vice-versa. Nous aborderons successivement ces trois points.

Les fractions de base dix

Dans le présent chapitre, nous appelons *fractions de base dix* les fractions dont le dénominateur est 10, 100, 1 000, etc. Il s'agit simplement d'une étiquette commode, mais peu courante. Les fractions $\frac{7}{10}$ et $\frac{63}{100}$ sont des exemples de fractions de base dix.

Modèles de fractions de base dix

La plupart des modèles courants utilisés pour représenter les fractions ne conviennent pas vraiment pour la représentation des fractions de base dix. En fait, il n'est généralement pas possible de représenter des centièmes et des millièmes à l'aide des modèles usuels. Il est important de créer des modèles pour les fractions de base dix au moyen des mêmes approches conceptuelles que celles que nous avons adoptées pour les fractions comme des tiers et des quarts.

Deux modèles de surfaces très importants permettent de représenter les fractions de base dix. Ce sont les diagrammes circulaires, d'une part, et les carrés de 10 × 10, d'autre part. Comme le montre la figure 7.1, il est possible de représenter les dixièmes et les centièmes au moyen de diagrammes circulaires imprimés sur du carton pour étiquettes (voir les feuilles reproductibles). Divisez la circonférence de chaque diagramme en 100 intervalles égaux, puis découpez le disque suivant un rayon. Vous pouvez représenter n'importe quelle fraction inférieure à 1 à l'aide de deux diagrammes de couleurs distinctes, imbriqués l'un dans l'autre, comme l'indique la figure 7.1. Les fractions représentées sur ce disque des centièmes se lisent sous forme de fractions de base dix en notant les espaces le long de la circonférence. Ce modèle rappelle toutefois le modèle traditionnel des pointes de tarte.

FR 17-19

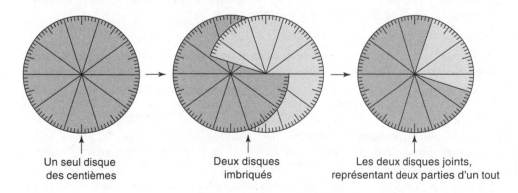

Un seul disque
des centièmes

Deux disques
imbriqués

Les deux disques joints,
représentant deux parties d'un tout

FIGURE 7.1 ◄

Représentation
des fractions de base dix
au moyen d'un disque
des centièmes.

Le carré de 10 × 10 est le modèle des fractions de base dix le plus courant. Vous pouvez copier des carrés de ce type sur du papier et demander aux élèves d'ombrer diverses parties fractionnaires (figure 7.2, p. 192, et feuilles reproductibles). Une variante particulièrement efficace consiste à utiliser des bandes et des carrés de position de base dix. Si on s'en sert comme modèle des fractions, le carré de 10 cm de côté servant à représenter des centaines dans le cas des nombres entiers constitue le tout, ou 1. Chaque bande correspond alors à 1 dixième, et chaque petit carré, à 1 centième. Dans les feuilles reproductibles, vous trouverez un grand carré subdivisé en 10 000 carrés minuscules. Si vous utilisez un rétroprojecteur, vos élèves seront tout à fait capables de distinguer les carrés minuscules, qui correspondent à des 10 millièmes, et vous pourrez en ombrer une partie avec un marqueur pour transparent.

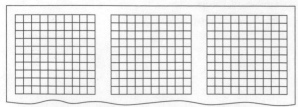

Carrés de 10 × 10 reproduits sur du papier. Chaque carré représente un tout. Les élèves ombrent des parties fractionnaires.

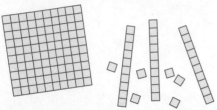

On peut se servir de bandes et de carrés de base dix pour représenter des fractions de base dix. Au lieu d'ombrer une partie du grand carré, on y place des bandes et des petits carrés pour représenter une partie fractionnaire.

FIGURE 7.2 ▲

Des carrés de 10 × 10 servant à représenter les fractions de base dix.

Une règle d'un mètre constitue l'un des meilleurs modèles linéaires qui soient pour les fractions de base dix. En effet, chaque décimètre correspond à 1 dixième de la longueur totale, chaque centimètre à 1 centième, et chaque millimètre à 1 millième. N'importe quelle droite numérique divisée en 100 parties est également un modèle utile dans le cas des centièmes.

Plusieurs enseignantes emploient de la monnaie comme modèle pour les nombres décimaux. Bien que ce modèle soit d'une certaine utilité, les jeunes élèves perçoivent presque exclusivement la monnaie comme un système à deux positions : ils sont incapables d'établir un lien entre de la monnaie et des nombres comme 3,2 et 12,138 9. Le premier contact des élèves avec les nombres décimaux devrait être plus ouvert ; c'est pourquoi nous ne conseillons pas d'employer de la monnaie comme modèle décimal. Elle constitue néanmoins, et sans aucun doute, une *application* importante de la numération décimale.

Désignations et notations multiples

Au début, le principal objectif du travail avec des fractions de base dix est de familiariser les élèves avec les modèles et de les aider à apprendre à percevoir des quantités comme des dixièmes ou des centièmes, et à lire et à écrire les fractions de base dix sous diverses formes.

Demandez-leur de représenter une fraction de base dix à l'aide du modèle correspondant de leur choix. Une fois qu'ils ont représenté une fraction, par exemple $\frac{65}{100}$, vous pouvez explorer les éléments suivants avec eux.

- La fraction est-elle supérieure ou inférieure à $\frac{1}{2}$? à $\frac{2}{3}$? à $\frac{3}{4}$? Ce faisant, les élèves commenceront à se familiariser avec les fractions de ce type en les comparant avec des fractions qui leur semblent plus simples.

- Comment peut-on nommer cette fraction en utilisant des dixièmes et des centièmes ? (« six dixièmes et cinq centièmes », « soixante-cinq centièmes ».) Employez aussi des millièmes si cela vous semble approprié.

- Montrez aux élèves deux façons d'écrire la fraction ($\frac{65}{100}$ ou $\frac{6}{10} + \frac{5}{100}$).

Les deux derniers points de cette exploration sont très importants, car ils préparent à l'écriture des fractions de base dix sous forme décimale, qui se lisent généralement comme une fraction unique. Par exemple, 0,65 se lit « soixante-cinq centièmes ». Mais si on veut comprendre cette façon de lire ces fractions en fonction de la valeur de position, il faut voir ce nombre comme 6 dixièmes et 5 centièmes. On lit généralement un nombre fractionnaire, tel $5\frac{13}{100}$, comme les nombres décimaux. Selon ce principe, 5,13 se lit « cinq et treize centièmes », mais en fonction de la valeur de position, il faut voir ce nombre comme $5 + \frac{1}{10} + \frac{3}{100}$.

La forme développée permet de convertir aisément les fractions de ce type en nombres décimaux. Lorsque vous introduirez ces notions, pensez à proposer des exercices faisant appel à toutes les relations possibles entre les représentations à l'aide de modèles, les diverses expressions orales et les divers modes d'écriture. À partir d'une représentation visuelle, d'une expression orale ou de la forme écrite d'une fraction, les élèves devraient être capables de donner deux autres modes d'expression de la fraction, y compris des formes équivalentes s'il y a lieu.

La généralisation du système de position

Avant d'aborder les nombres décimaux avec les élèves, il est bon de revoir quelques notions sur la valeur de position dans les nombres entiers. L'une des plus fondamentales est la relation de 10 à 1 entre les valeurs respectives de deux positions consécutives quelconques. Dans le cas des modèles des fractions de base dix, comme les bandes et les carrés, 10 éléments unitaires équivalent toujours à 1 élément de la valeur immédiatement supérieure, et vice-versa.

Relation bidirectionnelle

La règle selon laquelle «dix font un» vaut indéfiniment pour des éléments de plus en plus grands, ou des valeurs de position de plus en plus grandes. Il est amusant d'explorer ce concept en se demandant quelles seront les dimensions des bandes ou des carrés si on se déplace de 6 ou 8 positions vers la droite.

Dans le modèle des bandes et des carrés, par exemple, les deux éléments alternent indéfiniment, les formes étant de plus en plus grandes. Une fois que les élèves auront bien compris la progression de la grandeur des éléments, insistez sur le fait que, dans cette chaîne, chaque élément situé à droite d'une position quelconque est 10 fois plus petit que le précédent. La question fondamentale est alors: «Existe-t-il toujours un élément plus petit?» Selon leur expérience, pour les élèves, le plus petit élément est le carré de 1 cm de côté, qui est l'élément unitaire. Mais ne pourrait-on pas subdiviser aussi cet élément en 10 petites bandes? Et ne pourrait-on pas fractionner chacune d'elles en 10 carrés très petits, et ainsi de suite? Théoriquement, il existe toujours une bande plus petite ou un carré plus petit que l'élément précédent.

L'objectif de la discussion est d'amener les élèves à réaliser que la relation de 10 à 1 se prolonge *indéfiniment dans les deux sens*. Il n'existe rien de tel que le plus grand élément ou le plus petit élément. La relation entre deux éléments consécutifs est toujours la même quels que soient ces deux éléments. La figure 7.3 illustre ce principe.

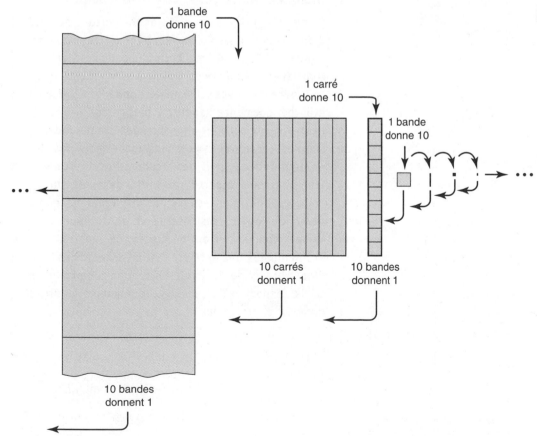

FIGURE 7.3 ◄

Théoriquement, les bandes et les carrés alternent indéfiniment dans les deux sens.

Rôle de la virgule décimale

Au cours de la discussion, il est important de comprendre qu'il n'y a aucune raison intrinsèque de choisir un élément plutôt qu'un autre comme élément unitaire, ou pour la position des unités. Prenons des bandes et des carrés, par exemple : lequel de ces deux éléments devrait être l'élément unitaire ? Le petit carré de 1 cm de côté ? Pourquoi ? Et pourquoi ne prendrait-on pas un carré plus grand ou plus petit ? ou une bande ? *On peut en fait choisir n'importe quel élément comme élément unitaire.*

Comme l'illustre la figure 7.4, il est possible d'écrire une quantité donnée de diverses façons. Tout dépend de l'unité retenue ou de l'élément choisi pour dénombrer la totalité de l'ensemble. On place la virgule décimale entre deux positions en respectant la convention selon laquelle la position immédiatement à gauche de la virgule correspond à celle des unités. Le rôle de la virgule décimale est donc d'*indiquer la position des unités,* en ce sens qu'elle est située immédiatement à droite de cette position.

Avec ces « yeux » tournés vers le haut, en direction du nom des unités, la binette de la figure 7.5 aide à comprendre le rôle de la virgule décimale. Vous pourriez représenter une telle binette sur un disque découpé dans du carton pour étiquettes et la placer entre deux éléments adjacents d'un modèle de base dix ou sur un tableau des valeurs de position. (On trouve cette binette sur la même feuille reproductible que le disque des centièmes.) Si vous la placez entre les carrés et les bandes dans la figure 7.4, les carrés représentent les éléments unitaires et la forme écrite correspondant au modèle devient 16,24.

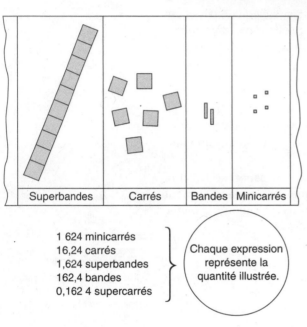

FIGURE 7.4 ▲

La virgule décimale indique la position des unités.

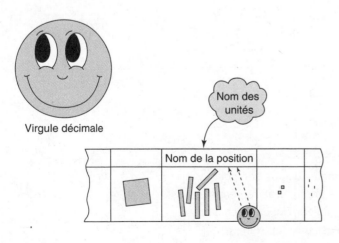

FIGURE 7.5 ▲

La virgule décimale regarde toujours « vers le haut en direction » du nom de la position des unités.

Activité 7.1

Indiquer l'unité par la virgule décimale

Demandez aux élèves d'étaler un certain nombre d'éléments de base dix sur leur pupitre ; par exemple, 3 carrés, 7 bandes et 4 minicarrés. Appelez ces éléments « carrés », « bandes » et « minicarrés », et entendez-vous avec les élèves sur le nom à donner aux éléments hypothétiquement plus petits et plus grands. À la droite des minicarrés, il pourrait y avoir des « minibandes », puis des « microcarrés » et, à la gauche des carrés, des « superbandes », puis des « supercarrés ». Donnez-leur aussi une binette souriante dessinée sur du carton pour étiquettes en guise de virgule décimale. Demandez aux élèves d'écrire et de dire successivement combien ils ont de carrés, de superbandes, etc., comme dans la figure 7.4. Ensuite, faites-leur placer la virgule décimale en tenant compte de ce qu'ils viennent de dire, puis ils expriment les quantités par écrit et oralement.

L'activité 7.1 illustre de façon frappante le fait que la virgule décimale indique l'unité nommée et que celle-ci puisse changer sans que cela ne modifie la quantité.

Virgule décimale, mesure et unités monétaires

Le principe selon lequel la virgule décimale «regarde vers la position des unités» est utile dans divers contextes. Par exemple, dans le Système international d'unités (SI), sept valeurs de position portent des noms particuliers. Comme l'indique la figure 7.6, la virgule décimale permet de désigner n'importe laquelle de ces positions comme la position unitaire, sans changer la mesure réelle. Notre système monétaire est également basé sur le système décimal. Dans la quantité 172,95 $, la virgule décimale indique que la position des dollars est la position unitaire. Quelle que soit la manière dont elle est écrite, on peut la décomposer de la façon suivante : 1 billet de cent (dollars), 7 billets de dix, 2 pièces d'un dollar, 9 pièces de dix cents et 5 pièces d'un cent. Si on choisissait le cent comme unité, la même quantité s'écrirait : 17 295 cents ou 17 295,0 cents. Il serait tout aussi correct d'écrire 0,172 95 milliers de dollars ou 1 729,5 dix cents.

kilomètre	hectomètre	décamètre	mètre	décimètre	centimètre	millimètre	
		4	**3**	**8**	**5**		

4 décamètres, 3 mètres, 8 décimètres et 5 centimètres =

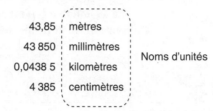

43,85	mètres
43 850	millimètres
0,0438 5	kilomètres
4 385	centimètres

Noms d'unités

FIGURE 7.6 ◄

Dans le Système international d'unités (SI), chaque valeur de position a un nom. On peut placer la virgule décimale de manière à indiquer quelle longueur est la longueur unitaire.

Dans le cas de mesures réelles, comme des longueurs en mètres ou des masses en kilogrammes, ou le système monétaire canadien, le nom de l'unité s'écrit après le nombre et non au-dessus du chiffre, comme dans un tableau des valeurs de position. Vous pouvez dire que votre taille est de 1,62 mètre, mais cela n'aurait pas de sens de dire que vous mesurez «1,62». On peut lire dans les journaux que le gouvernement a dépensé, par exemple, une somme de 7,3 milliards de dollars. Dans ce cas, l'unité est le milliard de dollars, et non le dollar. La population d'une ville peut-être de 2,4 millions d'habitants, ce qui est une autre façon de dire qu'elle compte 2 400 000 individus.

Établir le lien entre les fractions et les nombres décimaux

Afin d'établir le lien entre les deux systèmes de numération, soit les fractions et les nombres décimaux, les élèves devraient effectuer des conversions centrées sur la conceptualisation plutôt que sur l'habileté à transformer une fraction en nombre décimal. Autrement dit, l'objectif des activités de ce type n'est pas d'abord d'acquérir l'habileté à transformer une fraction en nombre décimal. Il s'agit plutôt de construire le concept selon lequel les deux systèmes expriment les mêmes idées.

Activité 7.2

Transformer des fractions de base dix en nombres décimaux

Dites aux élèves d'employer leurs bandes et leurs carrés de valeurs de position pour la présente activité. Assurez-vous que tous comprennent que le grand carré représente l'unité. Demandez-leur ensuite d'utiliser des bandes et des minicarrés pour recouvrir une portion du grand carré correspondant à une fraction de base dix, par exemple $2\frac{35}{100}$ du carré. Ils devront se servir de carrés additionnels pour les nombres entiers. Leur tâche consiste à déterminer comment cette fraction s'écrit sous forme décimale, puis à représenter le lien entre les deux modes d'écriture à l'aide de leurs modèles concrets.

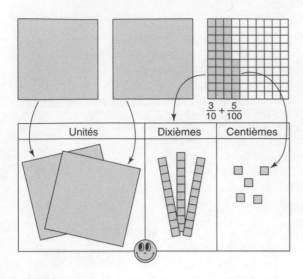

$2\frac{35}{100} = 2,35 =$ « deux et trente-cinq centièmes »

FIGURE 7.7 ▲

Conversion d'une fraction de base dix en nombre décimal.

Dans l'activité 7.2, voici comment on explique généralement le fait que $2\frac{35}{100}$ est identique à 2,35 : il y a 2 touts, 3 dixièmes et 5 centièmes dans chacun de ces deux nombres (ce qui est exact). Mais il est important de constater cette équivalence de façon concrète. Pour ce faire, on peut utiliser exactement le même matériel que celui qui a servi à représenter $2\frac{35}{100}$ du carré, en le redisposant ou en le plaçant sur un tableau des valeurs de position imaginaire, et en employant une virgule décimale en papier pour indiquer la position unitaire, comme dans la figure 7.7.

Il vaut aussi la peine de faire la dernière activité en sens inverse. Donnez aux élèves un nombre décimal, par exemple 1,68, et demandez-leur de le représenter à l'aide d'éléments de base dix. La tâche consiste à écrire le nombre sous forme de fraction et à le représenter par une partie fractionnaire d'un carré.

Il est relativement facile de convertir un nombre décimal en fraction de base dix et inversement, mais le principal objectif est d'amener les élèves à réaliser le plus rapidement possible que les nombres décimaux sont tout simplement des fractions.

La calculatrice peut aussi jouer un rôle important dans l'élaboration du concept de nombre décimal.

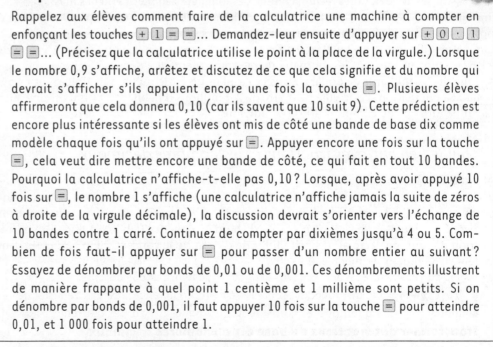

Activité 7.3

Compter en nombres décimaux avec une calculatrice

Rappelez aux élèves comment faire de la calculatrice une machine à compter en enfonçant les touches [+] [1] [=] [=]… Demandez-leur ensuite d'appuyer sur [+] [0] [.] [1] [=] [=]… (Précisez que la calculatrice utilise le point à la place de la virgule.) Lorsque le nombre 0,9 s'affiche, arrêtez et discutez de ce que cela signifie et du nombre qui devrait s'afficher s'ils appuient encore une fois la touche [=]. Plusieurs élèves affirmeront que cela donnera 0,10 (car ils savent que 10 suit 9). Cette prédiction est encore plus intéressante si les élèves ont mis de côté une bande de base dix comme modèle chaque fois qu'ils ont appuyé sur [=]. Appuyer encore une fois sur la touche [=], cela veut dire mettre encore une bande de côté, ce qui fait en tout 10 bandes. Pourquoi la calculatrice n'affiche-t-elle pas 0,10 ? Lorsque, après avoir appuyé 10 fois sur [=], le nombre 1 s'affiche (une calculatrice n'affiche jamais la suite de zéros à droite de la virgule décimale), la discussion devrait s'orienter vers l'échange de 10 bandes contre 1 carré. Continuez de compter par dixièmes jusqu'à 4 ou 5. Combien de fois faut-il appuyer sur [=] pour passer d'un nombre entier au suivant ? Essayez de dénombrer par bonds de 0,01 ou de 0,001. Ces dénombrements illustrent de manière frappante à quel point 1 centième et 1 millième sont petits. Si on dénombre par bonds de 0,001, il faut appuyer 10 fois sur la touche [=] pour atteindre 0,01, et 1 000 fois pour atteindre 1.

Le fait que la calculatrice compte 0,8 ; 0,9 ; 1 ; 1,1 et non 0,8 ; 0,9 ; 0,10 ; 0,11 devrait soulever la question : « Est-ce que cela a du sens ? Et si oui, pourquoi ? »

Les calculatrices permettant de saisir des fractions possèdent une touche supplémentaire qui assure la conversion d'une fraction en nombre décimal et vice-versa. Par exemple, certaines calculatrices convertissent le nombre décimal 0,25 dans la fraction de base dix $\frac{25}{100}$, que l'on peut simplifier manuellement ou automatiquement. En outre, il est possible de programmer les calculatrices graphiques de manière que la conversion s'accompagne ou non d'une simplification. La facilité avec laquelle la calculatrice passe d'une fraction à un nombre décimal, et vice-versa, est d'un grand secours pour les élèves qui commencent à établir un lien entre les notations fractionnaire et décimale.

La construction du sens du nombre décimal

Jusqu'ici, nous avons traité principalement du lien entre les nombres décimaux et les fractions de base dix. Mais le sens du nombre, c'est beaucoup plus que cela. Il exige d'avoir l'intuition des nombres, autrement dit d'en acquérir une compréhension flexible. Pour aider les élèves à développer ce sens du nombre, vous devriez établir des liens entre les nombres décimaux et les fractions qu'ils connaissent. Ce faisant, ils pourront comparer et ordonner facilement des nombres décimaux, puis les évaluer approximativement au moyen de nombres pratiques qui leur sont familiers.

La relation entre les fractions familières et les nombres décimaux

Dans le chapitre 5, nous nous sommes penchés sur la manière d'aider les élèves à se familiariser, sur le plan conceptuel, avec les fractions simples, en particulier les demis, les tiers, les quarts, les cinquièmes et les huitièmes. Il importe maintenant de généraliser les concepts élaborés à leur forme décimale. Pour ce faire, vous pouvez notamment demander aux élèves de convertir des fractions familières en nombres décimaux en utilisant un modèle de base dix.

Les deux prochaines activités visent un même objectif, à savoir aider les élèves à percevoir les nombres décimaux comme des équivalents fractionnaires familiers et à conceptualiser cette relation.

Activité 7.4

Convertir des fractions familières en nombres décimaux

Donnez aux élèves une fraction «familière», qu'ils devront convertir en nombre décimal. Dites-leur de commencer par représenter la fraction en se servant d'une grille de 10 × 10 ou de bandes et de carrés de base dix. En s'inspirant du modèle qu'ils viennent de construire, demandez-leur d'expliquer ensuite l'équivalence du nombre décimal par écrit, à l'aide de mots et de dessins. Si les élèves emploient des bandes et des carrés, assurez-vous que leur explication comprend des dessins.

Il est souhaitable de procéder progressivement. Commencez par des demis et des cinquièmes. Après quoi, passez à des quarts et, peut-être, à des huitièmes. Il est préférable de traiter des tiers dans une activité distincte.

MODÈLE DE LEÇON

(pages 212–213)

Vous trouverez à la fin de ce chapitre le plan d'une leçon complète basée sur l'activité «Convertir des fractions familières en nombres décimaux».

La figure 7.8 illustre comment effectuer des conversions avec une grille de 10 × 10 en prenant l'exemple de l'activité précédente. Dans le cas des quarts, les élèves ombrent souvent une section de 5 × 5 (un demi d'un demi). La question est alors de savoir comment convertir cette représentation en nombre décimal. Demandez aux élèves comment ils recouvriraient $\frac{1}{4}$ de la grille avec des bandes et des carrés s'ils avaient le droit d'utiliser au plus 9 minicarrés. La fraction $\frac{3}{8}$ constitue un véritable défi. Vous pouvez leur conseiller de déterminer d'abord $\frac{1}{4}$, en faisant remarquer que $\frac{1}{8}$, c'est la moitié d'un quart. Il est à noter que l'élément immédiatement plus petit correspond à un dixième d'un petit carré. La moitié d'un carré correspond donc à $\frac{5}{1000}$.

Étant donné que le modèle circulaire est fortement associé aux fractions, il vaut la peine de consacrer du temps à la conversion de fractions en nombres décimaux à l'aide du disque des centièmes.

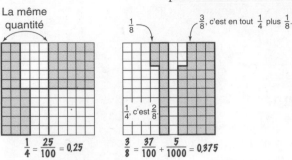

La même quantité

$\frac{1}{8}$

$\frac{3}{8}$, c'est en tout $\frac{1}{4}$ plus $\frac{1}{8}$.

$\frac{1}{4}$, c'est $\frac{2}{8}$.

$$\frac{1}{4} = \frac{25}{100} = 0{,}25$$

$$\frac{3}{8} = \frac{37}{100} + \frac{5}{1000} = 0{,}375$$

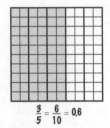

$$\frac{3}{5} = \frac{6}{10} = 0{,}6$$

FIGURE 7.8 ▲

Fractions familières converties en nombres décimaux à l'aide d'un carré de 10 × 10.

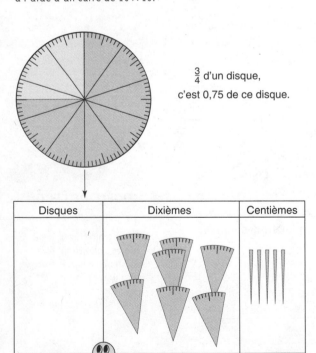

$\frac{3}{4}$ d'un disque, c'est 0,75 de ce disque.

Disques	Dixièmes	Centièmes
0	7	5

FIGURE 7.9 ▲

Les modèles des fractions peuvent être aussi des modèles décimaux.

Activité 7.5

Évaluer approximativement, puis vérifier

Demandez aux élèves de prendre le disque des centièmes, côté verso face à eux. Dites-leur ensuite de le régler de manière à représenter une fraction familière, par exemple $\frac{3}{4}$. Après quoi, demandez-leur de retourner ensuite le disque et de noter combien de centièmes comprend la section qu'ils viennent d'évaluer approximativement. (Il est à noter que les couleurs s'inversent lorsqu'on retourne le disque.) Enfin, ils devraient expliquer pourquoi ce nombre de centièmes et l'équivalent décimal sont exacts.

Cette dernière activité est plus intéressante, car elle comprend une approximation. De plus, il est plus facile de « visualiser » les fractions avec le disque qu'avec les bandes et les carrés. Dans une classe qui avait de la difficulté à déterminer le nombre décimal correspondant à la fraction représentée sur le disque des centièmes, l'enseignante a découpé des disques en dixièmes et en centièmes de manière à pouvoir placer les parties de la fraction sur un tableau (figure 7.9).

L'exploration de la représentation de $\frac{1}{3}$ sous forme décimale est une bonne façon d'aborder le concept de nombre périodique, c'est-à-dire de nombre décimal dont une partie se répète indéfiniment. Essayez de diviser en 3 parties le carré correspondant au tout à l'aide de bandes et de carrés.

PAUSE Avant de poursuivre votre lecture, essayez de diviser le carré avec des bandes et des carrés plus petits.

On place 3 bandes dans chaque partie, et il reste 1 bande. Si on divise cette dernière, on place 3 petits carrés dans chaque partie, et il reste 1 petit carré. Si on divise celui-ci, on place

3 minibandes dans chaque partie et il reste 1 minibande. (Rappelez-vous que si on travaille avec des éléments de base dix chaque élément doit correspondre à $\frac{1}{10}$ de l'élément immédiatement plus grand.) Il devient de plus en plus évident que ce procédé n'a pas de fin. Il en résulte que $\frac{1}{3}$, c'est la même chose que 0,333 333..., ou $0,\overline{3}$. Pour simplifier, on dit que $\frac{1}{3}$ est sensiblement égal à 0,333. De même, $\frac{2}{3}$ correspond à une suite sans fin de 6, ou environ 0,667. Les élèves découvriront plus tard que bien des fractions ne peuvent être représentées par un nombre décimal fini.

À propos de l'évaluation

Observez ce que font les élèves avec l'élément unitaire restant. Le divisent-ils immédiatement en 10 parties égales? Ou bien le divisent-ils en 3 parties égales puisqu'ils tentent d'en déterminer le tiers? Chacune de ces façons de faire vous renseigne sur les relations que les élèves établissent entre les nombres décimaux et les fractions. Ceux qui divisent l'élément restant en tiers ne comprennent peut-être pas que le système de numération de position se poursuit indéfiniment, chaque position correspondant à un élément représentant un dixième du précédent. Il est intéressant de poser la question suivante aux élèves: «Dans le nombre $4,26\frac{1}{3}$, quelle est la position de la fraction $\frac{1}{3}$?» En fait, $\frac{1}{3}$ se trouve dans la position des centièmes, c'est-à-dire que $6\frac{1}{3}$ occupe la position des centièmes. Les élèves qui divisent l'élément restant en tiers ne cherchent pas des éléments plus petits, correspondant à la position suivante, mais des parties fractionnaires d'éléments occupant la position de l'élément restant.

La droite numérique est aussi un modèle efficace pour établir des relations. Il semble plus naturel aux élèves de représenter des nombres décimaux que des fractions sur la droite numérique. La prochaine activité permet d'approfondir la maîtrise de l'équivalence entre les fractions et les nombres décimaux.

Activité 7.6

Localiser des nombres décimaux sur une droite numérique pratique

Donnez aux élèves cinq nombres décimaux dont ils connaissent l'équivalent fractionnaire. Choisissez des nombres compris entre deux entiers successifs, par exemple 3,5; 3,125; 3,4; 3,75; et 3,66. Sur une feuille de travail, tracez une droite numérique portant les deux entiers que vous avez choisis. Les subdivisions de la droite numérique devraient se présenter sous forme de quarts, de tiers ou de cinquièmes, et ces repères ne devraient pas être chiffrés. La tâche des élèves consiste à localiser chaque nombre décimal sur la droite numérique et à en donner l'équivalent fractionnaire.

Les résultats aux examens de la National Assessment of Educational Progress (NAEP) révèlent constamment que les élèves éprouvent des difficultés à établir des relations entre les fractions et les nombres décimaux. On remarque notamment qu'ils ont du mal à donner l'équivalent décimal d'un nombre fractionnaire ou à situer des nombres décimaux sur une droite numérique dont les subdivisions apparaissent sous forme de fractions ou de multiples de 0,1. Même si la division du numérateur par le dénominateur est une façon de convertir une fraction en nombre décimal, ce procédé n'aide absolument pas à comprendre l'équivalence qui en résulte. C'est pourquoi nous n'avons pas décrit cette méthode, et nous n'en parlerons pas dans le présent chapitre.

L'approximation au moyen d'une fraction familière

Il est plutôt rare que les nombres décimaux rencontrés dans la vie réelle aient un équivalent exact correspondant à une fraction familière. D'après vous, quelle fraction représente une approximation du nombre décimal 0,52? Au sixième examen de la NAEP, seulement 51 % des élèves du début du secondaire ont répondu $\frac{1}{2}$. Les autres ont mentionné $\frac{1}{50}$ (soit 29 %), $\frac{1}{5}$ (soit 11 %), $\frac{1}{4}$ (soit 6 %) et $\frac{1}{3}$ (soit 4 %) (Kouba et collab., 1997). Encore une fois, ces réponses erronées s'expliquent par le fait que les élèves s'en remettent à des règles qui n'ont pas de sens pour eux. Pour éviter qu'ils ne s'en remettent à de telles règles, ils devraient explorer la grandeur des nombres décimaux et se familiariser progressivement avec ces derniers entre la quatrième et la cinquième année.

Comme dans le cas des fractions, vous devriez commencer par travailler avec des repères évidents comme 0, $\frac{1}{2}$ et 1. Demandez-leur, par exemple, si 7,396 2 est plus proche de 7 ou de 8 et d'expliquer pourquoi. (Accepteriez-vous la réponse suivante: «Il est plus proche de 7 parce que 3 est plus petit que 5»?) Ce nombre est-il plus proche de 7 ou de $7\frac{1}{2}$? La plupart du temps, il est possible de comprendre un problème avec les repères 0, $\frac{1}{2}$. S'il est nécessaire de procéder à une approximation plus précise, vous devriez inciter les élèves à examiner d'autres fractions familières (des tiers, des quarts, des cinquièmes et des huitièmes). Dans le présent exemple, 7,396 2 est proche de 7,4, c'est-à-dire de $7\frac{2}{5}$. En ce qui concerne les nombres décimaux, avoir le sens du nombre suppose de pouvoir penser rapidement à une fraction représentative qui soit un substitut approximatif, quel que soit le nombre donné, ou presque.

Pour travailler avec aisance avec les nombres décimaux, les élèves n'ont pas besoin d'acquérir de nouveaux concepts ou de nouvelles habiletés. Il leur suffit d'appliquer les concepts connexes de fractions, de valeur de position et de nombres décimaux lors d'activités comme celles qui suivent, et de discuter de ces concepts.

Activité 7.7

Déterminer des nombres proches d'une fraction familière

Énumérez environ cinq nombres décimaux, chacun étant proche d'une fraction pratique et familière, sans toutefois être parfaitement égal à cette fraction. Vous pourriez prendre par exemple 24,802 5; 6,59; 0,900 3; 124,356; et 7,7.

La tâche des élèves consiste à déterminer, dans chaque cas, quel nombre décimal est à la fois proche du nombre donné et équivalent à une fraction pratique qui leur est familière. Par exemple, 6,59 est proche de 6,6, un nombre équivalant à $6\frac{3}{5}$. Demandez aux élèves d'expliquer leur choix par écrit. Comme ils ne choisiront pas tous nécessairement la même fraction équivalente, vous aurez l'occasion de leur faire expliquer laquelle est la plus proche du nombre donné.

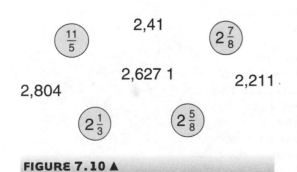

FIGURE 7.10 ▲

Associer chaque nombre décimal à l'expression fractionnaire la plus proche.

Activité 7.8

Déterminer la correspondance la plus proche

Écrivez au tableau cinq fractions familières en les disposant de façon tout à fait aléatoire. Ensuite, écrivez au moins cinq nombres décimaux proches de ces fractions, mais sans être égaux à ces fractions. La tâche des élèves consiste à associer à chaque fraction le nombre décimal qui lui est le plus proche. La figure 7.10 illustre un exemple. Le degré de difficulté dépend de la proximité relative des fractions données.

Dans les activités 7.7 et 7.8, les élèves expliqueront leurs réponses de différentes façons. Le fait d'exposer leur raisonnement à la classe fournira à tous une excellente occasion d'apprendre. Ne centrez pas l'attention sur les réponses, mais plutôt sur les arguments.

La mise en ordre de nombres décimaux

La capacité à mettre en ordre croissant les nombres décimaux contenus dans une liste est étroitement liée à l'habileté dont il vient d'être question. Lorsque les élèves cherchent à déterminer le plus grand nombre décimal dans une liste donnée, ceux qui se trompent commettent généralement deux types d'erreurs. Certains choisissent le nombre comportant le plus de chiffres, parce qu'ils appliquent des idées sur les nombres entiers. D'autres croient que les chiffres les plus à droite représentent de très petits nombres. Ils en concluent à tort qu'un nombre est d'autant plus petit qu'il comporte plus de chiffres après la virgule. Ces deux erreurs reflètent un manque de compréhension conceptuelle de la structure des nombres décimaux. Les activités suivantes vous permettront d'animer des discussions sur la grandeur relative de nombres décimaux.

Activité 7.9

Mettre des nombres en ordre sur une droite numérique

Préparez une liste de quatre ou cinq nombres décimaux que les élèves pourraient avoir de la difficulté à ordonner. Tous ces nombres devraient être compris entre deux entiers consécutifs. Demandez d'abord aux élèves de prédire l'ordre des nombres, du plus petit au plus grand. Puis dites-leur de les situer sur une droite numérique comportant 100 divisions, comme celle qui est illustrée à la figure 7.11. Vous pouvez aussi demander aux élèves d'ombrer la section correspondant à la partie fractionnaire de chaque nombre sur une grille de 10×10 en se servant de repères correspondant à des millièmes et des dix millièmes. Dans l'un et l'autre cas, on voit rapidement quels chiffres indiquent le mieux la grandeur d'un nombre décimal.

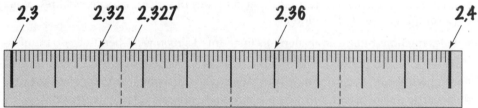

FIGURE 7.11 ◄

Droite numérique décimale.

Découper quatre bandes de carton pour affiches de 15 cm × 70 cm, puis réunir les bandes avec du ruban adhésif. Placer les bandes sur le support à craies du tableau. Écrire les nombres au tableau, au-dessus de chaque bande. Les extrémités permettent de déterminer n'importe quel intervalle d'une longueur de 1, $\frac{1}{10}$ ou $\frac{1}{100}$.

Activité 7.10

Trouver des nombres « pratiques » proches les uns des autres (la densité des nombres décimaux)

Écrivez au tableau un nombre à quatre décimales, comme 3,091 7. Examinez d'abord le chiffre des entiers : « Est-ce que ce nombre est plus proche de trois ou de quatre ? » Examinez ensuite le chiffre des dixièmes : « Est-ce qu'il est plus proche de 3,0 ou de 3,1 ? »

Posez des questions semblables pour les centièmes et les millièmes. Chaque fois que les élèves donnent une réponse, demandez-leur de justifier leur choix en se servant d'un modèle ou d'une explication conceptuelle quelconque. Une grande droite numérique dépourvue de repères numériques, comme celle de la figure 7.11, peut s'avérer utile.

On enseigne trop souvent comment arrondir un nombre en montrant un algorithme, sans inciter les élèves à réfléchir au sens et à la pertinence de cette façon de faire. Ils en viennent ainsi à croire qu'«arrondir» un nombre signifie modifier celui-ci d'une manière ou d'une autre, alors qu'il s'agit plutôt de le *remplacer* par un nombre «pratique», qui est une approximation du nombre original, moins facile à manipuler. En ce sens, il est également possible d'arrondir un nombre décimal à une «fraction pratique», et non seulement au dixième ou au centième. Par exemple, au lieu d'arrondir 6,73 au dixième le plus proche, le sens du nombre peut suggérer de l'arrondir au quart le plus proche (soit 6,75 ou $6\frac{3}{4}$) ou encore au tiers le plus proche (soit 6,67 ou $6\frac{2}{3}$).

Les autres équivalences entre fractions et nombres décimaux

Rappelez-vous que le dénominateur est un diviseur et que le numérateur est un multiplicateur. Ainsi, $\frac{3}{4}$ signifie la même chose que $3 \times (1 \div 4) = 3 \div 4$. Alors, comment exprimeriez-vous $\frac{3}{4}$ avec une calculatrice rudimentaire dont les fonctions se limiteraient aux quatre opérations arithmétiques? Vous taperiez simplement $3 \div 4$, et la calculatrice afficherait 0,75.

Trop d'élèves pensent que diviser le numérateur par le dénominateur est un algorithme qui sert uniquement à convertir une fraction en nombre décimal : ils ne comprennent absolument pas pourquoi l'algorithme fonctionne. Saisissez l'occasion d'aider les élèves à réaliser qu'en général $\frac{a}{b} = a \div b$. (Voir le chapitre 5, p. 147.)

Demandez à vos élèves de chercher des équivalents décimaux avec leur calculatrice pour apprendre à discerner des régularités et faire des observations intéressantes. Voici quelques exemples de sujets à explorer.

- Quelles fractions ont un équivalent décimal fini? La réponse dépend-elle du numérateur, du dénominateur ou des deux termes?

- Pour une fraction donnée, comment pouvez-vous déterminer la longueur maximale de la partie du nombre décimal équivalent qui se répète? Essayez de diviser 7 par 11 et par 13 afin de trouver la réponse.

- Explorez tous les neuvièmes : $\frac{1}{9}$, $\frac{2}{9}$, $\frac{3}{9}$, ..., $\frac{8}{9}$. Rappelez-vous que $\frac{1}{3}$ équivaut à $\frac{3}{9}$ et que $\frac{2}{3}$ a la même valeur que $\frac{6}{9}$. En vous servant uniquement de la régularité que vous aurez découverte, prédisez à quoi $\frac{9}{9}$ devrait être égal. Mais $\frac{9}{9}$ n'est-il pas égal à 1?

- Comment pourriez-vous déterminer la fraction correspondant au nombre décimal périodique 3,454545...?

La dernière tâche de la liste précédente se généralise à n'importe quel nombre décimal périodique. Cette remarque souligne le fait que chaque nombre périodique est un nombre rationnel. Il n'est pas du tout utile pour les élèves d'acquérir une grande habileté dans ce domaine.

L'introduction des pourcentages

Peu de programmes de mathématiques dans le monde inscrivent l'étude des pourcentages avant la sixième année. Lorsqu'ils abordent les pourcentages, la plupart des manuels traditionnels séparent ce sujet des fractions et des nombres décimaux ou le traitent dans un chapitre sur les rapports, à partir de la sixième année. Comme il existe un lien extrêmement étroit entre les concepts de pourcentage, de fraction et de nombre décimal, il est tout à fait justifié de discuter des pourcentages quand les élèves commencent à bien saisir la relation entre les fractions et les nombres décimaux. Même si dans le programme de votre école les pourcentages ne viennent que beaucoup plus tard, ne ratez pas l'occasion d'aider les élèves à établir des liens entre ces différents modes de représentation.

Un système muni d'un troisième opérateur

Il est juste de considérer un pourcentage comme une partie d'un tout, et en particulier comme une *partie d'un tout divisé en 100 parties*. Dans les manuels destinés aux élèves du début du secondaire, les pourcentages font généralement partie d'un chapitre intitulé « Rapports, proportions et pourcentages ». On met alors l'accent sur les rapports proportionnels entre les parties et le tout. Par exemple, $\frac{3}{4}$ est *proportionnel* à $\frac{75}{100}$, ou 75 %. Entre la quatrième et la sixième année, il convient de se concentrer sur l'établissement de relations entre les pourcentages et la notion de parties et de tout liée aux fractions et aux nombres décimaux. Les élèves comprendront mieux les pourcentages en tant que rapports au début du secondaire.

Un autre nom pour les centièmes

Le terme *pour cent* est simplement une autre appellation des centièmes. Si les élèves sont en mesure d'exprimer une fraction ordinaire ou un nombre décimal simple sous forme de centièmes, vous pouvez substituer le terme *pour cent* au terme *centième*. Si on représente la fraction $\frac{3}{4}$ sous forme de centièmes, on obtient $\frac{75}{100}$; si on l'écrit sous forme décimale, on a 0,75. Les nombres 0,75 et $\frac{75}{100}$ se lisent exactement de la même manière, soit « soixante-quinze centièmes ». Pour ce qui est des opérateurs, $\frac{3}{4}$ d'un tout, 0,75 ou 75 % de ce tout signifient exactement la même chose. Le pourcentage constitue donc simplement une nouvelle notation et une nouvelle terminologie. Il ne s'agit pas d'un nouveau concept.

Les modèles constituent le meilleur moyen d'établir des relations entre les fractions, les nombres décimaux et les pourcentages, comme l'illustre la figure 7.12. Les modèles des fractions de base dix conviennent à la fois aux fractions, aux nombres décimaux et aux pourcentages puisque tous trois représentent la même idée.

Le rôle de la virgule décimale constitue une autre façon utile d'aborder la terminologie des pourcentages. Rappelez-vous que la virgule décimale indique la position des unités. Quand celle-ci correspond à la position des unités, le nombre 0,659 par exemple signifie un peu plus que 6 dixièmes de 1, le mot *unité* étant sous-entendu (6 dixièmes de 1 unité). Mais 0,659, c'est aussi 6,59 dixièmes, 65,9 centièmes et 659 millièmes. Dans chaque cas, il faut indiquer le nom de l'unité en toutes lettres, sinon on suppose que la position unitaire est celle des unités. Le terme *pour cent* étant une autre façon de qualifier des *centièmes,* on peut préciser que le mot *pour cent* est un synonyme de *centième* lorsque la virgule décimale indique que la position unitaire est celle des centièmes. Donc 0,659 (d'un tout quelconque ou de 1) correspond à 65,9 centièmes ou à 65,9 % du même tout. Comme l'illustre la figure 7.13 (p. 204), sur le plan

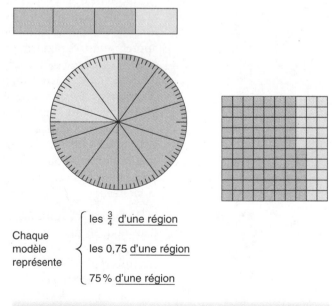

Chaque modèle représente
- les $\frac{3}{4}$ d'une région
- les 0,75 d'une région
- 75 % d'une région

FIGURE 7.12 ▲

Les modèles établissent un lien entre trois notations différentes.

Unités	Dixièmes	%	
		Centièmes	Millièmes
	3	6	5

0,365 (de 1) = 36,5 % (de 1)

FIGURE 7.13 ▲

Centième se dit aussi *pour cent.*

conceptuel, la notion du positionnement de la virgule décimale de manière à *indiquer la position des pourcentages* a plus de sens que la règle apparemment arbitraire qui s'énonce comme suit : « Pour convertir un nombre décimal en pourcentage, on déplace la virgule décimale de deux positions vers la droite. » Il vaut mieux établir l'équivalence de centième et de pour cent dans l'expression orale et la notation.

Expression des fractions familières en pourcentages

Les élèves devraient utiliser des modèles de base dix pour les pourcentages à peu près comme ils le font pour les nombres décimaux. Avec ses 100 divisions écrites sur la circonférence, le disque sert alors aussi bien de modèle pour les pourcentages que de modèle des fractions dans le cas des centièmes. On peut dire la même chose de la grille de 10×10 : chaque minicarré intérieur représente 1 % du carré ; chaque rangée ou colonne de 10 petits carrés représente non seulement 1 dixième, mais aussi 10 % du carré.

De façon analogue, les élèves devraient s'habituer à exprimer les fractions familières (demis, tiers, quarts, cinquièmes et huitièmes) sous forme de pourcentages et de nombres décimaux. Ainsi, $\frac{3}{5}$, c'est 60 % ou 0,6 ; $\frac{1}{3}$ d'une quantité s'exprime fréquemment sous la forme $33\frac{1}{3}$ %, au lieu de 33,333 3…%. De même, $\frac{1}{8}$ d'une quantité, c'est $12\frac{1}{2}$ % ou 12,5 % de cette quantité. Vous devriez explorer ces idées à l'aide de modèles de base dix, et non comme des règles régissant le déplacement de la virgule décimale.

Les problèmes de pourcentages tirés de la vie réelle

Problèmes des trois pourcentages

Les enseignantes parlent de « problèmes des trois pourcentages » pour désigner des phrases se présentant sous la forme : « _____, c'est _____ % de _____ ». Ces phrases comportent trois espaces dans lesquels les élèves doivent écrire des nombres : par exemple, « 20, c'est 25 % de 80 ». Les problèmes classiques des trois pourcentages dérivent de cette formule stérile : à partir de deux nombres donnés, déterminer le troisième. Les élèves apprennent très rapidement qu'il faut multiplier ou bien diviser les deux nombres donnés et qu'il faut aussi parfois déplacer la virgule décimale. Mais ils n'ont aucun moyen de savoir quand le faire, quels nombres diviser ou dans quel sens déplacer la virgule décimale. Par conséquent, lors de la résolution de problèmes de pourcentage, la réussite est très faible. De plus, ce n'est jamais sous la forme « _____, c'est _____ % de _____ » que se présentent les expressions d'usage courant faisant intervenir la terminologie des pourcentages, qu'il s'agisse de chiffres d'affaires, de taxes, de données de recensement, d'informations de nature politique ou de tendances économiques. Il n'est donc pas étonnant que les élèves ne sachent pas quoi faire quand ils doivent résoudre un problème de pourcentage tiré de la vie réelle.

Dans le chapitre 5, nous avons examiné trois types d'exercices portant sur les fractions dans lesquels on ne connaissait pas un élément, soit une partie, le tout ou une fraction. Les élèves devaient alors utiliser des modèles et des relations simples entre les fractions. En fait, ces trois types d'exercices sont identiques aux problèmes des trois pourcentages. Sur le plan développemental, vous devriez donc aider les élèves à établir des liens entre les exercices qu'ils ont réalisés avec des fractions et ceux qu'ils vont effectuer avec des pourcentages. Pour y arriver, vous devriez employer le même type de modèles et la même terminologie sur les parties, le tout et les fractions. La seule chose qui change, c'est que vous remplacez le mot *fraction* par le terme *pour cent*. La figure 7.14 illustre trois exercices du chapitre 5 exprimés à l'aide de la terminologie des pourcentages. Si vous désirez présenter tôt les pourcentages, il est souhaitable de revoir (ou d'explorer pour la première fois) les trois types d'exercices en utilisant des pourcentages. Pour ce faire, vous pouvez utiliser les trois mêmes types de modèles (voir les figures 5.11, 5.12 et 5.13, p. 148-149).

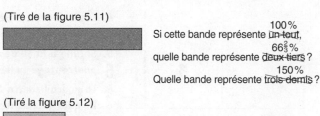

(Tiré de la figure 5.11)

100%
Si cette bande représente un tout,
66⅔%
quelle bande représente deux tiers ?
150%
Quelle bande représente trois demis ?

(Tiré la figure 5.12)

75%
Étant donné que ce rectangle représente trois quarts,
100%
dessinez une forme pouvant représenter le tout.

(Tiré la figure 5.13)

Quel pourcentage
Quelle fraction de l'ensemble est en noir ?

FIGURE 7.14 ▲

Il est possible de transformer les exercices sur les parties, le tout et les fractions en exercices sur les pourcentages.

Problèmes de pourcentages tirés de la vie réelle et beaux nombres

Bien que les élèves doivent travailler sur des cas dénués de contexte, comme ceux de la figure 7.14, il est important de leur faire explorer ces relations dans un contexte réel. Rassemblez ou créez des problèmes de pourcentages et présentez-les de la façon dont on le fait dans les journaux, à la télévision et dans d'autres contextes de la vie réelle. En plus de choisir des problèmes tirés de la vie quotidienne et de les présenter sous leur forme courante, respectez les principes suivants lors des leçons sur les pourcentages.

- Choisissez uniquement des pourcentages correspondant à des fractions usuelles (demis, tiers, quarts, cinquièmes et huitièmes) ou des pourcentages simples ($\frac{1}{10}$, $\frac{1}{100}$) et utilisez des nombres compatibles avec ces fractions. Centrez les exercices sur les relations en cause et non sur des habiletés de calcul complexes.

- Ne suggérez aucune règle ni aucun procédé pour différents types de problèmes. Ne classez pas les problèmes par types et ne leur donnez pas de titres.

- Employez les termes *partie, tout* et *pourcentage* (ou *fraction*). Les mots *fraction* et *pourcentage* sont interchangeables. Aidez les élèves à réaliser que les exercices sur les pourcentages ressemblent à ceux qu'ils ont effectués sur des fractions simples.

- Exigez des élèves qu'ils utilisent des modèles ou des dessins pour expliquer leurs solutions. Il vaut mieux faire trois problèmes demandant de tracer un dessin et de fournir une explication, plutôt que quinze problèmes où ils n'ont qu'à effectuer des calculs et à donner une réponse. Ne perdez pas de vue que l'objectif est d'explorer des relations, non d'acquérir des habiletés de calcul.

- Incitez les élèves à calculer mentalement.

Les exemples de problèmes qui suivent répondent aux critères énoncés ci-dessus relativement aux fractions et aux nombres simples. Essayez de résoudre chacun d'eux en déterminant si chaque nombre est une partie, un tout ou une fraction. Dessinez un modèle linéaire ou de surface pour expliquer votre raisonnement ou pour vous aider à réfléchir. La figure 7.15 illustre des exemples de ce type de raisonnement spontané, qui représente aussi d'autres problèmes.

1. **L'association des parents d'élèves a affirmé que 75 % de toutes les familles étaient représentées à la réunion hier soir. Si les enfants qui fréquentent l'école proviennent de 320 familles, combien de familles ont participé à la réunion ?**

2. **L'équipe de baseball a gagné 80 % des 25 parties qu'elle a disputées cette année. Combien de parties a-t-elle perdues ?**

3. **Sur la liste des élèves méritants, 20 élèves, soit 66⅔ %, font partie de la classe de madame Bergeron. Combien y a-t-il d'élèves dans la classe ?**

4. Louis-Martin a bénéficié d'un rabais de $12\frac{1}{2}$ % lorsqu'il a acheté son nouvel ordinateur. Il a payé 700 $. Combien de dollars a-t-il économisés grâce au rabais ?

5. Si Julie a lu 60 des 180 pages du livre qu'elle a emprunté à la bibliothèque, quel pourcentage du livre a-t-elle déjà lu ?

6. La quincaillerie a acheté des babioles 0,80 $ chacune et elle les a revendues 1 $ chacune. De quel pourcentage la quincaillerie a-t-elle majoré le prix de chaque babiole ?

PAUSE — **Examinez les exemples donnés dans la figure 7.15. Remarquez comment on résout chaque problème à l'aide de fractions simples et du calcul mental. Essayez ensuite de résoudre les six problèmes ci-dessus. Il est possible de tous les effectuer mentalement en utilisant des fractions équivalentes familières.**

FIGURE 7.15 ▶

Problèmes de pourcentages tirés de la vie réelle et faisant intervenir des nombres simples. Des schémas facilitent le raisonnement.

MANTEAUX

Combien un manteau en solde coûte-t-il ?

80,00 $
RABAIS DE 20% !

80%

Rabais

20%, c'est $\frac{1}{5}$. On divise 80$ en 5 parties. Chaque partie est 16. Il reste alors $\frac{4}{5}$. $4 \times 16 = 64$. 64$.

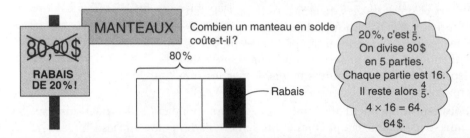

Cette année, 20 élèves de plus que l'an dernier prennent l'autobus. Si cela représente une augmentation de 10%, combien d'élèves prenaient l'autobus l'an dernier ?

10%

20 20 20 20 20 20 20 20 20 20

Rapport sur les autobus
20 usagers de plus

Une augmentation de 10%

10%, c'est un dixième. 10×20, ça fait 200 élèves. Donc, 200 élèves prenaient l'autobus l'an dernier. (Cette année, 220 élèves prennent l'autobus.)

Routes
600 km : 2 voies
300 km : 4 voies

Le service des autoroutes du ministère des Transports est responsable de l'entretien de 600 km de routes à deux voies et de 300 km de routes à quatre voies. Quel pourcentage de ces routes ont deux voies ?

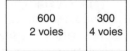

600
2 voies

300
4 voies

Ça fait en tout 900 km. 6, c'est $\frac{2}{3}$ de 9. Donc, 600, c'est $\frac{2}{3}$ de 900, ou $66\frac{2}{3}$ %.

À propos de l'évaluation

Les problèmes de pourcentages tirés de la vie réelle fournissent une excellente occasion d'évaluer la compréhension des pourcentages. Donnez à vos élèves un ou deux problèmes et demandez-leur d'expliquer pourquoi ils pensent que leur réponse a du sens. Vous pouvez choisir un problème de pourcentage tiré de la vie quotidienne et substituer des fractions aux pourcentages (en utilisant par exemple $\frac{1}{8}$ au lieu de 12,5 %). Vérifiez alors comment les élèves abordent ce type de problèmes lorsqu'ils travaillent avec des fractions plutôt que des nombres décimaux.

Les opérations sur les nombres décimaux

Les élèves devraient bien sûr acquérir une certaine facilité à effectuer des opérations sur les nombres décimaux. Traditionnellement, ce type d'opérations était régi par les règles suivantes. Pour l'addition et la soustraction, alignez les virgules décimales ; pour la multiplication, comptez le nombre de décimales et, pour la division, déplacez la virgule décimale dans le diviseur et le dividende de manière que le diviseur soit un nombre entier. Les manuels traditionnels mettent encore aujourd'hui l'accent sur ces règles. Nous affirmons qu'il n'est pas vraiment nécessaire d'établir des règles spécifiques pour les opérations sur les nombres décimaux, surtout si les calculs reposent sur une bonne compréhension de la valeur de position et l'établissement de liens entre les nombres décimaux et les fractions.

Le rôle de l'approximation

Contrairement à ce qu'impose le programme traditionnel, les élèves devraient apprendre à évaluer approximativement le résultat d'opérations sur les nombres décimaux bien avant d'apprendre à effectuer des calculs papier-crayon. Dans bien des cas, il est facile d'obtenir une approximation sommaire en arrondissant les nombres donnés pour obtenir des nombres entiers ou des fractions de base dix simples. Vous devriez au moins exiger des élèves qu'ils soient capables d'effectuer une approximation contenant le bon nombre de chiffres à gauche de la virgule décimale, c'est-à-dire dans la partie entière. Choisissez des problèmes pour lesquels il n'est pas trop difficile d'évaluer approximativement le résultat.

 PAUSE — **Avant de poursuivre votre lecture, essayez d'effectuer des approximations entières des résultats des opérations suivantes. Ne perdez pas de temps à raffiner votre approximation.**

1. **4,907 + 123,01 + 56,123 4**
2. **459,8 - 12,345**
3. **24,67 × 1,84**
4. **514,67 ÷ 3,59**

Vos approximations ressemblent peut-être à celles-ci :

1. Entre 175 et 200.
2. Plus de 400, ou entre 425 et 450.
3. Plus de 25 et proche de 50 (car 1,84 est plus grand que 1 et proche de 2).
4. Plus de 125 et moins de 200 (car 500 ÷ 4 = 125 et 600 ÷ 3 = 200).

Dans les exemples qui précèdent, une bonne compréhension de la numération décimale et une certaine habileté à arrondir le résultat d'une opération à un entier simple permettent d'obtenir des approximations grossières. Lors d'une approximation, la réflexion est centrée sur la signification des nombres et des opérations et non sur le dénombrement des décimales. Cependant, les élèves à qui on enseigne de se concentrer sur les règles de calcul en procédant avec du papier et un crayon pour les nombres décimaux ne réfléchissent même pas à la valeur réelle des nombres donnés, et encore moins à leur valeur approximative.

L'approximation constitue donc un bon *point de départ*. La capacité à effectuer des approximations n'est pas seulement très pratique. En plus, elle aide les élèves à réfléchir à la fourchette dans laquelle se situe la réponse et leur permet de vérifier les résultats qu'ils obtiennent avec une calculatrice.

C'est le bon *moment* d'aborder les opérations sur des nombres décimaux dès que les élèves ont élaboré des bases conceptuelles sur la numération décimale. Les élèves ne tireront pratiquement aucun bénéfice de l'apprentissage des règles régissant les opérations sur les nombres décimaux pour comprendre la numération décimale. De plus, ces règles feront obstacle à l'élaboration d'un solide sens du nombre.

L'addition et la soustraction

Examinez le problème suivant :

> **Maxime et Martin se sont tous deux servis d'un chronomètre pour mesurer le temps qu'ils mettent à courir un quart de kilomètre. Maxime dit qu'il a mis 74,5 secondes. Martin est plus précis : il dit avoir couru le quart de kilomètre en 81,34 secondes. Par combien de secondes Maxime a-t-il été plus rapide que Martin ?**

Les élèves qui comprennent la numération décimale devraient d'abord être capables de dire quelle est approximativement la différence, soit près de 7 secondes. Quand ils auront fait cette approximation, demandez-leur de déterminer la différence exacte. L'approximation les aidera à éviter l'erreur courante qui consiste à aligner le 5 sous le 4. Les élèves emploient généralement diverses stratégies pour résoudre ce problème. Par exemple, certains remarquent que 74,5 plus 7 font 81,5, puis ils déterminent quelle est la quantité en trop. D'autres comptent à partir de 74,5 en ajoutant d'abord 0,5 seconde, puis 6 secondes pour arriver à 81 secondes ; ils ajoutent ensuite les 0,34 de seconde restants. Ces stratégies et d'autres mettent finalement en évidence la différence entre le nombre à une décimale (0,5) et le nombre à deux décimales (0,34). Les élèves peuvent résoudre cette difficulté en se rapportant à leur compréhension de la valeur de position. Des problèmes en contexte d'addition et de soustraction de ce type, dont certains font intervenir des nombres n'ayant pas tous le même nombre de décimales, aident les élèves à parfaire leur compréhension de ces deux opérations. Exigez toujours qu'ils évaluent approximativement le résultat avant d'effectuer les opérations.

Une fois que les élèves auront eu amplement l'occasion de résoudre des problèmes en contexte d'addition et de soustraction, il semble approprié de leur proposer l'activité suivante.

Activité 7.11

Trouver des sommes et des différences exactes

Donnez aux élèves une addition comportant des nombres n'ayant pas tous le même nombre de décimales, comme 73,46 + 6,2 + 0,582. Demandez-leur alors d'effectuer les trois tâches suivantes : effectuer une approximation et expliquer comment ils ont procédé ; calculer la somme exacte et expliquer la méthode qu'ils ont employée (sans utiliser une calculatrice) ; mettre au point une méthode pour additionner et soustraire des nombres décimaux qui s'applique à n'importe quelle paire de nombres.

Une fois que les élèves auront accompli les trois tâches, demandez-leur de faire part de leurs stratégies de calcul et de les vérifier en effectuant une autre opération que vous leur fournirez.

Vous pouvez refaire les mêmes tâches pour la soustraction.

Le fait de s'exercer tôt à faire des approximations attire l'attention des élèves sur le sens des nombres. Il est raisonnable de s'attendre à ce que les élèves élaborent un algorithme pratiquement identique à celui de l'alignement des virgules décimales.

La multiplication

L'approximation devrait jouer un rôle important dans l'élaboration d'un algorithme de multiplication. Examinez d'abord le problème suivant.

> **Un agriculteur remplit des bouteilles en versant 3,7 litres de cidre dans chacune. Si vous achetez 4 de ces bouteilles, combien de litres de cidre aurez-vous en tout ?**

Effectuez d'abord une approximation. Il y a au moins 12 litres et au plus 16 litres ? Une fois que les élèves ont déterminé un résultat approximatif, laissez-les employer la méthode de leur choix pour calculer la réponse exacte. Plusieurs feront une addition itérée, répétée : 3,7 + 3,7 + 3,7 + 3,7 ; d'autres calculeront d'abord 3 × 4, puis ils ajouteront 0,7 quatre fois. Les élèves s'entendront finalement pour dire que le résultat exact est 14,8 litres. Explorez d'autres problèmes dans lesquels le multiplicateur est un nombre entier. Il est aussi approprié d'employer des multiplicateurs comme 3,5 et 8,25 qui comprennent des parties fractionnaires simples, soit dans ce cas-ci un demi et un quart.

L'étape suivante consiste à demander aux élèves de comparer un produit de nombres décimaux et un produit où interviennent les mêmes chiffres, mais dans des nombres entiers. Par exemple, en quoi 23,4 × 6,5 et 234 × 65 se ressemblent-ils ? Il est intéressant de noter que les deux produits se composent exactement des mêmes chiffres : 15 210. (Toutefois, le zéro n'apparaît pas nécessairement dans le produit des nombres décimaux.) Demandez aux élèves d'explorer à l'aide d'une calculatrice d'autres produits qui se ressemblent, mais sans avoir le même nombre de décimales. Les chiffres des réponses sont toujours identiques.

Activité 7.12

Où va donc la virgule décimale ? (Multiplication)

Dites aux élèves de calculer le produit 24 × 63. Demandez-leur ensuite d'utiliser uniquement le résultat obtenu et une approximation pour déterminer le résultat exact de chacune des opérations suivantes :

$$0,24 \times 6,3 \qquad 24 \times 0,63 \qquad 2,4 \times 63 \qquad 0,24 \times 0,63$$

Demandez-leur d'expliquer chaque réponse par écrit. Ils pourront ensuite vérifier le résultat à l'aide d'une calculatrice. Ils devront expliquer toute erreur et modifier le raisonnement qui y a mené.

PAUSE — **Le produit 24 × 63 est égal à 1 512. Servez-vous de cette information pour déterminer chacun des produits compris dans la dernière activité. Ne comptez pas le nombre de décimales. Reportez-vous aux équivalents fractionnaires.**

Il est d'autant plus difficile de placer la virgule décimale dans un produit à l'aide d'une approximation que ce produit est petit. Par exemple, même si on sait que 54 × 83 est égal à 4 482, il n'est pas évident de situer la virgule décimale dans le produit 0,005 4 × 0,000 83. Même le produit 0,054 × 0,83 est difficile à calculer. En pratique, la question qui se pose est de savoir si on arrive à imaginer une situation de la vie réelle qui exigerait de déterminer exactement un produit comme ceux-là sans pouvoir utiliser une calculatrice. Lorsque la précision est importante, on a raison de s'en remettre à la technologie, qui est toujours disponible.

Sur le plan conceptuel, il y a effectivement une raison de compter le nombre de décimales. Même si on apprend cette technique, elle attire l'attention sur la partie décimale d'un produit et ne fournit absolument aucune occasion de s'exercer à faire des approximations. Il s'agit d'une méthode qui ne fait pas appel au sens du nombre et qui est inutile aujourd'hui.

À propos de l'évaluation

Des questions comme celles qui suivent maintiennent l'attention sur le sens du nombre et fournissent des informations utiles sur la compréhension des élèves.

1. Examinez les deux opérations : $3\frac{1}{2} \times 2\frac{1}{4}$ et $2{,}276 \times 3{,}18$. Sans faire de calcul, quel produit vous semble le plus grand ? Justifiez votre réponse en donnant une raison que vos camarades pourront comprendre.

2. De combien $0{,}76 \times 5$ est-il plus grand que $0{,}75 \times 5$? Comment pouvez-vous répondre à cette question sans effectuer les opérations ? (Kulm, 1994)

Écoutez les discussions et les explications des élèves alors qu'ils tentent de répondre à ces questions ou à d'autres, semblables. Examinez les dessins qu'ils font pour étayer leurs explications. Comment procèdent-ils pour établir des comparaisons ? Se concentrent-ils sur la représentation décimale des nombres ou bien convertissent-ils tous les nombres en fractions familières sur lesquelles ils travaillent ? De telles observations peuvent fournir des indications sur le sens du nombre décimal et des fractions des élèves, de même que sur les liens qu'ils établissent entre les deux modes de représentation.

La division

On peut aborder la division de façon analogue à la multiplication. En fait, la meilleure approche de l'approximation d'une division consiste généralement à réfléchir à la multiplication plutôt qu'à la division. Examinez le problème suivant.

> La distance jusqu'à Montréal est de 280,5 km. Il a fallu exactement $4\frac{1}{2}$ heures, ou 4,5 heures, pour faire le trajet en voiture. Quelle a été la vitesse moyenne en kilomètres/heure ?

Pour évaluer approximativement le quotient, demandez-vous combien de fois 4 ou 5 donnent à peu près 280. Par exemple, $60 \times 4{,}5 = 240 + 30 = 270$. Donc, la vitesse moyenne était probablement de 61 ou 62 km à l'heure.

Voici un deuxième exemple ne comportant pas de contexte. Évaluez approximativement $45{,}7 \div 1{,}83$. Demandez-vous simplement combien de fois $1\frac{8}{10}$ donne à peu près 45.

 PAUSE Le résultat de la division sera-t-il plus grand ou plus petit que 45 ? Pourquoi ? Sera-t-il plus grand ou plus petit que 20 ? Réfléchissez maintenant au fait que 1,8 est proche de 2. Combien de fois 2 donne à peu près 46 ? Utilisez ce fait pour effectuer une approximation.

Étant donné que 1,83 est proche de 2, l'approximation tourne autour de 22. Et puisque 1,83 est inférieur à 2, le résultat doit être plus grand que 22; disons 25 ou 26. (La réponse exacte est 24,972 677.)

Une approximation peut donc procurer un résultat tout à fait acceptable. Il est cependant parfois nécessaire d'appliquer un algorithme papier-crayon pour obtenir les chiffres comme on l'a fait dans le cas de la multiplication. La figure 7.16 illustre une division par un nombre entier et une façon de l'effectuer de manière à obtenir autant de décimales qu'on le désire. (La méthode d'échange explicite décrite dans le chapitre 4 est donnée à droite.) Il n'est pas nécessaire de déplacer la virgule décimale vers la droite dans le quotient. On le fera lors de l'approximation.

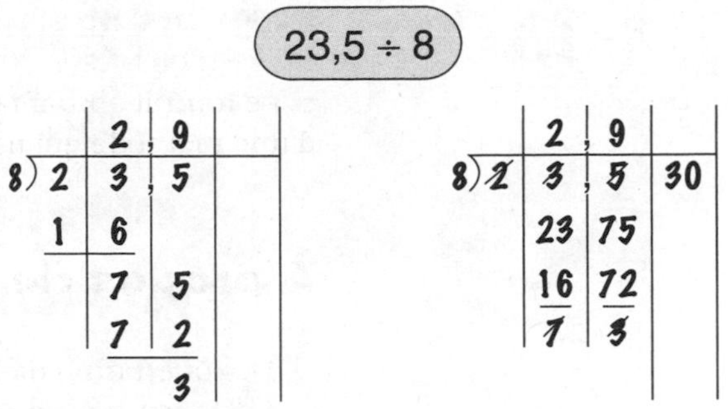

On échange 2 dizaines contre 20 unités, ce qui donne 23 unités. On met 2 unités dans chaque groupe, c'est-à-dire 16 en tout. Il reste alors 7 unités.

On échange 7 unités contre 70 dixièmes, ce qui fait 75 dixièmes. On met 9 dixièmes dans chaque groupe, c'est-à-dire 72 en tout.

On échange 3 dixièmes contre 30 centièmes.

(On peut continuer les échanges contre des éléments plus petits aussi longtemps qu'on le désire.)

FIGURE 7.16 ▲

Généralisation de l'algorithme de division.

Activité 7.13

Où va donc la virgule décimale ? (Division)

Donnez aux élèves une division dont le résultat comporte cinq chiffres exacts, mais en omettant de placer la virgule décimale, par exemple 146 ÷ 7 = 20 857. La tâche consiste à donner une réponse relativement précise uniquement à partir de cette information et d'une approximation dans chacun des cas suivants :

146 ÷ 0,7   1,46 ÷ 7   14,6 ÷ 0,7   1 460 ÷ 70

Pour chaque opération, demandez aux élèves d'expliquer leur réponse par écrit, puis de vérifier le résultat à l'aide d'une calculatrice. Ils devraient expliquer toute erreur et comment ils ont corrigé celle-ci.

PAUSE   Trouvez le résultat de chaque division de la dernière activité.

Un algorithme de division acceptable est analogue à celui de la multiplication : *Ne tenez pas compte des virgules décimales; effectuez les opérations comme si tous les nombres étaient des entiers. Lorsque vous avez terminé les calculs, placez la virgule décimale à l'aide d'une approximation.* Vous pouvez appliquer cet algorithme lorsque le diviseur ne comporte pas plus de deux chiffres significatifs. Si les élèves connaissent une méthode pour diviser un nombre par 45, ils sont capables de diviser un nombre par 0,45 ou 4,5, voire 0,045.

À propos de l'évaluation

Le danger réel que comporte l'enseignement des sujets dont il est question dans le présent chapitre est de mettre l'accent sur les habiletés plutôt que sur les concepts et les idées à retenir. Les tests traditionnels sont centrés sur la capacité des élèves à arrondir des nombres, à ordonner des nombres décimaux, à effectuer des calculs papier-crayon et à résoudre des problèmes de pourcentage stériles. Ce type d'évaluation accorde beaucoup trop d'importance aux habiletés. Les activités décrites dans le présent chapitre comporteront des discussions et des explications, à condition de ne pas vous montrer trop directive. Ces discussions vous fourniront des informations sur la façon dont vos élèves comprennent ces concepts et vous permettront de maintenir l'attention sur l'élaboration du sens du nombre et des opérations.

MODÈLE DE LEÇON

Convertir des fractions familières en nombres décimaux

Activité 7.4, p. 197

NIVEAU : Quatrième ou cinquième année.

OBJECTIFS MATHÉMATIQUES

- Aider les élèves à établir d'un point de vue conceptuel des liens entre les nombres décimaux et leurs équivalents fractionnaires familiers.
- Renforcer la notion de relation de 10 à 1 entre des chiffres adjacents dans notre système de numération.

CONSIDÉRATIONS PÉDAGOGIQUES

Les élèves ont eu l'occasion de se familiariser avec la relation de 10 à 1 entre des chiffres adjacents dans notre système de numération. Ils ont travaillé avec des nombres décimaux et sont capables dans une certaine mesure d'additionner et de soustraire de tels nombres, mais leur compréhension du procédé ne dépasse apparemment pas le niveau procédural. Ils comprennent les parties fractionnaires en tant que parties d'un tout, de même que la signification du numérateur et du dénominateur d'une fraction.

MATÉRIEL ET PRÉPARATION

- Distribuez à chaque élève au moins deux feuilles où figurent des grilles de 10×10 (voir la feuille reproductible 18).
- Faites une copie sur transparent pour rétroprojecteur de cette feuille afin de vous en servir avant et après l'activité.

Leçon

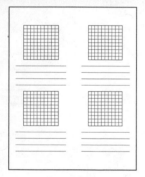

FR 18

AVANT L'ACTIVITÉ

Préparer une version simplifiée de la tâche

- Écrivez le nombre 34 au tableau. Rappelez aux élèves que 34, c'est 3 dizaines et 4 unités. Demandez-leur de décrire 34 d'autres façons en utilisant toujours des dizaines et des unités. Au fur et à mesure que les élèves proposent d'autres façons de décrire la composition de ce nombre, comme 2 dizaines et 14 unités, attirez leur attention sur la relation de 10 à 1 entre les chiffres adjacents : on peut échanger 1 élément contre 10 éléments d'une unité immédiatement inférieure, et vice-versa.
- Demandez aux élèves ce que signifie avoir $\frac{1}{10}$ d'une chose. Soulignez le fait que le tout est divisé en 10 parties *égales* et que $\frac{1}{10}$ signifie qu'on prend une de ces parties. Tout en montrant la grille de 10×10 aux élèves, demandez-leur d'en ombrer $\frac{1}{10}$, puis d'indiquer différentes façons de le faire. Il peut être utile de montrer comment utiliser des bandes et des carrés de base dix pour réfléchir à la tâche. (Employez le carré associé aux centaines comme le tout, la bande associée aux dizaines représentera un dixième.) Suggérez aux élèves des manières de représenter 1,3 à l'aide de ce matériel. (Par exemple, si le carré représente le tout, alors on utilise un carré et trois bandes.)

Préparer la tâche

- Demandez aux élèves de se servir d'une grille de 10×10 pour déterminer l'équivalent décimal de chacune des fractions suivantes et d'expliquer leur raisonnement :

$$\frac{3}{4} \qquad \frac{2}{5} \qquad \frac{3}{8}$$

Fixer des objectifs

- En utilisant la grille de 10×10, les élèves devraient :
  - ombrer la partie fractionnaire ;
  - déterminer le nombre décimal qui représente cette quantité ;
  - être prêts à expliquer leur raisonnement.

PENDANT L'ACTIVITÉ

- Vérifiez si des élèves ombrent leur grille de 10×10 de façons différentes. Mettez ces diverses manières de procéder en évidence après l'activité.
- Si des élèves ont ombré leur grille sans se servir de bandes comportant 10 éléments, demandez à la classe comment on peut recouvrir la région au moyen de bandes et de carrés si on n'a pas le droit d'employer plus de 9 minicarrés.
- L'exercice avec $\frac{3}{8}$ est le plus difficile. Vous pouvez mettre les élèves sur la piste en leur demandant comment ils détermineraient $\frac{1}{8}$ s'ils connaissaient $\frac{1}{4}$.
- Vous devrez peut-être rappeler aux élèves que s'ils ont besoin d'un élément plus petit que le plus petit carré de la grille, l'élément immédiatement plus petit est le dixième de ce petit carré. Étant donné que le plus petit carré représente $\frac{1}{100}$, alors un dixième de ce carré représente $\frac{1}{1000}$, et la moitié, $\frac{5}{1000}$.

APRÈS L'ACTIVITÉ

- Les élèves n'ombreront probablement pas tous leur grille de la même manière. Il est important de faire ressortir les similitudes et les différences entre les différentes façons de procéder afin que les élèves se rendent compte qu'ils ont ombré des quantités équivalentes. Par exemple, dans le cas de quarts, des élèves peuvent ombrer une section de 5×5 (un demi d'un demi), tandis que d'autres noirciront deux rangées et demie de 10 éléments. Demandez aux élèves de déterminer comment ces deux façons de procéder représentent un quart.
- La façon dont certains élèves ont ombré les rangées les empêchera peut-être de percevoir l'équivalent décimal. Par exemple, s'ils ombrent une section de 5×5 pour représenter un quart, ils auront peut-être du mal à exprimer cette représentation sous forme décimale. Vous pouvez attirer leur attention sur la recherche de dixièmes dans la grille de 10×10 en examinant les rangées de 10 éléments. Vous les aiderez à y penser en leur demandant comment ils recouvriraient la région au moyen de bandes et de carrés s'ils n'avaient pas le droit d'employer plus de 9 minicarrés.

À PROPOS DE L'ÉVALUATION

- Certains élèves réussiront très bien à ombrer des parties égales, mais ils auront de la difficulté à établir un lien entre cette opération et la représentation décimale. Lorsque vous leur suggérerez d'utiliser des bandes et des minicarrés, assurez-vous qu'ils sont en mesure d'expliquer pourquoi ils emploient ces regroupements plutôt que des bandes de 5 par exemple.
- Les élèves qui, au cours de cette activité, réussissent à passer rapidement des parties fractionnaires égales aux équivalents décimaux sont prêts à réfléchir à l'équivalent décimal de $\frac{1}{3}$.

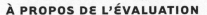

Étapes suivantes

- Si des élèves ont de la difficulté à effectuer les tâches assignées, donnez-leur un carré de même dimension divisé en dixièmes (10 longs rectangles), au lieu de leur fournir une grille de 10×10. Demandez-leur d'utiliser cette représentation avant de revenir à la grille de 10×10.

- Afin d'aider les élèves à poursuivre leur élaboration de relations entre les fractions et les nombres décimaux, proposez-leur des tâches qu'ils feront avec le disque des centièmes (feuille reproductible 17), comme celles de l'activité 7.5, intitulée «Évaluer approximativement, puis vérifier».

LA PENSÉE ET LES CONCEPTS EN GÉOMÉTRIE

Chapitre 8

On prend enfin au sérieux l'enseignement de la géométrie du préscolaire jusqu'au début du secondaire. Autrefois, on sautait le chapitre sur la géométrie ou on le reportait en fin d'année. Plusieurs enseignantes se sentaient mal à l'aise quand venait le temps d'enseigner la géométrie, car elles associaient la matière aux démonstrations et au secondaire. Par ailleurs, la désaffection dont souffrait la géométrie s'expliquerait aussi par le fait que la géométrie occupait peu de place dans les évaluations. Maintenant, la géométrie fait partie du programme dans presque toutes les écoles.

Ce changement résulte en grande partie de l'influence du mouvement de normalisation initié par le National Council of Teachers of Mathematics (NCTM) en 1989. L'attention accordée à la perspective théorique qui aide à comprendre comment les élèves conçoivent les concepts spatiaux a également joué un rôle fondamental dans ce changement d'attitude à l'égard de la géométrie.

Les objectifs pour vos élèves en géométrie

Il est utile d'envisager les objectifs relatifs à la géométrie selon deux perspectives très différentes, quoique reliées: le raisonnement spatial, c'est-à-dire le sens de l'espace, et le contenu particulier, qui correspond aux objectifs décrits dans presque tous les programmes. La première perspective se

Idées à retenir

1 Un ensemble de propriétés géométriques expliquent les similarités et les différences entre les figures ou formes géométriques. Par exemple, une figure a des côtés parallèles ou perpendiculaires, ou ni l'un ni l'autre; elle présente une symétrie axiale (de réflexion) ou de rotation, ou ni l'une ni l'autre; deux figures sont semblables ou congruentes, ou ni l'une ni l'autre.

2 Il est possible de déplacer une figure dans un plan et dans l'espace. Les changements de position se décrivent au moyen de translations (glissements), de réflexions (rabattements) et de rotations.

3 On décrit les figures notamment en fonction de leur position dans un plan ou dans l'espace. S'il est nécessaire de le faire avec précision, il suffit d'employer un système de coordonnées. Inversement, la représentation des figures à l'aide de coordonnées fournit un autre moyen de comprendre plusieurs de leurs propriétés, certains changements de position (transformations), de même que l'aspect visuel des figures ou la variation de leurs dimensions (visualisation).

4 On peut observer une figure sous divers angles. Cette capacité permet de comprendre les relations entre les figures planes (figures bidimensionnelles) et les solides (figures tridimensionnelles), et aide à modifier mentalement la position et les dimensions d'une figure.

rapporte à la façon dont les élèves pensent et raisonnent au sujet des formes géométriques et de l'espace. Des recherches exhaustives ont permis de concevoir une base théorique permettant de structurer l'élaboration de la pensée en géométrie selon cette première perspective. La seconde se rapporte au contenu au sens le plus traditionnel du terme, c'est-à-dire aux connaissances sur la symétrie, les triangles, les droites parallèles, etc. Les auteurs des *Principles and Standards for School Mathematics* du NCTM ont participé à la description des objectifs relatifs au contenu pour tous les niveaux. Il est nécessaire de bien comprendre ces deux aspects de la géométrie, soit la pensée et le contenu, si on veut aider le mieux possible les élèves à progresser.

Le sens de l'espace

On définit le *sens de l'espace* notamment comme l'intuition des figures et des relations entre elles. Les individus possédant le sens de l'espace perçoivent intuitivement les aspects géométriques du monde qui les entoure et les formes des objets présents dans leur milieu.

Le sens de l'espace comprend l'aptitude à se représenter mentalement des objets et des relations spatiales, par exemple se représenter abstraitement un objet en train de tourner. Cette habileté s'accompagne aussi de la facilité à décrire des objets et leur position d'un point de vue géométrique. Les personnes dotées du sens de l'espace apprécient les formes géométriques dans des domaines aussi différents que ceux de la nature, des arts ou de l'architecture. Elles emploient spontanément des idées propres à la géométrie pour décrire et analyser le monde dans lequel elles vivent.

Bien des gens affirment ne pas être très doués en matière de formes géométriques et n'avoir guère le sens de l'espace. Selon la croyance populaire, le sens de l'espace est inné : on l'a en naissant ou on ne l'a pas. Mais cela est tout à fait faux ! Nous savons aujourd'hui que, si elles s'étendent sur une période assez longue, des expériences enrichissantes avec les formes géométriques et les relations spatiales permettent effectivement d'éveiller le sens spatial. La majorité des élèves qui ne font pas d'expériences de nature géométrique ne développent pas leur sens de l'espace ni leur raisonnement spatial. Les données recueillies dans le cadre de la National Assessment of Educational Progress (NAEP) entre 1990 et 1996 indiquent une amélioration constante du raisonnement géométrique chez les élèves soumis à des tests, soit les élèves de quatrième année, du début de secondaire et de la fin du secondaire (Martin et Strutchens, 2000). Cela ne signifie pas simplement que les élèves sont de plus en plus intelligents ; il est probable que les programmes accordent de plus en plus d'importance à la géométrie. Il reste toutefois beaucoup à faire pour que les jeunes Américains atteignent le degré de compétence de leurs homologues européens et asiatiques.

Le contenu du programme de géométrie

Aux États-Unis et ailleurs, le programme de géométrie a ressemblé trop longtemps à un mélange disparate d'activités et de listes de « mots en caractères gras ». Autrement dit, l'apprentissage de la terminologie a reçu trop de place. En même temps, l'importance sans cesse grandissante attribuée à la géométrie a suscité la création d'un large éventail de tâches fort stimulantes pour les élèves. Les auteurs des *Principles and Standards for School Mathematics* ont heureusement structuré le contenu en géométrie des programmes du préscolaire jusqu'à la fin du secondaire. Dans cette discipline, comme dans toutes les autres matières, les normes relatives au contenu comprennent un certain nombre d'objectifs valables pour tous les niveaux. Les quatre grands thèmes suivants résument les principaux objectifs définis en géométrie : *figures et propriétés*, *transformations*, *position*, et *visualisation* (*représentation mentale*). Voici une brève description de ces grands titres.

- Le thème *figures et propriétés* comprend l'étude des propriétés des figures à deux et à trois dimensions, de même que l'étude des relations construites à l'aide de ces propriétés.

- Le thème *transformations* aborde l'étude des translations (glissements), des réflexions (rabattements) et des rotations, de même que celle des symétries.

- Le thème *position* explore essentiellement la géométrie des coordonnées et d'autres modes de description de la position précise d'objets dans le plan et l'espace.
- Le thème *visualisation* (*représentation mentale*) traite de la reconnaissance de figures dans le milieu, de l'élaboration de relations entre des objets à deux ou à trois dimensions et de la capacité de dessiner et de reconnaître des objets observés sous différentes perspectives.

La valeur pédagogique de ces objectifs relatifs au contenu réside dans le fait qu'on dispose enfin d'un cadre pour tous les niveaux, ce qui permet aux enseignantes et aux personnes qui conçoivent les programmes de vérifier que la situation s'améliore d'une année à l'autre.

Nous vous incitons fortement à lire les objectifs en géométrie pour les élèves du préscolaire à la deuxième année et pour ceux de la troisième à la cinquième année dans les *Principles and Standards* (NCTM, 2000).

La pensée en géométrie : le raisonnement sur les formes géométriques et les relations

Tous les gens ne conçoivent pas les idées géométriques de la même manière. Même si nous sommes différents les uns des autres, nous sommes tous capables d'acquérir l'habileté à réfléchir et à raisonner en termes de géométrie et d'approfondir nos aptitudes dans ce domaine. Les travaux de deux chercheurs hollandais, Pierre Van Hiele et Dina Van Hiele-Geldof, ont fourni des informations sur les différences dans le mode de pensée en géométrie et sur l'origine de ces différences.

Les travaux entrepris par les Van Hiele en 1959 ont immédiatement attiré l'attention des Soviétiques, mais, pendant près de deux décennies, ils ont été pratiquement ignorés aux États-Unis (Hoffer, 1983 ; Hoffer et Hoffer, 1992). Toutefois, le programme de géométrie repose aujourd'hui en grande partie sur la théorie des Van Hiele.

Les niveaux de pensée en géométrie selon les Van Hiele

Dans le modèle des Van Hiele, la hiérarchisation en cinq niveaux des modes de compréhension des idées spatiales représente l'élément le plus important. Chaque niveau décrit les processus mentaux utilisés dans un contexte géométrique, c'est-à-dire le mode de pensée et les concepts propres à la géométrie évoqués, plutôt que le volume de connaissances. Une distinction importante entre les différents niveaux a trait aux objets de la pensée, c'est-à-dire aux choses auxquelles une personne est capable de réfléchir d'un point de vue géométrique.

Niveau 0 : visualisation

Au niveau 0, les objets de la pensée sont des figures et leur aspect visuel.

Les élèves reconnaissent et nomment des figures en s'appuyant sur l'apparence générale de ces dernières ; il s'agit plus ou moins d'une approche gestaltiste. À ce stade, les élèves sont capables de mesurer les figures, voire de discuter des propriétés de ces figures. Toutefois, les propriétés qu'ils décrivent sont uniquement celles des formes géométriques en présence. Pour eux, tout tient à l'aspect visuel des figures. Un carré est un carré « parce qu'il a l'air d'un carré ». En raison de sa prédominance, l'apparence prime en général les autres propriétés d'une figure. Par exemple, si le carré subit une rotation de manière à ce que chacun de ses côtés détermine un angle de 45° avec la verticale, les élèves voient un losange et non plus le carré qu'ils avaient sous les yeux. Ils distinguent et classent les figures en fonction de leur apparence : « Je mets celles-là ensemble parce qu'elles sont toutes pointues » (ou « grosses », ou « parce qu'elles ressemblent toutes à une maison » ou « parce qu'elles ont toutes l'air creuses », etc.). Comme leur attention est centrée sur l'apparence, les élèves sont capables de distinguer les figures semblables et les figures différentes. À ce niveau, ils sont donc en mesure de classer des figures et de comprendre les classifications.

Au niveau 0, les produits de la pensée sont des classes ou des groupes de figures qui ont l'air « semblables ».

Niveau 1 : analyse

Au niveau 1, les objets de la pensée sont des classes de figures plutôt que des figures prises séparément.

Au stade analytique, les élèves sont capables de prendre en considération toutes les figures d'une classe et pas seulement une figure unique. Au lieu de parler d'un rectangle particulier, il est possible de discuter de *tous* les rectangles. En centrant leur attention sur une classe de figures, les élèves peuvent réfléchir à ce qui fait qu'un rectangle est un rectangle (quatre côtés parallèles deux à deux, côtés opposés ayant la même longueur, quatre angles droits, diagonales congruentes, etc.). À ce stade, les élèves accordent moins d'importance aux caractéristiques non pertinentes (par exemple les dimensions et l'orientation) et comprennent que des figures forment un ensemble à cause de leurs propriétés qu'elles partagent. Ils sont alors capables de généraliser en appliquant une propriété d'une figure particulière à toutes les figures de la même classe. Si une figure appartient à une classe donnée, par exemple celle des cubes, elle possède les propriétés caractéristiques de cette classe. « Tous les cubes ont six faces congruentes, et chacune de ces faces est un carré. » Les propriétés de ce type restaient implicites au niveau 0. Même s'ils sont capables d'énumérer toutes les propriétés des carrés, des rectangles et des parallélogrammes, les élèves de niveau 1 ne réalisent pas nécessairement que certaines de ces figures forment des sous-classes que l'on peut regrouper dans des ensembles plus vastes. Par exemple, ils ne conçoivent pas que tous les carrés sont des rectangles et que tous les rectangles sont des parallélogrammes. Pour définir une figure, ces élèves énuméreront probablement toutes les propriétés de la figure qu'ils connaissent.

Au niveau 1, les produits de la pensée sont les propriétés des figures.

Niveau 2 : déduction informelle

Au niveau 2, les objets de la pensée sont les propriétés des figures.

Lorsque les élèves en arrivent à penser aux propriétés géométriques des objets sans devoir prendre en compte un objet en particulier, ils peuvent établir des relations entre ces propriétés. « Si les quatre angles sont des angles droits, la figure est nécessairement un rectangle. Si c'est un carré, alors tous les angles sont des angles droits. Si c'est un carré, c'est nécessairement un rectangle. » C'est à ce niveau que les élèves peuvent saisir la nature d'une définition. À mesure que se renforce leur habileté à tenir des raisonnements du type « si... alors », ils classent de plus en plus aisément les figures en utilisant de moins en moins de propriétés. Par exemple, pour définir un carré, ils constatent qu'il suffit de remarquer que la figure possède quatre côtés congruents et au moins un angle droit. Ils se rendent compte que les rectangles sont des parallélogrammes avec un angle droit. Par ailleurs, les observations dépassent le stade des propriétés elles-mêmes; elles commencent à porter sur les arguments logiques *au sujet* des propriétés. Au niveau 2, les élèves sont en mesure de suivre et d'évaluer un raisonnement déductif informel sur les figures et leurs propriétés. Leurs « démonstrations » sont généralement plus intuitives que déductives au sens strict, mais ils se rendent compte qu'un argument logique force l'adhésion. Par ailleurs, la reconnaissance de la structure axiomatique d'un système fondé sur la déduction formelle reste latente.

Au niveau 2, les produits de la pensée sont des relations entre les propriétés des objets géométriques.

Niveau 3 : déduction

Au niveau 3, les relations entre les propriétés des objets géométriques constituent les objets de la pensée.

Les élèves qui ont atteint le niveau 3 commencent à sentir le besoin de construire un système logique reposant sur un ensemble minimal d'hypothèses et à partir duquel il est possible de déduire d'autres énoncés vrais. Le cours de géométrie traditionnel du secondaire correspond à ce niveau.

Au niveau 3, les produits de la pensée sont des systèmes géométriques hypothético-déductifs.

Niveau 4 : rigueur

Au niveau 4, les objets de la pensée sont des systèmes géométriques axiomatiques-déductifs.

Au niveau le plus élevé de la hiérarchie des Van Hiele, les élèves centrent leur attention sur les systèmes axiomatiques eux-mêmes, et non plus seulement les déductions à l'intérieur d'un système. C'est à ce niveau que se situe généralement un collégien qui étudie la géométrie en tant que branche de la science mathématique.

Au niveau 4, les produits de la pensée sont des comparaisons et des distinctions entre différents systèmes géométriques axiomatiques.

Nous venons de décrire brièvement chacun des cinq niveaux afin d'illustrer la portée de la théorie des Van Hiele. Dans les classes de la troisième à la cinquième année, la majorité des élèves se situent au niveau 0 ou 1.

Les caractéristiques des niveaux des Van Hiele

Sans doute avez-vous remarqué que, à chaque niveau, les produits de la pensée sont identiques aux objets de la pensée associés au niveau suivant. La figure 8.1 illustre cette relation entre objets et pensées d'un niveau à l'autre de la théorie des Van Hiele. Le concept clé de cette théorie est qu'il est nécessaire de créer les objets (ou idées) à un niveau pour que les relations entre ces objets constituent le centre d'attention au niveau suivant. En outre, il convient de considérer quatre caractéristiques, reliées entre elles, propres à ces différents niveaux.

1. Les niveaux sont séquentiels. Pour atteindre un niveau donné, les élèves doivent parcourir tous les niveaux précédents. Autrement dit, ils doivent expérimenter la pensée géométrique caractéristique de chaque niveau et se représenter mentalement le type d'objets ou de relations qui constituent le centre d'attention du niveau suivant.

2. Les niveaux sont indépendants de l'âge au sens des stades piagétiens du développement. Un élève de quatrième année et un autre du début du secondaire peuvent fort bien se trouver tous deux au niveau 0. En fait, il arrive que des élèves et des adultes

FIGURE 8.1 ▶

Les idées créées à chaque niveau de la pensée en géométrie deviennent le centre d'attention ou l'objet de la pensée au niveau suivant.

Théorie de la pensée en géométrie selon les Van Hiele

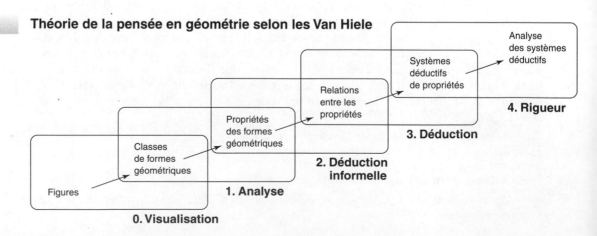

restent à ce stade toute leur vie. Par ailleurs, de nombreux adultes n'atteignent jamais le niveau 2. Par contre, il existe sûrement un lien entre l'âge et la quantité d'expériences en géométrie accumulées et la nature de ces expériences. Il est donc légitime de supposer que la plupart des élèves de quatrième et de cinquième année se situent au niveau 0.

3. La pratique de la géométrie est de loin le principal facteur déterminant la progression d'un niveau à l'autre. Autrement dit, le meilleur moyen d'aider les élèves à progresser dans la hiérarchie, tout en accroissant leur expérience au niveau où ils se situent, consiste à leur proposer des activités favorisant l'exploration du contenu du niveau suivant, les discussions et les interactions. Pour certains chercheurs, un individu peut se situer en même temps à un niveau donné par rapport à des éléments familiers du contenu et à un niveau inférieur quant à des idées moins familières (Clements et Battista, 1992).

4. Si l'enseignement ou le langage dépasse le niveau supérieur où se trouvent les élèves, il y a un problème de communication. Si on confronte des élèves à des objets de pensée qu'ils n'ont pas construits au niveau précédent, ils risquent de tout apprendre par cœur et de n'avoir que des succès superficiels et temporaires. Ainsi, les élèves peuvent très bien apprendre que tous les carrés sont des rectangles, mais ne pas avoir construit cette relation. Ils peuvent mémoriser une démonstration géométrique sans réussir à créer les étapes qui y mènent, ni comprendre ce qui la sous-tend (Fuys, Geddes et Tischler, 1988; Geddes et Fortunato, 1993).

Les conséquences pour l'enseignement

Si la théorie des Van Hiele est exacte – et de nombreuses données laissent croire qu'elle l'est –, alors l'un des principaux objectifs du programme devrait être de faire progresser les élèves du préscolaire au début du secondaire d'un niveau à l'autre de la pensée en géométrie. En effet, pour qu'ils soient bien préparés pour aborder le programme de géométrie déductive du secondaire, ils doivent avoir atteint le niveau 2 de la pensée en géométrie au début du secondaire.

Tous les élèves ne seront pas prêts à passer au niveau suivant, mais toutes les enseignantes devraient savoir que le principal facteur déterminant de la progression dans cette échelle du développement de la pensée en géométrie réside dans les expériences qu'elles font faire aux élèves. Chaque enseignante devrait observer une certaine croissance de la pensée géométrique des élèves au cours de l'année.

La théorie des Van Hiele et la perspective développementale adoptée dans le présent ouvrage mettent l'accent sur la nécessité d'adapter l'enseignement au niveau de pensée de l'élève. Cependant, il est possible de modifier la plupart des activités pour qu'elles couvrent deux niveaux de pensée, même à l'intérieur d'une classe. Dans plusieurs cas, la façon d'interagir avec un élève donné suffit à adapter une activité à son niveau de pensée et à l'inciter à passer au niveau immédiatement supérieur ou à le mettre au défi de le faire.

Les explorations contribuent à élaborer des relations entre les concepts. Plus les élèves manipulent les concepts faisant l'objet d'une activité, plus ils établiront de relations entre ces concepts. Ils doivent toutefois apprendre à explorer des idées relatives à la géométrie et à manipuler des relations pour construire des idées vraiment signifiantes.

Dans les paragraphes qui suivent, nous décrivons le type d'activités et de questions appropriées aux deux premiers niveaux. Appliquez ces descriptions aux tâches que vous soumettez aux élèves et utilisez-les comme guide lors de vos interventions auprès d'eux. L'emploi de matériels divers, de dessins et de modèles informatiques est essentiel à chaque niveau.

Enseignement au niveau 0

Au niveau 0, les activités pédagogiques en géométrie devraient répondre aux critères suivants.

■ Les activités devraient fournir de nombreuses occasions de trier et de classer des objets. Au niveau 0, il convient de centrer l'attention sur l'observation des similitudes et des différences entre les figures. À mesure que les élèves prendront connaissance du contenu, ils remarqueront des choses de plus en plus subtiles. Au début, ils décriront peut-être les figures en employant des termes qui vous paraîtront étrangers à la géométrie, par exemple par leur dimension ou par leur couleur. Lorsqu'ils auront appris certaines propriétés de différentes formes géométriques, tels la symétrie et le nombre de côtés ou de sommets, vous devriez leur demander de classer ces figures en tenant compte de ces caractéristiques.

■ Présentez aux élèves un éventail de formes géométriques assez vaste; cela les empêchera d'accorder de l'importance à des caractéristiques non pertinentes. Il faut leur offrir de nombreuses occasions de dessiner des formes géométriques, de les construire, de les assembler et de les décomposer, aussi bien dans un plan que dans l'espace. Ces activités doivent mettre l'accent sur des caractéristiques ou des propriétés particulières afin que les élèves puissent assimiler les propriétés géométriques et commencer à les utiliser spontanément.

Pour aider les élèves à passer du niveau 0 au niveau 1, il est bon de les inviter à vérifier des concepts au sujet de figures en faisant appel à des exemples diversifiés appartenant à une catégorie donnée. Dites-leur: «Voyons si c'est vrai pour tous les rectangles.» ou «Pouvez-vous dessiner un triangle qui n'a *pas* d'angle droit?» En général, vous devriez inciter les élèves à vérifier si les observations qu'ils ont faites à propos d'une donnée s'appliquent également à des formes semblables.

Enseignement au niveau 1

Au niveau 1, les activités pédagogiques en géométrie devraient répondre aux critères suivants:

■ Il faudrait mettre l'accent sur les propriétés des figures plutôt que sur leur simple reconnaissance. Au fur et à mesure que les élèves apprennent des concepts relatifs à la géométrie, vous pouvez leur demander de rechercher un plus grand nombre de propriétés entre les figures.

■ Faire en sorte que les propriétés s'appliquent à des classes entières de formes (*tous* les rectangles, *tous* les prismes, par exemple) plutôt qu'à des modèles isolés. Analysez des classes de figures avec vos élèves afin de déterminer de nouvelles propriétés. Par exemple, proposez des activités qui leur permettront de chercher des moyens de répartir toutes les formes possibles de triangles en divers groupes, puis utilisez ces groupes pour définir les différents types de triangles. À partir de la quatrième année l'emploi d'un logiciel de géométrie dynamique, tel que *Cabri 3D* (Cabrilog) ou *The Geometer's Sketchpad* (Key Curriculum Press, 2001), aussi connu sous le nom de *Cybergéomètre*, peut se révéler très enrichissant. En effet, ces instruments permettent d'explorer facilement de nombreuses sortes de figures d'une classe donnée.

Afin d'aider les élèves à passer du niveau 1 au niveau 2, posez-leur des questions qui contiennent un «Pourquoi», afin de susciter la réflexion, et dont la réponse fait appel au raisonnement. Par exemple, demandez-leur: «Si une figure possède quatre côtés congruents, est-ce un carré?» et «Pouvez-vous trouver un contre-exemple?»

Enseignement au niveau 2

Pour être adaptées au niveau 2, les activités pédagogiques en géométrie devraient:

■ Encourager les élèves à énoncer des hypothèses et à les vérifier. «Pensez-vous que ce sera toujours comme ça?» «Cette idée s'applique-t-elle à tous les triangles, ou seulement aux triangles équilatéraux?»

■ Inciter les élèves à examiner les propriétés des figures afin de déterminer des conditions nécessaires et suffisantes qui permettent de caractériser une figure et d'appliquer un concept. «Selon vous, quelles propriétés des diagonales nous assurent qu'il s'agit bien d'un carré?»

- Employer des expressions de la déduction non formelle: *tout, certain, aucun, si… alors, qu'est-ce qui se passe si…?*, etc.

- Inviter les élèves à formuler des démonstrations non rigoureuses, ou encore demander d'expliquer des démonstrations non rigoureuses proposées par leurs camarades de classe ou par l'enseignante.

À propos de l'évaluation

En quatrième année, vous souhaiterez certainement que certains élèves puissent s'adonner à des réflexions de niveau 1 s'ils sont prêts à le faire. Les classes suivantes contiendront probablement des élèves de deux niveaux différents, voire trois. Comment pourriez-vous procéder pour établir le niveau de chaque élève et déterminer les activités qui lui conviennent?

Il n'existe pas d'évaluation simple pour classer les élèves par niveaux. Il est toutefois possible de s'appuyer sur la description des caractéristiques des deux premiers niveaux pour estimer le stade où se situent certains d'entre eux. Lorsque vous réalisez une activité, écoutez les observations des élèves. Parlent-ils des figures en tant que classes? Discutent-ils, par exemple, des «rectangles» ou seulement d'un rectangle en particulier? Généralisent-ils certaines propriétés à un type donné de figures ou les appliquent-ils uniquement à la figure qu'ils ont sous les yeux? Comprennent-ils que les figures ne changent pas, même si on modifie leur orientation? Avec ces simples observations, vous serez en mesure de distinguer rapidement les élèves qui se situent au niveau 0 de ceux qui ont atteint le niveau 1.

En cinquième et en sixième année, peut-être chercherez-vous à faire passer les élèves du niveau 1 au niveau 2. S'ils sont incapables de saisir un argument logique ou de formuler des hypothèses ou des raisonnements du type «si… alors», c'est qu'ils sont probablement encore au niveau 1, voire au niveau 0.

Le contenu et les niveaux de pensée

Le présent chapitre contient un ensemble d'activités structurées en fonction des quatre grands thèmes du contenu: figures et propriétés, transformations, position et visualisation. Chacun de ces thèmes fait l'objet d'une section. La théorie des Van Hiele s'applique à toutes les activités réalisées en géométrie, indépendamment du contenu, mais c'est avec le thème des figures et des propriétés qu'elle apparaît dans toute sa force. C'est pourquoi les activités de la section consacrée à ce thème particulier sont subdivisées en deux catégories selon qu'elles correspondent au niveau 0 ou au niveau 1 de pensée. Vous constaterez que cette subdivision vous aidera à déterminer les activités appropriées pour vos élèves et vous permettra de les soutenir dans leur progression vers le niveau suivant. Les trois dernières sections du présent chapitre sont centrées sur des activités visant l'acquisition du sens de l'espace au moyen d'exercices de position, de transformation et de représentation. Chacune de ces sections est structurée suivant un degré particulier de difficulté et de complexité.

Il faut bien comprendre que les subdivisions dont nous venons de parler ne sont pas rigides: les différents thèmes se recoupent, et l'un sert à construire l'autre. Les activités d'une section donnée peuvent aider à élaborer la pensée en géométrie relativement à un autre thème. Par exemple, le développement du sens de l'espace par l'étude de la symétrie aidera probablement les élèves au niveau 0 à passer au niveau 1. De même, une analyse plus approfondie de la symétrie aidera les élèves à passer au niveau 2. Dans la majorité des cas, il est facile d'adapter une activité décrite en fonction d'un niveau de pensée au niveau immédiatement inférieur ou supérieur en modifiant simplement la façon dont vous la présenterez aux élèves.

Les activités sur les formes géométriques

Les élèves ont besoin de faire des expériences sur un large éventail de figures planes et de solides. Il est utile pour eux de savoir reconnaître des figures courantes, de noter leurs similarités et leurs différences, de distinguer les propriétés de différentes figures et, finalement, d'employer ces propriétés pour mieux définir et comprendre leur monde géométrique. Au fil de leurs découvertes sur les formes, ils affinent leur compréhension du processus par lequel il est possible de définir des figures particulières.

Cette compréhension progressive des figures et de leurs propriétés par les élèves reflète clairement la théorie de la pensée en géométrie des Van Hiele. La maîtrise et l'application de cette théorie sont particulièrement importantes au regard du contenu de la géométrie dont il est question dans la présente section.

Les activités pour les élèves de niveau 0

Au niveau 0, les activités doivent mettre l'accent sur les formes que les élèves peuvent observer, toucher, construire, décomposer et percevoir de diverses manières. L'objectif général est de leur permettre d'explorer les similitudes et les différences entre les figures et d'utiliser ces idées pour créer des classes de figures (concrètement et mentalement). Certaines classes de figures ont un nom: rectangles, triangles, prismes, cylindres, etc. Au niveau 0, traitez des propriétés des figures, comme les côtés parallèles, la symétrie, les angles droits, etc., mais uniquement d'un point de vue informel, par l'observation. Vous devriez présenter aux élèves des triangles qui ne sont pas équilatéraux, de même que des formes dont les côtés sont incurvés, d'autres avec des côtés droits et une combinaison des deux. À l'occasion, nommez les figures et indiquez les propriétés avec lesquelles les élèves travaillent, mais attendez que les élèves aient décrit la figure ou la propriété en question.

Rappelez-vous que *niveau 0* n'est pas synonyme de *premières années du primaire*. Si vous enseignez en quatrième ou cinquième année, votre classe comptera certainement quelques élèves qui devront commencer par faire des activités propres à ce niveau.

Tri et classification

Si vous demandez à de jeunes élèves de classer des figures, ne vous étonnez pas s'ils mentionnent des caractéristiques qui ne vous semblent pas être de «véritables» propriétés géométriques. Ils pourraient dire, par exemple, qu'une figure est «courbée» ou qu'une autre «ressemble à une fusée». Au niveau 0, les élèves associent également aux formes des caractéristiques qui ne font pas partie de la figure. Ils pourraient dire qu'elle «pointe vers le haut» ou qu'elle «a un côté semblable au bord d'un géoplan».

Pour obtenir une grande diversité de figures planes, créez votre propre matériel. Vous trouverez dans les feuilles reproductibles un ensemble intéressant appelé «Figures variées». Faites-en suffisamment de copies pour que plusieurs groupes d'élèves puissent travailler simultanément avec les mêmes figures. Les formes représentées dans la figure 8.2 ressemblent à celles des feuilles reproductibles, mais il est souhaitable d'en avoir un éventail beaucoup plus large. Une fois que vous aurez préparé votre matériel, vous trouverez plusieurs idées dans les activités suivantes.

FR 20-26

Trier des figures

Formez des équipes de quatre élèves et attribuez à chacune d'elles un ensemble de figures planes semblables à celles de la figure 8.2. Voici une série d'activités de complexité croissante que vous pouvez faire dans l'ordre indiqué.

- Chaque élève choisit une figure au hasard. À tour de rôle, les équipiers disent une ou deux choses que leur inspire la figure. Il n'y a pas de bonne ou de mauvaise réponse.
- Chaque élève prend deux figures au hasard. Il doit découvrir une similitude et une différence entre les deux figures. (Demandez aux élèves de choisir des figures avant de leur expliquer ce qu'ils auront à faire.)
- Chaque équipe prend une figure au hasard et la place au centre de la surface de travail. La tâche consiste à découvrir toutes les autres figures présentant des formes semblables à la figure cible selon un attribut donné. Par exemple, s'ils disent : « Celle-ci est comme notre figure parce qu'elle a un côté courbe et un côté droit », alors toutes les formes qu'ils ajoutent à la collection doivent posséder ces propriétés. Mettez-les au défi de former une autre collection en prenant la même figure comme point de départ mais en se basant sur un attribut différent.
- Demandez aux élèves d'expliquer à la classe leurs critères de classification en donnant des exemples. Tous les élèves choisissent alors une figure qui appartient à la collection d'après l'attribut énoncé. Ils devraient décrire par écrit cette figure et expliquer pourquoi elle correspond à l'attribut.
- Procédez à un « tri secret ». Créez vous-même une petite collection d'environ cinq figures ayant un attribut secret, ou demandez à un élève de le faire. Laissez dans la pile les autres figures appartenant à la même collection. Les élèves essaient de découvrir ces figures ou l'attribut secret.

FIGURE 8.2 ▲

Un ensemble de figures planes variées à classer.

PAUSE D'après vous, pourquoi une enseignante devrait-elle éviter de dire « Cherchez toutes les formes géométriques qui ont des côtés droits » ou « Cherchez tous les triangles », et plutôt laisser ses élèves décider de la façon dont ils trient les figures ?

Dans toutes les activités de tri, il revient aux élèves et non à l'enseignante de décider comment effectuer le classement, car ils le font à partir des idées qui *leur* appartiennent et qu'ils comprennent. En étant attentive au genre de caractéristiques qu'ils emploient, vous découvrirez les propriétés qu'ils connaissent et utilisent, et de quelle façon ils conçoivent les figures planes. La figure 8.3 (p. 224) illustre quelques-uns des modes de classement possibles d'un ensemble de formes.

L'activité de tri secret est une des façons de présenter une nouvelle propriété. Par exemple, vous pouvez proposer un attribut exigeant que toutes les figures comportent au moins un « coin carré », c'est-à-dire un angle droit. Lorsque les élèves découvrent la règle, profitez de l'occasion pour expliquer la propriété retenue.

La prochaine activité porte également sur des figures planes.

Figures avec des côtés courbes.

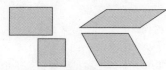

Les côtés opposés « vont dans la même direction »
(parallélogrammes).

Figures à trois côtés (triangles).

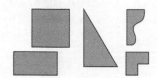

Figures avec un coin carré (angle droit).

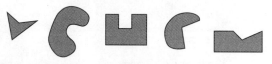

Ces figures « rentrent toutes par en dedans »
(figures concaves).

FIGURE 8.3 ▲

En triant des figures planes, les élèves apprennent
à reconnaître leurs propriétés.

Activité 8.2

Trouver la figure secrète

Préparez un ensemble de figures planes en vous servant des feuilles reproductibles. Découpez environ le tiers des figures et collez-en une à l'intérieur d'une demi-feuille de papier cartonné pliée en deux, de manière à créer une série de chemises contenant chacune une « forme cachée ».

Nommez un chef d'équipe dans chaque groupe et remettez-lui une chemise cartonnée. Ses coéquipiers doivent découvrir la figure correspondant à celle qui est collée à l'intérieur de la chemise en posant des questions au chef d'équipe. Mais celui-ci n'est autorisé à répondre que par « oui » ou par « non ». Les équipiers peuvent trier les figures à mesure qu'ils posent des questions afin de restreindre les possibilités. Ils n'ont pas le droit de montrer une figure du doigt et de demander : « Est-ce que c'est celle-là ? » Ils doivent continuer de poser des questions jusqu'à ce qu'il reste une seule figure. Ils vérifient alors si la figure est bien identique à celle qui se trouve dans la chemise.

Le degré de difficulté de l'activité 8.2 dépend en grande partie de la figure collée à l'intérieur de la chemise. La tâche est d'autant plus ardue que la collection renferme un nombre plus ou moins élevé de figures ressemblant à la figure cachée.

Nous suggérons fortement de réaliser également la majorité des activités regroupées dans « Trier des figures » (activité 8.1) avec des solides. La difficulté consiste alors à se procurer ou à construire une collection de formes suffisamment diversifiée. On trouve sur le marché de grands ensembles de blocs de bois appelés géoblocs. Ces solides ont des formes très variées, mais aucun n'a de surface courbe. Vérifiez dans divers catalogues s'il existe d'autres produits. Vous arriverez peut-être à obtenir la diversité souhaitée en combinant plusieurs collections de solides.

À propos de l'évaluation

La façon dont les élèves décrivent les formes dans l'activité « Trier des figures » et les activités similaires portant sur des solides fournit de bonnes indications sur leur niveau de pensée. Au niveau 0, ils se limitent généralement à classer les figures qu'ils sont réellement capables de faire entrer dans un groupe. Lorsqu'ils commencent à penser en fonction des propriétés des figures, ils créent des catégories fondées sur les propriétés, et leur langage indique que le groupe contient beaucoup plus de figures que celles qu'ils ont sous les yeux. Ils diront par exemple : « Ces figures ont des coins carrés comme les rectangles » ou « Celles-là ressemblent à des boîtes. Toutes les boîtes ont des côtés carrés (faces rectangulaires). »

Construction et décomposition des figures

Les élèves ont besoin d'explorer librement les figures pour comprendre comment des formes s'imbriquent les unes dans les autres. C'est en se basant sur cette démarche qu'ils apprennent à construire des figures plus grandes et à décomposer des figures de grande taille en formes plus petites. Les pièces de mosaïques géométriques et de tangram sont les figures planes les plus couramment utilisées pour ce type d'activités. Dans un article publié en 1999, Pierre Van Hiele décrit un ensemble de morceaux intéressants, qu'il appelle casse-tête mosaïque (figure 8.4). Un autre excellent ensemble d'éléments de construction est constitué de triangles découpés dans des carrés (ce qui donne des triangles rectangles isocèles). Vous trouverez des exemples de casse-tête mosaïque et de tangram dans les feuilles reproductibles.

FR 27

On emploie couramment les tangrams, mais leur utilité tend à diminuer vers le début du secondaire (sauf pour la mesure d'aires; voir le chapitre 9, p. 278-279). Ils permettent néanmoins aux élèves de niveau 0 d'observer comment les figures s'adaptent les unes aux autres. Une bordure pleine grandeur pouvant entourer exactement les sept pièces d'un casse-tête chinois constitue un problème ardu. Mais il est encore plus difficile de reconstituer une figure formée des sept pièces que l'on a montrée aux élèves sous une forme réduite (figure 8.5). En effet, pour y arriver, il est nécessaire de tenir des raisonnements sur la proportionnalité quand vient le moment d'agrandir mentalement la figure afin de la reproduire avec les pièces du tangram.

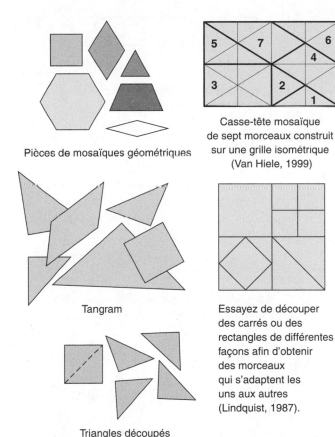

Pièces de mosaïques géométriques

Casse-tête mosaïque
de sept morceaux construit
sur une grille isométrique
(Van Hiele, 1999)

Tangram

Essayez de découper
des carrés ou des
rectangles de différentes
façons afin d'obtenir
des morceaux
qui s'adaptent les
uns aux autres
(Lindquist, 1987).

Triangles découpés
dans des carrés

FIGURE 8.4 ▲

Les activités demandant aux élèves de manipuler des ensembles de pièces de mosaïques géométriques peuvent s'effectuer avec des formes variées ou avec une seule forme.

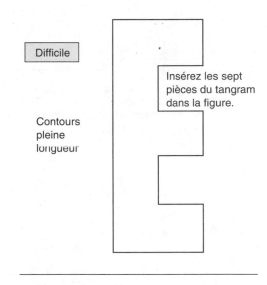

Difficile

Contours
pleine
longueur

Insérez les sept
pièces du tangram
dans la figure.

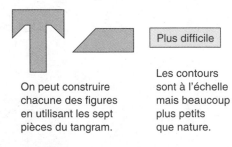

Plus difficile

On peut construire
chacune des figures
en utilisant les sept
pièces du tangram.

Les contours
sont à l'échelle
mais beaucoup
plus petits
que nature.

FIGURE 8.5 ▲

Deux types de tangrams illustrant différents degrés de difficulté.

La version électronique des *Standards* du NCTM inclut une petite application sur les tangrams (exemple 4.4). Une forme de l'application comprend huit figures qu'il est possible de reconstituer à partir des sept pièces. Le principal avantage de la version électronique du tangram est de stimuler la motivation et d'exiger plus de détermination dans l'agencement des pièces.

Le casse-tête mosaïque de Van Hiele est d'utilisation plus difficile que le tangram parce que six des sept pièces possèdent des formes différentes. En outre, la longueur des côtés prend un plus grand nombre de valeurs. Ce modèle constitue donc un bon choix pour les élèves de troisième ou quatrième année sur le point de passer à des activités de construction d'un degré de difficulté plus élevé (figure 8.6). Il est aussi à noter que le casse-tête mosaïque des Van Hiele présente une plus grande diversité d'angles que les tangrams et que les pièces de mosaïques géométriques. Les élèves peuvent et devraient classer les angles en les comparant à un *angle droit*, ou un «coin carré». Les pièces de ces casse-tête possèdent des angles *droits*, *aigus* (plus petits) ou *obtus* (plus grands). Il est tout à fait possible de faire ce type de distinction géométrique globalement, c'est-à-dire sans mesurer les angles ni même parler de degrés. N'oubliez pas que les élèves devraient acquérir les concepts appropriés avant que vous ne présentiez le nom des angles.

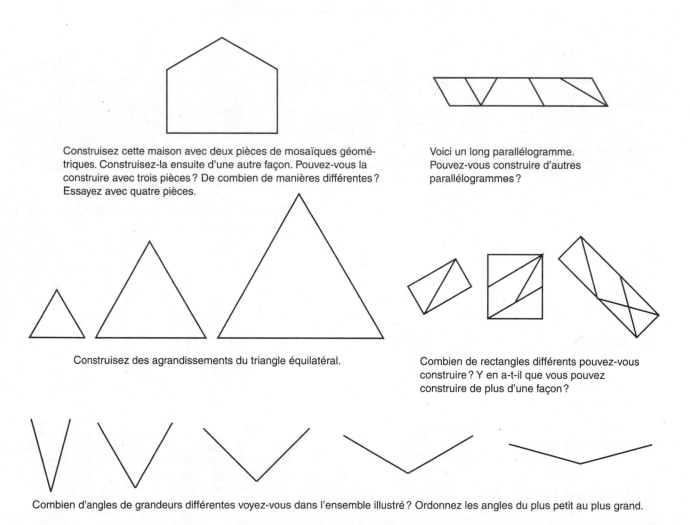

Construisez cette maison avec deux pièces de mosaïques géométriques. Construisez-la ensuite d'une autre façon. Pouvez-vous la construire avec trois pièces? De combien de manières différentes? Essayez avec quatre pièces.

Voici un long parallélogramme. Pouvez-vous construire d'autres parallélogrammes?

Construisez des agrandissements du triangle équilatéral.

Combien de rectangles différents pouvez-vous construire? Y en a-t-il que vous pouvez construire de plus d'une façon?

Combien d'angles de grandeurs différentes voyez-vous dans l'ensemble illustré? Ordonnez les angles du plus petit au plus grand.

FIGURE 8.6 ▲

Exemples d'activités à faire avec le casse-tête mosaïque de Van Hiele.

Source: Tiré de P. M. Van Hiele. «Developing geometric thinking through activities that begin with play», dans *Teaching Children Mathematics,* vol. 5, p. 310-316, et reproduit avec la permission de l'éditeur. © 1999, National Council of Teachers of Mathematics. Tous droits réservés.

Le géoplan est l'un des instruments les plus appropriés pour le *dessin* de figures planes. Parmi les nombreuses activités qui conviennent au niveau 0, en voici simplement quelques-unes.

Activité 8.3

Agrandir le motif d'un géoplan

Préparez de petites cartes sur lesquelles vous aurez tracé des motifs reproductibles sur un géoplan (figure 8.7). Pour créer les motifs, placez une feuille de papier centimétré sous le dessin et utilisez les carreaux comme points de repère. La tâche des élèves consiste à prolonger le motif sur leur géoplan, puis à copier le résultat sur du papier pointillé.

L'activité «Agrandir le motif d'un géoplan» exige de réfléchir à la proportionnalité, tout comme les activités avec le tangram qui imposent aux élèves de travailler à partir de représentations de petites dimensions (figure 8.5). La prochaine activité permet d'introduire ou de renforcer le concept de congruence. Cependant, sa principale utilité est de favoriser l'acquisition du raisonnement spatial avec des figures.

Une fois que les élèves ont reproduit des figures représentées avec des points ou non, demandez-leur de transposer des formes <u>réelles</u> : une table, une maison, des lettres de l'alphabet, etc.

FIGURE 8.7 ▲

Préparer de petites cartes qu'il est possible d'agrandir sur un géoplan.

Activité 8.4

Chercher des parties congruentes

Copiez une figure représentée sur une carte et demandez aux élèves de la subdiviser ou de la découper en formes plus petites sur leur géoplan. Indiquez le nombre de figures qu'ils doivent obtenir, et précisez si celles-ci doivent toutes être congruentes ou simplement du même type, comme dans la figure 8.8. Selon le type de figures choisies, l'activité sera très facile ou relativement difficile.

Trois triangles identiques

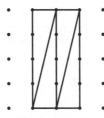

Quatre triangles

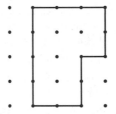

Quel est le plus petit nombre de triangles qu'on peut utiliser pour reproduire cette figure ?

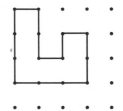

Découpez la figure en trois rectangles identiques.

Choisissez une figure et découpez-la en formes plus petites.
Déterminez certaines conditions pour accroître le degré de difficulté de l'activité.

FIGURE 8.8 ▲

Subdivision de figures.

Dans la prochaine activité, les élèves doivent créer des figures possédant des propriétés données. C'est une bonne façon d'aborder les attributs des figures présentant un sens du point de vue géométrique. Nous parlerons de symétrie plus loin dans le présent chapitre, dans la section traitant des transformations.

Activité 8.5

Pouvez-vous construire la figure ?

Préparez une liste dont chaque élément décrit une ou plusieurs propriétés d'une figure. Demandez ensuite aux élèves d'utiliser leur géoplan pour construire une forme possédant cette ou ces propriétés. Les descriptions données ci-dessous le sont uniquement à titre d'exemples. Essayez de combiner des propriétés de manière à créer de nouveaux défis. Demandez aussi aux élèves de rédiger les descriptions des figures qu'ils ont construites. Affichez-les afin que le reste de la classe puisse construire la figure correspondante.

- Une figure ayant un seul coin carré et quatre côtés.
- Une figure avec deux coins carrés (ou bien trois, quatre, cinq ou six coins carrés).
- Une figure ayant un axe ou deux axes de symétrie.
- Une figure possédant une symétrie de révolution d'ordre 4.
- Une figure ayant deux paires de droites parallèles.
- Une figure possédant deux paires de droites parallèles et aucun angle droit.

Conservez d'une façon ou d'une autre les solutions que vos élèves ont obtenues dans l'activité « Pouvez-vous construire la figure ? ». Vous pourrez les utiliser ultérieurement pour créer avec eux des classes de figures, présenter certaines propriétés ou définir de nouvelles classes de figures. Vous pouvez aussi inclure dans l'activité des tâches irréalisables. Par exemple, il est impossible de tracer une figure à quatre côtés mais comportant seulement trois angles droits, ou encore de construire sur le géoplan un triangle dont les trois côtés sont congruents (c'est-à-dire un triangle équilatéral). Enfin, vous pouvez vous servir de l'activité pour établir une relation avec la mesure : des tâches peuvent exiger que l'aire ou le périmètre ou les deux aient une valeur donnée. Ainsi, il est possible de combiner des tâches sur la mesure et des tâches en géométrie.

Gardez un grand nombre de géoplans dans la classe. Au lieu de donner un seul géoplan à chaque élève, il est préférable de les regrouper de sorte que chacune des équipes de travail que vous formerez en ait 10 à 12 à sa disposition. Il est alors possible de construire un large éventail de figures et de les comparer avant d'en produire de nouvelles.

Vous devriez presque toujours exiger que les élèves transcrivent sur papier les motifs qu'ils ont construits sur leur géoplan. Ces copies leur permettent de créer des ensembles complets de dessins en vue d'une tâche particulière. Vous pouvez aussi afficher des dessins sur le babillard afin de les classer et d'en discuter. En outre, les élèves peuvent en apporter à la maison afin de montrer à leurs parents ce qu'ils font en géométrie. Servez-vous de petites feuilles où figurent des géoplans ou du papier pointillé centimétré. Vous trouverez ces deux supports dans les feuilles reproductibles.

FR 10, 28

À propos des TIC

Il est tout à fait possible de réaliser avec du papier pointillé et du papier quadrillé presque toutes les activités qui font appel à des pièces découpées et des géoplans. Si on change de papier, on modifie du même coup les activités, ce qui fournit de nouvelles possibilités de recherches et de découvertes. Les feuilles reproductibles contiennent divers types de papiers pointillés et quadrillés.

Il est un peu plus difficile de construire des solides que des figures planes. Il existe cependant sur le marché un matériel très diversifié qui permet de faire preuve de créativité dans la construction de solides géométriques (par exemple, les ensembles vendus sous le nom de 3D Geoshapes, Polydron et Zome System). Les géoformes tridimensionnelles et les plaquettes Polydron sont des exemples de matériel composé de polygones en plastique emboîtables permettant de construire des modèles tridimensionnels. Le matériel de Zome System est composé de tiges réunies par des boules d'assemblage; il permet de construire des structures très variées. Il est toutefois probablement trop difficile à utiliser avant la quatrième année. Voici trois excellentes façons de construire des maquettes avec du matériel maison.

- *Agitateurs de café en plastique et cure-pipes.* Il est facile de couper les agitateurs en plastique pour obtenir différentes longueurs. Pour les assembler, coupez des cure-pipes en longueurs de 5 cm, puis insérez les tiges obtenues dans les extrémités des agitateurs.

- *Pailles en plastique à joint flexible.* Utilisez des ciseaux pour couper des pailles dans le sens de la longueur, depuis une extrémité jusqu'au joint flexible. En insérant la partie ouverte dans l'extrémité intacte d'une autre paille, vous obtiendrez un joint solide, mais flexible. Reliez de cette façon trois pailles ou plus pour former des polygones bidimensionnels. Pour construire des maquettes de solides, il vous suffit de joindre les côtés de deux polygones distincts avec du ruban adhésif ou des liens torsadés.

- *Tiges formées de rouleaux de papier journal.* Vous pouvez fabriquer des maquettes de grande taille à l'aide de journaux et de ruban adhésif. Superposez trois grandes feuilles de journal et roulez-les suivant la diagonale de manière à former une tige. Pour obtenir une tige rigide et étroite, roulez le papier serré et retenez-le au centre du rouleau avec un bout de ruban adhésif. Les extrémités des tiges sont minces et flexibles sur une longueur d'environ 15 cm, c'est-à-dire là où il y a le moins de papier. Reliez les tiges en pressant ensemble leurs extrémités souples et en les fixant avec du ruban adhésif. Mettez une bonne quantité de ruban autour de chaque joint. Après avoir relié deux ou trois tiges, vous pourrez ajouter d'autres tiges (figure 8.9, p. 230).

Lorsque les élèves travaillent avec du matériel maison, vous devriez les encourager à comparer la rigidité d'un triangle et la flexibilité des polygones comportant plus de trois côtés. Soulignez le fait qu'on emploie fréquemment des éléments triangulaires dans la

FIGURE 8.9 ▶

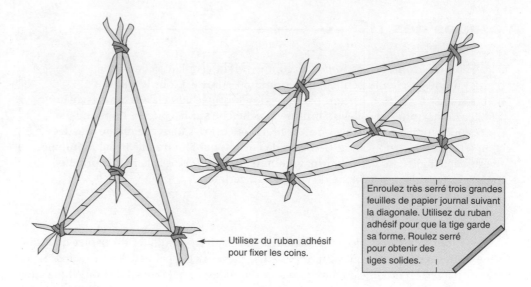

Utilisez du ruban adhésif pour fixer les coins.

Enroulez très serré trois grandes feuilles de papier journal suivant la diagonale. Utilisez du ruban adhésif pour que la tige garde sa forme. Roulez serré pour obtenir des tiges solides.

construction des ponts et dans la structure des bâtiments, pour la fabrication de barrières ou l'assemblage de la longue flèche d'une grue de chantier. Faites-leur dire pourquoi il est nécessaire d'utiliser de tels éléments géométriques. En construisant de grandes maquettes, les élèves se rendront compte qu'il faut ajouter des pièces en diagonale pour former des triangles et que ceux-ci donnent de la rigidité aux structures. Celles-ci ne risqueront pas de s'écrouler si elles comportent un grand nombre de triangles.

L'emploi de tiges faites en papier journal est une méthode amusante parce que les structures prennent vite du volume. Formez des équipes de trois ou quatre élèves. Ils s'apercevront rapidement ce qui donne de la rigidité à une construction et découvriront plusieurs principes touchant l'équilibre et la forme des structures géométriques. Vous pouvez proposer aux élèves des classes de niveau plus avancé de construire des formes bien définies (voir p. 260-263).

Structure en mosaïque géométrique

On appelle *structure en mosaïque géométrique*, ou *dallage*, un plan recouvert de pièces, aux formes identiques ou non, tassées les unes contre les autres, représentant un motif déterminé. La construction de mosaïques géométriques est une activité artistique qui convient aux élèves des niveaux 0 et 1. Elle leur permet d'explorer les motifs que composent les formes et d'observer comment ils combinent des figures pour en créer d'autres. Le degré de difficulté des activités de mosaïques géométriques à forme unique ou multiple varie grandement.

Les structures en mosaïque sont plus faciles à réaliser avec certaines formes qu'avec d'autres (figure 8.10). La difficulté du problème à résoudre ainsi que le degré de créativité augmentent lorsque l'assemblage des formes permet de composer plusieurs motifs. En fait, les pièces servant à composer la mosaïque peuvent prendre des centaines de formes différentes.

Quand les élèves commencent à travailler avec les mosaïques, il est préférable de leur faire créer des motifs avec des pièces concrètes. Il est facile de fabriquer des carreaux en découpant simplement du papier de bricolage au moyen d'un massicot. Vous gagnerez également du temps en traçant des pièces sur une feuille de papier de bricolage puis en découpant simultanément plusieurs feuilles empilées. Si la forme des pièces permet de les insérer dans une grille, les élèves peuvent utiliser du papier pointillé ou quadrillé pour planifier leur mosaïque en utilisant du papier et un crayon. Quand vous planifierez une telle activité, utilisez une seule couleur afin de centrer l'attention sur les relations spatiales. Ajoutez ensuite un motif de couleur pour donner au dallage un aspect esthétique. Avec de jeunes élèves, employez seulement deux couleurs et, dans tous les cas, jamais plus de quatre. Les couleurs composent elles aussi un motif qui se répète à la grandeur de la structure en mosaïque.

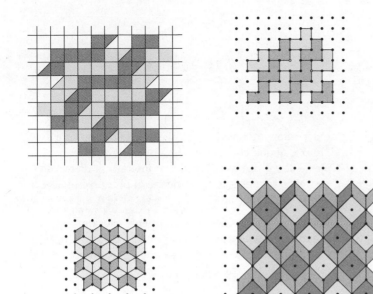

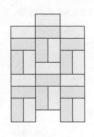

FIGURE 8.10 ◀

Mosaïques géométriques.

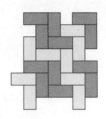

On peut dessiner des mosaïques géométriques sur des grilles ou en faire avec des morceaux de papier cartonné. Cette activité constitue un défi intellectuel pour les élèves, car elle leur donne l'occasion de faire preuve de créativité et d'exercer leur raisonnement spatial.

Vous pouvez aussi créer des structures en mosaïque en collant sur de grandes feuilles des pièces en papier. Préparez ces pièces en les dessinant sur du papier pointillé ou quadrillé ou en traçant le contour d'une pièce faite de carton pour affiches. Commencez toujours la construction de la mosaïque en partant du centre et laissez une bordure irrégulière ; cela indique que le motif se répète indéfiniment.

Examinez la première structure en mosaïque de la colonne de gauche dans la figure 8.10. Quelle pièce unique (formée de carrés et de demi-carrés) a servi à créer le motif ?

Les activités pour les élèves de niveau 1

L'objet de la pensée des élèves constitue une différence importante entre les niveaux 1 et 0. Même si les élèves continuent d'employer des modèles et des dessins de formes, ils commencent à considérer que ces objets représentent des classes de figures. Leur compréhension des propriétés des figures évolue continuellement.

Par souci de clarté, nous donnons ici des définitions importantes de figures planes et de solides. Il est à remarquer que ces définitions comprennent des relations entre les figures.

Catégories particulières de figures planes

Le tableau 8.1 (p. 232) décrit quelques catégories importantes de figures planes. Ces figures sont illustrées à la figure 8.11 (p. 233).

TABLEAU 8.1
Catégories de figures planes.

Figures	Description
Courbes fermées simples	
Concaves, convexes	Une définition intuitive de concave pourrait être : « qui est creux ». Si une courbe fermée simple n'est pas concave, alors elle est *convexe*. Il peut être intéressant d'essayer de définir le terme concave de façon plus précise avec les élèves les plus âgés.
Symétriques, asymétriques	Une figure peut posséder un ou plusieurs axes de symétrie, et avoir ou non une symétrie de rotation. Ces concepts nécessitent un examen plus poussé.
Polygones	Courbes fermées simples dont tous les côtés sont droits.
Concaves, convexes	
Symétriques, asymétriques	
Réguliers	Tous les côtés et tous les angles sont congruents.
Triangles	
Triangles	Polygones à trois côtés.
Classement en fonction des côtés	
Équilatéraux	Tous les côtés sont congruents.
Isocèles	Au moins deux côtés sont congruents.
Scalènes	Aucune paire de côtés congruents.
Classement en fonction des angles	
Droits	Possèdent un angle droit.
Acutangles	Tous les angles sont plus petits qu'un angle droit.
Obtusangles	Un des angles est plus grand qu'un angle droit.
Quadrilatères convexes	
Quadrilatères convexes	Polygones convexes à quatre côtés.
Cerf-volant	Deux paires opposées de côtés adjacents congruents.
Trapèzes	Au moins une paire de côtés parallèles.
Isocèles	Une paire de côtés opposés congruents.
Parallélogrammes	Deux paires de côtés parallèles.
Rectangles	Parallélogrammes ayant un angle droit.
Losanges	Parallélogrammes dont tous les côtés sont congruents.
Carrés	Parallélogrammes ayant un angle droit et dont tous les côtés sont congruents.

FIGURE 8.11 ◄

Classification des figures planes.

Courbes fermées simples

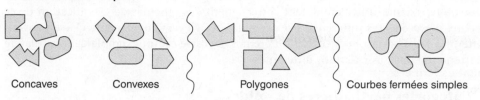

Concaves   Convexes   Polygones   Courbes fermées simples

Triangles

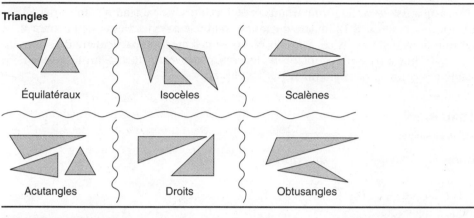

Équilatéraux   Isocèles   Scalènes

Acutangles   Droits   Obtusangles

Quadrilatères convexes

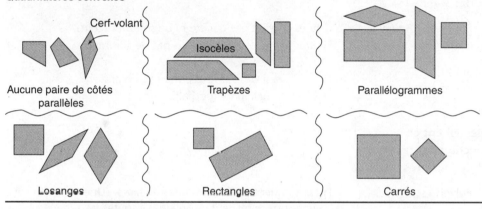

Cerf-volant

Isocèles

Aucune paire de côtés parallèles   Trapèzes   Parallélogrammes

Losanges   Rectangles   Carrés

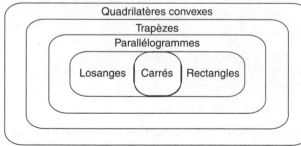

Quadrilatères convexes
Trapèzes
Parallélogrammes
Losanges | Carrés | Rectangles

Il existe plusieurs façons de classer les polygones. Certains polygones à deux ou trois côtés portent un nom particulier.

Au niveau de pensée 1, on ne reconnaît pas ces relations entre les sous-ensembles.

Dans la classification des quadrilatères et des parallélogrammes, les sous-ensembles ne sont pas tous disjoints. Par exemple, un carré est aussi un rectangle et un losange. Tous les parallélogrammes sont des trapèzes, mais tous les trapèzes ne sont pas des parallélogrammes[1]. Est-il répréhensible que les élèves parlent de sous-groupes comme s'il s'agissait d'ensembles disjoints ? En quatrième et en cinquième année, il n'est tout simplement pas

---

1. Note des auteurs: Selon certaines définitions, le trapèze est une figure qui possède *seulement une paire* de côtés parallèles, ce qui signifie qu'un parallélogramme n'est pas un trapèze. Le School Mathematics Project de l'Université de Chicago (UCSMP) utilise la définition précisant «au moins une paire», ce qui suppose que les parallélogrammes et les rectangles sont des trapèzes.

souhaitable d'encourager cette façon de penser. Burger (1985) souligne le fait que les élèves à partir de la sixième année emploient correctement des schémas de classification de ce type dans des contextes différents. Par exemple, des élèves d'une même classe peuvent appartenir à des associations scolaires différentes. Le carré est un exemple de quadrilatère « appartenant à deux associations différentes ».

Catégories particulières de solides

Il existe aussi des solides importants et intéressants. Le tableau 8.2 en présente une classification et la figure 8.12 illustre quelques exemples de cylindres et de prismes. Il est à noter que nous définissons ces derniers comme une catégorie particulière de cylindres, soit des cylindres à base polygonale. La figure 8.13 (p. 236) illustre un regroupement semblable des cônes et des pyramides.

TABLEAU 8.2

Catégories de solides.

Figures	Description
Classement en fonction des arêtes et des sommets	
Sphères et figures « en forme d'œuf »	Figures n'ayant pas d'arête ni de sommet (coin).
	Figures ayant des arêtes, mais pas de sommet (ex. : une soucoupe volante).
	Figures ayant des sommets, mais pas d'arête (ex. : un ballon de football).
Classement en fonction des faces et des surfaces	
Polyèdres	Figures entièrement composées de faces. (Une face est une surface plane d'un solide.) Si toutes les surfaces sont des faces, alors toutes les arêtes sont des segments de droite.
	Combinaison de faces et de surfaces courbes (des cylindres, par exemple, bien que ce ne soit pas là la définition d'un cylindre).
	Figures avec des surfaces courbes.
	Figures comportant des arêtes ou non, et des sommets ou non.
	Les faces peuvent être parallèles. Dans ce cas, elles appartiennent à des plans qui ne se coupent jamais.
Cylindres	
Cylindre	Figure comportant deux faces parallèles congruentes, appelées *bases*. Les segments qui relient deux points correspondants de l'une et l'autre base sont toujours parallèles. Ces segments de droite parallèles sont appelés *éléments* du cylindre.

TABLEAU 8.2 (SUITE)
Catégories de solides.

Figures	Description
Cylindre droit	Cylindre dont les éléments sont perpendiculaires à la base. Un cylindre qui n'est pas droit est un *cylindre oblique*.
Prisme	Cylindre dont les bases sont des polygones. Tous les prismes sont des cas particuliers de cylindres.
Prisme rectangulaire	Cylindre dont les bases sont des rectangles.
Cube	Prisme carré dont les parois latérales sont carrées.
Cônes	
Cône	Solide ayant exactement une face et un sommet qui n'est pas situé sur la face. On peut relier n'importe quel point du périmètre de la base au sommet en traçant des segments de droite (éléments). La base est de forme quelconque. Le sommet n'est pas nécessairement situé au-dessus de la base.
Cône circulaire	Cône dont la base est circulaire.
Pyramide	Cône dont la base est un polygone. Toutes les faces dont un des points est le sommet sont des triangles. On nomme les pyramides en fonction de la forme de leur base : pyramide *triangulaire*, pyramide *carrée*, pyramide *octogonale*, etc. Toutes les pyramides sont des cas particuliers de cônes.

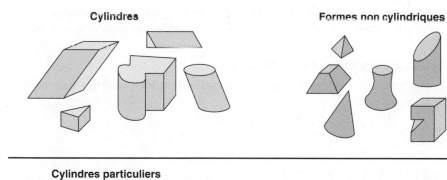

Cylindres **Formes non cylindriques**

Cylindres particuliers

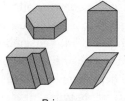
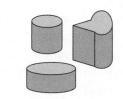

Prismes Prismes droits Cylindres droits (non prismatiques)

Les deux faces d'un cylindre sont parallèles et il est possible de relier les points correspondants de l'une et l'autre de ces faces par des segments de droite parallèles. Un cylindre dont les faces parallèles sont des polygones est aussi appelé prisme.

FIGURE 8.12 ▲

Cylindres et prismes.

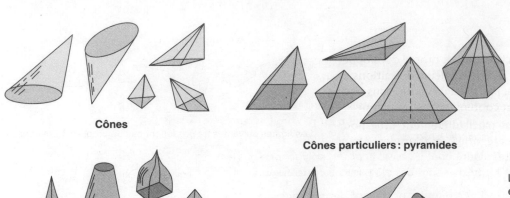

Cônes

Cônes particuliers : pyramides

Formes non coniques

Cônes non pyramidaux

Les éléments des cônes
et des cônes dont la base forme
un polygone (les pyramides)
sont tous des segments de
droite reliant chaque point
de la base au sommet.
(Oui. Une pyramide est simplement
un type particulier de cône.)

FIGURE 8.13 ▲

Cônes et pyramides.

PAUSE | **Expliquez l'énoncé suivant : Les prismes sont aux cylindres ce que les pyramides sont aux cônes. Comment cette relation peut-elle aider à mémoriser les formules de volume ?**

Dans plusieurs manuels, le terme « cylindre » s'applique exclusivement au *cylindre droit*, ce qui signifie que l'on ne fait pas de distinction entre divers types de cylindres. Selon cette définition, le prisme n'est pas un cas particulier de cylindre. Cette précision rappelle que les définitions sont des conventions, et que ces dernières ne font pas l'objet d'une reconnaissance universelle. Si vous examinez l'élaboration des formules de volume du chapitre 9, vous constaterez qu'en raison de la généralité des définitions de cylindre et de cône que nous avons choisies, il suffit d'une seule formule pour décrire tous les types de cylindres, et par conséquent de prismes, de même que l'ensemble des cônes et des pyramides.

Activités de tri et de classification

La prochaine activité propose une bonne méthode pour présenter une nouvelle catégorie de formes.

Activité 8.6

Découvrir la définition mystère

Utilisez un rétroprojecteur ou le tableau pour réaliser des activités comme celle de la figure 8.14. En préparant votre première collection de figures, assurez-vous de couvrir toutes les variantes possibles. Par exemple, dans la figure 8.14, l'ensemble des losanges comprend un carré. De même, si vous voulez en arriver à une définition précise, incluez des contre-exemples qui soient aussi proches des exemples qu'il est nécessaire. Le troisième ensemble, composé de figures de différents types, devrait aussi comprendre des contre-exemples représentant les figures que les élèves ont le plus tendance à confondre.

Au lieu de chercher à faire confirmer leur choix de figures du troisième ensemble, les élèves devraient expliquer leur choix par écrit.

La valeur de la méthode adoptée dans «Découvrir la définition mystère» tient à ce que les élèves élaborent des idées et des définitions en fonction de leur propre développement conceptuel. Après avoir discuté de leurs définitions et les avoir comparées entre elles, par souci de clarté, vous pouvez leur présenter la définition contenue dans les manuels.

La prochaine activité est particulièrement utile pour définir les divers types, ou catégories de triangles. On y adopte une approche différente.

Activité 8.7

Classer des triangles

Faites des copies de la feuille reproductible intitulée «Divers triangles». Notez que cette feuille contient des exemples de triangles rectangles, acutangles et obtusangles; équilatéraux, isocèles et scalènes, ainsi que des triangles représentant toutes les combinaisons possibles de ces différentes catégories. Demandez aux élèves de découper les triangles. Demandez-leur ensuite de classer toute la collection en trois groupes de manière qu'aucun triangle n'appartienne simultanément à deux groupes, puis de décrire chaque groupe. Après avoir effectué ces tâches, dites aux élèves de chercher un second critère permettant de créer trois autres groupes. Il faudra peut-être leur suggérer d'observer uniquement la grandeur des angles ou les côtés congruents, mais ne leur donnez ces indices qu'en cas de nécessité.

L'activité «Classer des triangles» permet de définir les six types de triangles sans avoir à écrire les définitions au tableau et à exiger des élèves qu'ils les mémorisent. En guise d'aide-mémoire, créez un tableau comme celui qui est donné ci-contre, puis demandez aux élèves de tracer un triangle dans chacune des neuf petites cases.

Toutes les figures suivantes ont une propriété commune.

Les figures suivantes ne possèdent pas de propriété commune.

Lesquelles des figures suivantes possèdent la propriété commune?

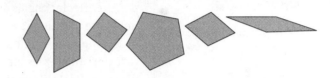

Il n'est pas nécessaire de connaître le nom d'une propriété pour comprendre celle-ci. Il faut observer attentivement les propriétés pour découvrir ce que des figures ont en commun.

FIGURE 8.14 ▲

Toutes ces figures, aucune de ces figures: une définition mystérieuse.

FR 29

	Équilatéral	Isocèle	Scalène
Rectangle			
Acutangle			
Obtusangle			

PAUSE — Il est impossible d'écrire quoi que ce soit dans deux des cases du tableau. Lesquelles et pourquoi?

Les quadrilatères (ou polygones à quatre côtés) constituent un domaine d'étude particulièrement riche. Pour réaliser l'activité suivante, les élèves doivent avoir eu l'occasion de se familiariser avec les concepts d'angle droit, d'angle aigu et d'angle obtus, de congruence de deux segments de droite et de symétrie axiale (de réflexion) et de rotation.

FR 30-33

Établir des listes de propriétés des quadrilatères

Préparez des feuilles de travail pour les parallélogrammes, les losanges, les rectangles et les carrés. (Voir les feuilles reproductibles.) Chaque feuille devrait contenir trois ou quatre exemples de l'une de ces catégories de figures énumérées plus bas (figure 8.15). Formez des équipes de trois ou quatre élèves et remettez-leur un type de quadrilatères. Demandez ensuite à chaque équipe d'établir une liste comportant le plus grand nombre possible de propriétés caractérisant les quadrilatères du type qui lui a été attribué. Chaque propriété énumérée doit s'appliquer à toutes les figures de la feuille de travail. Les élèves auront besoin d'une simple fiche de carton pour vérifier les angles droits, comparer la longueur des côtés et tracer des segments de droite. Ils auront également besoin d'un miroir pour vérifier la symétrie axiale et de papier à décalquer pour vérifier la congruence des angles et la symétrie de rotation. Incitez les élèves à employer l'expression « au moins » lorsqu'ils décrivent combien il y a d'éléments d'un type donné ; par exemple, « les rectangles ont au moins deux axes de symétrie », puisque les carrés, qui sont compris dans les rectangles, en ont quatre.

Demandez aux élèves d'écrire leurs listes de propriétés sous les titres suivants : côtés, angles, diagonales, symétries. À la fin de l'activité, les équipes mettent leurs listes en commun. Les élèves pourront alors rédiger une seule liste par figure pour toute la classe.

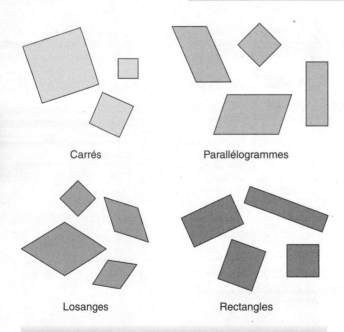

Carrés   Parallélogrammes

Losanges   Rectangles

FIGURE 8.15 ▲

Les feuilles reproductibles contiennent des figures pour la préparation des feuilles de travail utilisées dans l'activité « Établir des listes de propriétés des quadrilatères ».

Vous pouvez prendre le temps correspondant à deux ou trois leçons pour faire la dernière activité. Commencez la mise en commun des listes par les parallélogrammes, continuez avec les losanges, puis les rectangles, et enfin les carrés. Invitez une équipe à présenter sa liste. Ceux qui ont travaillé avec la même figure devraient ajouter ou soustraire des éléments s'il y a lieu. La classe doit donner son accord avant d'écrire un élément dans la liste finale. Au fur et à mesure que les élèves nomment des relations au cours de cette séance de présentation et de discussion, vous voudrez peut-être saisir l'occasion d'introduire la terminologie appropriée. Par exemple, si deux diagonales se coupent en formant un angle droit, alors elles sont *perpendiculaires*. Profitez-en également pour clarifier d'autres termes, comme *parallèle*, *congruent*, *bissectrice*, *milieu*, tout en aidant les élèves à rédiger leurs descriptions. C'est aussi le moment propice pour introduire des symboles comme ≅, qui signifie « est congruent à », et ‖, qui veut dire « est parallèle à ».

Vous pouvez généraliser l'activité 8.8 en employant des rhomboïdes et des trapèzes. La sous-section portant sur les activités de niveau 2 contient des exercices importants pour assurer le suivi de l'activité « Établir des listes de propriétés des quadrilatères » (voir les activités 8.11 et 8.12, p. 243-244). De plus, vous pouvez utiliser des activités similaires pour introduire les définitions de solides.

Activités de construction

Les élèves qui atteignent le niveau 1 doivent encore construire et dessiner des figures. Les logiciels de géométrie dynamique (*The Geometer's Sketchpad* ou *Cybergéomètre, The Geometry Inventor* et *Cabri 3D*) rendent l'exploration de formes plus motivante.

Dans l'activité 8.8 («Établir des listes de propriétés des quadrilatères»), les élèves examinent les diagonales de diverses classes de quadrilatères. Si vous n'avez pas eu l'occasion de faire cette activité, effectuez l'exercice suivant; il est très intéressant et commence non pas avec des figures, mais des diagonales.

Activité 8.9

Construire des quadrilatères à partir des propriétés de leurs diagonales

Les élèves ont besoin de trois bandes de carton pour affiches d'environ 2 cm de largeur: deux morceaux d'une même longueur (30 cm approximativement) et un troisième un peu plus court (environ 20 cm). Sur chacun d'eux, percez neuf trous équidistants le long du carton. (Faites un trou près de chaque extrémité, puis divisez par 8 la distance entre les deux trous préalablement perforés. Le résultat indique la distance séparant les autres trous.) Pour joindre deux bandes, servez-vous d'une attache parisienne. Il s'agit ensuite de former un quadrilatère en joignant les quatre trous situés aux extrémités des bandes, au moyen d'une ficelle, comme dans la figure 8.16. Donnez aux élèves la liste des relations possibles entre les angles, les longueurs et les rapports entre les parties. Leur tâche consiste à déterminer, en utilisant les bandes, les propriétés des diagonales pouvant servir à construire différents quadrilatères. Les morceaux de carton servent de support lors de l'exploration. Les élèves décideront peut-être de dessiner des figures sur du papier pointillé afin de vérifier leurs hypothèses.

MODÈLE DE LEÇON

(pages 265–267)

Vous trouvez à la fin de ce chapitre le plan d'une leçon complète basée sur l'activité «Construire des quadrilatères à partir des propriétés de leurs diagonales».

Il est possible de décrire de façon unique chaque type de quadrilatères en fonction de ses diagonales, en énonçant uniquement des conditions relatives à leur longueur, aux rapports entre leurs parties et au fait qu'elles sont perpendiculaires ou non. Certains élèves analyseront les relations entre les diagonales afin de voir quelles figures ils peuvent créer; d'autres prendront comme point de départ des exemples de figures et examineront les

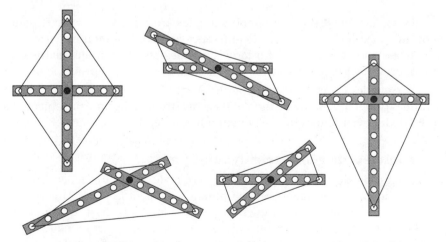

FIGURE 8.16 ◀

Diagonales de quadrilatères.

On peut distinguer les quadrilatères en fonction de leurs diagonales. Examinez la longueur de chacune d'elles, leur point d'intersection et les angles qu'elles déterminent. À quelles conditions pourrait-on avoir un parallélogramme? Un rectangle? Un losange? Et voici une question plus difficile: quelles propriétés caractérisent un trapèze non isocèle?

Chapitre 8 La pensée et les concepts en géométrie **239**

relations entre les diagonales. Un logiciel de géométrie dynamique, comme *Cabri 3D* ou *The Geometer's Sketchpad* (*Cybergéomètre*), constitue un excellent outil pour cette recherche.

Cercles

Il existe plusieurs relations intéressantes entre les mesures de différents éléments d'un cercle. Parmi les plus étonnantes et les plus importantes, notons le rapport entre les mesures respectives de la circonférence et du diamètre.

 PAUSE **Vrai ou faux ? Tous les cercles sont semblables. Justifiez votre réponse.**

Activité 8.10

Découvrir le nombre pi

Formez des équipes auxquelles vous demanderez de mesurer minutieusement la circonférence et le diamètre de plusieurs cercles. Ne donnez pas les mêmes cercles à deux équipes distinctes.

Mesurez à la fois la circonférence et le diamètre d'objets circulaires, comme des couvercles de pots, des tubes, des boîtes de conserve et des corbeilles à papier. Pour mesurer la circonférence, enroulez une ficelle autour de l'objet, puis mesurez la longueur de celle-ci.

Mesurez aussi de grands cercles tracés sur le sol du gymnase ou de la cour d'école en vous servant d'une roue d'arpentage ou d'un câble pour mesurer la circonférence.

Rassemblez les mesures de circonférence et de diamètre effectuées par toutes les équipes et notez-les dans un tableau. Vous devriez aussi calculer le rapport de la circonférence au diamètre pour chaque cercle, et tracer un nuage de points représentant les données. Portez les valeurs du diamètre sur l'axe horizontal et celles de la circonférence sur l'axe vertical.

La plupart des rapports devraient se situer au voisinage de 3,1 ou 3,2. Le nuage de points devrait permettre de distinguer la représentation d'une droite passant par l'origine. Le rapport exact est un nombre irrationnel, soit environ 3,141 59, qu'on représente par la lettre grecque π (pi).

Dans l'activité 8.10, ce qui importe le plus, c'est que les élèves comprennent clairement que π est le rapport de la circonférence au diamètre de n'importe quel cercle. Le nombre π n'est pas une quantité bizarre contenue dans les formules mathématiques : c'est un rapport universel qu'on observe dans la nature.

Lorsque les élèves ne se limitent plus à construire des formes avec des « blocs » géométriques (tangrams, pièces de mosaïques géométriques, dessins sur papier quadrillé, etc.), l'ordinateur devient un outil d'exploration fort utile.

Logiciels de géométrie dynamique

Un logiciel de géométrie dynamique permet de construire facilement des points, des droites et des figures géométriques en utilisant seulement la souris. Une fois que les élèves ont dessiné des objets géométriques, ils peuvent les déplacer et les manipuler d'innombrables façons. Il est aussi possible de mesurer des distances, des longueurs, des aires, des angles, des pentes et des périmètres. Lorsqu'on modifie une figure, les mesures s'ajustent instantanément.

De tels logiciels permettent de dessiner des droites perpendiculaires ou parallèles à d'autres droites ou à des segments de droite, de même que des angles et des segments de droite congruents à d'autres angles ou segments. Il est possible de marquer le milieu d'un segment au moyen d'un point ou de construire une figure qui soit une réflexion, une rotation ou une dilatation d'une autre figure. La caractéristique la plus importante, c'est qu'une fois qu'on a créé un objet géométrique ayant une relation donnée avec un autre objet, cette relation est conservée quels que soient les déplacements ou les modifications que subit l'un ou l'autre objet.

Cabri 3D (Cabrilog), *The Geometer's Sketchpad* (Key Curriculum Press, 2001), *The Geometry Inventor* (Riverdeep, 1996) ou le *Cybergéomètre* sont les logiciels de géométrie dynamique les mieux connus. Bien que chacun fonctionne de manière légèrement différente, ils se ressemblent suffisamment pour qu'il ne soit pas nécessaire d'en donner ici des descriptions distinctes. Ils ont été initialement conçus à l'intention des élèves du secondaire ; ils sont tous utiles, et on devrait commencer à les employer dès la quatrième année environ.

Exemples de géométrie dynamique

Pour bien se rendre compte des possibilités qu'offrent les logiciels de géométrie dynamique (et du plaisir qu'ils procurent), il faut vraiment s'en servir. Pour le moment, nous présentons ci-dessous un exemple visant à illustrer le fonctionnement de ces logiciels.

Dans la figure 8.17, on a joint par des segments de droite les milieux des côtés d'un quadrilatère quelconque ABCD. On a également dessiné et mesuré les diagonales du quadrilatère résultant (EFGH). Quels que soient les déplacements que subissent les points A, B, C et D sur l'écran, et il existe toujours des relations identiques entre les autres droites (qui joignent les milieux des côtés ou sont des diagonales), et ce, même si on inverse le quadrilatère. Par ailleurs, les mesures sont instantanément ajustées à l'écran.

Rappelez-vous qu'au niveau 1 les objets de la pensée sont des *classes* de figures. Si on trace un quadrilatère à l'aide d'un logiciel de géométrie dynamique, on observe une seule figure, comme si on l'avait construite sur du papier ou un géoplan. Mais avec le logiciel, il est possible d'étirer le quadrilatère et de le modifier de multiples façons. Les élèves explorent ainsi non seulement une figure, mais un nombre considérable d'exemples de la même classe de figures. Si une propriété est conservée lorsqu'on modifie la figure, c'est qu'elle caractérise la *classe* de figures et non seulement la figure elle-même.

L'exemple de la figure 8.18 (p. 242) illustre comment on peut utiliser *Sketchpad* ou le *Cybergéomètre* pour étudier les quadrilatères en prenant des diagonales comme point de départ. Le logiciel donne les consignes requises pour créer la figure, qu'on peut réaliser rapidement même si on connaît très peu le logiciel. Si on construit la figure selon les

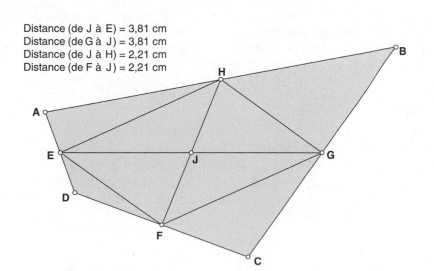

Distance (de J à E) = 3,81 cm
Distance (de G à J) = 3,81 cm
Distance (de J à H) = 2,21 cm
Distance (de F à J) = 2,21 cm

FIGURE 8.17 ◄

Une construction, réalisée avec *Sketchpad*, qui illustre une propriété intéressante des quadrilatères.

FIGURE 8.18 ▶

Avec *The Geometer's Sketchpad*, ou avec le *Cybergéomètre*, les élèves peuvent construire deux segments de droite qui se coupent toujours en leur milieu. En joignant les extrémités deux à deux, ils obtiennent un quadrilatère qui continue d'appartenir à la même classe de figure, quelle que soit la façon dont ils déplacent les points A, B, C et D.

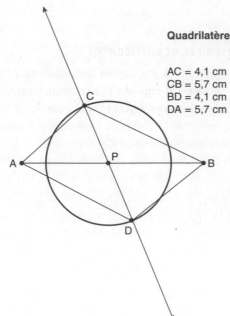

Quadrilatères dont les diagonales se coupent en leur milieu.

AC = 4,1 cm
CB = 5,7 cm
BD = 4,1 cm
DA = 5,7 cm

Tracez un segment AB et marquez le milieu P.

Construisez un cercle ayant comme centre P et passant par le point C.

Tracez la droite passant par C et P, puis le point d'intersection D de cette droite et du cercle.

Construisez le quadrilatère ABCD et mesurez chacun de ses côtés.

Déplacez le point C. Quels quadrilatères différents pouvez-vous obtenir ?

Que pouvez-vous affirmer au sujet des diagonales de chaque figure obtenue ?

Que pouvez-vous vérifier au sujet des diagonales des figures créées ?

directives, les diagonales du quadrilatère ABCD se coupent toujours en leur milieu, peu importe les modifications qu'on fait subir à la figure. En déplaçant le point C, on peut transformer le quadrilatère ABCD en parallélogramme, en rectangle, en losange ou en carré. Mais, dans chaque cas, il est possible d'obtenir des informations supplémentaires au sujet des diagonales en examinant le dessin.

Les logiciels de géométrie dynamique constituent aussi d'excellents outils pour l'étude des concepts de symétrie et de transformation (glissements, rabattements et rotations). Les éditeurs de ces logiciels fournissent des activités intéressantes et appropriées au niveau 1. Ces programmes contiennent de nombreuses activités et des publications connexes en proposent d'autres.

PAUSE Pourquoi est-il impossible de transformer le quadrilatère de la figure 8.18 en rhomboïde ou en trapèze qui ne soit pas également un parallélogramme ?

Les activités pour les élèves de niveau 2

Les activités de niveau 2 se caractérisent par la présence de raisonnement logique non formel. La majorité des élèves de cinquième et de sixième année sont encore au niveau 1, voire au niveau 0. Cependant, c'est bel et bien à ce niveau scolaire qu'il convient d'initier les élèves au raisonnement déductif, alors qu'ils commencent à comprendre diverses propriétés géométriques et à les associer à des classes importantes de figures. Vous ne devriez donc pas vous interdire d'explorer certaines activités du niveau 2 pour la simple raison que vous n'enseignez pas au secondaire.

Définitions et démonstrations

Pour bien comprendre la différence entre les niveaux 1 et 2 de la théorie des Van Hiele, il est nécessaire de comparer le type de raisonnement à employer pour réaliser l'activité de niveau 1 « Établir des listes de propriétés des quadrilatères » (activité 8.8, p. 238) et la prochaine activité, conçue pour lui faire suite.

Établir des listes de propriétés nécessaires et suffisantes

(La présente activité doit se faire après l'activité 8.8 «Établir des listes de propriétés des quadrilatères», p. 238.) Une fois que la classe s'est entendue sur une liste de propriétés pour le parallélogramme, le losange, le rectangle et le carré (et peut-être aussi le rhomboïde et le trapèze), affichez les listes ou tapez-les et faites-en des copies. Dites à vos élèves de former des équipes et demandez à chacune d'elles de déterminer une «liste de propriétés nécessaires et suffisantes» pour la figure que vous leur avez assignée. Une telle liste réunit un ensemble d'attributs que doit posséder une forme pour être une figure donnée et ces propriétés suffisent à définir la figure. Ils suffisent à définir cette figure en ce sens que toute forme qui possède ces propriétés est *nécessairement* une figure de ce type. Ainsi, la liste des propriétés nécessaires et suffisantes d'un carré garantit qu'une figure présentant ces propriétés est bien un carré. Les propriétés sont nécessaires en ce sens que si on retire l'une d'entre elles de la liste, celle-ci ne définit plus la figure en question. Par exemple, une liste de propriétés nécessaires et suffisantes d'un carré comprend la présence de quatre côtés congruents et d'un angle droit. Les élèves devraient essayer de découvrir au moins deux ou trois listes de propriétés nécessaires et suffisantes pour la figure qui leur est assignée. Après le travail en équipe, vous devriez examiner avec toute la classe chaque liste produite pour vérifier si elle contient des propriétés non nécessaires et si elle suffit à définir la figure. Une propriété n'est pas nécessaire si on peut la retirer de la liste et que celle-ci définit toujours la même figure; une liste ne suffit pas pour définir une figure donnée si on peut trouver un contre-exemple, c'est-à-dire une forme qui possède toutes les propriétés de la liste, mais sans être du même type que la figure donnée.

Il existe au moins quatre listes de propriétés nécessaires et suffisantes pour le parallélogramme, le losange, le rectangle et le carré. Dans chaque cas, l'une de ces listes est particulièrement intéressante parce que les propriétés qu'elle comprend se rapportent seulement aux diagonales. Par exemple, un quadrilatère dont les diagonales se coupent en leur milieu en formant un angle droit (c'est-à-dire qu'elles sont perpendiculaires) est un losange. Plusieurs listes se composent d'une seule propriété. C'est le cas du parallélogramme, un quadrilatère caractérisé par une symétrie de rotation au moins d'ordre 2.

L'activité sur les propriétés nécessaires et suffisantes mérite qu'on s'y arrête plus longuement. Remarquez d'abord la composante logique: «*Si* un quadrilatère possède les propriétés de la liste, *alors* c'est nécessairement un carré.» La logique intervient aussi dans le rejet des listes erronées. Un autre aspect intéressant concerne l'occasion qui s'offre de discuter du sens même de la définition. En fait, toute liste de propriétés nécessaires et suffisantes représente une définition de la figure en question. Les définitions employées couramment sont des listes de propriétés nécessaires et suffisantes probablement retenues en raison de leur grande simplicité. Un quadrilatère dont les diagonales se coupent en leur milieu n'évoque pas instantanément un parallélogramme. N'oubliez pas que lorsque les élèves créent leurs propres listes de propriétés, ils ne travaillent pas à partir d'une définition, seulement d'un ensemble de figures munies d'une étiquette. En théorie, il est possible de créer des listes sans n'avoir jamais entendu parler des figures en cause. Notez enfin qu'au cours de cette activité l'objet de la pensée des élèves porte clairement sur les propriétés et non sur les figures. Les produits de l'activité sont des relations entre les propriétés.

La prochaine activité constitue aussi un excellent prolongement de l'activité «Établir des listes de propriétés des quadrilatères», même si elle ne se limite pas à cette classe de figures, puisqu'elle peut aussi comprendre des solides. Prêtez encore une fois attention à la logique à laquelle elle fait appel.

Est-ce vrai ou faux ?

Préparez des énoncés de la forme suivante : « Si c'est _____, alors c'est aussi _____. » « Tous les _____ sont des _____. » « Certain(e)s _____ sont des _____. » Voici quelques exemples, mais il existe de nombreuses possibilités.

- Si c'est un carré, alors c'est aussi un losange.
- Tous les carrés sont des rectangles.
- Certains parallélogrammes sont des rectangles.
- Tous les parallélogrammes ont des diagonales congruentes.
- Si une figure a exactement deux axes de symétrie, il s'agit nécessairement d'un quadrilatère.
- Si c'est un cylindre, alors c'est aussi un prisme.
- Tous les prismes ont un plan de symétrie.
- Toutes les pyramides ont des bases carrées.
- Si un prisme a un plan de symétrie, alors c'est un prisme droit.

La tâche consiste à déterminer si les énoncés sont vrais ou faux et à présenter un raisonnement justifiant la réponse donnée. Quatre ou cinq énoncés *vrais ou faux* constituent une bonne leçon. Une fois que les élèves ont compris la forme de l'activité, invitez-les à lancer des défis à leurs camarades en leur proposant leur propre liste de cinq énoncés. Chaque liste devrait comprendre au moins un énoncé vrai et un énoncé faux. Servez-vous des listes des élèves au cours des leçons suivantes.

PAUSE

À l'aide des listes de propriétés des carrés et des rectangles, prouvez que : « Tous les carrés sont des rectangles. » Il est à noter qu'il faut faire appel au raisonnement logique pour comprendre cet énoncé. Il ne sert à rien de tenter de l'imposer simplement aux élèves qui ne sont pas prêts à élaborer cette relation.

Si un élève formule un énoncé à propos d'une situation géométrique que la classe est en train d'explorer, vous pouvez l'écrire au tableau, mais faites-le suivre d'un point d'interrogation. Ce faisant, vous indiquerez qu'il s'agit d'une *hypothèse*, c'est-à-dire d'un énoncé dont l'exactitude ou la fausseté n'ont pas encore été vérifiées. Demandez aux élèves, par exemple : « Est-ce que c'est vrai ? Est-ce toujours vrai ? Pouvons-nous le prouver ? Pouvons-nous trouver un contre-exemple ? » Au cours de telles discussions, il est possible de formuler des arguments déductifs acceptables.

Relation de Pythagore

Étant donné son importance, la *relation de Pythagore* mérite une attention particulière, même si elle ne fait généralement pas partie des programmes traditionnels avant le début du secondaire. En géométrie, cette relation affirme que si on construit un carré sur chacun des côtés d'un triangle rectangle, alors la somme des aires des deux plus petits carrés est égale à l'aire du carré construit sur le côté le plus long, appelé hypoténuse. L'activité suivante est susceptible d'aider les élèves à découvrir la relation de Pythagore.

Découvrir la relation de Pythagore

Demandez aux élèves de tracer un triangle rectangle sur du papier centimétré. Faites-en sorte que chaque élève travaille sur un triangle différent. Pour ce faire, indiquez-lui la longueur des deux côtés qui déterminent un angle droit. Les élèves doivent construire un carré sur chacun de ces côtés et sur l'hypoténuse, puis déterminer l'aire des trois carrés. (On peut déterminer l'aire exacte du carré construit sur l'hypoténuse en traçant quatre rectangles ayant chacun un des côtés du carré comme diagonale, comme dans la figure 8.19.) Construisez ensuite avec les valeurs des aires un tableau (ayant trois colonnes intitulées Carré sur côté 1, Carré sur côté 2 et Carré sur hyp.), puis demandez aux élèves d'essayer de découvrir une relation entre les carrés.

L'activité 8.13 permet d'établir la relation de Pythagore. Mais qu'en est-il de la démonstration ? Il existe plus d'une centaine de démonstrations de la relation de Pythagore, mais la majorité des élèves de cinquième année sont probablement incapables de comprendre la plupart d'entre elles. Les deux dessins de la figure 8.20 sont tirés de l'ouvrage *Proofs without Words* (Nelson, 1993). Il est possible de disposer les figures de la partie de gauche de manière qu'elles s'insèrent dans le dessin de droite. Ainsi, il n'est pas nécessaire de recourir à l'algèbre ou à quelque formule que ce soit pour démontrer que l'aire des deux carrés de gauche est nécessairement égale à celle du grand carré de droite.

PAUSE À l'aide des deux dessins de la figure 8.20, formulez une démonstration de la relation de Pythagore.

À propos des TIC

La version électronique des *Standards* du NCTM comprend une démonstration dynamique, dénuée de mots, qu'il vaut la peine de faire connaître à vos élèves (Applet 6.5). Puisqu'elle repose sur le fait qu'un parallélogramme et un rectangle ayant la même base et la même hauteur ont la même aire (chapitre 9), cette démonstration constitue aussi une bonne révision.

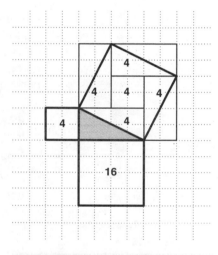

FIGURE 8.19 ▲

Relation de Pythagore. Il est à noter que si l'on trace le schéma sur du papier quadrillé, il est facile de déterminer l'aire de tous les carrés. Dans le cas illustré, l'aire du carré construit sur l'hypoténuse est égale à 4 + 16.

Les activités de transformation

Une transformation est aussi appelée « mouvement rigide », c'est-à-dire un mouvement qui ne modifie ni les dimensions ni la forme de l'objet déplacé. On considère généralement trois types de transformations : les *translations* ou glissements, les *réflexions* ou rabattements et les *rotations*. Il est intéressant de noter que l'étude de la symétrie fait aussi partie de l'étude des transformations. Savez-vous pourquoi ?

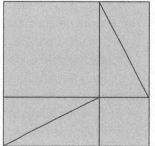

FIGURE 8.20 ▲

Une démonstration de la relation de Pythagore. Les deux dessins constituent une « démonstration dénuée de mots ». Pouvez-vous formuler votre raisonnement ?

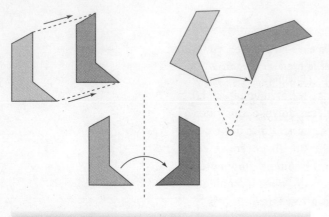

FIGURE 8.21 ▲

Translation (glissement), réflexion (rabattement), rotation.

Les glissements, les rabattements et les rotations

Au niveau débutant, il est parfaitement approprié d'employer les termes *glissement*, *rabattement* et *rotation*. L'objectif est d'aider les élèves à reconnaître et à appliquer ces transformations. Vous pouvez leur montrer une figure asymétrique à l'aide du rétroprojecteur pour présenter ces termes (figure 8.21). Dans votre manuel, les rotations seront probablement limitées à des rotations par rapport au centre de la figure, et les réflexions à des rabattements par rapport à un axe vertical ou horizontal qui passe par le centre de la figure. Il n'est toutefois pas nécessaire de s'imposer de telles restrictions, d'ailleurs susceptibles de prêter à confusion.

On peut faire travailler les élèves avec l'acrobate décrit dans la prochaine activité pour présenter les termes *glissement*, *rabattement* et *rotation*. Dans l'activité, il est question seulement de rotations d'un quart de tour, d'un demi-tour et de trois quarts de tour dans le sens des aiguilles d'une montre, et il s'agit toujours de rotations par rapport au centre de la figure. Quant aux réflexions, ce sont des rabattements par rapport à un axe vertical ou horizontal. Ces restrictions ne visent que la simplification. En général, une rotation peut se faire par rapport à n'importe quel point appartenant ou non à la figure. De même, l'axe d'une réflexion est n'importe quelle droite.

FR 34, 35

Activité 8.14

Superposer des images avec l'acrobate

Servez-vous des feuilles reproductibles sur lesquelles l'acrobate est imprimé, faites des copies du premier acrobate, puis copiez l'image inversée au verso. Commencez par faire quelques démonstrations devant les élèves. Ce qu'on veut, c'est que les deux images se superposent lorsqu'on place la feuille devant une source de lumière. Découpez les feuilles de manière à conserver seulement un carré. Donnez à chaque élève une copie de l'acrobate vu de deux côtés.

Montrez aux élèves tous les mouvements possibles. Un glissement est, comme son nom l'indique, un mouvement simple : on ne fait pas tourner la figure et on ne l'inverse pas. Expliquez comment on fait tourner la figure d'un quart de tour, d'un demi-tour et de trois quarts de tour. Assurez-vous que tous comprennent que, dans l'activité, on fait toujours tourner la figure dans le sens des aiguilles d'une montre. Montrez également comment on effectue un rabattement par rapport à un axe horizontal (de haut en bas) et par rapport à un axe vertical (de gauche à droite). Faites des exercices en demandant à tous les élèves de placer initialement leur acrobate dans une même position. Selon le mouvement que vous nommez, les élèves glissent, rabattent ou tournent leur acrobate en conséquence.

Montrez ensuite deux acrobates placés l'un à côté de l'autre, dans une position quelconque. La tâche consiste à déterminer quel mouvement ou quelle combinaison de mouvements il faut effectuer pour amener l'acrobate de gauche dans la même position que celui de droite. Les élèves utilisent leur propre acrobate pour découvrir la solution. Vérifiez chaque solution proposée par un élève. Si les deux acrobates sont dans la même position, considérez qu'il s'agit d'un glissement. (Si vous permettez aussi aux élèves d'effectuer les deux rabattements par rapport à une diagonale, il est possible de placer l'acrobate dans n'importe quelle position à l'aide d'une seule transformation.)

PAUSE Placez d'abord l'acrobate dans la position illustrée dans la partie gauche de la figure 8.22. Placez ensuite un second acrobate à côté du premier, dans n'importe quelle position. Pouvez-vous faire coïncider le premier acrobate avec le second en effectuant un seul mouvement? Ou vous faudra-t-il plusieurs mouvements (transformations) pour faire coïncider le premier acrobate avec le second? Pouvez-vous décrire toutes les positions qui requièrent plus d'un mouvement? Existe-t-il des positions qui exigent plus de deux mouvements?

Au début, les élèves ne sauront pas trop quoi faire s'ils n'arrivent pas à placer leur acrobate dans la position voulue en effectuant un seul mouvement. Il s'agit là d'un excellent problème. Ne vous empressez pas de signaler qu'il faut parfois effectuer plus d'un mouvement. Si l'on permet les rabattements aussi bien par rapport à chacune des deux diagonales que par rapport à un axe vertical ou horizontal, il est alors possible de faire prendre à l'acrobate n'importe quelle position en un seul mouvement. Et cela vous donne l'occasion de lancer des défis aux élèves. Deux élèves placent leurs acrobates dans la même position. L'un d'eux modifie ensuite la position de son acrobate et demande à son partenaire de dire quel mouvement il faut effectuer pour que les deux acrobates soient de nouveau dans la même position. Les élèves vérifient la solution proposée, puis ils changent de rôle.

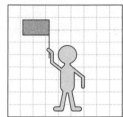

FIGURE 8.22 ▲

Les deux acrobates sont imprimés dos à dos au recto et au verso d'une même feuille. Utilisez ces dessins pour montrer aux élèves comment effectuer des glissements, des rabattements et des rotations. (Voir les feuilles reproductibles.)

Les symétries axiale et de rotation

S'il est possible de plier une figure suivant une droite de manière à superposer exactement les deux moitiés, on dit que la figure possède une *symétrie axiale* (ou symétrie de réflexion). Il est à noter que la droite de pliage est en fait un axe de symétrie: la partie de la figure située d'un côté de cette droite est l'image inversée de l'autre partie. Il s'agit là de la relation entre la symétrie axiale et les transformations.

La majorité de vos élèves auront déjà fait l'expérience de la symétrie axiale. Montrez quelques exemples et des contre-exemples pour réviser ce concept. Adoptez l'approche «toutes ces figures ou aucune de ces figures», illustrée dans la figure 8.14 (p. 237). Une autre approche motivante consiste à utiliser un miroir. Si l'on place un miroir sur une photo ou un dessin, perpendiculairement à la table, le miroir en renvoie l'image inversée.

Voici une activité sur la symétrie axiale.

Activité 8.15

Repérer la symétrie axiale dans des configurations

Les élèves ont besoin d'une feuille de papier ordinaire sur laquelle vous aurez préalablement tracé une droite en son centre. En employant six à huit formes géométriques, ils créent un dessin situé entièrement d'un côté de la droite et qui la touche en des points quelconques. La tâche consiste à tracer l'image inversée du dessin de l'autre côté de la droite. Lorsqu'ils ont terminé, les élèves prennent un miroir pour vérifier leur travail et ils le placent debout vis-à-vis de la ligne droite préalablement tracée. En observant l'image du dessin original, ils devraient observer une figure parfaitement identique à celle qui se trouve de l'autre côté de la droite lorsqu'ils soulèvent le miroir. Vous pouvez également demander aux élèves d'essayer de tracer un dessin possédant plus d'un axe de symétrie.

Il est généralement plus facile pour les élèves de créer des dessins symétriques à l'aide de formes géométriques si la droite initiale est verticale, divisant la feuille en une partie gauche et une partie droite. La tâche est plus difficile si la droite initiale suit l'axe horizontal ou une diagonale.

Vous pouvez aussi réaliser l'activité 8.15 avec un géoplan. Commencez par tendre un élastique vers le bas depuis le centre, ou encore d'un coin à un autre. Ensuite, créez un motif d'un côté de la droite ainsi déterminée, puis construisez l'image inversée du motif de l'autre côté de la droite. Vérifiez le résultat à l'aide d'un miroir. On peut faire exactement la même chose sur des grilles de points isométriques ou rectangulaires, comme le décrit l'activité suivante.

Activité 8.16

Repérer une symétrie axiale sur papier pointillé

Pour cette activité, les élèves ont besoin de papier pointillé isométrique ou rectangulaire. Ils doivent tracer une droite passant par plusieurs points. Il peut s'agir d'une droite horizontale, verticale ou d'une ligne brisée. Demandez-leur ensuite de dessiner une forme entièrement située d'un côté de la droite et ayant exactement deux points communs avec celle-ci (voir les dessins de gauche de la figure 8.23). La tâche consiste alors à produire l'image inversée de la forme de l'autre côté de la droite. (Les élèves peuvent échanger leurs dessins et tracer l'image inversée du dessin de leur camarade.) Demandez-leur de vérifier leur travail à l'aide d'un miroir. Dites-leur de placer le miroir sur la droite et de regarder dans la glace depuis le côté de la droite où ils ont tracé leur premier dessin. Ainsi, ils devraient voir exactement la même image que celle qu'ils observent lorsqu'ils retirent le miroir. Vous pouvez aussi leur proposer de construire des formes ayant plus d'un axe de symétrie.

FIGURE 8.23 ▶

Exploration de la symétrie avec des grilles de points.

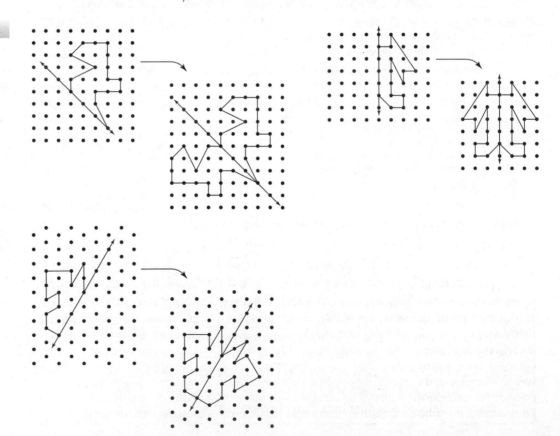

Un plan de symétrie est l'analogue dans l'espace d'un axe de symétrie dans le plan. La figure 8.24 représente une figure construite avec des cubes et qui possède un plan de symétrie.

 PAUSE Un cube possède neuf plans de symétrie. Prenez un cube et essayez de déterminer ces neuf plans.

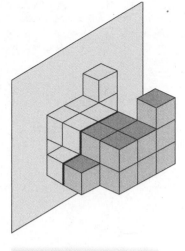

FIGURE 8.24 ▲

Cette construction, réalisée avec des cubes, possède un plan de symétrie.

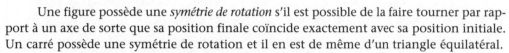

Activité 8.17

Construire des solides possédant un plan de symétrie

À l'aide de cubes, construisez un solide possédant un plan de symétrie. Si celui-ci passe entre les cubes, découpez la structure en la divisant en deux parties symétriques. Essayez de créer des structures présentant deux ou trois plans de symétrie. Construisez divers types de prismes. N'oubliez pas que le plan peut traverser les cubes suivant la diagonale.

Une figure possède une *symétrie de rotation* s'il est possible de la faire tourner par rapport à un axe de sorte que sa position finale coïncide exactement avec sa position initiale. Un carré possède une symétrie de rotation et il en est de même d'un triangle équilatéral.

Un bon moyen de comprendre la symétrie de rotation consiste à prendre une forme possédant une telle symétrie, un carré par exemple, et à en tracer le contour sur une feuille ; nous appellerons ce tracé « la boîte » de la figure. Une symétrie de rotation se définit par son ordre, c'est-à-dire par le nombre de façons qu'on peut mettre la figure dans sa boîte, sans la rabattre. Un carré possède une symétrie de rotation d'*ordre 4*, tandis que celle d'un triangle équilatéral est d'*ordre 3*. Un parallélogramme comme celui de la figure 8.25 a une symétrie de rotation d'*ordre 2*. Dans certains manuels, on désigne une symétrie de rotation d'ordre 2 par l'expression « rotation de 180° ». Le nombre de degrés indique l'angle de la plus petite rotation à faire subir au solide pour retrouver exactement la figure initiale ou pour « remettre la figure dans sa boîte ». Un carré a une symétrie de rotation de 90°.

Activité 8.18

Créer des solides possédant une symétrie de rotation

Demandez aux élèves de construire avec des formes des solides présentant différents types de symétries de rotation. Ils devraient réussir à créer des solides avec une symétrie de rotation d'ordre 2, 3, 4, 6 ou 12. Lesquels de ces solides possèdent également une symétrie axiale ?

FIGURE 8.25 ▲

Il existe deux façons de faire entrer dans sa boîte le parallélogramme illustré ici, sans le rabattre. La symétrie de rotation de cette figure est donc d'ordre 2.

La symétrie de rotation dans un plan (aussi appelée *symétrie par rapport à un point*) possède elle aussi un analogue dans l'espace. Alors que, dans un plan, un solide tourne autour d'un point, dans l'espace, il tourne autour d'une droite, dite *axe de symétrie de rotation*. Lorsqu'un solide avec une symétrie de rotation tourne autour d'un axe de symétrie, il conserve la même position dans l'espace (dans sa « boîte »), mais son orientation varie. On peut faire tourner un solide autour de plus d'un axe de rotation. À chaque axe de symétrie correspond un ordre de symétrie de rotation. Une pyramide régulière à base carrée possède un seul axe de symétrie de rotation, qui passe par le sommet et le centre du carré. En revanche, un cube en a treize en tout : trois sont d'ordre 4 (passant chacun par les centres respectifs de deux faces opposées), quatre sont d'ordre 3 (passant chacun par deux sommets diamétralement opposés) et six sont d'ordre 2 (passant chacun par les milieux respectifs de deux arêtes diamétralement opposées).

Activité 8.19

Découvrir les axes de rotation

Donnez aux élèves un solide ayant au moins un axe de symétrie de rotation. Coloriez ou marquez chaque côté du solide afin de pouvoir mieux le suivre du regard. La tâche consiste à découvrir tous les axes de (symétrie de) rotation et à déterminer l'ordre de symétrie de rotation de chacun. Suggérez aux élèves de tenir le solide avec un doigt de chaque main aux points où l'axe de symétrie traverse le solide, permettant ainsi au partenaire de le faire tourner lentement. Les deux élèves pourront alors décider à quel moment le solide se trouve de nouveau « dans sa boîte », c'est-à-dire à quel moment il occupe de nouveau la portion d'espace qu'il occupait initialement (figure 8.26).

FIGURE 8.26 ▶

Rotations d'un cube.

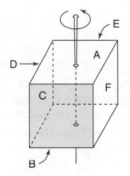

Le point A appartenant à la face supérieure, le cube s'insère dans sa «boîte» de quatre façons. Par rapport à l'axe illustré, l'ordre de symétrie de la rotation est 4.

L'ordre de symétrie de rotation est également 4 par rapport aux deux axes illustrés.

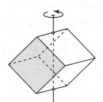

L'ordre de symétrie est 2 pour chacun des axes passant par deux arêtes. Combien y en a-t-il?

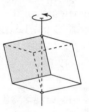

Quel est l'ordre d'une symétrie par rapport à un axe passant par deux sommets opposés? Combien y a-t-il d'axes de ce type?

La composition de transformations

Une transformation peut être suivie d'une autre. Par exemple, il est possible de rabattre une figure par rapport à une droite, puis de la faire tourner par rapport à un point. On appelle *composition* une combinaison comportant deux ou plusieurs transformations.

L'idée de deux transformations consécutives ne pose pas de difficulté, mais il n'est pas toujours facile de garder à l'esprit les changements successifs que subit la figure. Nous verrons plus loin, dans ce chapitre, que l'emploi d'un système de coordonnées constitue une approche intéressante pour rappeler l'état initial de l'objet (avant la transformation).

À propos des TIC

La version électronique des *Standards* du NCTM propose une mini-application du nom de *Using Congruence, Similarity, and Symetry* (Applet 6.4). C'est l'un des meilleurs exemples d'outil informatique à la fois simple et utile. Cette application comporte quatre parties. Après une présentation des trois transformations rigides, le logiciel affiche diverses transformations dont les élèves doivent déterminer la nature en procédant par tâtonnement. Lorsque la figure initiale se déplace ou change de forme à l'écran, l'image subit les mêmes changements, ce qui donne des indices quant à la transformation utilisée (glissement, rabattement ou rotation). Dans les deux dernières parties de la mini-application, il est possible d'explorer des compositions de réflexions, puis d'autres compositions comportant jusqu'à trois transformations. Nous recommandons fortement l'emploi de cette mini-application en raison de ces qualités.

Des logiciels de géométrie dynamique, tels *Cabri 3D* et *The Geometer's Sketchpad* ou le *Cybergéomètre* proposent aussi des illustrations animées de glissements, de rabattements et de rotations. En plus d'effectuer des transformations, ces logiciels permettent de créer des compositions de transformations. Cependant, étant donné leur niveau, les élèves ne pourront y arriver sans votre aide.

Un retour aux structures en mosaïque géométrique

Les élèves peuvent créer de jolies structures en mosaïque géométrique passablement complexes au moyen de transformations ou en combinant des polygones compatibles ou des cercles.

L'artiste néerlandais M. C. Escher est réputé pour ses mosaïques, dans lesquelles les motifs, très complexes, évoquent fréquemment des oiseaux, des chevaux, des anges, des lézards, des édifices étranges et d'autres sujets du même type. Escher choisit souvent un triangle, un parallélogramme, un hexagone ou toute autre forme simple, et soumet les côtés de ces figures à des transformations. Par exemple, d'un mouvement de translation, il fait glisser une courbe tracée le long d'un côté sur le côté opposé; ou bien il dessine une courbe qui se dirige du milieu d'un côté vers un sommet adjacent. Ensuite, il effectue une rotation de la courbe par rapport au milieu du côté, ce qui donne un nouveau côté au motif initial. La partie *a* de la figure 8.27 (p. 252) illustre ces deux procédés. Les dessins ont été réalisés sur du papier quadrillé afin de représenter plus facilement le tracé des courbes. À partir de la quatrième année, les élèves aiment bien dessiner des mosaïques s'inspirant des œuvres d'Escher. Après avoir créé une forme particulière, ils peuvent la découper dans du papier de bricolage de deux couleurs différentes, au lieu de dessiner la mosaïque sur du papier pointillé.

Une structure en mosaïque *régulière* est composée de la répétition d'une seule figure qui est un polygone régulier (c'est-à-dire dont tous les côtés et tous les angles sont congruents entre eux). Chaque sommet d'une mosaïque régulière est formé par la rencontre d'un même nombre de figures, comme dans un échiquier. La réalisation d'une structure en mosaïque *semi-régulière* fait appel à un minimum de deux polygones réguliers différents. À chaque sommet d'une mosaïque semi-régulière, le même ensemble de polygones s'assemble dans un même ordre. On peut décrire un sommet (et par conséquent la totalité de la mosaïque semi-régulière) à l'aide de la série de formes qui s'y rencontrent. Dans la partie *b* de la figure 8.27 (p. 252), le nombre de sommets est écrit sous chaque exemple. Les élèves découvrent les polygones qu'ils peuvent utiliser pour un sommet et créer leurs propres mosaïques semi-régulières.

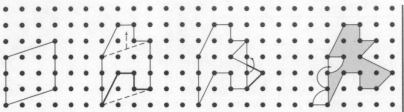

1. Tracez d'abord une figure simple.

2. Tracez une ligne brisée sur deux côtés opposés. Vous obtenez ainsi une figure que vous pourrez placer en dessous ou au-dessus de la première pour former un alignement vertical.

3. Faites tourner une ligne brisée par rapport au milieu d'un côté.

4. Faites tourner par rapport au milieu du côté opposé. Utilisez la figure qui en résulte pour la structure en mosaïque (illustrée ci-dessous).

Un alignement vertical de figures comme celle illustrée ci-dessus s'adapte à un alignement semblable qui a subi une rotation complète. Dans la mosaïque suivante, essayez de déterminer les alignements qui ont subi une telle rotation.

a)

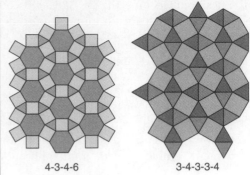

4-3-4-6   3-4-3-3-4

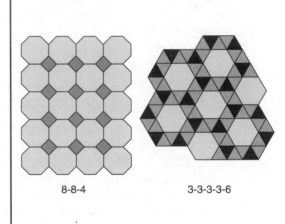

8-8-4   3-3-3-3-6

b)

FIGURE 8.27 ▲

a) Quelques façons de créer une mosaïque inspirée du travail d'Escher.
b) Exemples de mosaïques semi-régulières.

À partir de la quatrième année, les enseignantes aiment bien se servir de structures en mosaïque comme celles de la figure 8.27. On trouve plusieurs excellents ouvrages de référence dans des catalogues comme celui de ETA/Cuisenaire.

À propos des TIC

Plusieurs logiciels, dont *TesselMania!* (Learning Company, 1994), permettent de créer facilement des mosaïques s'inspirant des œuvres d'Escher. Ces applications sont amusantes, mais il faut faire attention à la façon de les utiliser. Les élèves peuvent construire des dallages très complexes sans toutefois comprendre les transformations appliquées. Vous devriez leur faire faire d'abord une ébauche sur papier avant de passer à l'ordinateur. Celui-ci sert alors à effectuer le travail fastidieux requis pour obtenir un produit fini en couleurs et d'aspect attrayant.

Les activités de localisation

Durant le préscolaire, les enfants apprennent les termes courants servant à décrire la position : *au-dessus, en dessous, près de, loin de, entre, à gauche* et *à droite*. Cet apprentissage fait partie des premiers objectifs des *Standards* concernant l'expression précise de la localisation. Il arrive cependant un moment où il devient nécessaire d'employer un système de coordonnées. Il est possible de le faire dès la troisième année.

Pour présenter les systèmes des coordonnées, dessinez au tableau ou sur un transparent pour rétroprojecteur une grille de coordonnées semblable à celle de la figure 8.28. Expliquez comment on peut désigner chaque point d'intersection de la grille avec deux nombres. Le premier indique la distance à parcourir vers la droite, et le second, la distance à parcourir vers le haut. Au début, employez à la fois des mots et des nombres, par exemple « 3 vers la droite et 0 vers le haut ». Assurez-vous d'inclure le nombre 0 lors de votre présentation. Choisissez un point de la grille et demandez aux élèves de dire quelle paire de nombres sert à nommer ce point. Si vous avez choisi 2 et 4 et que les élèves suggèrent à tort d'employer « quatre, deux », montrez-leur simplement où se trouve le point qu'ils viennent de nommer. Insistez sur le fait que, lorsqu'ils disent ou écrivent les deux nombres, le premier indique la distance à franchir vers la droite, et le second, vers le haut.

Une fois que vous aurez présenté un système de coordonnées aux élèves, vous pourriez leur proposer de l'utiliser pour jouer à un jeu simple qui rappelle la « bataille navale ». Sur une grille semblable à celle de la figure 8.28, chaque joueur écrit en secret ses initiales sur cinq points d'intersection. En s'assurant que sa grille est bien cachée des autres joueurs, chacun tente de toucher les cibles de ses ennemis en nommant un point au moyen de coordonnées. Le joueur interpellé indique si le « tir » a atteint son but ou non. Lorsqu'un joueur touche une cible, il a le droit de rejouer. Chacun doit noter les endroits où il a dirigé son tir en écrivant un « X » s'il a atteint la cible et un « O » s'il l'a ratée. Le jeu se termine lorsqu'un des joueurs a détruit toutes les cibles de chacun de ses ennemis.

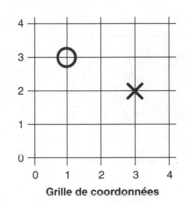

Grille de coordonnées

FIGURE 8.28 ◄

Une grille de coordonnées simple. Le X occupe la position (3,2), et le 0, la position (1,3). Utilisez la grille pour jouer à « Trois sur une ligne » (une forme de tic-tac-toe). Marquez les points d'intersection et non les espaces.

Dans une activité comme celle-là, les coordonnées servent uniquement à décrire des positions. Bien que cet exercice soit important, il n'est pas très difficile ni très stimulant. En cinquième année, les élèves sont tout à fait capables d'utiliser un système de coordonnées pour décrire des transformations dans une grille. Quoiqu'il ne soit pas le seul, ce type d'activités permet d'explorer les glissements, les rabattements et les rotations. Vous pouvez également y faire appel après avoir présenté ces concepts.

Activité 8.20

Effectuer des glissements à l'aide de coordonnées

Les élèves ont besoin d'une feuille de papier quadrillé sur laquelle vous leur ferez dessiner deux axes de coordonnées, l'un à l'extrême gauche et l'autre tout en bas. Demandez-leur de placer cinq ou six points sur la grille et de les relier de manière à créer une petite forme, comme dans la figure 8.29 (p. 254). Si vous leur dites qu'ils doivent employer seulement des coordonnées dont les nombres sont compris entre 5 et 12, la figure sera suffisamment petite et proche du centre de la feuille. Ensuite, faites-leur construire une nouvelle forme en ajoutant 6 à chacune des premières coordonnées de leur forme initiale (couramment appelées coordonnées en *x*), sans modifier les secondes. Par exemple, pour le point (5,10) ils déterminent un nouveau point (11,10). Après avoir porté sur le graphique toutes les nouvelles coordonnées, ils relient chaque point pour obtenir une nouvelle forme, comme ils l'ont fait pour tracer la figure initiale. Faites-leur maintenant construire une deuxième forme en ajoutant 9 à la seconde coordonnée de chaque point, puis une troisième forme en ajoutant 6 à la première coordonnée et 9 à la seconde. Enfin, demandez-leur de construire une quatrième forme en soustrayant 4 à la fois de la première et de la seconde coordonnée. La feuille des élèves devrait contenir la figure initiale et quatre images de celle-ci, chacune occupant une position différente sur le papier quadrillé. Que se passe-t-il quand on ajoute un nombre à la première coordonnée (ou quand on le soustrait) ? Quand on additionne le même nombre à la deuxième coordonnée ? Et quand on le soustrait ? Enfin, qu'arrive-t-il si on additionne un nombre aux deux coordonnées ou si l'on en soustrait un nombre ? Dites aux élèves de tracer des segments de droite reliant les points correspondants de la figure initiale et de son image obtenue en changeant les deux coordonnées. Que remarquent-ils ? (Les segments sont parallèles et de même longueur.) Parmi les cinq figures du graphique final, choisissez-en deux. En prenant l'une d'elles comme référence, comment devrez-vous modifier les coordonnées des points pour obtenir la seconde image choisie ?

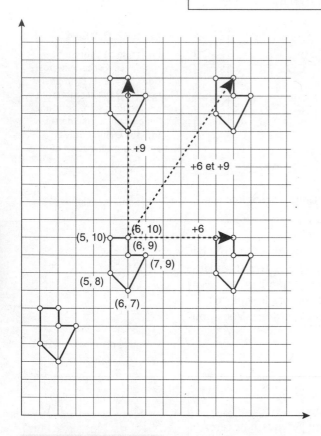

+9

+6 et +9

(5, 10) (6, 10) +6

(6, 9)

(7, 9)

(5, 8)

(6, 7)

FIGURE 8.29 ▲

Dessiner d'abord une figure simple et indiquer les coordonnées des différents points. Ensuite, additionner ou soustraire un nombre aux coordonnées pour obtenir de nouveaux motifs qui constituent des translations (glissements) de la figure initiale.

Dans l'activité précédente, les élèves ont effectué une translation à partir des coordonnées d'une figure auxquelles ils ont additionné ou soustrait un nombre. La figure a « glissé » selon une trajectoire déterminée par les segments de droite reliant les points analogues des deux figures. Il est possible d'explorer aussi bien les réflexions que les translations sur une feuille de papier quadrillé. Toutefois, avant le début du secondaire, vous choisirez sans doute de ne prendre qu'un seul axe de réflexion, soit *x*, soit *y*, comme dans la prochaine activité.

Activité 8.21

Effectuer des réflexions dans un système de coordonnées

Demandez aux élèves de dessiner une forme quelconque à cinq côtés dans le premier quadrant d'un système de coordonnées porté sur du papier quadrillé, comme celui de la figure 8.30. Les sommets doivent coïncider avec des points de la grille. Appelez ces sommets ABCDE et nommez-la *figure 1*. En prenant l'axe des *y* comme axe de symétrie, construisez la réflexion de la figure 1 dans le deuxième quadrant. Nommez-la *figure 2* (ce qui évoque le fait qu'elle est située dans le deuxième quadrant) et désignez par A'B'C'D'E' les points obtenus par réflexion. En prenant ensuite l'axe des *x* comme axe de symétrie, effectuez une réflexion de la figure 2 et de la figure 1, respectivement dans les troisième et quatrième quadrants, et qualifiez les figures obtenues de *figure 3* et de *figure 4*. Appelez les points de ces dernières A'' (A seconde) et A''' (A tierce), etc. Notez les coordonnées de chaque sommet des quatre figures.

- Quelle relation existe-t-il entre la figure 3 et la figure 4 ? De quelle autre façon auriez-vous pu obtenir la figure 3 ? la figure 4 ?

- Quelle relation existe-t-il entre les coordonnées de la figure 1 et celles de son image par rapport à l'axe des *y*, qui est la figure 2 ? Que pouvez-vous affirmer quant aux coordonnées de la figure 4 ?
- Formulez une hypothèse au sujet des coordonnées d'une figure résultant d'une réflexion par rapport à l'axe des *y* et une autre hypothèse pour celles d'une figure résultant d'une réflexion par rapport à l'axe des *x*.
- Tracez des segments de droite reliant les sommets correspondants des figures 1 et 2. Que pouvez-vous affirmer au sujet de ces segments ? Quelle relation existe-t-il entre l'axe des *y* et chacun d'eux ?

PAUSE Servez-vous de la figure 8.30 ou d'un graphique que vous aurez fait pour répondre aux questions posées dans la dernière activité.

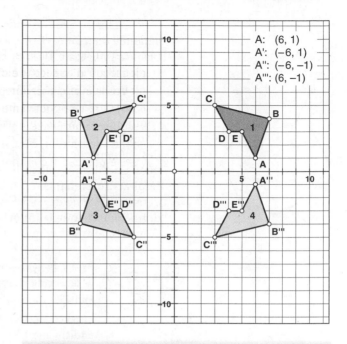

FIGURE 8.30 ▲

Après avoir effectué une réflexion de la figure 1 (ABCDE) par rapport à l'axe des *y*, faire une réflexion à la fois de la figure 1 et de la figure 2 par rapport à l'axe des *x*.

Il est possible d'explorer les rotations selon une méthode similaire à celle que nous avons employée pour effectuer les réflexions dans l'activité 8.21, mais le processus est plus difficile à suivre. Si vous décidez de réaliser une activité de ce type, utilisez des rotations d'un quart de tour par rapport à l'origine.

Après avoir fait les deux activités précédentes, les élèves devraient avoir acquis une méthode générale pour comprendre des translations et des réflexions par rapport à un axe au moyen d'un système de coordonnées. La prochaine activité permet d'effectuer un autre type de transformations en multipliant chaque coordonnée par un même nombre.

Activité 8.22

Effectuer des dilatations au moyen d'un système de coordonnées

Demandez aux élèves de commencer par tracer un quadrilatère dans le premier quadrant et de noter les coordonnées. Ensuite, dites-leur de construire un nouvel ensemble de coordonnées en multipliant chaque valeur initiale par 2, puis de construire l'image de la figure. Qu'obtiennent-ils ? Demandez ensuite aux élèves de multiplier chacune des coordonnées initiales par $\frac{1}{2}$ et de représenter la figure correspondante. Qu'obtiennent-ils ? Par la suite, demandez-leur de tracer sur leur feuille un segment de droite reliant l'origine à l'un des sommets de la plus grande figure, puis de répéter l'opération pour un ou deux autres sommets. Discutez de ce qu'ils observent. (Un exemple est illustré à la figure 8.31.)

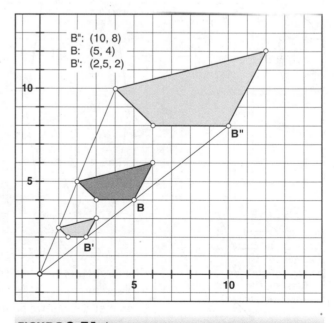

FIGURE 8.31 ▲

Dilatations dans un système de coordonnées. Multiplier les coordonnées des points de la figure du centre par 2, puis par 0,5 afin de créer respectivement les deux autres figures.

La figure que l'on construit en multipliant les coordonnées de chaque point se trouve agrandie ou réduite. Seules les dimensions varient, non la forme: la nouvelle figure est semblable à l'originale. C'est ce qu'on appelle une *dilatation*, c'est-à-dire une transformation *non* rigide puisqu'elle modifie la figure.

Vos élèves aimeront peut-être explorer davantage ce phénomène, car il permet d'observer des effets très intéressants. Demandez-leur de commencer par schématiser le contour d'un visage, un bateau ou un autre objet simple dans un système de coordonnées. Faites-leur placer des points aux endroits appropriés, puis relier les sommets adjacents par des segments de droite. S'ils multiplient seulement les premières ou les secondes coordonnées, ou s'ils multiplient les unes et les autres par un facteur différent, ils obtiendront des résultats surprenants. Proposez-leur, par exemple, de dessiner le chat reproduit ci-contre dans un système de coordonnées. Dites-leur ensuite d'additionner 10 à la première coordonnée de chaque point et de multiplier la seconde par 3.

 Avant de poursuivre votre lecture, essayez de prédire ce que deviendra le dessin du chat si vous additionnez 10 à la première coordonnée et si vous multipliez la seconde coordonnée par 3. Et qu'arriverait-il si vous faisiez l'inverse, autrement dit multiplier la première coordonnée par 3 et additionner 10 à la seconde ?

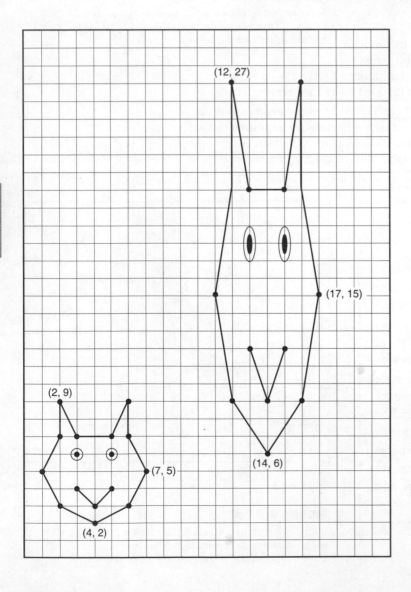

En multipliant les deux coordonnées de chaque point d'une figure par un facteur supérieur à 1, on produit par dilatation une figure semblable, mais plus grande. Si on multiplie seulement l'une des coordonnées, seules les dimensions verticales sont dilatées, de sorte qu'on obtient un étirement vertical proportionnel, comme l'illustre la figure 8.32. En additionnant 10 unités à la première coordonnée, on déplace la figure étirée vers la droite de manière qu'elle ne recoupe pas la figure initiale. Les élèves s'amuseront à explorer diverses variantes d'étirement et de dilatation de figures.

FIGURE 8.32 ◄

Distorsion résultant d'une multiplication des coordonnées des points d'une figure. Les coordonnées du chat agrandi proviennent de celles du chat plus petit ($x + 10$, $3y$).

Les activités de visualisation

Les activités de visualisation visent à percevoir et à comprendre des figures sous diverses perspectives.

Pour déterminer le nombre de figures différentes qu'il est possible de construire avec une quantité donnée de pièces simples, les élèves doivent effectuer mentalement des rabattements et des rotations de figures, et déterminer s'ils sont sûrs d'avoir trouvé toutes les possibilités. Bien qu'on utilise les pentominos depuis plusieurs décennies, ils permettent toujours de réaliser d'excellentes activités de visualisation. Si vos élèves n'ont pas eu l'occasion de se familiariser avec ce type de figures, nous vous recommandons fortement de faire l'activité suivante.

Activité 8.23

Utiliser des pentominos pour déterminer si des figures sont différentes

Un pentomino est une figure formée par la réunion de cinq carrés disposés comme si on les avait découpés dans du papier quadrillé. Chaque carré doit être adjacent à un autre carré au moins par un côté. Donnez à chaque élève cinq carrés et une feuille de papier quadrillé sur laquelle ils pourront écrire leurs résultats. La tâche consiste à découvrir le plus grand nombre possible de pentominos différents. On ne peut considérer comme distincte une figure obtenue par rabattement ou rotation d'une autre figure. Ne dites pas aux élèves combien il existe de pentominos. Attendez-vous à avoir avec eux des discussions très animées quand vous leur demanderez de décider si deux figures données sont réellement distinctes et s'il reste encore des pentominos à découvrir.

Une fois que les élèves auront déterminé qu'il existe exactement 12 pentominos (figure 8.33), vous pourrez utiliser ces 12 formes pour effectuer différentes activités. Collez sur du carton pour étiquettes la feuille de papier quadrillé sur laquelle les élèves ont dessiné les pentominos et demandez-leur de découper les 12 figures. Ces figures serviront pour réaliser les deux prochaines activités.

Il est aussi amusant de voir combien de figures il est possible de construire avec six triangles équilatéraux ou quatre triangles droits ayant des angles de 45° (des moitiés de carrés). Dans ce dernier cas, les côtés adjacents doivent avoir la même longueur. D'après vous, combien y a-t-il de « ominos » de chaque sorte ? Ces variantes des pentominos conviennent très bien à une classe qui a déjà travaillé avec ce type de figures, mais qui doit encore faire des activités de visualisation simples.

On peut faire de nombreuses activités avec les pentominos. Essayez par exemple de placer les 12 figures dans un rectangle formé de 6 rangées de 10 cases ou de 5 rangées de 12 cases. Vous pouvez aussi utiliser chacune des 12 figures comme pièces pour construire une mosaïque géométrique, ou encore examiner les 12 pentominos et déterminer lequel on peut plier pour obtenir une boîte ouverte. Concernant les pentominos qui constituent des patrons de boîtes, il s'agit ensuite de déterminer quel carré forme le fond de la boîte. Une fois que les élèves ont découvert un patron de

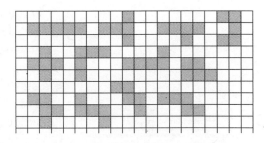

Il existe 12 pentominos.

Rechercher toutes les figures qu'il est possible de construire avec cinq carrés, six carrés (« hexominos ») ou six triangles équilatéraux, etc. constitue un bon moyen d'améliorer les habiletés de résolution de problèmes spatiaux.

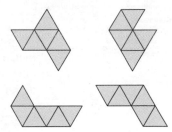

Voici quatre figures différentes construites avec six triangles équilatéraux.

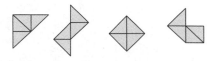

Voici quatre figures différentes construites avec quatre triangles correspondant chacun à la moitié d'un carré.

FIGURE 8.33 ▲

Construction de pentominos et d'autres figures du même type.

boîte, demandez-leur d'écrire les lettres M-A-T-H sur les quatre côtés de manière qu'on puisse lire «MATH» sur le pourtour de la boîte.

Pendant que les élèves s'efforcent de plier mentalement un patron de boîte et de placer les lettres du mot «MATH» dans le bon sens sur les côtés, ils établissent des relations entre l'univers bidimensionnel et l'univers tridimensionnel. Si on fixait un autre carré à un patron de boîte, à l'endroit approprié, on pourrait le replier de manière à obtenir un cube. On appelle *développement* d'un solide une figure plane qu'on peut plier de manière à obtenir le solide. La prochaine activité propose plusieurs problèmes faisant intervenir le développement d'un solide.

Activité 8.24

Répondre à des questions sur les patrons de solides

Le seul lien entre les tâches suivantes, c'est qu'elles font toutes intervenir des développements de solides.

- Pour chacun des pentominos constituant des patrons de boîtes, déterminez en combien d'endroits on peut fixer un sixième carré de manière à créer un développement du cube. Peut-on créer des développements du cube sans prendre comme point de départ un pentomino ?
- Choisissez un solide, un prisme rectangulaire ou une pyramide à base carrée, par exemple. Dessinez le plus grand nombre possible de développements de ce solide. Ajoutez à cet ensemble de figures des arrangements de côtés du solide qui ne sont pas des développements. Demandez à un camarade de déterminer quelles figures sont des développements du solide et lesquelles n'en sont pas.
- À l'aide d'ensembles de figures Polydron ou de géoformes tridimensionnelles, créez une figure plane que l'on peut, selon vous, plier de manière à obtenir le solide. Vérifiez si c'est bien le cas. En précisant le nombre et (ou) le type de figures planes, vous pouvez rendre la tâche plus ou moins difficile. Pouvez-vous construire un développement de solide en vous servant de 12 pentagones réguliers ou de 8 triangles équilatéraux ? (En fait, il est possible de fabriquer un *dodécaèdre* et un *octaèdre*, soit deux des cinq polyèdres tout à fait réguliers, appelés aussi *solides platoniciens*.

L'activité qui suit fournit elle aussi aux élèves l'occasion d'explorer le monde tridimensionnel, mais d'une manière bien différente. Dans ce cas, ils doivent déplacer mentalement des figures et prédire le résultat. Cette activité fait intervenir à la fois la symétrie de réflexion, la visualisation et le raisonnement spatial.

Activité 8.25

Déplacer des formes et prédire le résultat

Choisissez une feuille dont les dimensions vous permettront de travailler avec le rétroprojecteur. Pliez-la en deux, puis encore en deux, mais dans le sens opposé. Les élèves dessinent ce qu'ils voient sur la feuille dépliée, en traçant une droite pour indiquer chaque pli. En tenant la feuille pliée, faites des entailles dans un ou deux côtés ou découpez un ou deux coins. Vous pouvez aussi faire un ou deux trous à l'aide d'un perforateur à papier. Placez ensuite la feuille pliée sur le plateau du rétroprojecteur de telle sorte que les pliures précédemment formées se trouvent à gauche et en haut (figure 8.34). La tâche des élèves consiste à dessiner les entailles et les trous tels qu'ils s'attendent à les voir sur la feuille dépliée.

Pour présenter l'activité, faites une seule pliure et seulement deux entailles. Tenez-vous-en à une pliure jusqu'à ce que les élèves soient prêts à passer à un degré de difficulté plus élevé.

FIGURE 8.34 ◄

Illustration du déroulement de l'activité « Déplacer des formes et prédire le résultat ». Les élèves plient la feuille deux fois, puis ils y font des entailles ou des trous, ou les deux. Avant de déplier la feuille, ils dessinent ce qu'ils s'attendent à voir une fois la feuille étalée.

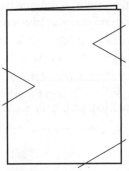

Étape 1 :
Pliez une feuille de papier deux fois.

Étape 2 :
Faites des entailles.

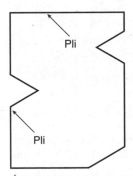

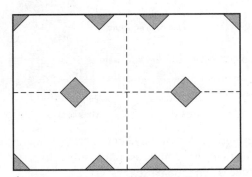

Étape 3 : Montrez la feuille pliée à l'aide du rétroprojecteur.

Étape 4 : Les élèves dessinent ce qu'ils s'attendent à voir une fois la feuille dépliée.

En effectuant plusieurs fois l'activité « Déplacer des formes et prédire le résultat », les élèves finissent par apprendre quelles entailles créent des trous et combien elles en créent, et quelles entailles produisent des échancrures dans les bords ou les coins de la feuille. Il est à noter que la symétrie axiale (de réflexion) joue un rôle essentiel dans cette activité. C'est en effet la symétrie qui détermine la position et la forme des trous produits par chaque entaille, de même que leur nombre.

 PAUSE Arrêtez-vous un moment et essayez de faire vous-même l'activité « Déplacer des formes et prédire le résultat ». Découpez la feuille pliée en divers endroits et observez ce qui entre en jeu dans cette activité bien connue.

Dans le programme de géométrie, l'un des principaux objectifs du thème de visualisation précise que les élèves devraient être capables de reconnaître et de dessiner l'image bidimensionnelle d'un solide, d'une part, et de représenter un solide à partir de son image bidimensionnelle, d'autre part. Les activités conçues pour atteindre cet objectif font souvent appel au dessin de structures préalablement construites avec de petits cubes dont les arêtes mesurent 2,5 cm.

Représenter des solides selon différents points de vue

a. Dans la première variante, les élèves construisent d'abord une structure, puis ils en dessinent les quatre côtés vus de face. Dans la figure 8.35, le plan de la structure correspond à une vue de dessus et il indique le nombre de cubes dans chaque position. Une fois que les élèves ont construit une structure à l'aide d'un plan semblable à celui qui est illustré, leur tâche consiste à dessiner l'avant, les côtés droit et gauche et l'arrière vus de face, comme l'indique la figure.

b. Dans la variante inverse, le point de départ est une vue du côté droit et de l'avant. Les élèves doivent construire la structure à l'aide de ces schémas. Ils notent leur solution en dessinant un plan de la structure (vue de dessus et numérotée).

FIGURE 8.35 ▶

À partir d'un plan de la structure, d'une vue de face ou de la structure elle-même, les élèves doivent tracer les autres représentations.

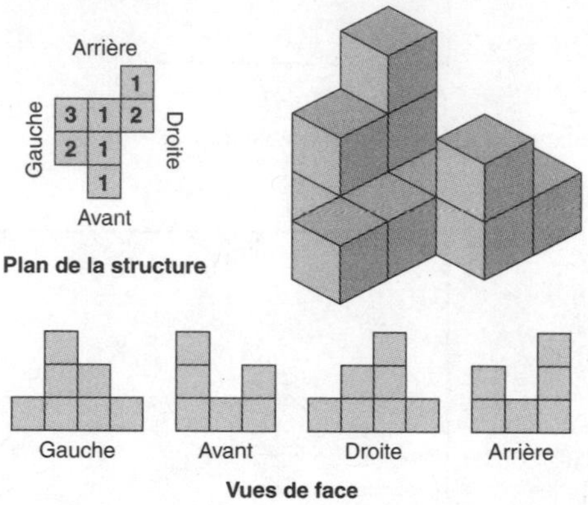

Plan de la structure

Vues de face

Il est à noter que les vues de l'avant et de l'arrière sont symétriques, tout comme les vues des côtés gauche et droit. C'est pour cette raison que la partie *b* de l'activité ne donne qu'une seule vue de chaque paire.

Dans l'activité «Représenter des solides selon différents points de vue», les élèves construisent une structure avec des cubes dont l'arête mesure 2,5 cm, puis ils dessinent les côtés observés de face et la structure vue de dessus. Vous pouvez accroître sensiblement le degré de difficulté de l'exercice précédent en leur demandant de dessiner la structure en perspective ou d'associer des dessins en perspective à une structure. Les élèves doivent faire leurs dessins sur du papier pointillé isométrique. L'activité suivante donne une idée de ce type d'exercice de visualisation.

Effectuer des dessins en perspective

a. Dans la première variante, les élèves reçoivent un dessin en perspective d'une structure en prenant pour hypothèse qu'aucun cube n'est caché. Ils doivent construire la structure avec leurs cubes en se servant du dessin. Ils notent le résultat en traçant un plan de la structure sur lequel ils indiquent le nombre de cubes dans chaque position.

b. Dans la seconde variante, les élèves reçoivent soit un plan de la disposition des cubes, soit cinq vues de face. Ils érigent la structure conformément aux informations fournies, puis ils font deux ou plusieurs dessins en perspective. Une fois devant la surface de travail, il est possible de choisir entre quatre perspectives : l'avant et le côté gauche ou droit, et l'arrière et le côté gauche ou droit. Quand on représente la structure sur le papier, il est souhaitable d'écrire les mots «avant», «arrière», «gauche» et «droite» afin d'éviter de confondre les différents points de vue.

La figure 8.36 illustre un exemple de tâche pour l'activité ci-dessus. D'excellents ouvrages de référence présentent des activités du même type. Il est nécessaire que vous prépariez vous-même les tâches. Le livre le plus connu est peut-être *Middle Grades Mathematics Project : Spatial Visualisation* (Winter et collab., 1986). Les ouvrages du NCTM intitulés *Navigating Through Geometry* contiennent des activités similaires autant dans le tome destiné aux élèves de la quatrième à la sixième année que dans celui qui est utilisé par les élèves de la sixième année et du début du secondaire.

À propos des TIC

On trouve sur le site Web NCTM/ *Illuminations* (http://illuminations.nctm.org/ tools/isometric/isometric.asp) un outil amusant qui permet de dessiner des structures de cubes en perspective, comme dans l'activité 8.27. Avec cette mini-application, appelée *Isometric Drawing Tool*, il suffit de quelques clics de souris pour représenter des cubes entiers, une seule face d'un cube ou seulement des arêtes. Cependant, les dessins représentent de véritables structures affichables sous forme d'objets tridimensionnels. Il est possible de faire tourner les structures dans l'espace afin de les observer sous n'importe quel angle. Les recherches proposées sont instructives et guident les élèves dans leur apprentissage des éléments de la mini-application.

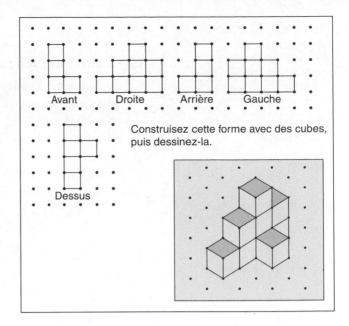

Construisez cette forme avec des cubes, puis dessinez-la.

FIGURE 8.36 ▲

Développement de la perspective et de la perception visuelle à l'aide de cubes et de vues de face. Dessinez les structures constituées de cubes sur du papier quadrillé isométrique.

Une autre façon intéressante d'établir des liens entre le plan et l'espace consiste à sectionner des solides de diverses manières. Si on coupe un solide en deux parties, chacune des faces ainsi produites détermine une figure donnée. La figure 8.37 (p. 262) montre que si on tranche un coin d'un cube, on obtient une face triangulaire. Comme l'indique cette figure, on peut explorer différentes coupes en tranchant des blocs d'argile de formes déterminées avec un mince fil métallique. Il existe une autre méthode plus astucieuse, qui consiste à verser une certaine quantité d'eau dans un solide en plastique transparent. La surface de l'eau correspond exactement à la face qu'on obtiendrait si on sectionnait le solide le long de cette surface. Le fait d'incliner le contenant de différentes façons permet d'observer autant de « coupes » distinctes qu'on le désire. Les petits solides en plastique du type *Power Solids* conviennent très bien à ce genre d'activités.

Activité 8.28

Observer des figures avec de l'eau

Distribuez un solide aux élèves et expliquez-leur que la tâche consiste à découvrir comment ils doivent le sectionner pour que la coupe possède une forme donnée. La liste des figures devrait contenir des tâches impossibles à réaliser. Demandez aux élèves d'indiquer par écrit s'il est possible ou non d'obtenir la figure qu'ils

FIGURE 8.37 ▶

Prédire la figure qu'on
obtiendra en sectionnant
un bloc d'argile avec un fil
à couper.

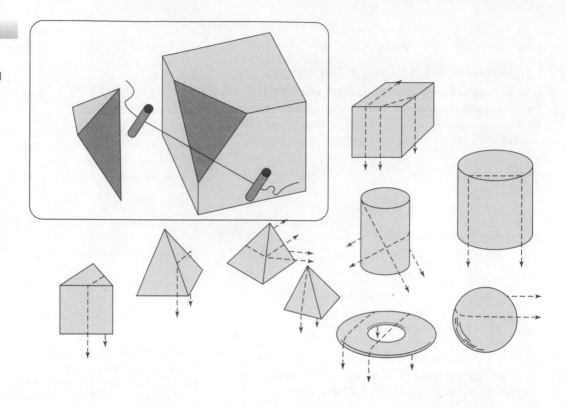

recherchent avant de verser de l'eau dans les solides. S'ils pensent que c'est possible,
ils expliquent par écrit ou au moyen d'un dessin (ou les deux) comment sectionner
le solide. Ils versent ensuite de l'eau dans le solide pour vérifier les hypothèses
émises précédemment. Si vous ne disposez pas de solides en plastique, rabattez-
vous sur des blocs d'argile ; c'est la meilleure solution de rechange. Voici une série
de figures que vous pouvez soumettre aux élèves dans le cas d'un cube :

Un carré	Un triangle équilatéral
Un rectangle non carré	Un triangle rectangle isocèle
Un parallélogramme non rectangulaire	Un autre triangle isocèle
Un trapèze isocèle	Un triangle rectangle scalène
Un trapèze non isocèle	Un autre triangle scalène

Un tétraèdre, une pyramide à base carrée et divers prismes présentent le même
degré de difficulté. Quant aux autres solides, il serait peut-être plus intéressant de
déterminer combien de figures différentes il est possible d'obtenir et d'en faire
une description.

Un *polyèdre* est un solide dont toutes les faces sont des polygones. Les *solides platoniciens* sont des polyèdres particulièrement intéressants. On nomme ainsi l'ensemble des
polyèdres parfaitement réguliers, c'est-à-dire dont chaque face est un polygone régulier et
dont chaque sommet est le point de rencontre d'un nombre identique de faces. Une tâche
de visualisation captivante, appropriée au niveau des élèves, consiste à découvrir et à
décrire tous les solides platoniciens.

Rechercher des solides platoniciens

Distribuez aux élèves des triangles équilatéraux, des carrés, ainsi que des penta-gones et des hexagones réguliers faisant partie d'un ensemble de figures en plastique conçu pour construire des solides (comme Polydron ou Geofix). Expliquez-leur ce qu'est un solide parfaitement régulier. Leur tâche consiste à découvrir le plus grand nombre possible de solides réguliers distincts.

Vous pouvez choisir de demander aux élèves de faire l'activité telle quelle, sans leur donner de consignes supplémentaires. Leur réussite dépendra de leurs habiletés en matière de résolution de problèmes. Vous pouvez aussi leur suggérer l'approche systématique sui-vante. Comme une face a nécessairement au moins trois côtés, proposez-leur de commencer avec des triangles, puis de passer aux carrés, aux pentagones, etc. De plus, puisqu'un même nombre de faces doivent se rejoindre à chacun des sommets, dites-leur d'essayer de trou-ver des solides formés par la réunion de trois faces à chaque sommet, puis quatre, etc. (Il est évidemment impossible que seulement deux faces se croisent en un point.)

S'ils adoptent cette méthode, les élèves s'apercevront qu'il est possible de joindre trois, quatre ou cinq triangles en un point. Pour chacun de ces trois cas, ils peuvent cons-truire d'abord une « tente » formée de triangles, puis y ajouter d'autres triangles de manière que chaque sommet constitue le point de rencontre d'un même nombre de triangles. Avec trois triangles, on crée un polyèdre à quatre faces appelé *tétraèdre* (*tétra* : quatre) ; avec quatre, on forme un polyèdre à huit faces nommé *octaèdre* (*octa* : huit). Il est vraiment amusant de construire le solide dans lequel cinq triangles se rejoignent à chaque sommet. Il présente 20 facettes et porte le nom d'*icosaèdre* (*icosa* : vingt).

De la même façon, les élèves découvriront qu'il existe un seul solide formé de carrés, en fait six en tout, trois faces se joignant à chaque sommet. Ce polyèdre est appelé *hexa-èdre* (*hexa* : six), et il est plus connu sous le nom de cube. On ne peut construire également qu'un seul polyèdre formé de pentagones, soit 12 en tout, trois faces se rencontrant en chaque sommet ; ce solide est appelé *dodécaèdre* (*dodéca* : douze).

PAUSE Pourquoi n'existe-t-il aucun polyèdre régulier dans lequel au moins six triangles ou au moins quatre carrés se joignent à un sommet ? Pourquoi n'existe-t-il aucun polyèdre régulier formé d'hexagones ou de polygones possédant plus de six côtés ? La meilleure façon de répondre à ces questions est de manipuler des polygones ; justifiez ensuite vos réponses en vos propres termes. Les élèves devraient faire de même.

On peut construire une remarquable structure icosaédrique au moyen de tiges en papier journal, comme celles que nous avons décrites plus haut dans ce chapitre (voir la figure 8.9, p. 230). Étant donné que cinq triangles convergent vers chaque sommet, celui-ci sert de point de départ à cinq arêtes. Essayez simplement de faire rayonner cinq tiges de chaque sommet et rappelez-vous que toutes les faces sont triangulaires. Vous obtiendrez un icosaèdre d'environ 1,2 m de largeur, étonnamment résistant.

À propos de l'évaluation

Les *Principles and Standards* s'avèrent extrêmement utiles pour structurer le contenu en géométrie au fil des années. Examinez les attentes par niveau au moins pour les classes de la quatrième à la sixième année pour chacun des quatre objectifs décrits dans les *Standards* (figures et propriétés, transformations, position et visualisation). Il est aussi très utile de prendre en considération les objectifs relatifs aux années scolaires qui précèdent ou suivent le niveau auquel vous enseignez.

Lorsque vous évaluerez le contenu, essayez de tenir compte de la progression dans le temps. Si vous vous limitez à la maîtrise des compétences ou des définitions, vous négligerez l'esprit d'exploration qu'il est souhaitable d'inclure dans votre programme de géométrie. Le mode d'enseignement reflète généralement le plan d'évaluation. Bien que la maîtrise de certaines notions soit assurément importante, l'élaboration de concepts ne se mesure généralement pas en fonction de la mémorisation de définitions.

Quand on décide ce qu'il faut évaluer et comment on doit le faire, il est préférable d'envisager le développement des compétences en géométrie sur une longue période plutôt que d'adopter une approche plus traditionnelle, orientée vers les compétences.

MODÈLE DE LEÇON

Construire des quadrilatères à partir des propriétés de leurs diagonales

Activité 8.9, p. 239

NIVEAU : Cinquième année.

OBJECTIFS MATHÉMATIQUES

- Étudier les propriétés des diagonales des quadrilatères.
- Préciser le sens des termes *quadrilatère, diagonale, perpendiculaire*, clarifier l'expression *se coupent en leur milieu*, et nommer les divers types de quadrilatères.

CONSIDÉRATIONS PÉDAGOGIQUES

Les élèves devraient être capables de reconnaître différents types de quadrilatères (rectangle, parallélogramme, trapèze, rhomboïde et losange) et d'en décrire les propriétés relatives à la longueur des côtés et aux angles formés. De plus, ils devraient comprendre les termes *quadrilatère, diagonale, congruent, perpendiculaire* ainsi que l'expression *se coupent en leur milieu*.

MATÉRIEL ET PRÉPARATION

- Pour chaque équipe de deux élèves, préparez trois bandes de carton pour affiche de 2 cm de largeur. Découpez deux bandes d'environ 30 cm de longueur et une autre de 20 cm. Percez un trou près de chaque extrémité, puis divisez la distance entre les trous par 8. Utilisez le résultat obtenu pour déterminer à quelle distance percer sept trous équidistants dans chaque bande (voir la figure 8.16, p. 239). Chaque élève a également besoin d'attaches parisiennes pour réunir deux bandes diagonales.
- Distribuez à chaque élève une copie de la feuille reproductible L-3 et du papier pointillé en centimètres (feuille reproductible 10).
- Faites une copie sur transparent pour rétroprojecteur de la feuille reproductible L-3, et au moins deux copies sur transparent de la feuille reproductible 10.

Leçon

FR L-3

AVANT L'ACTIVITÉ

Préparer une version simplifiée de la tâche

- Écrivez au tableau les expressions : *congruent, se coupent en leur milieu* et *perpendiculaire*.
- Prenez les deux bandes diagonales de même longueur et montrez aux élèves comment les joindre en leur milieu avec les attaches parisiennes pour qu'elles forment un angle droit. Posez les diagonales sur le rétroprojecteur et demandez aux élèves ce qu'ils peuvent affirmer sur les relations entre les deux diagonales. Dites-leur de consulter les expressions écrites au tableau. Projetez le transparent que vous avez préparé de la feuille reproductible L-3 et notez sur la première ligne du tableau les observations que relèvent les élèves. Faites un X sous *congruent, se coupent en leur milieu* et *perpendiculaire*. Précisez au besoin le sens de ces expressions. Demandez-leur s'ils savent quels quadrilatères ils formeraient en reliant les extrémités des diagonales. Sur le transparent, marquez les sommets dans les trous situés aux extrémités de chaque diagonale, puis reliez les sommets à l'aide d'une règle droite. Vous obtiendrez ainsi un carré.
- Utilisez le transparent du papier pointillé pour montrer aux élèves comment ils peuvent tracer deux segments de droite présentant les mêmes propriétés (congruents, se coupent en leur milieu et perpendiculaires). Reliez ensuite les extrémités des segments de manière à former un quadrilatère. Demandez ensuite aux élèves de tracer sur leur feuille deux segments qui sont soit plus courts, soit plus longs que ceux que vous avez vous-même représentés. En reliant les extrémités des segments, ils devraient tous obtenir un carré, quelle que soit la longueur de leurs diagonales.

Mettre les idées en commun

- Avec la classe, faites la liste de tous les types de quadrilatères qu'il est possible de construire. Vous déciderez peut-être d'afficher la liste au tableau.

Préparer la tâche

- Les élèves doivent utiliser les trois bandes de carton pour déterminer les propriétés des diagonales permettant de construire divers types de quadrilatères.

Fixer des objectifs

- Avant de donner vos consignes, rappelez aux élèves qu'ils peuvent utiliser la diagonale la plus courte avec l'une des deux autres pour construire un quadrilatère dont les diagonales ne sont pas congruentes.
- Faites bien comprendre aux élèves qu'ils doivent travailler en équipe de deux pour déterminer les propriétés des diagonales et le quadrilatère qu'elles permettent de construire. Ils doivent également noter leurs observations sur leur feuille de travail et dessiner sur le papier pointillé les diagonales correspondant aux bandes ainsi que le quadrilatère qu'elles déterminent. Enfin, il leur faudra indiquer le nom du quadrilatère sur chaque dessin.

PENDANT L'ACTIVITÉ

- Observez comment les élèves procèdent pour déterminer les propriétés des diagonales permettant de construire les différents quadrilatères. Examinent-ils d'abord les relations entre les diagonales pour déterminer quelles figures ils peuvent construire? Ou bien observent-ils des exemples de figures afin de caractériser les relations entre les diagonales? Chacune des deux approches est valable.
- Si les élèves ont de la difficulté à démarrer, suggérez-leur d'essayer de construire des diagonales correspondant à un ensemble de propriétés écrit sur la feuille de travail.
- Les élèves procèdent-ils systématiquement pour construire différents quadrilatères? Utilisent-ils les deux diagonales de même longueur? Supposent-ils que ces diagonales possèdent une propriété particulière (comme la perpendicularité) afin de voir comment faire varier une autre définition (par exemple le fait que les diagonales se coupent ou non en leur milieu)?
- Quant à ceux qui sont prêts à aller plus loin, demandez-leur de déterminer les propriétés que devraient avoir les diagonales qui leur permettraient de construire un trapèze non isocèle.

APRÈS L'ACTIVITÉ

- Au moment où ils font part de leurs observations, demandez aux élèves de dessiner les diagonales et le quadrilatère sur la copie du transparent de la feuille reproductible 10 que vous avez préparée.
- En vous reportant à la description des diagonales (c'est-à-dire à leurs propriétés), demandez aux élèves si *tous* les quadrilatères d'un type donné possèdent les mêmes propriétés quant à leurs diagonales. Par exemple, les diagonales de tous les losanges partagent-elles les mêmes propriétés? Demandez aux élèves de faire des dessins sur le transparent ou leur feuille de papier pointillé afin de vérifier diverses hypothèses portant sur le type de quadrilatère et ses diagonales.
- Dites aux élèves d'examiner les quadrilatères dont les diagonales partagent une propriété donnée (les diagonales des quadrilatères qui se coupent en leur milieu, par exemple) et de formuler des hypothèses quant aux propriétés de ces quadrilatères découlant de la propriété commune de leurs diagonales.

À PROPOS DE L'ÉVALUATION

- Les élèves utilisent-ils du papier pointillé pour vérifier leurs hypothèses pour des quadrilatères de différentes dimensions? Ou bien sont-ils convaincus de leurs conclusions, de sorte qu'ils ne sentent pas le besoin de se servir de papier pointillé? Si c'est le cas, d'où leur vient cette certitude? Se demandent-ils au moins ce qui se passerait s'ils prenaient différents exemples d'un même type de quadrilatère? Les réponses à ces questions vous permettent d'établir si les élèves ont atteint le niveau 2 de pensée des Van Hiele, ou non.

Étapes suivantes

- Si les élèves ont besoin d'explorer davantage le sujet pour se convaincre que les diagonales de *tous* les quadrilatères d'un type donné partagent les mêmes propriétés, vous devriez les faire travailler avec un logiciel de géométrie dynamique, comme *Cabri 3D* ou *Sketchpad*. De plus, les élèves peuvent continuer à explorer les relations entre différentes figures (des rectangles et des carrés, par exemple) dont les diagonales ont des propriétés communes, et à établir de telles relations.

- Proposez aux élèves de poursuivre leur exploration des propriétés des quadrilatères en faisant l'activité 8.8 « Établir des listes de propriétés des quadrilatères », s'ils ne l'ont pas déjà faite.

LA CONSTRUCTION DES CONCEPTS DE MESURE

Chapitre 9

La mesure est une matière complexe. Malheureusement, dans la plupart des pays, le programme impose aux élèves d'apprendre la quasi-totalité des types de mesures année après année ou presque, et ce, même du préscolaire à la troisième année. Afin de répondre à ces exigences, les manuels traditionnels débordent d'informations et, bien souvent, finissent par « couvrir la matière » de façon superficielle. C'est pourquoi bon nombre d'élèves de troisième année et des niveaux suivants ne démontrent qu'une compréhension médiocre du concept de mesure et présentent plusieurs lacunes dans leur formation.

Du préscolaire à la troisième année, les enseignantes ont notamment pour objectif d'amener les élèves à comprendre ce que signifie mesurer une longueur, un volume, un poids et une aire. Il leur faut également les aider à se familiariser avec l'instrument de mesure le plus important à cet âge, c'est-à-dire la règle. L'apprentissage de certaines unités de mesure est un autre objectif à atteindre, quoique la plupart des programmes se montrent trop ambitieux sur ce point. Entre la troisième et la sixième année, il est souvent nécessaire de revenir sur plusieurs concepts élémentaires portant sur certains attributs énumérés ci-dessus, quand ce n'est pas sur la totalité.

Idées à retenir

1 La mesure se définit comme la comparaison entre l'un des attributs d'un objet ou d'une situation et une unité possédant ce même attribut. Les longueurs se comparent aux unités de longueur, les aires aux unités d'aire, le temps aux unités de temps, etc. Pour effectuer une mesure de façon pertinente, il est nécessaire de comprendre l'attribut à mesurer.

2 La pertinence d'une mesure ou d'une estimation dépend du degré d'aisance avec laquelle la personne manipule l'unité de mesure appropriée.

3 C'est en apprenant à faire des estimations justes et à établir des repères personnels vis-à-vis des unités de mesure fréquemment utilisées que les élèves se familiarisent avec ces unités, évitent les erreurs de mesure et font des mesures pertinentes.

4 Les instruments de mesure sont des outils qui évitent d'utiliser des unités de mesure réelles. Il est important de comprendre le principe de fonctionnement des instruments de mesure pour les utiliser correctement et intelligemment.

5 Il est possible de déterminer l'aire et le volume en utilisant des formules basées uniquement sur des mesures de longueur.

6 Il existe un lien entre l'aire, le périmètre et le volume. Toutefois, cette relation est imprécise ou ne s'exprime pas au moyen d'une formule. Par exemple, si une figure plane ou un objet tridimensionnel changent de forme, tout en conservant leur aire ou leur volume, il est possible de prévoir les répercussions sur leur périmètre ou sur leur surface.

La signification de la mesure et le processus de mesure

Supposons que vous demandiez à vos élèves de mesurer un seau vide. Avant de mesurer quoi que ce soit, ils doivent d'abord savoir ce qu'il faut mesurer. Il peut en effet s'agir de la hauteur ou de la profondeur, du diamètre (la distance en travers du seau) ou encore de la circonférence (la distance autour du seau). Toutes ces mesures sont des mesures de longueur. Il est également possible de déterminer la surface d'un seau ou de mesurer sa capacité, voire son poids. Chacune de ces *caractéristiques susceptibles d'être mesurées* représente un *attribut* du seau.

Après avoir déterminé l'attribut qu'ils désirent mesurer (mesuré), les élèves devront choisir l'unité de mesure appropriée (mesurant). L'unité doit elle-même posséder l'attribut à mesurer. La longueur se mesure avec des unités de longueur, le volume avec des unités de volume, etc.

Techniquement, une *mesure* est un nombre établi à la suite d'une comparaison entre l'attribut d'un objet (d'une situation ou d'un événement) à mesurer et le même attribut d'une unité de mesure donnée. Pour déterminer une relation numérique (une mesure) entre ce qui est mesuré et l'unité de mesure utilisée, nous utilisons habituellement de petites unités de mesure. Par exemple, mesurer une longueur revient à aligner des copies d'une unité de mesure qu'on applique directement sur la longueur à mesurer. Pour mesurer un poids, lequel est lié à la gravité ou à une force, on suspend ce poids à un ressort. On compare ensuite en déterminant le nombre d'unités de poids qui produisent le même effet sur le ressort. Dans chaque cas, le nombre d'unités indique la mesure de l'objet.

Dans les écoles, pour la plupart des attributs mesurés, nous pouvons affirmer que mesurer un attribut signifie le « remplir », le « recouvrir » avec une unité qui possède le même attribut (figure 9.1) ou l'« égaler ». Utiliser les mots « remplir » ou « recouvrir » est un bon moyen de présenter le concept de mesure aux élèves. En se basant sur ce principe, on peut affirmer que la mesure d'un attribut équivaut à dénombrer les unités requises pour remplir, recouvrir ou égaler cet attribut.

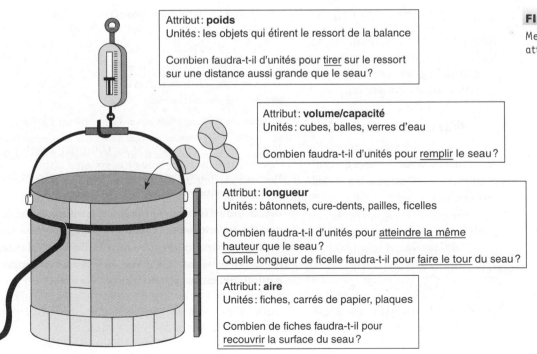

Attribut : **poids**
Unités : les objets qui étirent le ressort de la balance

Combien faudra-t-il d'unités pour <u>tirer</u> sur le ressort sur une distance aussi grande que le seau ?

Attribut : **volume/capacité**
Unités : cubes, balles, verres d'eau

Combien faudra-t-il d'unités pour <u>remplir</u> le seau ?

Attribut : **longueur**
Unités : bâtonnets, cure-dents, pailles, ficelles

Combien faudra-t-il d'unités pour <u>atteindre la même hauteur</u> que le seau ?
Quelle longueur de ficelle faudra-t-il pour <u>faire le tour</u> du seau ?

Attribut : **aire**
Unités : fiches, carrés de papier, plaques

Combien de fiches faudra-t-il pour <u>recouvrir</u> la surface du seau ?

FIGURE 9.1 ◄

Mesure des différents attributs d'un seau.

Voici les étapes requises pour effectuer une mesure :

1. Déterminer l'attribut à mesurer (mesuré).
2. Choisir l'unité appropriée pour cet attribut (mesurant).
3. Comparer les unités avec l'attribut de l'objet à mesurer en le remplissant, le recouvrant, l'égalant ou en utilisant toute autre méthode appropriée (mesure).

Les instruments de mesure comme les règles, les balances, les rapporteurs et les horloges sont des outils qui permettent de remplir, de recouvrir ou d'égaler plus facilement. Une règle comporte des unités de longueur, qui sont alignées et numérotées ; un rapporteur permet de mesurer les angles ; et une horloge indique les unités de temps.

L'apprentissage des habiletés et des concepts liés à la mesure

Quand on enseigne la mesure, il est important de reconnaître les élèves qui comprennent ce qu'ils font d'un point de vue conceptuel et ceux qui effectuent une mesure en suivant une procédure. L'emploi d'un rapporteur pour mesurer un angle est une situation qui illustre bien la nécessité de faire cette distinction. La plupart d'entre eux suivent simplement les directives pour appliquer correctement les marques disposées sur le pourtour de l'instrument et les faire coïncider avec les segments de droite. Ils ne cherchent pas vraiment à comprendre la signification de ces repères ou de ce que représente un degré. Plusieurs rapporteurs portent deux graduations sur leur pourtour, dont les nombres de l'un se lisent dans le sens des aiguilles d'une montre, et ceux de l'autre, dans le sens inverse. Les élèves confondraient-ils ces deux systèmes de graduations s'ils comprenaient l'origine de ces nombres et s'ils savaient vraiment ce qu'ils sont en train de mesurer ?

Malheureusement, l'emploi d'un rapporteur n'est qu'une des nombreuses situations entraînant une certaine confusion chez les élèves. Par ailleurs, les données sur les examens nationaux et internationaux (Program for International Student Assessment ou Trends International Mathematics and Science Study) indiquent qu'ils ne maîtrisent pas bien les principes qui sous-tendent l'utilisation de la règle et d'autres procédés de mesure.

Une approche générale de l'enseignement de la mesure

Une compréhension fondamentale de la mesure suggère une approche permettant d'aider les élèves à élaborer des connaissances conceptuelles sur la mesure. Le tableau 9.1 en expose les grandes lignes et nous en décrirons brièvement les trois composantes pédagogiques dans les paragraphes qui suivent.

Faire des comparaisons

Pour les élèves, le premier objectif, et le plus important, est de comprendre en quoi consiste l'attribut à mesurer. Dans les classes entre la quatrième et la sixième année, il est permis de supposer que le concept de longueur est acquis. Il en est probablement de même pour celui de masse et de volume, mais pas pour celui de l'aire. Ce dernier concept reste ardu (peut-être parce qu'il fait appel à des formules fondées sur la longueur). En outre, les angles ne font certainement pas encore partie de leur base de connaissances.

Lorsque les élèves comparent des objets en fonction d'un attribut mesurable, cet attribut devient l'élément principal de l'activité. C'est ce qu'on observe, par exemple, quand ils doivent dire si la grandeur d'un angle est supérieure, inférieure ou à peu près égale à celle d'un autre angle. Il n'est pas nécessaire de faire une mesure, mais il faut trouver une façon de comparer un angle à un autre. Il est donc impératif de considérer l'attribut « ouverture de l'angle » (c'est-à-dire l'écartement des deux côtés de l'angle).

TABLEAU 9.1

Approche de l'enseignement de la mesure.

Étape un

Objectif : Les élèves comprendront l'attribut à mesurer.

Type d'activité : Faites des comparaisons basées sur l'attribut, par exemple plus court/plus long, plus lourd/plus léger. Si possible, utilisez des comparaisons directes.

Notes : Lorsqu'il devient évident que les élèves maîtrisent un attribut, les activités de comparaison ne sont plus nécessaires.

Étape deux

Objectif : Les élèves comprendront que l'action de remplir, de recouvrir, d'égaler ou de faire toute autre comparaison entre un attribut et des unités de mesure produit un nombre appelé *mesure*.

Type d'activité : Utilisez des modèles d'unités de mesure pour remplir, recouvrir, égaler ou faire la comparaison requise entre l'attribut et l'unité.

Notes : Dans la plupart des cas, il est approprié de commencer avec des unités non conventionnelles. Passez progressivement à l'utilisation directe des unités conventionnelles lorsque la situation s'y prête, et nécessairement avant d'en arriver aux formules ou aux outils de mesure.

Étape trois

Objectif : Les élèves utiliseront les instruments de mesure usuels de manière flexible et en comprenant ce qu'ils font.

Type d'activité : Fabriquez des instruments de mesure et utilisez-les en les comparant avec des unités réelles pour voir si l'instrument de mesure remplit le même rôle que les unités individuelles. Faites des comparaisons directes entre les instruments fabriqués par les élèves et les instruments conventionnels.

Notes : Les instruments fabriqués par les élèves donnent habituellement de meilleurs résultats avec des unités non conventionnelles. Sans une comparaison méticuleuse avec des instruments conventionnels, ces instruments peuvent perdre en grande partie la valeur liée à leur fabrication.

Utiliser des modèles d'unités de mesure

Le deuxième objectif pour les élèves est de comprendre ce qu'est une unité de mesure et d'apprendre à l'utiliser pour effectuer une mesure. Dans ce domaine, vous ne devriez rien présumer de ce que les élèves ont appris au cours des années précédentes.

Pour la plupart des attributs mesurés à l'école, il est possible d'avoir des modèles d'unités de mesure, à l'exception du temps et de la température. (Il en est de même pour les unités de mesure de plusieurs attributs que l'école primaire laisse de côté, comme l'intensité lumineuse, la vitesse, l'intensité sonore, la viscosité ou la radioactivité.) Il existe généralement des modèles d'unités autant pour les unités non conventionnelles que pour les unités conventionnelles. Dans le cas des angles, un secteur angulaire découpé dans un carton mince constitue une bonne unité non conventionnelle. Il est toutefois impossible d'en réaliser un modèle concret, car le degré est une unité très petite.

L'utilisation du nombre de copies d'une unité nécessaire pour remplir ou égaler l'attribut à mesurer constitue un modèle dont les élèves comprennent facilement l'utilisation. Par exemple, il est possible de mesurer l'aire d'un pupitre en prenant une fiche de carton comme unité. On recouvre de fiches tout le bureau ou on se sert d'une seule fiche que l'on déplace, en notant au fur et à mesure quelles parties de la surface ont été recouvertes. Toutefois, certains élèves ont du mal à se représenter le concept de mesure par le biais de ce processus itératif.

Fabriquer et utiliser des instruments de mesure

Le troisième objectif porte sur la compréhension du principe des instruments utilisés dans la mesure. Kenney et Kouba (1997) rapportent que selon la sixième évaluation de la National Assessment of Educational Progress, seulement 24 % des élèves de quatrième année et quatre ans plus tard seuls 62 % des élèves réussissent à donner la mesure exacte d'un objet qui n'était pas placé le long d'une règle, comme dans la figure 9.2. Ces observations mettent en évidence la différence entre savoir utiliser un instrument de mesure et comprendre effectivement son fonctionnement. Ce rapport indique que les élèves ont également de la difficulté à mesurer un objet correctement quand les graduations de l'instrument de mesure utilisé ne correspondent pas à une unité.

FIGURE 9.2 ▲

« Quelle est la longueur de ce crayon ? »

Les élèves comprendront probablement mieux le fonctionnement des instruments de mesure s'ils fabriquent des instruments de mesure simples basés sur des modèles d'unités qui leur sont familiers. Nous verrons dans une prochaine section qu'un rapporteur comportant des unités non conventionnelles permet de comprendre clairement comment construire un tel instrument et comment l'utiliser. Il est essentiel que les élèves comparent le dispositif non conventionnel avec l'instrument classique. Si les élèves n'ont pas l'occasion de faire cette comparaison, ils risquent de ne pas comprendre que ces deux instruments permettent d'arriver au même résultat. Le texte qui suit aborde la question des instruments de mesure fabriqués par les élèves pour chaque attribut.

Les raisons justifiant l'emploi d'unités conventionnelles et non conventionnelles

Quand les élèves effectuent des activités de mesure, on fait couramment appel aux unités non conventionnelles dans les classes du début du primaire. La situation est bien différente dans les classes plus avancées, car on néglige souvent de commencer par employer des unités non conventionnelles. Cette façon de faire est regrettable puisque les élèves de tous les niveaux y gagnent à effectuer des activités qui demandent d'utiliser d'abord des mesures non conventionnelles. Pour utiliser à bon escient les unités non conventionnelles, il faut cependant comprendre les raisons qui motivent leur utilisation.

- L'utilisation d'unités non conventionnelles permet de mieux se concentrer sur l'attribut à mesurer. Par exemple, on peut utiliser des haricots de Lima, des petits carreaux ou des jetons circulaires pour mesurer l'aire d'une forme irrégulière. Chaque unité recouvre une aire donnée et chacune donnera un résultat différent. La discussion se concentre alors sur la signification de la mesure de l'aire.

- L'emploi d'unités non conventionnelles permet d'éviter de poursuivre des objectifs incompatibles dans une leçon d'introduction. Celle-ci porte-t-elle sur ce que signifie mesurer une surface ou sur la signification de ce qu'est un centimètre carré ?

- L'utilisation d'unités non conventionnelles peut amener les élèves à réfléchir sur l'intérêt d'employer des unités conventionnelles. Si les équipes de travail obtiennent d'abord des résultats différents en mesurant les mêmes objets au moyen d'unités non conventionnelles différentes, elles tireront bien plus de profit d'une discussion portant sur la nécessité de recourir à des unités conventionnelles.

- L'utilisation d'unités non conventionnelles peut être amusante.

Il n'en demeure pas moins que l'apprentissage des unités conventionnelles est également important dans le programme sur la mesure, quel que soit le niveau auquel il s'adresse.

- L'apprentissage des unités conventionnelles constitue un objectif valable d'un programme de mesure et il doit être fait. Les élèves doivent se familiariser avec les unités conventionnelles, mais aussi apprendre les relations qui existent entre elles.

- Une fois le concept de mesure bien compris, il devient plus facile de recourir aux unités conventionnelles. S'il n'y a pas de raison pédagogique d'utiliser des unités non conventionnelles, pourquoi alors ne pas utiliser les unités conventionnelles et permettre aux élèves de les apprivoiser ?

Il n'existe pas de règle simple pour déterminer à quel moment employer des unités conventionnelles et à quel autre utiliser des unités non conventionnelles. La première fois que des élèves mesurent un attribut, ils devraient probablement se servir d'unités non conventionnelles, puis passer progressivement aux unités conventionnelles et aux instruments de mesure d'usage courant.

En réalité, la seule erreur qu'on puisse faire en utilisant des unités non conventionnelles, c'est de trop tarder à passer aux unités conventionnelles. Entre la quatrième et la sixième année, il est probablement temps de faire appel aux unités conventionnelles. Faites-le dès que les élèves comprennent bien les attributs à mesurer et la façon de les mesurer à l'aide de ce type d'unités. Assurez-vous seulement de ne pas le faire trop rapidement.

Le rôle de l'estimation dans l'apprentissage de la mesure

Il est très important que les élèves se fassent une idée approximative d'une mesure avant de la prendre. Cette affirmation vaut tout autant pour les unités non conventionnelles que pour les unités conventionnelles. Il y a au moins quatre bonnes raisons de faire place à l'estimation dans les activités de mesure :

- L'estimation aide les élèves à se concentrer sur l'attribut à mesurer et sur la technique utilisée pour mesurer. Pensez à la façon dont vous pourriez estimer l'aire de la couverture de ce livre en utilisant des cartes à jouer comme unités. Vous devez tenir compte de ce que l'aire représente ainsi que de la façon de placer les cartes sur la couverture du livre.

- L'estimation suscite une motivation intrinsèque pour les activités de mesure. Il est stimulant de vérifier à quel point une estimation est juste ou de voir si une équipe arrive à faire une meilleure estimation que les autres.

- Les estimations aident les élèves à se familiariser avec les unités conventionnelles qu'ils apprennent à utiliser. Pour estimer la hauteur en mètres d'une porte avant de la mesurer, il faut trouver un moyen d'imaginer ce que représente un mètre.

- L'emploi d'un repère pour effectuer une approximation incite à tenir un raisonnement multiplicatif. La largeur d'un immeuble correspond approximativement au quart de la longueur d'un terrain de football, soit environ 23 m.

La nature approximative de la mesure

Dans toutes les activités de mesure, il est nécessaire de faire appel au vocabulaire associé à l'estimation. Par exemple, vous direz que la longueur du pupitre est d'*environ* 1 m ou que la hauteur de la chaise est *légèrement inférieure* à 40 cm. Plusieurs mesures ne sont pas des nombres entiers. Les élèves les plus âgés penseront à chercher des unités plus petites ou des unités fractionnaires pour essayer d'obtenir une valeur exacte de la mesure. Saisissez l'occasion pour souligner que toute mesure comporte une marge d'erreur. Le degré de *précision* est d'autant plus élevé que l'unité choisie est petite. Par exemple, dans une mesure de longueur, la marge d'erreur ne peut jamais excéder une demi-unité. Toutefois, comme il n'existe pas d'unité minimale en mathématique, il subsiste toujours une marge d'erreur.

La mesure de la longueur

La majorité des élèves de troisième année comprennent ce qu'est la longueur. Autrement dit, ils sont capables de comparer deux objets simples et de dire lequel est le plus long ou le plus court. Il n'est donc pas nécessaire de réaliser des activités de comparaison de longueurs.

L'utilisation des unités de longueur

Même si la plupart des élèves de troisième année maîtrisent le concept de longueur, ils ne comprennent peut-être pas parfaitement comment utiliser les unités servant à mesurer cette longueur : il se peut qu'ils aient mal assimilé le concept ou qu'ils soient carrément dans l'erreur.

À propos de l'évaluation

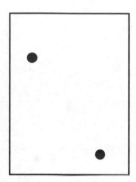

Avant de commencer à enseigner la notion de longueur en troisième ou en quatrième année, faites une évaluation rapide pour vérifier si les élèves maîtrisent bien les concepts qu'ils devraient avoir acquis en atteignant ces niveaux scolaires. Voici deux façons simples et assez rapides de procéder.

- Distribuez aux élèves de petits trombones ou toute autre bricole susceptible de servir d'unité de mesure non conventionnelle de la longueur. Tracez deux points sur une feuille, comme l'illustre le schéma ci-contre, et demandez-leur de déterminer la distance entre les deux points en indiquant le nombre de trombones qu'ils ont utilisés.

- Si les élèves savent qu'ils doivent former avec les trombones une chaîne réunissant les deux points, sans espaces ni chevauchements, vous pouvez supposer qu'ils comprennent comment se servir d'unités pour effectuer une mesure.

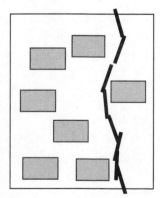

- Faites au tableau un schéma semblable à celui qui se trouve vis-à-vis de ce paragraphe. Expliquez aux élèves qu'il représente la façon dont un enfant de deuxième année a utilisé des bandes de carton pour mesurer la longueur de la salle de sa classe. Leur tâche consiste à lui expliquer pourquoi la mesure obtenue manque forcément de précision.

Dans les explications des élèves, soyez attentive aux justifications qu'ils donnent : les bandes de carton doivent être alignées pour former une droite dont les unités sont placées bout à bout sans espace ni chevauchement.

Si l'évaluation indique que les élèves ne comprennent pas parfaitement comment mesurer une longueur, vous observerez des différences entre les concepts sur lesquels s'appuient les élèves et les réponses qu'ils fournissent. Au lieu de corriger les idées et les techniques erronées, faites discuter les élèves des résultats qu'ils ont obtenus. Ils reconnaîtront d'eux-mêmes qu'il faut placer les unités bout à bout en formant une droite. Ce faisant, vous éviterez qu'ils considèrent la mesure simplement comme une autre règle à appliquer.

Il est fondamental de savoir comment utiliser des unités pour mesurer une longueur, mais réaliser qu'une mesure change selon la grandeur de l'unité l'est tout autant. L'activité suivante porte sur ce concept.

Changer d'unité

Demandez aux élèves de mesurer une longueur avec une unité ou dites-leur simplement quelle est la mesure de longueur de l'objet. Remettez-leur ensuite une autre unité afin qu'ils l'utilisent pour prédire la mesure de la même longueur. Demandez-leur de noter par écrit leurs prédictions et d'expliquer comment ils les ont faites, puis de prendre la mesure réelle. Après quoi, organisez une discussion : les prédictions et les explications constitueront la partie la plus instructive de l'activité. Quand les élèves commencent à effectuer de telles activités, arrangez-vous pour que la plus grande unité soit un multiple simple de la plus petite unité. Dans ce cas, les réglettes Cuisenaire conviennent parfaitement.

Lors de l'activité « Changer d'unité », commencez par vérifier que les élèves comprennent que la mesure est d'autant plus grande que l'unité employée est petite, et vice-versa. Même s'ils saisissent le principe, le fait de prédire la seconde mesure leur fournit une excellente occasion de raisonner en se servant de multiples et de facteurs. Par exemple, si une mesure faite avec des réglettes Cuisenaire jaunes a donné 12 réglettes, que donnerait cette mesure avec des réglettes orange ? (La réglette orange étant 2 fois plus longue que la jaune, la mesure serait 2 fois moins grande, soit 6 réglettes). Et si on utilise la réglette blanche ? (Comme il faut 5 réglettes blanches pour faire 1 jaune, la nouvelle mesure serait 5 fois plus grande.) N'expliquez pas la solution aux élèves. Laissez-les plutôt poursuivre leur raisonnement et en discuter entre eux. Ils pourront vérifier leurs hypothèses en effectuant les mesures.

Vous devriez également faire l'activité « Changer d'unité » juste avant de discuter de la conversion d'unités conventionnelles. Par exemple, si un cadre de porte mesure 2 m de hauteur, combien cela représente-t-il en centimètres ? Cette tâche de conversion traditionnelle est tout à fait identique à celle de l'exercice que nous venons de présenter.

La fabrication et l'utilisation d'une règle

On présume généralement que les élèves de troisième et de quatrième année comprennent comment utiliser une règle pour prendre une mesure. Pourtant, des données indiquent le contraire, même en cinquième année. Vous ferez un meilleur usage de votre temps si, au lieu de tenter d'expliquer l'emploi d'une règle conventionnelle, vous planifiez au moins une leçon au cours de laquelle vos élèves auront l'occasion de fabriquer leur propre règle, de l'employer et de la comparer à une règle classique. Comprendre le principe et le fonctionnement d'un instrument de mesure permet de l'utiliser correctement.

Il est possible de fabriquer des règles en découpant de longues bandes de carton pour affiches d'environ 5 cm de largeur. L'unité de mesure peut être conventionnelle ou non. Déterminez des intervalles au moyen d'un trombone, par exemple, ou en traçant des traits tous les 5 cm. (Dans le cas présent, un centimètre serait une unité trop petite.)

Si vous distribuez aux élèves d'étroites bandes de papier de bricolage, ils pourront les découper en bandes plus petites en se guidant sur leur modèle d'unités. Discutez de la façon dont ils peuvent utiliser les bandes de papier pour effectuer des mesures, tout comme avec des unités conventionnelles. Les élèves peuvent ensuite coller les unités en papier le long du pourtour d'une bande en carton. Utilisez deux couleurs contrastantes que vous ferez alterner, comme dans la figure 9.3.

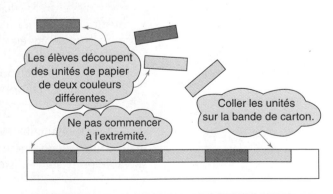

FIGURE 9.3 ▲

Fabrication d'une règle simple.

Coller des copies d'unités de mesure sur une règle renforce le lien entre les espaces sur une règle et les unités. Les élèves plus âgés peuvent fabriquer des règles en utilisant une véritable unité pour faire des marques le long d'une bande de carton et colorier ensuite les espaces. On ne devrait pas laisser les élèves utiliser l'extrémité d'une règle comme point de départ ; beaucoup de règles ne sont pas conçues de cette façon. Si la première unité ne coïncide pas avec l'extrémité de la règle, l'élève doit aligner les unités et l'objet à mesurer.

Avant que les élèves n'écrivent des nombres sur leur règle, demandez-leur de s'en servir pour effectuer des mesures. Dites-leur de mesurer une longueur d'abord avec leur propre règle, puis avec une unité conventionnelle. En principe, les résultats devraient être identiques, mais un manque de précision ou une utilisation inappropriée de la règle risque d'entraîner une différence dont il est important de discuter. Demandez aussi aux élèves de mesurer des objets dont la longueur est supérieure à celle de leur règle.

Activité 9.2

Trouver plusieurs façons de mesurer

Proposez aux élèves de trouver différents moyens de mesurer la même longueur avec une règle. (Commencer par l'une ou l'autre extrémité ; commencer au niveau d'un point, et non à une extrémité ; mesurer les différentes parties d'un objet et additionner les résultats.)

Demandez ensuite aux élèves d'écrire des nombres sur leur règle. Discutez de l'utilité de ces derniers (par exemple, il n'est plus nécessaire de dénombrer toutes les unités). Laissez-les graduer leur règle d'une façon qui a du sens pour eux, au lieu de leur dire comment procéder.

À propos de l'évaluation

En demandant aux élèves de fabriquer leur propre règle et de la graduer, vous obtiendrez de nombreuses informations qui vous permettront de déterminer leur degré de maîtrise du processus de mesure. Par contre, si vous leur donnez des consignes sur l'utilisation de leur règle non graduée et sur la façon d'y écrire des nombres, leur attention sera centrée sur le respect des directives.

Selon plusieurs recherches, les élèves qui ont sous les yeux une règle classique, dont les marques de graduation sont accompagnées de nombres, se comportent souvent de façon étonnante. En effet, ils s'imaginent que les nombres écrits sur l'instrument correspondent aux marques, au lieu de réaliser qu'ils indiquent des unités ou les espaces entre les marques. Non seulement cette croyance est erronée, mais elle constitue une source d'erreurs lors de l'utilisation de la règle. Pour évaluer le degré de maîtrise de vos élèves, distribuez-leur des règles portant des graduations sous forme de marques, mais pas de nombres, comme celle qui est illustrée à la figure 9.4. Demandez-leur de s'en servir pour mesurer un objet plus court que la règle. Le fait de compter les espaces délimités par les marques dénote une bonne compréhension de l'utilisation de la règle.

Une autre façon de vérifier si les élèves comprennent ce qu'est une règle consiste à leur demander d'effectuer une mesure avec une règle « brisée », c'est-à-dire une règle dont il manque les deux premières unités. Certains d'entre eux affirmeront qu'il est impossible de mesurer quelque chose avec cet instrument dont il manque le point de départ. En revanche, ceux qui comprennent ce qu'est une règle réussiront à mesurer l'objet en faisant correspondre correctement les unités et en les dénombrant. (Vous trouverez dans Barrett et collab., 2003, une description détaillée de la façon dont les élèves élaborent une bonne compréhension de la mesure d'une longueur, y compris l'emploi d'une règle.)

Vous obtiendrez également des informations en observant comment vos élèves se servent d'une règle pour mesurer un objet plus long que celle-ci. Ceux qui lisent simplement la dernière marque sur la règle ne seront pas nécessairement capables d'accomplir cette tâche, puisqu'ils ne comprennent pas qu'une règle représente une série d'unités alignées les unes à côté des autres.

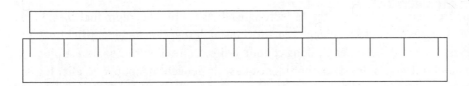

FIGURE 9.4 ◄

Utilisez une règle dont les marques sont dépourvues d'unités de mesure et demandez aux élèves de mesurer un objet. Les élèves comptent-ils les espaces ou les traits ? Dans l'exemple présenté ci-contre, la longueur correcte est de 8 unités. Un élève qui compterait les traits répondrait 9 unités.

Vous risquez de perdre une grande partie de l'utilité des règles maison fabriquées par les élèves si vous ne transférez cette expérience en passant aux règles traditionnelles. Donnez aux élèves une règle traditionnelle et examinez avec eux comment elle est faite et en quoi elle diffère des règles qu'ils ont fabriquées. Vous pourriez leur poser plusieurs questions qui les aideront à caractériser ces nouveaux instruments. Quelles sont les unités indiquées sur la règle ? Pourriez-vous faire une règle avec des unités en papier identiques à celles-ci ? Pourriez-vous faire quelques unités en carton et mesurer de la même façon qu'avec la règle ? Que signifient les nombres ? À quoi servent les autres marques ? Où les unités commencent-elles ?

La mesure de l'aire

L'aire est la mesure de l'espace correspondant à une région ou encore la mesure de la quantité requise pour recouvrir une région. Comme avec les autres attributs, les élèves doivent d'abord comprendre ce qu'est une aire avant de tenter de la mesurer. La septième évaluation de la National Assessment of Educational Progress fournit à ce sujet des données intéressantes. On y apprend en effet que les élèves de quatrième année ne maîtrisent pas parfaitement le concept d'aire, et qu'il en est de même au début du secondaire (Martin et Strutchens, 2000).

Les activités de comparaison

L'un des objectifs visés par les activités de comparaison portant sur l'aire est d'aider les élèves à faire la distinction entre la surface (ou l'aire) et la forme, la longueur ou les autres dimensions. L'aire d'un rectangle long et mince peut être inférieure à celle d'un triangle dont les côtés sont plus courts. Les jeunes élèves ont beaucoup de difficulté à comprendre ce concept. Les expériences piagétiennes révèlent d'ailleurs que beaucoup d'enfants de huit ou neuf ans sont incapables de comprendre que le fait de modifier une figure en en faisant plusieurs morceaux ne change pas l'aire de cette figure une fois que tous les morceaux sont remis ensemble.

Il est pratiquement toujours impossible de comparer directement deux aires, à moins que les formes comparées ne possèdent des dimensions ou des propriétés communes. Par exemple, il est possible de comparer directement deux rectangles dont la largeur est identique, tout comme on peut le faire avec deux cercles. Or, la comparaison entre ces formes ne permet pas d'analyser l'attribut de l'aire. Il faut plutôt utiliser des activités qui reposent sur le réarrangement d'une aire. Dans la prochaine activité, les élèves abordent la grandeur d'une surface en tant qu'attribut distinct de sa longueur et de sa largeur.

FR 36

Activité 9.3

Comparer des rectangles sans utiliser d'unité de mesure

Distribuez aux élèves les paires de rectangles suivantes :

Paire A : 2×9 et 3×6

Paire B : 1×10 et 3×5

Paire C : 3×8 et 4×5

(Vous trouverez ces trois paires de rectangles dans les feuilles reproductibles.)

Les rectangles doivent être complètement vides, à l'exception de l'identification. Les élèves doivent déterminer si, dans chaque paire, l'aire d'un rectangle est plus grande que l'autre ou si les deux sont identiques. Ils peuvent découper ou plier les rectangles comme ils le désirent, mais ils doivent expliquer leur décision pour chaque paire. Vous pouvez garder en réserve la paire C, car c'est elle qui posera le plus grand défi.

PAUSE — Comment feriez-vous pour comparer chaque paire de rectangles dans l'activité précédente sans utiliser une formule ou tracer de carrés ?

Dans les deux premières paires, il est possible de plier le petit rectangle et de le découper soit pour le faire correspondre au deuxième rectangle (paire A), soit pour faciliter la comparaison (paire B) avec ce deuxième rectangle. Dans le cas de la paire C, il est possible de superposer les rectangles, après quoi on compare les parties qui dépassent.

On peut également utiliser les pièces du tangram. On découpe l'ensemble classique de sept pièces à partir d'un carré, comme dans la figure 9.5. Avec les deux petits triangles, on peut obtenir un parallélogramme, un carré et un triangle moyen. Quatre petits triangles formeront un grand triangle. Ce matériel offre une autre occasion d'examiner des pièces de même grosseur (aire), mais de formes différentes. (Vous trouverez les pièces du tangram dans les feuilles reproductibles.)

FR 27

FIGURE 9.5 ▶

Avec les pièces du tangram, il est possible d'aborder les concepts de forme et de grosseur.

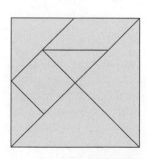

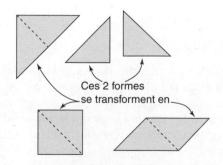

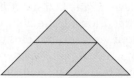

Les sept formes des pièces du tangram

Ces 2 formes se transforment en

Les deux petits triangles permettent de créer les formes de taille moyenne.

Les deux petits triangles et les pièces de taille moyenne permettent de créer le grand triangle.

L'activité suivante propose une méthode pour comparer des aires sans les mesurer.

Estimer les aires des pièces du tangram

Tracez le contour de plusieurs formes constituées de pièces du tangram, comme dans la figure 9.6. Laissez les élèves utiliser ces pièces pour déterminer quelles formes ont la même aire, lesquelles sont plus grandes et lesquelles sont plus petites. Demandez aux élèves d'expliquer comment ils en sont arrivés à ces conclusions. Il existe différentes façons de faire cette activité, et vous devriez laisser vos élèves trouver leurs propres solutions plutôt que de suivre aveuglément vos consignes.

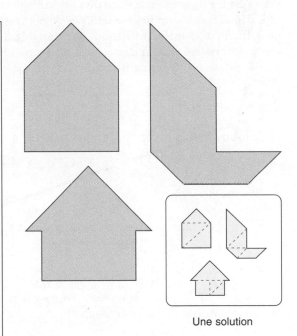

Une solution

FIGURE 9.6 ◄

Comparer des formes constituées de différentes pièces du tangram.

L'utilisation des unités d'aire

Bien que les carrés soient de très belles unités pour l'aire (et les plus souvent utilisées), il est possible d'utiliser n'importe quelle forme susceptible de remplir une région plane. On peut même utiliser des cercles uniformes ou des haricots de Lima pour couvrir une forme plane quelconque et avoir un aperçu de son aire. Voici quelques suggestions d'unités faciles à trouver ou à fabriquer en quantités suffisantes :

- Des jetons ronds en plastique, des pièces d'un cent ou des haricots de Lima. À cette étape, il n'est pas indispensable que les unités remplissent tout l'espace.
- Des petits carrés de couleur (2,5 cm de côté) découpés dans du carton constituent une excellente unité d'aire. De grands carrés (ayant environ 20 cm de côté) conviennent bien pour mesurer de grandes surfaces.
- Les pièces de mosaïques géométriques se présentent sous forme de six unités distinctes. Il est possible d'associer l'hexagone, le trapèze, le losange bleu et le triangle un peu comme on le fait avec les pièces d'un tangram.
- Une grille carrée ou triangulaire fait très bien l'affaire pour recouvrir une surface composée de carrés. Tracez cette surface sur la grille. (Vous trouverez de telles grilles dans les feuilles reproductibles.)

Les élèves peuvent utiliser des unités pour mesurer des surfaces comme un pupitre, un babillard ou un livre. Pour les surfaces plus grandes, il est possible d'utiliser du ruban-cache pour en tracer le contour sur le plancher. Quant aux petites surfaces, on peut les recopier sur du papier afin que les élèves puissent travailler à leur pupitre. Les formes irrégulières et les surfaces courbes offrent un défi intéressant.

Pour mesurer une aire, beaucoup d'unités risquent de ne pas convenir parfaitement. En troisième année, les élèves devraient commencer à utiliser des unités partielles et à regrouper mentalement deux ou plusieurs unités partielles pour les compter comme une seule unité (figure 9.7, p. 280).

FR 7-9, 11, 13

FIGURE 9.7 ▶

Mesurer l'aire d'une grande forme tracée sur le plancher avec du ruban-cache. Les unités sont des morceaux de carton de forme identique.

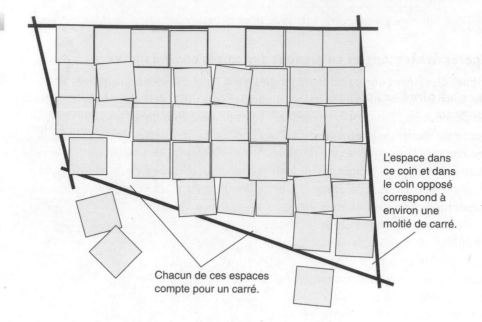

L'espace dans ce coin et dans le coin opposé correspond à environ une moitié de carré.

Chacun de ces espaces compte pour un carré.

L'activité suivante est un bon point de départ qui vous renseignera sur les idées que vos élèves utilisent pour comprendre la mesure de l'aire.

Activité 9.5

Remplir et comparer

Sur une feuille de papier, tracez deux rectangles et une forme ressemblant à une goutte. Dessinez-les de telle manière que les trois aires soient différentes, mais qu'aucune d'entre elles ne soit clairement plus grande ou plus petite. Les élèves doivent d'abord estimer parmi ces trois aires laquelle est la plus petite et laquelle est la plus grande. Après avoir noté leurs estimations, demandez-leur d'utiliser l'unité de remplissage de leur choix pour trouver la réponse. Donnez aux élèves de petites unités comme des jetons ronds, des petites pièces de couleur ou des haricots de Lima. Les élèves doivent expliquer par écrit ce qu'ils ont découvert.

L'objectif de départ est de les préparer à l'idée que l'aire est la *mesure de ce qui est recouvert*. Ne parlez pas de formules. Demandez simplement aux élèves de couvrir les formes et de dénombrer les unités. N'oubliez pas de leur faire faire des estimations avant d'effectuer la mesure proprement dite (cette mesure est plus difficile à prendre que pour la longueur). Utilisez un langage d'approximation et indiquez avec précision la grosseur des unités, tout comme les élèves l'ont fait avec la longueur.

Il est important de souligner que le fait de demander aux élèves d'obtenir une mesure en recouvrant des surfaces avec des unités ne les aide pas à comprendre qu'il est possible de déterminer une aire à l'aide d'une formule comme $L \times l$. En effet, le processus de recouvrement ne les incite pas à se concentrer sur les dimensions ou à utiliser la multiplication pour dénombrer les unités. L'unique objectif des activités de ce type est de comprendre la signification de la mesure. Si vous croyez que vos élèves ont atteint cet objectif, passez à autre chose. La prochaine activité incite les élèves à établir des liens entre la multiplication sous forme de disposition rectangulaire (rangées et colonnes) et la détermination de l'aire d'un rectangle.

Comparer des rectangles en prenant des carrés comme unités

Distribuez aux élèves une paire de rectangles dont l'aire est identique ou très semblable, ainsi qu'un modèle ou le dessin d'une petite unité carrée et une règle. (Les unités peuvent être des centimètres et les règles doivent clairement mesurer l'unité appropriée. Les élèves doivent savoir utiliser une règle.) Les élèves n'ont pas le droit de découper les rectangles ou même de dessiner à l'intérieur. Ils doivent utiliser une règle pour déterminer, de la manière de leur choix, quel rectangle est le plus grand ou s'ils sont identiques. Ils doivent utiliser des mots, des dessins et des nombres pour expliquer leurs conclusions. Voici quelques suggestions de paires :

4×10 et 5×8

5×10 et 7×7

4×6 et 5×5

(Vous trouverez les deux premières paires de multiplication dans les feuilles reproductibles.)

FR 37

L'activité précédente se prête bien au travail d'équipe (deux ou trois élèves). L'objectif n'est pas nécessairement de trouver une formule pour l'aire, mais d'appliquer à l'aire des rectangles les concepts de multiplication que les élèves ont appris. Certains élèves n'utiliseront pas la multiplication. Nombre d'entre eux dessineront des copies des rectangles et tenteront d'y placer tous les carrés. Quelques-uns utiliseront probablement leur règle pour déterminer le nombre de carrés qu'il est possible d'aligner le long de chaque côté, puis ils feront une multiplication pour déterminer l'aire totale, comme dans la figure 9.8. Demandez aux élèves d'expliquer leurs stratégies aux autres ; cela permettra à un plus grand nombre d'entre eux de réaliser qu'il est possible d'utiliser la multiplication.

Ce rectangle contiendra 49 carrés :
7×7 égale 4

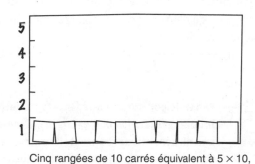

Cinq rangées de 10 carrés équivalent à 5×10, soit 50 carrés. Ce rectangle est plus grand.

FIGURE 9.8 ◄

Certains élèves sauront trouver le nombre de carrés qu'il faut aligner le long de chaque côté et sauront que la multiplication leur permettra de calculer le nombre total.

Hormis les outils informatiques, il n'existe pas d'instrument d'emploi courant pour mesurer des aires.

L'aire et le périmètre

Les élèves ont tendance à confondre l'aire et le périmètre (soit la longueur du contour d'une région). Cette confusion provient peut-être du fait que la mesure de ces deux attributs exige d'évaluer des longueurs. Il se peut également que ces erreurs résultent de l'enseignement des formules associées à ces deux concepts ou d'une distinction inappropriée des formules. Mais, peu importe la raison, ne soyez pas surprise que des élèves de cinquième année, voire de sixième, se montrent incapables de différencier correctement ces deux concepts.

Une approche intéressante permettant de pallier cette confusion consiste à opposer les deux concepts, comme on le fait dans les prochaines activités.

MODÈLE DE LEÇON

(pages 306–307)

Vous trouverez à la fin de ce chapitre une leçon complète fondée sur l'activité « Déterminer les rectangles possédant une aire identique ».

Activité 9.7

Déterminer les rectangles possédant un même périmètre

Donnez aux élèves une ficelle formant une boucle et mesurant exactement 60 unités de longueur. (Utilisez de la ficelle non élastique ; pliez-en un bout en deux et faites une marque à 30 centimètres de l'extrémité double. Nouez-le tout juste au-dessus de la marque de manière à obtenir une boucle mesurant 60 cm exactement.) La tâche consiste à déterminer les rectangles de dimensions différentes qu'il est possible de construire avec cette boucle (des rectangles dont le périmètre est donc de 60 cm). Les élèves choisiront peut-être de placer la ficelle sur un papier quadrillé. Ils peuvent dessiner chaque rectangle distinct sur le papier et écrire l'aire à l'intérieur.

Une variante consiste à donner simplement du papier quadrillé aux élèves et à leur demander de trouver des rectangles dont le périmètre est de 60 unités.

Activité 9.8

Déterminer les rectangles possédant une aire identique

Distribuez aux élèves 36 carrés du type Color Tiles et demandez-leur de déterminer combien il est possible de construire de rectangles possédant une aire de 36 unités (c'est-à-dire des rectangles dont la surface, et non le contour, est formée de 36 carrés). Ils devraient dessiner le contour de chaque rectangle sur du papier quadrillé et en écrire les dimensions. Pour effectuer ce travail, donnez-leur du papier quadrillé au centimètre ou au demi-centimètre. Exigez qu'ils déterminent et notent le périmètre de chaque rectangle.

PAUSE — **Avant de poursuivre votre lecture, réfléchissez aux deux dernières activités. Tous les rectangles de l'exercice « Déterminer les rectangles possédant une aire identique » auront-ils un même périmètre ? Sinon, que pouvez-vous affirmer au sujet des formes ayant un grand ou un petit périmètre ? Et dans l'activité « Déterminer les rectangles possédant un même périmètre », tous les rectangles auront-ils une même aire ? Pourquoi ?**

Vous avez peut-être été surprise de constater que deux rectangles dont l'aire est identique n'ont pas nécessairement le même périmètre. Inversement, deux figures de même périmètre n'ont pas forcément la même aire. Et cette constatation ne se limite évidemment pas aux rectangles.

Il existe une relation très intéressante entre les formes. En faisant les deux dernières activités, vous avez probablement remarqué que, pour une aire déterminée, la figure avec le plus petit périmètre est un carré et que, pour un périmètre déterminé, le rectangle ayant la plus grande aire est aussi un carré. De tous les types de figures, c'est le cercle qui a le plus petit périmètre pour une aire donnée. Autrement dit, pour une aire déterminée, plus une figure est grande, plus son périmètre est petit, et plus une figure est petite, plus son périmètre est grand. (Il existe une relation analogue pour les figures tridimensionnelles si l'on remplace le périmètre par l'aire, et l'aire par le volume. Si ce dernier est fixe, la sphère représente la figure possédant la plus petite aire.)

La mesure du volume et de la capacité

Le *volume* et la *capacité* sont des termes liés à la mesure de la «grandeur» d'objets à trois dimensions. Le volume indique habituellement la quantité d'espace occupée par un objet. Le volume est mesuré en unités, par exemple des centimètres cubes, basées sur des mesures linéaires. On emploie habituellement le terme de *capacité* pour indiquer la quantité que peut contenir un récipient. Les unités conventionnelles de la capacité sont les litres et les millilitres. Ces unités conviennent autant pour les liquides que pour les récipients qui les contiennent. Une fois ces distinctions précisées, il ne devrait pas y avoir de problème. Le terme de *volume* peut également s'appliquer à la capacité d'un récipient.

Les activités de comparaison

En troisième année, la plupart des élèves sont en mesure de comprendre le concept «contient plus» en utilisant des récipients. Il n'est donc pas nécessaire d'élaborer un concept à propos de cet attribut. Dans le cas des objets solides, il se peut que le concept de volume ne soit pas compris tout de suite. Même si les élèves ont assimilé ces principes généraux, ils aimeront faire une ou deux activités de comparaison.

Activité 9.9

Mettre en ordre selon la capacité

Distribuez une série de cinq à six récipients de grosseurs et de formes différentes. L'activité consiste à les classer dans un ordre croissant, c'est-à-dire de la plus petite capacité à la plus grande. Cette tâche peut être un défi pour les élèves. Faites-les travailler en équipes pour trouver une solution et expliquer ce qu'ils ont fait pour classer correctement les récipients.

PAUSE — Même les adultes ont de la difficulté à juger lequel de deux contenants possède la plus grande capacité. Essayez d'effectuer vous-même la tâche suivante avant de la faire avec vos élèves. Prenez deux feuilles de papier de bricolage. Formez un premier tube (c'est-à-dire un cylindre) avec l'une des feuilles en la roulant de manière à joindre les deux bords les plus longs avec du ruban adhésif. Formez ensuite un second tube plus court, mais plus gros, avec l'autre feuille en réunissant les deux bords les plus courts. Placez les tubes à la verticale, et demandez-vous lequel possède la plus grande capacité? Ont-ils tous deux la même capacité?

Cette tâche constitue une bonne introduction pour les élèves les plus âgés, et les résultats sont parfois étonnants. Avant de faire cet exercice avec votre classe, vérifiez combien d'élèves optent pour chaque possibilité: Lequel des deux tubes possède la plus grande capacité? Celui qui est court et gros ou celui qui est long et étroit? Ou les deux tubes auraient-ils la même capacité? Dans la majorité des classes, les réponses se divisent approximativement en trois groupes égaux. N'utilisez pas de formule ; employez plutôt un matériau de remplissage comme du polystyrène ou des haricots de Lima. Placez le cylindre étroit à l'intérieur du cylindre large, remplissez-le, puis soulevez-le de manière à ce que son contenu s'écoule dans le cylindre plus large.

Le volume apparent d'un objet solide peut être trompeur, et il est difficile de comparer les volumes de tels objets. Ainsi, pour comparer les volumes respectifs d'une balle et d'une pomme, il faut employer une méthode de déplacement quelconque. Distribuez aux élèves deux ou trois récipients contenant chacun des objets à comparer et un produit de remplissage comme du riz ou des haricots. Avec ce matériel, certains élèves pourront imaginer leur propre méthode de comparaison. Une des méthodes consiste d'abord à remplir le récipient complètement avec le produit de remplissage, puis à verser le contenu dans un récipient vide. On dépose ensuite un objet dans le premier récipient, que l'on remplit jusqu'au bord du produit de remplissage contenu dans le deuxième récipient. Le volume du produit de remplissage qui reste dans le deuxième contenant correspond au volume de l'objet. Faites une marque pour indiquer ce niveau avant de répéter l'expérience avec d'autres objets. En comparant le niveau d'agent de remplissage qui reste dans le deuxième contenant pour deux ou trois objets, les élèves peuvent alors comparer le volume de ces objets.

L'utilisation des unités de volume et de capacité

Il est possible d'utiliser deux types d'unités pour mesurer le volume et la capacité : les unités solides et les récipients. Les unités solides sont des objets comme des cubes de bois ou de vieilles balles de tennis qu'on peut utiliser pour remplir des récipients. L'autre modèle est un petit contenant que les élèves peuvent remplir et transvaser à plusieurs reprises dans le récipient à mesurer. Voici des exemples d'unités :

- Les bouchons et les petits gobelets en plastique sont appropriés pour les très petites unités.
- Les pots et les contenants en plastique de tailles diverses peuvent servir d'unités.
- Les cubes en bois ou les blocs de formes variées, mais à condition de disposer d'assez de formes d'une même grosseur.
- Les flocons de styromousse pour l'emballage, qui peuvent servir de mesures conceptuelles de volume, même si ces particules ne s'empilent pas parfaitement.

Les activités de mesure de la capacité sont similaires à celles de la longueur et de l'aire. L'estimation d'une capacité est beaucoup plus amusante, car elle est bien plus difficile à effectuer. Des équipes d'élèves de quatrième ou de cinquième année aimeront certainement chercher des moyens de mesurer la capacité de contenants, comme de grandes boîtes en carton, à l'aide d'une unité de mesure possédant la forme d'un contenant relativement petit. Vous pouvez réaliser cette activité bien avant de commencer à étudier les formules de volume.

Il est possible de déterminer les volumes de boîtes rectangulaires, comme une boîte à chaussures, en utilisant l'une ou l'autre des unités mentionnées précédemment comme produit de remplissage. Vous pouvez toutefois profiter de l'occasion pour préparer les élèves à utiliser des formules pour le volume identiques à celles que vous avez employées pour l'aire des rectangles. Si vous donnez aux élèves une boîte ainsi qu'un nombre suffisant de cubes pour la remplir, ils auront davantage tendance à dénombrer les cubes qu'à utiliser une approche multiplicative. L'activité suivante ressemble à celle intitulée « Comparer des rectangles en prenant des carrés comme unités » (activité 9.6).

Activité 9.10

Comparer des boîtes en prenant des cubes comme unités

Distribuez aux élèves une paire de petites boîtes que vous fabriquerez avec du carton pour affiche (figure 9.9). Pour les dimensions, utilisez des unités qui correspondent aux cubes dont vous disposez. Les élèves reçoivent deux boîtes, un cube exactement et une règle appropriée. (Si vous utilisez des cubes de 2 cm, faites une règle dont l'unité correspond à 2 cm.) Les élèves doivent déterminer quelle boîte possède le plus grand volume ou dire si elles ont toutes les deux le même volume.

Voici quelques suggestions de dimensions de boîtes ($L \times l \times H$):

$6 \times 3 \times 4$	$3 \times 9 \times 3$	$5 \times 5 \times 5$
$5 \times 4 \times 4$	$6 \times 6 \times 2$	

Les élèves doivent utiliser des mots, des dessins ou des nombres pour expliquer leurs conclusions.

Pour cette activité, un truc utile consiste à commencer par estimer le nombre de cubes nécessaires pour recouvrir le fond de la boîte. Certains élèves de troisième ou de quatrième année, mais pas tous, utiliseront une règle de multiplication pour le volume. Ensuite, il est possible de remplir les boîtes avec des cubes pour confirmer les calculs. Les élèves ne devraient employer aucune formule, sauf s'ils peuvent l'expliquer. À cette étape, l'utilisation d'une formule n'est pas nécessairement l'objectif visé.

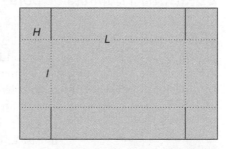

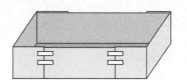

La fabrication et l'utilisation de tasses à mesurer

Les contenants pour mesurer la capacité servent généralement pour de petites quantités de liquide (de l'eau, par exemple) ou d'une matière facile à verser, comme du riz. On trouve de tels contenants dans une cuisine ou un laboratoire. Comme avec les autres instruments, les élèves comprendront plus facilement les unités et le processus de la mesure s'ils fabriquent eux-mêmes leurs propres outils.

Vous pouvez fabriquer une tasse à mesurer avec un petit contenant dont vous vous servirez comme une unité. Choisissez un grand récipient transparent en guise de tasse et un petit récipient qui vous servira d'unité. Remplissez l'unité avec des haricots ou du riz, videz-en le contenu dans le grand récipient et faites une marque pour indiquer le niveau. Répétez l'opération jusqu'à ce que la tasse soit presque pleine. Si les unités sont petites, il suffira probablement de faire des marques toutes les 5 unités seulement. Il n'est pas nécessaire d'écrire les nombres sur le récipient en face de chaque marque. Les élèves ont souvent de la difficulté à lire les échelles où chaque marque n'est pas identifiée ou encore correspond à plusieurs unités. Voici l'occasion de les aider à comprendre à quoi correspondent les lignes sur une vraie tasse à mesurer.

Les élèves doivent utiliser leur tasse à mesurer et comparer les mesures avec celles qu'ils ont faites initialement en remplissant directement le récipient avec l'unité. Des marques incorrectes placées sur la tasse risquent de causer des erreurs. Profitez de cette occasion pour expliquer que les instruments de mesure sont eux-mêmes une source potentielle d'erreur. Plus un instrument est précis, meilleur est l'étalonnage et plus le risque d'erreur est faible.

La mesure du poids et de la masse

Le *poids* est la mesure de l'effet de la gravité sur un objet. La *masse* est la quantité de matière dans un objet et une mesure de la force requise pour l'accélérer. Sur la Lune où la gravité est beaucoup plus petite que sur la Terre, le poids d'un objet est plus petit, même si sa masse est identique. Aux fins du présent ouvrage, les mesures de masse et de poids seront environ les mêmes. Dans la section qui suit, nous considérons que les termes *poids* et *masse* sont interchangeables.

En troisième année, la majorité des élèves comprennent ce que cela signifie lorsqu'on dit qu'un objet est plus lourd, ou qu'il pèse davantage qu'un autre. Il n'est donc pas nécessaire d'effectuer des activités de comparaison.

L'utilisation d'unités de poids et de masse

Tous les ensembles d'objets uniformes présentant une même masse peuvent servir d'unités pour le poids. Pour des objets très légers, vous pouvez utiliser des cubes emboîtables en plastique ou en bois. Les grandes rondelles en métal vendues dans les quincailleries sont efficaces pour peser les objets légèrement plus lourds. Vous devrez utiliser des poids conventionnels pour peser des objets dont le poids est d'un kilogramme ou plus.

Il est impossible de mesurer la masse directement. Il faut employer une balance à plateaux ou à ressort. La figure 9.10 illustre une version maison de chacun de ces types de balances. Dans une balance, placez un objet dans un des deux plateaux et des poids dans l'autre jusqu'à ce que les deux plateaux s'équilibrent. Dans une balance à ressort, placez d'abord un objet, puis marquez la position occupée par le plateau sur une feuille de papier fixée derrière. Enlevez l'objet et placez suffisamment de poids dans le plateau pour le faire descendre jusqu'au même niveau. Avec les élèves, examinez comment des poids égaux étireront le ressort ou l'élastique avec la même force.

À n'importe quel niveau, une expérience toute simple réalisée avec des unités de poids non conventionnelles constitue une bonne façon de préparer les élèves à travailler avec ces unités et avec les balances conventionnelles.

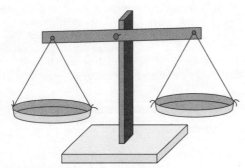

Balance à deux plateaux

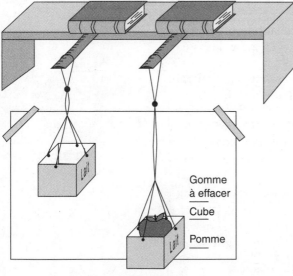

Balances à élastique (ressort)
Les marques indiquent les endroits jusqu'où la balance a descendu.

FIGURE 9.10 ▲

Deux balances simples.

La fabrication et l'utilisation d'une balance

La plupart des balances que nous utilisons dans la vie courante indiquent un nombre lorsqu'on place un objet dessus. Il n'y a aucune unité de poids visible. Comment la balance peut-elle produire le nombre juste ? En fabriquant une balance qui indique un résultat numérique sans recourir aux unités, les élèves arrivent à comprendre le principe de fonctionnement de cet instrument.

Les élèves peuvent utiliser des unités de poids non conventionnelles et étalonner une balance à élastique simple comme celle de la figure 9.10. Installez la balance en plaçant derrière une feuille de papier et accrochez des poids à l'élastique. Après avoir suspendu cinq poids, faites une marque sur le papier. Les marques ainsi tracées correspondent aux marques sur le cadran d'une balance conventionnelle. Le plateau sert d'aiguille. Dans une balance à plateau, le mouvement mécanique vers le bas du plateau fait tourner l'aiguille. Cette activité a pour but d'expliquer le principe de fonctionnement des balances. Les balances à affichage numérique sont basées sur le même principe.

La mesure du temps

Le temps se mesure de la même façon que les autres attributs, en «remplissant» le temps à mesurer avec l'unité que l'on a choisie. On peut considérer le *temps* comme la durée d'un événement, de son début jusqu'à sa fin. Il est possible de le mesurer au moyen d'unités non conventionnelles, par exemple le temps qui s'écoule durant l'oscillation d'un pendule ou celui qui sépare la chute de deux gouttes d'eau tombant d'un robinet. On pourrait aussi mesurer le temps en se basant sur le nombre d'unités qu'il faut à l'ombre portée du soleil pour se déplacer entre deux points fixes. (C'est le principe du cadran solaire.) Pour mesurer une durée, on fait coïncider le début de l'unité de mesure avec celle de l'événement à mesurer (ou à chronométrer), puis on compte les unités jusqu'à la fin de cet événement. Par exemple, on fait coïncider les oscillations d'un pendule et le temps que prend un enfant pour écrire son nom. Les élèves de troisième année comprennent généralement le concept de durée. Quant aux habiletés connexes consistant à lire l'heure sur une horloge ou à compter le temps écoulé, c'est une autre affaire.

La lecture d'une horloge

Du point de vue conceptuel, la lecture de l'heure a peu de rapport avec la mesure du temps. En fait, la capacité de lire une horloge relève de l'habileté à lire n'importe quel compteur muni d'aiguilles se déplaçant devant une échelle graduée. Il est difficile d'enseigner à lire l'heure et pourtant presque tous les élèves de troisième année savent le faire.

Il suffit donc généralement de réviser ce que les élèves ont déjà appris. Certains lisent encore difficilement les minutes, car ils ont du mal à distinguer les minutes précédant l'heure de celles qui la suivent, et à comprendre le sens des expressions matin, après-midi et soir.

Quant aux élèves qui éprouvent de véritables difficultés à lire l'heure, vous pouvez les aider en utilisant une horloge munie d'une seule aiguille. Comme l'indique la figure 9.11, ce type d'horloge permet de déterminer l'heure avec une précision suffisante. Les élèves devraient s'entraîner à déchiffrer l'heure approximative sur une telle horloge avant d'entreprendre l'activité suivante.

Activité 9.11

Lire l'heure avec une horloge à une aiguille

Copiez la feuille reproductible sur laquelle figurent des cadrans d'horloge. Sur les différents cadrans, dessinez une aiguille des heures que vous placerez de manière à ce qu'elle indique approximativement le quart, la demie, les trois quarts ou l'heure juste. Demandez aux élèves d'écrire en chiffres l'heure qu'indique chaque horloge et ensuite de dessiner l'aiguille des minutes pour donner la position qu'elle devrait occuper.

À propos de l'évaluation ———————

L'activité « Lire l'heure avec une horloge à une aiguille » est un bon moyen d'évaluer l'habileté des élèves à lire l'heure. S'ils ont de la difficulté à faire cet exercice, nous vous suggérons de les rencontrer individuellement et de les faire travailler en utilisant à la fois une horloge munie d'une aiguille,

« Environ sept heures »

« Un peu passé
neuf heures »

« À mi-chemin entre
deux heures et trois heures »

FIGURE 9.11 ▲

Lecture de l'heure approximative sur une horloge munie d'une seule aiguille.

FR 38

une horloge numérique et une horloge ordinaire à deux aiguilles. Ils devraient commencer par apprendre à déterminer l'heure approximative qu'indique une horloge avec une seule aiguille, puis à préciser la position que devrait occuper l'aiguille des minutes, comme dans la dernière activité. Donnez-leur alors une heure écrite en chiffres et demandez-leur de dire à quel endroit il faudrait mettre l'aiguille des heures, puis celle des minutes. Pour faciliter l'apprentissage, incitez vos élèves à chercher d'abord à placer l'aiguille des heures et à évaluer approximativement l'heure. Ils pourront ensuite se servir de l'aiguille des minutes pour faire une lecture plus précise.

La durée

Presque tous les programmes ont notamment pour objectif celui de déterminer une durée. Or, les élèves ont généralement de la difficulté à acquérir cette habileté, surtout quand l'intervalle de temps se situe autour de 12 h. Pour y arriver, ils doivent maîtriser les habiletés et les concepts dont il est question ci-dessous.

D'abord, les élèves savent-ils combien il y a de minutes dans une heure? En outre, si vous leur donnez l'heure en chiffres ou le nombre de minutes après l'heure, sont-ils capables de dire combien il y a de minutes jusqu'à l'heure suivante? Il faut certainement en faire un processus mental lié aux multiples de cinq minutes. Évitez de leur demander de soustraire 25 de 60 en utilisant du papier et un crayon.

Évaluer l'intervalle de temps entre 8 h 15 et 11 h 45, par exemple, est une tâche comprenant plusieurs étapes, quelle que soit la façon dont on procède. Il faut pouvoir faire la distinction entre les minutes avant l'heure et après l'heure, comme nous l'avons expliqué plus haut. Il est difficile de mémoriser les étapes intermédiaires et de décider par où commencer. Dans le présent exemple, on peut compter les heures de 8 h 15 à 11 h 15, puis ajouter 30 minutes. Mais que fait-on si les limites de l'intervalle sont 8 h 45 et 11 h 15? Il n'est d'aucune utilité de proposer une méthode ou un algorithme unique.

Il y a aussi la question des abréviations AM et PM, qui servent à la notation de l'heure en anglais. (Ces expressions ne devraient pas être employées en français, bien qu'elles le soient encore couramment.) La difficulté ne vient pas tant d'une mauvaise compréhension de ce qui se passe sur l'horloge à midi et à minuit que d'une évaluation erronée des intervalles.

Quand on examine toutes les sources de difficultés, il n'est pas surprenant que le concept de durée soit si difficile à maîtriser. Jusqu'ici, nous n'avons décrit qu'un seul aspect de la question. Il faut également déterminer la fin d'un intervalle de temps, une fois que l'on connaît le début et la durée. En adoptant le point de vue de la résolution de problèmes et de l'emploi de modèles, examinez les éléments suivants.

Suggérez aux élèves d'employer un axe du temps comme modèle général pour tous les problèmes de durée. Si vous connaissez les deux extrémités de l'intervalle de temps, tracez un axe allant d'une extrémité à l'autre; si vous connaissez la durée et l'une des extrémités, marquez seulement l'extrémité connue et tracez l'axe en direction de l'autre extrémité de l'intervalle de temps. La figure 9.12 illustre divers exemples d'axes du temps.

Il est important de ne pas être trop directif. (Abstenez-vous de dire aux élèves comment employer cet axe du temps.) Comme pour le calcul mental, il existe diverses possibilités. Dans l'exemple illustré à la figure 9.12a, un élève pourrait compter les heures à partir de 10 h 45 (soit 11 h 45, 12 h 45, 13 h 45, 14 h 45, 15 h 45), puis soustraire 15 minutes.

a) Aujourd'hui, les cours ont commencé seulement à 10 h 45. Si vous avez quitté l'école à 15 h 30, combien de temps avez-vous passé à l'école aujourd'hui ?

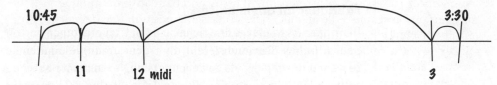

De 11 h à 15 h, ça fait quatre heures. Puis 15 minutes avant et 30 minutes après, ça fait 45 minutes. Trois heures et 45 minutes en tout.

b) La partie commence à 11 h 30. Si elle dure 2 heures et 15 minutes, à quelle heure finira-t-elle ?

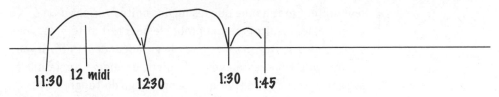

Une heure après 11 h 30, ça donne 12 h 30. En ajoutant une heure, on arrive à 13 h 30 ; avec 15 minutes de plus, on obtient 13 h 45.

FIGURE 9.12 ◄

Un axe du temps simple facilite la résolution de nombreux problèmes de durée. Il faut éviter de dire aux élèves comment se servir de cette droite. Pour chaque exemple illustré ci-contre, il existe plusieurs façons de résoudre le problème. L'axe du temps est utile parce qu'il permet de visualiser les diverses parties de l'intervalle.

La mesure des angles

Il est difficile de mesurer les angles pour deux raisons : premièrement, plusieurs élèves comprennent mal ce qu'est la grandeur d'un angle ; deuxièmement, comme on présente le rapporteur sans en expliquer le principe, ils l'utilisent sans en comprendre le fonctionnement.

La comparaison des angles

On pourrait aussi dire de la grandeur d'un angle qu'elle représente « l'écartement des demi-droites ». Un angle est déterminé par deux demi-droites qui se prolongent indéfiniment dans une direction donnée et se rencontrent en leur origine, qui est le sommet de l'angle. Deux angles se distinguent quant à leur grandeur uniquement par l'importance de l'écartement de leurs deux demi-droites.

Certains auteurs invitent les élèves à se demander de combien une demi-droite s'est éloignée de l'autre en faisant une rotation. Il est possible d'illustrer cette idée en prenant deux règles maintenues ensemble à l'une de leurs extrémités. On observe que la grandeur de l'angle augmente à mesure que l'une des règles s'éloigne de l'autre. Cependant, quand on observe un angle, les deux côtés sont déjà écartés : on ne voit donc pas de rotation. Avez-vous déjà considéré un angle d'un triangle comme le résultat d'une rotation d'un côté qui l'éloigne de l'autre ?

Si vous voulez aider les élèves à conceptualiser la grandeur d'un angle, comparez directement deux angles en les traçant, puis en les superposant. Assurez-vous de demander aux élèves de comparer des angles dont les côtés sont représentés par des segments de longueurs différentes. Un angle ouvert dont les côtés sont courts peut sembler plus petit qu'un angle fermé dont les côtés sont longs. Bien des élèves se laissent induire en erreur par cette illusion. Vous pouvez aborder la mesure d'un angle dès que les élèves sont capables de faire la distinction entre un angle ouvert et un angle fermé, quelle que soit la longueur des côtés.

L'utilisation des unités de mesure angulaire

Une unité de mesure d'angle est nécessairement un angle. Aucune autre unité ne possède l'attribut d'ouverture qu'on désire mesurer. (Contrairement à la croyance populaire, il n'est pas nécessaire d'employer des degrés pour mesurer un angle.)

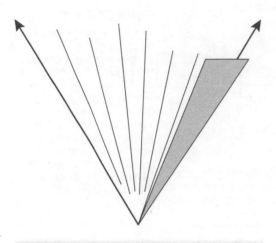

FIGURE 9.13 ▲

Avec une petite pointe découpée dans une fiche pour former un angle unité, la mesure de l'angle correspond à $7\frac{1}{2}$ pointes. L'emploi de telles unités non conventionnelles permet de mettre l'accent sur l'idée d'utiliser un angle pour mesurer la grandeur d'un autre angle plutôt que sur la précision de la mesure.

Activité 9.12

Fabriquer un angle unité

Distribuez à vos élèves une fiche ou un petit morceau de carton pour affiches. Demandez-leur d'y tracer un angle aigu en se servant d'une règle, puis de découper l'angle. La pointe obtenue peut servir d'unité de mesure angulaire : il s'agit de compter combien de fois elle s'insère dans un angle donné (figure 9.13). Remettez également aux élèves une feuille de travail sur laquelle figurent divers angles et dites-leur de les mesurer en utilisant leur unité. Étant donné que les angles unités varient d'un élève à l'autre, les résultats seront probablement fort différents. Vous pourrez en discuter en fonction de la grandeur de l'unité. Si vous désirez que tous les élèves emploient un même angle unité, suggérez-leur de se servir du losange beige du tangram.

L'activité 9.12 illustre le fait que mesurer un angle, une longueur ou une aire revient à effectuer une seule et même opération, mais en employant des unités différentes. On se sert en effet d'angles unités pour recouvrir le secteur angulaire, tout comme on se sert de longueurs unités pour recouvrir une longueur. Une fois que les élèves ont assimilé ce concept, ils sont prêts à utiliser des instruments de mesure.

La fabrication d'un rapporteur d'angles

Parmi les instruments de mesure utilisés à l'école, le rapporteur est l'un de ceux dont les élèves ont le plus de difficulté à comprendre le principe de fonctionnement, notamment en raison de la petitesse des unités (les degrés). Du point de vue pratique, il serait impossible de découper un angle valant un seul degré et de s'en servir comme unité, par exemple dans l'activité 9.12. La difficulté provient également du fait que l'élève ne voit pas d'angles sur le rapporteur, mais seulement de petites marques tracées sur le pourtour. Celui-ci porte deux séries de graduations, l'une allant dans le sens des aiguilles d'une montre et l'autre dans le sens inverse. Les élèves se posent donc la question : « Quelle échelle faut-il utiliser ? » La fabrication d'un rapporteur maison avec un angle unité relativement grand permet de comprendre tous ces éléments mystérieux. Ensuite, il suffit de comparer attentivement le rapporteur maison avec un rapporteur ordinaire et l'on finit par s'en servir correctement et à comprendre ce qu'on fait.

Distribuez aux élèves une feuille de papier ciré d'usage courant d'environ 30 cm de longueur et demandez-leur de faire les opérations suivantes. Plier cette feuille en deux et bien marquer le pli ; rabattre encore deux fois en faisant coïncider les bords pliés. Répéter l'opération encore deux fois, toujours en joignant les bords pliés et en marquant bien le nouveau pli. Couper ou déchirer ensuite la forme en pointe obtenue entre 10 et 12 cm du sommet, puis déplier la feuille. Si cette tâche est effectuée correctement, la feuille dépliée laisse apparaître 16 angles égaux dont les sommets se rejoignent au centre de la feuille, comme dans la figure 9.14. On obtient ainsi un excellent rapporteur dont l'angle unité correspond au huitième d'un angle plat. Comme le papier ciré est translucide, les élèves peuvent placer ce rapporteur sur un angle tracé sur du papier, au tableau ou sur un transparent pour rétroprojecteur afin de le mesurer, comme l'indique la figure 9.15. Il est possible de mesurer approximativement l'angle d'un polygone quelconque de façon satisfaisante avec un rapporteur en papier ciré pas plus grand que celui que montre cette figure. Mesurez les quatre autres angles du polygone aussi précisément que vous le pouvez avec ce rapporteur maison. Utilisez des fractions pour obtenir une approximation. La somme des mesures des cinq angles intérieurs du polygone devrait donner près de 24 pointes. Il existe deux façons de mesurer l'angle obtus vers lequel pointe la flèche. Comment procéderiez-vous si votre rapporteur était un demi-disque plutôt qu'un disque ?

En employant un rapporteur en papier ciré, les élèves comprennent que ce type d'instrument sert à insérer des angles unités dans un angle qu'on désire mesurer. Quand ils mesurent un angle, ils peuvent facilement évaluer la moitié, le tiers ou le quart d'une « pointe » (ce nom pouvant servir à désigner l'angle unité du rapporteur maison). Le rapporteur en papier permet de mesurer avec une précision suffisante les angles intérieurs d'un polygone, par exemple. Il permet également d'observer la relation habituelle entre le nombre de côtés et de calculer la somme des angles intérieurs. Dans le cas d'un triangle, la somme est 180 *degrés*, ce qu'on note 180^p ; dans le cas d'un quadrilatère, la somme est 360^p et, plus généralement, elle est de $(n-2) \times 180^p$ dans le cas d'un polygone à n côtés. La lettre p en exposant annonce le symbole de degré (°).

La figure 9.16 montre comment confectionner un rapporteur pour la mesure d'angles en « pointes » formé d'un demi-disque en carton pour affiches. Cette variante ressemble davantage à un rapporteur usuel puisque les rayons sont portés par des segments de droite issus du centre (et non des droites) et que les graduations se lisent dans les deux sens. Seule la grandeur de l'angle unité distingue cet instrument d'un rapporteur d'usage courant. L'unité conventionnelle est le *degré*, lequel correspond tout simplement à la mesure d'un très petit angle. Le rapporteur usuel n'est pas très utile pour enseigner la signification d'un degré. Par contre, l'analogie entre les « pointes » et les degrés, et entre les deux rapporteurs, constitue une excellente approche. (Voir les feuilles reproductibles.)

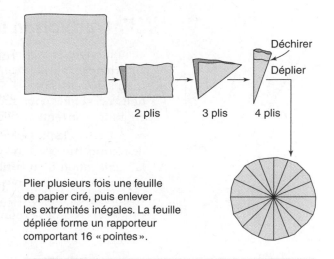

Plier plusieurs fois une feuille de papier ciré, puis enlever les extrémités inégales. La feuille dépliée forme un rapporteur comportant 16 « pointes ».

FIGURE 9.14 ▲

Fabrication d'un rapporteur en papier ciré.

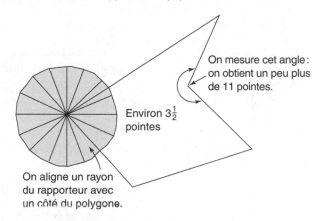

FIGURE 9.15 ▲

Mesure des angles d'un polygone avec un rapporteur en papier ciré.

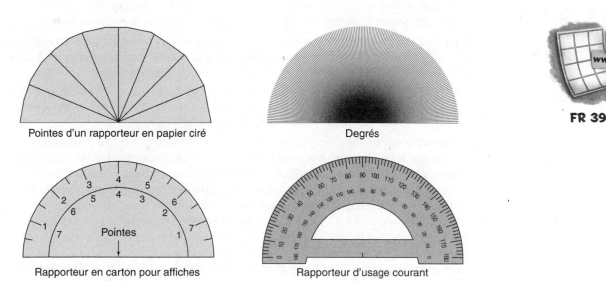

Pointes d'un rapporteur en papier ciré

Degrés

FR 39

Rapporteur en carton pour affiches

Rapporteur d'usage courant

Les marques sur un rapporteur en carton correspondent aux rayons d'un rapporteur en papier. Les marques sur un rapporteur en plastique correspondent à des rayons qui déterminent des <u>degrés</u>. Un degré est tout simplement la mesure d'un très petit angle. On trouve une grande représentation de 180 degrés dans les feuilles reproductibles.

FIGURE 9.16 ◄

Comparaison de rapporteurs et d'unités angulaires.

L'introduction des unités conventionnelles

Comme nous le mentionnions précédemment, plusieurs raisons militent en faveur de l'enseignement de la mesure avec des unités non conventionnelles. Toutefois, pour acquérir le sens de la mesure, les élèves doivent se familiariser avec les unités de mesure courantes, utiliser ces unités pour faire des estimations et interpréter correctement les mesures formulées en unités conventionnelles.

L'erreur la plus grande en matière de mesure consiste probablement dans l'incapacité de reconnaître ces deux types d'objectifs et de les distinguer : premièrement, comprendre la signification d'un attribut et la technique utilisée pour le mesurer et, deuxièmement, apprendre les unités conventionnelles habituellement utilisées pour mesurer cet attribut. Il importe de travailler à l'atteinte des deux objectifs séparément ; le faire simultanément risque de créer de la confusion.

 PAUSE | **Parmi les quatre raisons justifiant l'utilisation d'unités non conventionnelles, desquelles vous souvenez-vous ? Laquelle vous semble la plus importante et pourquoi ?**

Relisez la liste des raisons justifiant l'utilisation d'unités non conventionnelles présentée aux pages 272-273. Toutes les raisons ne s'appliqueront probablement pas à chaque situation qui se présentera. Pour éviter de perdre du temps dans votre programme sur la mesure, il est important de savoir pourquoi vous devez utiliser ou non des unités non conventionnelles. Les élèves doivent d'abord maîtriser la mesure d'un attribut avant de passer, par exemple, aux litres et aux millilitres, au nombre de centimètres dans un mètre ou de mètres dans un kilomètre, ou encore de se représenter les grammes et les kilogrammes.

Les objectifs pédagogiques

Voici trois objectifs généraux à propos de la mesure avec des unités conventionnelles :

1. *Se familiariser avec l'unité.* Se familiariser signifie que les élèves doivent avoir une idée minimale de la taille de l'unité habituellement utilisée et de ce qu'elle mesure. Sans ce fondement, ils ne peuvent acquérir le sens de la mesure. Il est bien plus important de savoir ce que représente environ 1 litre d'eau ou d'être capable d'estimer qu'une tablette mesure 2 mètres de long que de savoir prendre ces mesures de manière précise.

2. *Choisir l'unité appropriée.* En plus de se familiariser avec l'unité, il faut savoir quelle unité utiliser dans une situation donnée. Le choix de l'unité appropriée s'effectue également en fonction du degré de précision recherché. (Mesurer une pelouse pour déterminer la quantité d'engrais à appliquer exige-t-il la même précision que mesurer une fenêtre pour acheter une vitre ?) Les élèves doivent s'exercer à faire preuve de bon sens pour choisir les unités conventionnelles appropriées.

3. *Connaître les relations importantes entre les unités.* Il importe de mettre l'accent sur les relations les plus souvent employées comme les centimètres, les mètres, les millilitres ou les litres. Toutefois, les exercices de conversion fastidieux n'améliorent en rien le sens de la mesure. En fait, établir des relations entre les unités est l'objectif le moins important concernant la mesure.

Se familiariser avec les unités

Deux types d'activités aident à se familiariser avec les unités conventionnelles : 1) les comparaisons qui portent sur une seule unité ; 2) les activités qui permettent d'acquérir des points de repère personnels pour les unités ou les multiples d'unités.

Se servir d'une unité à la fois

Donnez aux élèves un modèle représentant une unité conventionnelle et dites-leur de trouver des objets dont la mesure est environ la même que celle de l'unité. Par exemple, pour familiariser vos élèves avec le mètre, donnez-leur un bout de ficelle mesurant 1 mètre. Demandez-leur de faire une liste d'objets qui mesurent environ 1 mètre. Faites des listes distinctes pour les choses qui sont un peu moins (ou un peu plus) ou deux fois moins (ou deux fois plus) longues. Encouragez-les à trouver des objets d'usage courant. Assurez-vous d'inclure des longueurs circulaires. Par la suite, les élèves peuvent essayer d'estimer si un objet donné mesure près de 1 mètre ou s'il est plus grand ou plus petit.

Il est possible d'effectuer la même activité avec une autre unité de longueur. Vous pouvez mettre les parents à contribution pour aider les élèves à trouver des distances d'environ 1 kilomètre qui leur sont familières. Adressez-leur une lettre pour leur suggérer de vérifier la distance de divers trajets dans le quartier, pour aller à l'école ou au centre commercial, par exemple, ou encore la distance des itinéraires qu'ils parcourent fréquemment avec leurs enfants.

Pour les unités de capacité comme le millilitre ou le litre, les élèves ont besoin d'un récipient ne contenant qu'une seule unité ou possédant une marque pour une seule unité. Ils doivent ensuite trouver d'autres récipients à la maison ou à l'école dont la capacité est supérieure, inférieure ou égale à celle des récipients en question. N'oubliez pas que les formes des contenants peuvent être très trompeuses et risquent de rendre plus difficile l'estimation de leur capacité. (Pour le constater, il vous suffit de prendre deux verres, l'un étroit et haut et l'autre évasé, et d'y verser la même quantité d'eau : vous avez l'impression qu'il y a plus d'eau dans le premier que dans le second.)

Pour les poids conventionnels en grammes ou en kilogrammes, les élèves peuvent comparer les objets sur une balance à deux plateaux avec des exemplaires individuels de ces unités. Par exemple, il peut s'avérer plus efficace de travailler avec des poids de 10 grammes. Vous pouvez encourager les élèves à apporter des objets de la maison qui leur sont familiers pour en comparer le poids sur la balance de l'école.

Les unités d'aire conventionnelles sont définies en fonction d'unités de longueur : ce sont le centimètre carré ou le kilomètre carré. Il est donc important que les élèves se familiarisent avec les unités de longueur. Par contre, il est bien plus important de comprendre ce que signifient 30, 45, 60 ou 90 degrés que d'essayer d'imaginer ce que représente un degré.

La deuxième méthode consiste à commencer avec des objets très familiers, puis à utiliser leurs mesures comme points de repère. Une porte mesure un peu plus de 2 mètres de hauteur. Un paquet de farine pèse 2 kilogrammes. Une chambre à coucher peut mesurer 4 mètres de long. Un trombone pèse environ 1 gramme et mesure près de 1 centimètre de largeur. Un litre de lait pèse 1 kilogramme.

Trouver des points de repère familiers

Pour chaque unité de mesure à enseigner, demandez aux élèves d'établir une liste d'au moins cinq objets familiers, puis de mesurer ces objets avec cette unité. Pour les longueurs, encouragez-les à inclure des objets longs et courts ; pour le poids, à trouver des objets légers et lourds ; etc. Demandez aux élèves d'arrondir les mesures pour obtenir des nombres entiers. Passez toutes les listes en revue avec les élèves afin de mettre en commun les différentes idées.

Dans le cas de la longueur, les points de repère associés au corps humain sont particulièrement intéressants. Avec le temps, les élèves se familiarisent avec leurs mensurations, de sorte qu'ils peuvent s'en servir dans plusieurs situations comme étalon pour obtenir des mesures approximatives. Même si les jeunes enfants grandissent rapidement, il leur est utile de connaître leur taille et les dimensions de diverses parties de leur corps.

Activité 9.15

Déterminer des points de repère corporels

Demandez aux élèves de mesurer différentes parties de leur corps. Quelle est la longueur approximative de leur pied et de leur enjambée ? Quel est l'empan de leur main (mesuré les doigts écartés, puis joints), la largeur et la longueur de leurs doigts, l'envergure de leurs bras (du majeur au majeur, et du majeur au nez), leur tour de poignet, leur tour de taille, la distance entre le sol et leur taille, leurs épaules et le sommet de leur tête ? Ils n'arriveront probablement pas à se souvenir de toutes ces mesures, mais quelques-unes leur serviront de points de repère pratiques, tandis que d'autres constitueront d'excellents modèles d'unités. (En moyenne, la largeur de l'ongle d'un enfant est d'environ 1 cm et, chez la majorité des gens, une partie ou l'autre de la main a une longueur de 10 cm.)

Pour aider les élèves à mémoriser les points de repère corporels qu'ils ont mesurés, ils doivent les utiliser régulièrement lors d'activités visant à mesurer approximativement des objets en comparant des longueurs, des surfaces et des volumes.

Choisir les unités appropriées

Une salle de classe devrait-elle être mesurée en mètres ou en centimètres ? Les blocs de ciment devraient-ils être pesés en grammes ou en kilogrammes ? La réponse à de telles questions dépasse le simple choix de la grandeur des unités, même si cet aspect reste important. Il faut en effet tenir compte de la précision recherchée. Si vous mesurez le mur pour couper une moulure ou un morceau de bois à la bonne longueur, la mesure doit être très précise. L'unité à utiliser devrait être le centimètre et vous utiliseriez également des fractions. Toutefois, si vous voulez déterminer combien vous devez acheter de moulures en unités de 4 mètres, il serait probablement suffisant de mesurer au mètre près.

Activité 9.16

Deviner l'unité

Trouvez des exemples de différents types de mesures dans les journaux, sur les panneaux de signalisation ou dans d'autres situations de la vie quotidienne. Précisez le contexte et les mesures, mais n'indiquez pas les unités. L'activité consiste à prédire quelles unités de mesure ont été utilisées. Demandez aux élèves d'expliquer leurs choix.

Les unités conventionnelles importantes et les relations qui existent entre elles

Le Système international d'unités (SI) comprend un grand nombre de mesures que les gens utilisent rarement dans leur vie quotidienne. Le tableau 9.2 énumère les unités les plus courantes. Le programme scolaire est le meilleur guide pour vous aider à déterminer quelles

unités les élèves devraient apprendre. N'oubliez pas que les manuels traditionnels abordent parfois des unités que le programme laisse de côté. Évitez toutefois de donner une trop grande quantité d'informations, car les élèves risquent
de s'en désintéresser. Pour la quasi-totalité de l'apprentissage des unités conventionnelles, l'objectif principal devrait demeurer la familiarisation avec les unités
les plus courantes (voir les activités 9.14, 9.15 et 9.16).

Les relations entre les unités du SI reposent sur des conventions. Les élèves
doivent simplement en connaître la nature, et les exercices doivent être conçus
pour consolider cet apprentissage. Il est important de réaliser que les élèves doivent
surtout se familiariser avec les unités de mesure. Autrement dit, il leur est plus utile
de pouvoir estimer la quantité de liquide contenue dans une tasse ou dans une
bouteille d'un litre, ou encore d'être capable de mesurer approximativement une
distance d'un mètre en fonction de sa propre enjambée que de savoir combien il
y a de centilitres dans un litre, ou de centimètres dans un mètre. Toutefois, à
partir de la troisième année, il devient plus important de connaître certaines relations fondamentales afin d'être capable de faire vérifier des résultats. Encore une
fois, le programme scolaire devrait vous servir de guide.

Le SI utilise de manière systématique des puissances de dix. La compréhension du rôle de la virgule décimale, qui indique la position des unités, est un
concept fondamental pour la conversion d'unités (voir le chapitre 7, figure 7.6).
Lorsque les élèves commencent à comprendre la structure de la notation décimale,
vous devriez présenter les unités du SI et leurs six multiples et sous-multiples :
trois préfixes désignent les sous-multiples (*déci-*, *centi-*, *milli-*) et trois autres
indiquent les multiples (*déca-*, *hecto-*, *kilo-*). Évitez d'énoncer des règles
mécaniques, comme : « Pour convertir des centimètres en mètres, on déplace la
virgule décimale de deux positions vers la gauche. » Si les élèves n'élaborent pas eux-mêmes
des méthodes de conversion qui ont un sens du point de vue conceptuel, ils utiliseront
plus ou moins correctement des règles qui leur semblent arbitraires, et qu'ils oublieront
rapidement.

On ne devrait jamais demander aux élèves d'effectuer des conversions exactes d'unités
du SI en d'autres unités, et vice-versa. Quand les conditions exigent d'employer deux
systèmes d'unités, il est utile de savoir faire des conversions « simples et pratiques » : par
exemple, un kilo correspond à un peu plus de deux livres et un mètre à un peu plus de trois
pieds. Il en va de même des repères familiers : cent mètres, c'est à peu près la longueur d'un
terrain de football plus une zone de but.

	Système international d'unités
Longueur	millimètre centimètre mètre kilomètre
Aire	centimètre carré mètre carré
Volume	centimètre cube mètre cube
Capacité	millilitre litre
Poids	gramme kilogramme tonne métrique

À propos de l'évaluation

L'évaluation du degré de compréhension et de connaissance des unités
conventionnelles comporte souvent le risque de trop insister sur les opérations de conversion traditionnelles. Voici deux exemples de questions :

1. 4 mètres = _____ centimètres.
2. Estime la longueur de cette corde en mètres, puis en centimètres. Comment
   as-tu fait ton estimation ?

Les deux opérations font le lien entre les mètres et les centimètres. Toutefois,
pour la deuxième opération, les élèves doivent connaître les unités. L'estimation
permet de vérifier si les élèves utilisent la première estimation pour faire la seconde
(comprendre et utiliser la relation mètres/centimètres), plutôt que de faire deux
estimations distinctes. Cette tâche permet également de savoir comment les élèves
font une estimation. Une opération traditionnelle de portée plus restreinte ne permet
pas de recueillir ce genre d'information.

En posant des questions aux élèves, vous pouvez vérifier s'ils *utilisent* l'information
qu'ils ont apprise avec vous.

L'estimation de mesures

L'estimation d'une mesure est un processus consistant à mesurer ou à établir des comparaisons à partir d'informations mentales ou visuelles, autrement dit sans utiliser d'instrument particulier. Il s'agit d'une habileté d'ordre pratique. On effectue des approximations de mesures presque quotidiennement : Reste-t-il assez de sucre pour faire des biscuits ? Arriverais-tu à lancer la balle à une distance de 15 mètres ? Le poids de cette valise dépasse-t-il la limite autorisée ? Quelle longueur cette clôture fait-elle ?

L'estimation de mesures n'est pas utile seulement à l'extérieur de l'école. En effet, de telles activités incitent les élèves à se concentrer sur l'attribut à mesurer, suscitent une motivation intrinsèque et contribuent à se familiariser avec les unités conventionnelles. Ces opérations d'approximation accroissent donc la qualité de l'enseignement, tout en permettant aux élèves d'acquérir une habileté qui leur sera utile toute leur vie.

Les techniques d'estimation de mesures

Tout comme dans le cas du calcul estimatif, il existe des stratégies spécifiques d'approximation de mesures. Vous pourriez enseigner les quatre stratégies suivantes.

1. *Élaborer et utiliser des points de repère pour les unités importantes.* (Nous avons déjà présenté cette stratégie en tant que moyen de familiariser les élèves avec les unités.) Les élèves devraient acquérir un bon point de repère pour chaque unité conventionnelle, de même que pour ses multiples les plus courants. Par exemple, il est généralement utile d'avoir des points de repère pour 1, 5 et 10 kg, voire 100 kg, ainsi que pour 500 ml. Il est possible de comparer mentalement ces repères aux objets à mesurer approximativement : « Cet arbre est à peu près quatre fois plus haut que le cadre de la porte, il mesure donc entre 8 et 9 mètres. »

2. *Décomposer l'objet en parties s'il y a lieu.* Comme l'illustre la figure 9.17, pour mesurer un mur, il est plus facile d'estimer successivement la longueur de petites sections bien identifiables que le mur tout entier. De même, il est plus simple d'évaluer approximativement la masse d'une pile de livres en commençant par estimer la masse moyenne d'un livre.

3. *Employer des subdivisions.* Cette stratégie s'apparente à la décomposition en parties que l'évaluateur détermine arbitrairement. Par exemple, pour estimer la longueur d'un mur qui ne comporte pas d'éléments suggérant une façon de le décomposer, on peut le diviser mentalement en moitiés, puis en quarts, voire en huitièmes, en répétant la division en moitiés jusqu'à obtenir une longueur plus facile à évaluer. Cette façon de faire convient pour mesurer des longueurs, des volumes et des aires.

FIGURE 9.17 ▶

Estimation d'une mesure par décomposition en sections.

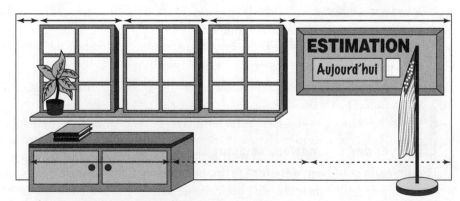

Évaluer approximativement la longueur de la pièce.
Utiliser les fenêtres, le babillard et les espaces entre ces éléments comme sections.
Utiliser la longueur du petit meuble. (Il semble qu'on pourrait aligner bout à bout trois meubles le long du mur et un peu plus.)

4. *Déplacer mentalement ou concrètement une unité unique à plusieurs reprises.* Quand on veut mesurer une longueur, une aire ou un volume, il est parfois facile de placer des unités sous forme de repères visuels afin de savoir où on en est, par exemple en faisant des marques ou des plis, ou encore en se servant de sa main. Dans le cas d'une longueur, la dimension du bras, l'empan ou l'enjambée peuvent servir d'unité. Il suffit de reporter cette dimension à plusieurs reprises le long de l'objet à mesurer pour en connaître la longueur totale. Si l'on sait par exemple que la longueur de sa propre enjambée est d'environ 75 cm, on peut parcourir la distance à estimer puis la multiplier par ce nombre afin d'obtenir une estimation. La largeur de la main ou d'un doigt convient pour mesurer approximativement de petits objets.

Des conseils pour enseigner l'estimation

Vous devriez enseigner chacune des quatre stratégies que nous venons de décrire, puis en discuter avec les élèves. Toutefois, la meilleure façon d'améliorer les habiletés en matière d'approximation consiste encore à faire de nombreux exercices. Gardez à l'esprit les éléments suivants.

1. Amenez d'abord les élèves à apprendre toutes les stratégies en leur demandant d'utiliser une méthode donnée. Ensuite, laissez-les employer la méthode de leur choix lors des activités.

2. Discutez régulièrement avec les élèves de la manière dont ils procèdent pour effectuer des estimations. Vous aiderez ainsi toute la classe à comprendre qu'il existe plusieurs façons de procéder et vous aurez l'occasion de rappeler différentes méthodes utiles.

3. Acceptez toutes les estimations qui se situent dans une fourchette donnée. Déterminez de façon relative ce qu'est une estimation convenable : dans le cas d'une longueur, une marge d'erreur inférieure à 10 % est un bon résultat ; dans le cas d'une masse ou d'un volume, une erreur inférieure à 30 % est acceptable.

4. Au besoin, demandez à vos élèves d'indiquer l'intervalle de mesures dans lequel la mesure réelle devrait s'inscrire, selon eux. En plus d'être utile dans la vie de tous les jours, cette façon de faire incite les élèves à réfléchir sur la dimension approximative de l'évaluation effectuée.

5. Faites quotidiennement des exercices d'estimation en classe. Vous pourriez afficher au babillard le nom de l'objet à mesurer approximativement et demander aux élèves de vous remettre le résultat par écrit. Prenez ensuite quelques minutes pour en discuter. Pensez également à la possibilité de former des équipes et d'assigner à chacune d'elles la responsabilité de déterminer à tour de rôle les objets dont il faudra estimer les dimensions au cours de la semaine.

Les activités d'estimation de mesures

Il n'est pas nécessaire que les activités d'estimation soient très élaborées. Lors de chaque activité de mesure, vous pouvez demander aux élèves d'effectuer d'abord une estimation sommaire. Afin d'accorder plus d'importance au processus d'estimation lui-même, choisissez des objets dont il est possible d'estimer les dimensions avant de leur dire de le faire. Voici quelques suggestions.

Activité 9.17

Effectuer des estimations sommaires

Choisissez un seul objet, par exemple une boîte quelconque, un melon d'eau, un pot, ou, pourquoi pas, le directeur de l'école. Par la suite, prenez chaque jour un attribut différent, ou une dimension différente, et demandez aux élèves de l'estimer. Avec le melon d'eau, vous pouvez leur faire estimer la longueur, la grosseur (c'est-à-dire la circonférence au point où le renflement est maximal), la masse, le volume et l'aire.

Faire la chasse aux estimations

Organisez une chasse aux estimations. Formez des équipes, fournissez à chacune une liste de mesures et précisez que la tâche consiste à trouver des objets dont les mesures correspondent sensiblement à celles de la liste. Ne leur permettez pas d'utiliser d'instrument de mesure. Voici quelques éléments que vous pouvez inclure dans les listes :

- une longueur de 3,5 m ;
- un objet dont la masse est supérieure à 1 kg, mais inférieure à 2 kg ;
- un contenant dont la capacité est d'environ 200 ml ;

   Laissez les élèves décider des critères à utiliser pour juger de la précision des résultats.

Appliquer la méthode Ɛ-M-Ɛ

Utilisez la méthode estimation-mesure-estimation (Ɛ-M-Ɛ) décrite par Lindquist (1987) : jumelez deux objets à mesurer approximativement, dont les dimensions sont reliées ou voisines, mais non identiques. Demandez aux élèves d'estimer les dimensions du premier, puis de vérifier le résultat en effectuant une mesure exacte. Dites-leur ensuite de mesurer approximativement le second objet. Voici quelques objets jumelés que vous pouvez employer :

- la largeur d'une fenêtre et la longueur d'un mur ;
- le volume d'une grande tasse à café et celui d'un pichet ;
- la distance entre les yeux et la largeur de la face au niveau des yeux ;
- la masse de quelques billes et celle d'un sac de billes.

L'activité précédente aidera la plupart des élèves à comprendre comment faire appel à des repères pour effectuer des estimations.

L'élaboration de formules pour l'aire et le volume

L'élaboration de formules de l'aire et du volume de figures géométriques met particulièrement en évidence la relation entre la mesure et la géométrie.

Dans certains examens, les élèves ont le droit d'avoir les formules sous leurs yeux. On considère probablement qu'il est plus important de savoir les employer que de les mémoriser. Il est en effet toujours possible de vérifier une formule. Si l'on procède ainsi dans votre école, évitez de commettre l'erreur de ne pas expliquer comment s'élaborent les formules. Si vous donnez des explications d'un point de vue conceptuel, vos élèves apprendront bien plus que des recettes, car ils comprendront les idées et les relations mises en jeu. Par la suite, ils auront moins tendance à confondre, par exemple, l'aire et le périmètre ou encore à choisir la mauvaise formule lors d'un examen. C'est en fait l'occasion de faire des associations importantes. Ainsi, les élèves peuvent se rendre compte que toutes les formules d'aire relèvent d'un concept fondamental et que l'aire représente le produit des longueurs respectives de la base et de la hauteur. En outre, s'ils comprennent l'origine des formules, elles ne leur sembleront pas mystérieuses; ils les mémoriseront plus facilement et seront davantage convaincus que les mathématiques sont une affaire de sens et de logique. L'application automatique de formules tirées d'un manuel n'offre aucun de ces avantages.

Les difficultés courantes

Les résultats aux examens de la National Assessment of Educational Progress indiquent clairement que les élèves ne comprennent pas bien les formules. Par exemple, lors de la sixième évaluation, seulement 19 % des élèves de quatrième année et 65 % de ceux du début du secondaire ont réussi à calculer l'aire d'un tapis de 3 m de longueur et de 2 m de largeur (Kenney et Kouba, 1997). L'une des erreurs courantes consiste à confondre les formules de l'aire et du périmètre. Ces piètres résultats résultent largement du fait que ces expressions mathématiques reçoivent trop d'attention, alors qu'elles reposent uniquement sur des connaissances conceptuelles insuffisantes, voire absentes. Il ne suffit pas d'expliquer comment on en est arrivé à une formule.

Il est impossible de résoudre les tâches illustrées dans la figure 9.18 en appliquant simplement des formules. Pour arriver à faire les exercices, il est nécessaire de comprendre les concepts et la façon d'appliquer la formule. L'expression «Longueur × largeur» ne peut être considérée comme une définition de l'aire.

Les élèves se trompent fréquemment en employant des formules quand ils sont incapables de conceptualiser la signification de la hauteur et de la base d'une figure géométrique, qu'elle soit bidimensionnelle ou tridimensionnelle. Observez chacune des formes illustrées dans la figure 9.19: elles présentent un côté incliné et la hauteur est indiquée. Or, il est facile de confondre le côté oblique et la hauteur. On peut prendre comme *base* d'une figure géométrique n'importe quel côté droit ou n'importe quelle surface plane, et à chaque base correspond une hauteur. Si l'on introduisait une figure dans une pièce en la faisant glisser sur sa base, sa *hauteur* équivaudrait à celle de la porte la plus basse par laquelle on pourrait la faire passer sans la plier. En d'autres mots, c'est la distance perpendiculaire à la base. Cette confusion s'explique peut-être par le fait que les élèves ont appliqué la formule «la longueur fois la largeur» maintes et maintes fois à des rectangles, qui sont des figures géométriques dont la hauteur correspond exactement à la longueur d'un côté.

Avant de discuter avec les élèves de formules faisant intervenir la hauteur, vous devriez vous assurer qu'ils savent mesurer la hauteur d'une figure, quelle que soit la base.

L'aire d'un rectangle, d'un parallélogramme, d'un triangle et d'un trapèze

La formule de l'aire d'un rectangle est l'une des premières qu'apprennent les élèves. Elle se présente généralement sous la forme: $A = L \times l$, et se lit: «l'aire est égale à la longueur multipliée par la largeur». Si l'on pense à d'autres formules d'aire, il existe une expression équivalente, mais dont le concept sousjacent est plus unificateur. Il s'agit de la formule $A = b \times h$, qui se lit: «l'aire est égale à la *base* multipliée par la *hauteur*». Cette formulation en fonction de la base et de la hauteur peut être généralisée à tous les parallélogrammes (et non seulement aux rectangles). De plus, elle facilite l'élaboration de formules

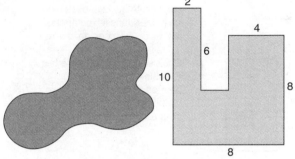

« Comment détermineriez-vous l'aire des deux figures ? »

Remarque: Plusieurs élèves pensent que des formes comme celles de cette figure n'ont pas d'aire ou qu'il est impossible de la calculer parce qu'il n'existe pas de formule pour le faire.

FIGURE 9.18 ▲

Compréhension de l'aire.

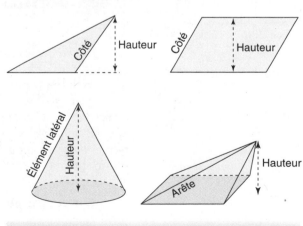

FIGURE 9.19 ▲

La hauteur d'une figure ne se mesure pas toujours suivant un côté, une arête ou une surface.

de l'aire d'un triangle et d'un trapèze. De plus, cette approche s'applique aussi aux figures tridimensionnelles, le volume d'un cylindre étant égal à l'*aire de la base* multipliée par la hauteur. L'expression « la base fois la hauteur » facilite donc l'établissement de relations entre des formules appartenant à une grande famille ; enfin, elle évite d'avoir à assimiler chaque formule séparément.

On peut déterminer l'aire en comptant les carrés.

On peut placer 5 carrés unités sur la base. Comme la hauteur est 6, il semble qu'on puisse placer 6 rangées.

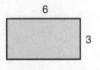

Expliquez comment déterminer le nombre de carrés de 1 unité sur 1 unité qu'il est possible de placer dans le rectangle. Y a-t-il deux façons de le faire ?

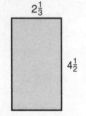

Choisissez un côté comme base. Combien de carrés unités peut-on placer sur cette base ? Combien faut-il de rangées pour recouvrir le rectangle ?

FIGURE 9.20 ▲

Détermination de l'aire d'un rectangle.

Rectangle

La figure 9.20 illustre la démarche conduisant à l'élaboration de la formule de l'aire d'un rectangle. Adoptez pour chaque étape le principe de la résolution de problèmes : Comment pouvons-nous déterminer cette quantité ?

1. Demandez aux élèves de déterminer l'aire de rectangles construits sur du papier quadrillé ou sur un géoplan, ou encore de dessiner des rectangles dont ils connaissent l'aire, mais non les dimensions. Certains compteront chaque carré, alors que d'autres effectueront peut-être une multiplication pour calculer le nombre total de carrés.

2. Examinez des rectangles qui n'ont pas été tracés sur une grille, mais dont les dimensions sont des nombres entiers. Donnez un seul carré et une règle aux élèves et demandez-leur de trouver un moyen de déterminer l'aire. Ils devront le faire en se servant uniquement de ces deux outils. Dites-leur de ne pas recouvrir la figure de carrés ni déplacer le carré d'un endroit à l'autre. Exigez qu'ils justifient ce qu'ils ont fait et invitez-les à mettre leurs idées en commun.

3. Donnez aux élèves des rectangles en indiquant seulement leurs dimensions. Demandez-leur ensuite d'en déterminer l'aire et de justifier leurs résultats.

4. Examinez des rectangles dont les dimensions ne sont pas des nombres entiers. Si la base est de $4\frac{1}{2}$ unités, alors on peut y placer $4\frac{1}{2}$ carrés unités ; si la hauteur est de $2\frac{1}{2}$ unités, il est possible de placer $2\frac{1}{2}$ rangées de $4\frac{1}{2}$ carrés chacune, soit $2\frac{1}{2}$ ensembles de $4\frac{1}{2}$ carrés, dans le rectangle.

PAUSE Avant de poursuivre votre lecture, revoyez la deuxième activité de cette séquence. Comment accompliriez-vous cette tâche si vous ne connaissiez pas de formule de l'aire d'un rectangle ?

La deuxième étape de cette démarche constitue le point crucial de l'élaboration d'une formule. Lors de la discussion des idées émises par les élèves, attirez leur attention sur celles qui sont les plus proches de celles-ci : *« La longueur d'un côté détermine le nombre de carrés qu'on peut y placer. »* ; *« La longueur de l'autre côté indique le nombre de rangées de carrés qu'il est possible de placer en tout dans le rectangle. »* ; *« Il faut multiplier la longueur d'une rangée par le nombre de rangées. »* Une fois que les élèves ont bien compris ce concept, introduisez les termes *base* et *hauteur*. Ils devraient être capables d'expliquer pourquoi ils peuvent prendre n'importe quel côté d'un rectangle comme base, et le côté adjacent comme hauteur.

Du rectangle au parallélogramme

Quand les élèves ont compris la formule « la base fois la hauteur » pour le rectangle, il est temps de leur faire déterminer l'aire d'un parallélogramme. Ne leur donnez pas de formule ni d'explication supplémentaire. Distribuez plutôt des feuilles de papier quadrillé ou de papier ordinaire sur lesquelles vous aurez préalablement représenté plusieurs parallélogrammes.

Leur tâche consiste à élaborer une méthode pour calculer l'aire d'un parallélogramme qu'ils pourront appliquer à n'importe quel parallélogramme, et non seulement à ceux qu'ils ont devant les yeux. Si un obstacle les arrête, suggérez-leur d'examiner par quelles propriétés un parallélogramme ressemble à un rectangle et de quelle façon ils pourraient le transformer en rectangle. La figure 9.21 explique comment modifier un parallélogramme de manière à obtenir un rectangle possédant une base et une hauteur semblables, donc une aire équivalente. La formule de l'aire d'un parallélogramme est donc tout à fait identique à celle d'un rectangle : c'est aussi « la base fois la hauteur ».

Du parallélogramme au triangle

Les élèves doivent absolument comprendre la formule de l'aire d'un parallélogramme avant d'étudier l'aire d'un triangle. Celle-ci leur paraîtra alors relativement simple.

Comme dans le cas du parallélogramme, vous devriez demander aux élèves de tenter d'élaborer une méthode permettant de déterminer l'aire d'un triangle et qu'on pourrait appliquer à tous les triangles. S'ils ont besoin d'un indice, suggérez-leur de joindre deux triangles identiques de manière à obtenir une figure pour laquelle ils connaissent une formule de l'aire.

Comme l'indique la figure 9.22, il est toujours possible de joindre deux triangles congruents pour obtenir un parallélogramme ayant la même base et la même hauteur que chaque triangle qui le compose. L'aire de chaque triangle correspond donc à la moitié de celle du parallélogramme. Demandez aux élèves d'étudier attentivement les trois parallélogrammes qu'il est possible de former en prenant chacun des côtés du triangle comme base. Dans les trois cas, obtiennent-ils la même valeur de l'aire ?

Du parallélogramme au trapèze

Une fois qu'ils auront élaboré des formules de l'aire pour un parallélogramme et un triangle, les élèves voudront peut-être passer à celle du trapèze, cette fois sans votre aide. Il existe au moins dix façons de déterminer la formule de l'aire d'un trapèze, et toutes sont reliées à l'aire du parallélogramme ou du triangle. L'une des méthodes les plus élégantes repose sur l'approche générale employée pour le triangle. Suggérez aux élèves de prendre deux trapèzes identiques, comme ils l'ont fait pour le triangle. La figure 9.23 montre comment procéder pour élaborer cette formule. Ainsi, non seulement toutes les formules d'aire examinées ont-elles un lien entre elles, mais on peut les élaborer à l'aide de méthodes similaires.

Voici quelques indices qui suggèrent chacun une approche différente pour déterminer l'aire d'un trapèze :

- Tracer un parallélogramme à l'intérieur du trapèze donné en faisant coïncider trois côtés.
- Dessiner un parallélogramme en utilisant trois des côtés qui délimitent le trapèze.
- Tirer une diagonale à l'intérieur du trapèze, de manière à créer deux triangles.
- Tracer un segment de droite reliant les milieux des côtés non parallèles. La longueur de ce segment est égale à la moyenne des longueurs des deux côtés parallèles.
- Représentez un rectangle à l'intérieur du trapèze, de manière à former aussi deux triangles qu'on joindra ensuite.

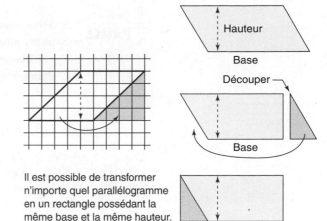

Il est possible de transformer n'importe quel parallélogramme en un rectangle possédant la même base et la même hauteur.

FIGURE 9.21 ▲

Aire d'un parallélogramme.

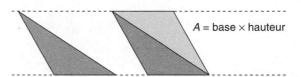

$A = \text{base} \times \text{hauteur}$

Deux triangles identiques forment toujours un parallélogramme ayant la même base et la même hauteur que le triangle ; l'aire du triangle correspond donc à la moitié de l'aire du parallélogramme : $A = \frac{1}{2}(\text{base} \times \text{hauteur})$.

FIGURE 9.22 ▲

Il est possible de former un parallélogramme avec n'importe quelle paire de triangles identiques.

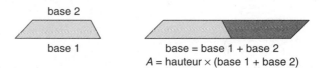

base = base 1 + base 2
$A = \text{hauteur} \times (\text{base 1} + \text{base 2})$

Avec n'importe quelle paire de trapèzes identiques, il est possible de former un parallélogramme ayant la même hauteur et dont la base est la somme des bases d'un des trapèzes. Donc,

$A = \frac{1}{2} \times \text{hauteur} \times (\text{base 1} + \text{base 2})$

FIGURE 9.23 ▲

Il est possible de former un parallélogramme avec n'importe quelle paire de trapèzes identiques.

Selon vous, les élèves devraient-ils apprendre une formule particulière pour l'aire du carré? Pourquoi? Croyez-vous également que les élèves ont besoin d'apprendre des formules du périmètre d'un carré et d'un rectangle?

Les formules du cercle

L'une des relations les plus intéressantes à découvrir pour les élèves est celle qui s'établit entre la *circonférence* d'un cercle (soit la longueur de la courbe qui délimite le cercle, ou le périmètre) et la longueur de son diamètre (un segment de droite qui joint deux points du cercle et passe par le centre). La circonférence de n'importe quel cercle est environ 3,14 fois plus longue que son diamètre. Le rapport exact est un nombre irrationnel proche de 3,14, que l'on représente par la lettre grecque π. Donc, $\pi = C/D$, c'est-à-dire la circonférence divisée par le diamètre. Cette formule s'écrit aussi sous la forme, quelque peu différente, $C = \pi D$. On appelle rayon (r) la moitié du diamètre, de sorte que la dernière équation s'écrit aussi $C = 2\pi r$. (Nous décrivons dans l'activité 8.10 de quelle façon les élèves peuvent découvrir cet important rapport.)

La figure 9.24 illustre le raisonnement qui mène à la formule de l'aire $A = \pi r^2$. De nombreux manuels présentent la même démarche pour obtenir cette formule.

FIGURE 9.24 ▶

Élaboration de la formule de l'aire d'un cercle.

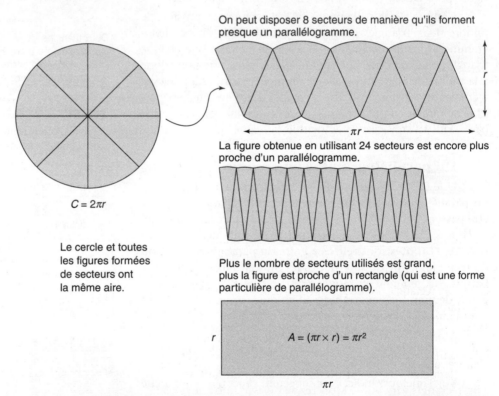

On peut disposer 8 secteurs de manière qu'ils forment presque un parallélogramme.

$C = 2\pi r$

Le cercle et toutes les figures formées de secteurs ont la même aire.

La figure obtenue en utilisant 24 secteurs est encore plus proche d'un parallélogramme.

Plus le nombre de secteurs utilisés est grand, plus la figure est proche d'un rectangle (qui est une forme particulière de parallélogramme).

$A = (\pi r \times r) = \pi r^2$

Les élèves peuvent découper un cercle en huit secteurs, ou plus, et disposer ceux-ci de manière à former une figure qui s'approche d'un rectangle dont les dimensions sont respectivement égales à la moitié de la circonférence et au rayon du cercle.

Quelle que soit l'approche que vous adoptiez pour élaborer la formule de l'aire d'un cercle, vous devriez demander aux élèves de travailler de leur côté. Par exemple, montrez-leur comment disposer 8 ou 12 secteurs de manière à construire un parallélogramme imparfait. Dites-leur de se servir de cet indice pour trouver une formule de l'aire d'un cercle. Vous devrez peut-être attirer leur attention sur le fait que les secteurs ainsi placés déterminent approximativement un parallélogramme et que la figure obtenue ressemble d'autant plus à un rectangle que les secteurs sont petits. Toutefois, c'est des élèves que devrait venir le raisonnement menant à la formule.

Le volume de solides familiers

Il existe entre les formules de volume des relations tout à fait analogues à celles qu'on observe entre les formules d'aire. Au fil de votre lecture, remarquez les similarités entre les rectangles et les prismes, les parallélogrammes et les prismes obliques (inclinés), de même qu'entre les triangles et les pyramides. Non seulement les formules sont reliées, mais elles s'élaborent de la même façon.

Volume des cylindres

Un *cylindre* est un solide possédant deux bases congruentes et parallèles, et dont les côtés portent des éléments parallèles qui joignent les points correspondants des bases. Il existe plusieurs catégories de cylindres, qui comprennent les *prismes* (base polygonale), les *prismes droits*, les *prismes rectangulaires* et les *cubes* (voir le chapitre 8). Il est intéressant de noter que le volume de tous ces solides se calcule avec la même formule, et qu'une formule est analogue à la formule de l'aire d'un parallélogramme.

Distribuez aux élèves des boîtes à chaussures, ou d'autres sortes de boîtes en carton, quelques cubes et une règle. Comme dans le cas du rectangle, demandez-leur de déterminer combien de cubes ils peuvent faire entrer dans la boîte. Étant donné que les dimensions des boîtes que vous aurez sous la main ne seront probablement pas des nombres entiers, dites-leur simplement de ne pas tenir compte de toute partie fractionnaire d'un cube. Ils ont sans doute déjà vu ou utilisé une formule de volume, mais, pour la présente tâche, ils ne devraient pas s'en servir. Ils devraient plutôt concevoir une méthode ou une formule qu'ils pourront expliquer ou justifier. S'ils ont besoin d'un indice, suggérez-leur de chercher d'abord combien de cubes il faut pour recouvrir le fond de la boîte. (Voir l'activité 9.10 « Comparer des boîtes en prenant des cubes comme unités ».)

L'utilisation de ce genre de boîte pour élaborer une formule de volume est tout à fait analogue à la démarche employée pour obtenir la formule de l'aire d'un rectangle. Dans la figure 9.25, qui illustre le processus, on suppose qu'une feuille de papier quadrillé est posée sur le fond de la boîte.

Rappelez-vous comment vous avez obtenu la formule de l'aire d'un rectangle (figure 9.20, p. 300) et observez les similitudes avec la démarche effectuée pour déterminer la formule d'un volume. Au lieu de « *longueur* de la base × hauteur » (dans le cas de l'*aire* d'un rectangle), la formule du *volume* de la figure tridimensionnelle correspondante est : « *aire* de la base × hauteur ».

Rappelez-vous aussi qu'un parallélogramme ressemble à un rectangle « incliné ». Montrez aux élèves une pile formée de trois ou quatre paquets de cartes à jouer (ou de livres ou de feuilles de papier). Si vous les empilez soigneusement, ces cartes forment un solide rectangulaire dont le volume, comme nous venons de le voir, est $V = A \times h$, où A est l'aire d'une carte. Le volume de la pile changera-t-il si vous l'inclinez comme dans la figure 9.26 ? Les élèves devraient être capables de se rendre compte que la nouvelle pile ainsi constituée a un volume identique à celui de la pile initiale (et la même formule de volume).

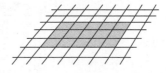
La base mesure 3 sur 5. L'aire de la base correspond à 15 carrés.

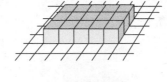
La base « contient » 15 cubes. Le volume d'une boîte de $3 \times 5 \times 1$ est de 15 unités cubiques.

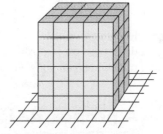
Six couches d'unités cubiques forment une boîte d'une hauteur de 6.
Volume =
aire de la base × hauteur
= 15×6.

FIGURE 9.25 ▲

Volume d'un prisme.

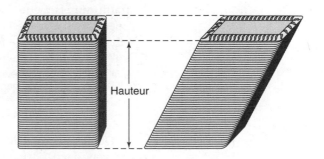

FIGURE 9.26 ▲

Deux cylindres (prismes) ayant la même base et la même hauteur ont le même volume.

Qu'en serait-il si les cartes utilisées avaient une autre forme? Si elles étaient rondes, le volume de la pile se calculerait encore en multipliant l'aire de la base par la hauteur, tout comme si elles étaient triangulaires. On en vient à la conclusion que le volume de *n'importe quel* cylindre est égal à l'*aire de la base* multipliée par la *hauteur*.

Volume des cônes et des pyramides

Rappelez-vous que si un parallélogramme et un triangle ont la même hauteur et la même base, il s'ensuit une relation de 2 à 1 entre leurs aires respectives. Il est intéressant de noter qu'il existe une relation de 3 à 1 entre les volumes respectifs d'un cylindre et d'un cône possédant la même hauteur et la même base.

Pour étudier cette dernière relation, utilisez des modèles en plastique des deux figures (par exemple, Power Solids). Demandez aux élèves d'évaluer approximativement combien de pyramides ils pourraient insérer dans le prisme. Dites-leur ensuite de vérifier leur hypothèse en remplissant la pyramide d'eau ou de grains de riz, et en versant ensuite son contenu dans le prisme. Ils constateront qu'exactement trois pyramides occupent l'espace d'un prisme ayant la même base et la même hauteur (figure 9.27).

FIGURE 9.27 ▶

Comparaison du volume d'un prisme avec celui d'une pyramide et du volume d'un cône avec celui d'un cylindre.

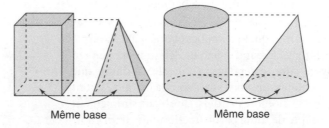

Même base   Même base

Le volume d'une pyramide ou d'un cône est égal au tiers du volume d'un prisme ou d'un cylindre ayant la même base et la même hauteur.

Le rapport de 3 à 1 des volumes respectifs d'un cylindre et d'un cône s'applique à tous les cylindres et les cônes ayant la même base et la même hauteur, quelle que soit la forme de la base ou la position du sommet. Donc, pour n'importe quel cône et n'importe quelle pyramide, on a $V = \frac{1}{3}(A \times h)$.

À propos de l'évaluation ────────────

Si vous désirez rassembler des informations utiles concernant la mesure, réalisez des activités ouvertes qui permettent aux élèves de montrer leur compréhension des concepts de mesure. Les activités contenues dans les manuels traditionnels mettent généralement l'accent sur les habiletés normatives ou opératoires, comme la conversion en centimètres d'unités données en mètres et l'application d'une formule. Examinez ce genre d'exercices et demandez-vous s'ils contribuent réellement à vous faire découvrir ce que vous voulez savoir quant à la maîtrise du processus de mesure.

Mettre l'accent sur les idées

Lorsque vous enseignerez le chapitre sur la mesure, réfléchissez à ce que les élèves ont vraiment besoin de savoir pour comprendre la mesure de n'importe quel attribut.

Les élèves conçoivent-ils bien l'attribut à mesurer ? En observant comment ils procèdent dans les activités de comparaison (« Laquelle de ces régions est la plus grande ? Comment le savez-vous ? »), vous découvrirez ce que vous avez besoin de savoir. Faites attention de ne pas vous montrer trop directive ; assurez-vous que les idées que vous examinez sont effectivement celles des élèves, et non les vôtres. Au lieu de les diriger pendant qu'ils mesurent un objet comme vous le leur avez expliqué, laissez-les choisir leur propre méthode et demandez-leur d'expliquer ce qu'ils ont fait et pourquoi ils ont fait tel choix plutôt que tel autre. Si cela s'applique, dites-leur de trouver plusieurs façons de mesurer un même objet.

Les élèves se servent-ils adéquatement des instruments de mesure ? En règle générale, ils ne comprennent pas très bien comment utiliser la règle et le rapporteur. Demandez-leur de trouver deux manières différentes de mesurer avec une règle ou de dire ce qu'ils pensent de la technique employée par un de leurs camarades. (« Monique a mesuré la largeur de son casier. Elle a placé la graduation 10 cm vis-à-vis d'un côté, et l'autre côté se trouvait entre les graduations 42 et 43 cm. Elle ne savait plus quoi faire. Sans mesurer de nouveau le casier, comment pourriez-vous aider Monique ? ») Une autre méthode consiste à leur demander d'expliquer comment utiliser une règle ou un rapporteur pour prendre une mesure. Pour les aider, dites-leur de comparer un instrument fabriqué par un élève, par exemple un rapporteur en papier ciré, et l'instrument usuel correspondant.

MODÈLE DE LEÇON

Déterminer les rectangles possédant une aire identique

Activité 9.8, p. 282

NIVEAU : Quatrième ou cinquième année.

OBJECTIFS MATHÉMATIQUES

- Contribuer à distinguer les concepts d'aire et de périmètre.
- Élaborer la relation entre l'aire et le périmètre de différentes figures dans le cas où l'aire est fixe.
- Établir les similitudes et les différences entre les unités servant à mesurer le périmètre et celles employées pour mesurer l'aire.

CONSIDÉRATIONS PÉDAGOGIQUES

Les élèves ont appliqué les concepts d'aire et de périmètre. La plupart d'entre eux sont capables de déterminer l'aire et le périmètre de figures données, voire d'énoncer les formules du périmètre et de l'aire d'un rectangle. Cependant, il leur arrive souvent de ne pas savoir quelle formule employer.

MATÉRIEL ET PRÉPARATION

- Pour chaque élève, prévoyez 36 carreaux (comme Color Tiles), au moins deux feuilles de papier quadrillé au centimètre ou au demi-centimètre (voir les feuilles reproductibles 8 et 9) et une feuille de travail (voir la feuille reproductible L-4). Assurez-vous d'avoir du papier quadrillé en réserve.
- L'activité peut se faire en équipes de deux. Dans ce cas, distribuez quand même 36 carreaux à chaque élève afin que tous puissent explorer la construction d'un rectangle.
- Il est utile de disposer de carreaux, de papier quadrillé et d'une feuille de travail que vous pourriez utiliser avec un rétroprojecteur lors de la présentation de l'activité ou de la mise en commun des idées. À défaut de carreaux utilisables avec cet appareil de projection, servez-vous de carreaux du type Color Tiles, mais comme ils sont opaques, les élèves auront plus de difficulté à les distinguer les uns des autres.

Leçon

FR L-4

AVANT L'ACTIVITÉ

Préparer une version simplifiée de la tâche

- Demandez aux élèves de construire, à leur pupitre, un rectangle en utilisant 12 carreaux. Expliquez-leur qu'ils doivent créer un rectangle et non dessiner le contour d'un rectangle. Après avoir donné quelques explications, invitez un élève à venir devant le rétroprojecteur pour y faire l'un des rectangles décrits.
- Montrez aux élèves comment tracer le rectangle sur du papier quadrillé en vous servant d'un transparent pour rétroprojecteur. Écrivez les dimensions du rectangle dans le tableau de la feuille de travail, par exemple, « 2 × 6 ».
- Posez la question : *Que veut dire le mot périmètre ? Comment pouvez-vous le mesurer ?* Une fois que vous aurez aidé les élèves à définir le périmètre et à décrire comment on le mesure, demandez-leur de déterminer le périmètre du rectangle dessiné sur le transparent. Invitez un élève à venir mesurer le périmètre du rectangle placé sur le plateau du rétroprojecteur. (Servez-vous soit du rectangle formé de carreaux, soit du rectangle tracé sur le transparent quadrillé.) Insistez sur le fait que les unités utilisées pour calculer le périmètre sont des unités à une dimension, ou linéaires, et que le périmètre est simplement la longueur représentant le contour d'un objet. Notez le périmètre sur la feuille de travail.
- Posez la question : *Que veut dire le mot aire ? Comment mesurez-vous l'aire ?* Une fois que vous aurez aidé les élèves à définir l'aire et à décrire comment on la mesure, demandez-leur de déterminer l'aire du rectangle dessiné sur le transparent. Assurez-vous qu'ils comprennent bien que les unités servant à mesurer l'aire sont des unités à deux dimensions, donc qu'elles recouvrent une région. Après avoir compté les carreaux, notez l'aire sur la feuille de travail.

- Demandez aux élèves de construire à leur pupitre un rectangle différent en utilisant 12 carreaux, puis de noter le périmètre et l'aire comme ils l'ont fait pour le premier rectangle. Ils devront décider ce que signifie « différent » : un rectangle de 2 × 6 est-il différent d'un rectangle de 6 × 2 ? Bien que ces deux rectangles soient congruents, les élèves peuvent considérer qu'ils sont différents, ce qui est acceptable pour la présente activité.

Préparer la tâche
- Voir combien de rectangles différents il est possible de construire avec 36 carreaux.
- Déterminer et noter le périmètre et l'aire de chacun.

Fixer des objectifs
- Écrivez les directives suivantes au tableau :
    - Construisez un rectangle en utilisant *la totalité* des 36 carreaux.
    - Tracez le rectangle sur la feuille de papier quadrillé.
    - Mesurez le périmètre et l'aire du rectangle et notez-les sur la feuille de travail.
    - Construisez un autre rectangle en utilisant *la totalité* des 36 carreaux et refaites les étapes 2-4.

PENDANT L'ACTIVITÉ
- Observez la façon dont les élèves construisent des rectangles. Procèdent-ils de façon systématique (par exemple en modifiant la longueur du rectangle d'une unité à la fois) afin de n'oublier aucun rectangle ? Ou font-ils des rectangles au hasard, sans appliquer de stratégie apparente ?
- Comment les élèves mesurent-ils le périmètre ? Comptent-ils les carreaux ? Mesurent-ils chacun des quatre côtés ? Ou calculent-ils le double de la somme de la longueur et de la largeur ? Se rendent-ils compte que tous les rectangles n'ont pas le même périmètre ?
- Les élèves comprennent-ils que l'aire de tous les rectangles est identique étant donné qu'ils sont tous formés de 36 carreaux ?

APRÈS L'ACTIVITÉ
- Demandez aux élèves ce qu'ils ont découvert au sujet du périmètre et de l'aire. Posez les questions suivantes : *Le périmètre est-il resté le même ? Est-ce que vous vous attendiez à cela ? Dans quel cas le périmètre est-il grand et dans quel cas est-il petit ?*
- Demandez aux élèves d'expliquer comment ils peuvent être certains qu'ils ont construit tous les rectangles possibles. Avec toute la classe, entendez-vous sur une méthode systématique permettant de représenter tous les rectangles sur la feuille de travail. Par exemple, écrivez d'abord un côté de 1 unité, puis de 2 unités, etc. Une fois que chacun aura eu le temps d'examiner les informations écrites sur la feuille de travail, dites aux élèves de décrire comment se comporte le périmètre quand la longueur et la largeur varient. (Le périmètre diminue à mesure que le rectangle élargit. C'est le carré qui a le plus petit périmètre.)

À PROPOS DE L'ÉVALUATION
- Les élèves confondent-ils le périmètre et l'aire ?
- Lorsqu'ils construisent de nouveaux rectangles, les élèves se rendent-ils compte que l'aire reste la même, étant donné qu'ils utilisent chaque fois le même nombre de carreaux ? Ceux qui ne le remarquent pas n'ont peut-être pas compris ce qu'est l'aire, ou bien ils la confondent avec le périmètre.
- Les élèves ont-ils tenté de découvrir des modèles de la variation du périmètre avant que vous ne les mettiez sur cette piste ?

Étapes suivantes

- Les élèves qui confondent toujours le périmètre et l'aire devraient effectuer des tâches faisant appel à des unités non conventionnelles pour recouvrir ou comparer des régions. Ils peuvent aussi utiliser une ficelle afin d'avoir une représentation concrète du périmètre de diverses figures. Il est possible d'étirer la ficelle pour la mesurer avec une règle. Cela renforcera l'idée que le périmètre est une mesure linéaire.

- Si vous n'avez pas encore réalisé l'activité 9.7, intitulée « Déterminer les rectangles possédant un même périmètre », il est facile de la jumeler avec la présente activité.
- Si les élèves font correctement les deux activités (9.7 et 9.8), c'est qu'ils sont prêts à passer aux formules.

LE RAISONNEMENT ALGÉBRIQUE

Comme le stipulent les *Principles and Standards for School Mathematics* (NCTM, 2000), l'algèbre fait partie des cinq domaines du programme de mathématiques du primaire et du secondaire. Même si, aujourd'hui, l'algèbre fait partie de la plupart des programmes de mathématiques, il n'y a guère de ressemblance avec ce que vous avez appris à l'école. En effet, l'algèbre enseignée à l'heure actuelle au primaire et au début du secondaire met surtout l'accent sur les régularités (ou suites), sur les relations et les fonctions, ainsi que sur les divers modes de représentation (symbolique, numérique et graphique). L'algèbre a également pour objectif d'aider les élèves à mieux comprendre toutes sortes de situations mathématiques. À mesure que les élèves se familiariseront avec ces notions et ces méthodes de représentation, ils les appliqueront dans presque tous les domaines des mathématiques, et non exclusivement à l'algèbre.

Aujourd'hui, on entend souvent parler de *raisonnement algébrique* ou de *pensée algébrique*. Ces expressions caractérisent une approche qui permet aux élèves d'utiliser les notions de base de l'algèbre — les régularités, les représentations et les fonctions — dans le but de généraliser et de formaliser les régularités intervenant dans les différentes facettes des mathématiques. Les activités portant sur le raisonnement algébrique devraient commencer dès le préscolaire et se poursuivre au fil des ans. De plus, elles ne devraient pas se limiter uniquement aux leçons d'algèbre, mais s'étendre autant que faire se peut aux autres savoirs du programme de mathématiques.

Ce chapitre porte sur le contenu de l'algèbre, à savoir les régularités, la représentation et le symbolisme, les relations et les fonctions.

Idées à retenir

1 En mathématiques, on observe souvent des régularités logiques, ou suites logiques. Les élèves sont capables de reconnaître ces régularités, de les prolonger et de les généraliser par des mots ou des symboles. Il arrive qu'une même régularité prenne plusieurs formes. Les régularités existent aussi bien dans les situations physiques ou géométriques que dans les nombres.

2 Pour illustrer des situations et des relations mathématiques, il est possible de faire appel à divers modes de représentations, tels que les diagrammes, les droites numériques, les tableaux et les graphiques. Ces représentations favorisent la conceptualisation des idées et la résolution de problèmes.

3 Le symbolisme, plus particulièrement celui qui comporte des équations et des variables, permet d'exprimer des généralisations de régularités et de relations.

4 Les variables sont des symboles qui remplacent des nombres ou des séries de nombres. Leur signification dépend de ce qu'elles représentent : des quantités variables, des valeurs précises inconnues, des paramètres d'une expression, ou encore une formule de portée générale.

5 Les équations et les inéquations permettent d'exprimer des relations entre deux quantités. Le symbolisme utilisé d'un côté ou de l'autre de l'équation ou de l'inéquation représente une quantité. Ainsi, $3 + 8$ et $5n + 2$ sont des expressions qui représentent des nombres, et non quelque chose « à faire ».

6 Les fonctions constituent un type particulier de relations ou de règles qui associent uniquement les éléments d'un ensemble à ceux d'un autre ensemble. Par exemple, « le double » ou « deux fois » est une relation fonctionnelle qui vaut pour tous les nombres. Elle associe le nombre 3 avec le nombre 6, et le nombre 2 386 avec le nombre 4 772. La règle qui associe un polygone avec le nombre de sommets qu'il possède est un autre exemple de fonction.

Les régularités répétitives

La reconnaissance et le prolongement de régularités constituent un processus important du raisonnement algébrique. L'élaboration de ce processus débute généralement au préscolaire. Pour copier et prolonger des régularités répétitives, ou des suites à motif répété ou des suites répétitives, les élèves se servent habituellement de matériel varié, par exemple de blocs logiques (Color Tiles), de pièces de mosaïques géométriques, de cure-dents ou de simples dessins. La figure 10.1 présente quelques exemples de régularités de ce type.

Le *motif* d'une régularité répétitive se définit comme la plus courte série d'éléments qui se répètent. Comme l'illustre la figure 10.1, la répétition du motif présenté est complète ; elle ne doit jamais être partielle. Par exemple, si le motif d'une régularité est –oo, une bande de carton pourrait montrer –oo–oo (deux répétitions successives), mais non –oo–oo– ou –oo–, car cela introduirait une ambiguïté.

Les élèves de troisième année ont déjà eu maintes fois l'occasion de travailler avec des régularités répétitives. En plus d'effectuer de simples prolongements en utilisant du matériel concret ou en dessinant, ils ont dû également transférer des régularités d'un support à un autre. Par exemple, il est possible de traduire une régularité construite avec des triangles et des cercles au moyen de carreaux rouges et jaunes, sans qu'elle ne change vraiment. Les jeunes élèves « découvrent » la structure d'une régularité répétitive en se servant des lettres de l'alphabet. Ainsi, la deuxième régularité de la figure 10.1 se lirait « A-B-C-C-A-B-C-C... ». Si deux régularités élaborées à l'aide d'éléments très différents se lisent de la même façon, il est alors évident qu'elles sont semblables d'un point de vue mathématique : elles partagent une même structure.

Si vous constatez que vos élèves n'ont jamais eu l'occasion de travailler avec des régularités répétitives, vous devriez prendre quelques jours pour qu'ils puissent les explorer. Même s'ils ont peu d'expérience dans ce domaine, la prochaine activité représente un défi intéressant. Elle prépare à l'étude des régularités du point de vue des fonctions.

Étiquettes

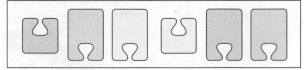

Formes en papier

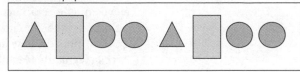

Pièces de mosaïques géométriques

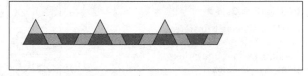

Cure-dents

FIGURE 10.1 ▲

Exemples de régularités répétitives dessinées sur des bandes de carton. Il importe de présenter et de répéter la régularité au complet, sans s'arrêter au milieu d'un motif.

| Activité 10.1 |

Prédire le résultat

Dans la plupart des cas, les éléments d'une régularité répétitive peuvent être numérotés 1, 2, 3, etc. Donnez aux élèves une régularité et demandez-leur de la prolonger. Avant qu'ils ne commencent à travailler, dites-leur de prédire exactement quel élément occupera la position 15, par exemple. Demandez-leur préalablement de justifier leur prédiction, par écrit de préférence. Ils doivent ensuite prolonger les régularités et vérifier leurs prédictions. Si celles-ci s'avèrent erronées, dites-leur de réexaminer leur raisonnement pour essayer de trouver l'origine de l'erreur.

Les élèves finissent par comprendre que la longueur du motif d'une régularité joue un rôle important. Si vous leur demandez de prédire le 100ᵉ élément d'une régularité, voire le 300ᵉ, ils ne pourront vérifier leurs prédictions en prolongeant la régularité jusque-là. C'est pourquoi la vérification doit porter sur le raisonnement qui a mené à la prédiction. Peut-être pourriez-vous suggérer aux élèves d'utiliser une calculatrice pour compter par bonds ou faire des multiplications. Cependant, le raisonnement reste l'élément le plus important de l'activité.

Voici une variante intéressante de cette activité de prédiction, qui ajoute un défi supplémentaire. Supposons que vous ayez préparé une régularité avec des cubes de deux couleurs se présentant ainsi : rouge-bleu-bleu-rouge-bleu-bleu. Au lieu de demander aux élèves quelle sera la couleur du cube à la 38ᵉ position, demandez-leur plutôt la position qu'occupera le 38ᵉ cube bleu ou quelle sera la couleur du cube suivant ? Vous remarquerez qu'il est plus difficile de repérer la position d'un élément qui se répète dans une régularité. Avec la régularité bleu-bleu-bleu-rouge, il est encore plus difficile de répondre à cette question.

FIGURE 10.2 ▶

Il est possible de transférer ou de construire des régularités dans une grille. Dans les exemples ci-contre, les régularités commencent dans les coins supérieurs gauches, et se lisent de gauche à droite, chaque nouvelle ligne partant de la gauche.

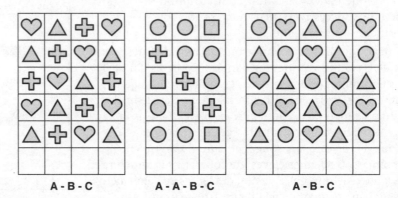

Habituellement, les régularités répétitives se prolongent de façon linéaire. Il est toutefois possible de placer des régularités dans une grille, comme l'illustre la figure 10.2. Remarquez le lien entre la taille de la grille et l'aspect général de la régularité. Par ailleurs, il est intéressant d'observer comment les éléments d'une régularité tendent à former des régularités diagonales ou selon des colonnes. L'activité suivante montre que les régularités représentées dans une grille soulèvent de nouvelles questions.

Activité 10.2

Construire des régularités dans une grille

Distribuez aux élèves des feuilles de papier quadrillé. Faites-leur tracer des grilles de trois, quatre, cinq ou six carrés de large. En guise d'activité préparatoire, suggérez-leur d'écrire sur une grille de trois carrés de large la régularité dont la structure est A–B–B–C. Ils peuvent utiliser des crayons de couleur et faire des points ou des cercles pour mettre en évidence les régularités. Quand ils ont rempli cinq ou six rangées de la grille, demandez-leur ce qu'ils observent. Dites-leur ensuite de reporter la même régularité dans une grille de quatre carrés de large. Ils constateront que les couleurs s'alignent par colonne. Qu'arriverait-il avec une régularité dont la structure est A–B–C ? Proposez aux élèves cinq ou six régularités différentes qu'ils devront examiner dans une grille selon la méthode de leur choix. Demandez-leur de noter ce qu'ils ont découvert.

Comme nous venons de le voir, l'activité précédente ne constitue qu'un moyen d'amener les élèves à représenter des régularités dans une grille. Une fois qu'ils se seront familiarisés avec les résultats que donne ce procédé, suggérez-leur de faire les exercices suivants. Pour commencer, proposez-leur une régularité, par exemple A-A-B-C, et posez-leur les questions suivantes :

- Quelle devrait être la largeur de la grille pour qu'on obtienne une régularité de couleurs placées en colonnes ?

- Dans une grille formée de trois carrés, quelles rangées seront identiques à la première rangée ? Comment pouvez-vous le déterminer ? Que se passerait-il si la grille avait cinq carrés ?

- De combien de carrés la grille devrait-elle être formée pour que la couleur B produise une diagonale de gauche à droite ? Et de droite à gauche ?

- Que contiendra la 15e rangée d'une grille de 3 carrés ? La 15e rangée d'une grille de 5 carrés ? La 100e rangée ?

- Quelles régularités observez-vous dans les colonnes ? Ces régularités changeront-elles si vous modifiez la taille de la grille ?

Vous pouvez ajouter des défis supplémentaires, par exemple en considérant l'interaction entre la longueur du motif d'une régularité et la largeur des grilles. Tous les élèves réussiront à répondre à la plupart de ces questions tout simplement en créant les grilles et en les remplissant. Certains seront même capables d'offrir une explication plus nuancée en se servant des nombres utilisés.

À propos de l'évaluation

Les élèves de troisième année devraient arriver à représenter les régularités au moyen de lettres et à faire correspondre deux régularités équivalentes. Ils devraient également être capables de reconnaître le motif contenu dans une régularité. Pour évaluer ces habiletés, il vous suffit d'observer les élèves pendant qu'ils font ces exercices.

Les activités qui demandent un raisonnement numérique sont beaucoup plus difficiles. Des tâches comme « Prédire le résultat » et « Construire des régularités dans une grille » fournissent l'occasion aux élèves de troisième et de quatrième année d'appliquer ce qu'ils viennent d'apprendre sur la multiplication et la division. Ces défis vous permettront d'étendre les activités portant sur les régularités à tous vos élèves avant de passer à l'étape suivante, qui traite des régularités croissantes.

Les régularités croissantes

Les élèves peuvent commencer à explorer les régularités caractérisées par une progression par étapes vers la troisième année, et poursuivre cette étude jusqu'en sixième année. En termes techniques, ces étapes sont qualifiées de *séquences*, mais nous nous contenterons de les appeler *régularités croissantes*, ou *suites à motif croissant* ou *suites croissantes*. Dans ce cas, les élèves ne se contentent pas de prolonger la régularité : ils cherchent une règle générale ou une relation algébrique permettant de prévoir ce qu'est la régularité en n'importe quel point. De plus, les régularités croissantes illustrent le concept de fonction ; elles peuvent donc servir à introduire cette notion mathématique fondamentale.

La figure 10.3 présente des régularités croissantes qu'il est possible de construire avec divers objets ou dessins. Ces régularités sont constituées d'une série d'étapes distinctes ; la régularité fait le lien entre chaque nouvelle étape et la précédente.

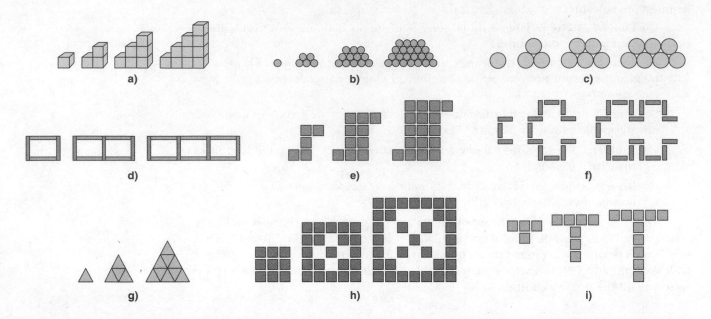

FIGURE 10.3 ▲

Régularités croissantes obtenues avec des objets ou des dessins.

Il faut d'abord que vous permettiez aux élèves de se familiariser avec la construction des régularités croissantes. Ce n'est qu'ensuite que vous pourrez leur montrer comment les prolonger de façon logique. Construire des régularités avec des éléments comme des pièces de mosaïques géométriques, des jetons ou des cure-dents plats permet aux élèves de faire certaines modifications et de procéder étape par étape. C'est également plus amusant ! Certaines régularités croissantes augmentent rapidement et peuvent exiger plus de matériel que vous n'en disposez. Pour contourner ce problème, vous pouvez demander aux élèves d'achever une étape avec le matériel dont ils disposent, puis d'en faire une copie sur du papier quadrillé. Ainsi, ils disposeront de suffisamment de matériel pour passer à l'étape suivante. L'activité suivante sert d'introduction aux régularités croissantes.

Activité 10.3

Prolonger et expliquer

Présentez aux élèves les trois ou quatre premières étapes d'une régularité. Distribuez-leur le matériel nécessaire ainsi que du papier quadrillé. Ensuite, demandez-leur de prolonger les régularités en notant chacune des étapes et d'expliquer en quoi leur progression suit la régularité.

Lorsque les élèves examinent une régularité, ils devraient essayer de déterminer en quoi chaque étape diffère de la précédente. S'il est possible de construire chaque nouvelle étape en additionnant ou en modifiant l'étape précédente, vous devriez discuter avec eux de la manière d'y parvenir. Par exemple, on peut construire chaque marche représentée à la figure 10.3*a* en ajoutant une colonne de cubes aux marches précédentes. À l'inverse, la régularité des pièces de mosaïques géométriques de la figure 10.3*h* comporte une forme d'expansion plutôt que d'addition.

Les régularités croissantes se caractérisent également par une composante numérique, à savoir le nombre d'objets intervenant dans chaque étape. Comme le montre la figure 10.4, il est possible de faire un tableau de valeurs pour n'importe quelle régularité croissante.

La première rangée du tableau de valeurs correspond au numéro de l'étape, tandis que l'autre rangée indique le nombre d'objets utilisés au cours de cette étape. Une régularité peut croître si rapidement et demander une telle quantité de cubes ou d'espace à dessiner qu'il est préférable de ne construire que les cinq ou six premières étapes. L'activité suivante découle de cette observation.

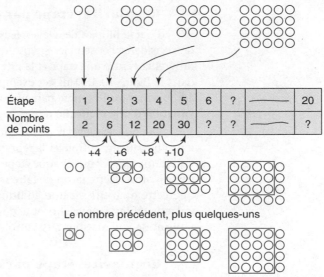

Étape	1	2	3	4	5	6	?		20
Nombre de points	2	6	12	20	30	?	?		?

+4 +6 +8 +10

Le nombre précédent, plus quelques-uns

Un carré, plus une colonne

FIGURE 10.4 ▲

Il est utile d'essayer de comprendre comment chaque étape découle de la précédente et d'établir divers types de similitudes entre deux étapes successives.

Activité 10.4

Prédire le nombre d'éléments nécessaires pour chaque étape

Demandez aux élèves de prolonger la régularité croissante que vous leur aurez distribuée. Ils devraient faire un tableau de valeurs, pour indiquer le nombre d'éléments requis pour réaliser chaque étape. L'activité consiste à prédire le nombre d'éléments nécessaires pour construire la dixième et la vingtième étape de la régularité. Mais le défi, c'est de trouver un moyen de le faire sans avoir à remplir les 19 premières cases de la grille. Demandez aux élèves de justifier la prédiction qu'ils ont effectuée.

MODÈLE DE LEÇON

(pages 338–339)

Vous trouverez à la fin de ce chapitre le plan d'une leçon complète basée sur l'activité « Prédire le nombre d'éléments nécessaires pour chaque étape ».

L'activité 10.4 constitue une suite logique de l'activité de prédiction précédente qui portait sur les régularités répétitives. La recherche d'un moyen pour déterminer la 20e entrée du tableau de valeurs, voire la 100e, revient essentiellement à chercher une relation qui est un exemple de fonction, comme on le verra plus tard. Dans la prochaine section, nous examinons comment vous pouvez aider les élèves à découvrir de telles relations.

La recherche de relations

Quand les élèves construisent une régularité sous la forme d'un tableau de valeurs ou d'un graphique, ils disposent de deux représentations : une première formée des dessins ou du matériel concret qu'ils ont utilisés et une seconde sous forme numérique, à l'intérieur du tableau de valeurs. Pour chercher à établir des relations au sein de la régularité, certains d'entre eux examinent le tableau de valeurs, tandis que d'autres s'intéressent plutôt à la représentation concrète de la régularité. Ils doivent comprendre que toutes les relations qu'ils découvrent existent sous les deux formes. S'ils trouvent une relation dans un tableau de valeurs, demandez-leur d'en faire une représentation concrète.

Régularités étape par étape : relations récurrentes

Pour la plupart des élèves, il est plus facile d'examiner les régularités étape par étape que de considérer l'ensemble. Si vous disposez d'un tableau de valeurs, vous pourrez décrire les différences entre une étape et la suivante à côté ou en dessous de ce tableau de valeurs, comme dans la figure 10.4. Dans cet exemple, on peut déterminer le nombre de l'étape suivante en additionnant un nombre pair au nombre de l'étape précédente. La description qui indique la variation d'une régularité d'une étape à une autre est qualifiée de *relation récurrente*.

Dès que les élèves construisent une régularité à l'aide d'un tableau de valeurs, demandez-leur s'ils peuvent retrouver la représentation concrète de cette régularité. Dans la figure 10.4, vous remarquerez que chaque étape fait ressortir l'étape précédente en encadrant les éléments utilisés alors. Cette façon de faire rend apparente la quantité ajoutée et permet de constater que cette quantité est une addition répétée de nombres pairs. Assurez-vous que les liens entre le tableau de valeurs et le dessin d'une régularité ou sa représentation concrète et le tableau de valeurs sont aussi étroits que possible.

Régularités étape par étape : relations fonctionnelles

La régularité répétitive étape par étape est presque toujours la première que vos élèves observeront. Toutefois, pour trouver la 100e entrée dans un tableau de valeurs, le seul intérêt d'une régularité répétitive est d'indiquer les 99 entrées précédentes. Si une règle ou une relation permet de relier le rang d'une étape au nombre d'objets correspondant, il devient alors possible de déterminer une entrée sans avoir à construire ou à calculer les entrées intermédiaires. Une règle qui permet d'établir le nombre d'éléments dans une étape à partir du numéro de cette étape est un exemple de *relation fonctionnelle*. Il n'est pas trop tôt en quatrième année pour demander aux élèves de découvrir des relations de ce type.

Il n'existe pas de méthode optimale pour établir une relation entre le numéro d'une étape et l'étape elle-même. Certains élèves y arrivent simplement en « manipulant » les nombres et en se demandant : « Quelle opération puis-je faire maintenant pour obtenir le nombre correspondant du tableau ? » Toutefois, la plupart d'entre eux doivent commencer par examiner le modèle concret afin d'y découvrir des régularités. Par exemple, dans la dernière partie de la figure 10.4, chaque étape comporte une disposition carrée. Chaque disposition qui suit comporte une colonne de plus que celle de l'étape précédente sur un côté. Quelle relation existe-t-il entre ce sous-ensemble de la régularité et les rangs des étapes ? Dans ce cas, le côté de chaque carré correspond au rang de l'étape. Il en est de même de la colonne située à droite.

PAUSE — **Avec l'information dont vous disposez, comment décririez-vous la 20e étape ? Pouvez-vous déterminer le nombre d'éléments qu'elle comporte sans faire de dessin ?**

À ce stade, il est important d'écrire une expression numérique correspondant à chaque numéro de l'étape et dans la suite. Par exemple, dans la figure 10.4, les quatre premières étapes sont $1^2 + 1$, $2^2 + 2$, $3^2 + 3$ et $4^2 + 4$.

Peu importe que les élèves travaillent tous ensemble ou en petites équipes, ils devront chercher attentivement et faire plusieurs essais avant d'obtenir une expression similaire pour décrire chaque étape. Ne vous impatientez pas s'ils ont de la difficulté à le faire. Encouragez-les plutôt à continuer de chercher des relations, même s'ils n'y arrivent pas en une seule leçon. En fait, la partie la plus importante des activités de ce type consiste à chercher des relations.

Des régularités aux fonctions et aux variables

Une fois que les élèves ont trouvé des expressions numériques pour toutes les étapes en se servant de leurs numéros, notez ces expressions en mettant les numéros d'étapes entre crochets, comme l'indique la figure 10.5. S'il se dégage une régularité des expressions, les nombres entre crochets varieront d'une étape à l'autre, tandis que les autres nombres demeureront inchangés. Vous pourrez alors remplacer les nombres entre crochets par une lettre ou une variable. Vous obtiendrez une formule générale qui définit la relation fonctionnelle entre les numéros des étapes et leurs valeurs respectives.

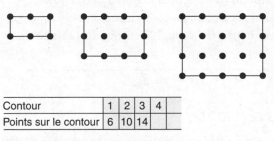

Contour	1	2	3	4
Points sur le contour	6	10	14	

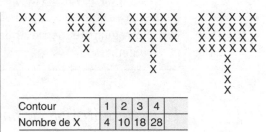

Contour	1	2	3	4
Nombre de X	4	10	18	28

Remarque : Dans chaque cas, le côté le plus long porte un point de plus que le côté le plus court. En enlevant ces points supplémentaires et en multipliant le reste par 4, on obtient le nombre total de points.

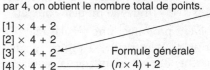

$[1] \times 4 + 2$
$[2] \times 4 + 2$
$[3] \times 4 + 2$
$[4] \times 4 + 2$ Formule générale
$(n \times 4) + 2$

Remarque : Dans chaque cas, si l'on déplace les rangées à un seul élément à la droite des rangées du haut, on obtient un carré et trois colonnes supplémentaires.

$[1] \times [1] + (3 \times [1])$
$[2] \times [2] + (3 \times [2])$
$[3] \times [3] + (3 \times [3])$
$\vdots$ Formule générale
$n \times n + 3n = n^2 + 3n$

FIGURE 10.5 ▲

Recherche de relations fonctionnelles dans des régularités.

PAUSE   **Avant de poursuivre votre lecture, examinez quelques-unes des régularités de la figure 10.3 afin de déterminer si vous pouvez énoncer une formule (ou une relation fonctionnelle) correspondant à chacune d'elles. Vous devriez réussir à insérer le numéro de l'étape dans la formule et à obtenir la valeur de chaque étape. Certaines régularités posent plus de difficultés que d'autres.**

La prochaine activité, qui est une extension de « Prédire le nombre d'éléments nécessaires pour chaque étape », permet de résumer ce dont il a été question jusqu'ici. Faites-la plutôt en équipes afin de susciter l'éclosion d'idées de la part des élèves.

Activité 10.5

Chercher la fonction associée à une régularité

Donnez aux élèves les trois ou quatre premières étapes d'une régularité. Leur tâche consiste à :

1. Prolonger la régularité en faisant quelques étapes supplémentaires, afin de vérifier qu'ils ont bien compris la façon dont elle se répète et que le principe qu'ils appliquent vaut pour toutes les étapes, en revenant toujours aux premières étapes. Noter le résultat sous forme de dessin.

2. Construire un tableau de valeurs indiquant le nombre d'éléments de chacune des étapes déjà construites.

3. Découvrir le plus grand nombre possible de régularités, et les décrire par écrit, en se guidant à la fois avec le tableau de valeurs et avec le modèle concret. Tenter de retrouver dans ce modèle toute régularité qui aurait été trouvée dans le tableau de valeurs. Essayer avant tout de chercher la régularité qui établit un lien entre le rang de l'étape et le nombre d'éléments, c'est-à-dire la relation fonctionnelle.

4. Écrire la relation fonctionnelle sous la forme d'une expression faisant intervenir le rang de l'étape. Montrer que cette formule s'applique à chaque partie du tableau de valeurs déjà réalisée. Utiliser la formule pour prédire l'entrée suivante de ce tableau et, si possible, vérifier la prédiction en construisant concrètement la régularité. Se servir de la formule pour prédire la 20e entrée du tableau de valeurs.

La représentation graphique des régularités

Jusqu'à présent, les élèves ont représenté les régularités croissantes en se servant de matériel, de dessins ou d'un tableau de valeurs. Ils ont peut-être également découvert une règle exprimée à l'aide de symboles ou au moyen d'une représentation fonctionnelle. Le diagramme constitue un quatrième mode de représentation. Il est possible de tracer un diagramme avec les points individuels d'une régularité, même sans avoir trouvé le modèle concret.

Avant de construire un graphique, les élèves doivent prolonger une régularité croissante et dresser un tableau de valeurs. Même s'ils ont de la difficulté à prolonger une représentation concrète au-delà de cinq ou six étapes, ils devraient utiliser la régularité récurrente pour trouver au moins les dix premières étapes. La méthode utilisée pour faire les diagrammes n'est pas ce qui importe le plus. Ce qui compte avant tout, c'est d'observer les résultats et de comprendre ce qu'ils représentent. En fait, vous pouvez utiliser un logiciel servant à construire des représentations graphiques pour tracer les points. La figure 10.6 illustre une régularité croissante de points formant un rectangle. Le tableau et le graphique ont été réalisés avec un simple tableur.

FIGURE 10.6 ▶

La figure, le tableau de valeurs et le graphique sont trois représentations d'une même relation. Le tableau et le graphique ont été créés avec un tableur conçu pour de jeunes élèves (E-Tools, Scott Foresman, 2004).

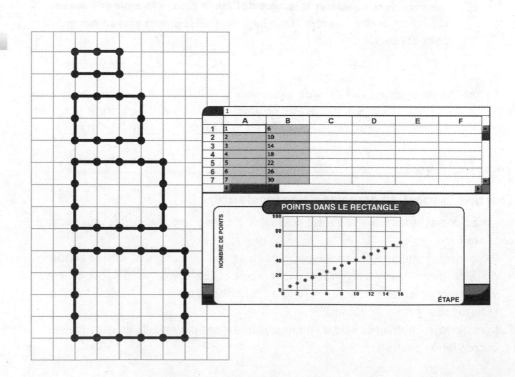

La façon la plus simple de réaliser un diagramme à main levée est encore d'utiliser du papier quadrillé. Par ailleurs, il convient d'écrire sous le graphique les nombres correspondant aux rangs des étapes. S'il y a plus de 20 nombres dans le tableau de valeurs, aidez les élèves à utiliser un multiple de 2 ou de 5 pour chaque carré situé le long de l'axe vertical. Il suffit généralement de leur montrer comment placer sur le graphique quelques paires provenant du tableau de valeurs pour qu'ils soient en mesure de poursuivre leur travail.

Revenons un instant à la relation récurrente associée à une régularité croissante. Remarquez que si la croissance est constante, comme c'est le cas dans la figure 10.6 («Points dans le rectangle»), le graphique se présente sous forme d'une droite, c'est-à-dire qu'il est *linéaire*. En revanche, si la croissance n'est pas constante, le graphique présente un tracé non linéaire, autrement dit une courbe. Dans le cas de la régularité composée de X formant un T (figure 10.5), la régularité répétitive est + 6, + 8, + 10... La variation d'une figure à l'autre est donc croissante, comme l'exprime le graphique de la figure 10.7 : la courbe monte suivant une pente de plus en plus abrupte.

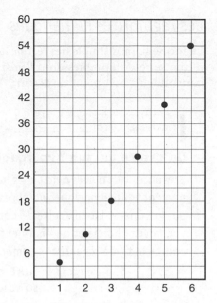

FIGURE 10.7 ◄

Graphique de la suite composée de X formant un T, illustré dans la figure 10.5. Il s'agit d'un exemple d'une régularité non linéaire. Il est à noter que les points ne déterminent pas une droite.

Les élèves devraient absolument comprendre que la régularité, le tableau de valeurs, la formule ou l'expression fonctionnelle et le graphique constituent quatre modes de représentation d'une même relation. Ces procédés illustrent la régularité de quatre façons différentes : concrètement, numériquement, symboliquement et graphiquement. Mais il s'agit toujours d'une seule et même relation.

À propos de l'évaluation

Il est important que les élèves établissent un lien entre les régularités et les graphiques et les nombres dans les tableaux des valeurs qu'ils construisent. Une fois qu'ils ont mis leur régularité sous forme de tableau de valeurs, prenez différents nombres dans ce tableau de valeurs et demandez-leur d'expliquer leur provenance dans la régularité. Dites-leur d'inclure le rang de l'étape. Les élèves devraient être capables d'établir des liens semblables entre les points du graphique et la régularité concrète.

Si les élèves ont réussi à découvrir une règle générale qui correspond à la régularité, autrement dit une fonction, ils devraient être capables de déterminer le rang associé à une étape quelconque et un point quelconque du graphique en se servant de cette règle.

Les régularités avec des nombres

Jusqu'à présent, nous avons présenté les régularités répétitives ou croissantes, mais ce ne sont pas les seules, loin de là, car notre système numérique regorge de merveilleuses régularités. En plus d'offrir aux élèves la possibilité d'explorer des régularités, les nombres leur donnent l'occasion d'apprendre à anticiper, à observer et à utiliser des régularités dans tous les domaines des mathématiques.

Les régularités numériques

La forme la plus simple des régularités numériques, ou des suites numériques, se compose d'une série de nombres dont l'ordre est déterminé par une règle. La prochaine activité constitue un bon point de départ.

Activité 10.6

Qu'est-ce qui suit ? Pourquoi ?

Présentez aux élèves cinq ou six nombres tirés d'une régularité numérique. Les élèves doivent trouver quelques nombres pour prolonger la régularité, puis expliquer la règle qui la génère. La difficulté de cette activité dépend de la régularité numérique que vous avez choisie et de l'habileté des élèves à rechercher des régularités. Voici une courte liste de régularités numériques à essayer.

1, 2, 2, 3, 3, 3, etc.	Faire correspondre la répétition de chaque chiffre à sa valeur.
2, 4, 6, 8, 10, etc.	Compter par bonds de 2 avec les nombres pairs.
1, 2, 4, 8, 16, etc.	Doubler le nombre précédent.
2, 5, 11, 23, etc.	Doubler le nombre précédent et ajouter 1.
1, 2, 4, 7, 11, 16, etc.	Ajouter successivement 1, puis 2, puis 3, et ainsi de suite.
1, 4, 9, 16, 25, etc.	Calculer les carrés, 1^2, 2^2, 3^2, etc.
0, 1, 5, 14, 30, etc.	Additionner le nombre au carré suivant.
2, 2, 4, 6, 10, 16, etc.	Additionner les deux nombres précédents.

La plupart de ces exemples donnent lieu à des variantes que vous pourrez mettre à l'essai. Créez vos propres régularités ou proposez à vos élèves de créer leurs propres règles de régularité numérique.

La prochaine activité permet d'aborder les régularités numériques d'un point de vue plus analytique. Bien qu'il faille compter par bonds, la recherche de régularités constitue un défi : les élèves doivent découvrir une configuration en comptant avec un bond donné ; ensuite, ils doivent la comparer aux configurations associées à d'autres dénombrements par bonds.

Activité 10.7

Examiner des nombres pour trouver des régularités

Pour amorcer cette activité, demandez aux élèves de faire une liste de nombres en commençant à 3 et en comptant par bonds de 5. Le 3 est appelé « nombre de départ » et le 5 « bond ». Il est utile d'écrire ces nombres dans une colonne, comme dans la figure 10.8. L'activité consiste à examiner une liste de nombres et à chercher le plus de régularités possible. Les élèves doivent mettre leurs idées en commun. Assurez-vous que les régularités proposées existent réellement.

Quand ils auront trouvé des régularités pour cette première liste, suggérez-leur de choisir un autre nombre de départ et d'observer en quoi cela modifie la régularité. Chaque groupe peut travailler avec différents nombres de départ.

Changez ensuite le nombre de départ. Notez que le changement du nombre de départ ne provoquera pas de changements aussi radicaux que le changement de bond.

Partir de 3 Bonds de 5	Partir de 6 Bonds de 5	Partir de 5 Bonds de 4	Partir de 3 Bonds de 4	Partir de 2 Bonds de 3
3	6	5	3	2
8	11	9	7	5
13	16	13	11	8
18	21	17	15	11
23	26	21	19	14
28	31	25	23	17
33	36	29	27	20
38	41	33	31	23
43	46	37	35	26
48	51	41	39	29
53	56	45	43	32
...	...	...	...	...

FIGURE 10.8 ◄

Partez d'un nombre donné et faites la liste des nombres obtenus en comptant par bonds. Les régularités obtenues avec un même bond présentent-elles une similitude ? En quoi sont-elles différentes ?

PAUSE Il serait intéressant d'explorer les régularités dans l'activité « Examiner des nombres pour trouver des régularités » avant de poursuivre votre lecture et de donner cet exercice à vos élèves. Poursuivez au-delà de 100 les régularités illustrées à la figure 10.8 afin d'observer comment elles se comportent avec trois chiffres.

Avec un bond de 5, vous devriez observer ce qui suit :

- Il y a au moins une autre régularité.
- Il y a une régularité de type impair/pair.
- Il y a une régularité dans les dizaines ainsi que dans les unités. Lorsque la liste dépasse 100, vous pouvez considérer chaque chiffre séparément (1 centaine, 1 dizaine, 3 unités) ; dans ce cas, la régularité se répète. Toutefois, vous pouvez également voir 113 comme 11 dizaines (« onzante-trois »), ce qui traduit un prolongement de la régularité. Les deux interprétations sont correctes.
- Essayez d'additionner les chiffres. En comptant à partir de 3 par bonds de 5, les nombres sont 3, 8, 4, 9, 5, 10, 6, 11, 7, 12, 8... Examinez chaque autre nombre de cette liste. Quelle est la somme de 113 ? Cela peut donner soit 5, soit 14 (113 se décomposant en 11 dizaines et 3 unités).

Avec des bonds de 5, la régularité des unités se répète tous les deux bonds ; le motif a une longueur de 2. En changeant les bonds, vous modifierez probablement la longueur de ce motif. Les motifs pour les bonds de 4, de 6 et de 8 ont tous des longueurs de 5. Cherchez les ressemblances et les différences entre ces régularités lorsque chacune commence par le même nombre. Que se produit-il si vous remplacez le nombre de départ pair par un autre nombre pair ? La régularité existera-t-elle encore si vous ajoutez des chiffres ? Avec un bond de 3, le motif a une longueur de 10. Si vous placez les dizaines en cercle comme dans la figure 10.9, les élèves constateront que l'ordre des dizaines est identique, peu importe le nombre de départ. Essayez de disposer les derniers chiffres dans l'ordre pour les régularités les plus courtes ou celles que vous calculerez avec d'autres bonds.

Certains élèves voudront approfondir ces régularités. Par exemple, rien n'oblige à limiter les bonds aux nombres à un chiffre. Les calculatrices sont conçues pour explorer les bonds avec de grands nombres, tout en éliminant les calculs fastidieux.

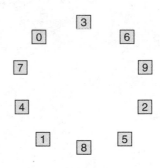

FIGURE 10.9 ▲

Pour les bonds de 3, le cercle de chiffres se limitera aux unités. Le nombre de départ détermine le début du cycle.

À propos de l'évaluation

Les régularités avec les opérations

Les opérations numériques et les régularités construites avec des nombres constituent des sources utiles et intéressantes de régularités. Les tâches suivantes prennent chacune la forme d'une exploration. Les élèves doivent examiner une situation et voir ce qu'ils peuvent découvrir à son sujet. Quelles similitudes, quelles différences et quels changements observez-vous ?

Par exemple, il peut être intéressant pour les élèves de première ou de deuxième année de constater que le résultat d'une somme demeure inchangé si vous ajoutez une quantité à l'un des termes et que vous retranchez la même quantité de l'autre terme. Autrement dit, $7 + 7 = 8 + 6$ et $458 + 276 = 459 + 275$. Ce principe s'applique universellement, quelle que soit la quantité qu'on ajoute et qu'on retranche. Ce fait peut sembler évident en troisième ou en quatrième année. Mais en est-il de même pour la soustraction ? Voilà une question intéressante ! Certes, le modèle est différent, mais il n'est guère plus difficile à comprendre que celui de l'addition. En outre, les deux modèles sont utiles en calcul mental. Par exemple, pour calculer $346 - 198$, on peut modifier les nombres et soustraire $348 - 200$ (en ajoutant 2 à chaque terme).

L'activité suivante constitue une exploration intéressante de ce principe pour les élèves de la quatrième à la sixième année en l'étendant à la multiplication.

Activité 10.8

Qu'arrive-t-il à la somme avec « un de plus » et « un de moins » (la multiplication) ?

Montrez aux élèves que, en partant de $7 \times 7 = 49$ et en ajoutant 1 à un facteur et en enlevant 1 à l'autre, le produit est 1 de moins que le produit de départ : $8 \times 6 = 48$. L'activité consiste à examiner ce phénomène avec d'autres nombres multipliés par eux-mêmes (carrés). Pour aider les élèves à faire cette exploration, suggérez-leur d'utiliser une disposition rectangulaire en découpant un rectangle dans une feuille de papier quadrillé. Comment pourraient-ils modifier ce rectangle afin d'en former un nouveau avec des ciseaux et du ruban adhésif ? Demandez-leur d'utiliser des mots, des images et des nombres pour expliquer ce qu'ils ont découvert. Encouragez-les à explorer des situations similaires pour vérifier s'ils peuvent y découvrir des régularités.

Si le cœur vous en dit, faites vous-même la dernière activité. Les résultats sont plutôt intéressants et ne sont pas aussi évidents qu'avec l'addition. Avec la multiplication, le nouveau produit sera égal à 1 de moins si le produit original est un carré, c'est-à-dire un nombre qui se multiplie par lui-même. La figure 10.10 montre comment une rangée change lorsqu'il s'agit d'un carré. Lorsque les facteurs de départ sont différents (augmentation du plus grand nombre et diminution du plus petit), il peut y avoir un lien entre cette différence et la différence avec les facteurs de départ.

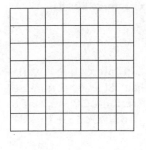

7 × 7 = 49

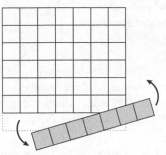

Découpez une rangée et placez-la sur le côté.

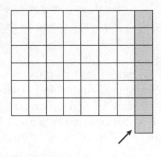

6 × 8 = 48
Il restera toujours un carré inutilisé.

FIGURE 10.10 ◄

Qu'arrive-t-il lorsque tu commences avec un nombre multiplié par lui-même, puis que tu ajoutes 1 à un facteur et que tu enlèves 1 à l'autre?

Le tableau des cent premiers nombres est encore utile dans les classes de la troisième à la cinquième année, car il incite les élèves à réfléchir aux nombres. Il sert notamment à renforcer la structure décimale de notre système de numération et, comme nous l'avons vu au chapitre 4, il favorise l'élaboration de stratégies inventives de calcul. Les opérations permettent de découvrir d'autres régularités intéressantes qui se cachent dans le tableau des cent premiers nombres.

Activité 10.9

Découvrir des sommes diagonales

Demandez aux élèves de choisir dans le tableau des cent premiers nombres n'importe quel groupe de quatre nombres qui forment un carré. Additionnez deux à deux les nombres en diagonale comme dans l'exemple ci-contre.

47	48	49	50
57	58	59	60
67	68	69	70
77	78	79	80

Ensuite, dites aux élèves d'examiner d'autres sommes diagonales dans la grille, puis d'étendre leur recherche aux diagonales de n'importe quel rectangle. Par exemple, les nombres 15, 19, 75 et 79 forment les quatre coins d'un rectangle. Les sommes 15 + 79 et 19 + 75 sont égales. Proposez aux élèves d'expliquer pourquoi il en est ainsi (figure 10.11).

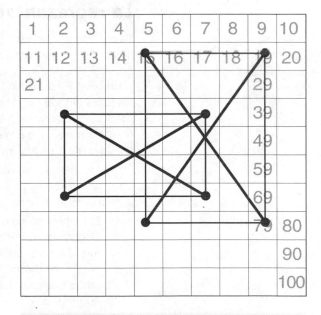

FIGURE 10.11 ▲

Diagonales dans un tableau des cent premiers nombres. Quel que soit le groupe de quatre nombres disposés en rectangle dans le tableau des cent premiers nombres, la somme des nombres d'une diagonale est toujours égale à la somme de ceux de l'autre diagonale. Les différences et les produits obtenus avec ces nombres présentent également une régularité.

Après avoir observé que les sommes diagonales étaient semblables, il reste à se demander ce qu'il en est des différences diagonales.

En explorant les différences à l'aide d'un tableau des cent premiers nombres, les élèves trouveront que les généralisations ne sont pas aussi faciles qu'avec l'addition. La variation entre deux différences diagonales sera toujours la même. Il est possible d'en prédire l'ordre de grandeur en se basant uniquement sur les deux nombres du haut, peu importe le choix des deux nombres du bas. Prenez le temps de découvrir pourquoi.

En examinant de plus près les différences diagonales, vous constaterez que la variation correspond au double de la distance entre les deux nombres du haut. Si les deux nombres du haut sont 16 et 19 (écart de 3), les différences diagonales différeront de 2 × 3, soit 6. Pour le confirmer, essayez 56 et 59 comme nombres du bas : 59 − 16 = 43 ; 56 − 19 = 37. La différence entre 43 et 37 est 6.

Les élèves intéressés pourront également utiliser leur calculatrice pour explorer les régularités avec la multiplication. Encore une fois, il y a des régularités à découvrir, même si elles sont moins évidentes. La différence entre les produits diagonaux plus grands et plus petits sera la même pour tous les rectangles du tableau qui possèdent les mêmes dimensions, peu importe le sens de leur orientation. Par exemple, faites le calcul pour deux rectangles : 23, 27, 43, 47, et 56, 58, 96, 98. Le premier est un rectangle 4 × 2 et le second un rectangle 2 × 4. La différence des produits diagonaux est de 80 dans les deux cas.

Finalement, toutes les régularités qui résultent de l'addition, de la soustraction ou de la multiplication sont paires, et ce, même si les rectangles sont « inclinés », c'est-à-dire que leurs côtés ne sont pas parallèles sur les bords du tableau. (Les nombres 33, 15, 77 et 59 forment un rectangle « incliné ».)

La représentation des idées

La représentation est l'un des éléments du document du NCTM intitulé *Principles and Standards*. Par représentation des idées, nous faisons référence à des éléments observables comme des dessins, des graphiques, des nombres et des équations, ainsi que des modèles produits avec du matériel de manipulation. Pour que ces éléments représentent réellement les idées des élèves, il faut que celles-ci se soient formées en eux avant leur utilisation des modèles en question. Autrement, ces représentations n'auront pas de sens pour eux. En d'autres mots, *ce n'est pas* la représentation qui donne un sens. On ne peut représenter une idée qui n'existe pas encore.

Les élèves peuvent apprendre à se servir de représentations symboliques et de dessins pour résoudre des problèmes et exprimer leurs idées. Toutefois, comme le soulignent les auteurs des *Standards*, les représentations ne constituent pas une fin en soi.

> *Les représentations doivent être considérées comme des éléments essentiels qui aident les élèves à comprendre les concepts et les relations mathématiques : pour communiquer une méthodologie, une argumentation et une compréhension autant à soi-même qu'aux autres ; pour reconnaître les liens entre des concepts mathématiques ; pour appliquer les mathématiques à des problèmes concrets par le truchement de la représentation.* (NCTM, 2000, p. 67)

Dans le chapitre 1, nous considérions les modèles permettant de représenter des concepts relatifs aux mathématiques comme des outils d'apprentissage. Il s'agissait principalement de matériel de manipulation, comme du matériel de base dix ou des jetons. Toutefois, nous utilisions le mot *modèle* de manière à étendre la notion de représentation au-delà de l'objet physique pour inclure toute représentation susceptible de s'appliquer au concept, par exemple des dessins et des symboles (figure 1.5, p. 10).

Selon la norme relative à l'algèbre énoncée dans les *Principles and Standards*, les élèves doivent également « représenter les situations mathématiques » et utiliser les représentations pour « comprendre les relations quantitatives ». Par exemple, en analyse de données, on enseigne comment représenter les données rassemblées à l'aide de diverses techniques graphiques, et en probabilités, comment utiliser un diagramme en arbre pour construire l'ensemble de tous les résultats possibles d'une expérience. Encore une fois, nous constatons que l'algèbre n'est pas toujours un élément distinct du programme, mais qu'elle est présente dès que les élèves essaient de représenter des relations quantitatives.

La résolution de problèmes en contexte au moyen de dessins et de graphiques

Voici un problème qui a été proposé à une classe de troisième année :

> **Le cirque qui a donné une représentation en ville est arrivé avec 23 éléphants. Combien cela fait-il de pattes en tout ?**

Les élèves suivaient un programme traditionnel et n'avaient reçu aucune directive quant à l'emploi de dessins. On leur a demandé toutefois d'expliquer comment ils avaient résolu le problème et pourquoi ils croyaient que la réponse leur semblait juste en se servant « de mots, de nombres et, peut-être, de dessins ». La figure 10.12 illustre le travail de trois élèves.

Jacques a résolu le problème deux fois, en utilisant à chaque reprise un dessin de nature plutôt symbolique. Le fait qu'il écrive : « J'ai compté chaque patte » indique qu'il n'a fait aucun calcul. Le dessin lui a suivi de méthode de résolution. Dans la deuxième solution, il mentionne qu'il a découvert une meilleure façon de compter, qui consiste à former des groupes de 4 éléphants. Toutefois, on ne sait pas trop s'il a utilisé ces regroupements pour résoudre le problème plus facilement.

Le dessin de Béatrice est de nature symbolique. Elle emploie le chiffre 4 au lieu de dessiner des pattes. Tout comme Jacques, elle se sert effectivement du dessin pour résoudre le problème. Il est tout à fait clair qu'elle a compté par bonds de 4 en utilisant le dessin pour savoir où elle en était.

Bruno a d'abord dessiné un éléphant de façon « réaliste », puis il semble s'être lassé de ce travail fastidieux. Il ne s'est probablement pas servi du tout de son dessin, à moins que celui-ci ne l'ait amené à penser à additionner 23 quatre fois. (Il est intéressant de noter que la majorité des élèves ont additionné quatre fois le terme 23 et que seule Béatrice a additionné 23 fois le terme 4.)

Le dessin réaliste d'un éléphant de Bruno est très représentatif de ce que font les jeunes élèves quand on leur demande d'utiliser des dessins dans ce contexte. Il a probablement pensé que dans un problème d'éléphants, il fallait dessiner des éléphants. Le dessin de Béatrice pourrait servir d'exemple pour montrer à la classe comment faire un dessin utile et essentiellement symbolique.

Selon Dietzman et English (2001), on devrait enseigner aux élèves à dessiner divers types de diagrammes et leur montrer comment les utiliser. Lorsqu'on leur demande de dessiner quelque chose, plusieurs pensent qu'ils doivent « faire un dessin réaliste », à l'instar de Bruno. De la quatrième à la sixième année, où l'on travaille généralement avec des nombres passablement grands, la tâche est insurmontable. C'est pourquoi les élèves de ces niveaux font rarement des dessins pour résoudre un problème. Une autre raison tient au fait que nombre d'entre eux n'ont pas appris comment faire un dessin susceptible de les aider à résoudre ou à comprendre un problème de mathématiques. Une façon de pallier cette lacune est de leur donner des exemples de diverses techniques de représentation graphique ou de leur faire des suggestions utiles.

La figure 10.12 indique que certains élèves ont utilisé leur dessin pour trouver la réponse. De la quatrième à la sixième année, le dessin sert probablement surtout à décider quelle opération est appropriée. Il est possible d'employer une case ([ ]), un point d'interrogation ou encore une lettre, pour représenter une quantité inconnue intervenant dans le problème. L'idée, c'est de représenter d'abord le problème, puis d'utiliser le dessin pour en faciliter la résolution.

Le cirque qui a donné une représentation en ville est arrivé avec 23 éléphants. Combien cela fait-il de pattes en tout?

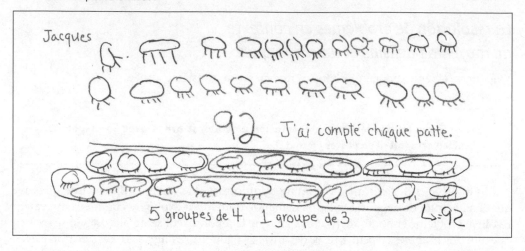

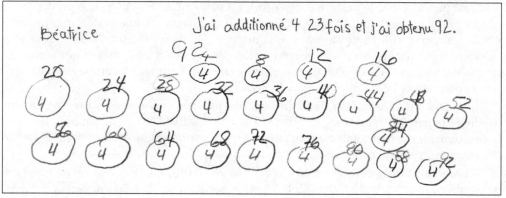

FIGURE 10.12 ▶

En quatrième année, en février, les élèves ont utilisé aussi bien des dessins que des mots et des nombres pour expliquer comment ils avaient résolu le problème des 23 éléphants, dans lequel ils devaient calculer le nombre total de pattes. Ces élèves n'avaient encore jamais employé de dessins pour résoudre des problèmes.

> **Alain vient de recevoir un livre de 54 pages. Il veut le lire en 3 jours. S'il décide de lire le même nombre de pages chaque jour, combien de pages devra-t-il lire le premier jour ?**

PAUSE

Faites un ou deux dessins susceptibles d'aider les élèves à représenter ce problème. Rappelez-vous qu'il n'est pas nécessaire de faire un dessin détaillé ; il doit représenter uniquement les données essentielles du problème. Après avoir achevé votre dessin, écrivez une équation qui correspond à ce dessin. Utilisez une lettre pour représenter la quantité inconnue.

La figure 10.13 montre deux dessins illustrant l'opération à utiliser pour résoudre le problème.

Alain a un livre de 54 pages. Il veut le lire en 3 jours. S'il décide de lire le même nombre de pages chaque jour, combien de pages devra-t-il lire le premier jour ?

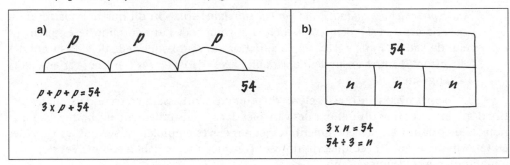

FIGURE 10.13 ◄

Un dessin peut également inclure des quantités inconnues. Bien qu'il ne permette pas de résoudre le problème, il aide les élèves à comprendre l'opération à utiliser.

N'oubliez pas que l'objectif principal de cette leçon n'est pas le dessin en soi, mais plutôt l'utilisation de dessins pour résoudre des problèmes. Faites des dessins très simples, mais n'exigez pas des élèves qu'ils prennent exemple sur vous. Il s'agit de les amener progressivement à faire des schémas abstraits pour représenter les nombres et les relations. Discutez avec vos élèves de leurs dessins ou de leurs graphiques et écoutez ce qu'ils disent de leur signification. Lorsque vous demandez aux élèves de faire un dessin ou un graphique, assurez-vous que la tâche en vaut la peine. On ne devrait pas demander aux élèves de dessiner pour le simple plaisir que procure cette activité ou s'ils connaissent un autre moyen de résoudre un problème.

À propos de l'évaluation

Les élèves qui ont de la difficulté à résoudre des problèmes en contexte sont ceux qui tireront le plus de bénéfice des dessins qu'ils feront pour représenter leurs idées. Prenez chaque élève à part et demandez-lui de tracer un graphique représentant le problème que vous venez de lui soumettre. Pour commencer, vérifiez s'il comprend ce que signifie représenter un problème avec un « graphique » ou un « dessin ». S'il fait un dessin réaliste, vous saurez alors qu'il a besoin d'explications supplémentaires sur ces deux formes de représentation.

Certains élèves réussiront à faire un dessin, mais il ne contiendra peut-être pas toutes les données mathématiques. Il arrive même que le dessin comporte des erreurs ou laisse des informations de côté. Ces élèves ont besoin de temps pour expliquer le lien entre leur graphique et la nature du problème. Ils ont probablement effectué leurs dessins trop rapidement et ils ont négligé certains détails. Il sera probablement utile de faire le lien entre le graphique et le problème.

Les variables et les équations

Les variables constituent un excellent outil pour exprimer les régularités observées en mathématiques. Elles permettent d'utiliser les symboles mathématiques pour aider à réfléchir et à comprendre certaines idées mathématiques, de la même façon qu'on se sert d'objets concrets et de dessins.

Les variables

Une *variable* est un symbole permettant de représenter n'importe quel nombre ou objet d'un ensemble donné. Bien qu'elle soit exacte, cette définition apparemment simple prête à diverses interprétations selon l'utilisation qu'on fait des variables. Dans le domaine des mathématiques scolaires, on emploie couramment les variables de trois façons :

1. *Pour exprimer une inconnue spécifique.* C'est le cas au début du primaire, quand on utilise les variables dans les équations du type $8 + \square = 12$. Plus tard, on demande aux élèves de résoudre par rapport à x des équations telles que $3x + 2 = 4x - 1$.

2. *Pour généraliser une régularité.* Les variables permettent de formuler des énoncés qui s'appliquent à tous les nombres. Par exemple, pour tout nombre réel $a \times b = b \times a$.

3. *Pour représenter des quantités qui varient simultanément.* On dit que des quantités ou des variables sont *simultanées* quand le changement de l'une entraîne nécessairement celui de l'autre. Dans $y = 3x + 5$, la variation de x provoque celle de y. Les formules fournissent d'autres exemples de variables liées : dans $A = L \times l$, si L et l varient, alors A change aussi.

Il n'est pas nécessaire que les élèves du primaire connaissent ou reconnaissent les distinctions entre ces trois utilisations des variables dans le raisonnement algébrique. Comme nous le mentionnions précédemment, les jeunes élèves emploieront surtout les variables en tant qu'inconnues spécifiques. Ils doivent considérer les variables comme des nombres à manipuler avec d'autres nombres.

Variable jouant le rôle d'inconnue

L'activité suivante permet aux élèves de saisir le sens du terme *variable* en tant que représentant d'une inconnue donnée.

Activité 10.10

Traduire une histoire

Lisez aux élèves un problème simple en omettant la question, puis demandez-leur d'écrire une équation traduisant exactement l'énoncé. Par exemple : *Il y a 3 boîtes de crayons pleines et 5 crayons additionnels. Il y a 41 crayons en tout.* $(3 \times \square + 5 = 41)$ Assurez-vous que les quatre opérations interviennent dans au moins une histoire.

Il est possible de faire l'activité inverse, c'est-à-dire de donner une équation avec une inconnue et d'inventer une histoire correspondant à cette équation. Une fois que les élèves se seront entendus sur les équations représentant les histoires, chacun d'eux devrait essayer de déterminer les valeurs pour lesquelles les équations sont vérifiées en employant la méthode de son choix. Au début, ils peuvent procéder par tâtonnement.

Il arrive que les élèves écrivent des équations apparemment différentes. Prenons le problème suivant : *Alain a trois fois plus de cartes de football que Marc. Si Marc a 75 cartes, combien Alain en a-t-il ?* Les uns écriront peut-être $A = 3 \times 75$, et les autres, $A \div 3 = 75$. Durant la discussion, faites-leur examiner les similitudes et les différences que présentent ces équations. Cela leur permettra de mieux comprendre la relation entre la multiplication et la division.

L'activité suivante montre qu'on peut manipuler une inconnue exactement comme on le fait pour un nombre.

Activité 10.11

Découvrir la magie des nombres

Dites aux élèves de faire les opérations suivantes :

Écris n'importe quel nombre.

Additionne-le avec le nombre qui vient après.

Additionne 9.

Divise par 2.

Soustrais le nombre de départ.

Vous êtes une magicienne et vous lisez dans leurs pensées. Tous les élèves en arrivent au nombre 5 !

L'activité consiste à vérifier si les élèves arrivent à découvrir l'astuce. Si les élèves ont besoin d'un indice, suggérez-leur d'utiliser d'abord une case ou une lettre plutôt que le nombre qu'ils ont choisi au départ. La case ou la lettre représente un nombre, mais eux-mêmes n'ont pas besoin de savoir duquel il s'agit. Prenez d'abord N. Ajoutez-lui le nombre immédiatement supérieur : $N + (N + 1) = 2N + 1$. En additionnant 9, vous obtenez $2N + 10$. Si vous divisez par 2, il vous reste $N + 5$. Enfin, si vous soustrayez le nombre initial, vous obtenez 5.

Il existe un nombre infini de tours mathématiques semblables à celui-ci. En voici deux autres.

- Choisir un nombre entre 1 et 9, multiplier par 5, additionner 3, multiplier par 2, additionner un autre nombre entre 1 et 9, soustraire 6. Quel résultat obtient-on ?

- Choisir un nombre, multiplier par 6, additionner 12, enlever la moitié du résultat, soustraire 6, diviser par 3. Que se passe-t-il ?

Il est possible de résoudre ces tours avec des modèles en remplaçant l'inconnue par une petite case ou un cube. La figure 10.14 montre comment représenter le premier des deux tours précédents. Notez que les élèves ne peuvent comprendre le résultat s'ils n'ont pas assimilé le principe de valeur de position.

Variables génératrices de modèles

Les variables servent fréquemment à illustrer les règles de notre système de numération. Mais a-t-on pris en compte le fait qu'on écrit souvent ces règles à l'aide de variables sans réaliser que les élèves n'en comprennent pas nécessairement le sens ?

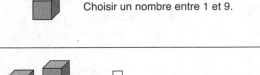

Choisir un nombre entre 1 et 9.

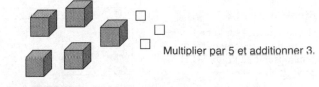

Multiplier par 5 et additionner 3.

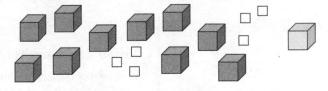

Multiplier par 2 et ajoute un autre nombre à un chiffre.

Soustraire 6, puis

$$10 \times \text{■} + \text{□} = \text{■□}$$

(un nombre à deux chiffres)

FIGURE 10.14 ▲

Pour résoudre les tours avec des nombres, représentez l'inconnue par un cube ou un carré. Présentez les nombres additionnels par des jetons ou des cubes de base dix.

Activité 10.12

Que peut-on dire de tous les nombres ?

Demandez aux élèves comment ils savent que 465 + 137 = 137 + 465 sans avoir à effectuer de calcul. Leurs explications devraient mettre en évidence le fait qu'ils comprennent la propriété de commutativité de l'addition, sans attacher d'importance à ce nom. Comment peut-on formuler cette propriété afin de montrer que cette règle s'applique à tous les nombres, y compris les fractions et les nombres décimaux ? S'ils ne proposent pas d'utiliser des lettres ou des formes, suggérez-leur cette idée :

$$\triangle + \square = \square + \triangle \quad \text{ou} \quad n + m = m + n$$

Assurez-vous qu'ils comprennent que le choix de telle lettre ou forme est tout à fait arbitraire ; il suffit qu'ils réalisent clairement que le symbole employé représente n'importe quel nombre et qu'une lettre ou une forme donnée symbolise toujours la même valeur dans une même équation.

Après cette introduction, invitez les élèves à formuler d'autres énoncés qui s'appliquent à tous les nombres.

Peut-être devrez-vous aiguillonner un peu les élèves pour qu'ils arrivent à découvrir des faits qui s'appliquent à tous les nombres, mais il est préférable que les idées viennent d'eux. Pour les mettre sur la piste, demandez-leur notamment d'examiner quelques exemples représentatifs, comme celui-ci. Tracez un rectangle, puis divisez-le comme l'indique la figure 10.15. Le fait de chercher deux façons de calculer l'aire du rectangle les incitera à penser à la forme générale de la propriété de distributivité, soit $a(b + c) = (a \times b) + (a \times c)$. Analysez non seulement les propriétés des opérations, mais aussi les définitions, celle d'un exposant, par exemple, ainsi que les règles régissant les nombres négatifs. Enfin, faites-leur examiner tout ce qui peut s'exprimer sous une forme générale à l'aide de variables.

FIGURE 10.15 ▶

La distributivité est l'une des nombreuses propriétés généralisables à l'aide de variables.

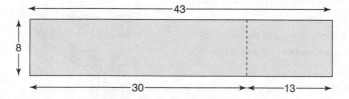

Activité 10.13

Définir des quantités particulières

Quelle expression numérique donne le nombre total de pattes de 376 chaises ? (376×4) Et pour 195 chaises ? (195×4) Comment écririez-vous la quantité de pattes qu'il y a dans n'importe quel nombre de chaises ? ($N \times 4$) Demandez aux élèves d'écrire, en se servant de cet exemple, des expressions représentant d'autres types de quantités. Vous pourriez leur proposer, par exemple, de travailler sur les nombres suivants : les doigts des élèves de la classe, les œufs dans un contenant, les crayons contenus dans une boîte, l'ensemble des roues d'une flotte de poids lourds, les heures de la journée, les centimètres d'une longueur en mètres, les centilitres d'un volume en litres, etc. Utilisez également des variables pour exprimer des nombres particuliers : n'importe quel nombre impair ou pair, n'importe quel multiple de 7, de 3 plus un multiple de 5 non identique, n'importe quel nombre à deux chiffres, n'importe quelle puissance de 2, etc. Une fois que les élèves auront saisi le principe, demandez-leur de définir eux-mêmes des quantités particulières et d'inviter leurs camarades à les décrire verbalement.

L'emploi des variables dans l'activité «Définir des quantités particulières» est pratiquement identique à celui des tableurs. Le tableau de la figure 10.16 contient des nombres pairs et des nombres impairs générés à l'aide des nombres de la colonne A. Les valeurs obtenues servent ensuite à produire les sommes et les produits des autres colonnes.

	A	B	C	D	E	F	G	H	I
1	**Explorer les nombres pairs et impairs**								
2									
3	N	Pair	Impair	P + P	P + I	I + I	P × P	P × I	I × I
4	1	2	3	4	5	6	4	6	9
5	2	4	5	8	9	10	16	20	25
6	7	14	15	28	29	30	196	210	225
7	10	20	21	40	41	42	400	420	441
8	15	30	31	60	61	62	900	930	961

	A	B	C	D	E	F	G	H	I
1	**Explorer les nombres pairs et impairs**								
2									
3	N	Pair	Impair	P + P	P + I	I + I	P × P	P × I	I × I
4	1	=2*A4	=2*A4+1	=B4+B4	=B4+C4	=C4+C4	=B4*B4	=B4*C4	=C4*C4
5	2	=2*A5	=2*A5+1	=B5+B5	=B5+C5	=C5+C5	=B5*B5	=B5*C5	=C5*C5
6	7	=2*A6	=2*A6+1	=B6+B6	=B6+C6	=C6+C6	=B6*B6	=B6*C6	=C6*C6
7	10	=2*A7	=2*A7+1	=B7+B7	=B7+C7	=C7+C7	=B7*B7	=B7*C7	=C7*C7
8	15	=2*A8	=2*A8+1	=B8+B8	=B8+C8	=C8+C8	=B8*B8	=B8*C8	=C8*C8

FIGURE 10.16 ◀

La formule d'un tableur contient des variables qui représentent des valeurs des autres colonnes. L'expression dans une case est un modèle qui génère les valeurs de cette case. La figure présente deux images du tableur: les cases de l'une contiennent la formule et celles de l'autre les valeurs correspondantes. Il est à noter que tout changement dans la colonne A entraîne des modifications dans toutes les cases de la rangée correspondante.

Variables représentant des quantités variables

Chaque fois que les élèves dressent un tableau donnant les valeurs correspondantes de deux quantités dont l'une dépend de l'autre, ils explorent l'idée de *variables liées*: les valeurs d'une rangée ou d'une colonne varient en fonction de celles que contiennent l'autre rangée ou l'autre colonne. C'est ce que font les élèves quand ils construisent, par exemple, des tableaux reliant le coût au nombre d'unités achetées ou encore le nombre de kilomètres parcourus au nombre de litres d'essence consommés. Ils accomplissent un travail identique quand, dans le domaine de la mesure, ils confectionnent des tableaux qui expriment le lien entre la circonférence et le diamètre d'un cercle, ou entre le périmètre et la longueur d'un côté d'un carré. Dans le présent chapitre, nous avons vu que l'étude de suites croissantes mène à l'élaboration de formules qui relient le rang de chaque étape et le nombre d'éléments dans cette même étape.

Ce sont là autant d'exemples de variables liées: une valeur varie suivant une autre. Il s'agit en fait d'exemples de fonctions.

Les équations et les inégalités

Dans l'expression $3B + 7 = B - C$, le signe d'égalité signifie que la quantité du membre de gauche *est identique* à celle du membre de droite. Pour faire ce genre d'interprétation, on doit considérer une expression arithmétique simple, telle que $3 + 5$ ou 4×87, comme une *quantité unique*.

Malheureusement, les élèves ont plutôt tendance à considérer les expressions du type 3 + 5 ou 4 × 87 comme des consignes à suivre ou des opérations à effectuer. Le signe = leur indique d'additionner et ils associent ce verbe à une touche d'opération : cela revient à appuyer sur la touche ⬚ d'une calculatrice. Lorsqu'ils lisent une équation de gauche à droite, le signe = signifie pour eux : « Trouve maintenant la réponse. » C'est pourquoi il ne leur vient pas à l'esprit que 5 + 2 n'est en fait qu'une autre façon d'écrire 7.

Une balance en équilibre

Les activités suivantes aideront les élèves à se familiariser avec les concepts de base qui leur permettront de comprendre les équations.

Activité 10.14

Nommer des nombres

Demandez aux élèves de trouver différents moyens d'exprimer un nombre, par exemple 10. Donnez quelques exemples simples comme 5 + 5 ou 12 − 2. Suggérez-leur d'utiliser deux ou plusieurs opérations différentes. Faites-les discuter autour de la question suivante : « Combien de noms peux-tu trouver pour 8 avec des nombres inférieurs à 10 et au moins trois opérations ? » Pendant la discussion, insistez sur le fait que chaque expression est un moyen de représenter ou d'écrire un nombre.

Il est à noter que l'activité 10.14 ne fait appel à aucun signe d'égalité. L'activité suivante porte sur le concept de signe d'égalité. Elle commence avec des nombres, mais vous pouvez la modifier pour inclure des variables.

Activité 10.15

Déterminer si la balance est en équilibre

Au tableau, dessinez une balance à deux plateaux. Juste au-dessus de chaque plateau, écrivez une expression numérique, puis demandez aux élèves d'indiquer lequel des deux plateaux descendra ou si les deux plateaux resteront en équilibre (figure 10.17). Demandez-leur d'écrire des expressions pour chaque plateau de la balance afin que la balance s'équilibre. Dans chaque cas, écrivez l'équation correspondante pour illustrer la signification du signe =. Il est à noter que si les plateaux sont « inclinés », vous devez utiliser les symboles « plus grand que » ou « plus petit que » (> ou <).

Au besoin, ajoutez des variables dans l'activité de la balance à deux plateaux, comme dans la figure 10.17*b*.

Dans la figure 10.18, une série d'exemples illustre des problèmes avec une balance. Chaque forme représente une valeur différente. L'utilisation de deux ou plusieurs balances dans un problème fournit différentes informations sur les formes ou les variables. Vous pouvez adapter le degré de difficulté des problèmes de ce type selon le niveau, de la première année jusqu'au début du secondaire. (D'autres livres présentent des activités similaires. Par exemple, voir Greenes et Findell, 1999.)

Lorsqu'il n'y a pas de nombres, comme dans les deux premiers exemples de la figure 10.18, les élèves peuvent équilibrer les balances en trouvant des regroupements de nombres. Lorsqu'une valeur donnée est associée à une forme, les élèves doivent accorder des

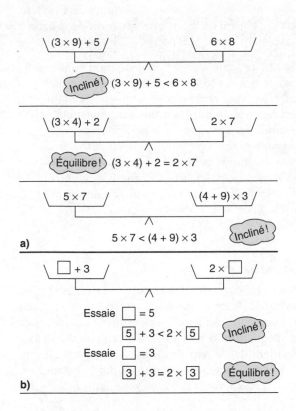

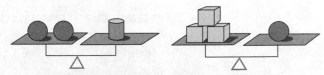

Quelle forme est la plus lourde ? Expliquez.
Quelle forme est la plus légère ? Expliquez.

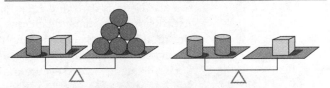

Qu'est-ce qui est en équilibre avec deux sphères ? Expliquez.

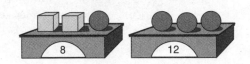

Quelle est la masse de chaque forme ? Expliquez.

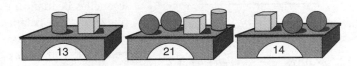

Quelle est la masse de chaque forme ? Expliquez.

FIGURE 10.17 ▲

Utilisation d'expressions et de variables dans les équations et les inéquations. La balance à deux plateaux permet de comprendre la signification des signes =, < et >.

FIGURE 10.18 ▲

Exemples de problèmes faisant intervenir plusieurs balances (équations).

valeurs correspondantes aux autres formes. Dans le deuxième exemple, si la sphère vaut 2, alors le cylindre vaut nécessairement 4, et le cube, 8. Si l'on modifie la valeur de la sphère, les valeurs des autres formes changeront en conséquence.

Il est possible de résoudre les problèmes avec des balances (avec un nombre pour chaque balance) en fonction d'une valeur unique pour chaque forme. Il existe souvent différents chemins pour arriver à une solution.

 PAUSE **Comment résoudriez-vous le dernier problème de la figure 10.18 ? Existe-t-il deux façons de le résoudre ?**

Vous pouvez vérifier vos solutions en les comparant aux positions de départ des balances. (Les élèves peuvent le faire également.) Croyez-le ou non, vous venez de résoudre une série d'équations simultanées, une opération que l'on effectue habituellement dans un vrai cours d'algèbre. Essayez de créer vos propres problèmes avec des balances. C'est plus facile que vous ne l'imaginez. Commencez par associer des valeurs à deux ou trois formes. Puis regroupez les formes et additionnez les valeurs. Indiquez ces nombres sur les balances. (Assurez-vous que vos problèmes soient faisables.)

À propos de l'évaluation

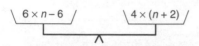

On ajoute 6 de chaque côté, puis on effectue
la multiplication de l'expression de droite.

On soustrait $4 \times n$ de chaque côté.

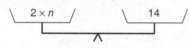

On divise chaque côté par 2.

On vérifie :

$$\boxed{6 \times 7 - 6} \qquad \boxed{4 \times (7 + 2)}$$

a) Chaque côté = 36.

$4 \times N + 3 = N + 30$

On soustrait 3.

$4 \times N = N + 27$

On soustrait N.

$3 \times N = 27$

On divise par 3.

$N = 9$

b)

FIGURE 10.19 ▲

Emploi d'une balance à plateaux pour
réfléchir à la résolution d'équations.

Résolution d'équations

Résoudre une équation signifie trouver des valeurs de la variable pour
lesquelles l'équation est vérifiée. Il est conseillé de conserver l'image des
plateaux d'une balance si l'on veut aider les élèves à acquérir des habiletés
en matière de résolution d'équations à une variable. Cette analogie leur
permet de voir assez clairement que si l'on ajoute ou si l'on soustrait une
quantité d'un côté de l'équation, la seule façon de garder la balance en
équilibre consiste à additionner ou à soustraire la même quantité de l'autre
côté de l'équation.

Activité 10.16

Maintenir l'équilibre

Montrez aux élèves une balance dont chacun des plateaux porte une
expression comportant une variable. (Limitez-vous à une seule
variable.) Essayez de concevoir des tâches dont ils ne trouveront
pas facilement la solution par tâtonnement, comme $3n + 2 = 14 - n$.
Expliquez qu'il est possible de changer les quantités dans les
plateaux à condition qu'ils restent en équilibre. Si vous commencez
par des équations simples, telles que $n - 17 = 31 - n$, ils devraient
être capables de résoudre de telles équations et d'expliquer leur
raisonnement. Enfin, vous devriez leur demander de créer une méthode
permettant de prouver l'exactitude de leur solution. (Par exemple
en substituant la valeur obtenue à la variable dans l'équation initiale.)

La figure 10.19 illustre le processus de résolution d'une équation,
avec et sans la balance à plateaux. Même quand vous aurez cessé d'utiliser
cette aide, revenez au concept d'égalité associé à cet instrument qu'il faut
constamment maintenir en équilibre.

La résolution des équations de la figure 10.19 est un peu plus ardue
que celles données généralement en cinquième ou sixième année. Il en
est surtout ainsi parce que leur résolution comporte plusieurs étapes.

Malgré tout, les élèves de sixième ou même de cinquième année devraient être en mesure de résoudre ce genre de problèmes. Il faut cependant les choisir soigneusement. Attribuez d'abord une valeur à la variable, puis créez une expression algébrique pour l'un des membres de l'équation. L'autre membre peut être simplement la valeur correspondante ou une autre expression à une variable, comme dans les exemples de la figure. Évitez d'employer des valeurs négatives. Les élèves risquent de ne pas savoir quoi faire si vous leur demandez de soustraire 5 de l'expression $N - 3$.

Les fonctions

Une partie importante du raisonnement algébrique fait appel à la reconnaissance et à la description de relations et de fonctions. Une relation est simplement une correspondance entre les éléments de deux ensembles composés de n'importe quel type d'objets. Par exemple, il est possible d'établir une relation entre les heures de la journée et ce qui se passe habituellement au cours de chacune d'elles, de même qu'entre la hauteur d'un plant de haricot et le nombre de jours depuis sa germination. On peut également établir toutes sortes de relations entre des nombres.

Une *fonction* est un type particulier de relation : chaque élément d'un ensemble est associé à *un seul* élément du même ensemble ou d'un ensemble distinct. Par exemple, la relation « est plus grand que » associe le nombre 10 à *tous* les nombres inférieurs à 10, et non à un seul d'entre eux. Puisque cette règle ne définit pas une relation unique, elle n'est donc pas une fonction. En revanche, la relation « dix de plus que » est une fonction. Elle associe à chaque nombre un nombre unique : 10 est associé à 20, 7 à 17, etc. Il n'est absolument pas nécessaire que les élèves du primaire distinguent les fonctions et les relations qui ne sont pas des fonctions, mais il est utile que vous ne perdiez pas de vue cette distinction.

En outre, le raisonnement algébrique exige l'apprentissage de divers modes de représentation des fonctions. Comme nous l'avons vu dans le cas des régularités croissantes, il est possible de représenter une relation fonctionnelle de différentes façons : une situation concrète ou un tableau, un diagramme, une équation ou des mots. Chaque mode de représentation correspond à une façon différente d'envisager les relations et en facilite la compréhension.

Il existe des fonctions dans tous les domaines. En plus des régularités croissantes dont il a été question plus haut, les élèves de la troisième à la cinquième année peuvent explorer une situation de la vie quotidienne, comme celle que voici.

> **Bruno a créé une petite entreprise de tonte de pelouses dont les profits lui permettront de s'acheter un nouveau vélo. Il a emprunté 225 $ à son père afin d'acheter une tondeuse. Il demande 35 $ pour tondre une pelouse de grandeur moyenne. Comme chaque opération lui coûte près de 0,75 $ d'essence, son profit est donc de 34,25 $ par coupe. Combien de pelouses Bruno devra-t-il tondre pour rembourser la somme empruntée à son père ? Si le vélo convoité coûte 500 $, combien de pelouses devra-t-il tondre ?**

Ce n'est là qu'une des nombreuses situations faisant intervenir une relation fonctionnelle que les élèves peuvent explorer. L'activité de tonte de pelouses de Bruno représente le contexte qui définit la fonction : le nombre de pelouses qu'il tond est relié de façon unique au profit qu'il réalise. Pour résoudre ce problème, les élèves peuvent d'abord faire un tableau de valeurs. Ils réfléchiront à la relation de façon plus systématique simplement en attribuant différentes valeurs au nombre de pelouses tondues. Par exemple, si Bruno ne tond aucune pelouse, il doit 225 $ à son père ; s'il tond 5 pelouses, il gagne 5 × 34,25 $, soit 171,25 $. Mais alors, il lui reste encore 53,75 $ à rembourser (soit 225,00 $ – 171,25 $) à son père. Les élèves peuvent faire des calculs similaires pour d'autres valeurs. Ils obtiendront un tableau semblable à celui qui est reproduit ci-contre.

Les élèves se mettront rapidement à faire les mêmes calculs à plusieurs reprises à l'aide d'une calculatrice : nombre de pelouses × 34,25 – 225. Ce modèle de calcul s'exprime à l'aide d'une formule ou d'une équation. Si P désigne le profit de Bruno et n le nombre de pelouses, l'équation s'écrit $P = n \times 34,25 - 225$. Dans ce cas, P et n sont des *variables liées* : un changement de valeur de n entraîne un changement de valeur de P. Si les élèves désirent utiliser leur équation pour calculer combien de pelouses Bruno devrait tondre avant de pouvoir s'acheter son vélo, ils peuvent attribuer la valeur 500 à P et essayer de déterminer la valeur de n.

Nbre de pelouses	Profit
0	− 225,00 $
5	− 53,75 $
10	+ 117,50 $
30	+ 802,50 $

En clair, les élèves peuvent alors dire, en comprenant ce que cela signifie : « Le profit de Bruno est une fonction du nombre de pelouses tondues. » Ainsi, ils expriment verbalement la relation en mettant en évidence la variable dont la variation fera changer l'autre variable.

Comme nous l'avons vu avec les régularités croissantes, il est possible de représenter une relation fonctionnelle par un graphique, en portant chacune des variables de l'équation sur l'un des axes. Les élèves peuvent tracer le graphique sur du papier centimétré ou utiliser un tableur simple, comme l'indique la figure 10.20.

FIGURE 10.20 ▶

Il est possible d'utiliser un tableur pour représenter graphiquement l'information contenue dans un tableau. Dans le cas illustré ici, la formule de la case B4 est = A4*34,25–225. Les valeurs correspondantes sont affichées dans la colonne B et les élèves peuvent entrer la valeur de leur choix dans la colonne A. On constate que Bruno devra tondre 22 pelouses pour acheter un vélo valant 500 $.

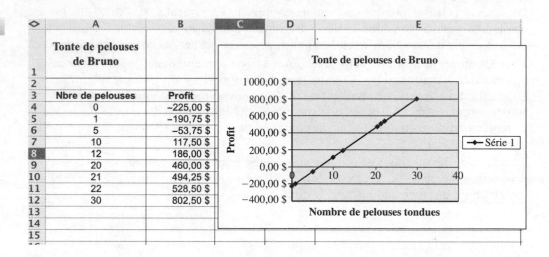

Il est à noter qu'avec un tableur, les élèves peuvent entrer dans la colonne B l'expression du profit de Bruno selon le nombre de pelouses tondues, écrit dans la colonne A. Dans la figure 10.20, la formule de la case B4 est « =A4*34,25–225 ». Le tableur insère la valeur écrite dans la colonne A4 dans cette formule, puis il affiche le résultat dans la case B4. Ensuite, on colle la formule dans les autres cases de la colonne et on y insère la valeur écrite dans la case de la même rangée de la colonne A. Les élèves peuvent essayer d'entrer des valeurs dans la colonne A et observer immédiatement la valeur calculée du profit. Peu importe que vous prépariez le tableur pour les élèves ou non. Ce qui compte pour eux, c'est de constater que la simple modification d'une variable entraîne immédiatement le changement d'une autre variable. Il s'agit là d'un exemple frappant de variables liées et de l'emploi de celles-ci. Si on inclut le diagramme, les élèves disposent de cinq modes de représentation d'une relation fonctionnelle : un contexte, le tableau, le diagramme, l'équation et l'expression verbale. Remarquez qu'il a été question des mêmes modes de représentation lorsque nous avons traité des régularités croissantes, qui sont aussi des exemples de fonctions.

Les fonctions dans le monde réel

La notion de fonction est fondamentale, car la vie quotidienne regorge de facteurs reliés entre eux. L'entreprise de tonte de pelouses de Bruno est un exemple parmi bien d'autres. Une fois que vous aurez exploré une relation fonctionnelle avec les élèves et discuté de ses différentes représentations, ils pourront s'engager dans l'exploration des fonctions, à la manière décrite dans l'activité suivante.

Activité 10.17

Jouer avec des fonctions du monde réel

Présentez à vos élèves une situation réelle dans laquelle la valeur d'une mesure ou d'un compte est reliée à une autre mesure ou à un autre compte. Vous trouverez une liste d'exemples un peu plus loin. Prenons par exemple le total des billets vendus pour une pièce de théâtre présentée à l'école. Chaque billet coûte 75 ¢. Si les élèves ont vendu 20 billets, les recettes s'établiront à 15,00 $; pour 21 billets, elles seront de 15,75 $, etc. L'activité consiste à créer un tableau de valeurs ou un graphique comportant au moins sept valeurs différentes pour le nombre de billets. Les élèves doivent aussi trouver une équation faisant le lien entre les recettes (R) et le nombre de billets (N). Quand ils auront terminé leur graphique, ils devront l'utiliser pour déterminer les recettes pour quelques valeurs n'apparaissant pas dans le tableau de valeurs. Demandez-leur d'utiliser l'équation pour calculer des valeurs, puis de vérifier si les résultats concordent avec la représentation graphique.

Pour l'exemple utilisé dans l'activité «Jouer avec des fonctions du monde réel», le graphique donnera une ligne droite. Si elle est tracée correctement, les élèves pourront l'utiliser pour prédire d'autres valeurs qui ne se trouvent pas dans le tableau de valeurs. L'équation serait $R = N \times 75$ ¢. (Utiliser 75 ¢, 0,75 $ ou 75 n'a pas d'importance.)

Voici des exemples de situations réelles dont on peut tirer des fonctions appropriées pour des élèves dès la cinquième année:

- La longueur d'une rangée d'élèves qui se tiennent debout, bras tendus. *La longueur de la rangée est une fonction du nombre d'élèves.*
- Le poids de jujubes regroupés en ensembles de 10. *Le poids des jujubes est une fonction du nombre de jujubes.*
- Le niveau de liquide dans une bouteille, déterminé par le nombre d'unités qu'on y a versées. Mesurez la quantité de liquide en utilisant un petit contenant pour le verser dans la bouteille, par exemple un verre gradué. (Vous pouvez aussi utiliser des millilitres.) L'expérience sera plus intéressante avec une bouteille de forme irrégulière, car le diagramme est alors une courbe non linéaire. *Le niveau du liquide dans la bouteille est une fonction de la quantité de liquide qu'on y a versé.*
- La hauteur de plants de haricots comparée au nombre de jours qui se sont écoulés depuis leur germination. *La hauteur d'un plant est une fonction du nombre de jours écoulés depuis la sortie de terre.*
- Le nombre d'oscillations d'un pendule pendant 15 secondes en fonction de la longueur du fil. Attachez à une ficelle une balle de tennis ou tout autre poids approprié. Commencez avec une ficelle d'un mètre de long (mesurée à partir du bas de la balle). Allongez la ficelle par incréments de 15 cm et comptez à nouveau le nombre d'oscillations pendant le même intervalle de temps. Cette expérience produira une courbe. *Le nombre d'oscillations du pendule durant un intervalle de 15 secondes est une fonction de la longueur du pendule.*

■ La distance parcourue par une voiture miniature qui descend un plan incliné en fonction de sa hauteur. Utilisez un carton d'environ 1 mètre de long. Soulevez une extrémité de 5 cm. Placez une voiture miniature en haut du plan incliné et laissez-la rouler. Mesurez la distance parcourue à partir du point de départ. Répétez l'expérience à plusieurs reprises afin d'obtenir une bonne lecture. Soulevez le plan incliné de 5 cm chaque fois. *La distance parcourue par la voiture sur le plan incliné est une fonction de la hauteur du plan.*

■ La distance à laquelle on peut lancer une boulette de papier. Commencez avec une boulette que vous aurez confectionnée avec un morceau de papier de 4 cm². (Elle ne sera pas trop lourde.) Dites à cinq élèves de se placer derrière une ligne et de lancer la boulette chacun leur tour. Mesurez la distance après chaque lancer. Calculez la distance moyenne parcourue et notez-la dans le tableau de valeurs. Recommencez avec des boulettes de plus en plus grosses. (Augmentez la surface de papier de 4 cm² chaque fois.) La distance parcourue augmentera pendant un moment avec la masse de la boulette, puis elle se stabilisera. *La distance à laquelle on peut lancer une boulette de papier est une fonction de l'aire du papier qui a servi à la confectionner.*

Il va de soi que de telles expériences concrètes ne donnent pas exactement des courbes linéaires, ni même des courbes régulières. Par exemple, l'exercice avec la boulette de papier peut donner des résultats incohérents, mais elle fera néanmoins apparaître une tendance. Il est impossible de mettre de telles situations en équation. Il est possible de faire une équation seulement lorsque les nombres proviennent d'un calcul (et non d'une expérience). Par exemple, dans la plupart des situations mettant en jeu des coûts et des quantités, les élèves devraient se rendre compte qu'une équation peut donner de bons résultats. Imaginons, par exemple, que des élèves construisent une tour avec 6 cubes mesurant 1 cm de hauteur et dont la base est de 4×6 cm. Lorsque la hauteur de la tour passera de 4 à 24 cm, le volume de la tour augmentera par incréments de 24 cm³. L'équation s'écrira de la façon suivante : $V = H \times 24$, et le graphique donnera une ligne droite.

Lorsque les points dans un graphique forment une droite à peu près rectiligne, expliquez à vos élèves comment une ligne droite passant à proximité des points procure une bonne approximation d'une situation réelle. Cette droite peut être utilisée pour prédire le résultat des essais à venir.

Les machines à fonctions

Quand les élèves examinent des fonctions tirées du monde réel ou qu'ils explorent des régularités croissantes, ils doivent extraire la relation fonctionnelle du contexte. Leur tâche consiste à représenter cette relation sous diverses formes : tableau de valeurs, diagramme, équation. Une autre activité essentielle est de déterminer une relation fonctionnelle simplement en observant attentivement des paires de nombres, en dehors de tout contexte. Pour faire ce type d'exercices, donnez-leur un tableau de valeurs d'une fonction et demandez-leur de déterminer la règle fonctionnelle. Une méthode tout à fait équivalente, mais généralement plus amusante, fait appel à la « machine à fonction », comme nous le décrivons dans l'activité suivante.

Activité 10.18

Deviner la procédure

Dessinez au tableau une « machine » simple comportant une entrée et une sortie, comme celle de la figure 10.21. L'« opérateur » de la machine en connaît le mécanisme secret, ou la procédure. Celle-ci pourrait être *doubler le nombre qu'on me donne, puis additionner 1 au résultat*. Les élèves doivent essayer de deviner la procédure en introduisant des nombres dans la machine et en observant ceux qui en ressortent. Écrivez au tableau la liste des paires « entrée-sortie ». Dites aux élèves qui croient avoir deviné la procédure de lever la main. Chaque fois que l'opérateur introduit un nombre dans la machine, ceux qui pensent connaître la procédure annoncent le nombre qui va sortir. Poursuivez l'exercice jusqu'à ce que la plupart des élèves aient deviné la procédure.

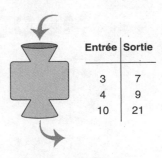

Entrée	Sortie
3	7
4	9
10	21

FIGURE 10.21 ▲

Une machine à fonction simple utilisée pour jouer à «Deviner la procédure». Les élèves suggèrent des nombres à introduire dans la machine et l'opérateur note la valeur qui en sort.

Il est possible de faire l'activité «Deviner la procédure» soit avec toute la classe, soit en petites équipes, par exemple en organisant des postes de travail. Préparez une série de procédures sur des fiches. Avant de commencer, donnez au moins deux exemples afin que l'opérateur de la machine comprenne bien la procédure. Vous pouvez noter les réponses des élèves dans un tableau, sur une grande feuille de papier que tous peuvent voir. À la longue, ceux-ci devraient être capables de créer eux-mêmes des procédures; ils tenteront bien sûr d'obliger leurs camarades à donner leur langue au chat.

À propos de l'évaluation

Le présent chapitre porte principalement sur les notions reliées aux régularités (répétitives, numériques et croissantes) et sur les concepts connexes de variable, d'équation et de fonction. Quel que soit le niveau auquel vous enseignez, le programme contient probablement des objectifs précis concernant ces domaines. Il est aisé d'évaluer les connaissances : Les élèves reconnaissent-ils les régularités du type convenant à leur niveau et sont-ils capables de les prolonger? La façon dont ils emploient des *variables* indique-t-elle qu'ils en comprennent les différents usages et la signification (toujours compte tenu de leur niveau)? Arrivent-ils à résoudre des équations dont le degré de difficulté correspond à leur niveau? Vous obtiendrez des réponses à ces questions en observant leurs réactions au cours des activités réalisées en classe et en examinant les résultats du test de fin de chapitre qui évalue directement ces notions.

La notion générale de raisonnement algébrique dépasse toutefois largement ces aspects particuliers. Vous devriez rassembler des données indiquant dans quelle mesure les élèves arrivent à faire des généralisations en s'appuyant sur leurs expériences mathématiques, et à utiliser une notation appropriée et un langage adéquat pour exprimer ces généralisations. Étant donné que presque tous les domaines des mathématiques recèlent des modèles et des régularités, il convient de développer et d'évaluer le raisonnement algébrique dans l'ensemble du programme. Les élèves qui emploient le raisonnement algébrique ou qui reconnaissent des similarités entre des domaines différents des mathématiques posent des questions du genre : «Est-ce que ça marche pour tous les nombres?» En revanche, ceux qui ont de la difficulté à reconnaître et à exprimer des relations, comme les similitudes entre deux régularités, ou à exprimer des règles et des formules n'appliquent pas avec autant de facilité le raisonnement algébrique.

Efforcez-vous d'observer et de noter sous forme anecdotique les comportements manifestant l'emploi du raisonnement algébrique. Sur une longue période, ces notes vous fourniront probablement des informations utiles sur les capacités de vos élèves en mathématiques.

MODÈLE DE LEÇON

Prédire le nombre d'éléments nécessaires pour chaque étape
Activité 10.4, p. 313

NIVEAU : Cinquième année.

OBJECTIFS MATHÉMATIQUES
- Explorer les régularités croissantes à l'aide de trois modes de représentation : des images ou dessins, des tableaux de valeurs et une règle.
- S'entraîner à découvrir des relations entre les rangs des étapes et les étapes elles-mêmes d'une régularité croissante afin d'acquérir une base pour l'élaboration du concept de fonction.

CONSIDÉRATIONS PÉDAGOGIQUES
Les élèves ont déjà travaillé avec des régularités croissantes. Ils ont prolongé des régularités de ce type à l'aide de matériel approprié et ont expliqué pourquoi ils peuvent affirmer que le prolongement obtenu reproduit la régularité. Ils ont construit des tableaux de valeurs pour noter la composante numérique des régularités (le nombre d'objets présents à chaque étape). Ils ont découvert et décrit des relations récurrentes (en indiquant comment la régularité varie d'une étape à l'autre). Ils n'ont pas encore employé de variables dans leurs explications.

MATÉRIEL ET PRÉPARATION
- Faites des copies sur transparent pour rétroprojecteur des feuilles de travail intitulées « Fenêtres » et « Prédire le nombre d'éléments nécessaires pour chaque étape » (feuilles reproductibles L-5 et L-6).
- Faites autant de copies de chacune des feuilles de travail qu'il y a d'élèves dans votre classe.

Leçon

FR L-5

FR L-6

AVANT L'ACTIVITÉ

Mettre les idées en commun
- Distribuez aux élèves les feuilles de travail sur les modèles de fenêtres et projetez votre copie sur transparent. Expliquez-leur que le tableau de valeurs indique le nombre de barres requis pour construire toutes les fenêtres au cours d'une étape donnée. Demandez aux élèves de dessiner les deux étapes suivantes et d'écrire les deux entrées correspondantes dans le tableau de valeurs.
- Posez-leur la question suivante : *Si l'on veut savoir combien il faut de barres pour construire 20 fenêtres, c'est-à-dire pour faire la 20ᵉ étape, quel modèle pourrions-nous utiliser afin de ne pas avoir à dessiner toutes les étapes ?* Suggérez aux élèves de chercher des moyens de compter les barres par regroupement et d'essayer d'établir un lien entre les groupes et les rangs des étapes. Laissez-les travailler un moment en équipes de deux, puis demandez-leur de mettre en commun leurs trouvailles. Voici quelques raisonnements qu'ils pourraient proposer.
  1. *Le nombre de barres dans le bas et le haut de la fenêtre est égal au rang de l'étape. Le nombre de barres verticales est égal au rang de l'étape plus 1.* [Étape + Étape + Étape + 1]
  2. *Chaque fenêtre comprend un carré formé de quatre barres, puis trois barres s'ajoutent à chaque étape. Cela fait quatre plus trois fois le rang de l'étape moins un.* [4 + 3 × (Étape − 1)]
  3. *Une barre (à l'une ou l'autre extrémité), plus un nombre d'ensembles de trois égal au rang de l'étape.* [1 + 3 × Étape]
  4. En examinant seulement le tableau de valeurs, et non les dessins, on obtient la procédure ou la règle : *Prendre d'abord quatre barres, puis ajouter trois barres un nombre de fois égal au rang de l'étape moins un.* Le résultat est le même que si on applique l'idée exprimée en 2. Aidez les élèves à établir un lien entre cette procédure et les dessins.
- Chaque fois qu'un élève suggère une idée, notez-la sous une forme semblable à celle que nous avons employée ci-dessus. Il est à noter que dans ces expressions, le mot « étape » représente en fait une variable, qu'on peut aussi désigner par n, S ou n'importe quelle autre lettre. Il n'est pas nécessaire que les élèves formulent toutes les idées énoncées. Finalement, effacez toutes les idées écrites.

- Demandez aux élèves d'appliquer une procédure de leur choix et de l'expliquer sur leur feuille de travail. Ils devront ensuite se servir de cette procédure pour compléter le tableau de valeurs.
- Distribuez ensuite la deuxième feuille de travail, intitulée « Prédire le nombre d'éléments nécessaires pour chaque étape ».

Préparer la tâche
- Déterminer le nombre d'éléments dans la 20e étape de la régularité de la feuille de travail intitulée « Prédire le nombre d'éléments nécessaires pour chaque étape », sans écrire les 19 premières entrées.

Fixer des objectifs
- Les élèves devraient prolonger la régularité en réalisant deux étapes supplémentaires et écrire les entrées correspondantes dans le tableau de valeurs.
- Les élèves devraient décrire verbalement la régularité qu'ils voient dans l'illustration, et utiliser celle-ci ou le tableau de valeurs pour déterminer le nombre de points dans la 20e étape.

PENDANT L'ACTIVITÉ
- Assurez-vous que les élèves comprennent ce qu'ils ont fait sur la feuille de travail intitulée « Fenêtres », avant de les laisser commencer la partie intitulée « Prédire le nombre d'éléments nécessaires pour chaque étape ».
- Si des élèves ont de la difficulté à découvrir une relation, suggérez-leur de chercher des façons de dénombrer les points sans avoir à les compter un à un. S'ils appliquent la même méthode de dénombrement pour chaque étape, ils devraient percevoir petit à petit un lien entre leur méthode et les rangs des étapes. Demandez-leur d'écrire pour chaque étape une expression numérique correspondant à leur méthode de dénombrement. Par exemple, l'étape 2 est 2×2, l'étape 4 est 3×4, et ainsi de suite.
- Une fois que les élèves pensent avoir découvert une relation, assurez-vous qu'ils essaient de valider leur hypothèse en l'appliquant à d'autres parties du tableau de valeurs ou de l'illustration.

APRÈS L'ACTIVITÉ
- Demandez aux élèves quelle entrée ils ont écrite pour l'étape 20. Faites une liste de tous les résultats au tableau, sans faire de commentaires. Le résultat exact est 420, mais ne faites aucune évaluation des réponses.
- Demandez à des élèves de venir au tableau et d'expliquer leur stratégie pour reconnaître la régularité, puis la prolonger. Incitez le reste de la classe à commenter la méthode de dénombrement des points ou le raisonnement à propos de la règle pour l'étape 20, ou encore à poser des questions sur ces sujets.
- Quant aux élèves qui ont utilisé seulement le tableau de valeurs pour déterminer la régularité, faites en sorte que la classe saisisse le lien entre leur idée et les dessins formés de points.

À PROPOS DE L'ÉVALUATION
- Les élèves arrivent-ils à établir des liens entre la représentation picturale de la régularité et le tableau de valeurs ?
- Essayez de voir si des élèves génèrent simplement toutes les entrées du tableau de valeurs pour déterminer la 20e. Vous devrez inciter ceux qui procèdent ainsi à chercher des régularités dans la façon dont ils dénombrent les points.

Étapes suivantes
- Pour ce qui est des élèves qui ont de la difficulté à réaliser l'activité, donnez-leur d'autres occasions de chercher des liens entre la représentation picturale ou concrète de la régularité et le tableau de valeurs.
- Si les élèves sont prêts, vous déciderez peut-être d'utiliser une lettre ou une variable dans les procédures qu'ils décrivent, et aussi d'introduire la notation à l'aide de variables dans leurs descriptions écrites (en utilisant par exemple n pour représenter le rang de l'étape).

AIDER LES ÉLÈVES À ANALYSER ET À INTERPRÉTER DES DONNÉES

Chapitre 11

Les données décrites sous forme graphique jouent un rôle important dans l'information quotidienne publiée dans les journaux et les magazines ou diffusée à la télévision. Il est donc légitime d'attendre des élèves qu'ils comprennent les diagrammes et la façon dont ces représentations dépeignent l'information. Les programmes de tous les pays comportent la construction de divers types de diagrammes et une forme ou l'autre d'analyse de données, et ce, à presque tous les niveaux.

De la quatrième à la sixième année, l'enseignement devrait mettre l'accent sur les modes de représentation de données qui sont encore inconnus des élèves. Il devrait également offrir la possibilité d'approfondir des types de traitement qu'ils connaissent probablement déjà. Ceux-ci devraient réaliser que la principale utilité des données, présentées sous forme graphique ou numérique, est de répondre à des questions concernant la population d'où sont tirées ces données. La conception d'un bon programme d'analyse de données exige de choisir les représentations graphiques et les statistiques qui permettent de répondre adéquatement à des questions relevant de la vie de tous les jours.

Idées à retenir

1 Les objets d'un ensemble qui présentent divers attributs se classent ou se trient de différentes façons. Un objet donné peut appartenir à plusieurs catégories. La classification constitue la première étape de l'organisation des données.

2 La collecte et l'organisation des données permettent de répondre à des questions sur les populations dont émanent les données. Si celles-ci ne proviennent que d'un échantillon d'une population, elles serviront à faire des extrapolations s'appliquant à l'ensemble de la population ; dans ce cas, le degré de confiance des déductions augmentera avec la taille de l'échantillon.

3 Il existe plusieurs façons d'analyser des données de manière à obtenir une idée de leur forme, notamment de leur degré de dispersion (étendue, variance) et de leur tendance centrale (moyenne, médiane, mode).

4 On appelle statistique une mesure qui décrit des données à l'aide d'un nombre. Il est possible de structurer des données et de les présenter sous diverses formes graphiques afin de transmettre l'information de manière visuelle. L'utilisation d'un mode de représentation graphique donné ou d'une statistique particulière est susceptible d'indiquer le type d'information que fournissent les données au sujet de la population étudiée.

La collecte de données visant à répondre à des questions

L'analyse de données ne se limite pas au calcul de statistiques : elle repose également sur la formulation de questions au sujet du monde et sur les réponses apportées à ces questions. Répondre aux questions exige d'organiser les données et, ensuite, de les interpréter. Le premier objectif du programme des *Principles and Standards* pour l'analyse de données et les probabilités spécifie que les élèves devraient « formuler des questions auxquelles il est possible de répondre en rassemblant, en organisant et en représentant des données pertinentes » (NCTM, 2000, p. 48). Il est à noter que la collecte de données devrait poursuivre un but, soit répondre à une question, à un aspect de la vie de tous les jours. L'analyse de données devrait servir à obtenir de l'information au sujet d'une dimension particulière du monde dans lequel vivent les élèves. C'est ce que font les sondeurs politiques, les agences de publicité, les responsables d'études de marché, les recenseurs, les responsables de la gestion de la faune, et bien d'autres spécialistes. Ils amassent tous des données afin de répondre à des questions. De nombreux manuels traditionnels posent des questions aux élèves, tout en leur fournissant les données nécessaires pour y répondre. Même si les contextes évoqués se prêtent bien à l'analyse de données, les questions ne présentent pas nécessairement d'intérêt pour les élèves. Ils devraient être en mesure de formuler eux-mêmes leurs questions, de décider des données dont ils ont besoin pour tenter d'y répondre et de déterminer la méthode à utiliser pour rassembler les données. Évitez de rassembler des données uniquement dans le but de construire une représentation graphique.

Les données collectées par les élèves ont d'autant plus de sens que ce sont eux qui ont formulé les questions. La façon dont ils organisent les données et les techniques dont ils se servent pour les analyser ont un sens pour eux. Par exemple, une classe a recueilli des données sur les aliments qui atterrissaient la plupart du temps dans la poubelle de la cafétéria. À la suite de cette enquête, des responsables ont décidé de supprimer certains aliments proposés au menu. Les élèves ont ainsi pris conscience de la puissance des données structurées et se sont engagés dans une démarche qui leur a permis d'obtenir des aliments qu'ils préfèrent.

Les questions permettant de générer des données

Le besoin de collecter des données surgit souvent spontanément au cours d'une discussion en classe ; il découle également de questions soulevées dans d'autres domaines scolaires. On parle bien sûr abondamment de mesures dans les cours de sciences, où il faut analyser un grand nombre de données. Les sciences humaines fournissent aussi de très nombreuses occasions de poser des questions qui exigent d'analyser des données. Les paragraphes qui suivent proposent d'autres idées.

Questions soulevées en classe

Les élèves veulent souvent apprendre beaucoup de choses sur eux-mêmes, leurs familles, leurs animaux de compagnie. Ils effectuent également diverses mesures, comme l'envergure des bras ou le temps nécessaire pour se rendre à l'école, ce qu'ils aiment et ce qu'ils n'aiment pas, etc. Les questions les plus simples à traiter sont celles auxquelles les élèves peuvent répondre en fournissant chacun une partie des données. Lorsque chacun risque de donner beaucoup de réponses, vous devriez suggérer aux élèves de se limiter à quelques choix, voire un seul. Voici quelques suggestions :

- *Les préférences :* émissions de télévision, jeux, films, saveurs de crème glacée, plateformes de jeux vidéo, équipes sportives.
- *Les nombres :* nombre d'animaux de compagnie, de frères et sœurs ; nombre d'heures consacrées à regarder la télévision ou passées devant l'ordinateur, nombre d'heures de sommeil ; date d'anniversaire (mois ou jour du mois) ; heure du coucher.

■ *Les mesures :* taille, envergure des bras, longueur du pied, distance maximale franchie au saut en longueur, longueur de son ombre, temps requis pour faire un tour de piste en courant, durée en minutes du trajet en autobus de la maison à l'école.

Questions soulevées à l'extérieur de la classe

Les questions de l'énumération précédente sont des exemples de données dont les élèves sont le substrat. Elles conviennent bien aux plus jeunes, qui désirent se connaître en tant que classe et qui cherchent à savoir également comment chacun s'intègre dans la classe en tant qu'individu. Tôt ou tard, vous vous rendrez compte que vos élèves sont curieux de collecter des données concernant des situations ou des sujets extérieurs à la classe.

Des discussions portant sur la société permettent de relier certaines notions de sciences humaines et de mathématiques. L'étude du milieu dans lequel vivent les enfants soulève de nombreuses questions. En voici quelques exemples :

■ Le nombre de restaurants ou de magasins qu'ils dénombrent quand ils circulent (le nombre de restaurants d'une chaîne ou le nombre de dépanneurs devant lesquels ils passent en se promenant).

■ Le nombre d'agents de police, de pompiers, d'infirmières, de médecins, d'élus municipaux qui vivent dans leur ville. La plupart des organismes municipaux disposent désormais de sites Web susceptibles de fournir ces informations. Sinon, profitez de l'occasion pour demander aux élèves d'écrire une lettre ou un courriel en vue d'obtenir les renseignements qu'ils cherchent.

■ Le genre d'entreprises présentes dans la communauté. Les élèves peuvent interroger leurs parents à ce sujet ou utiliser les résultats d'une enquête tirée du journal local.

Les journaux suscitent toutes sortes de questions reliées à des données. Par exemple, combien y a-t-il d'annonces pleine page selon le jour de la semaine ? Quels types d'articles trouve-t-on à la une ? Quelles bandes dessinées s'adressent réellement aux enfants et lesquelles ne leur sont pas destinées ?

La science est une autre source d'innombrables questions et de données à recueillir. Les élèves peuvent ramasser des feuilles, des cailloux ou des insectes qu'ils trouvent dans la cour de leur école. Ils peuvent ensuite classer de diverses manières ce qu'ils ont rassemblé, créant ainsi des catégories qui se prêtent à la construction de diagrammes. Vous pouvez également leur proposer des petites expériences qui soulèveront un autre genre de questions. Par exemple, des balles composées de différents matériaux rebondissent-elles le même nombre de fois lorsqu'on les laisse tomber d'une certaine hauteur ? Combien de jours faut-il à différentes sortes de graines (haricots, pois, etc.) pour germer lorsqu'elles sont placées entre des essuie-tout humides ?

Comparaisons

Une autre façon d'amener les élèves à dépasser le stade des simples questions sur eux-mêmes est de les inviter à effectuer des comparaisons. Aidez-les à se demander si, en tant que classe, ils sont semblables aux autres groupes, ou différents. Demandez-leur s'ils pensent que les élèves de cinquième année passent le même nombre d'heures qu'eux devant le téléviseur, ou s'ils aiment les mêmes aliments, ou encore de combien de centimètres les élèves d'un ou de deux niveaux supérieurs sont plus grands qu'eux. Il est aussi possible de proposer aux élèves d'établir des comparaisons entre votre propre classe et certains groupes d'adultes avec lesquels ils sont en contact, leurs parents ou des membres du personnel de l'école, par exemple.

Afin d'amener vos élèves à élargir leurs horizons, vous pouvez leur demander d'explorer certains aspects de leur classe et de les comparer avec ceux d'autres classes de même niveau. Il est possible d'effectuer ces comparaisons à l'intérieur de la commission scolaire ou du conseil scolaire, dans la province où ils habitent, dans une autre province, voire un autre pays. Avec Internet, la communication est devenue tellement facile qu'il est désormais tout à fait possible d'établir des contacts avec des enseignantes de villes et de provinces éloignées ou de pays lointains. En plus de constituer une source de données intéressantes, ces contacts donneront à vos élèves l'occasion de dépasser le cercle de leur communauté.

Décrire un groupe exige généralement de poser une multitude de questions, et le choix n'est pas aussi facile qu'il y paraît au premier abord. Combien de questions doit-on poser? Doit-on employer des questions à choix multiples? Sinon, comment les participants doivent-ils répondre? Si l'on veut décrire un groupe nombreux (celui que forment tous les élèves de l'école, par exemple), combien de personnes faut-il interroger? Comment choisir les sujets du sondage? Les élèves devraient participer à la prise de décisions, aussi bien qu'à la formulation des questions et à la conception du sondage.

Autres sources d'information

La collecte de données exige parfois d'utiliser des résultats ou des observations rassemblés par d'autres personnes. Pour répondre aux questions des élèves, les journaux, les almanachs, des recueils de records sportifs, les cartes géographiques et diverses publications gouvernementales constituent d'inépuisables sources de données. Après une leçon de sciences humaines, les élèves s'intéresseront peut-être à des faits survenus dans un pays étranger. Les records olympiques accumulés au fil du temps et les données relatives à l'exploration spatiale sont d'autres exemples de sujets sur lesquels les questions des élèves peuvent porter. En fait, le Web regorge d'informations sur ces sujets et sur des centaines d'autres domaines. Voici trois sites Web qui contiennent une grande quantité de données intéressantes.

- U.S. Census Bureau (www.census.gov). Ce site Web abonde en données statistiques classées par État, comté ou district électoral.
- The World Factbook (www.odci.gov/cia/publications/factbook/index.html). Ce site Web fournit sur chaque nation du monde des informations concernant la démographie (population, distribution des âges, taux de décès et de naissance), l'économie, la structure politique, le transport et la géographie. On y trouve aussi des cartes.
- Internet Movie Database (www.imdb.com). Ce site Web offre de l'information sur des films de tous genres.

Il existe d'autres sites au Canada:

- www.statcan.ca/francais/reference/international_f.htm;
- www.bibl.ulaval.ca/vitrine/giri/giri2/stat.htm;
- www.omiss.ca/centre/site/stat.html.

La classification de données

Quand les élèves ont rassemblé les informations, ils doivent décider comment ils les classeront pour leur donner un sens. Cette opération fondamentale joue un rôle essentiel dans l'analyse de données. Pour répondre à des questions, puis en formuler d'autres et trouver la réponse souhaitée, il est nécessaire de regrouper les données en catégories. Par exemple, il est possible de classer des véhicules selon le constructeur, la consommation d'essence, l'année de fabrication ou le type de véhicule (camion, automobile, camionnette, véhicule utilitaire, etc.). On peut aussi répartir les boissons froides préférées des élèves en plusieurs groupes selon qu'ils contiennent de la caféine ou non, ou selon leur composition (soda, eau, jus, etc.). Chacun de ces sous-groupes repose sur un attribut différent des objets sur lesquels portent les données.

Les élèves doivent classer des données de diverses manières afin de comprendre que des classifications différentes peuvent fournir des informations particulières sur les données, et que certaines sont plus importantes ou utiles que d'autres. Supposons qu'au cours d'un sondage portant sur leurs jeux préférés, les élèves nomment 25 jeux. Un diagramme à barres ou à bandes comprenant 25 catégories ne serait pas d'une très grande utilité. Par contre s'ils regroupent les données en trois catégories (les jeux qui se jouent sur un tableau, les jeux électroniques et les sports), ils obtiendront des informations plus révélatrices, qui feront ressortir le groupe de jeux avec lequel ils préfèrent s'amuser.

La forme des données

En matière de concept, la *forme des données* représente un élément déterminant. Elle permet en effet de savoir dans quelle mesure ces données sont dispersées ou regroupées, quelles en sont les caractéristiques et quelles informations globales elles fournissent sur la population dont elles proviennent.

Chacune des techniques graphiques dont nous traiterons plus loin fournit une représentation visuelle de la forme d'un ensemble de données. Les élèves devraient apprendre que différents types de représentations graphiques révèlent une image différente des données. Lorsqu'on tente de répondre à une question, le choix du type de représentation graphique dépend de la forme des données.

Les techniques statistiques procurent une représentation numérique de la forme d'un ensemble de données. On peut considérer ces nombres comme des mesures de la forme. Par exemple, la médiane et l'étendue indiquent respectivement le centre et la dispersion des données.

Les statistiques descriptives

Les diagrammes et graphiques fournissent une représentation visuelle des données, mais les mesures constituent un autre moyen de description également très important. Les nombres servant à décrire des données sont appelés *statistiques*; ce sont des mesures qui quantifient certains attributs des données. Il est possible de dépeindre un ensemble de données sous plusieurs angles. Les plus fréquemment décrits sur le plan numérique sont la distance entre la plus grande et la plus petite valeur (ou l'*étendue*), la position du centre des données (ou la *tendance centrale*) et le degré de dispersion des données à l'intérieur de l'étendue (ou la *variance*). Les élèves prendront conscience de l'importance de ces statistiques en explorant ces notions de façon spontanée.

Les moyennes

Le terme *moyenne* fait partie du langage courant. Il désigne parfois une moyenne arithmétique exacte, comme dans «la quantité quotidienne moyenne de précipitations», mais il arrive qu'il ait aussi un sens beaucoup plus flou, comme dans l'expression «elle est de taille moyenne». Pourtant, dans l'un et l'autre cas, la moyenne représente un nombre unique, ou une mesure, qui décrit un grand ensemble de nombres. Si vous dites que la moyenne de vos examens est de 92, on suppose que ce nombre reflète d'une manière quelconque toutes vos notes aux examens.

La *moyenne*, la *médiane* et le *mode* sont tous des *mesures de la tendance centrale*. Le *mode* est la valeur dont la fréquence est la plus grande dans un ensemble de données. C'est la moins utile de ces trois statistiques pour décrire un ensemble de données dans sa totalité. Examinez l'ensemble de nombres suivants:

$$1, 1, 3, 5, 6, 7, 8, 9$$

Le mode, soit 1, n'est pas très représentatif de l'ensemble. Si l'on avait 9 au lieu de 8, il y aurait deux modes; si l'on remplaçait un des 1 par 2, il n'y aurait aucun mode. En bref, le mode est une valeur qui n'est pas définie pour tous les ensembles de données; il ne reflète pas nécessairement la tendance centrale. Par ailleurs, il est parfois très instable, c'est-à-dire que de très petites variations des données peuvent le faire changer.

La *moyenne* se calcule en additionnant tous les nombres d'un ensemble, puis en divisant la somme obtenue par le nombre d'éléments qu'il contient. Dans l'exemple des huit nombres présenté ci-dessus, la moyenne est 5 (soit 40 ÷ 8). Nous traiterons de la notion de moyenne en détail dans la prochaine section.

La *médiane* est la valeur centrale d'un ensemble de données ordonné : la moitié des valeurs se trouvent au point médian ou au-dessus, et l'autre moitié en dessous. Dans le cas de l'ensemble de huit nombres présenté plus haut, la médiane se situe entre 5 et 6 : elle est de 5,5. Contrairement à la moyenne, la médiane est plus facile à comprendre et à calculer, et elle n'est pas affectée par une ou deux valeurs très grandes ou très petites n'appartenant pas à l'intervalle contenant le reste des données.

Dans l'activité suivante, les élèves élaborent des définitions de la moyenne, de la médiane, du mode et de l'étendue en examinant des ensembles de données et les statistiques qui leur sont associées.

Activité 11.1

Qu'est-ce que ça signifie ?

Formez des équipes et donnez à chacune plusieurs ensembles de données, de même que la moyenne, la médiane, le mode et l'étendue qui leur sont associés. Vous pouvez par exemple utiliser le tableau 11.1 qui contient quatre ensembles de données et leurs statistiques respectives. La tâche des élèves consiste à examiner les ensembles de données et les statistiques et à énoncer des hypothèses quant à la signification de la moyenne, de la médiane, du mode et de l'étendue. Vous devrez peut-être leur suggérer d'examiner d'abord l'ensemble de données A et d'énoncer des hypothèses, puis d'examiner les ensembles suivants et de vérifier s'ils doivent modifier leurs hypothèses. Discutez avec la classe du sens que les élèves ont attribué à chaque terme et comment ils sont arrivés à leur donner ce sens en examinant successivement les quatre ensembles de données.

TABLEAU 11.1

Ensembles de données et statistiques qui leur sont associées, pouvant servir à l'élaboration de définitions de la moyenne, de la médiane, du mode et de l'étendue.

	Ensemble de données A	Ensemble de données B	Ensemble de données C	Ensemble de données D
	1, 1, 3, 4, 5, 5, 7, 9, 9, 10	10, 12, 17, 24, 25, 32, 34, 34, 42, 47, 54, 68, 71, 79, 80, 85, 86, 87, 98, 99	8, 9, 11, 14, 32	0, 2, 2, 3, 3, 3,5, 3,75, 4, 4,25, 4,5
Moyenne	5,4	54,2	14,8	3
Médiane	5	50,5	11	3,25
Mode	1, 5, 9	34	Non défini	2, 3
Étendue	9	89	24	4,5

Si l'on veut que les élèves comprennent les diverses statistiques, il ne faut pas se contenter de leur donner des définitions toutes faites. Il est beaucoup plus efficace de leur demander d'examiner plusieurs ensembles de données et leurs statistiques en vue de les définir. Vous devrez peut-être les aider à préciser quelque peu leurs définitions afin qu'elles aient une plus grande rigueur, mais cet effort personnel de formulation leur donnera plus de sens.

Comprendre la moyenne : deux points de vue

Étant donné qu'elle est facile à calculer et stable, comparativement à la moyenne, la médiane présente des avantages en tant que mesure pratique de la tendance centrale. On continuera néanmoins de parler de moyenne dans les médias et les livres destinés au grand public. Dans le cas de petits ensembles, comme celui des notes d'un individu à des examens, la moyenne est peut-être une statistique plus révélatrice. Enfin, on emploie la moyenne pour calculer d'autres statistiques, notamment l'écart type. Il est donc important que les élèves comprennent clairement ce que la moyenne indique au sujet d'un ensemble de nombres.

En fait, il existe deux façons d'envisager la moyenne. Premièrement, elle représente le nombre auquel toutes les données correspondraient si on les nivelait. En ce sens, la moyenne représente toutes les données d'un ensemble. Deuxièmement, elle est considérée par les statisticiens comme un point d'équilibre central. Ce deuxième concept correspond davantage à la notion de mesure du « centre » des données, ou de la tendance centrale. Les deux conceptions sont présentées dans les paragraphes qui suivent.

La moyenne vue comme le résultat d'un nivelage

Supposons, par exemple, que le nombre moyen de membres dans la famille des élèves de votre classe soit de 5. Vous pourriez interpréter cette donnée en répartissant la totalité de l'ensemble des mères, des pères, des sœurs et des frères entre tous les élèves afin que toutes les « familles » aient la même taille. Dire que, dans votre classe, la moyenne à quatre examens est de 93 revient à répartir la totalité des points uniformément sur les quatre évaluations. Cela reviendrait à dire que la taille de la famille est la même pour chaque élève et que la note à toutes les évaluations est la même, mais les totaux correspondent aux distributions réelles. Ce concept de la moyenne est facile à comprendre et à expliquer. De plus, il a l'avantage de mener directement à la méthode de calcul de la moyenne.

| Activité 11.2

Niveler des barres

Demandez aux élèves de construire un diagramme à barres d'un ensemble de données quelconque au moyen de cubes emboîtables en plastique. Choisissez un ensemble qui donnera un diagramme de cinq ou six barres d'au plus 10 à 12 cubes chacun. Vous pouvez prendre l'exemple du diagramme de la figure 11.1, qui représente le prix de six jouets différents. Demandez aux élèves de se servir du diagramme qu'ils ont construit pour déterminer quel serait le prix des jouets s'ils coûtaient tous la même somme, en supposant que le prix total de tous les jouets reste inchangé. Ils emploieront diverses techniques pour réarranger les cubes du diagramme, mais ils devraient arriver à construire six barres de la même hauteur, en mettant peut-être de côté des cubes qu'ils peuvent mentalement distribuer en fractions. (Dans l'exemple, le nombre total de cubes est un multiple de six.) Ne leur dites pas qu'ils cherchent la moyenne, mais simplement qu'ils doivent construire des barres de même hauteur.

Expliquez aux élèves que la hauteur des barres qu'ils ont nivelées représente la *moyenne* des données, c'est-à-dire ce que vaudrait chaque jouet si tous les jouets se vendaient au même prix et que le total des prix restait inchangé.

Après l'activité «Niveler des barres», faites celle qui suit. Elle aidera les élèves à élaborer un algorithme permettant de déterminer la moyenne.

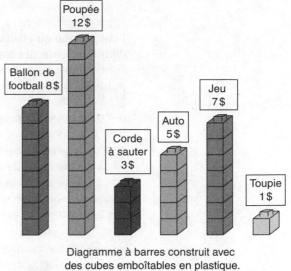

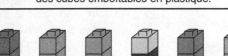

Diagramme à barres construit avec des cubes emboîtables en plastique.

Activité 11.3

Déterminer la longueur du pied moyen

Posez aux élèves la question suivante : «Quelle est la longueur moyenne de vos pieds mesurée en centimètres?» Demandez à chacun d'eux de prendre une bande de papier pour machine à calculer et de la couper à la longueur correspondant à celle de leur pied. Dites-leur d'écrire leur nom sur la bande et de mesurer la longueur de leur pied en centimètres. Suggérez-leur de calculer d'abord la moyenne de petits groupes avant d'essayer de déterminer celle de la classe. Formez des équipes de quatre, six ou huit élèves, car la formation de groupes de cinq ou sept élèves entraîne certaines difficultés. Demandez aux élèves de chaque groupe de réunir les bandes qu'ils ont mesurées et de les coller avec du ruban adhésif. La tâche de chaque équipe consiste à découvrir une méthode permettant de déterminer la moyenne sans utiliser les mesures écrites sur les bandes. Ils doivent se servir uniquement de la bande formée des bandes individuelles. Chaque groupe devra présenter sa méthode à la classe, qui déterminera ensuite une façon de calculer la moyenne de toute la classe.

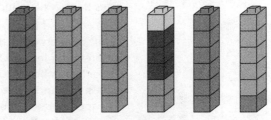

Les mêmes cubes réarrangés en barres égales. La hauteur des barres exprime la valeur <u>moyenne</u> des barres représentées plus haut.

FIGURE 11.1 ▲

Compréhension de la moyenne comme un nivelage des données.

PAUSE **Avant de poursuivre votre lecture, pensez à une méthode que les élèves pourraient utiliser dans l'activité «Déterminer la longueur du pied moyen» pour calculer la moyenne sans recourir aux mesures.**

Pour répartir entre les membres du groupe la totalité des centimètres correspondant à la longueur de leurs pieds, les élèves peuvent plier la bande en autant de parties égales qu'il y a de membres dans l'équipe. Il leur suffira ensuite de mesurer la longueur de n'importe quelle partie de la bande pour connaître la longueur moyenne de leurs pieds.

Comment déterminer la moyenne de toute la classe? Supposons que vous ayez 23 élèves. Prenez les bandes préparées par chaque équipe et réunissez-les en une seule longue bande. Comme il n'est pas pratique de plier cette dernière en 23 sections égales, comment peut-on procéder pour connaître la longueur de la grande bande? La longueur totale de la bande correspond à la somme des longueurs respectives des 23 bandes individuelles. Pour déterminer la longueur qu'aurait une section si on pliait la grande bande en 23 parties égales, il suffit de diviser la longueur totale par 23. En fait, les élèves peuvent faire sur la bande des marques correspondant au « pied moyen ». Ils devraient ainsi obtenir approximativement 23 « pieds » de longueur égale. Cet exercice illustre de façon quelque peu spectaculaire l'algorithme d'usage courant qui consiste à additionner puis à diviser afin de calculer la moyenne.

La moyenne vue comme un point d'équilibre

Les statisticiens conçoivent la moyenne comme un point d'une droite numérique à partir duquel les données de part et d'autre sont en équilibre. Les manuels scolaires ne proposent cette interprétation de la moyenne que depuis peu, et ils ne la présentent généralement pas avant la cinquième ou la sixième année. Vous déciderez probablement d'explorer ce point de vue avec vos élèves de cinquième année afin que leur conception de la moyenne concorde mieux avec les concepts dont ils prendront peut-être connaissance plus tard. Voici quelques suggestions.

Il est plus facile de considérer la moyenne comme un point d'équilibre si l'on représente les données par un diagramme linéaire (ou une ligne de dénombrement) plutôt que par un diagramme à barres. Ce qui importe, ce n'est pas le nombre de données de part et d'autre de la moyenne, ou du point d'équilibre, mais le fait que les distances respectives des données à la moyenne s'équilibrent.

Afin d'illustrer cette notion, tracez une droite numérique au tableau et placez huit feuillets autocollants au-dessus du nombre 3, comme l'indique la figure 11.2*a*, pour représenter les huit familles. Vous pouvez poser les feuillets sur la droite de manière à indiquer le nombre d'animaux de compagnie de chaque famille. S'ils sont tous empilés au-dessus du 3, cela indique que toutes les familles ont le même nombre d'animaux de compagnie. La moyenne est alors 3. Mais il est fort probable que le nombre d'animaux varie d'une famille à l'autre à l'intérieur d'un intervalle donné : certaines peuvent très bien n'avoir aucun animal de compagnie, tandis que d'autres pourraient en avoir jusqu'à 10. Comment modifieriez-vous le nombre d'animaux par famille pour que la moyenne reste 3 ? Les élèves suggéreront probablement de déplacer les feuillets par paires, chacun dans un sens, et ils obtiendront ainsi un arrangement symétrique. Mais que se passe-t-il si l'une des familles a 8 animaux de compagnie, ce qui représente un déplacement de 5 unités à partir de 3 ? Il est possible de maintenir l'équilibre en déplaçant deux familles vers la gauche, l'une de trois unités, soit jusqu'à 0, et l'autre de deux unités, ce qui l'amène à 1. La figure 11.2*b* illustre une des façons de disposer les familles de manière à conserver la moyenne de 3. Pourquoi ne pas vous arrêter le temps de trouver au moins deux autres distributions des familles correspondant chacune à une moyenne de 3 ?

La prochaine activité permet de s'entraîner à déterminer la moyenne, ou le point d'équilibre, d'un ensemble de données bien défini.

FIGURE 11.2 ▼

a) Si toutes les données correspondent à un même point, la moyenne représente la valeur associée à ce point. b) Si on éloigne des éléments de la moyenne tout en maintenant l'équilibre, on obtient différentes distributions des données pour lesquelles la moyenne est toujours la même.

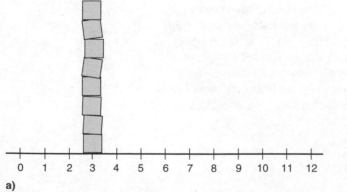

a)

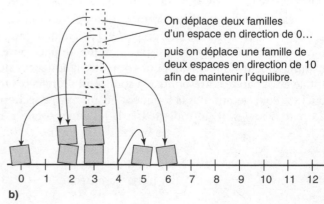

On déplace deux familles d'un espace en direction de 0...

puis on déplace une famille de deux espaces en direction de 10 afin de maintenir l'équilibre.

b)

Rechercher un point d'équilibre

Demandez aux élèves de tracer une droite numérique allant de 0 à 12, en laissant environ 2,5 cm entre deux entiers successifs. Servez-vous de six feuillets autocollants pour représenter les prix respectifs de six jouets, comme l'indique la figure 11.3. Dites-leur de marquer d'un léger trait de crayon le point de la droite qui, selon eux, correspond à la moyenne. Évitez pour le moment d'additionner les valeurs puis à diviser le tout. La tâche consiste à déterminer la moyenne réelle en déplaçant les feuillets autocollants vers le «centre». Autrement dit, les élèves cherchent par rapport à quel prix, ou quel point de la droite numérique, les six prix représentés sont en équilibre. Chaque fois qu'ils déplacent un feuillet (représentant un jouet bon marché) vers la gauche, ils doivent décaler un autre feuillet (représentant un jouet à prix élevé) vers la droite. Tous les feuillets devraient finalement être empilés au-dessus d'un nombre, qui est le point d'équilibre ou la moyenne.

Avant de poursuivre votre lecture, essayez vous-même de faire la dernière activité. Il est à noter qu'après chaque paire de déplacements qui ne rompt pas l'équilibre, on obtient en fait une nouvelle distribution des prix pour laquelle la moyenne est toujours la même. C'était aussi le cas lorsque vous avez déplacé les feuillets, tous empilés en un point, en les éloignant de la moyenne.

Le concept d'équilibre ne mène pas à l'algorithme de calcul de la moyenne comportant une addition et une division. Il est néanmoins utile si on veut adopter la méthode suivante. Représentez les données du problème illustré à la figure 11.3 à l'aide de barres formées de cubes emboîtables. Nivelez les barres en déplaçant un seul cube à la fois, d'une barre longue à une barre plus courte. Chaque fois que vous enlevez un cube d'une barre, vous devez décaler le feuillet autocollant correspondant à cette barre d'un espace vers la gauche. En plus, vous devez décaler d'un espace vers la droite le feuillet correspondant à la barre à laquelle vous avez ajouté le cube. Au fur et à mesure que vous déplacez des cubes un à la fois, continuez de redisposer les feuillets en conséquence.

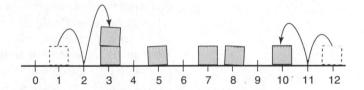

FIGURE 11.3 ▲

On déplace des éléments vers le centre (le point d'équilibre) sans modifier l'équilibre par rapport à ce point. Tous les éléments se trouvent finalement en un même point, qui est le point d'équilibre ou la moyenne.

Les variations de la moyenne

Il est à noter que la moyenne définit uniquement le centre d'un ensemble de données. À elle seule, elle ne décrit pas très utilement la forme des données. La méthode du point d'équilibre illustre clairement qu'il existe plusieurs distributions pour lesquelles la moyenne est identique.

Les valeurs extrêmes influent de façon importante sur la moyenne, surtout dans le cas de petits ensembles de données. Par exemple, supposons qu'on ajoute un septième jouet aux six utilisés dans les exemples précédents et que son prix soit de 20 $, quelle sera la variation de la moyenne ? Et si on enlevait le jouet à 1 $, comment la moyenne varierait-elle ? Si l'ajout d'un jouet fait passer la moyenne de 6 $ à 7 $, quel devrait être son prix ?

Pensez à poser des questions de ce type aux élèves pour de petits ensembles de données et demandez-leur d'adopter la méthode du point d'équilibre ou du nivelage.

La version électronique des *Standards* du NCTM offre une très intéressante mini-application du nom de *Comparing Properties of the Mean and the Median*. Elle permet d'afficher sept points associés à des données que les élèves peuvent déplacer dans les deux sens sur une droite numérique, ce qui entraîne un ajustement instantané de la moyenne et de la médiane. Grâce à ce petit logiciel, les élèves peuvent constater que la médiane est très stable, mais que la moyenne varie dès qu'on déplace un seul point.

Les représentations graphiques

Il devrait exister un lien direct entre le mode d'organisation de données et la question qui est à l'origine de la collecte des données. Supposons qu'une troupe de scouts veuille savoir combien d'insignes elle a gagnés. Chaque scout note le nombre d'insignes qu'il a reçus, puis on rassemble les données.

 PAUSE **Si les élèves examinent les données de cet exemple, que pouvez-vous leur suggérer quant aux façons d'organiser ces données et de les représenter graphiquement ? Parmi ces méthodes, l'une d'elles vous semble-t-elle plus appropriée que les autres pour répondre à la question sur le nombre d'insignes ? Réfléchissez à cet aspect du problème avant de poursuivre votre lecture.**

On pourrait construire un grand diagramme à barres, dans lequel chaque barre correspondrait à chaque scout et indiquerait le nombre d'insignes qu'il a reçus. Mais serait-ce la meilleure façon de répondre à la question ? Ne serait-il pas préférable de classer les données selon le nombre d'insignes ? Le diagramme indiquerait alors le nombre de scouts ayant reçu deux insignes, trois, etc., et révélerait clairement le nombre d'insignes le plus fréquent ainsi que la façon dont le nombre d'insignes varie dans la troupe. Vous obtiendriez ainsi beaucoup plus d'informations.

Les élèves devraient participer au choix du mode de représentation de leurs données. En quatrième année, ils ont déjà fait connaissance avec les diverses méthodes de représentation graphique. Toutefois, ils ne connaissent pas nécessairement toutes les possibilités qui s'offrent à eux. Il est donc souhaitable de leur suggérer, à l'occasion, d'utiliser d'autres modes de présentation des données et de leur permettre d'apprendre à construire de nouveaux types de diagrammes ou de tableaux. Après quoi, ils pourront discuter de la valeur de ces modes de représentation. Tel diagramme, tel tableau ou tel pictogramme représente-t-il clairement les données ? Offre-t-il des avantages que d'autres modes de représentation ne leur donnent pas ?

Ce genre de leçons devrait avoir pour objectif d'aider les élèves à découvrir que les diagrammes et les tableaux fournissent de l'information. Il devrait également mettre l'accent sur le fait que les différents modes de représentation font ressortir des informations particulières sur l'ensemble de données qu'ils examinent. L'apprentissage de nouvelles techniques de représentation ne constitue pas le point le plus important. En fait, il est essentiel qu'ils puissent construire eux-mêmes leurs diagrammes, et vous devriez effectivement leur demander de le faire. En effet, c'est de cette façon qu'ils participent à l'organisation des données et qu'ils apprennent comment un diagramme fournit des informations. Une fois la représentation graphique construite, l'activité la plus formatrice consiste à discuter de ce qu'elle indique à ceux qui l'examinent, et plus encore à ceux qui n'ont pas participé à sa création. C'est grâce aux discussions entourant les diagrammes qu'ils ont confectionnés pour représenter des données qu'ils ont amassées en partie sur des thèmes de la vie courante que les élèves apprendront à interpréter les diagrammes et les tableaux qu'ils voient dans les journaux ou à la télévision.

Lors de la construction d'un diagramme, il faut *éviter* d'accorder trop d'importance aux détails. Dites-vous que les objectifs portent sur l'analyse des données et la communication, deux aspects beaucoup plus importants que la technique ! D'ailleurs, dans la vie courante, la technologie nous aide à construire des diagrammes avec une grande précision.

Si vous pensez demander à vos élèves de construire des diagrammes ou des tableaux, commencez par examiner les possibilités suivantes, aussi intéressantes l'une que l'autre. Premièrement, vous pouvez les encourager à faire de leur mieux pour construire des diagrammes et des tableaux. Pour eux, le fait de réaliser ces représentations de leurs propres mains leur donne une signification particulière, et ils ont l'impression de transmettre l'information qu'ils désirent communiquer aux autres. Cela ne veut pas dire qu'il n'est pas nécessaire de diriger les élèves. Donnez-leur l'occasion d'examiner divers types de diagrammes et de tableaux et faites-les travailler en équipes quand viendra le moment de construire de telles représentations. Ainsi, ils disposeront d'une banque d'idées pour décider du genre de diagrammes qu'ils veulent eux-mêmes construire. Cette approche spontanée est probablement la meilleure, car elle permet aux élèves de s'investir vraiment dans ce travail d'élaboration sans se laisser distraire par les aspects techniques inhérents à l'informatique. Évitez d'accorder trop d'importance à l'originalité des légendes ou à l'esthétique des dessins, car le véritable objectif consiste à amener les élèves à s'intéresser à la communication d'un message portant sur les données qu'ils ont amassées.

La seconde possibilité consiste à recourir à l'informatique. L'ordinateur fournit de nombreux outils pour la construction de représentations simples mais efficaces. Avec ces outils, il est désormais possible de construire facilement plusieurs représentations différentes d'un même ensemble de données. On peut alors centrer la discussion sur le message ou l'information que met en relief chaque mode de représentation. Les élèves peuvent choisir eux-mêmes divers types de diagrammes et justifier leur choix en fonction de leurs objectifs. Le seul exemple que nous donnerons est celui de la figure 11.4 (p. 352), dont les quatre diagrammes ont été créés avec *The Graph Club* (Tom Snyder, 1993). Quand les élèves construisent plusieurs diagrammes à partir des mêmes données, ce logiciel permet de voir tous les diagrammes changer simultanément. Ce faisant, ils auront l'occasion d'observer les différences de présentation de l'information que fournissent un diagramme circulaire et un pictogramme.

Le diagramme à barres

Le diagramme à barres ou à bandes et le tableau de dénombrement comptent parmi les techniques graphiques avec lesquelles les élèves se sont familiarisés au cours des années précédentes. Ces modes de représentation restent des outils importants à tous les niveaux et on les emploie fréquemment dans les journaux et les bulletins d'information télévisés. Entre la quatrième et la sixième année, il convient d'insister sur deux aspects qualitatifs du diagramme à barres. Premièrement, les élèves peuvent facilement utiliser du papier centimétré pour construire eux-mêmes des diagrammes avec un minimum d'aide. Ils sont en mesure de décider de l'échelle appropriée. Pour ce qui est de la légende, ils ne devraient pas avoir besoin de directives. Il importe avant tout de réaliser un diagramme qui fournit de l'information et répond ainsi à la question posée au départ. Les discussions sur les diagrammes construits par les élèves devraient porter sur l'information qui s'en dégage, sur la pertinence de la légende et sur les améliorations possibles. Pour réaliser rapidement un diagramme avec toute la classe, distribuez à chaque élève un feuillet autocollant qui servira d'élément du diagramme. Tracez des colonnes ou des rangées, au tableau ou sur une affiche, et demandez aux élèves de venir à tour de rôle placer leur feuillet dans la rangée ou la colonne appropriée.

Deuxièmement, vous pouvez aussi faire progresser les élèves en leur demandant d'utiliser un seul dessin, ou élément pictural, pour représenter plusieurs valeurs dans un même diagramme. Par exemple, si vous décidez de construire sur du papier quadrillé un diagramme

FIGURE 11.4 ▶

Quatre diagrammes créés avec le logiciel *The Graph Club*.

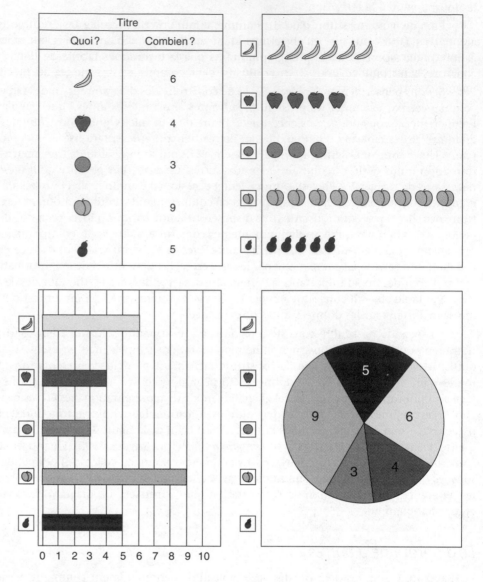

indiquant combien de secondes il faut à différents élèves pour faire le tour du gymnase en courant, il peut être approprié d'employer un petit carré pour représenter 10 secondes. Dans un diagramme indiquant le nombre de véhicules franchissant une intersection achalandée à trois moments différents de la journée, vous pourriez remplacer les carrés ou les marques par des dessins ou des photos d'automobiles. Si le nombre de véhicules est élevé, vous pourriez convenir qu'un dessin ou une photo pourrait compter pour 25 automobiles.

Après avoir construit un diagramme, discutez avec la classe de l'information qu'il fournit : « Quand vous examinez le diagramme sur les souliers, que pouvez-vous dire sur le type de souliers que portent les élèves de cette classe ? » En plus de révéler des informations factuelles (les élèves portent surtout des baskets, comparativement aux autres sortes de chaussures), les diagrammes fournissent l'occasion de déduire un certain nombre d'observations que ne peut révéler un examen direct. Par exemple, ce diagramme permet d'affirmer que les élèves de la classe n'aiment pas porter des chaussures en cuir. La différence entre information factuelle et déduction est un principe important dans la construction de diagrammes et en sciences. Faites-leur examiner des diagrammes publiés dans les journaux ou des revues et demandez-leur ensuite de discuter des *faits* qu'ils contiennent et du *message* que la personne a voulu transmettre au moyen de cette représentation.

L'interprétation

Les élèves ne comprendront pas ce qu'un diagramme révèle au sujet des données s'ils se contentent d'en construire ou de calculer la moyenne ou la médiane. Il faut leur enseigner à interpréter une représentation graphique, et il existe plusieurs façons de le faire. Par exemple, vous pouvez leur présenter plusieurs diagrammes et statistiques décrivant une même situation et les mêmes données, et leur poser le problème suivant : « Si vous étiez rédacteur en chef d'un journal, quels diagrammes et quelles statistiques choisiriez-vous pour votre article, et pourquoi ? Certaines de ces statistiques n'ont-elles aucune valeur informative ? » Ce type d'interprétation comporte des choix, et la sélection dépend des personnes à qui l'on s'adresse et de l'objectif visé. Il n'est pas vraiment utile de calculer des statistiques ou de construire des représentations graphiques pour apprendre à les interpréter.

Vous pouvez aussi travailler avec des représentations graphiques et des statistiques concernant deux groupes présentant des similitudes : par exemple, votre classe et le reste de l'école, votre province et l'ensemble du pays, les hamburgers de McDonald's et ceux de Burger King. Encadrez la réflexion de vos élèves à l'aide des questions suivantes : Que peut-on déterminer avec certitude au sujet des données ? Quelles conclusions peut-on en tirer ? Qu'est-ce qui vous aiderait à prendre, à l'égard de _____, une décision que vous êtes incapable d'arrêter avec les seules informations dont vous disposez ? De quelle façon utiliseriez-vous l'information à votre disposition pour plaider en faveur de _____ ? Et comment l'utiliseriez-vous pour vous y opposer ?

Entre la quatrième et la sixième, les élèves devraient être prêts à construire des diagrammes traduisant des informations qui ont été rassemblées par des tierces personnes ou qu'ils ont réunies en groupe. Assignez des tâches distinctes de collecte de données à différentes équipes. Il s'agit de réunir des données, de décider sous quelle forme les représenter et de tracer une représentation graphique illustrant le plus clairement possible l'information recueillie.

Le tracé en arborescence

Un *tracé en arborescence*, ou un *diagramme en tiges et en feuilles*, est la combinaison d'un tableau et d'un diagramme. Il ressemble un peu à un diagramme à barres, dans lequel les données numériques elles-mêmes forment le diagramme. Supposons que les différentes équipes de la ligue américaine de baseball aient gagné le nombre suivant de parties au cours de la dernière saison :

Baltimore	45	Milwaukee	91
Boston	94	Minnesota	98
Californie	85	New York	100
Chicago	72	Oakland	101
Cleveland	91	Seattle	48
Detroit	102	Toronto	64
Kansas City	96	Texas	65

Si vous décidez de regrouper les données en dizaines, écrivez les chiffres des dizaines en ordre les uns sous les autres, puis tirez un trait vertical à droite, comme dans la figure 11.5*a*. Cette colonne constitue la « tige » du tracé. Après avoir examiné la liste des points obtenus par les différentes équipes, écrivez les chiffres des unités à droite des dizaines correspondantes, comme dans la figure 11.5*b*. Ces entrées représentent les « feuilles ». Le processus de construction du tracé permet à

a) On construit d'abord la tige.

b) On écrit sur les feuilles en utilisant directement les données.

c) Il est facile de réécrire toutes les feuilles en ordre numérique. Toutes les données se trouvent ainsi en ordre.

FIGURE 11.5 ▲

Construction d'un tracé en arborescence.

Notes aux évaluations

Mme Jourdain		Mme Chevalier
	4 5	
	•	9
2 3 6		
7 7 8	•	5
3 0 4 2 4 7		1 0
7 9 5	•	8 6 9 9
3 4 1	8	4 0 1 3 1 2
5 8 7	•	9 5
	9	3 1 0
9 6	•	7
0 0	10	0

FIGURE 11.6 ▲

Le tracé en arborescence permet de comparer deux ensembles de données.

l'utilisateur de rassembler les données et d'extraire n'importe quelle donnée du diagramme. (Il est à noter qu'il est préférable d'employer du papier quadrillé afin que chaque chiffre occupe le même espace.)

Vous obtiendrez plus d'information en réécrivant le tracé rapidement, en ordonnant toutes les feuilles, de la plus petite à la plus grande, comme dans la figure 11.5c. Dans ce cas, il est parfois utile d'indiquer à quelle équipe correspond un nombre particulier, ce qui donne du même coup le rang de l'équipe dans la liste.

L'emploi d'un tracé en arborescence ne se limite pas aux données à deux chiffres. Dans le cas de données allant de 600 à 1 300, la tige pourrait être formée des nombres 6 à 13, et les feuilles seraient des nombres à deux chiffres séparés par une virgule.

La figure 11.6 illustre deux variantes du tracé en arborescence. Quand on compare deux ensembles de données, les feuilles peuvent s'étendre dans les deux sens depuis la tige. Dans cet exemple, les données sont regroupées par cinq et non par dix. Pour écrire 62, on a écrit le 2 vis-à-vis du 6; pour écrire 67, on a écrit le 7 vis-à-vis du point situé sous le 6.

Il est beaucoup plus facile pour les élèves de construire un tracé en arborescence qu'un diagramme à barres. Dans un tracé, toutes les données sont conservées; ce type de représentation graphique constitue une méthode efficace pour les ordonner et reconnaître chacune d'elles.

La représentation graphique de données continues

Le diagramme à barres et le pictogramme servent à illustrer des catégories de données n'ayant pas d'ordre numérique et portant, par exemple, sur les couleurs des souliers ou sur les émissions de télévision regardées. En revanche, les données regroupées sur une échelle continue doivent être ordonnées sur une droite numérique. La température en fonction du temps, la taille ou le poids en fonction de l'âge et les résultats à des tests périodiques, exprimés en pourcentages, sont des exemples de ce type d'informations.

Diagramme linéaire

Un *diagramme linéaire*, ou une *ligne de dénombrement*, est un moyen pratique de noter le *nombre* d'objets sur une échelle numérique. On trace d'abord une droite numérique horizontale, puis on écrit un X au-dessus de la valeur correspondant à chaque donnée. L'un des avantages de ce type de diagramme, c'est qu'il représente chaque donnée. De plus, les diagrammes linéaires sont faciles à construire. Ce sont en fait des diagrammes à barres dans lesquels chaque valeur indiquée correspondrait à une barre. La figure 11.7 illustre un cas simple.

Histogramme

Un *histogramme* est une forme de diagramme à barres dans lequel les catégories sont représentées, sur une droite numérique, par des intervalles consécutifs de même dimension. C'est le nombre de données se trouvant dans l'intervalle correspondant qui détermine la hauteur de chaque barre. L'histogramme ne présente pas de difficulté conceptuelle, mais les élèves ont parfois du mal à construire ce genre de diagramme. En effet, il arrive qu'ils aient de la difficulté à fixer l'intervalle approprié pour la largeur des barres ou à déterminer quelle échelle choisir pour la hauteur des barres. Enfin, le regroupement de toutes les données et le dénombrement de celles qui entrent dans chaque intervalle constituent

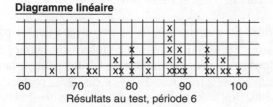

Diagramme linéaire

Résultats au test, période 6

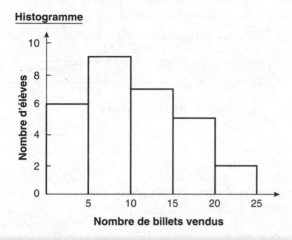

Histogramme

Nombre de billets vendus

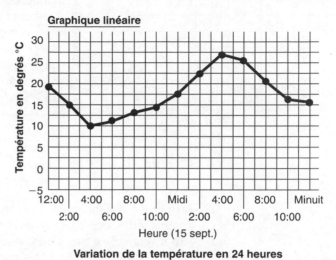

Graphique linéaire

Variation de la température en 24 heures

---

d'autres pièges. À moins qu'un des objectifs du programme ne précise clairement que les élèves doivent comprendre les histogrammes, il est préférable d'en reporter l'étude. Au début du secondaire, les élèves disposeront de calculatrices graphiques, ce qui les aidera à construire des histogrammes beaucoup plus facilement.

Graphique linéaire

On construit un *graphique linéaire*, ou un *diagramme à ligne brisée*, pour représenter une valeur numérique associée à des points situés à intervalles réguliers sur une échelle numérique continue. On porte sur le graphique des points qui représentent deux données reliées entre elles, puis on trace une courbe de manière à joindre les points. Par exemple, un graphique linéaire permettra de représenter la variation de la longueur de l'ombre d'une hampe de drapeau au cours de la journée. Dans ce cas, l'axe horizontal représenterait le temps en heures, et l'axe vertical, la longueur de l'ombre de la hampe du drapeau projetée sur le sol. Chaque mesure est marquée par un point sur le graphique. Une fois que toutes les mesures ont été portées sur le graphique, on relie tous les points par des segments de droite. Il existe une ombre à tout moment du jour, mais la longueur de l'ombre ne passe pas instantanément de la valeur indiquée par un point à celle correspondant au point suivant : elle varie de façon continue, comme l'indique le graphique. La variation de la température en fonction de l'heure illustrée dans la figure 11.7 est un autre exemple de graphique linéaire.

Pour représenter des données discrètes, les élèves ont tendance à employer un diagramme de type continu, comme le graphique linéaire. La figure 11.8 montre le graphique linéaire tracé par un élève pour indiquer le nombre de frères et sœurs de chacun de ses camarades de classe. Nous avons ajouté les flèches afin de souligner le problème que pose la représentation de ce type de données par un graphique linéaire. Une valeur devrait être

FIGURE 11.8 ▶

Exemple d'une utilisation inappropriée d'un graphique linéaire pour représenter des données discrètes. Quelles valeurs seraient associées aux points indiqués par les flèches?

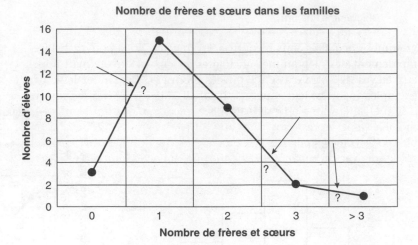

associée à chaque point de la courbe. Mais quelle valeur se rapporte donc à chacun des points indiqués par les flèches? Dans ce cas, il aurait été beaucoup plus approprié d'utiliser un diagramme à barres ou un diagramme circulaire, par exemple.

Le diagramme circulaire

On pense généralement que le diagramme circulaire indique des pourcentages et que, pour cette raison, il ne convient probablement pas de les présenter aux élèves avant la sixième année. Cependant, on remarque que le diagramme circulaire de la figure 11.4 révèle simplement le nombre de données (dans ce cas, le nombre d'élèves) appartenant à chacune des cinq catégories. Plusieurs logiciels graphiques simples créent des diagrammes similaires. De plus, il n'est pas nécessaire de comprendre les pourcentages lorsque c'est l'ordinateur qui construit le diagramme. Par ailleurs, on pourrait également réaliser le diagramme circulaire de la figure 11.4 en se servant de fractions ordinaires. Il y a en tout 27 élèves, de sorte que les 9 qui ont choisi la pêche constituent $\frac{1}{3}$ du groupe. Puisqu'on élabore des concepts sur les fractions en quatrième et cinquième année, la construction de diagrammes circulaires permet d'intégrer habilement divers éléments du programme. De plus, comme plusieurs fractions (telle $\frac{4}{27}$) sont difficiles à manipuler, voilà une bonne raison d'utiliser des pourcentages, en ramenant tous les dénominateurs à 100 et en arrondissant les numérateurs.

Un diagramme circulaire fournit de l'information que les autres types de diagrammes n'illustrent pas facilement. Si l'on reprend les données relatives aux fruits que préfèrent les élèves (figure 11.4), un diagramme circulaire montrerait que les catégories *pêches* et *poires* correspondent aux préférences exprimées par un peu plus de la moitié de la classe. Il révèle également que près d'un quart seulement de la classe donne sa préférence aux pommes et aux oranges.

En outre, le diagramme circulaire permet de représenter visuellement les rapports entre deux populations dont on veut faire ressortir les ressemblances. Dans la figure 11.9, chacun des deux diagrammes circulaires indique le pourcentage d'élèves selon le nombre de frères et sœurs de leur famille. Le premier illustre les données provenant de la classe, et le second, les données pour l'école tout entière. Étant donné que le diagramme circulaire indique des rapports plutôt que des quantités, il est possible de comparer le petit ensemble de données (au sujet de la classe) au grand ensemble de données (au sujet de l'école), ce que ne permettrait pas un diagramme à barres.

Diagrammes circulaires faciles à construire

Il existe plusieurs façons de construire facilement des diagrammes circulaires sans recourir à un logiciel. Vous pouvez réaliser rapidement des diagrammes circulaires en faisant directement appel aux élèves de votre classe, ce qui les étonnera. Demandez-leur, par exemple, quelle est leur équipe de baseball favorite. Invitez-les ensuite à se mettre en ligne afin de regrouper tous ceux qui ont nommé la même équipe. Après quoi, dites aux différents groupes de se rassembler pour former un cercle. Fixez une des extrémités des quatre cordes sur le sol avec du ruban adhésif en un point correspondant au centre du cercle. Tendez ensuite chaque corde jusqu'à un point du cercle situé entre deux groupes d'élèves ayant choisi des équipes différentes. Voilà! Vous avez construit un très beau diagramme circulaire sans avoir pris de mesures ni calculé de pourcentages. Copiez le disque des centièmes contenu dans les feuilles reproductibles (voir la feuille reproductible 17), découpez-le et placez-le au centre du cercle formé par les élèves: les ficelles indiqueront approximativement les pourcentages correspondant à chaque partie du diagramme (figure 11.10).

Il existe une autre façon simple de construire un diagramme circulaire, qui s'apparente au diagramme humain. Demandez d'abord aux élèves de construire un diagramme à barres pour représenter les données à interpréter. Ensuite, découpez les barres, puis joignez-les bout à bout avec du ruban adhésif. Réunissez enfin les deux extrémités de manière à former un cercle. Localisez le centre du cercle et dessinez des rayons dont vous ferez coïncider les extrémités avec celles des segments préalablement réunis, puis tracez le cercle. Vous pouvez ensuite déterminer approximativement les pourcentages à l'aide d'un disque des centièmes, comme vous l'avez fait précédemment.

Des pourcentages au diagramme circulaire

Si les élèves ont appliqué l'une ou l'autre des deux méthodes que nous venons de décrire, ils comprendront mieux ce qu'ils font si vous leur demandez de construire un diagramme circulaire en faisant eux-mêmes les calculs requis. Demandez-leur d'additionner les nombres des diverses catégories pour calculer le total, ou le tout. (Cela revient à joindre toutes les bandes bout à bout ou à commander aux élèves de se mettre en ligne.) Dites-leur ensuite de diviser chaque partie par le tout, à l'aide d'une calculatrice. Ils obtiendront des nombres compris entre 0 et 1, qui correspondent à des parties fractionnaires du tout. Faites-leur convertir ces nombres en pourcentages du tout en les arrondissant au centième près. Attention, l'opération d'arrondissement est une source d'erreurs. Si vous leur fournissez une copie du disque des centièmes, les élèves pourront facilement construire un diagramme circulaire sans avoir à se battre avec des degrés et un rapporteur. Il leur suffira de suivre le contour du disque pour tracer le cercle du diagramme. Dites-leur de marquer le centre du diagramme en faisant un petit trou au centre du disque. Il restera ensuite à tracer un rayon quelconque du diagramme et à mesurer des centièmes à partir de celui-ci en se servant du disque.

MODÈLE DE LEÇON

(pages 359–361)

Le modèle de leçon présenté en fin de chapitre porte sur la construction de diagrammes circulaires sans l'utilisation de nombres décimaux ni de pourcentages, et sur l'exploration de ces derniers comme variante.

Nombre de frères et sœurs des élèves

Classe de sixième année de Mme Jean
30 élèves

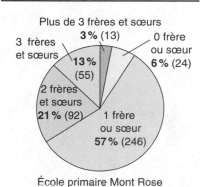

École primaire Mont Rose
430 élèves

FIGURE 11.9 ▲

Les diagrammes circulaires représentent les rapports entre les parties et le tout; ils permettent donc de comparer des rapports.

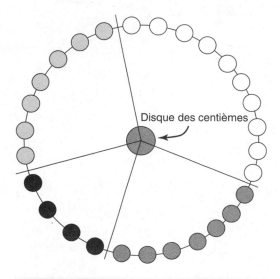

FIGURE 11.10 ▲

Un diagramme circulaire humain: les élèves forment un cercle et des cordes tendues séparent les différents groupes.

À propos de l'évaluation

Quand vous évaluez les habiletés de vos élèves en matière de représentations graphiques, n'insistez pas trop sur l'habileté relative à la construction proprement dite des diagrammes. Il est en effet plus important d'examiner les types de diagrammes que choisissent les élèves pour répondre aux questions qu'ils se posent ou réaliser un projet. Votre objectif n'est-il pas de les aider à comprendre qu'un diagramme permet de répondre à une question et fournit une image des données? Différents types de représentations graphiques indiquent différentes choses au sujet des mêmes données. Si vous imposez le choix du diagramme à construire, des légendes à apposer et de la méthode de construction, les élèves ne feront que suivre vos directives. Ceux qui ne sont pas doués en dessin ne réussiront probablement pas très bien à dessiner des diagrammes, même s'ils comprennent tout à fait ce que représente leur diagramme et savent pourquoi ils ont choisi tel type de diagramme plutôt que tel autre.

Les élèves devraient expliquer par écrit ce qu'indique le diagramme et pourquoi ils ont choisi un type de diagramme plutôt qu'un autre pour représenter les données. Tenez compte de ces remarques lors de votre évaluation.

MODÈLE DE LEÇON

Du diagramme à barres au diagramme circulaire

NIVEAU : Cinquième ou sixième année.

OBJECTIFS MATHÉMATIQUES
- Utiliser un diagramme circulaire pour représenter des données.
- Explorer le concept de pourcentage de façon spontanée.

CONSIDÉRATIONS PÉDAGOGIQUES
Les élèves ont déjà construit différents types de diagrammes, notamment des diagrammes à barres, des diagrammes linéaires et des tableaux de dénombrement, mais ils connaissent peu, ou pas du tout, le diagramme circulaire. On ne leur a pas encore présenté formellement l'idée de pourcentage. S'ils ont commencé à explorer les liens entre les nombres décimaux et les fractions, cette leçon peut servir à la fois à approfondir ces relations et à expliquer le concept de pourcentage.

MATÉRIEL ET PRÉPARATION
- Distribuez à chaque élève une copie sur papier du disque des centièmes (feuille reproductible 17) et de la grille à carrés de 2 cm (feuille reproductible 7). Faites également une copie de ces deux feuilles reproductibles sur un transparent pour rétroprojecteur. Découpez l'un des disques des centièmes que vous utiliserez avec la classe.
- Mettez à la disposition des élèves des ciseaux, du ruban adhésif et des crayons.
- Préparez cinq ficelles de 3 à 3,5 m de longueur. Ayez également sous la main un objet lourd, une brique ou un gros livre, par exemple. Vous attacherez une extrémité de chaque ficelle à ce poids placé au centre du cercle qui servira à construire un diagramme circulaire de grande taille (voir la figure 11.10, p. 357).
- Vous déciderez peut-être de faire la section *Avant l'activité* ailleurs que dans la salle de classe, afin de disposer de l'espace nécessaire au moment où les élèves devront former un grand cercle.

Leçon

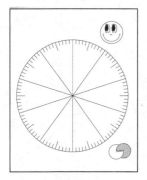

FR 17

La présente leçon peut se dérouler sur deux jours. Les élèves devraient déjà avoir rassemblé des données pouvant servir à répondre à une question qu'ils ont formulée eux-mêmes. Il est possible d'utiliser un seul ensemble de données pour toute la classe ou bien chaque élève ou chaque équipe peut avoir son propre ensemble de données et chercher à répondre à une question différente. Les questions devraient se prêter à un classement en trois à cinq catégories. Voici quelques exemples, offerts seulement en guise de suggestions.
- Quelles sont les préférences des élèves de cinquième année en matière de _____ (émissions de télévision, par exemple)? (Au moment de rassembler les données, énumérez quatre émissions et créez une catégorie « autre ».)
- Quelle est la population des 50 plus grandes villes canadiennes? (On trouve ce genre d'informations sur Internet. Regroupez les données en trois catégories.)
- Combien d'élèves prennent leur repas à la cafétéria de l'école chacun des jours de la semaine? (Demandez au personnel de la cafétéria de vous fournir des données.)

AVANT L'ACTIVITÉ

Préparer une version simplifiée de la tâche
- Posez une question en donnant aux élèves trois à cinq choix de réponses. Par exemple : Quelle est la couleur de vos yeux ? Notez les réponses au tableau (brun, bleu, vert, autre).
- Tracez sommairement un diagramme à barres sur un transparent pour rétroprojecteur et coloriez un carreau chaque fois qu'un élève indique la couleur de ses yeux.
- Demandez aux élèves de construire un diagramme à barres humain en traçant autant de rangées qu'il y a de choix de couleur. Expliquez-leur ensuite comment transformer les rangées en un seul cercle. Placez le poids auquel les ficelles sont attachées au centre du cercle formé par les élèves. Tendez les ficelles et dites à des élèves de les tenir de

manière qu'elles séparent les différentes couleurs (soit une ficelle entre le brun et le vert, une entre le vert et le bleu, etc.) Afin d'étudier le concept de pourcentage, placez un disque des centièmes au centre, au point d'intersection de toutes les ficelles. Veillez à ce que les ficelles soient bien tendues afin de pouvoir déterminer approximativement le pourcentage d'élèves dans chaque catégorie.

Préparer la tâche
- Déterminez une façon appropriée de représenter graphiquement les données déjà rassemblées par les élèves pour répondre à leurs questions.

Fixer des objectifs
- Les élèves doivent construire un ou plusieurs diagrammes illustrant les données qu'ils ont rassemblées pour répondre à leur question. Laissez-les utiliser la technique graphique de leur choix.

PENDANT L'ACTIVITÉ
- Discutez avec chaque élève ou chaque équipe de la façon dont le diagramme pourrait aider d'autres personnes à répondre à leur question. Faites en sorte qu'ils se concentrent sur les moyens appropriés pour répondre à la question.

APRÈS L'ACTIVITÉ
- Invitez plusieurs élèves ou équipes à présenter leur diagramme et demandez à la classe de déterminer s'il permet de répondre à la question en fonction de laquelle les données ont été rassemblées.
- Si des élèves n'ont pas construit de diagramme à barres avec leurs données, demandez-leur de le faire. Chaque barre devrait être d'une couleur distincte ou être marquée au crayon de manière à la distinguer des autres. Dites-leur de découper les barres du diagramme et de les juxtaposer avec du ruban adhésif de manière à former une longue bande, puis d'en joindre les extrémités pour former une boucle. Celle-ci est analogue au cercle formé par les élèves au début de la leçon.
- Demandez aux élèves de poser la boucle sur la feuille où figure le disque des centièmes et de la placer de manière qu'elle décrive un cercle dont le centre devrait coïncider avec celui du disque. Dites-leur ensuite de tracer des segments de droite reliant le centre et les points de jonction des barres, de la même façon qu'ils ont tendu les cordes pour construire le diagramme circulaire humain. Si la boucle est plus petite que la circonférence du disque, prolonger les segments de droite jusqu'à cette dernière. Faites une démonstration du procédé à l'aide du rétroprojecteur en vous servant du disque préalablement copié sur le transparent et d'un diagramme à barres en boucle emprunté à un élève. Montrez que le premier segment de droite tracé doit être dans le prolongement de l'une des grandes divisions du disque des centièmes.
- Examinez le disque projeté sur le transparent et faites remarquer qu'il comporte 10 grandes divisions, elles-mêmes séparées en 10 subdivisions, ce qui donne au total 100 petits secteurs angulaires. Chacun correspond à *1 % du tout*. Expliquez que 1 %, c'est la même chose que $\frac{1}{100}$.
- En se servant de cette information, les élèves devraient être capables d'annoter leur propre diagramme circulaire, qui constitue une autre représentation graphique des données qu'ils ont rassemblées. Organisez une discussion avec la classe afin d'amener les élèves à déterminer laquelle des deux représentations, le diagramme à barres ou le diagramme circulaire, est la plus appropriée pour répondre à la question.

À PROPOS DE L'ÉVALUATION
- Il s'agit d'un exemple de leçon au cours de laquelle vous présentez aux élèves une nouvelle convention. La construction du diagramme circulaire ne découle pas d'un problème ou d'une tâche à accomplir. Vous montrez plutôt comment construire un diagramme de ce type.

- Étant donné que vous présentez une convention, qui porte sur la façon de construire un diagramme circulaire, vous devrez prêter attention aux élèves qui ont de la difficulté à comprendre comment il faut procéder. Offrez toute l'aide nécessaire à ceux qui en ont besoin.
- Quand les élèves auront construit leur diagramme circulaire, essayez d'évaluer dans quelle mesure ils comprennent bien la façon dont il représente les données.

Étapes suivantes

- Vous déciderez peut-être de demander aux élèves d'évaluer approximativement la partie fractionnaire des données représentée par chaque groupe dans le diagramme circulaire. Il est possible de faire un lien entre les portions du diagramme et les modèles de fractions circulaires. Par exemple, une portion d'environ 25 % devrait avoir à peu près la même taille qu'un morceau correspondant à la fraction $\frac{1}{4}$.

- Demandez aux élèves de chercher des diagrammes circulaires dans les journaux et d'expliquer par écrit quelles informations fournit chaque diagramme.
- Si vous êtes prête à aborder les pourcentages, vous pouvez demander aux élèves de faire d'autres représentations graphiques dont ils calculeront d'abord le pourcentage de données dans chaque catégorie et dont ils représenteront les données directement sur un disque des centièmes.

L'EXPLORATION DES CONCEPTS DE PROBABILITÉS

Chapitre 12

On entend constamment parler de probabilités. Par exemple, les météorologistes affirment que la probabilité d'une chute de neige est de 60 % ; les médias rapportent que, selon des chercheurs en médecine, le risque de maladie cardiaque est plus élevé chez les personnes qui consomment certains types d'aliments ; sur les billets de loterie, il est écrit en petits caractères que le détenteur a une chance sur 5 millions de gagner le gros lot ; afin de rassurer leurs clients, les compagnies aériennes ont calculé que le risque de mourir dans un écrasement d'avion était de 1 sur 10 000 000, comparativement à 1 sur 75 dans un accident de la route. Très souvent, la simulation de situations complexes repose sur des probabilités et fait appel à des modélisations. On recourt à ces techniques lors de la conception d'engins spatiaux, d'autoroutes, d'égouts pluviaux ou de la préparation de plans d'urgence en prévision de diverses catastrophes.

Étant donné le rôle que jouent les concepts et les méthodes probabilistes dans le monde actuel, les programmes d'enseignement accordent désormais une place de plus en plus vaste à cette branche des mathématiques. En quatrième année, la majorité des élèves ont mis de côté les concepts de chance et de probabilité qui rendaient les jeux de hasard pur si attrayants durant le préscolaire et la première année. Ils sont prêts à aborder quelques-unes des idées maîtresses sur les probabilités. Par exemple, ils s'intéressent à la différence entre les résultats que donne un tirage après un grand nombre et un petit nombre d'essais ou se captivent pour l'influence d'un événement sur un autre. Maintenant, les élèves peuvent commencer à explorer un large éventail de situations probabilistes, à condition d'insister sur l'exploration plutôt que sur les règles ou les définitions formelles. Si elles sont bien conçues, ces expériences non formelles constitueront une base pour l'élaboration d'idées plus rigoureuses au cours des années suivantes.

Idées à retenir

1. **Le hasard n'a pas de mémoire.** Lorsqu'on répète les essais d'une expérience simple (lancer une pièce de monnaie, par exemple), les résultats des essais précédents n'ont aucun effet sur les essais suivants. Le fait qu'une pièce de monnaie tombe six fois de suite du côté face n'indique pas qu'au prochain lancer cette pièce tombera encore du même côté. La probabilité est toujours de 50/50.

2. La probabilité qu'un événement futur se produise ou non s'inscrit toujours dans un continuum allant d'« impossible » à « certain ».

3. La *probabilité d'un événement* est un nombre entre 0 et 1. Ce nombre mesure la possibilité qu'un événement donné se produise. Une probabilité de 0 indique une impossibilité, tandis qu'une probabilité de 1 indique une certitude. Une probabilité de $\frac{1}{2}$ indique qu'un événement a une chance égale de se produire ou non.

4. La fréquence relative du résultat d'un événement (probabilité expérimentale) peut servir à estimer la probabilité exacte d'un événement. Le résultat est d'autant plus précis que le nombre d'essais est élevé. Lors d'un tirage, les résultats peuvent différer selon que le nombre d'essais est petit ou grand. Il est possible de déterminer la probabilité exacte de certains événements en les analysant. On parle alors de *probabilité théorique*.

5. Deux événements sont dits dépendants ou indépendants selon qu'ils s'influencent l'un l'autre ou non. Si l'occurrence d'un événement n'influe pas sur celle de l'autre, les deux événements sont dits *indépendants*. Par exemple, le résultat d'un lancer d'une pièce de monnaie n'a aucune influence sur un autre lancer de la pièce. Si une pièce de monnaie tombe huit fois de suite sur le côté face, la probabilité qu'elle retombe sur le même côté au lancer suivant est toujours de $\frac{1}{2}$. Deux événements sont dits *dépendants* si l'occurrence de l'un influe sur celle de l'autre. Par exemple, si l'on tire des jetons placés dans un sac et qu'on ne les y remet pas ensuite, la probabilité de tirer un jeton d'une couleur donnée change à chaque essai parce que le nombre de jetons restant dans le sac diminue à chaque tirage.

Le continuum de la probabilité

Les idées à retenir de la page précédente donnent un aperçu des notions que vos élèves doivent acquérir sur les probabilités. C'est uniquement par l'expérience et la discussion avec leurs pairs qu'ils finiront par comprendre que le hasard n'a pas de mémoire. Pourtant, beaucoup d'adultes n'arrivent pas à en prendre conscience. Par exemple, ils choisissent certains numéros de billets de loterie simplement parce qu'ils n'ont pas encore été tirés. Il est essentiel que les enfants abandonnent ces idées naïves sur le hasard avant de pouvoir se donner une vision plus analytique de l'examen des résultats.

Avant que les élèves ne tentent d'assigner une probabilité numérique à des événements, il est important qu'ils comprennent une idée fondamentale, à savoir qu'il existe des événements certains, c'est-à-dire qui surviendront inéluctablement, des événements impossibles, qui n'arriveront jamais, et des événements susceptibles de se produire selon une probabilité variable, autrement dit qui se situe quelque part entre ces deux extrêmes.

D'impossible à certain

Lorsqu'on aborde le sujet des probabilités, il est souhaitable de commencer par discuter des cas extrêmes, c'est-à-dire en faisant réfléchir vos élèves sur des événements qui n'ont aucune chance de se produire et des événements inéluctables. Entre ces deux extrêmes se situent des événements qui sont possibles, mais non certains. Demandez-leur de nommer des événements appartenant à l'une ou l'autre de ces trois catégories. Par exemple, faites-les discuter des énoncés suivants :

- Il pleuvra demain.
- Si on lance un caillou dans l'eau, il va couler.
- Les arbres nous parleront cet après-midi.
- Le soleil se lèvera demain matin.
- Trois élèves seront absents demain.
- Maxime ira se coucher avant 8 h 30 ce soir.
- Charles-Antoine aura deux anniversaires cette année.

Le fait de placer le hasard ou la probabilité au sein d'un continuum aide à réaliser que certains événements peuvent se produire avec une probabilité plus grande ou plus petite que d'autres événements. Par exemple, si un groupe d'élèves participe à une course, on ne peut être certain que Georges, un très bon coureur, arrivera premier, mais ce résultat est très probable. Il est toutefois plus probable que Georges se trouvera dans le peloton de tête que parmi les derniers de la course.

L'analyse des résultats obtenus avec divers objets susceptibles de donner des résultats aléatoires, tels que des roulettes, des dés, des pièces de monnaie ou des jetons de couleur placés dans un sac, aidera les élèves à prédire la probabilité d'un événement. L'activité suivante est un jeu de hasard dont les résultats n'ont pas tous la même probabilité. Comme il est difficile de prédire le résultat le plus probable, l'activité devrait susciter des discussions très animées.

Activité 12.1

Additionner, puis faire le compte

Fabriquez des dés dont vous numéroterez les côtés de la manière suivante : 1, 1, 2, 3, 3, 3. Chaque jeu se joue avec deux dés. À tour de rôle, les élèves font rouler les deux dés et notent la somme des deux nombres. Pour écrire les résultats, faites des copies des tableaux de dénombrement comportant cinq rangées de dix carrés, une pour chaque somme de 2 à 6, comme dans la figure 12.1. Les élèves font rouler les dés jusqu'à ce qu'une rangée soit pleine. S'il reste du temps, ils peuvent commencer une autre partie avec un autre tableau de dénombrement.

Additionner, puis faire le compte

2
3
4
5
6

FIGURE 12.1 ▲

Tableau de dénombrement pour l'activité «Additionner, puis faire le compte».

Il est important de discuter avec les élèves quand ils ont fini de jouer à «Additionner, puis faire le compte». Demandez-leur de dire quels nombres ont le plus et le moins «gagné»? S'ils devaient jouer une autre partie, quel nombre choisiraient-ils pour gagner, et pourquoi? Il est à noter que chacun des résultats entre 2 et 6 est possible, mais la probabilité d'obtenir la somme 4 est la plus forte, et celle d'obtenir 2 et 3, la plus faible. Étant donné que tout au plus quelques élèves analyseront les résultats possibles, leurs prédictions quant aux prochaines parties constituent une bonne source d'informations sur leur raisonnement probabiliste. Les élèves qui observent que la somme 4 est très fréquente et qui en concluent que c'est le meilleur choix à faire s'ils veulent gagner sont ceux qui ont renoncé aux idées subjectives qu'ils avaient entretenues plus tôt sur le hasard ou sur sa mémoire.

À propos de l'évaluation

Rappelez-vous que la conception du hasard que se font les élèves doit reposer sur leurs propres expériences. Une explication de l'enseignante ne produira probablement qu'une compréhension superficielle. Il est important de discuter avec les élèves une fois qu'ils ont joué à des jeux de hasard simples. Pendant ces discussions, vous devez les amener à préciser leurs idées, sans ajouter d'explications ni porter de jugement. Avant tout, vous devriez chercher à les amener à voir les choses différemment. Votre objectif consiste à ce qu'ils cessent de croire au pur hasard et pressentent que la probabilité d'obtenir certains résultats est de toute évidence plus grande ou plus petite que d'autres, sans égard à la chance. Lorsque vous sentez qu'ils commencent à adopter cette manière de concevoir les choses, c'est qu'ils viennent de franchir une étape décisive. Vous saurez alors qu'ils sont prêts à passer à l'étape suivante et à raffiner un peu plus leur conception du hasard.

Le continuum de probabilité

Afin de raffiner le concept selon lequel certains événements ont plus de chances de se produire que d'autres, introduisez la notion d'un continuum de probabilité allant d'*impossible* à *certain*. Pour ce faire, tracez une longue droite au tableau. Écrivez les mots *Impossible* à l'extrémité gauche de la ligne et *Certain* à l'extrémité droite, puis «probabilités de tomber sur le bleu» au-dessus de la ligne. Appelez cette ligne la «ligne de probabilité». Après avoir montré aux élèves une roulette dont le fond est entièrement blanc, posez-leur la question suivante : «Avec cette roulette, quelle est la probabilité que l'aiguille tombe sur le bleu?» Indiquez que cette probabilité se situe à l'extrémité gauche de la ligne de probabilité, c'est-à-dire sur le mot *Impossible*. Répétez l'exercice avec une roulette au fond entièrement bleu, puis montrez l'extrémité droite de la ligne, appelée *Certain*. Ensuite, prenez une roulette dont une moitié est bleue et l'autre blanche. «Quelle est la probabilité que l'aiguille s'arrête sur le bleu avec cette roulette ? » Pendant la discussion, il devrait se dégager un consensus quant à la *probabilité égale* que l'aiguille s'arrête sur le bleu ou non. Faites une marque exactement au milieu de la droite pour indiquer cette probabilité. Vous jugerez peut-être utile de souligner le fait que l'illustration représente une probabilité de $\frac{1}{2}$, ou 50 %, bien que la position de la marque devrait suffire.

Reprenez la discussion avec une roulette dont moins du quart de la surface est bleu et avec une autre presque entièrement bleue. Demandez aux élèves d'indiquer l'endroit où ils placeraient la marque sur la ligne de probabilité pour indiquer la probabilité de tomber sur le bleu avec chacune de ces roulettes. Ces repères devraient se rapprocher des extrémités de la ligne (figure 12.2). En guise de révision, présentez les roulettes tour à tour et demandez quelles marques représentent la probabilité de tomber sur le bleu avec chacune d'elles.

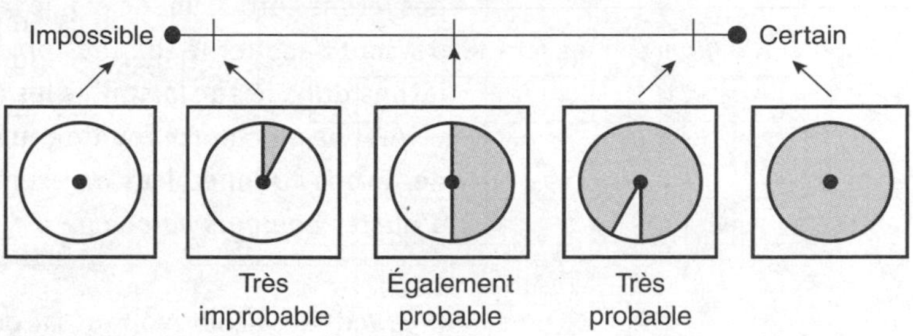

Dans l'activité suivante, les élèves conçoivent des dispositifs aléatoires qui, selon eux, créeront les probabilités correspondant aux diverses positions occupées sur une ligne de probabilité. Nous suggérons aux élèves d'utiliser un sac contenant des jetons carrés (carreaux algébriques) ou des cubes de différentes couleurs, ce qui est un peu différent d'une roulette. Même si l'idée de tirer des jetons d'un sac semble nouvelle pour vos élèves, ne leur donnez aucun indice pour les aider dans leur raisonnement.

Probabilité de tomber sur le bleu

Impossible ● —————————————— ● Certain

Très improbable   Également probable   Très probable

FIGURE 12.2 ▲

Ligne de probabilité. Utilisez ces fonds de roulette pour montrer aux élèves comment la probabilité peut se situer à différents endroits sur un continuum qui va d'*impossible* à *certain*.

Activité 12.2

Concevoir un sac de jetons

(Avant de faire cette activité, vous devez avoir présenté aux élèves la ligne de probabilité décrite dans les paragraphes précédents.)

Faites travailler les élèves deux par deux et distribuez-leur une feuille semblable à celle de la figure 12.3. (Vous pouvez faire le dessin à la main.) Assurez-vous d'avoir dessiné 12 carrés dans chaque sac représenté. Au tableau, faites une marque sur la ligne de probabilité aux alentours de 20 %. Pour le moment, n'employez pas d'expressions relatives aux pourcentages ou aux fractions quand vous vous adressez aux élèves. Dites-leur de placer cette marque sur leur propre ligne. Vous pouvez également faire à l'avance cette marque avant de distribuer les feuilles. La tâche consiste à colorier le carré qui suit le mot « couleur », en haut de la feuille de travail. Expliquez-leur qu'ils auront à décider de la couleur des jetons carrés qu'ils devront mettre dans leur sac. Celui-ci doit en contenir 12 en tout si l'on veut que la probabilité de tirer un jeton de cette couleur soit à peu près égale à la probabilité représentée sur la

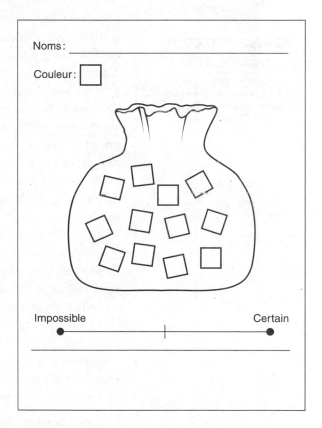

Noms : _____

Couleur : ☐

Impossible ●—————————● Certain

FIGURE 12.3 ▲

Exemple de feuille de travail pour l'activité « Concevoir un sac de jetons ». Les élèves font une marque sur la droite, entre *Impossible* et *Certain*. Ils colorent ensuite les jetons carrés tracés dans le sac dont ils ont dessiné le contour, de manière à créer un ensemble pour lequel la probabilité de tirer une couleur donnée correspond à la probabilité marquée sur la droite.

droite. Avant que les élèves préparent leur sac, demandez-leur de quelles couleurs devraient être les jetons à mettre dans le sac si la marque se trouvait presque au milieu de la ligne de probabilité. Montrez-leur que les vrais sacs seront remplis conformément au dessin tracé sur la feuille de travail : faites une démonstration avec des jetons carrés, un sac et une feuille de travail déjà remplie. Soulignez le fait qu'ils devront secouer le sac, de sorte qu'ils n'ont pas à tenir compte de la position des jetons dans le sac lorsqu'ils les colorent.

Au bas de chaque feuille (ou au dos, au besoin), les élèves expliquent leur choix de jetons. Donnez-leur un exemple. *Nous avons placé 8 jetons rouges et 4 jetons d'autres couleurs parce que _____.*

L'activité « Concevoir un sac de jetons » vous permet d'obtenir des informations utiles sur la façon dont vos élèves conçoivent le hasard quand ils doivent se situer sur un continuum, une ligne de probabilité. Plus important encore, vous devriez faire suivre cette dernière activité par celle qui est présentée ci-dessous.

MODÈLE DE LEÇON

(pages 379–380)

Vous trouverez à la fin de ce chapitre le plan d'une leçon complète basée sur l'activité « Vérifier la conception des sacs de jetons ».

Activité 12.3

Vérifier la conception des sacs de jetons

Ramassez les feuilles qui montrent les sacs réalisés lors de l'activité précédente et affichez-les. Discutez des idées des élèves sur le nombre de jetons carrés de la couleur désignée à placer dans le sac. (Attendez-vous à des différences.) Certains d'entre eux penseront peut-être que la couleur des autres jetons a de l'importance, et il est bon d'examiner cette croyance. N'émettez aucune opinion et ne faites pas de commentaires sur les explications données par les élèves. Choisissez le sac qui, selon la majorité des élèves, semble correspondre à la marque de 20 %. Faites ensuite travailler les élèves deux par deux et distribuez des sacs en papier ainsi que des jetons carrés. Dites-leur de remplir leur sac de la manière qui a été retenue, puis de le secouer pour mélanger les jetons et d'en tirer un. Sur la feuille, faites-leur écrire *Oui* (pour la couleur désignée) et *Non* (pour une autre couleur). Demandez-leur de répéter cette opération à au moins dix reprises. Assurez-vous que les élèves remettent le jeton dans le sac après l'avoir tiré.

Examinez avec les élèves les résultats obtenus par chaque équipe. Correspondent-ils aux résultats prévus ? Comme le nombre de tirages est faible, il se peut que certaines équipes obtiennent des résultats imprévus.

Faites ensuite un grand diagramme à barres ou à bandes avec les données recueillies par toutes les équipes. Le nombre de non devrait être beaucoup plus élevé que le nombre de oui. À cette étape, la discussion devrait aider les élèves à comprendre que le fait de répéter une expérience un grand nombre de fois permet d'obtenir des probabilités qui correspondent aux prédictions.

Il est important de refaire les activités 12.2 et 12.3 en plaçant des marques à d'autres endroits sur la ligne de probabilité. Faites des marques aux points correspondant à $\frac{1}{3}$, à $\frac{1}{2}$ et à $\frac{3}{4}$. Vous pouvez assigner des marques différentes aux équipes afin que la discussion permette de comparer les sacs utilisés par les élèves et les résultats qu'ils ont obtenus. Pour comparer les résultats, il est préférable que le nombre total d'essais pour chaque sac soit à peu près le même.

Les activités « Concevoir un sac de jetons » et « Vérifier la conception des sacs de jetons » sont importantes. Étant donné qu'aucun nombre n'est associé aux probabilités, il n'y a pas de « bonne réponse ». En analysant en équipe le choix des jetons dans l'un des sacs, vous montrez aux élèves que les probabilités ne constituent pas des prédictions infaillibles lorsque le nombre d'essais est peu élevé. Les diagrammes représentant l'ensemble des résultats de la classe peuvent aider les élèves à comprendre un concept difficile, à savoir que la probabilité expérimentale tend vers la probabilité théorique lorsque le nombre d'essais est élevé. Mais il faut pour cela utiliser toutes les données recueillies afin de comparer les rapports obtenus à la suite d'un petit nombre d'essais avec ceux provenant d'un nombre d'essais plus élevé. Ne soyez pas surprise ou préoccupée outre mesure si les élèves ne saisissent pas cette idée aussi clairement que vous le souhaiteriez.

Une variante de l'activité «Concevoir un sac de jetons» consiste à demander aux élèves de travailler avec une roulette au lieu d'un sac contenant des jetons carrés (carreaux algébriques). Elle permet de revoir plus tard le concept à l'étude sans refaire exactement les mêmes choses. Avec la roulette, les élèves peuvent observer la portion du tout qui est attribuée à chaque couleur ou résultat, ce qui constitue une représentation visuelle de la probabilité. Selon l'activité choisie, cette façon de faire peut constituer un avantage ou un inconvénient. Il est évidemment avantageux de pouvoir colorier la surface de la roulette conformément aux probabilités respectives des différents résultats. Il est possible de se procurer sur le marché des roulettes en plastique transparent ne comportant aucune division. Vous pouvez fixer sous la roulette des fonds en papier répondant à vos besoins en utilisant du ruban adhésif. En procédant ainsi, vous pourrez les changer facilement et aussi souvent que nécessaire. Vous pouvez aussi utiliser une roulette transparente et un rétroprojecteur, et vous servir d'un marqueur spécial pour tracer des secteurs angulaires. Il existe en outre plusieurs méthodes de fabrication d'une roulette, dont celle qui est illustrée dans la figure 12.4.

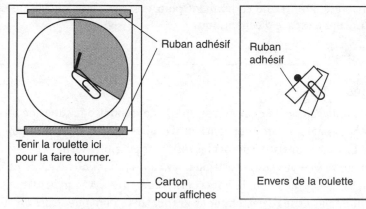

Ruban adhésif

Tenir la roulette ici
pour la faire tourner.

Carton
pour affiches

Ruban
adhésif

Envers de la roulette

FIGURE 12.4 ◄

Une méthode simple pour fabriquer une roulette.

Dessinez les fonds de la roulette et faites-en des copies afin de pouvoir fabriquer facilement un grand nombre d'exemplaires. Découpez les fonds et fixez-les sur du carton pour affiches avec du ruban adhésif. Les élèves pourront colorier les secteurs angulaires. Faites un petit trou au centre de chaque fond de roulette. Redressez une des extrémités d'un gros trombone et introduisez-la dans le trou, du dessous de la roulette vers le dessus. Fixez le trombone sous la roulette avec du ruban adhésif en laissant dépasser l'extrémité qui passe par le trou. Pour utiliser la roulette, il suffit d'attacher à la tige verticale un autre trombone qui sert de pointeur. Pour tourner correctement, la roulette doit être posée à plat. Il est facile de changer le fond de la roulette.

Les espaces d'échantillon et la probabilité

Jusqu'à maintenant, nous avons mis l'accent sur l'idée fondamentale selon laquelle certains événements sont plus probables que d'autres. Nous avons sciemment évité de calculer des probabilités. Pour préparer les élèves à effectuer de tels calculs, nous leur avons demandé de situer la probabilité d'un événement sur une droite allant de «impossible» à «certain». Pour qu'ils assignent une valeur numérique à des probabilités, ils doivent absolument être capables de déterminer tous les résultats possibles d'une expérience et d'en établir la probabilité relative.

L'*espace d'échantillon* d'une expérience se définit comme l'ensemble de tous les résultats possibles d'une expérience. Par exemple, si un sac contient deux jetons carrés rouges, trois jaunes et cinq bleus, l'espace d'échantillon se compose de dix jetons carrés. L'*événement* qui consiste à « tirer un jeton carré jaune » possède un espace d'échantillon de trois éléments, tandis que l'événement « tirer un jeton carré bleu » possède un espace d'échantillon de cinq éléments. Lorsqu'on lance un dé, l'espace d'échantillon se situe toujours entre les nombres 1 à 6. Toutefois, il est possible de définir plusieurs événements qui subdivisent un espace d'échantillon de différentes façons. Par exemple, obtenir un nombre pair ou impair subdivise l'espace d'échantillon en deux parties égales. Obtenir 5 ou un nombre supérieur ou inférieur à 5 subdivise l'espace d'échantillon en deux parties inégales. Lorsqu'on lance un dé, la probabilité d'obtenir chaque nombre de 1 à 6 est égale. Par conséquent, les chances d'obtenir un nombre pair ou un nombre impair sont égales. Toutefois, la probabilité d'obtenir un 5 ou un 6 est inférieure à celle d'obtenir un nombre inférieur à 5.

Les expériences à une étape

Les élèves devraient commencer par explorer des expériences nécessitant un seul dispositif, comme un dé, une roulette ou un sac contenant des jetons carrés. Les expériences de ce type sont dites *à une étape* parce que le résultat s'obtient en une seule opération. L'activité « Concevoir un sac de jetons » fournit un exemple d'expérience à une étape.

Dans la prochaine activité, la tâche consiste à définir les événements composant une expérience donnée. Ils pourront constater que divers événements ne surviennent pas avec la même probabilité. Profitez de ce moment pour observer dans quelle mesure ils comprennent le concept d'espace d'échantillon.

Activité 12.4

Créer un jeu

Donnez à chaque équipe de deux élèves un sac contenant des cubes de différentes couleurs. Par exemple, le sac peut contenir six cubes rouges, deux verts, un jaune et trois bleus. La tâche consiste à diviser les résultats possibles en deux listes, une pour chaque joueur. Ainsi, vous pouvez attribuer les cubes rouges au joueur A, et les cubes verts, jaunes et bleus au joueur B. Notez cette répartition. À tour de rôle, les joueurs tirent un cube, puis ils le remettent dans le sac. Lorsqu'un joueur tire un cube de la couleur qui lui a été attribuée, il gagne un jeton. Sinon, il en donne un à son adversaire. Le jeu commence avec dix jetons. Tour à tour, les joueurs tirent des cubes et les remettent dans le sac jusqu'à ce que l'un des deux joueurs ait gagné dix jetons.

Répétez l'activité avec différentes combinaisons de cubes afin de pouvoir observer comment les élèves subdivisent les événements et sur quelle base ils le font. Imaginez des tirages où il est impossible de créer un jeu équitable, par exemple deux rouges, trois bleus et sept jaunes. Comment les élèves réagissent-ils ? À combien estiment-ils leurs chances de gagner ? Avec un sac de cubes contenant une combinaison deux-trois-cinq, subdiviseront-ils ces trois couleurs pour créer un jeu équitable ? Dites-leur de faire une nouvelle partie avec les mêmes cubes, mais en les subdivisant autrement.

Au lieu de piger des cubes dans un sac, essayez de jouer à « Créer un jeu » avec plusieurs roulettes. Distribuez aux élèves plusieurs fonds de roulettes différents et observez comment ils subdivisent les résultats possibles. Voici quelques possibilités. Sentez-vous libre d'en choisir d'autres.

À propos de l'évaluation

Les expériences à deux étapes

Jouer à pile ou face avec une pièce de monnaie est une expérience à une étape pour laquelle l'espace d'échantillon ne contient que deux éléments : pile et face. Jouer à pile ou face avec deux pièces de monnaie est une expérience à deux étapes. Quel est alors l'espace d'échantillon ?

 PAUSE — **Imaginez que vous lancez deux pièces de monnaie 100 fois. Dites combien de fois environ vous pensez obtenir le résultat « pile et face » ? Notez vos prédictions avant de poursuivre votre lecture.**

En jouant avec une seule pièce, vous pourriez affirmer qu'environ la moitié des essais donnerait pile et l'autre moitié face. Avec deux pièces, les gens reconnaissent habituellement trois résultats : deux faces, deux piles, « un pile et un face » ; ils prédisent donc que la combinaison « pile et face » se produira environ le tiers du temps. (Quelle était votre prédiction ?) Or, après avoir fait l'expérience, ils constatent avec surprise qu'ils obtiennent l'association « pile et face » environ la *moitié* du temps. Pour comprendre ce résultat, il est utile de revoir l'échantillon.

Les deux pièces de monnaie sont deux objets distincts, même s'il s'agit de pièces d'un cent identiques. Nous les nommerons pièce 1 et pièce 2. Deux personnes peuvent les lancer simultanément ou la même personne peut les lancer l'une à la suite de l'autre. Il n'y a qu'une seule façon d'obtenir deux faces et une seule façon d'obtenir deux piles. Mais il y a deux façons d'obtenir la combinaison « pile et face » : pièce 1 pile et pièce 2 face ; pièce 1 face et pièce 2 pile. L'espace d'échantillon comprend donc quatre résultats également probables, et non trois : FF, PF, FP, PP. L'événement « pile et face » représente deux des quatre résultats possibles.

Lancer deux dés et additionner les résultats est également une expérience à deux étapes, même si les deux dés sont lancés simultanément. (Vous pouvez utiliser un dé rouge et un dé vert.) L'espace d'échantillon ne se limite pas aux sommes 2 à 12 ; il comprend 36 résultats. La figure 12.5 présente les résultats obtenus à la suite d'un

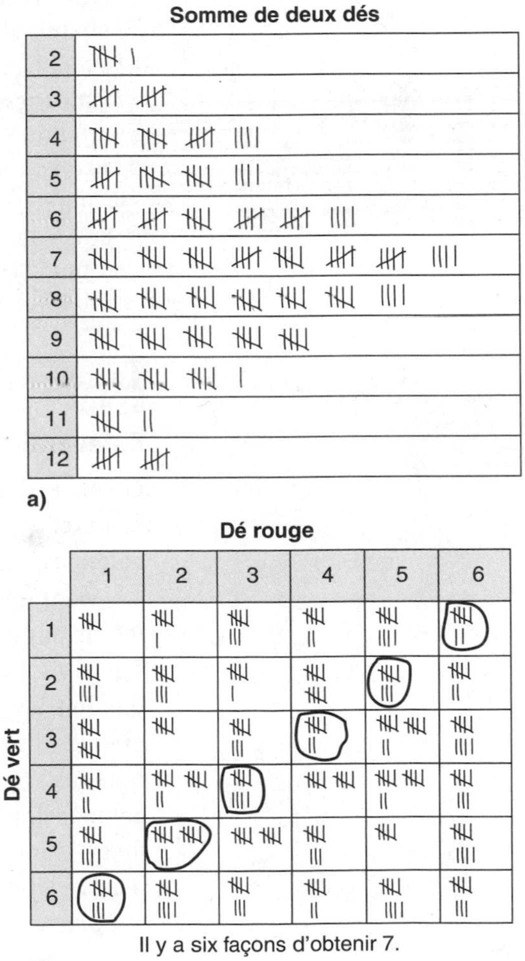

Somme de deux dés

2	Ж I
3	Ж Ж
4	Ж Ж Ж IIII
5	Ж Ж Ж IIII
6	Ж Ж Ж Ж Ж IIII
7	Ж Ж Ж Ж Ж Ж Ж IIII
8	Ж Ж Ж Ж Ж Ж IIII
9	Ж Ж Ж Ж Ж
10	Ж Ж Ж I
11	Ж II
12	Ж Ж

a)

Dé rouge

		1	2	3	4	5	6
Dé vert	1	Ж	Ж I	Ж III	Ж II	Ж III	(Ж)
	2	Ж IIII	Ж	Ж I	Ж	(Ж)	Ж II
	3	Ж IIII	Ж	Ж	(Ж)	Ж Ж II	Ж
	4	Ж II	Ж Ж	(Ж)	Ж Ж	Ж Ж	Ж
	5	Ж IIII	(Ж Ж)	Ж Ж	Ж	Ж	Ж IIII
	6	(Ж IIII)	Ж Ж	Ж	Ж II	Ж III	Ж III

Il y a six façons d'obtenir 7.

b)

FIGURE 12.5 ▲

Sur la feuille de pointage, on peut écrire a) seulement la somme ou b) les points de chaque dé.

nombre élevé de lancers de dés. Ces résultats sont écrits de deux façons : en *a* en fonction de la somme et en *b* en fonction du résultat de chaque dé.

En quatrième année, les élèves devraient commencer à faire des expériences à deux étapes. Toutefois, il serait surprenant qu'ils arrivent sans aide, même en cinquième ou en sixième année, à analyser avec précision tous les éléments de l'espace d'échantillon (comme dans la figure 12.5). Apprendre à interpréter des expériences à deux étapes n'est pas très important ; ce qui compte, c'est de laisser suffisamment de temps aux élèves pour qu'ils puissent faire les expériences et réfléchir aux résultats obtenus. Il est primordial d'encourager l'approche expérimentale, c'est-à-dire de faire des expériences et d'analyser les résultats, pour plusieurs raisons :

- Cette méthode est beaucoup plus intuitive. Les résultats ont généralement plus de sens pour les élèves que si on leur donne une règle abstraite.

- Les élèves risquent moins d'essayer simplement de deviner les probabilités. Vous pouvez, et vous devriez, leur demander d'évaluer approximativement celles-ci en se servant des résultats empiriques.

- Cette approche offre un contexte pour l'examen d'un modèle théorique. Lorsque vous commencez à comprendre que la combinaison « face et pile » se produit la moitié du temps plutôt que le tiers, l'explication semble plus raisonnable.

- Les élèves peuvent voir comment le rapport entre un résultat et le nombre total d'essais se rapproche d'un nombre fixe à mesure que le nombre d'essais augmente. (La convergence des résultats à long terme est abordée dans la section suivante de ce chapitre.)

- Cette façon de faire est beaucoup plus amusante et intéressante ! Chercher une explication est un défi, particulièrement lorsque le résultat obtenu diffère du résultat attendu.

Les deux prochaines activités sont des expériences à deux étapes. La plupart du temps, les résultats des expériences effectuées par les élèves diffèrent des prévisions initiales. Évitez d'expliquer les espaces d'échantillon. Encouragez plutôt les élèves à accumuler les résultats en procédant à un grand nombre de tirages. Si certains élèves se sentent capables de construire des espaces d'échantillon à partir de ces expériences, proposez-leur de le faire.

Activité 12.5

Enlever douze jetons

Ce jeu se joue à deux, avec deux dés. Chaque joueur a besoin d'une planche de jeu comprenant 13 colonnes numérotées (de 0 à 12) et de 12 jetons à placer dans les colonnes, comme l'indique la figure 12.6. Chaque joueur commence par placer les 12 jetons à sa guise dans les colonnes de la planche de jeu. Il peut mettre plusieurs jetons dans une même colonne, ou encore les placer tous dans une seule colonne. Toutefois, la majorité des élèves ont tendance à les répartir entre 2 et 12 colonnes. Une fois les jetons placés, les joueurs lancent les dés pour déterminer qui jouera en premier. Ils lancent ensuite les dés à tour de rôle et additionnent les deux nombres obtenus. Quand l'un d'eux récolte un nombre correspondant au numéro d'une colonne dans laquelle il a placé un ou plusieurs jetons, il en enlève un. L'autre joueur lance alors les dés, et la partie se poursuit jusqu'au moment où l'un des joueurs n'a plus de jetons sur sa planche de jeu.

Laissez les élèves jouer plusieurs parties, puis discutez avec eux de la façon dont ils ont posé les jetons et de ce qui a motivé leur choix. Quels nombres est-il possible d'obtenir (entre 2 et 12) ? Quels nombres est-il impossible d'obtenir (0 et 1) ? Certains nombres reviennent-ils plus souvent que d'autres (oui) ? Selon eux, pourquoi ?

Allouez suffisamment de temps aux élèves pour effectuer cette activité. Vérifiez s'ils remarquent que certains nombres reviennent plus souvent que d'autres. Ils noteront certainement que 2 et 12 sont «difficiles à obtenir». Réfléchir à cette observation peut les conduire à conclure qu'il y a une seule façon d'obtenir ces nombres. Vient ensuite naturellement la question: «Combien y a-t-il de façons d'obtenir les autres nombres?» Les élèves ne penseront pas nécessairement au fait qu'il est possible d'obtenir 2 et 5, par exemple, de deux façons différentes. Vous pouvez les y inciter en leur demandant d'utiliser des dés de deux couleurs.

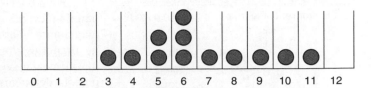

FIGURE 12.6 ▲

Planche de jeu pour le jeu des douze jetons. Chaque joueur place 12 jetons sur la planche. Quand vient son tour, le joueur retire un jeton si la somme des nombres des deux dés correspond au numéro d'une colonne de la planche contenant au moins un jeton. Le premier joueur qui retire tous ses jetons gagne la partie.

Activité 12.6

Pareil, pas pareil

Dans ce jeu, deux joueurs tirent d'un sac des jetons carrés ou des cubes de deux couleurs. Avant de commencer à jouer, l'un des joueurs prend le surnom de «Pareil» et l'autre celui de «Pas pareil». Chacun leur tour, ils pigent un jeton carré dans le sac. Si les deux jetons sont de couleurs identiques, «Pareil» marque un point. Si les deux jetons sont de couleurs différentes, c'est «Pas pareil» qui marque. Les joueurs remettent ensuite les jetons dans le sac pour le tour suivant. Le joueur qui marque le plus de points après 12 tours gagne la partie.

Faites jouer souvent les élèves à ce jeu en utilisant différentes combinaisons. Dites-leur de commencer avec deux jetons et deux couleurs de jetons, pour un total de quatre jetons (deux rouges et deux jaunes, par exemple), puis d'essayer d'autres combinaisons de deux couleurs, sans toutefois dépasser six jetons.

La question importante à se poser avec ce jeu est de savoir s'il est équitable. En d'autres mots, chaque joueur a-t-il la même probabilité de gagner? Pour la version 2 et 2 (deux jetons de chaque couleur), les élèves seront peut-être étonnés de constater que le joueur «Pas pareil» semble gagner plus souvent que son adversaire. À long terme, cette version du jeu favorise le joueur «Pas pareil» dans une proportion de 2 à 1. Beaucoup d'élèves attribuent ce résultat à la chance, alors que d'autres essaient de rendre ce jeu plus équitable en changeant de jetons. D'autres voudront peut-être découvrir pourquoi le jeu semble équitable avec certaines combinaisons, mais pas avec d'autres.

Cet exercice constitue un exemple intéressant, car il permet aux élèves d'examiner un problème compatible jusqu'à un certain point avec leurs intérêts et leurs habiletés. D'une part, ils aiment jouer à ce jeu et essayent généralement différentes combinaisons de couleurs. D'autre part, ils désirent trouver une explication logique pour les résultats obtenus.

PAUSE Avant de poursuivre votre lecture, voyez si vous pouvez déterminer tous les éléments de l'espace d'échantillon d'une situation avec deux jetons de chaque couleur et expliquer pourquoi le joueur «Pas pareil» gagne plus souvent. En guise d'indice, chaque échantillon possède 12 éléments, tous d'égale probabilité.

Résultats possibles   Résultats possibles
pour le premier tirage   pour le deuxième tirage

R — R Pareil
    J Pas pareil
    J Pas pareil

R — R Pareil
    J Pas pareil
    J Pas pareil

J — R Pas pareil
    R Pas pareil
    J Pareil

J — R Pas pareil
    R Pas pareil
    J Pareil

FIGURE 12.7 ▲

Analyse d'un diagramme en arbre illustrant le tirage de deux jetons successifs à partir d'un sac qui contient deux jetons rouges et deux jetons jaunes. Chaque branche complète montre un résultat de l'espace d'échantillon. Le résultat « Pareil » (les deux jetons sont de la même couleur) et le résultat « Pas pareil » (les deux jetons sont de différentes couleurs) ont chacun 12 branches.

Pour les élèves qui désirent savoir pourquoi l'activité « Pareil, pas pareil » n'est pas équitable dans sa version 2 et 2, vous pourriez utiliser un diagramme en arbre semblable à celui de la figure 12.7. La première rangée de branches présente tous les tirages possibles du premier jeton. La deuxième rangée montre les résultats possibles avec le deuxième jeton pigé. La deuxième rangée varie en fonction du résultat de la première. Si le premier joueur tire un jeton rouge, le second joueur n'a qu'une seule possibilité d'obtenir une correspondance; il doit lui aussi tirer un jeton rouge. Or, il a deux possibilités de tirer un jeton jaune, donc qu'il n'y ait pas correspondance.

Un diagramme en arbre permet à de jeunes élèves d'analyser les expériences à deux étapes, mais le nombre de résultats obtenus à chaque étape ne doit pas être trop élevé. Dans la version 2 et 2, il y a quatre résultats pour la première étape et trois résultats pour la seconde, soit 12 résultats en tout pour l'expérience combinée (4 × 3). S'il y a six jetons dans le sac, l'échantillon comptera 6 × 5, soit 30 éléments. Il n'est pas raisonnable d'aller au-delà.

Dans l'activité « Pareil, pas pareil », le résultat de la deuxième étape ou du second jeton pigé dépend du résultat de la première. Ce sont des événements *dépendants*. À l'inverse, lorsqu'on lance simultanément deux dés, le résultat obtenu pour chaque cube est indépendant l'un de l'autre. Ce sont des événements *indépendants*. Même si les joueurs jouent à « Pareil, pas pareil » sans supervision et tirent deux jetons en même temps, le résultat est le même que s'ils tiraient un jeton, puis un second. Toutefois, s'ils remettent le premier jeton dans le sac avant de tirer le second jeton, les deux tirages sont alors indépendants l'un de l'autre; le contenu du sac est le même pour chaque tirage. Les résultats de « Pareil, pas pareil » sont beaucoup plus prévisibles que la variante de cette activité, car tout sac contenant le même nombre de cubes de la même couleur donnera un jeu équitable. L'autre combinaison ne le sera pas. (Pouvez-vous dire pourquoi?)

Utilisez les diagrammes en arbre uniquement lorsque les résultats des expériences ont une probabilité égale. Prenons par exemple une expérience à deux étapes qui consiste à faire tourner la roulette ci-contre et à lancer une pièce de monnaie. Avec un diagramme en arbre dans lequel la première branche représente le résultat de la roulette, et la seconde, le résultat de la pièce de monnaie, la probabilité de prolonger le diagramme en arbre rouge est deux fois plus élevée que celle de prolonger le diagramme en arbre jaune ou bleu. Dans un tel cas, pour que le diagramme en arbre soit correct, il vous faudrait faire deux branches pour représenter la section rouge. Vers le début du secondaire, les élèves apprendront à déterminer les probabilités de chaque segment d'un diagramme en arbre et à les multiplier pour obtenir les probabilités pour chaque branche complète.

Les probabilités théoriques

La plupart du temps, il est possible de déterminer les probabilités des résultats en analysant l'expérience. Par exemple, nous sommes tous convaincus qu'en lançant en l'air une pièce de monnaie non truquée, la probabilité qu'elle retombe sur le côté face est $\frac{1}{2}$. Cette probabilité est la *probabilité théorique*, et, pour un événement donné, elle correspond à la proportion de l'espace d'échantillon définie par cet événement. On détermine la probabilité théorique par une analyse de l'événement lui-même, sans considérer les expériences antérieures qui peuvent avoir été faites. Lorsque tous les événements d'un échantillon ont la même probabilité, autrement dit qu'elles sont équiprobables, la probabilité théorique peut être définie de la manière suivante :

$$\frac{\text{Nombre de résultats associés à l'événement}}{\text{Nombre de résultats de l'espace d'échantillon}}$$

Les programmes de la quatrième à la sixième année exigent peut-être d'utiliser des fractions pour décrire la probabilité d'un événement. Il s'agit là d'une application immédiate des concepts sur les fractions. Le nombre de résultats de l'espace d'échantillon correspond au tout, tandis que le nombre de résultats associés à l'événement constitue une partie; la probabilité représente la fraction partie/tout correspondante. Si l'on veut décrire les probabilités sous forme de fractions, il est essentiel de définir clairement les éléments, ou résultats, de l'espace d'échantillon et le nombre de ces éléments associés à un événement donné.

Dans le jeu des douze jetons, nous avons vu que, dans le cas du lancer de deux dés, l'espace d'échantillon contient 36 éléments, dont 6 correspondent à l'événement « la somme est 7 ». La probabilité d'obtenir 7 en lançant deux dés est donc $\frac{6}{36}$, ou $\frac{1}{6}$. Seulement 4 résultats sont associés à l'événement « la somme est 5 »; la probabilité d'obtenir 5 en lançant deux dés est donc $\frac{4}{36}$, ou $\frac{1}{9}$.

Le diagramme en arbre du jeu des douze jetons (figure 12.7) possède 12 branches, et la même probabilité est associée à chacune. L'espace d'échantillon contient donc 12 résultats, dont 4 seulement sont associés à l'événement « Pareil ». La probabilité de cet événement est donc $\frac{4}{12}$, ou $\frac{1}{3}$; la probabilité de l'événement « Pas pareil » est $\frac{8}{12}$, soit le double. C'est là l'explication mathématique du fait que « Pas pareil » gagne environ deux fois plus souvent.

Il est également possible de déterminer la probabilité théorique de certaines expériences dont les différents résultats n'ont pas la même probabilité. Si l'on prend une roulette dont une moitié est rouge, un quart est vert et l'autre est jaune, par exemple, nous pouvons mesurer la probabilité théorique que l'aiguille de la roulette s'arrête sur chaque couleur. Si l'on utilise une seule roulette, la probabilité d'obtenir un secteur donné correspond à la fraction de la roulette que représente ce secteur.

Les élèves devraient pouvoir déterminer assez facilement les probabilités théoriques associées à des expériences à une étape, par exemple tirer un jeton d'un sac, faire tourner une roulette ou lancer un seul dé. Nous avons déjà souligné qu'il est souvent plus difficile de calculer les probabilités dans le cas d'expériences à deux étapes. Il faut en effet tenir compte à la fois de tous les résultats des deux espaces d'échantillon et des résultats correspondant à l'événement considéré. Voici deux autres expériences à deux étapes que vous pourriez peut-être explorer avec vos élèves. Faites-leur rassembler des données, comme d'habitude, en réalisant les expériences avant d'essayer de déterminer quelque probabilité théorique que ce soit.

Un sac contient 10 jetons carrés: 1 rouge, 2 jaunes, 3 verts et 4 bleus. L'expérience consiste à tirer un seul jeton et à lancer un dé équilibré. Quelle est la probabilité de tirer un jeton jaune et d'obtenir plus de 2 points en lançant le dé?

Vous êtes retenu prisonnier dans un pays lointain. Le roi a décidé de vous offrir une chance de vous évader. Il vous montre le labyrinthe illustré à la figure 12.8. À chaque carrefour, vous devez lancer une roulette et suivre la direction indiquée par le pointeur. Vous pouvez demander qu'on place la clé qui vous rendra votre liberté sur l'une ou l'autre de deux pièces. Quelle pièce devriez-vous choisir pour avoir le maximum de chances de retrouver votre liberté?

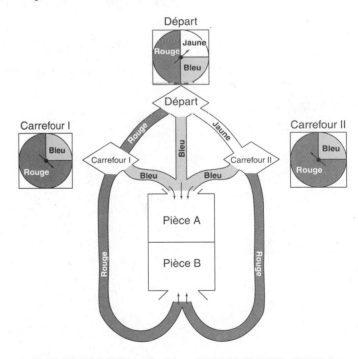

FIGURE 12.8 ▲

Devriez-vous demander qu'on place la clé qui vous rendra la liberté dans la pièce A ou la pièce B? À chaque carrefour, vous devez suivre la direction indiquée par le pointeur de la roulette.

Les deux problèmes précédents constituent des expériences à deux étapes. L'un porte sur des événements dépendants, et l'autre, sur des événements indépendants.

PAUSE Déterminez l'espace d'échantillon pour chacun des problèmes énoncés ci-dessus. Nous vous suggérons de construire un diagramme en arbre pour chaque cas.

En théorie, le diagramme en arbre associé à l'expérience avec les jetons et le dé comprend 60 branches représentant des résultats équiprobables. Il n'est toutefois pas vraiment nécessaire de dessiner toutes les branches. Si les branches principales correspondent aux 10 jetons, seulement les 2 branches jaunes sont importantes pour l'événement sur lequel porte la question. Chacune des 8 autres branches se subdivise en 6 branches secondaires, mais elles n'ont rien à voir avec l'événement «tirer un jeton jaune et obtenir plus de 2 points avec le dé». Le nombre total de branches est 60 et, parmi les subdivisions des 2 branches correspondant au tirage d'un jeton jaune, seulement 4 branches se terminent par un nombre de points égal ou supérieur à 3. Donc, 8 des 60 résultats possibles appartiennent à l'événement «tirer un jeton jaune et obtenir plus de 2 points avec le dé». La probabilité de ce dernier est donc $\frac{8}{60}$, soit $\frac{2}{15}$.

Dans le cas du problème du prisonnier, vous devriez imaginer que chaque roulette est divisée en quarts. Vous pourrez ainsi construire un diagramme en arbre où toutes les branches représentent des résultats équiprobables et où une branche est associée à chaque quart de chaque roulette. Cette façon d'envisager l'espace d'échantillon donne au total 16 branches représentant des résultats équiprobables. Il est à noter que si le bleu sort en premier, le prisonnier doit aller directement dans la pièce A. Cependant, pour que toutes les branches correspondent à des événements équiprobables, une roulette entièrement bleue (4 quarts) doit suivre un résultat initial bleu. Les probabilités associées aux deux pièces sont très proches l'une de l'autre: $\frac{7}{16}$ et $\frac{9}{16}$.

Les résultats associés à un petit nombre et à un grand nombre d'essais

Supposons que vous lanciez une pièce de monnaie 100 fois, et que vous obteniez 56 fois face et 44 fois pile. Lors de cette expérience, la fréquence relative de l'événement face est $\frac{56}{100}$. En général, la *fréquence relative* d'un événement est:

$$\frac{\text{Nombre d'occurrences observées}}{\text{Nombre total d'essais}}$$

Si vous lanciez de nouveau la pièce de monnaie 100 fois, la fréquence relative pourrait descendre sous $\frac{1}{2}$, voire à $\frac{93}{200}$. Si vous la lanciez 1 000 fois, vous vous attendriez à ce que la fréquence relative soit très proche de $\frac{1}{2}$, mais vous seriez peut-être surprise qu'elle soit exactement de $\frac{500}{1\,000}$. Les fractions $\frac{56}{100}$, $\frac{93}{200}$ et $\frac{489}{1\,000}$ sont comparables à des rapports entre une partie et le tout, même si le tout est chaque fois différent (100, 200 et 1 000). Il est à noter que dans ces fractions le nombre de «face» est de plus en plus éloigné de la moitié (4, 7, 11), mais les rapports correspondants s'en rapprochent (56 %, 46,5 %, 48,9 %).

La probabilité expérimentale

La fréquence relative d'un événement est aussi appelée *probabilité expérimentale* de l'événement. La fréquence relative, ou probabilité expérimentale, d'un événement sera d'autant plus proche de sa probabilité réelle que le nombre d'essais sera élevé. Inversement, si la probabilité expérimentale est établie à partir d'un petit nombre d'essais, on ne peut être certain que ce rapport soit voisin de la probabilité réelle.

On se sert de roulettes, de dés et de jetons carrés contenus dans un sac pour réfléchir sur les probabilités. Les choses sont toutefois bien différentes dans la vie réelle, où on utilise les probabilités pour estimer les chances que surviennent des événements complexes. C'est sur de tels calculs qu'on s'appuie pour prévoir la probabilité qu'une tornade s'abatte sur une région ou celle qu'augmente la valeur d'actions cotées en Bourse. On procède de la même façon pour déterminer la durée de vie d'une ampoule (c'est-à-dire le nombre d'heures durant lequel elle émettra de la lumière). Dans le cas d'événements aussi complexes, on réalise généralement un grand nombre d'expériences et l'on utilise la fréquence relative de l'événement comme approximation de sa probabilité réelle.

La définition de la fréquence relative comporte un rapport. On compare les rapports obtenus après 10 essais, 100 essais et 100 000 essais. Comparer des rapports associés à des touts différents (dans ce cas, le nombre d'essais) exige un raisonnement fondé sur les proportions. Or, selon diverses recherches, les jeunes élèves ont de la difficulté à saisir ce concept. C'est pourquoi il est préférable d'éviter d'aborder cette question avant la sixième année, et uniquement en faisant appel à des expériences auxquelles les élèves trouvent un certain sens. Il est cependant possible d'élaborer les concepts de fraction en fonction d'un tout unique ou *d'une unité* : un cercle, une tablette de friandise, un segment ou une unité sur la droite numérique.

La comparaison des résultats en fonction du nombre d'essais

La comparaison de représentations visuelles peut aider les élèves à comprendre le fait que la fréquence relative d'un événement se rapproche d'une probabilité donnée à mesure que le nombre d'essais augmente. Les deux prochaines activités seront utiles pour saisir cette notion difficile.

Activité 12.7

Vérifier une théorie

Préparez un transparent de la feuille reproductible 40, « Quelle est la probabilité ? ». Formez des équipes de deux élèves et distribuez-leur une roulette dont la moitié du fond est rouge et l'autre bleue. La tâche consiste à reconnaître que la probabilité est de $\frac{1}{2}$. Indiquez le point $\frac{1}{2}$ sur une ligne de probabilité représentant un continuum *Impossible - Certain* et tracez une ligne verticale qui coupe toutes les droites parallèles tracées en dessous de ce point. Demandez ensuite à chaque équipe de faire tourner leur roulette une fois. Préparez un tableau de dénombrement et écrivez les premiers résultats obtenus. Faites-les tourner la roulette 20 fois au total et notez les résultats. Marquez le résultat des 20 tours sur la deuxième droite. Par exemple, si le résultat obtenu est 13 fois sur le bleu et 7 fois sur le rouge, placez une marque à environ 13 sur une droite numérique graduée de 0 à 20. Si le résultat de ces 20 tours n'était pas exactement 10 et 10, discutez des raisons qui pourraient l'expliquer.

Dites maintenant aux équipes de faire tourner leur roulette 10 fois de plus. Notez ces résultats et ajoutez-les sur les tableaux de dénombrement avec ceux des 20 premières rotations de la roulette. Le total devrait être un multiple de 10. Écrivez ce total dans la case droite de la troisième droite et écrivez encore une fois sur la droite le nombre indiquant combien de fois l'aiguille de la roulette s'est arrêtée sur le bleu. Répétez l'opération au moins deux fois et continuez d'additionner les résultats de chaque nouveau tour de la roulette aux résultats précédents. Chaque fois, écrivez le total dans la case droite pour créer une nouvelle droite numérique, mais de même longueur que les autres. Si possible, essayez de faire au moins 1 000 tours de roulette au total en combinant les résultats de toute la classe.

FR 40

Les droites numériques utilisées dans l'activité «Vérifier une théorie» possèdent la même longueur et représentent le nombre total d'essais effectués. Si l'on indiquait les résultats sur la même droite numérique, chaque position permettrait de visualiser cette fraction par rapport au nombre total de tours représentés par la droite tout entière. Si vous essayez d'être très précise (par exemple, en utilisant une règle graduée en centimètres), vous remarquerez que les repères consécutifs se rapprocheront de plus en plus de la ligne verticale que vous avez tracée précédemment pour marquer $\frac{1}{2}$. Notez que les 240 tours de roulette à l'issue desquels l'aiguille s'est arrêtée sur le bleu sur 500 représentent 48%, c'est-à-dire très près de la moitié. Le résultat est très serré avec seulement 20 tours de roulette de plus s'arrêtant sur le rouge (260). Un résultat aussi serré avec 100 tours donnerait 48 et 52. Avec de plus grands nombres, les marques se rapprocheront beaucoup de la droite que vous avez tracée. Si vous dessinez au tableau des droites beaucoup plus longues (par exemple, des droites de 2 m de long chacune), les résultats de l'activité «Vérifier une théorie» seront encore plus impressionnants. Il deviendra alors plus clair que les rapports se rapprochent de la demie.

Pour les élèves qui ont abordé l'étude des pourcentages et des fractions, l'activité «Vérifier une théorie» fournit une excellente occasion d'utiliser ces modes de représentation qui sont nouveaux pour eux. Au lieu d'écrire des fractions ordinaires sur chaque droite numérique, suggérez-leur d'exprimer les résultats sous forme de fractions décimales ou de pourcentages (ou les deux). Il est alors beaucoup plus facile de repérer les nombres sur la droite numérique. Au fur et à mesure que le nombre d'essais augmente, seules les deuxième ou troisième décimales varient d'une droite numérique à la suivante, et cette variation est à peine perceptible sur la droite. Profitez-en pour discuter de la valeur de position dans un contexte réel.

Nous vous suggérons d'utiliser une roulette pour l'activité «Vérifier une théorie», car il s'agit de l'instrument le plus facile à utiliser pour déterminer la probabilité théorique. Cependant, les roulettes sont parfois imprécises, notamment parce qu'elles sont manipulées inadéquatement ou déformées. Il est possible et recommandé de faire la même expérience avec d'autres instruments, par exemple un sac contenant deux exemplaires d'objets de quatre couleurs différentes. Dans ce cas, chaque droite représenterait la probabilité pour chaque couleur. Vous pouvez également utiliser un dé pour l'événement «nombre impair».

À propos des TIC

Il est facile de trouver des logiciels permettant d'explorer les concepts de probabilités. Il s'agit généralement de dispositifs aléatoires animés par ordinateur et affichés à l'écran sous forme de représentations graphiques. Ces dispositifs consistent, par exemple, à lancer une pièce de monnaie ou à faire tourner une roulette. Généralement, le joueur peut régler la vitesse. Dans la version lente, on observe chaque lancer. À une vitesse plus élevée, seul l'enregistrement du résultat de chaque essai apparaît à l'écran, sans représentation graphique. Enfin, à la vitesse la plus élevée, l'écran affiche uniquement les résultats cumulatifs. L'utilisateur peut aussi régler le nombre d'essais et, avec certains logiciels, le dispositif aléatoire (par exemple, le nombre de couleurs sur la roulette ou les nombres sur le dé). Parmi les logiciels convenant à des élèves de la troisième à la sixième année, notons *E-Tools* (2004) de Scott Foresman et *Probability* (1996) d'Edmark.

Les outils informatiques ont surtout l'avantage de générer rapidement les résultats d'un grand nombre d'essais. Cependant, il importe de comprendre que les résultats affichés n'ont ni plus ni moins de valeur que ceux des expériences concrètes correspondantes. Ne vous limitez jamais à l'emploi de logiciels: il est important que les élèves réalisent eux-mêmes des expériences concrètes.

L'activité suivante est similaire à l'activité «Vérifier une théorie», mais dans ce cas on ne peut déterminer la probabilité théorique.

Activité 12.8

Estimer une probabilité expérimentale

Cette activité a pour but d'estimer la probabilité d'un événement dont il est impossible de déterminer la probabilité théorique. Placez les élèves deux par deux et demandez-leur de rassembler des données sur la fréquence à laquelle on peut s'attendre qu'une punaise retombe avec la pointe tournée vers le haut. Chaque équipe a besoin de cinq punaises et d'une boîte munie d'un couvercle. Toute la classe doit utiliser des punaises identiques.

Utilisez la feuille reproductible dont vous vous êtes servie pour l'activité 12.7. Montrez aux élèves les deux façons dont une punaise peut atterrir sur une surface plane. Quand ils auront fait quelques essais avec leurs punaises, laissez-les décider à quel endroit sur la première droite ils devraient situer la probabilité qu'une punaise retombe avec la pointe tournée vers le haut. Demandez ensuite à quatre élèves de secouer leur boîte de punaises et de compter le nombre de punaises dont la pointe est tournée vers le haut. Faites un tableau de dénombrement semblable à celui de l'activité précédente et indiquez les points correspondants sur la droite 0-20. Dites aux élèves de rassembler les données pour dix punaises de plus, en secouant deux fois une boîte de cinq punaises. Consignez les résultats dans le tableau de dénombrement et sur la troisième droite numérique. Continuez à recueillir des données en employant un nombre de punaises toujours plus grand; notez les résultats cumulatifs sur les droites successives.

Vous devriez pouvoir faire 1 000 essais assez rapidement, voire 1 500 ou 2 000. Déterminez avec les élèves à quel endroit sur la première droite devrait se situer la marque correspondant à cette probabilité, et pourquoi. Tracez une ligne verticale à partir de ce point qui coupera les autres droites numériques. Les marques situées près du bas de la page devraient être situées très près de cette ligne.

La différence entre les activités 12.7 et 12.8 réside dans la possibilité de déterminer une probabilité théorique. Dans le premier cas, on compare les résultats observés aux résultats attendus, c'est-à-dire à la probabilité théorique. Dans le second, les résultats d'un nombre d'essais de plus en plus grand devraient converger vers une valeur unique, s'en rapprocher, cette valeur représentant une estimation de la probabilité réelle.

Vous pourriez refaire l'activité «Estimer une probabilité expérimentale» avec d'autres objets que des punaises, et observer la position qu'ils ont prise en retombant sur le sol après les avoir lancés en l'air. Prenez, par exemple, des petits gobelets en plastique (sur le côté, à l'endroit, à l'envers), des cuillers en plastique (à l'envers, à l'endroit), ou des guimauves (côté rond ou côté plat). (Il est à noter que les résultats varient selon qu'on lance de grosses ou de petites guimauves.)

Vous pouvez appliquer à d'autres situations cette méthode qui consiste à répéter une expérience un grand nombre de fois. Par exemple, les élèves peuvent ouvrir un annuaire à n'importe quelle page, pointer un nom au hasard et dénombrer le nombre de lettres de divers noms de famille. Quelle est la probabilité qu'un nom contienne cinq lettres ou moins? Une autre expérience consiste à lancer un avion en papier et à déterminer la probabilité qu'il plane sur une distance d'au moins 4,5 m. Pour la collecte des données, fabriquez plusieurs avions identiques et demandez aux élèves d'essayer de les lancer tous de la même façon.

Discutez avec les élèves de la possibilité d'appliquer la même méthode à des événements qui se répètent dans le temps, mais qu'il est difficile de recréer en classe. Par exemple, quelle est la probabilité d'être frappé par la foudre? Celle que le prochain feu de circulation passe au rouge? Celle que le téléphone sonne pendant le souper? Dans tous ces cas, il est possible de rassembler des données sur une longue période par l'observation plutôt que par l'expérimentation. Les chercheurs qui tentent de répondre à des questions de ce type combinent souvent des données fournies par des sondages effectués auprès d'un grand nombre de personnes au lieu d'utiliser une source unique sur une longue période. Cela ressemble à la conduite de sondages qu'on ferait en interrogeant des élèves de la classe. Le but de la discussion est d'intégrer la science des probabilités à la vie réelle.

À propos de l'évaluation

Il est important de faire saisir aux élèves qu'on obtient de meilleurs résultats en collectant des données au moyen d'un grand nombre d'essais plutôt que d'un petit nombre. Il est cependant difficile de poser des questions à ce sujet sans que les enfants ne jouent à «deviner ce que l'enseignante veut savoir». Présentez donc la situation suivante et demandez-leur d'écrire leurs idées.

Léa fait tourner la roulette dix fois. Le bleu sort trois fois et le rouge sept fois. Charlotte dit qu'il y a 3 chances sur 10 d'obtenir le bleu. Anne-Sophie fait tourner la même roulette 100 fois. Le bleu sort 53 fois et le rouge 47 fois. Selon Anne-Sophie, la probabilité d'obtenir le bleu avec cette roulette est à peu près égale.

Sel on vous, qui a le plus de chance d'avoir raison: Léa ou Anne-Sophie? Expliquez. Faites un dessin de la roulette qu'elles pourraient avoir utilisée.

Essayez de voir dans les réponses de vos élèves s'ils comprennent que 10 essais ne constituent pas un nombre fiable pour établir une probabilité, mais que 100 essais donnent des résultats plus sûrs.

Rappelez-vous la première idée à retenir de ce chapitre: le hasard n'a pas de mémoire. Pour conclure ce chapitre sur la probabilité, vous devriez vérifier si les élèves ont compris ce principe, et ce, même si les activités proposées ne l'abordaient pas explicitement. Demandez aux élèves d'analyser, par écrit ou oralement, la situation suivante:

Thomas a une pièce de monnaie chanceuse qu'il lance plusieurs fois. Il est certain que cette pièce n'est pas truquée, c'est-à-dire que la probabilité qu'elle retombe sur le côté pile est égale à celle qu'elle retombe du côté face. Thomas lance sa pièce six fois et elle tombe six fois de suite sur le côté face. Thomas est persuadé que, la prochaine fois, elle tombera sur le côté pile, car sa pièce n'est jamais retombée sept fois de suite sur le côté face. Selon vous, quelle est la probabilité que la pièce de Thomas tombe sur le côté pile lors du lancer suivant? Justifiez votre réponse.

Cette histoire vous permet d'aborder l'idée que chaque lancer est indépendant des lancers précédents. Comme nous le mentionnions précédemment, ne soyez pas surprise si les élèves sont aussi convaincus que Thomas que le prochain résultat sera pile. Beaucoup d'adultes commettraient également la même erreur.

MODÈLE DE LEÇON

Vérifier la conception des sacs de jetons

Activité 12.3, p. 366

NIVEAU : De la quatrième à la sixième année.

OBJECTIFS MATHÉMATIQUES
- Approfondir l'idée que certains événements sont plus probables que d'autres.
- Amener les élèves à réaliser que lorsqu'ils effectuent plusieurs essais dans le cadre d'une expérience simple, le résultat d'un essai donné est totalement indépendant du résultat des essais antérieurs.
- Déterminer que les résultats d'une expérience peuvent varier considérablement selon qu'on réalise un petit nombre ou un grand nombre d'essais.

CONSIDÉRATIONS PÉDAGOGIQUES
Vous avez déjà présenté aux élèves la notion de probabilité décrite dans le texte avant l'activité 12.2, intitulé «Concevoir un sac de jetons». Ils doivent avoir réalisé cette activité en utilisant tous la même marque sur la ligne de probabilité. Dans la présente leçon, on suppose que cette marque se situe aux alentours de 20 %.

MATÉRIEL ET PRÉPARATION
- Rassemblez et montrez les sacs conçus par les élèves lors de l'activité 12.2.
- Distribuez un sac à repas et des jetons carrés (carreaux algébriques) de différentes couleurs à chaque équipe de deux élèves.

Leçon

AVANT L'ACTIVITÉ

Faire des prédictions
- Demandez aux élèves d'expliquer leurs raisonnements quant au nombre de jetons carrés de chaque couleur qu'ils ont mis dans le sac lors de l'activité «Concevoir un sac de jetons». Certains d'entre eux croient peut-être que les couleurs des jetons qui ne sont pas de la couleur choisie ont de l'importance; il est donc nécessaire de discuter de ce point. N'émettez aucune opinion et ne commentez pas les idées exprimées. Choisissez un sac qui semble faire l'unanimité dans le cas de la marque de 20 % et dites aux élèves de le remplir comme on leur suggère de le faire.
- Demandez aux élèves ce qui se produira, selon eux, s'ils font dix essais en tirant un jeton carré du sac et en l'y remettant après chaque tirage. Combien de jetons de la couleur choisie s'attendent-ils à sortir? Incitez les élèves à discuter de leurs raisonnements.

Préparer la tâche
- Les élèves doivent faire l'expérience en se servant d'un sac conçu de manière à ce que la probabilité de tirer une couleur donnée soit d'environ 20 %. (La marque sur la ligne de probabilité indique le pourcentage ciblé.)

Fixer des objectifs
- Après avoir rempli le sac conformément à la façon initialement prévue, les élèves en secouent le contenu, puis ils tirent un jeton carré. S'il est de la couleur choisie, ils font une marque dans la rangée correspondant à *Oui*; sinon, ils font une marque dans la rangée intitulée *Non*. Ils doivent replacer le jeton dans le sac et le secouer de nouveau. Ils refont le même essai dix fois et doivent être prêts à discuter des résultats.

* Assurez-vous que les élèves replacent le jeton carré dans le sac avant chaque tirage.
* Vérifiez s'ils écrivent correctement le résultat après avoir tiré un jeton.
* Interrogez les élèves sur les résultats qu'ils viennent d'obtenir. Par exemple, que pensent-ils quand ils tirent plusieurs fois de suite un jeton de la même couleur ?

APRÈS L'ACTIVITÉ

* Discutez avec toute la classe des résultats obtenus par les différentes équipes. Correspondent-ils aux résultats attendus ? Les équipes qui ont fait un petit nombre d'essais obtiendront des résultats surprenants.

* En vous servant des résultats recueillis par ces équipes, discutez de différentes idées. Par exemple, le fait de tirer un jeton carré rouge sept fois de suite influerait-il sur la probabilité de tirer de nouveau un jeton rouge à l'essai suivant ?
* Construisez un grand tableau de dénombrement représentant les données rassemblées par toutes les équipes, comme celui qui est illustré ci-dessous. Arrêtez-vous pour discuter des données pendant que les élèves font part de leurs résultats. Il devrait y avoir beaucoup plus de non que de oui. La discussion peut alors aider les élèves à se rendre compte que s'ils répètent l'expérience un grand nombre de fois, la probabilité de tirer une couleur donnée correspondra sensiblement à ce qui a été prédit. S'ils ont exploré les pourcentages, il est bon que vous vous arrêtiez après avoir rassemblé les données de 10 élèves (100 essais) ou de 20 élèves (200 essais), car les sommes se prêtent alors à des calculs simples de pourcentages.

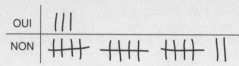

À PROPOS DE L'ÉVALUATION

* Le fait de vérifier en équipe la conception d'un sac fait entrevoir aux élèves que, dans le cas d'un petit nombre d'essais, les probabilités ne constituent pas nécessairement des prédictions infaillibles. Comment réagissent-ils lorsqu'ils obtiennent des résultats inattendus ?
* Le diagramme représentant les données de toute la classe peut aider les élèves à comprendre le concept difficile selon lequel une probabilité tend vers la valeur espérée à mesure que le nombre d'essais augmente. Cependant, cette idée fait intervenir la comparaison de rapports correspondant à un petit nombre d'essais et de rapports associés à un grand nombre d'essais. Par exemple, le résultat après 15 tentatives pourrait être 36 sur un total de 150. Les élèves auront du mal à établir une comparaison avec 3 sur un total de 10 ou 43 sur un total de 200.

Étapes suivantes

* Vous pouvez, et vous devriez, reprendre les activités connexes « Concevoir un sac de jetons » et « Vérifier la conception des sacs de jetons » en plaçant deux ou trois autres repères sur la ligne de probabilité. Faites des repères voisins de $\frac{1}{3}$, de $\frac{1}{2}$ et de $\frac{3}{4}$. Vous choisirez peut-être d'assigner des marques différentes à diverses équipes afin de pouvoir comparer les conceptions et les résultats correspondants au cours de la discussion. Il est alors utile de procéder sensiblement au même nombre d'essais pour chaque sac réalisé.

* Si vous pensez que les élèves ont besoin de revoir les notions mises de l'avant dans la présente leçon, demandez-leur de remplacer le sac contenant des jetons carrés par une roulette. Cela vous permettra de revenir sur le concept tout en faisant des choses différentes. Avec la roulette, il est possible de voir quelle portion du tout est attribuée à chaque couleur, ou résultat, ce qui constitue une représentation visuelle des probabilités.

PRINCIPES ET NORMES DES MATHÉMATIQUES SCOLAIRES

Normes relatives au contenu et objectifs par niveaux

NOMBRES ET OPÉRATIONS

NORMES

Les programmes du préscolaire à la douzième année[1] devraient permettre aux élèves de:

Comprendre les nombres, divers modes de représentation des nombres, des relations entre les nombres et les systèmes numériques.

Comprendre le sens des opérations et les relations entre celles-ci.

DU PRÉSCOLAIRE À LA DEUXIÈME ANNÉE

Objectifs

Tous les élèves du préscolaire à la deuxième année devraient être capables de:

- Dénombrer avec exactitude et reconnaître «combien» il y a d'objets dans un ensemble.
- Utiliser divers modèles pour acquérir une première compréhension de la valeur de position et du système de numération en base dix.
- Comprendre la position relative et la grandeur des nombres entiers, de même que celles des nombres ordinaux et cardinaux et des relations qu'ils entretiennent.
- Acquérir le sens des nombres entiers, représenter et utiliser ceux-ci de manière flexible, notamment en établissant des liens entre les nombres et en composant et en décomposant des nombres.
- Établir des liens entre les mots-nombres et les symboles de nombres, d'une part, et les quantités qu'ils représentent, d'autre part, à l'aide de divers modèles concrets et de différentes représentations.
- Comprendre et représenter les fractions d'usage courant, comme $\frac{1}{4}$, $\frac{1}{3}$ et $\frac{1}{2}$.

- Comprendre différentes significations de l'addition et de la soustraction de nombres entiers, de même que la relation entre ces deux opérations.
- Comprendre les effets de l'addition et de la soustraction de nombres entiers.
- Comprendre les situations qui exigent l'emploi de la multiplication ou de la division, comme la formation de groupes égaux d'objets et le partage en parts égales.

DE LA TROISIÈME À LA CINQUIÈME ANNÉE

Objectifs

Tous les élèves de la troisième à la cinquième année devraient être capables de:

- Comprendre la valeur de position dans le système de numération en base dix; représenter et comparer des nombres entiers et décimaux.
- Reconnaître des représentations équivalentes d'un même nombre et créer de telles représentations en décomposant ou en composant des nombres.
- Réaliser que les fractions expriment les parties d'un tout unitaire ou d'un ensemble, de même que les segments d'une droite numérique et la division de nombres entiers.
- Employer des modèles, des points de repère et des formes équivalentes afin d'évaluer la grandeur de fractions.
- Reconnaître et créer des formes équivalentes des fractions, des nombres décimaux et des pourcentages d'usage courant.
- Explorer les nombres inférieurs à 0 en prolongeant la droite numérique et au moyen d'applications d'usage courant.
- Décrire des classes de nombres en fonction de caractéristiques, notamment la nature de leurs facteurs.

- Comprendre diverses significations de la multiplication et de la division.
- Comprendre les effets de la multiplication et de la division de nombres entiers.
- Établir des liens entre les relations entre les opérations, comme le fait que la division est l'inverse de la multiplication, et utiliser ces relations pour résoudre des problèmes.
- Comprendre et employer certaines propriétés des opérations, comme la distributivité de la multiplication par rapport à l'addition.

---

1. *Note de l'éditeur:* Pour les correspondances de niveaux scolaires, voir le tableau qui se trouve dans l'avertissement, après l'avant-propos à l'adaptation française. Rappelons que la correspondance entre les niveaux et les objectifs énumérés ici est propre au NCTM et peut différer au Canada, selon les niveaux.

Calculer avec aisance et faire des approximations satisfaisantes.

- Acquérir des méthodes de calcul et les utiliser avec des nombres entiers, en mettant l'accent sur l'addition et la soustraction.
- Former aisément des combinaisons numériques de base pour additionner et soustraire.
- Employer diverses méthodes et différents outils de calcul, notamment pour dénombrer des objets, calculer mentalement, effectuer des approximations, faire des exercices papier-crayon et utiliser une calculatrice.

NORMES

Les programmes du préscolaire à la douzième année devraient permettre aux élèves de :

Comprendre les nombres, divers modes de représentation des nombres, des relations entre les nombres et les systèmes numériques.

DE LA SIXIÈME À LA HUITIÈME ANNÉE

Objectifs

Tous les élèves de la sixième à la huitième année devraient être capables de :

- Faire preuve de flexibilité dans l'emploi de fractions, de nombres décimaux et de pourcentages pour résoudre des problèmes.
- Comparer et ordonner de manière efficace des fractions, des nombres décimaux et des pourcentages; déterminer approximativement où se situent des valeurs de ce type sur une droite numérique.
- Comprendre les pourcentages supérieurs à 100 ou inférieurs à 1.
- Comprendre les rapports et les proportions et les utiliser pour représenter des relations quantitatives.
- Comprendre les grands nombres, reconnaître et utiliser de façon appropriée les notations exponentielle et scientifique ainsi que la notation d'usage des calculatrices.
- Utiliser des facteurs, des multiples, la factorisation en nombres premiers et des nombres premiers entre eux pour résoudre des problèmes.
- Acquérir le sens des entiers et utiliser ces nombres pour représenter et comparer des quantités.

- Construire avec aisance des combinaisons numériques de base pour multiplier et diviser; employer ces combinaisons pour faire mentalement des opérations, telles que 30×50.
- Effectuer avec aisance des opérations d'addition, de soustraction, de multiplication et de division sur des nombres entiers.
- Élaborer et utiliser des méthodes d'approximation du résultat d'opérations sur des nombres entiers et juger de la vraisemblance des résultats obtenus.
- Élaborer et utiliser des méthodes d'approximation de calculs sur des fractions et des nombres décimaux dans le contexte de situations reliées à leur expérience.
- Employer des représentations visuelles, des repères et des formes équivalentes pour additionner et soustraire des fractions et des nombres décimaux d'usage courant.
- Choisir des méthodes appropriées pour effectuer des opérations sur des nombres entiers; choisir les outils adéquats, tels le calcul mental, l'approximation, la calculatrice ou le calcul papier-crayon, selon le contexte et la nature des opérations à effectuer; employer la méthode ou l'outil choisi.

DE LA NEUVIÈME À LA DOUZIÈME ANNÉE

Objectifs

Tous les élèves de la neuvième à la douzième année devraient être capables de :

- Comprendre de façon plus approfondie des très grands nombres et des très petits nombres, ainsi que diverses représentations de tels nombres.
- Déterminer les similarités et les différences entre les propriétés des nombres et des systèmes numériques, notamment pour les nombres rationnels et les nombres réels. Comprendre les nombres complexes en tant que solutions d'équations quadratiques ne possédant pas de solution réelle.
- Comprendre les vecteurs et les matrices en tant que systèmes possédant certaines propriétés du système des nombres réels.
- Utiliser des éléments de la théorie des nombres pour justifier des relations entre nombres entiers.

NOMBRES ET OPÉRATIONS (SUITE)

NORMES

Les programmes du préscolaire à la douzième année devraient permettre aux élèves de:

Comprendre le sens des opérations et les relations entre celles-ci.

Calculer avec aisance et faire des approximations satisfaisantes.

DE LA SIXIÈME À LA HUITIÈME ANNÉE

Objectifs

Tous les élèves de la sixième à la huitième année devraient être capables de:

• Comprendre le sens et les effets des opérations arithmétiques sur des fractions, des nombres décimaux et des entiers.

• Appliquer les propriétés d'associativité et de commutativité de l'addition et de la multiplication, de même que la distributivité de la multiplication par rapport à l'addition, afin de simplifier les calculs avec des entiers, des fractions et des nombres décimaux.

• Comprendre que l'addition et la soustraction sont des opérations inverses, tout comme la multiplication et la division, l'élévation au carré et l'extraction de la racine carrée, respectivement, et utiliser ces relations pour simplifier les calculs et résoudre des problèmes.

• Choisir des méthodes et des outils appropriés, en fonction du contexte, pour effectuer des opérations sur des fractions et des nombres décimaux, incluant le calcul mental, l'approximation, l'emploi de la calculatrice ou de l'ordinateur, ou le calcul papier-crayon, et appliquer la méthode choisie.

• Élaborer et analyser des algorithmes de calcul sur des fractions, des nombres décimaux et des entiers, et appliquer de tels algorithmes avec aisance.

• Élaborer et employer des stratégies pour évaluer approximativement le résultat de calculs sur des nombres rationnels, et juger de la vraisemblance du résultat.

• Concevoir, analyser et expliquer des méthodes de résolution de problèmes où interviennent des proportions, comme la mise à l'échelle et la recherche de proportions équivalentes.

DE LA NEUVIÈME À LA DOUZIÈME ANNÉE

Objectifs

Tous les élèves de la neuvième à la douzième année devraient être capables de:

• Juger des effets d'opérations comme la multiplication, la division, l'élévation à une puissance et l'extraction d'une racine sur la grandeur de quantités.

• Comprendre les propriétés et les représentations de l'addition et de la multiplication de vecteurs et de matrices.

• Comprendre que la permutation et la combinaison sont des techniques de calcul.

• Effectuer avec aisance des opérations sur les nombres réels, les vecteurs et les matrices en faisant appel au calcul mental ou par écrit, dans les cas simples, et en recourant à la technologie dans les cas plus complexes.

• Juger de la vraisemblance des calculs numériques et de leurs résultats.

ALGÈBRE

NORMES

Les programmes du préscolaire à la douzième année devraient permettre aux élèves de :

Comprendre des modèles, des relations et des fonctions.

Représenter et analyser des situations et des structures mathématiques à l'aide de la notation algébrique.

Utiliser des modèles mathématiques pour représenter et comprendre des relations quantitatives.

Analyser le changement dans divers contextes.

DU PRÉSCOLAIRE À LA DEUXIÈME ANNÉE

Objectifs

Tous les élèves du préscolaire à la deuxième année devraient être capables de :

- Trier, classer et ordonner des objets en fonction de leur grandeur, de leur nombre et d'autres propriétés.
- Reconnaître, décrire et généraliser des régularités, par exemple des suites de sons, des formes ou des régularités numériques simples, et transformer une représentation en une autre.
- Examiner le processus des régularités itératives ou répétitives.

- Illustrer des principes généraux et des propriétés des opérations, comme la commutativité, à l'aide de nombres donnés.
- Utiliser des représentations concrètes, picturales ou verbales pour comprendre des notations non conventionnelles ou conventionnelles.

- Créer des modèles de situations faisant intervenir l'addition et la soustraction de nombres entiers au moyen d'objets, d'images et de symboles.

- Décrire un changement qualitatif, par exemple l'augmentation de la taille d'un élève.
- Décrire un changement quantitatif, par exemple le fait qu'un élève a grandi de cinq centimètres en un an.

DE LA TROISIÈME À LA CINQUIÈME ANNÉE

Objectifs

Tous les élèves de la troisième à la cinquième année devraient être capables de :

- Décrire et généraliser des régularités géométriques ou numériques.
- Représenter et analyser des régularités et des fonctions à l'aide de mots, de tableaux et de graphiques.

- Reconnaître des propriétés comme la commutativité, l'associativité et la distributivité, et effectuer des calculs sur des nombres entiers en se basant sur ces propriétés.
- Représenter l'idée qu'une variable est une quantité inconnue au moyen d'une lettre ou d'un symbole.
- Exprimer des relations mathématiques sous forme d'équations.

- Modéliser une situation problème à l'aide d'objets et employer des représentations, comme les graphiques, les tableaux et les équations, pour tirer des conclusions.

- Étudier comment le changement d'une variable est lié au changement d'une seconde variable.
- Reconnaître et décrire des situations faisant intervenir un taux de variation constant ou non, et comparer ces deux types de situations.

ALGÈBRE (SUITE)

NORMES

Les programmes du préscolaire à la douzième année devraient permettre aux élèves de:

Comprendre des modèles, des relations et des fonctions.

Représenter et analyser des situations et des structures mathématiques à l'aide de la notation algébrique.

DE LA SIXIÈME À LA HUITIÈME ANNÉE

Objectifs

Tous les élèves de la sixième à la huitième année devraient être capables de:

- Représenter, analyser et généraliser divers modèles sous forme de tableau, ou sous forme graphique ou verbale, et, si possible, sous forme de règle symbolique.

- Établir des liens et des comparaisons entre divers modes de représentation d'une même relation.

- Déterminer si une fonction est linéaire ou non linéaire, et distinguer les propriétés de ces deux types de fonctions à l'aide de tableaux, de graphiques ou d'équations.

- Commencer à conceptualiser divers usages des variables.

- Explorer certaines relations entre des expressions symboliques et des graphiques linéaires, en insistant sur le sens du point d'intersection et sur celui de la pente.

- Utiliser l'algèbre symbolique pour représenter des situations et résoudre des problèmes, en particulier quand interviennent des relations linéaires.

- Reconnaître et construire des formes équivalentes d'expressions algébriques simples; résoudre des équations linéaires.

DE LA NEUVIÈME À LA DOUZIÈME ANNÉE

Objectifs

Tous les élèves de la neuvième à la douzième année devraient être capables de:

- Généraliser des modèles à l'aide de fonctions définies explicitement ou par récurrence.

- Comprendre des relations et des fonctions, et choisir diverses représentations de celles-ci, les transformer avec aisance l'une en l'autre et les employer.

- Analyser des fonctions d'une variable en examinant les taux de variation, les points d'intersection, les zéros et les asymptotes, de même que le comportement local et général des fonctions.

- Comprendre et réaliser des transformations, comme la combinaison arithmétique, la composition et l'inversion de fonctions d'usage courant, en employant la technologie pour effectuer ces opérations sur des expressions symboliques complexes.

- Comprendre et comparer les propriétés de classes de fonctions, dont les fonctions exponentielles, polynomiales, rationnelles, logarithmiques et périodiques.

- Interpréter des représentations de fonctions à deux variables.

- Comprendre le sens de formes équivalentes d'expressions, d'équations, d'inégalités et de relations.

- Écrire des formes équivalentes d'équations, d'inégalités et de systèmes d'équations, et les résoudre avec aisance, que ce soit mentalement ou avec papier et crayon dans les cas simples, et à l'aide de la technologie dans tous les cas.

- Utiliser l'algèbre symbolique pour représenter et expliquer des relations mathématiques.

- Employer diverses représentations symboliques de fonctions et de relations, dont les équations récursives et les équations paramétrées.

- Juger du sens, de l'utilité et de la vraisemblance du résultat de manipulations sur des symboles, y compris celles effectuées à l'aide de la technologie.

Utiliser des modèles mathématiques pour représenter et comprendre des relations quantitatives.

- Construire des modèles pour des problèmes en contexte, et résoudre ceux-ci à l'aide de divers modes de représentation, tels les graphiques, les tableaux et les équations.

  - Déterminer des relations quantitatives fondamentales relativement à une situation donnée, de même que la ou les classes de fonctions permettant de créer des modèles de ces relations.

  - Utiliser des expressions symboliques, dont des formes itératives ou récursives, pour représenter des relations dans divers contextes.

  - Tirer des conclusions vraisemblables à propos d'une situation que l'on tente de représenter à l'aide d'un modèle.

Analyser le changement dans divers contextes.

- Employer des graphiques pour analyser la nature de variations de quantités intervenant dans des relations linéaires.

  - Évaluer approximativement et interpréter des taux de variation à l'aide de données graphiques ou numériques.

GÉOMÉTRIE

NORMES

Les programmes du préscolaire à la douzième année devraient permettre aux élèves de:

Analyser les caractéristiques et les propriétés de figures géométriques à deux ou à trois dimensions, et élaborer des raisonnements mathématiques sur des relations géométriques.

Déterminer la position d'un objet dans l'espace et décrire des relations spatiales à l'aide de la géométrie analytique et d'autres systèmes de représentation.

Analyser des situations mathématiques au moyen de transformations et de la symétrie.

DU PRÉSCOLAIRE À LA DEUXIÈME ANNÉE

Objectifs

Tous les élèves du préscolaire à la deuxième année devraient être capables de:

- Reconnaître, nommer, construire, dessiner, comparer et trier des figures planes (à deux dimensions) et des solides ou polyèdres (à trois dimensions).
- Décrire les attributs et les parties de figures planes et de solides.
- Examiner et prédire le résultat de la composition et de la décomposition de figures planes et de solides.

- Décrire, nommer et interpréter des positions relatives dans l'espace et appliquer des idées sur la position relative.
- Décrire, nommer et interpréter l'orientation et la distance dans l'espace; appliquer des notions sur l'orientation et la distance.
- Déterminer et nommer des positions à l'aide de relations simples, comme « près de », et dans un système de coordonnées, par exemple des cartes géographiques.

- Reconnaître et effectuer des glissements, des rabattements et des rotations.
- Reconnaître et créer des figures symétriques.

DE LA TROISIÈME À LA CINQUIÈME ANNÉE

Objectifs

Tous les élèves de la troisième à la cinquième année devraient être capables de:

- Reconnaître, comparer et analyser des attributs de figures planes et de solides ou polyèdres, et acquérir le vocabulaire approprié pour décrire ces attributs.
- Classer des figures planes et des solides en fonction de leurs propriétés, et définir des classes de figures, dont les triangles et les pyramides.
- Examiner et décrire le résultat de la subdivision, de la combinaison et de la transformation de figures, et tenir des raisonnements sur le résultat de telles opérations.
- Explorer la congruence et la similitude.
- Formuler et mettre à l'épreuve des hypothèses sur des propriétés géométriques et des relations, et établir des raisonnements logiques afin de justifier les conclusions.

- Décrire la position et le mouvement à l'aide du langage courant et du vocabulaire de la géométrie.
- Construire et employer des systèmes de coordonnées pour déterminer des positions et décrire des trajectoires.
- Déterminer la distance séparant deux points d'une droite horizontale ou verticale dans un système de coordonnées.

- Prédire et décrire le résultat de glissements, de rabattements et de rotations de figures planes.
- Décrire un mouvement ou une série de mouvements susceptible de montrer que deux figures sont congruentes.
- Déterminer et décrire des symétries axiales et de révolution dans des figures et des motifs à deux ou trois dimensions.

Utiliser la visualisation, le raisonnement spatial et des modèles géométriques pour résoudre des problèmes.

NORMES

Les programmes du préscolaire à la douzième année devraient permettre aux élèves de :

Analyser les caractéristiques et les propriétés de figures géométriques à deux ou à trois dimensions, et élaborer des raisonnements mathématiques sur des relations géométriques.

Déterminer la position d'un objet dans l'espace et décrire des relations spatiales à l'aide de la géométrie analytique et d'autres systèmes de représentation.

- Créer des images mentales de figures géométriques grâce à la mémoire visuelle et à la visualisation spatiale.
- Reconnaître et représenter ces figures sous diverses perspectives.
- Établir des liens entre des notions du domaine de la géométrie et des notions sur les nombres et la mesure.
- Reconnaître des figures géométriques et des structures présentes dans l'environnement, et en déterminer la position.

DE LA SIXIÈME À LA HUITIÈME ANNÉE

Objectifs

Tous les élèves de la sixième à la huitième année devraient être capables de :

- Décrire avec précision, classer et comprendre des relations entre divers types d'objets à deux ou trois dimensions en utilisant des propriétés qui servent à définir ceux-ci.
- Comprendre diverses relations entre les angles, la longueur des côtés, le périmètre, l'aire et le volume d'objets semblables.
- Élaborer et critiquer des raisonnements inductifs ou déductifs à propos de notions et de relations géométriques, comme la congruence, la similitude et la relation de Pythagore.

- Utiliser la géométrie analytique pour représenter et examiner les propriétés de figures géométriques.
- Utiliser la géométrie analytique pour examiner des figures géométriques particulières, comme des polygones réguliers ou des polygones ayant des paires de côtés parallèles ou perpendiculaires.

- Construire et dessiner des objets géométriques.
- Créer et décrire des images mentales d'objets, de motifs et de trajectoires.
- Reconnaître et construire un objet tridimensionnel à l'aide de représentations bidimensionnelles de cet objet.
- Reconnaître et construire une représentation bidimensionnelle d'un objet tridimensionnel.
- Utiliser des modèles géométriques pour résoudre des problèmes dans d'autres domaines des mathématiques, comme ceux des nombres et de la mesure.
- Reconnaître des concepts et des relations géométriques, et les appliquer à d'autres disciplines et à des problèmes soulevés en classe ou dans la vie quotidienne.

DE LA NEUVIÈME À LA DOUZIÈME ANNÉE

Objectifs

Tous les élèves de la neuvième à la douzième année devraient être capables de :

- Analyser les propriétés d'objets à deux ou trois dimensions et en déterminer les attributs.
- Explorer les relations (y compris la congruence et la similitude) entre des classes d'objets géométriques à deux ou trois dimensions; formuler et mettre à l'épreuve des hypothèses à leur sujet, et résoudre des problèmes dans lesquels interviennent de tels objets.
- Établir la validité d'hypothèses relatives à la géométrie à l'aide de déductions, prouver des théorèmes et critiquer des raisonnements émis par d'autres personnes.
- Utiliser des relations trigonométriques pour déterminer des longueurs et des mesures d'angles.

- Utiliser des coordonnées cartésiennes et d'autres systèmes de coordonnées, dont les grilles de navigation et les coordonnées polaires et sphériques, pour analyser des situations relatives à la géométrie.
- Examiner des hypothèses et résoudre des problèmes portant sur des objets à deux ou trois dimensions représentés au moyen de coordonnées cartésiennes.

GÉOMÉTRIE (SUITE)

NORMES

Les programmes du préscolaire à la douzième année devraient permettre aux élèves de :

Analyser des situations mathématiques au moyen de transformations et de la symétrie.

Utiliser la visualisation, le raisonnement spatial et des modèles géométriques pour résoudre des problèmes.

DE LA SIXIÈME À LA HUITIÈME ANNÉE

Objectifs

Tous les élèves de la sixième à la huitième année devraient être capables de :

- Décrire les dimensions, la position et l'orientation de figures soumises à des transformations courantes, comme les rabattements, les rotations, les glissements et la mise à l'échelle.
- Examiner la congruence, la similitude, et la symétrie axiale et de révolution d'objets au moyen de transformations.

- Dessiner des objets géométriques ayant des propriétés données, comme une longueur des côtés ou une mesure d'angle particulière.
- Employer des représentations bidimensionnelles d'objets tridimensionnels pour visualiser et résoudre des problèmes, comme ceux où interviennent l'aire ou le volume.
- Utiliser des outils de visualisation, comme des réseaux, pour représenter et résoudre des problèmes.
- Utiliser des modèles géométriques pour représenter et expliquer des relations numériques et algébriques.
- Reconnaître et appliquer des notions et des relations géométriques à des domaines autres que les mathématiques scolaires, comme les arts, les sciences et la vie quotidienne.

DE LA NEUVIÈME À LA DOUZIÈME ANNÉE

Objectifs

Tous les élèves de la neuvième à la douzième année devraient être capables de :

- Comprendre et représenter des translations, des réflexions, des rotations et des dilatations d'objets dans un plan au moyen de croquis, de coordonnées, de vecteurs, de la notation fonctionnelle et des matrices.
- Utiliser divers types de représentations pour mieux comprendre les effets de transformations simples et de compositions de celles-ci.

- Dessiner et construire des représentations d'objets géométriques à deux ou trois dimensions en se servant de différents outils.
- Visualiser des objets géométriques tridimensionnels sous différentes perspectives et analyser des coupes transversales de ces objets.
- Utiliser des graphiques sommet-arête pour représenter des problèmes et les résoudre.
- Utiliser des modèles géométriques afin de mieux comprendre des domaines distincts du monde des mathématiques et de répondre à des questions spécifiques à ces domaines.
- Utiliser des notions de géométrie pour résoudre des problèmes relevant de disciplines différentes des mathématiques, comme les arts et l'architecture, afin de mieux comprendre ces disciplines.

MESURE

NORMES

Les programmes du préscolaire à la douzième année devraient permettre aux élèves de :

Comprendre les attributs mesurables d'objets, de même que les unités, les systèmes et les procédés de mesure.

Appliquer des techniques, des outils et des formules appropriés pour déterminer des mesures.

DU PRÉSCOLAIRE À LA DEUXIÈME ANNÉE

Objectifs

Tous les élèves du préscolaire à la deuxième année devraient être capables de :

- Reconnaître les attributs de longueur, de volume, de masse, d'aire et de temps.
- Comparer et ordonner des objets en fonction des attributs énumérés ci-dessus.
- Comprendre comment effectuer des mesures à l'aide d'unités non conventionnelles ou conventionnelles.
- Choisir une unité et un outil approprié pour mesurer un attribut donné.

- Effectuer des mesures à l'aide de copies multiples d'une unité donnée, par exemple en mettant des trombones bout à bout.
- Utiliser une unité unique à plusieurs reprises pour mesurer un objet plus grand que l'unité, par exemple mesurer la longueur d'une pièce à l'aide d'un seul mètre.
- Employer des outils de mesure.
- Créer des étalons courants afin d'établir des comparaisons et des approximations.

DE LA TROISIÈME À LA CINQUIÈME ANNÉE

Objectifs

Tous les élèves de la troisième à la cinquième année devraient être capables de :

- Comprendre la signification des attributs tels que la longueur, l'aire, la masse, le volume et la grandeur d'un angle, et choisir l'unité appropriée pour mesurer chaque attribut.
- Comprendre l'importance d'effectuer des mesures à l'aide d'unités conventionnelles et se familiariser avec les mesures du Système international.
- Effectuer des conversions de mesures simples à l'intérieur du Système international, par exemple convertir des centimètres en mètres.
- Constater qu'une mesure est une approximation et que la précision d'une mesure dépend de l'unité choisie.
- Explorer les changements que subissent les mesures se rapportant à une figure plane, comme le périmètre et l'aire, lorsqu'on modifie la figure d'une façon quelconque.

- Élaborer des méthodes pour évaluer approximativement le périmètre, l'aire et le volume de figures irrégulières.
- Choisir et utiliser des unités et des outils de mesure conventionnels afin de déterminer des longueurs, des aires, des volumes, des masses, des durées, des températures et de mesurer des angles.
- Choisir et utiliser des repères afin d'évaluer approximativement des mesures.
- Élaborer, comprendre et employer des formules afin de déterminer l'aire de rectangles et de triangles et de parallélogrammes associés.
- Élaborer des méthodes pour déterminer l'aire des faces et le volume de solides dont les côtés sont rectangulaires.

MESURE (SUITE)

NORMES

Les programmes du préscolaire à la douzième année devraient permettre aux élèves de:

Comprendre les attributs mesurables d'objets, de même que les unités, les systèmes et les procédés de mesure.

Appliquer des techniques, des outils et des formules appropriés pour déterminer des mesures.

DE LA SIXIÈME À LA HUITIÈME ANNÉE

Objectifs

Tous les élèves de la sixième à la huitième année devraient être capables de:

- Comprendre le Système international d'unités.
- Comprendre des relations entre les unités de mesure et convertir des unités les unes dans les autres à l'intérieur du Système international.
- Comprendre, choisir et utiliser des unités de grandeur et de nature appropriées pour mesurer des angles, des périmètres, des aires et des volumes.
- Utiliser des repères pour choisir des méthodes appropriées pour évaluer approximativement des mesures.
- Choisir et appliquer des techniques et des outils pour déterminer avec un degré de précision approprié des longueurs, des aires, des volumes et des mesures d'angles.
- Élaborer et employer des formules afin de déterminer la circonférence d'un cercle et l'aire d'un triangle, d'un parallélogramme, d'un trapèze ou d'un cercle; élaborer des méthodes pour déterminer l'aire de figures plus complexes.
- Élaborer des méthodes pour déterminer l'aire des faces et le volume de prismes, de pyramides et de cylindres donnés.
- Résoudre des problèmes dans lesquels interviennent des facteurs d'échelle au moyen de rapports et de proportions.
- Résoudre des problèmes simples dans lesquels interviennent des taux et des mesures dérivés d'attributs comme la vitesse et la densité.

DE LA NEUVIÈME À LA DOUZIÈME ANNÉE

Objectifs

Tous les élèves de la neuvième à la douzième année devraient être capables de:

- Prendre des décisions concernant les unités et l'échelle appropriées au problème dont l'énoncé exige de prendre des mesures.
- Analyser le degré de précision et l'erreur approximative lors des prises de mesure.
- Comprendre et appliquer des formules d'aire et de volume de figures géométriques, notamment des cônes, des sphères et des cylindres.
- Appliquer à des cas de mesure des concepts non rigoureux d'approximations successives, de limites supérieure et inférieure, et de limite.
- Vérifier des calculs de mesures au moyen de l'analyse des unités.

ANALYSE DE DONNÉES ET PROBABILITÉS

NORMES

Les programmes du préscolaire à la douzième année devraient permettre aux élèves de :

Formuler des questions auxquelles on peut répondre à l'aide de données ; collecter, organiser et représenter des données pertinentes afin de répondre à des questions.

Choisir et utiliser des méthodes statistiques appropriées pour analyser des données.

Formuler et évaluer des déductions et des prédictions en s'appuyant sur des données.

Comprendre et appliquer des concepts fondamentaux sur les probabilités.

DU PRÉSCOLAIRE À LA DEUXIÈME ANNÉE

Objectifs

Tous les élèves du préscolaire à la deuxième année devraient être capables de :

- Poser des questions et collecter des données à leur propre sujet et à propos de leur entourage.
- Trier et classer des objets en fonction de leurs attributs et organiser des données portant sur ces objets.
- Représenter des données au moyen d'objets concrets, d'images et de représentations graphiques.

- Décrire une partie des données et l'ensemble de données en tant qu'un tout afin de déterminer ce que les données représentent.

- Discuter de la vraisemblance d'événements reliés aux expériences des élèves.

DE LA TROISIÈME À LA CINQUIÈME ANNÉE

Objectifs

Tous les élèves de la troisième à la cinquième année devraient être capables de :

- Concevoir une enquête destinée à répondre à une question et examiner comment les méthodes de collecte de données influent sur la nature de celles-ci.
- Collecter des données au moyen d'observations, d'enquêtes et d'expériences.
- Représenter des données au moyen de tableaux et de diagrammes, notamment des diagrammes linéaires, des diagrammes à barres et des graphiques linéaires.
- Reconnaître ce qui distingue la représentation de données catégoriques et numériques.

- Décrire la forme et les caractéristiques importantes d'un ensemble de données ; comparer des ensembles de données ayant un lien entre elles, en insistant sur la façon dont ces données sont distribuées.
- Utiliser des mesures de tendance centrale, et plus particulièrement la médiane ; comprendre ce que chaque mesure indique et ce qu'elle n'indique pas au sujet de l'ensemble de données.
- Comparer diverses représentations d'un même ensemble de données et évaluer dans quelle mesure chaque mode de représentation permet de déceler des aspects importants des données.

- Formuler et justifier des conclusions et des prédictions fondées sur des données, et concevoir des études visant à approfondir l'examen des conclusions et des prédictions.

- Décrire des événements d'un point de vue probabiliste et discuter de la probabilité en employant des mots comme *certain*, *également probable* et *impossible*.
- Prédire la probabilité des résultats d'expériences simples et vérifier les prédictions.
- Prendre conscience qu'on peut exprimer la mesure de la probabilité d'un événement par un nombre compris entre 0 et 1.

ANALYSE DE DONNÉES ET PROBABILITÉS (SUITE)

NORMES

Les programmes du préscolaire à la douzième année devraient permettre aux élèves de :

Formuler des questions auxquelles on peut répondre à l'aide de données; collecter, organiser et représenter des données pertinentes afin de répondre à des questions.

Choisir et utiliser des méthodes statistiques appropriées pour analyser des données.

DE LA SIXIÈME À LA HUITIÈME ANNÉE

Objectifs

Tous les élèves de la sixième à la huitième année devraient être capables de :

- Formuler des questions, concevoir des études et collecter des données portant sur des caractéristiques communes à deux populations ou sur plusieurs caractéristiques d'une même population.
- Choisir, créer et utiliser des représentations graphiques appropriées de données, notamment des histogrammes, des boîtes à moustaches et des nuages de points.

- Déterminer, employer et interpréter des mesures de la tendance centrale et de la dispersion, notamment la moyenne et l'écart interquartile.
- Analyser et comprendre la correspondance entre des ensembles de données et leurs représentations graphiques, en particulier sous forme d'histogrammes, de diagrammes arborescents, de boîtes à moustaches et de nuages de points.

DE LA NEUVIÈME À LA DOUZIÈME ANNÉE

Objectifs

Tous les élèves de la neuvième à la douzième année devraient être capables de :

- Comprendre ce qui distingue divers types d'études et le genre de conclusions qu'il est possible de tirer de chaque type.
- Nommer les caractéristiques d'études bien conçues, notamment le rôle du hasard dans les enquêtes et les expériences.
- Comprendre la signification de données d'évaluation ou catégorielles, de données à une ou deux variables, et du terme variable.
- Comprendre les histogrammes, les boîtes à moustaches parallèles et les nuages de points; utiliser ces représentations pour décrire des données.
- Calculer des statistiques élémentaires et faire la distinction entre une statistique et un paramètre.

- Représenter la distribution de données d'évaluation à une variable et en décrire la forme; choisir et calculer des statistiques simples portant sur ces données.
- Représenter des données d'évaluation à deux variables au moyen d'un nuage de points, décrire la forme de ces données et déterminer les coefficients et les équations de régression, de même que les coefficients de corrélation, à l'aide d'outils technologiques.
- Représenter et analyser des données à deux variables dans le cas où au moins une des deux variables est nominale.
- Reconnaître les effets de transformations linéaires de données à une variable sur la forme, la tendance centrale et la dispersion des données.
- Déterminer des tendances dans un ensemble de données à deux variables et définir des fonctions qui permettent de représenter les données, ou bien transformer les données de manière à pouvoir les représenter.

Formuler et évaluer des déductions et des prédictions en s'appuyant sur des données.

- Utiliser des observations à propos des différences entre deux ou plusieurs échantillons pour formuler des hypothèses sur la population dont proviennent les échantillons.
- Émettre des hypothèses au sujet de relations possibles entre deux caractéristiques d'un échantillon en s'appuyant sur des nuages de points représentant les données et sur les droites de meilleure approximation.
- Utiliser des hypothèses pour formuler de nouvelles questions et concevoir de nouvelles études afin de répondre à ces questions.

- Utiliser une simulation pour explorer la variabilité des statistiques calculées pour un échantillon provenant d'une population connue, et construire une distribution d'échantillonnage.
- Comprendre de quelle façon les statistiques calculées pour un échantillon reflètent les valeurs de paramètres associés à la population; utiliser des distributions d'échantillonnage pour tirer des conclusions sommaires.
- Évaluer des rapports publics fondés sur des données en examinant la conception de l'étude, la pertinence de l'analyse des données et la validité des conclusions.
- Comprendre l'emploi de techniques statistiques élémentaires pour surveiller des caractéristiques de procédés dans le milieu de travail.

Comprendre et appliquer des concepts fondamentaux sur les probabilités.

- Comprendre et employer une terminologie appropriée pour décrire des événements complémentaires ou incompatibles.
- Utiliser la proportionnalité et s'appuyer sur une compréhension élémentaire des probabilités pour émettre et vérifier des hypothèses sur les résultats d'expériences ou de simulations.
- Calculer la probabilité d'événements composés simples à l'aide de méthodes comme les listes structurées, les diagrammes en arbres et les calculs d'aires.

- Comprendre les concepts d'espace d'échantillon et de distribution théorique; construire des espaces d'échantillons et des distributions pour des cas simples.
- Utiliser des simulations pour construire des distributions empiriques.
- Calculer et interpréter les valeurs attendues de variables aléatoires dans des cas simples.
- Comprendre les concepts de probabilité liée et d'événements indépendants.
- Comprendre comment on calcule la probabilité d'un événement composé.

GUIDE D'UTILISATION DES FEUILLES REPRODUCTIBLES

B

Cette annexe contient des croquis réduits de toutes les feuilles reproductibles mentionnées dans ce manuel. Celles qui accompagnent les modèles de leçons se trouvent à la fin et sont numérotées de façon indépendante. Vous pouvez demander les feuilles reproductibles en écrivant à l'adresse suivante : information@pearsonerpi.com.

Suggestions pour l'utilisation des feuilles reproductibles

Si les élèves emploient une feuille reproductible comme support de travail ou si vous devez la découper en morceaux, il est conseillé de la copier d'abord sur du carton mince ou du papier épais. On en trouve de différentes couleurs dans les papeteries et les magasins de fournitures de bureau.

Il est préférable de ne pas laminer les supports de travail, comme ceux de la boîte de dix et des valeurs de position, car la surface devient glissante et il est alors difficile d'y faire tenir des jetons.

Dans le cas de matériel à découper en morceaux, nous vous suggérons de laminer le carton ou le papier avant de procéder au découpage. En utilisant le même matériel pendant plusieurs années, vous gagnerez du temps. Voici quelques informations concernant plus particulièrement certaines feuilles reproductibles :

- Petites boîtes de dix (FR 3 et 4). Construisez les boîtes de dix remplies de points dans une feuille de papier ou de carton d'une couleur, et la feuille « moins de dix » dans une autre couleur. Un ensemble est formé des dix cartes de chaque sorte, découpées dans une bande de dix sur la feuille reproductible.

- Figures variées (FR 20-26). Construisez chaque ensemble de sept pages sur des cartons de couleurs différentes ; cela vous évitera de chercher à quel ensemble une figure isolée appartient.

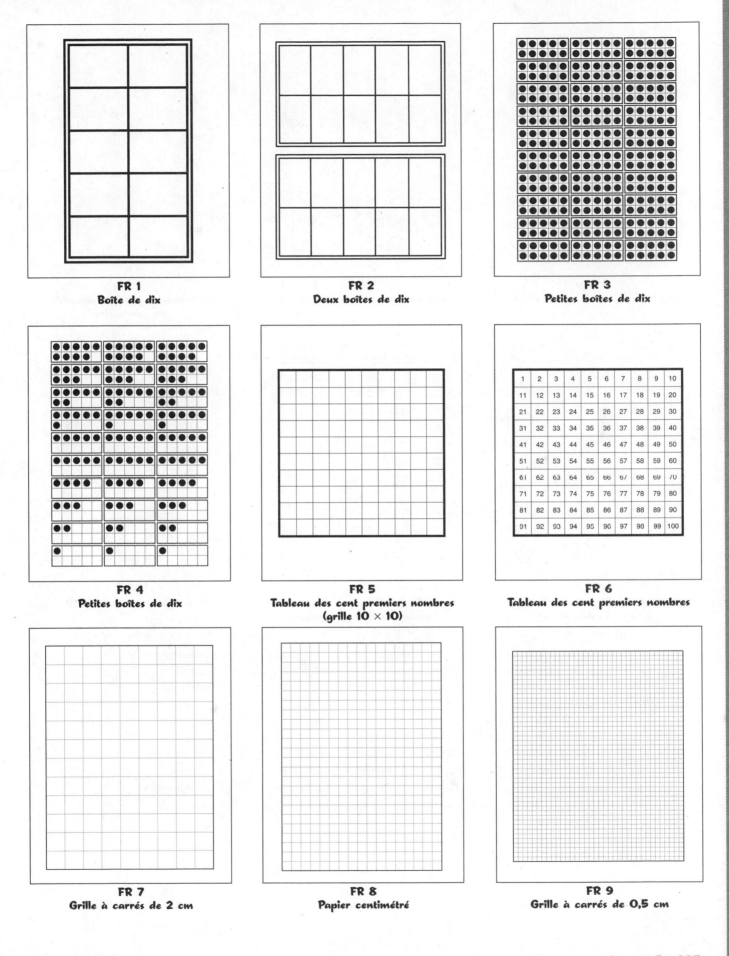

FR 1
Boîte de dix

FR 2
Deux boîtes de dix

FR 3
Petites boîtes de dix

FR 4
Petites boîtes de dix

FR 5
Tableau des cent premiers nombres
(grille 10 × 10)

FR 6
Tableau des cent premiers nombres

FR 7
Grille à carrés de 2 cm

FR 8
Papier centimétré

FR 9
Grille à carrés de 0,5 cm

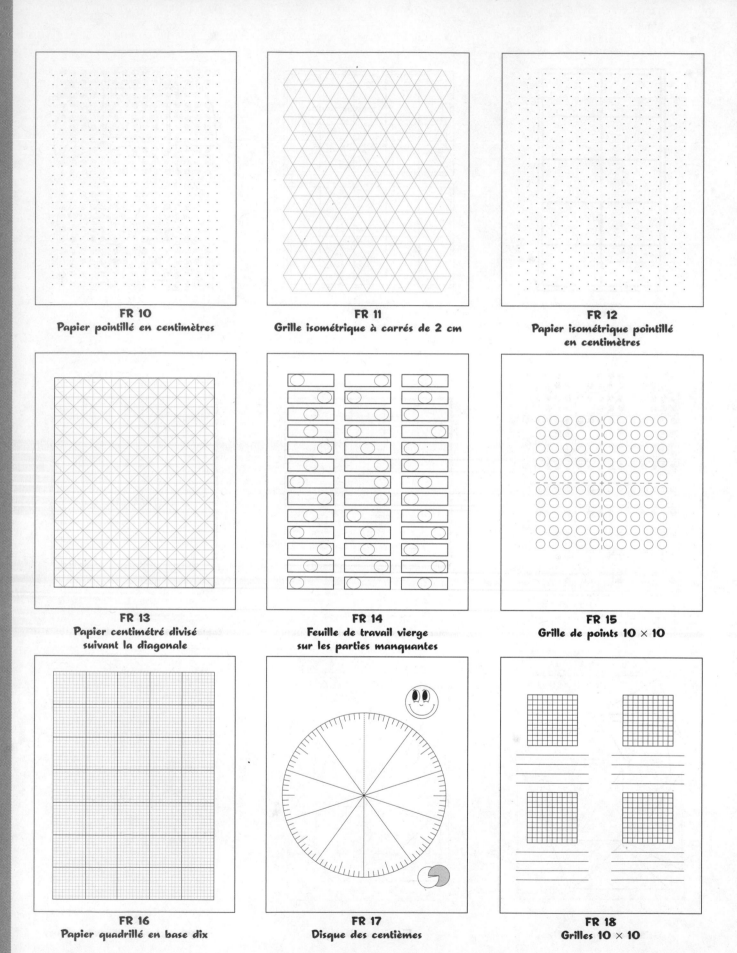

FR 10
Papier pointillé en centimètres

FR 11
Grille isométrique à carrés de 2 cm

FR 12
Papier isométrique pointillé
en centimètres

FR 13
Papier centimétré divisé
suivant la diagonale

FR 14
Feuille de travail vierge
sur les parties manquantes

FR 15
Grille de points 10 × 10

FR 16
Papier quadrillé en base dix

FR 17
Disque des centièmes

FR 18
Grilles 10 × 10

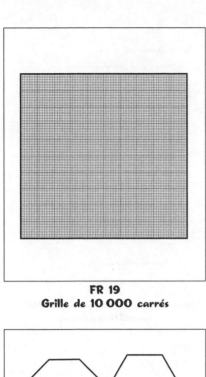

FR 19
Grille de 10 000 carrés

FR 20
Figures variées a)

FR 21
Figures variées b)

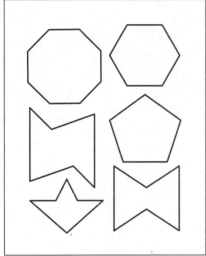

FR 22
Figures variées c)

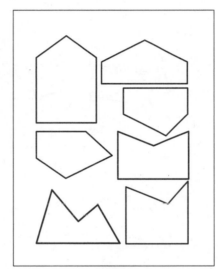

FR 23
Figures variées d)

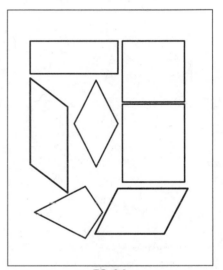

FR 24
Figures variées e)

FR 25
Figures variées f)

FR 26
Figures variées g)

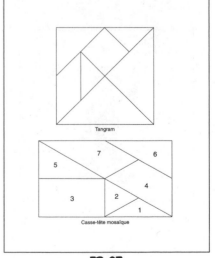

FR 27
Tangram et casse-tête mosaïque

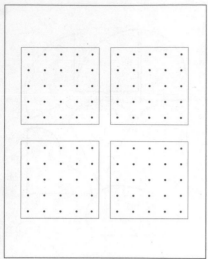

FR 28
Feuilles d'enregistrement du travail avec le géoplan

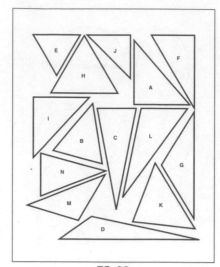

FR 29
Divers triangles

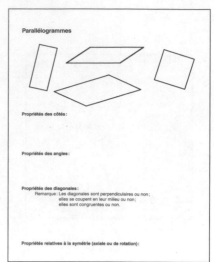

Parallélogrammes

Propriétés des côtés :

Propriétés des angles :

Propriétés des diagonales :
Remarque : Les diagonales sont perpendiculaires ou non ;
elles se coupent en leur milieu ou non ;
elles sont congruentes ou non.

Propriétés relatives à la symétrie (axiale ou de rotation) :

FR 30
Listes de propriétés des quadrilatères (parallélogrammes)

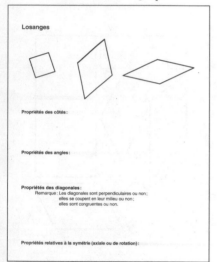

Losanges

Propriétés des côtés :

Propriétés des angles :

Propriétés des diagonales :
Remarque : Les diagonales sont perpendiculaires ou non ;
elles se coupent en leur milieu ou non ;
elles sont congruentes ou non.

Propriétés relatives à la symétrie (axiale ou de rotation) :

FR 31
Listes de propriétés des quadrilatères (losanges)

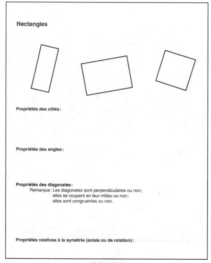

Rectangles

Propriétés des côtés :

Propriétés des angles :

Propriétés des diagonales :
Remarque : Les diagonales sont perpendiculaires ou non ;
elles se coupent en leur milieu ou non ;
elles sont congruentes ou non.

Propriétés relatives à la symétrie (axiale ou de rotation) :

FR 32
Listes de propriétés des quadrilatères (rectangles)

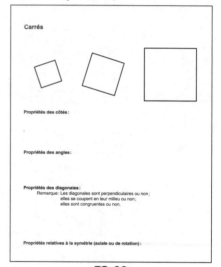

Carrés

Propriétés des côtés :

Propriétés des angles :

Propriétés des diagonales :
Remarque : Les diagonales sont perpendiculaires ou non ;
elles se coupent en leur milieu ou non ;
elles sont congruentes ou non.

Propriétés relatives à la symétrie (axiale ou de rotation) :

FR 33
Listes de propriétés des quadrilatères (carrés)

L'acrobate. Face 1.
Directives :
Faites des copies de la face 1, puis copiez la face 2 au verso. Vérifiez l'orientation avec une copie : les deux faces
devraient coïncider si vous placez la feuille devant une source de lumière.

FR 34
L'acrobate (face 1)

L'acrobate. Face 2.
(Voir les directives de la face 1.)

FR 35
L'acrobate (face 2)

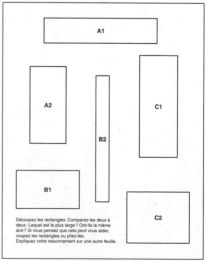

Découpez les rectangles. Comparez-les deux à
deux : Lequel est le plus large ? Ont-ils la même
aire ? Si vous pensez que cela peut vous aider,
coupez les rectangles ou pliez-les.
Expliquez votre raisonnement sur une autre feuille.

FR 36
Comparaison de rectangles

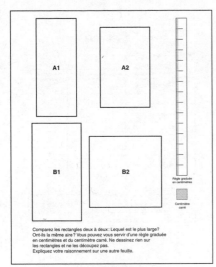

FR 37
Comparaison de rectangles
(avec des unités)

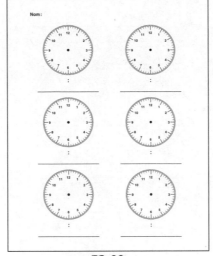

FR 38
Cadrans d'horloge

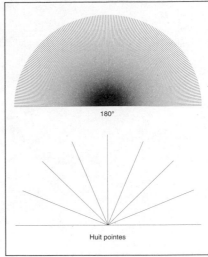

FR 39
Degrés et pointes

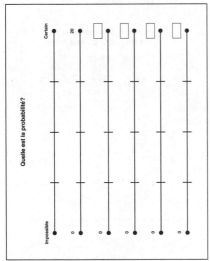

FR 40
Quelle est la probabilité?

FR L-1

Nom _____

Dans chaque cas, évaluez approximativement la fraction de la figure tout entière que représente la portion ombrée. Expliquez comment vous en êtes arrivé à cette approximation.

a.

b.

c.

Pour chaque droite numérique, évaluez approximativement la fraction correspondant au point marqué d'un X. Expliquez comment vous en êtes arrivé à cette approximation.

d.

e.

FR L-2

Nom _____

Résolvez les problèmes suivants. Expliquez comment vous êtes arrivé à la réponse avec des mots et des dessins.

1. Il vous reste les $\frac{3}{4}$ d'une pizza. Si vous donnez le $\frac{1}{3}$ de ce qui reste à votre frère, quelle portion d'une pizza entière votre frère reçoit-il ?

2. Quelqu'un a mangé le $\frac{1}{6}$ du gâteau, de sorte qu'il en reste seulement les $\frac{5}{6}$. Si vous mangez les $\frac{3}{5}$ de ce qui reste, quelle portion d'un gâteau complet mangez-vous ?

3. Ghislaine a utilisé $2\frac{1}{2}$ tubes de peinture bleue pour peindre le ciel de son tableau. Chaque tube contient $\frac{3}{4}$ gramme de peinture. Combien de grammes de peinture Ghislaine a-t-elle utilisés ?

FR L-3

Propriétés des diagonales des quadrilatères

Nom _____

Nom du quadrilatère	Diagonales congruentes		Diagonales qui se coupent en leur milieu			Intersection des diagonales	
	Oui	Non	Les deux	Une	Aucune	Perpendiculaires	Non

FR L-4

Nom _____

Rectangles formés de 36 carreaux

Dimensions du rectangle	Aire	Périmètre

FR L-5

Fenêtres

Nom _____

Étape	1	2	3	4	5	6	7		20
Nombre de barres	4	7	10						

Décrivez la régularité que vous voyez dans le dessin.
_____

Décrivez la régularité que vous voyez dans le tableau.
_____

Décrivez comment vous pouvez déterminer le nombre de barres qu'il y aura à la 20ᵉ étape.
_____

FR L-6

Prédire le nombre d'éléments nécessaires pour chaque étape

Nom _____

Étape	1	2	3	4	5	6	7	8	9	...	20
Nombre de points	2	6	12	20						...	

Décrivez la régularité que vous voyez dans le dessin.
_____

Décrivez la régularité que vous voyez dans le tableau.
_____

Décrivez comment vous pouvez déterminer le nombre de points qu'il y aura à la 20ᵉ étape.
_____

402 · Annexe B

RÉFÉRENCES BIBLIOGRAPHIQUES

AVANT-PROPOS DES AUTEURS

COCHRAN, L. (1991). « The art of the universe », *Journal of Mathematical Behavior*, vol. 10, p. 213-214.

CHAPITRE 1

BACKHOUSE, J., L. HAGGARTY, S. PIRIE et J. STRATTON (1992). *Improving the learning of mathematics*, Portsmouth (New Hampshire), Heinemann.

BALL, D. L. (1992). « Magical hopes: Manipulatives and the reform of math education », *American Educator*, vol. 16, n° 2, p. 14-18, 46-47.

BATTISTA, M. C. (1999). « The mathematical miseducation of America's youth: Ignoring research and scientific study in education », *Phi Delta Kappan*, vol. 80, p. 424-433.

CAMPBELL, P. B. (1995). « Redefining the "girl problem in mathematics" », dans W. G. SECADA, E. FENNEMA et L. B. ADAJIAN (dir.), *New directions for equity in mathematics education*, New York (New York), Cambridge University Press, p. 225-241.

CAMPBELL, P. F., T. E. ROWAN et A. R. SUAREZ (1998). « What criteria for student-invented algorithms? », dans L. J. MORROW (dir.), *The teaching and learning of algorithms in school mathematics*, Reston (Virginie), National Council of Teachers of Mathematics, p. 49-55.

CARPENTER, T. P., M. L. FRANKE, V. R. JACOBS, E. FENNEMA et S. B. EMPSON (1998). « A longitudinal study of invention and understanding in children's multidigit addition and subtraction », *Journal for Research in Mathematics Education*, vol. 29, p. 3-20.

CLEMENTS, D. H., et M. T. BATTISTA (1990). « Constructivist learning and teaching », *Arithmetic Teacher*, vol. 38, n° 1, p. 34-35.

COBB, P. (1996). « Where is the mind? A coordination of sociocultural and cognitive constructivist perspectives », dans C. T. FOSNOT (dir.), *Constructivism: Theory, perspectives, and practice*, New York (New York), Teachers College Press, p. 34-52.

DAVIS, R. B. (1986). *Learning mathematics: The cognitive science approach to mathematics education*, Norwood (New Jersey), Ablex.

HIEBERT, J. (1990). « The role of routine procedures in the development of mathematical competence », dans T. J. COONEY (dir.), *Teaching and learning mathematics in the 1990s*, Reston (Virginie), National Council of Teachers of Mathematics, p. 31-40.

HIEBERT, J., et T. P. CARPENTER (1992). « Learning and teaching with understanding », dans D. A. GROUWS (dir.), *Handbook of research on mathematics teaching and learning*, Old Tappan (New Jersey), Macmillan, p. 65-97.

HIEBERT, J., T. P. CARPENTER, E. FENNEMA, K. FUSON, P. HUMAN, H. MURRAY, A. OLIVIER et D. WEARNE (1996). « Problem solving as a basis for reform in curriculum and instruction: The case of mathematics », *Educational Researcher*, vol. 25 (mai), p. 12-21.

HIEBERT, J., T. P. CARPENTER, E. FENNEMA, K. FUSON, D. WEARNE, H. MURRAY, A. OLIVIER et P. HUMAN (1997). *Making sense: Teaching and learning mathematics with understanding*, Portsmouth (New Hampshire), Heinemann.

HIEBERT, J., et D. WEARNE (1996). « Instruction, understanding, and skill in multidigit addition and subtraction », *Cognition and Instruction*, vol. 14, p. 251-283.

HUINKER, D. (1998). « Letting fraction algorithms emerge through problem solving », dans L. J. MORROW (dir.), *The teaching and learning of algorithms in school mathematics*, Reston (Virginie), National Council of Teachers of Mathematics, p. 170-182.

JANVIER, C. (dir.) (1987). *Problems of representation in the teaching and learning of mathematics*. Hillsdale (New Jersey), Erlbaum.

KAMII, C. K. (1985). *Young children reinvent arithmetic*. New York, Teachers College Press.

KAMII, C. K. (1989). *Young children continue to reinvent arithmetic: 2nd grade*, New York, Teachers College Press.

KAMII, C. K., et A. DOMINICK (1998). « The harmful effects of algorithms in grades 1–4 », dans L. J. MORROW (dir.), *The teaching and learning of algorithms in school mathematics*, Reston (Virginie), National Council of Teachers of Mathematics, p. 130-140.

KULM, G. (1994). *Mathematics and assessment: What works in the classroom*, San Francisco (Californie), Jossey-Bass.

LABINOWICZ, E. (1985). *Learning from children: New beginnings for teaching numerical thinking*, Menlo Park (Californie), AWL Supplemental.

LABINOWICZ, E. (1987). « Assessing for learning: The interview method », *Arithmetic Teacher*, vol. 35, n° 3, p. 22-24.

LESH, R. A., T. R. POST et M. J. BEHR (1987). « Representations and translations among representations in mathematics learning and problem solving », dans C. JANVIER (dir.), *Problems of representation in the teaching and learning of mathematics*, Hillsdale (New Jersey), Erlbaum, p. 33-40.

LIEDTKE, W. (1988). « Diagnosis in mathematics: The advantages of an interview », *Arithmetic Teacher*, vol. 36, n° 3, p. 26-29.

MOKROS, J., S. J. RUSSELL et K. ECONOMOPOULOS (1995). *Beyond arithmetic: Changing mathematics in the elementary classroom*, Palo Alto (Californie), Dale Seymour Publications.

O'BRIEN, T. C. (1999). « Parrot math », *Phi Delta Kappan*, vol. 80, p. 434-438.

NATIONAL COUNCIL OF TEACHERS OF MATHEMATICS (1989). *Curriculum and evaluation standards for school mathematics*, Reston (Virginie), NCTM.

NATIONAL COUNCIL OF TEACHERS OF MATHEMATICS (1995). *Assessment standards for school mathematics*, Reston (Virginie), NCTM.

NATIONAL COUNCIL OF TEACHERS OF MATHEMATICS (2000). *Principles and standards for school mathematics*, Reston (Virginie), NCTM.

ROWAN, T. E., et B. BOURNE (1994). *Thinking like mathematicians: Putting the K–4 standards into practice*, Portsmouth (New Hampshire), Heinemann.

SCHEER, J. K. (1980). « The etiquette of diagnosis », *Arithmetic Teacher*, vol. 27, n° 9, p. 18-19.

SCHROEDER, T. L., et F. K. LESTER fils (1989). « Developing understanding in mathematics via problem solving », dans P. R. TRAFTON (dir.), *New directions for elementary school mathematics*, Reston (Virginie), National Council of Teachers of Mathematics, p. 31-42.

SCHWARTZ, S. L. (1996). « Hidden messages in teacher talk: Praise and empowerment », *Teaching Children Mathematics*, vol. 2, p. 396-401.

SILVER, E. A., et M. K. STEIN (1996). « The QUASAR project: The "revolution of the possible" in mathematics instructional reform in urban middle schools », *Urban Education*, vol. 30, p. 476-521.

THOMPSON, P. W. (1994). « Concrete materials and teaching for mathematical understanding », *Arithmetic Teacher*, vol. 41, p. 556-558.

WOOD, T., et T. TURNER-VORBECK (2001). « Extending the conception of mathematics teaching », dans T. WOOD, B. S. NELSON et J. WARFIELD (dir.), *Beyond classical pedagogy: Teaching elementary school mathematics*, Mahwah (New Jersey), Erlbaum, p. 185-208.

CHAPITRE 2

BRESSER, R. (1995). *Maths and litterature (grades 4-6)*, White Plains (New York), Cuisenaire (distributeur).

CHARLES, R. I. D. CHANCELLOR, L. HARCOURT, D. MOORE, J. F. SCHIELACK, J. VAN DE WALLE et R. WORTZMAN (1998). *Scott Foresman-Addison Wesley MATH (Grades K to 5)*, Glenview (Illinois), Addison Wesley Longman inc.

FOSNOT, C. T. et M. DOLK (2001). *Young mathematicians at work: Constructing number sense, addition and subtraction.* Portsmouth (New Hampshire), Heinemann.

HOWDEN, H. (1989). « Teaching number sense, *Arithmetic Teacher*, vol. 36, n° 6, p. 6-11.

HUINKER, D. (1994). *Multi-step word problem: A strategy for empowering students.* Présenté au congrès annuel du National Council of Teachers of Mathematics, Indianapolis (Indiana), avril.

RESNICK, L. B. (1983). « A developmental theory of number understanding », dans H. P. GINSBURG (dir.), *The development of mathematical thinking*, New York (New York), Academic Press.

CHAPITRE 3

BURNS, M. (2000). *About teaching mathematics: A K–8 resource (2e éd.)*, Sausalito (Californie), Math Solutions Publications.

CHAPITRE 4

BAECK, J. (1998). « Children invented algorithms for multidigit problems », dans L. J. MORROW (dir.), The teaching and learning of algorithms in in school mathematics, Reston (Virginie), National Council of Teachers of Mathematics, p. 151-160.

CAMPBELL, P. F. (1996). « Empowering children and teachers in the elementary mathematics classrooms of urban schools », *Urban Education*, vol. 30, p. 449-475.

CARPENTER, T. P., M. L. FRANKE, V. R. JACOBS, E. FENNEMA et S. B. EMPSON (1998). « A longitudinal study of invention and understanding in children's multidigit addition and subtraction », *Journal for Research in Mathematics Education*, vol. 29, p. 3-20.

CARROLL, W. M. (1996). « Use of invented algorithms by second graders in a reform mathematics curriculum », *Journal of Mathematical Behaviour*, vol. 15, p. 137-150.

CARROLL, W. M., et D. PORTER (1997). « Invented strategies can develop meaningful mathematical procedures », *Teaching Children Mathematics*, vol. 3, p. 370-374.

CHAMBERS, D. (1996). « Direct modeling and invented procedures: Building on students' informal strategies », *Teaching Children Mathematics*, vol. 3, p. 92-95.

FOSNOT, C. T. et M. DOLK (2001). *Young mathematicians at work: Constructing number sens, addition, and substraction.* Porsthmouth (New Hampshire), Heinemann.

KAMII, C. K., et A. DOMINICK (1997). « To teach or not to teach the algorithms », *Journal of Mathematical Behavior*, vol. 16, p. 51-62.

KAMII, C. K., et A. DOMINICK (1998). « The harmful effects of algorithms in grades 1–4 », dans L. J. MORROW (dir.), *The teaching and learning of algorithms in school mathematics*, Reston (Virginie), National Council of Teachers of Mathematics, p. 130-140.

NATIONAL COUNCIL OF TEACHERS OF MATHEMATICS (2000). *Principles and standards for school mathematics*, Reston (Virginie), NCTM.

SCHIFTER, D, V. BASTABLE et S. J. RUSSELL (1999). *Developing mathematical understanding: Numbers and operations, Part 2, Making meaning for operations (Casebook)*, Parsippany (New Jersey), Dale Seymour Publications.

CHAPITRE 5

BRESSER, R. (1995). *Math and literature (grades 4–6)*, White Plains (New York), Cuisenaire (distributeur).

BURNS, M. (1999). *Making sense of mathematics: A look toward the twenty-first century*. Présenté au congrès annuel du National Council of Teachers of Mathematics, San Francisco (Californie).

EMPSON, S. B. (2002). « Organizing diversity in early fraction thinking », dans B. LITWILLER (dir.), *Making sense of fractions, ratios, and proportions*, Reston (Virginie), National Council of Teachers of Mathematics, p. 29-40.

KAMII, C. K., et F. B. CLARK (1995). « Equivalent fractions: Their difficulty and educational implications », *The Journal of Mathematical Behavior*, vol. 14, p. 365–378.

LAMON, S. J. (1996). « The development of unitizing: Its role in children's partitioning strategies », *Journal for Research in Mathematics Education*, vol. 27, p. 170-193.

LAMON, S. J. (2002). « Part-whole comparisons with unitizing », dans B. LITWILLER (dir.), *Making sense of fractions, ratios, and proportions*, Reston (Virginie), National Council of Teachers of Mathematics, p. 79-86.

MACK, N. K. (2001). « Building on informal knowledge through instruction in a complex content domain: Partitioning, units, and understanding multiplication of fractions », *Journal for Research in Mathematics Education*, vol. 32, p. 267-295.

MATHEWS, L. (1979). *Gator pie*, New York (New York). Dodd, Mead.

POTHIER, Y., et D. SAWADA (1983). « Partitioning: The emergence of rational number ideas in young children », *Journal for Research in Mathematics Education*, vol. 14, p. 307-317.

SMITH, J. P., III (2002). « The development of students' knowledge of fractions and ratios », dans B. LITWILLER (dir.), *Making sense of fractions, ratios, and proportions*, Reston (Virginie), National Council of Teachers of Mathematics, p. 3-17.

CHAPITRE 6

HUINKER, D. (1998). « Letting fraction algorithms emerge through problem solving », dans L. J. MORROW (dir.), *The teaching and learning of algorithms in school mathematics*, Reston (Virginie), National Council of Teachers of Mathematics, p. 170-182.

LAPPAN, G., et M. K. MOUCK (1998). « Developing algorithms for adding and subtracting fractions, dans L. J. MORROW (dir.), *The teaching and learning of algorithms in school mathematics*, Reston (Virginie), National Council of Teachers of Mathematics, p. 183-197.

MA, L. (1999). *Knowing and teaching elementary mathematics: Teachers' understanding of fundamental mathematics in China and the United States*, Mahwah (New Jersey), Lawrence Erlbaum.

SCHIFTER, D., V. BASTABLE et S. J. RUSSELL (1999a). *Developing mathematical understanding: Numbers and operations, Part 2, Making meaning for operations (Casebook)*, Parsippany (New Jersey), Dale Seymour Publications.

SCHIFTER, D., V. BASTABLE et S. J. RUSSELL (1999b). *Developing mathematical understanding: Numbers and operations, Part 2, Making meaning for operations (Facilitator's Guide)*, Parsippany (New Jersey), Dale Seymour Publications.

TABER, S. B. (2002). « Go ask Alice about multiplication of fractions », dans B. LITWILLER (dir.), *Making sense of fractions, ratios, and proportions*, Reston (Virginie), National Council of Teachers of Mathematics, p. 61-71.

CHAPITRE 7

KOUBA, V. L., J. S. ZAWOJEWSKI et M. E. STRUTCHENS (1997). « What do students know about numbers and operations », dans P. A. KENNEY et E. SILVER (dir.), *Results from the sixth mathematics assessment of the National Assessment of Educational Progress*, Reston (Virginie), National Council of Teachers of Mathematics, p. 87-140.

KULM, G. (1994). *Mathematics and assessment: What works in the classroom*, San Francisco (Californie), Jossey-Bass.

CHAPITRE 8

BURGER, W. F. (1985). « Geometry », *Arithmetic Teacher*, vol. 32, n° 6, p. 52-56.

CLEMENTS, D. H., et M. T. BATTISTA (1992). « Geometry and spatial reasoning », dans D. A. GROUWS (dir.), *Handbook of research on mathematics teaching and learning*, Old Tappan (New Jersey), Macmillan, p. 420-464.

FUYS, D., D. GEDDES, et R. TISCHLER (1988). « The van Hiele model of thinking in geometry among adolescents », *Journal for Research in Mathematics Education Monograph*, vol. 3.

GEDDES, D., et I. FORTUNATO (1993). « Geometry: Research and classroom activities », dans D. T. OWENS (dir.), *Research ideas for the classroom: Middle grades mathematics*, New York (New York), Macmillan, p. 199-222.

HOFFER, A. R. (1983). « van Hiele–based research », dans R. A. LESH et M. LANDAU (dir.), *Acquisition of mathematics concepts and processes*, Orlando (Floride), Academic Press, p. 205-227.

HOFFER, A. R., et S. A. K. HOFFER (1992). « Ratios and proportional thinking », dans T. R. POST (dir.), *Teaching mathematics in grades K–8: Research-based methods*, 2e éd., Needham Heights (Massachusetts), Allyn & Bacon, p. 303-330.

KEY CURRICULUM PRESS (2001). *The geometer's sketchpad* (version 4.0), Berkeley (Californie), Key Curriculum Press.

LEARNING COMPANY (1994). *TesselMania!*, Mahwah (New Jersey), Auteur.

LINDQUIST, M. M. (1987). « Problem solving with five easy pieces », dans J. M. HILL (dir.), *Geometry for grades K–6 : Readings from the Arithmetic Teacher,* Reston (Virginie), National Council of Teachers of Mathematics, p. 151-156.

MARTIN, G., et M. E. STRUTCHENS (2000). « Geometry and measurement », dans E. A. SILVER et P. A. KENNEY (dir.), *Results from the seventh mathematics assessment of the National Assessment of Educational Progress,* Reston (Virginie), National Council of Teachers of Mathematics, p. 193-234.

NATIONAL COUNCIL of TEACHERS of MATHEMATICS (2000). *Principles and standards for school mathematics,* Reston (Virginie), NCTM.

NELSON, R. B. (1993). *Proofs without words : Exercises in visual thinking,* Washington (D.C.), MAA.

RIVERDEEP (1996). *Tangible math : The geometry inventor,* Cambridge (Massachusetts), Auteur.

VAN HIELE, P. M. (1999). « Developing geometric thinking through activities that begin with play », *Teaching Children Mathematics,* vol. 5, p. 310-316.

WINTER, M. J., G. LAPPAN, E. PHILLIPS et W. FITZGERALD (1986). *Middle grades mathematics project : Spatial visualization,* Menlo Park (Californie), AWL Supplemental.

CHAPITRE 9

BARRETT, J. E., G. JONES, C. THORNTON et S. DICKSON (2003). « Understanding children's developing strategies and concepts of length », dans D. H. CLEMENTS (dir.), *Learning and teaching measurement,* Reston (Virginie), National Council of Teachers of Mathematics, p. 17-30.

KENNEY, P. A., et V. L. KOUBA (1997). « What do students know about measurement ? », dans P. A. KENNEY et E. SILVER (dir.), *Results from the sixth mathematics assessment of the National Assessment of Educational Progress,* Reston (Virginie), National Council of Teachers of Mathematics, p. 141-163.

LINDQUIST, M. M. (1987). « Estimation and mental computation : Measurement », *Arithmetic Teacher,* vol. 34, n° 5, p. 16-17.

MARTIN, G., et M. E. STRUTCHENS (2000). « Geometry and measurement », dans E. A. SILVER et P. A. KENNEY (dir.), *Results from the seventh mathematics assessment of the National Assessment of Educational Progress,* Reston (Virginie), National Council of Teachers of Mathematics, p. 193-234.

CHAPITRE 10

DIETZMAN, C. M., et L. D. ENGLISH (2001). « Promoting the use of diagrams as tools for thinking », dans A. A. CUOCO (dir.), *The roles of representation in school mathematics,* Reston (Virginie), National Council of Teachers of Mathematics, p. 77-89.

GREENES, C., et C. FINDELL (1999). *Groundworks : Algebraic thinking,* Chicago (Illinois), Creative Publications.

NATIONAL COUNCIL OF TEACHERS OF MATHEMATICS (2000). *Principles and standards for school mathematics,* Reston (Virginie), NCTM.

CHAPITRE 11

NATIONAL COUNCIL OF TEACHERS OF MATHEMATICS (2000). *Principles and standards for school mathematics,* Reston (Virginie), NCTM.

TOM SNYDER PRODUCTIONS (1993). *The graph club* [logiciel informatique], Watertown (Massachusetts), Tom Snyder Productions.

INDEX

H

I

J

G

difficile, 96
distributivité, 68, 118
d'une fraction par 1, 165
enseignement, 61
fraction, 168, 175-180
grappe de problèmes, 122
modèle de l'aire ou de la disposition
    rectangulaire ouverte, 121, 125
multiples de 10 et de 100, 121
multiplicateur à deux chiffres, 121, 125
multiplicateur à un chiffre, 123
nombre complet, 120
nombre décimal, 190, 209
notation, 62
problème, 59, 62, 63
propriétés utiles, 67
régularité, 320, 322
représentation, 118
rôle de 1, 68
rôle de 0, 68
stratégie d'ajustement, 120
stratégie de partition, 120
stratégie inventée ou personnelle, 118
tables, *voir* Tables de multiplication

N

Nombre(s), 327, 330, *voir aussi* Beau nombre,
    Grand nombre
à trois chiffres, 48
au-dessus et en dessous de la barre de
    fraction, 145
compatibles, 56, 105
complet (multiplication), 119
compris entre 50 et 100, 55
concept, 39, 42
décimal, *voir* Nombre décimal
décomposition, 40, 43, 54, 119
entier, *voir* Nombre entier
fractionnaire, 147, 175
grandeur relative, 44
grille de, *voir* Tableau des cent premiers
    nombres
impair, 329
liens avec des faits du monde réel, 46
pair, 329
parties, 40, 42-43, 54
partition, 105, 120
propriétés, 39
régularité, 317-319
relations des parties entre elles et au tout,
    40, 42
relations entre les, 39, 40
représentation, 41
rôle, 78
sens du, 39, 152, 169
statistiques, 344
supérieur à 1 000, 48
valeur de position, 39, 105, 112
Nombre décimal, 6-7, 190
approximation, 200, 207
arrondissement, 202
calculatrice, 196
densité, 201
désignation, 192
et fraction, 195, 197, 202
localisation sur une droite numérique, 199
mise en ordre, 201
notation des fractions, 190, 192
opérations, *voir* Nombre décimal
    (opérations)
sens, 197

Nombre décimal (opérations)
addition, 190, 208
approximation, 200, 207, 211
division, 190, 210
évaluation, 210, 211
multiplication, 190, 209
soustraction, 190, 208
Nombre entier, 39, 168
pensée flexible, 52
stratégie de calcul, 105
valeur de position, 193
Nombre pi, 240
Notation, 36-38, *voir aussi* Échelle de notation
Numérateur, 137, 145-147, 149, 163
opérations, 168

O

Objectif (fixation), 18
Objets d'un ensemble (attributs), 340
Octaèdre, 263
Opérations, 39, 67, 105, *voir aussi* Addition,
    Division, Multiplication, Soustraction
concept, 78
régularité, 320
sur les fractions, 168
Ordinateur, 28, *voir aussi* Logiciel
Outils d'apprentissage, 7-8

P

Paires compatibles, 56, 105
Papier ciré (fabrication d'un rapporteur
    d'angles), 290
Papier pointillé ou quadrillé
figure géométrique, 228
fractions équivalentes, 160
régularité, 312
symétrie, 248
Parallélogramme, 224, 226, 232-233, 238,
    242-243, 249, 302-303
aire, 299-301
Partage
égal, 59, 62, 67
et parties fractionnaires, 138, *voir aussi*
    Fraction
méthode de division, 139
méthodes, 139
problème, 126
représentation, 139
tâche, 138
Parties
de 100, 55
d'un nombre, 40, 42-43, 54
fractionnaires, 137, 142, 144, 148,
    voir aussi Fraction
Partition, 59, 120, 168, *voir aussi*
    Décomposition en parties
concept (division de fractions), 181
Pensée
algébrique, 308
réflexive, 4, 38
Pentagone, 263
Pentomino, 257-258
Perception visuelle, 261
Périmètre, 268
et aire, 281
Perspective, 261
Pi (nombre), 240
Pictogramme, 355
Pièce de monnaie, 42, 192, 362, 369